OSTWALDS KLASSIKER
DER EXAKTEN WISSENSCHAFTEN
Band 235

Euklid

OSTWALDS KLASSIKER DER EXAKTEN WISSENSCHAFTEN
Band 235

Reprint der Bände 235, 236, 240, 241 und 243

Die Elemente
Bücher I-XIII

von

Euklid

aus dem Griechischen übersetzt
und herausgegeben von
Clemens Thaer

Einleitung von
Peter Schreiber

EUROPA LEHRMITTEL

Europa-Nr.: 54821

4. Auflage 2003
Druck 5

ISBN 978-3-8085-5482-1

Umschlaggestaltung: G. Kuhl · mediacreativ, 40724 Hilden
Druck: Totem, 88-100 Inowroclaw, Polen

Inhalt

Einführung

Euklid und die Geschichte seines Werkes

von
Peter Schreiber

Die *Elemente* des Euklid gehören seit ihrer Entstehung vor rund 2300 Jahren zu den meistgelesenen, diskutierten und kommentierten Texten der Welt und seit der Erfindung des Buchdrucks auch zu den meist gedruckten und meist übersetzten Büchern. Über den Mann Euklid ist dagegen so gut wie nichts Sicheres bekannt. Gelegentlich wurde sogar bezweifelt, dass es ihn überhaupt gegeben hat. Einem solchen extravaganten Zweifel wollen wir uns nicht anschließen, halten es aber immerhin für möglich, dass Euklid den ihm zugeschriebenen Text nicht selbst aufgeschrieben hat, sondern dass er sich aus den Aufzeichnungen seiner Schüler, womöglich erst im Laufe einiger Generationen, entwickelt hat.

Ort der Handlung war sicher die um 300 vor Chr. aufblühende Hafenstadt Alexandria nahe dem Nildelta, die 332 von Alexander dem Großen gegründete Hauptstadt des Ptolemäischen Ägypten. Bereits unter der Herrschaft Ptolemäos des I. war dort das Museion gegründet worden, eine universelle antike Forschungs- und Lehrstätte, die für rund 500 Jahre das Zentrum der griechischen Wissenschaft und Kultur für den gesamten Mittelmeerraum werden sollte. Allgemein wird angenommen, dass Euklid bereits in der Gründungsphase dorthin gerufen wurde, und da sein Werk nicht nur deutliche Spuren der Philosophie Platons (427 – 348) und der Methodologie des Aristoteles (384 – 322), sondern auch die damals noch neuen mathematischen Theorien von Eudoxos (um 400 – um 347) und Theaitetos (um 417 – 369?) aus dem Umkreis Platons enthält, ist es sehr wahrscheinlich, dass er aus Athen nach Alexandria kam und dass er etwa zwischen 360 und 280 gelebt haben muss. Nur am Rande kann hier erwähnt werden, dass ihm außer den *Elementen* eine Reihe kleinerer Schriften über geometrische und physikalische Themen zugeschrieben werden, die teils erhalten, teils verloren sind und deren Kenntnis wichtig für das Gesamtbild der Persönlichkeit Euklids ist, einerseits, weil sie zumindest teilweise Gegenstände der damaligen „angewandten Mathematik“ (Optik, Astronomie, Musiktheorie) betreffen und damit dem lange kultivierten Bild eines ganz der Platonischen Weltsicht verhafteten reinen Theoretikers widersprechen, andererseits weil Euklid in einigen von ihnen sehr originelle und weit in die Zukunft der Mathematik weisende Gedanken skizziert hat, was ihn vom ebenfalls oft geäußerten Vorwurf befreit, nur ein freilich sehr erfolgreicher und didaktisch geschickter Sammler und Aufbereiter vorhandenen Wissens gewesen zu sein. (Leider sind diese Schriften bis auf eine Ausnahme, die „Data“, nicht in deutscher Übersetzung zugänglich.) Umgekehrt darf man aus heutiger Sicht gerade das didaktische Geschick Euklids mit einem Fragezeichen versehen. Zwar sind die *Elemente* reich an großartiger Mathematik, präsentiert wird sie aber in einem extrem trockenen Stil, so dass diese Reichtümer sich keineswegs beim einmaligen und systematischen „Durchlesen“ oder „Durchnehmen“ erschließen. Dass sie, bzw. Teile daraus, dennoch über Jahrhunderte hin in vielen europäischen Ländern das zentrale Schulbuch für den Mathematikunterricht waren, dass darüber hinaus der euklidische Stil mit der sturen Aufeinanderfolge von Satz und Beweis, ohne Motivation, Anwendung oder Kommentar, bis vor etwa 100 Jahren als didaktisch vorbildlich von allen Schulmathematikern nachgeahmt wurde, hat dem öffentlichen Bild von der Mathematik vermutlich mehr geschadet als irgendein anderer Umstand. Ein wesentlicher Zweck dieser Einleitung besteht daher darin, dem Leser die Augen für die verborgenen Schätze zu öffnen und ihn anzuregen, sich seinerseits Gedanken über die vielleicht noch unentdeckten Aspekte des euklidischen Textes zu machen.

Damit sind wir beim nächsten Thema. Seit Menschen sich mit den *Elementen* wissenschaftlich beschäftigen, und das setzte bereits in der Antike ein, ist die Art dieser Beschäftigung nicht nur deutlich zweigeteilt, sondern die Anhänger dieser beiden Richtungen befehden sich, freilich mit im Laufe der Zeit wechselnden Stilmitteln, bis auf den heutigen Tag. Der einen Partei ging und geht es sozusagen um die „Denkmalspflege", was unter den Bedingungen zahlreicher einander widersprechender teils griechischer, teils spätantiker lateinischer und teils aus dem Arabischen ins Lateinische rückübersetzter Texte zunächst die Jagd nach dem „authentischen Originaltext" bedeutete. Dass es den vielleicht nie gegeben hat, hören die Anhänger dieser Partei nicht gern, zumal seit zu Beginn des 19. Jhs. die vermutlich älteste erhaltene griechische Textfassung (Manuskript „P") aus der Bibliothek des Vatikan entdeckt wurde, die allen modernen Übersetzungen in lebende Sprachen, auch der hier vorliegenden deutschen, zugrunde liegt. Sie ist, soweit es die *Elemente* betrifft, auch die Grundlage der griechisch-lateinischen Standardausgabe der *Opera omnia* Euklids, die zwischen 1883 und 1916 von dem dänischen Altphilologen Johan Ludvig Heiberg (1854 – 1928) und Heinrich Menge herausgegeben wurde. Abgesehen davon, dass die richtige Übersetzung eines Textes ein über philologisches Wissen hinausgehendes tiefes Verstehen des Inhalts voraussetzt, können moderne computergestützte Methoden der historischen Linguistik Interpretationshilfen für Wörter und Wendungen liefern, von denen man sich am Ende des 19. Jhs. noch nichts träumen ließ. Somit sind vermutlich auch der Heiberg-Text und die von ihm abhängigen Übersetzungen nicht so endgültig, wie man lange geglaubt hat.

Der anderen Partei ging es immer, ohne allzu großen Respekt vor dem jeweils gültigen Wortlaut, um einen kreativen Umgang mit der euklidischen Vorgabe. Hier gingen die Mathematiker des mittelalterlichen islamischen Kulturkreises voran. Sie haben ein ebenso umfangreiches wie inhaltlich reiches Erbe hinterlassen, das trotz vieler Bemühungen der letzten Jahrzehnte noch längst nicht voll erschlossen ist. Dies leitet zur dritten Art des wissenschaftlichen Umgangs mit Euklids Erbe über: der Erforschung der Tradierungs- und Wirkungsgeschichte. Diese Geschichte kann hier über das schon Gesagte hinaus nur grob angedeutet werden. 1482 wurden die *Elemente* in Venedig auf der Grundlage einer rund 200 Jahre älteren lateinischen Bearbeitung von Giovanni Campano erstmals gedruckt. 1533 folgte der erste Druck in altgriechisch. Den zahlreichen weiteren griechischen und lateinischen Druckausgaben gesellte sich ab 1543 eine Flut von meist volkstümlichen Übersetzungen und Bearbeitungen in lebenden Sprachen bei. Welche Rolle diese Bücher einmal im Leben des Volkes gespielt haben, darüber wissen wir leider wenig. Eine kleine Ahnung vermittelt die auf wahren Begebenheiten beruhende Novelle *Der Schimmelreiter* von Theodor Storm. Die (nochmalige) Lektüre ihrer ersten Seiten unter diesem Aspekt sei unserem Leser ans Herz gelegt. Am Ende des 19. Jhs. setzten dann die neuen „wissenschaftlichen" Übersetzungen in lebende Sprachen ein, deren Kette bis heute nicht abreißt. Sie wendeten sich wiederum an ein anderes Publikum als die beiden zuvor genannten Arten von Druckausgaben: vor allem an professionelle Mathematiker und Mathematiklehrer, Mathematikhistoriker, Kulturhistoriker und Studenten dieser Fächer, nun natürlich auch an Sie, lieber Leser, was immer Sie sein mögen.

Bevor wir uns einer kurzen Einführung in wesentliche Inhalte und Gesichtspunkte der *Elemente* zuwenden, einige Sätze über Clemens Thaer (1883 – 1974), der 1933-37 die vorliegende deutsche Übersetzung schuf. Nach dem Studium der Mathematik in Gießen lehrte er ab 1913 an der Universität Greifswald (ab 1916 als Professor) und seit 1921 hauptamtlich am Greifswalder

Gymnasium. Dieser freiwillige weitgehende Rückzug aus der akademischen Laufbahn war einerseits durch aktive politische Tätigkeit in diesen Jahren, vor allem aber durch die ungewöhnlich selbstkritische Haltung Thaers begründet, der nach eigener Aussage mangelnde Begabung für eigentlich mathematische Forschung spürte. Daher wendete er sich ganz der Geschichte der Mathematik zu. Auf Grund seiner mutigen antifaschistischen Haltung wurde er 1935 an eine Schule in Cammin (Hinterpommern) strafversetzt und ging nach weiteren Auseinandersetzungen mit den Nazis 1939 vorzeitig in den Ruhestand. Er lebte danach bis zu seinem Tode im wesentlichen in Detmold. Seine wissenschaftliche Tätigkeit, die er noch bis in die siebziger Jahre fortsetzte, umfasst die Übersetzung (1962) der „Data" Euklids und viele Artikel und Referate zur Geschichte der antiken und der mittelalterlichen islamischen Mathematik.

Die Elemente

Dieses Hauptwerk Euklids ist in 13, üblicherweise römisch numerierte „Bücher" gegliedert. Die Bücher I bis IV und VI behandeln die ebene Geometrie, die Bücher XI bis XIII die räumliche Geometrie. Eingeschaltet sind drei Bücher VII bis IX über die heute meist als „natürliche" bezeichneten positiven ganzen Zahlen, das Buch V, welches die eudoxische Proportionentheorie enthält, und das Buch X, dessen Gegenstand die von Theaitetos stammende Theorie der mit Zirkel und Lineal konstruierbaren Größen ist. Jeder dieser Komplexe hat seine eigenen Kerngedanken und Probleme. Es gibt aber auch einige übergreifende Gesichtspunkte, denen wir uns zunächst zuwenden.

Definitionen und Axiomatik. Euklid beginnt jeden neuen Gegenstand mit Definitionen. Einige von ihnen sind auch aus moderner Sicht Definitionen, d.h. gewisse Begriffe, deren Benutzung lediglich Formulierungen vereinfacht, werden in solcher Weise auf andere Begriffe zurückgeführt, dass sich daraus ergibt, wie man ihren Gebrauch prinzipiell vermeiden könnte. Beispiel DI,11: „Stumpf ist ein Winkel, wenn er größer als ein Rechter ist." Wenn man weiß, was Winkel sind, was ein rechter Winkel ist und was Größenvergleich für Winkel bedeutet, ist die Bedeutung der Eigenschaft „stumpf" von Winkeln eindeutig, und man könnte an jeder Stelle, wo ein Winkel alpha als stumpf bezeichnet wird, statt dessen sagen „alpha ist größer als ein rechter Winkel". Andere Definitionen Euklids versuchen, einen Begriff möglichst gut zu beschreiben, z.B. DI,1: „Ein Punkt ist, was keine Teile hat." Offenbar ermöglicht diese Erklärung nicht, den Begriff Punkt in jedem Zusammenhang durch andere Begriffe auszudrücken, und er ersetzt auch nicht eine Erklärung mit Hilfe von vorgezeigten Beispielen und Gegenbeispielen (wie der Mathematiker Oskar Perron (1880 – 1975) am Beispiel der Erklärung des Begriffes „Hund" erläuterte).

Buch I und nur dieses beginnt weiterhin mit Postulaten und Axiomen. Dabei sind, entsprechend der Methodologie des Aristoteles, Axiome Grundsätze, die allgemein und unbezweifelbar sind (Man mache sich also z.B. klar, dass die Natur der Objekte, von denen hier gesprochen wird, ebenso offen bleibt wie die spezielle Art des Hinzufügens und Wegnehmens. Vielmehr wird aus modernder Sicht der Umgang mit dem Begriff „gleich" charakterisiert.) Postulate sind nach Aristoteles solche Grundsätze, die man akzeptieren oder ablehnen kann. Im Fall von Euklids ebener Geometrie betreffen sie die angenommene Ausführbarkeit gewisser Operationen: „Gefordert soll sein...". Dass zwei beliebig nahe benachbarte oder beliebig weit voneinander entfernte Punkte in eindeutiger Weise geradlinig verbunden werden können (Es geht nicht um die *Existenz* der betreffenden Geraden, sondern um die *Ausführbarkeit*!), könnte man mit guten Gründen bezweifeln. Die Postulate sind somit gewissermaßen Spielregeln. Akzeptiert man sie, so muss man auch alle Folgen akzeptieren. Man entnimmt den Postulaten 1 und 2 auch, dass Euklid unter geraden Linien stets begrenzte Geradenstücke versteht. Sie entstehen durch Verbindung zweier Punkte und können bei Bedarf beliebig verlängert werden. Dies ist für das Verständnis alles Folgenden besonders wichtig, weil die moderne Geometrie stets mit der Vorstellung der unendlich langen Geraden operiert. Nur aus der Begrenztheit der euklidischen Geraden ist auch das folgenreiche 5. Postulat richtig zu verstehen, welches in der ursprünglichen euklidischen Formulierung besagt, dass unter den dort genannten Voraussetzungen die sukzessive Verlängerung der beiden Strecken in der genannten Richtung (also aus heutiger Sicht ein zyklischer Algorithmus) irgendwann einen Schnittpunkt liefern wird. Anders formuliert besagt es, dass die in §17 bewiesene notwendige Bedingung dafür, dass ein Dreieck aus einer Seite und zwei anliegenden Winkeln konstruierbar ist, auch hinreichend ist. Dass dieses Postulat nicht akzeptiert werden muss, wurde im Laufe des 19. Jhs. durch die Entdeckung der logischen Widerspruchsfreiheit der hyperbolischen Geometrie (von Bolyai und Lobatschewski) klar. Als Satz einer axiomatischen Theorie ist das 5. Postulat zur Eindeutigkeit der Parallelen durch einen Punkt zu einer gegebenen Geraden gleichwertig.

In der euklidischen Formulierung, die sich auf *Ausführbarkeit* bezieht, besagt es mehr.

Euklids *Elemente* sind seither als Vorbild für den axiomatisch-deduktiven Aufbau von Systemen wahrer Sätze aufgefasst worden. Dagegegen gibt es den Einwand, dass Euklids Begriffssystem ebenso unvollständig ist (z.B. wird mit allen Anordnungsfragen intuitiv umgegangen) wie sein Axiomensystem. Außerdem besitzen die zahlentheoretischen Bücher VII-IX und die stereometrischen Bücher XI-XIII überhaupt keine axiomatische Basis. Wenn also Euklid womöglich gar nicht diese Absicht hatte, was wollte er dann?

Der konstruktive Aspekt. Die als Propositionen bezeichneten kleinsten Einheiten der *Elemente* lassen sich in Sätze mit Beweis und in Konstruktionsaufgaben mit Beschreibung des Lösungsverfahrens und Beweis der Korrektheit der Lösung einteilen. Dies ist auch in der Thaerschen Übersetzung dadurch gekennzeichnet, dass hinter den §§ in Klammern L (Lehrsatz) oder A (Aufgabe) steht. Es gibt jedoch auch unter den als L gekennzeichneten Propositionen einige Aufgaben mit Lösung. Z. B. beschreibt IX.20 das berühmte Verfahren, zu einer gegebenen endlichen Menge von Primzahlen eine weitere Primzahl zu *konstruieren*. Dass es folglich unendlich viele Primzahlen gibt, ist erst eine Folgerung daraus. Damit ist zweierlei illustriert: Der konstruktive Aspekt der *Elemente*, nämlich der Beweis der Existenz gewisser Objekte, die zu gegebenen Objekten in einer vorausgesetzten Beziehung stehen, durch Angabe eines *Verfahrens* zur Beschaffung solcher Objekte, ist nicht auf die Geometrie beschränkt, und die Lehrsätze Euklids sind häufig Sätze über die Konstruktionsaufgaben. Sie weisen bestimmte Voraussetzungen über die gegebenen Objekte als notwendig nach, sagen etwas über die Eindeutigkeit der Resultate oder ziehen Folgerungen aus der Existenz der konstruierten Objekte. Somit ist denkbar, dass Euklids Hauptabsicht war, die von den Ägyptern und Babyloniern überlieferte mathematische Kultur der Angabe von Lösungsverfahren für Aufgabentypen durch die argumentative Rechtfertigung der angegebenen Verfahren zu ergänzen, wobei er zwangsläufig erste Fragmente von deduktiven Theorien schuf. Dabei ist von neuzeitlichen Historikern zu recht immer wieder hervorgehoben worden, dass der Übergang von der autoritären Mitteilung der Lösungsmethoden zu ihrer Begründung vor dem Hintergrund des Überganges zu demokratischen Staatsformen zu sehen ist, in deren öffentlichem Leben das Vertreten des eigenen Standpunktes mit logischen Argumenten allgemein eine große Rolle spielte.

Gebrauch des Zirkels. Unter dem Eindruck des üblichen Zirkelgebrauchs, bei dem von zwei gegebenen Punkten B, C ein Radius abgegriffen und dann mit diesem Radius der Kreis Z(A;B,C) um den Mittelpunkt A geschlagen wird, kann man Euklids 3. Postulat leicht missverstehen. Erst die Aufgaben A1 und A2 machen deutlich, was gemeint ist. A1 benötigt nur den Spezialfall Z(A;A,B), also den Kreis um einen gegebenen Punkt durch einen gegebenen Punkt. A2 führt den allgemeinen Fall mit einem listigen Trick auf diesen Spezialfall zurück. Postulat 3 fordert demnach nur die Ausführbarkeit des Spezialfalles. Wenn es noch eines Beweises für das „konstruktivistische“, verfahrensorientierte Denken Euklids bedarf, so nehme man diesen und vergleiche Euklids Vorgehen mit wohlbekannten Techniken der Rekursionstheorie, die bestimmte nötige Operationen mittels Unterprogrammen auf scheinbar weniger leistungsfähige Operationen zurückführen.

Geometrische Algebra. Die Entdeckung inkommensurabler Strecken durch die Pythagoreer (d.h. Paare von Strecken, die bei keiner Wahl der Maßeinheit gleichzeitig in ganzen Zahlen gemessen werden können) führte bei den Griechen zu einer völligen Verwerfung des zahlorientierten Größenbegriffs: Größen sind in der Geometrie Strecken, Winkel, Flächen oder Körper. Gleichartige Größen kann man addieren, subtrahieren und der Größe nach vergleichen. Multiplikation wird –modern gesagt- durch kartesische Produktbildung realisiert, so dass das Produkt zweier Strecken ein Rechteck, das Produkt einer Strecke und einer Fläche F ein zylindrischer Körper mit der Grundfläche F wird. Damit hatte die griechische Mathematik sich zwei wesentliche Beschränkungen auferlegt, die erst durch René Descartes (1594 – 1650) beseitigt werden konnten: Gleichungen zwischen Größen mussten bei den Griechen homogen sein, d.h. nur Größen gleicher Natur (Dimension) können addiert, subtrahiert und verglichen werden, und die Dimension geometrischer Größen ist höchstens drei. Innerhalb dieser Grenzen leistet die Algebra der Griechen für die Geometrie etwa das, was heute die Koordinatenmethode leistet: die Übersetzung geometrischer Beziehungen zwischen Objekten in die Sprache der Algebra und die Lösung so übersetzter Aufgaben mit im wesentlichen algebraischen Methoden. Buch II gibt eine systematische Einführung in diese geometrisch eingekleidete Algebra, wobei alle Operationen durch geometrische Konstruktion ausgeführt und alle Sätze auf geometrischem Wege bewiesen werden. Am Eingang steht als letzter Teil von Buch I der Satz des Pythagoras: Zum ersten Mal wird hier eine rein geometrische Beziehung zwischen drei Punkten, nämlich einen rechten Winkel aufzuspannen, in eine rein algebraische Aussage über Größen verwandelt, die die gegenseitige Lage dieser Punkte charakterisieren.

Proportionen (Buch V). Was das Verhältnis zweier Größen ist, könnte man nur mittels eines Zahlbegriffs definieren, der dem Begriff der reellen Zahl zumindest nahe kommt. Definition V.3 ist noch ein Relikt eines älteren, vermutlich prozedural orientierten Verhältnisbegriffs, (d.h. sukzessive konstruktive Annäherung mit rationalen Verhältnissen), mit dem im Folgenden nicht mehr gearbeitet wird. Die geniale Idee des Eudoxos bestand darin, dass man den Verhältnisbegriff gar nicht braucht, sondern nur erklären muss, wann zwei Verhältnisse gleich sind, also eine vierstellige Relation A:B = C:D zwischen Größen A, B, C, D.

Definition V.5 ist so beschaffen, dass sie nur voraussetzt, dass A,B von gleicher Art und C,D von gleicher Art sind. Man kann also mit ihrer Hilfe ganz exakt aussagen, dass zwei Strecken sich wie zwei ganze Zahlen oder dass die Inhalte zweier Pyramiden mit gleicher Grundfläche sich wie ihre Höhen verhalten. Indem man eine Proportion von vier Volumina aufstellt, kann man sogar implizit eine Gleichung zwischen Größen der Dimension 6 ausdrücken (die sich ergeben würde, wenn man über Kreuz multipliziert). Definition V,4 beschränkt übrigens die betrachteten Größenbereiche auf solche, die man heute archimedisch nennt: Eine beliebig große Größe soll durch hinreichend oftes Addieren einer beliebig kleinen Größe der gleichen Art übertroffen werden können. Fläche und Strecke können sich demnach nicht im gleichen Größenbereich befinden. In X.1 wird aus Definition V,4 gefolgert: Nimmt man von einer (beliebig großen) Größe immer wieder die Hälfte oder mehr weg, so kann man (nach einer nicht im voraus angebbaren Zahl von Schritten) eine gegebene beliebig kleine Größe der gleichen Art unterschreiten. Archimedisch, gelegentlich und mit größerem Recht Eudoxisch, heißen diese Größenbereiche bzw. das Axiom, das der Aussage entspricht heute, weil Archimedes es bei seinen nichtelementaren Flächeninhalts- und Volumenaussagen extensiv benutzt hat.

Diese Art der Benutzung in indirekten Beweisen für Inhaltsformeln findet man aber auch schon in Buch XII, z.B. §§1, 10.

Zahlentheorie. Eine Schwierigkeit für den heutigen Leser besteht darin, dass die Griechen die Eins (Einheit) nicht als Zahl gelten ließen (vgl. Definitionen VII.1,2). Das hat zur Folge, dass Euklid häufig Sonderfälle behandeln muss. Z.B. ordnet sich aus heutiger Sicht der in V.1 behandelte Fall zwanglos in die allgemeineren Fälle V.2 bzw. V.3 ein. Besondere Beachtung verdienen die Aufgaben IX.18,19. Hier wird womöglich erstmals in der Geschichte der Mathematik eine Aufgabe formuliert, deren Ergebnis nicht ein mathematisches Objekt im damaligen Sinn, sondern eine ja – nein - Antwort und erst im ja - Fall zusätzlich eine Zahl ist. Dementsprechend hat die Lösung den Charakter eines „verzweigten" Algorithmus, in dem außer Rechenschritten Testschritte (hier zwei) auftreten, die ihrerseits mit Hilfe von vorher entwickelten „Unterprogrammen" (ggT, Division mit Rest) bewältigt werden.

Buch X. ist bedeutend länger als alle anderen Bücher der *Elemente* und unterscheidet sich schon äußerlich dadurch, dass es Definitionen nicht nur am Anfang, sondern auch mehrfach zwischendurch enthält. Hier werden Zahlentheorie und geometrische Algebra auf einem höheren Niveau fortgesetzt. Prop. X.28a, die allerdings eventuell später eingefügt wurde, enthält ein Verfahren zur Erzeugung aller pythagoreischen Zahlentripel. X.115a, ebenfalls vermutlich eingefügt, präsentiert den Beweis der Inkommensurabilität von Seite und Diagonale eines Quadrates. Teile von Buch X gehören zum höchststehenden, das die antike Mathematik hervorgebracht hat: eine Klassifikation der mit Zirkel und Lineal konstruierbaren Größen nach dem Grad der Kompliziertheit. Zum Verständnis für den heutigen Leser empfiehlt es sich, die Definitionen und Aussagen in die Sprache der „Quadratwurzelterme" zu übersetzen, d.h. Formeln, die aus Variablen durch fortlaufende Ineinanderschachtelung der

Grundrechenarten und des Wurzelzeichens gebildet werden können.

Stereometrie. Euklids Beweise sind nirgends so anfechtbar wie am Beginn von Buch XI.

Immerhin kann man aus XI,11 herauslesen, was er unter Konstruieren im Raum versteht: Er legt jeweils in *Gedanken* durch drei (nicht kollineare) Punkte oder eine Gerade und einen Punkt eine Ebene (was aber nicht als eine ausführbare Operation postuliert wird und in der Tat in einem materiellen Sinn zwar ein erstes Mal ausführbar wäre, aber bei mehrfacher Wiederholung den Konstrukteur schnell „einmauern“ würde) und konstruiert dann mit Zirkel und Lineal in dieser Ebene neue Punkte und Geraden, die ihrerseits zur Bestimmung neuer Referenzebenen dienen. Mit diesem Hintergrund liefern seine Konstruktionsbeschreibungen Hinweise für die Ausführung im Mehrtafelverfahren der darstellenden Geometrie, denen man auch heute noch folgen kann. Buch XIII ist vermutlich zusammen mit Buch X als Ganzes von Theaitetos übernommen worden. So erklärt sich, dass Konstruktionsaufgaben und Sätze, die insbesondere das reguläre Fünfeck betreffen, zum Teil hier nochmals wiederholt werden.

Die Variante, in der Euklid die Konstruktion der fünf regulären („Platonischen“) Körper behandelt, nämlich sie in eine Umkugel von gegebenem Radius einzubeschreiben, ist vom praktischen Standpunkt durchaus sinnvoll, da man Körper sehr unterschiedlicher Größe enthält, wenn man immer von der gleichen Kantenlänge ausgeht. Seine Lösungen setzen jedoch eine vorhergehende Analyse der Aufgabe voraus, die er nicht gibt. Heute würde man die euklidische Variante der Aufgabenstellung vermutlich lösen, indem man den gewünschten Körper zunächst mit einer beliebig gewählten Kante konstruiert (was einfacher ist als der Weg des Theaitetoos/Euklid), den Radius der zugehörigen Umkugel bestimmt und das Ganze dann auf die gewünschte Größe ähnlich abbildet.

Hier konnten nur wenige Anregungen gegeben werden, wie man Probleme und Zusammenhänge hinter dem trockenen Text Euklids entdecken kann. Seine unglaubliche Überlebensfähigkeit ist nicht zuletzt darin begründet, dass unzählige Generationen sich in ähnlicher Weise aus der Position ihrer jeweiligen Zeit heraus kritisch und schöpferisch mit den *Elementen* auseinandergesetzt haben. Wenn also im vorstehenden ein wenig der Geist der algorithmisch orientierten Mathematik unserer Tage dominiert, so ist das ein legitimes Gegenstück dazu, dass die Mathematiker im 17. bis 19. Jh. , als die Frage immer dringlicher wurde, was denn eigentlich ein strenger Beweis ist, sich auf das Parallelenproblem einschossen, und dass im philosophisch orientierten Mittelalter intensiv die Frage diskutiert wurde, ob der Winkel zwischen einem Kreis und seiner Tangente gleich Null oder nur unendlich klein ist.

Literatur

Die Sekundärliteratur über Euklid und die *Elemente* ist uferlos und wächst ständig. Wir geben einige neuere Schlüsselliteratur, zum Teil mit Kommentar an, mit deren Bibliographien man sich bei Bedarf den weiteren Weg ins Dickicht dieser Literatur bahnen kann.

Die neuesten Bücher zum Thema sind:

Peter Schreiber, Sonja Brentjes: Euklid (Biographien hervorragender Naturwissenschaftler... Bd. 87). Leipzig: Teubner 1987.

Benno Artmann: Euclid. The Creation of Mathematics. New York-Berlin usw.: Springer 1999 ^{2}2001.

Jürgen Schönbeck: Euklid. (Vita mathematica, Bd. 12) Basel-Berlin-Boston: Birkhäuser 2003.

Eine wunderbare Bibliographie der historischen Euklidausgaben mit vielen Faksimiles ist

Max Steck, Menso Folkerts: Bibliographia Euclideana. Hildesheim: Gerstenberg 1981.

Eine Sammlung wichtiger (faksimilierter) Texte zum Parallelenproblem mit Übersetzung in Interlingua ist

C. E. Sjöstedt: Le axiome de paralleles. Stockholm: Natur och Kultur 1968.

Umfassende historische Auskunft geben die beiden Euclid-Artikel von Ivor Bulmer-Thomas (Life and Works) und J. Murdoch (Transmission of the Elements) in

Ch. Gillispie (Ed.): Dictionary of Scientific Biography, New York: Scribner's 1970 ff.

Zu den hier vertretenen unorthodoxen Meinungen sei verwiesen auf

Peter Schreiber: Anregung durch Euklid. Didaktik der Mathematik 1994, 57-64.

Ders.: Didaktische Bemerkungen zu Euklids Optik. Didaktik der Mathematik 1995, 300-307.

Zur Biographie von Clemens Thaer

Peter Schreiber: Clemens Thaer (1883 – 1974) – Ein Mathematikhistoriker im Widerstand gegen den Nationalsozialismus. Sudhoffs Archiv 80 (1996), Heft 1, 78-85.

I. Buch.

Definitionen.

1. *Ein* ***Punkt*** *ist, was keine Teile hat,*

2. *Eine* ***Linie*** *breitenlose Länge.*

3. *Die Enden einer Linie sind Punkte.*

4. *Eine* ***gerade Linie (Strecke)*** *ist eine solche, die zu den Punkten auf ihr gleichmäßig liegt.*

5. *Eine* ***Fläche*** *ist, was nur Länge und Breite hat.*

6. *Die Enden einer Fläche sind Linien.*

7. *Eine* ***ebene*** *Fläche ist eine solche, die zu den geraden Linien auf ihr gleichmäßig liegt.*

8. *Ein ebener* ***Winkel*** *ist die Neigung zweier Linien in einer Ebene gegeneinander, die einander treffen, ohne einander gerade fortzusetzen.*

9. *Wenn die den Winkel umfassenden Linien gerade sind, heißt der Winkel* ***geradlinig.***

10. *Wenn eine gerade Linie, auf eine gerade Linie gestellt, einander gleiche Nebenwinkel bildet, dann ist jeder der beiden gleichen Winkel ein* ***Rechter****;*

und die stehende gerade Linie heißt **senkrecht** *zu* (**Lot** *auf*) *der, auf der sie steht.*

11. ***Stumpf*** *ist ein Winkel, wenn er größer als ein Rechter ist,*

12. ***Spitz,*** *wenn kleiner als ein Rechter.*

13. *Eine* ***Grenze*** *ist das, worin etwas endigt.*

14. *Eine* ***Figur*** *ist, was von einer oder mehreren Grenzen umfaßt wird.*

15. *Ein* ***Kreis*** *ist eine ebene, von einer einzigen Linie [die* ***Umfang (Bogen)*** *heißt] umfaßte Figur mit der Eigenschaft, daß alle von einem innerhalb der Figur gelegenen Punkte bis zur Linie [zum Umfang des Kreises] laufenden Strecken einander gleich sind;*

16. *Und* ***Mittelpunkt*** *des Kreises heißt dieser Punkt.*

17. *Ein* ***Durchmesser*** *des Kreises ist jede durch den Mittelpunkt gezogene, auf beiden Seiten vom Kreisumfang begrenzte Strecke;*

eine solche hat auch die Eigenschaft, den Kreis zu halbieren.

18. *Ein* ***Halbkreis*** *ist die vom Durchmesser und dem durch ihn abgeschnittenen Bogen umfaßte Figur;*

[*und Mittelpunkt ist beim Halbkreise derselbe Punkt wie beim Kreise*].

19. (20—23) ***Geradlinige Figuren*** *sind solche, die von Strecken umfaßt werden,*
dreiseitige *die von drei,*
vierseitige *die von vier,*
vielseitige *die von mehr als vier Strecken umfaßten.*

20. (24—26) *Von den dreiseitigen Figuren ist ein* ***gleichseitiges Dreieck*** *jede mit drei gleichen Seiten,*
ein ***gleichschenkliges*** *jede mit nur zwei gleichen Seiten,*
ein ***schiefes*** *jede mit drei ungleichen Seiten.*

21. (27—29) *Weiter ist von den dreiseitigen Figuren ein* ***rechtwinkliges*** *Dreieck jede mit einem rechten Winkel,*
ein ***stumpfwinkliges*** *jede mit einem stumpfen Winkel,*
ein ***spitzwinkliges*** *jede mit drei spitzen Winkeln.*

22. (30—34) *Von den vierseitigen Figuren ist ein* ***Quadrat*** *jede, die gleichseitig und rechtwinklig ist,*
ein ***längliches Rechteck*** *jede, die zwar rechtwinklig aber nicht gleichseitig ist,*
ein ***Rhombus*** *jede, die zwar gleichseitig aber nicht rechtwinklig ist,*
ein ***Rhomboid*** *jede, in der die gegenüberliegenden Seiten sowohl als Winkel einander gleich sind und die dabei weder gleichseitig noch rechtwinklig ist;*
die übrigen vierseitigen Figuren sollen ***Trapeze*** *heißen.*

23. (35) ***Parallel*** *sind gerade Linien, die in derselben Ebene liegen und dabei, wenn man sie nach beiden Seiten ins unendliche verlängert, auf keiner einander treffen.*

Postulate.

Gefordert soll sein:

1. *Daß man von jedem Punkt nach jedem Punkt die Strecke ziehen kann,*

2. *Daß man eine begrenzte gerade Linie zusammenhängend gerade verlängern kann,*

3. *Daß man mit jedem Mittelpunkt und Abstand den Kreis zeichnen kann,*

4. (Ax. 10) *Daß alle rechten Winkel einander gleich sind,*

5. (Ax. 11) *Und daß, wenn eine gerade Linie beim Schnitt mit zwei geraden Linien bewirkt, daß innen auf derselben Seite entstehende Winkel zusammen kleiner als zwei Rechte werden, dann die zwei geraden Linien bei Verlängerung ins unendliche sich treffen auf der Seite, auf der die Winkel liegen, die zusammen kleiner als zwei Rechte sind.*

Axiome.

1. *Was demselben gleich ist, ist auch einander gleich.*
2. *Wenn Gleichem Gleiches hinzugefügt wird, sind die Ganzen gleich.*
3. *Wenn von Gleichem Gleiches weggenommen wird, sind die Reste gleich.*
4. [*Wenn Ungleichem Gleiches hinzugefügt wird, sind die Ganzen ungleich.*]
5. (6) [*Die Doppelten von demselben sind einander gleich.*]
6. (7) [*Die Halben von demselben sind einander gleich.*]
7. (8) *Was einander deckt, ist einander gleich.*
8. (9) *Das Ganze ist größer als der Teil.*
9. (12) [*Zwei Strecken umfassen keinen Flächenraum.*]

§ 1 (A. 1).

Über einer gegebenen Strecke ein gleichseitiges Dreieck zu errichten.

Die gegebene Strecke sei $A\,B$. Man soll über der Strecke $A\,B$ ein gleichseitiges Dreieck errichten.

Mit A als Mittelpunkt und $A\,B$ als Abstand zeichne man den Kreis $B\,C\,D$ (Post. 3), ebenso mit B als Mittelpunkt und $B\,A$ als Abstand den Kreis $A\,C\,E$; ferner ziehe man vom Punkte C, in dem die Kreise einander schneiden, nach den Punkten A, B die Strecken $C\,A$, $C\,B$ (Post. 1).

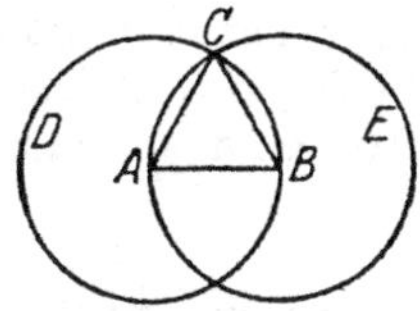

Fig. 1.

Da Punkt A Mittelpunkt des Kreises $C\,D\,B$ ist, ist $A\,C = A\,B$ (I, Def. 15); ebenso ist, da Punkt B Mittelpunkt des Kreises $C\,A\,E$ ist, $B\,C = B\,A$. Wie oben bewiesen, ist auch $C\,A = A\,B$; also sind $C\,A$

und CB beide $= AB$. Was aber demselben gleich ist, ist auch einander gleich (Ax. 1); also ist auch $CA = CB$; also sind CA, AB, BC alle drei einander gleich.

Also ist das Dreieck ABC gleichseitig (I, Def. 20); und es ist über der gegebenen Strecke AB errichtet — dies hatte man ausführen sollen.

§ 2 (A. 2).

An einem gegebenen Punkte eine einer gegebenen Strecke gleiche Strecke hinzulegen.

Der gegebene Punkt sei A und die gegebene Strecke BC. Man soll an dem Punkte A eine der gegebenen Strecke BC gleiche Strecke hinlegen.

Man ziehe von Punkt A nach Punkt B die Strecke AB und errichte über derselben das gleichseitige Dreieck DAB (I, 1), verlängere ferner DA, DB gerade um die Strecken AE, BF (Post. 2) und zeichne mit B als Mittelpunkt und BC als Abstand den Kreis CGH, ebenso mit D als Mittelpunkt und DG als Abstand den Kreis GKL.

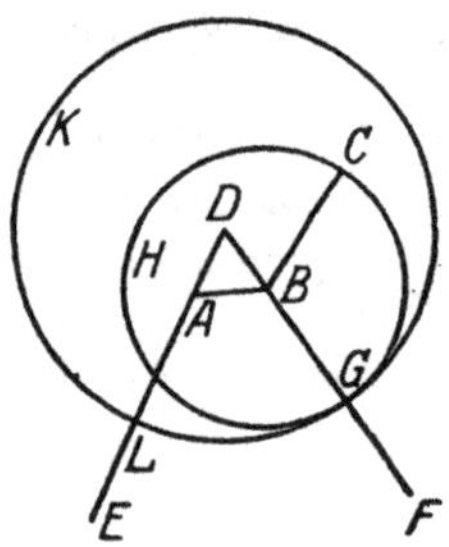

Fig. 2.

Da hier Punkt B Mittelpunkt von CGH ist, ist $BC = BG$. Ebenso ist, da Punkt D Mittelpunkt des Kreises GKL ist, $DL = DG$; von diesen Strecken sind die Teile $DA = DB$. Also sind die Reste $AL = BG$ (Ax. 3). Wie oben bewiesen, ist auch $BC = BG$; also sind AL und BC beide $= BG$. Was aber demselben gleich ist, ist auch einander gleich (Ax. 1); also ist $AL = BC$.

Also hat man am gegebenen Punkte A eine der gegebenen Strecke BC gleiche Strecke hingelegt, nämlich AL — dies hatte man ausführen sollen.

§ 3 (A. 3).

Wenn zwei ungleiche Strecken gegeben sind, auf der größeren eine der kleineren gleiche Strecke abzutragen.

Die zwei gegebenen ungleichen Strecken seien AB, c; von ihnen sei AB die größere. Man soll auf AB, der größeren Strecke, eine c, der kleineren, gleiche abtragen.

Man lege am Punkte A eine Strecke $AD = c$ hin (I, 2) und zeichne mit A als Mittelpunkt und AD als Abstand den Kreis DEF.

Da Punkt A Mittelpunkt des Kreises DEF ist, ist $AE = AD$; aber auch $c = AD$. Also sind AE, c beide $= AD$; folglich ist auch $AE = c$.

Also hat man, während zwei ungleiche Strecken AB, c gegeben waren, auf AB, der größeren, eine c, der kleineren, gleiche abgetragen, nämlich AE — dies hatte man ausführen sollen.

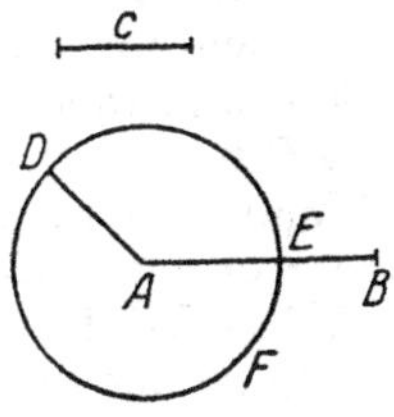

Fig. 3.

§ 4 (L. 1).

Wenn in zwei Dreiecken zwei Seiten zwei Seiten entsprechend gleich sind und die von den gleichen Strecken umfaßten Winkel einander gleich, dann muß in ihnen auch die Grundlinie der Grundlinie gleich sein, das Dreieck muß dem Dreieck gleich sein, und die übrigen Winkel müssen den übrigen Winkeln entsprechend gleich sein, nämlich immer die, denen gleiche Seiten gegenüberliegen.

ABC, DEF seien zwei Dreiecke, in denen zwei Seiten AB, AC zwei Seiten DE, DF entsprechend gleich sind, nämlich $AB = DE$ und $AC = DF$, ferner $\angle BAC = \angle EDF$. Ich behaupte, daß auch Grdl. $BC =$ Grdl. EF, ferner $\triangle ABC = \triangle DEF$ und die übrigen Winkel den übrigen Winkeln entsprechend gleich sein müssen, immer die, denen gleiche Seiten gegenüberliegen, $ABC = DEF$ und $ACB = DFE$.

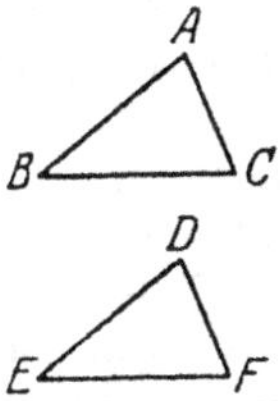

Fig. 4.

Deckt man nämlich $\triangle ABC$ auf $\triangle DEF$ und legt dabei Punkt A auf Punkt D sowie die gerade Linie AB auf DE, so muß auch Punkt B E decken, weil $AB = DE$; da so AB DE deckt, muß auch die gerade Linie AC DF decken, weil $\angle BAC = EDF$; daher muß auch Punkt C Punkt F decken, weil gleichfalls $AC = DF$. B deckte aber E; folglich muß die Grundlinie BC die Grundlinie EF decken [denn würde, während B E und C F deckt, die Grundlinie $B\,C$ $E\,F$ nicht decken, so würden zwei Strecken einen Flächenraum umfassen; das ist aber unmöglich (Ax. 9). Also muß die Grundlinie $B\,C$ $E\,F$ decken] und ihr gleich sein (Ax. 7); folglich muß auch das ganze Dreieck $A\,B\,C$ das ganze Dreieck $D\,E\,F$ decken und ihm gleich sein, auch müssen die übrigen Winkel die übrigen Winkel decken und ihnen gleich sein, $A\,B\,C = D\,E\,F$ und $A\,C\,B = D\,F\,E$.

Wenn also in zwei Dreiecken zwei Seiten zwei Seiten entsprechend gleich sind und die von den gleichen Strecken umfaßten Winkel einander gleich, dann muß in ihnen auch die Grundlinie der Grundlinie gleich sein, das Dreieck muß dem Dreieck gleich sein, und die übrigen Winkel müssen den übrigen Winkeln entsprechend gleich sein, nämlich immer die, denen gleiche Winkel gegenüberliegen — dies hatte man beweisen sollen.

§ 5 (L. 2).

Im gleichschenkligen Dreieck sind die Winkel an der Grundlinie einander gleich; auch müssen die bei Verlängerung der gleichen Strecken unter der Grundlinie entstehenden Winkel einander gleich sein.

$A\,B\,C$ sei ein gleichschenkliges Dreieck (I, Def. 20) mit den Seiten $A\,B = A\,C$, auch seien $A\,B$, $A\,C$ um die geraden Linien $B\,D$, $C\,E$ verlängert. Ich behaupte, daß $\angle\ A\,B\,C = A\,C\,B$ und $C\,B\,D = B\,C\,E$.

Man wähle nämlich auf $B\,D$ Punkt F beliebig, trage auf $A\,E$, der längeren Strecke, $A\,G = A\,F$, der kürzeren, ab (I, 3) und ziehe die Strecken $F\,C$, $G\,B$.

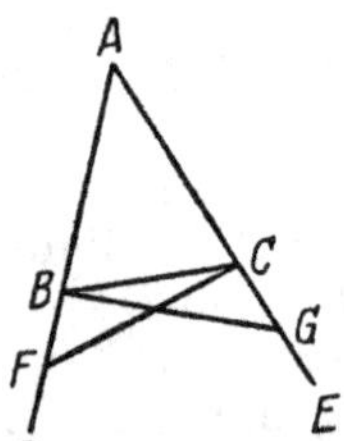

Fig. 5.

Da $A\,F = A\,G$ und $A\,B = A\,C$, so sind zwei Seiten, nämlich $F\,A$, $A\,C$ zwei Seiten, nämlich $G\,A$, $A\,B$ entsprechend gleich, und sie umfassen einen gemeinsamen Winkel, nämlich $F\,A\,G$; also ist Grdl. $F\,C$ = Grdl. $G\,B$, $\triangle\ A\,F\,C = \triangle\ A\,G\,B$, und die übrigen Winkel müssen den übrigen Winkeln entsprechend gleich sein, immer die, denen gleiche Seiten gegenüberliegen, $A\,C\,F = A\,B\,G$ und $A\,F\,C = A\,G\,B$ (I, 4). Und da die ganzen Strecken $A\,F = A\,G$, sowie von ihnen die Teile $A\,B = A\,C$, so sind die

Reste $BF = CG$ (Ax. 3). Wie oben bewiesen, ist aber auch $FC = GB$; mithin sind zwei Seiten, BF, FC, zwei Seiten, CG, GB entsprechend gleich; auch ist $\angle\ BFC = \angle\ CGB$ und die Grundlinie BC ihnen gemeinsam; also muß auch $\triangle\ BFC = \triangle\ CGB$ sein, und die übrigen Winkel müssen den übrigen Winkeln entsprechend gleich sein, immer die, denen gleiche Seiten gegenüberliegen, also $\angle\ FBC = GCB$ und $BCF = CBG$ (I, 4). Da nun, wie oben bewiesen, die ganzen Winkel $ABG = ACF$ und von ihnen die Teile $CBG = BCF$, so sind die Restwinkel $ABC = ACB$; diese liegen an der Grundlinie des Dreiecks ABC. Wie oben bewiesen, ist ferner $FBC = GCB$; und diese liegen unter der Grundlinie — S.

§ 6 (L. 3).

Wenn in einem Dreieck zwei Winkel einander gleich sind, müssen auch die den gleichen Winkeln gegenüberliegenden Seiten einander gleich sein.

ABC sei ein Dreieck mit $\angle\ ABC = \angle\ ACB$. Ich behaupte, daß auch Seite $AB =$ Seite AC.

Wäre nämlich AB ungleich AC, so wäre von ihnen die eine größer; AB sei größer; dann trage man auf AB, der größeren Strecke, $DB = AC$, der kleineren, ab und ziehe DC.

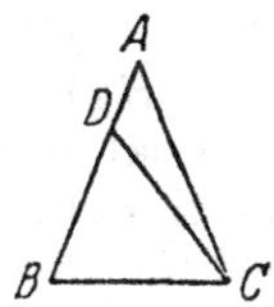

Fig. 6.

Da dann $DB = AC$ wäre und BC gemeinsam, so wären zwei Seiten, nämlich DB, BC, zwei Seiten, nämlich AC, CB, entsprechend gleich und $\angle\ DBC = \angle\ ACB$; also wäre Grdl. $DC =$ Grdl. AB und $\triangle\ DBC = \triangle\ ACB$ (I, 4), das kleinere dem größeren (Ax. 8); dies wäre Unsinn; also kann AB nicht ungleich AC sein, ist ihm also gleich — S.

§ 7 (L. 4).

Es ist nicht möglich, über derselben Strecke zwei weitere Strecken, die zwei festen Strecken entsprechend gleich sind, an denselben Enden wie die ursprünglichen Strecken ansetzend, auf derselben Seite in verschiedenen Punkten zusammenzubringen.

Wäre dies nämlich möglich, so bringe man über derselben Strecke AB zwei den festen Strecken AC, CB entsprechend gleiche weitere Strecken AD, DB in verschiedenen Punkten C und D zusammen, und zwar auf derselben Seite und an denselben Enden ansetzend, so daß CA und DA, die an demselben Ende, nämlich A ansetzen, einander gleich sind, ebenso CB und DB, die an demselben Ende B ansetzen; ferner ziehe man CD.

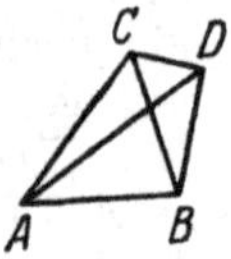

Fig. 7.

Da dann $AC = AD$, so wäre auch $\angle ACD = ADC$ (I, 5); also wäre $ADC > DCB$ (Ax. 8), um so mehr also $CDB > DCB$. Da ebenso $CB = DB$, so wäre auch $\angle CDB = \angle DCB$. Wie oben bewiesen, wäre er zugleich weit größer als dieser; dies ist aber unmöglich — S.

§ 8 (L.5).

Wenn in zwei Dreiecken zwei Seiten zwei Seiten entsprechend gleich sind und auch die Grundlinie der Grundlinie gleich ist, dann müssen in ihnen auch die von gleichen Strecken umfaßten Winkel einander gleich sein.

ABC, DEF seien zwei Dreiecke, in denen zwei Seiten AB, AC zwei Seiten DE, DF entsprechend gleich sind, nämlich $AB = DE$ und $AC = DF$; ferner sei Grdl. $BC =$ Grdl. EF. Ich behaupte, daß auch $\angle BAC = \angle EDF$.

Deckt man nämlich $\triangle ABC$ auf $\triangle DEF$ und legt dabei Punkt B auf Punkt E sowie die gerade Linie BC auf EF, so muß auch Punkt C F decken, weil $BC = EF$; da so BC EF deckt, müssen auch BA, CA die Seiten ED, DF decken. Würden nämlich zwar die Grundlinien BC, EF einander decken, die Seiten BA, AC aber ED, DF, nicht decken, sondern abweichen wie EG, GF,

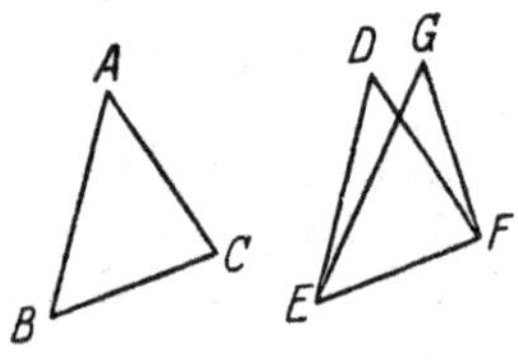

Fig. 8.

dann hätte man über derselben Strecke zwei weitere Strecken, die zwei festen Strecken entsprechend gleich sind, an denselben Enden ansetzend auf derselben Seite in verschiedenen Punkten zusammengebracht. Sie lassen sich aber nicht so zusammenbringen (I, 7); daß also, wenn man Grdl. BC auf Grdl. EF deckt, die Seiten BA, AC dabei ED, DF

nicht deckten, trifft nicht zu. Also decken sie sich, und $\angle\, B A C$ muß $\angle\, E D F$ decken und ihm gleich sein (Ax. 7) — S.

§ 9 (A. 4).

Einen gegebenen geradlinigen Winkel zu halbieren.

Der gegebene geradlinige Winkel sei $B A C$. Ihn soll man halbieren.

Auf $A B$ wähle man Punkt D beliebig, trage $A E = A D$ auf $A C$ ab, ziehe $D E$, errichte über $D E$ das gleichseitige Dreieck $D E F$ (I, 1) und ziehe $A F$; ich behaupte, daß $\angle\, B A C$ durch die gerade Linie $A F$ halbiert wird.

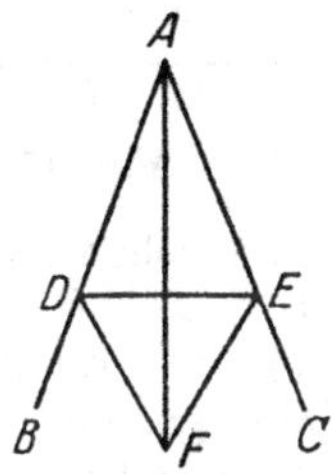

Fig. 9.

Da nämlich $A D = A E$ ist und $A F$ gemeinsam, so sind zwei Seiten $D A$, $A F$ zwei Seiten $E A$, $A F$ entsprechend gleich; ferner Grdl. $D F =$ Grdl. $E F$; also ist $\angle\, D A F = \angle\, E A F$ (I, 8).

Der gegebene geradlinige Winkel $B A C$ wird also durch die gerade Linie $A F$ halbiert — dies hatte man ausführen sollen.

§ 10 (A. 5).

Eine gegebene Strecke zu halbieren.

Die gegebene Strecke sei $A B$. Man soll die Strecke $A B$ halbieren.

Man errichte über ihr das gleichseitige Dreieck $A B C$ (I, 1) und halbiere $\angle\, A C B$ durch die gerade Linie $C D$ (I, 9); ich behaupte, daß die Strecke $A B$ im Punkte D halbiert wird.

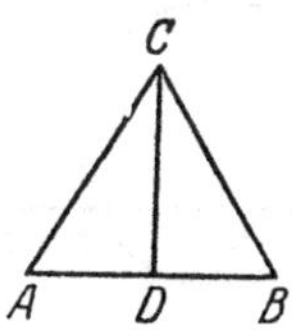

Fig. 10.

Da nämlich $A C = C B$ ist und $C D$ gemeinsam, so sind zwei Seiten $A C$, $C D$ zwei Seiten $B C$, $C D$ entsprechend gleich; ferner $\angle\, A C D = \angle\, B C D$; also ist Grdl. $A D =$ Grdl. $B D$ (I, 4).

Die gegebene Strecke $A B$ ist also in D halbiert — dies hatte man ausführen sollen.

§ 11 (A. 6).

Zu einer gegebenen geraden Linie rechtwinklig von einem auf ihr gegebenen Punkte aus eine gerade Linie zu ziehen.

Die gegebene gerade Linie sei AB und der gegebene Punkt auf ihr C. Man soll vom Punkte C aus rechtwinklig zur geraden Linie AB eine gerade Linie ziehen.

Auf AC wähle man Punkt D beliebig, trage $CE = CD$ ab, errichte über DE das gleichseitige Dreieck FDE (I, 1) und ziehe FC; ich behaupte, daß die gerade Linie FC rechtwinklig zu der gegebenen geraden Linie AB von dem auf ihr gegebenen Punkte C aus gezogen ist.

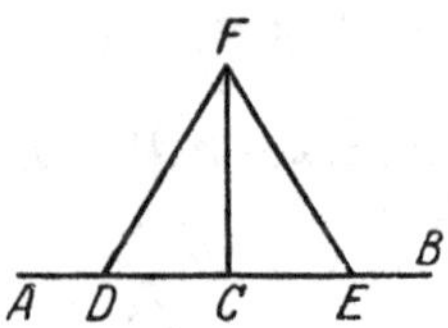

Fig. 11.

Da nämlich $DC = CE$ ist und CF gemeinsam, so sind zwei Seiten DC, CF zwei Seiten EC, CF entsprechend gleich; ferner Grdl. DF = Grdl. FE; also ist $\angle DCF = \angle ECF$ (I, 8); sie sind dabei Nebenwinkel. Wenn aber eine gerade Linie, auf eine gerade Linie gestellt, einander gleiche Nebenwinkel bildet, dann ist jeder der beiden gleichen Winkel ein Rechter (I, Def. 10); also sind DCF und FCE beide Rechte.

Man hat also zu einer gegebenen Strecke AB rechtwinklig von einem auf ihr gegebenen Punkte C aus eine gerade Linie gezogen, nämlich CF — dies hatte man ausführen sollen.

§ 12 (A. 7).

Auf eine gegebene unbegrenzte gerade Linie von einem gegebenen Punkte, der nicht auf ihr liegt, aus das Lot zu fällen.

Es sei AB die gegebene unbegrenzte gerade Linie und C der gegebene Punkt, der nicht auf ihr liegt. Man soll auf die gegebene unbegrenzte gerade Linie AB von dem gegebenen Punkte C, der nicht auf ihr liegt, aus das Lot fällen.

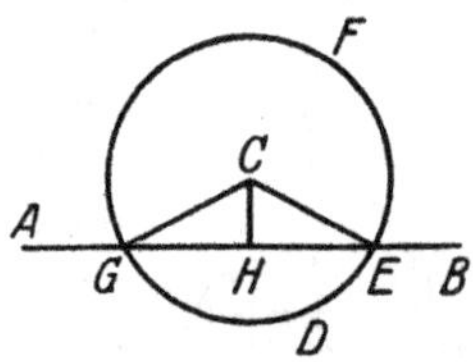

Fig. 12.

Man wähle auf der anderen Seite der geraden Linie AB Punkt D beliebig, zeichne mit C als Mittelpunkt und CD als Abstand den Kreis EFG, halbiere die Strecke EG in H (I, 10) und ziehe die Strecken CG, CH, CE; ich behaupte, daß man auf die gegebene unbegrenzte gerade Linie AB von dem gegebenen Punkte C, der nicht auf ihr liegt, aus das Lot gefällt hat, nämlich CH.

Da nämlich $GH = HE$ ist und HC gemeinsam, so sind zwei Seiten GH, HC zwei Seiten EH, HC entsprechend gleich; ferner Grdl. $CG =$ Grdl. CE; also ist $\angle CHG = \angle EHC$ (I, 8); sie sind dabei Nebenwinkel. Wenn aber eine gerade Linie, auf eine gerade Linie gestellt, einander gleiche Nebenwinkel bildet, dann ist jeder der beiden gleichen Winkel ein Rechter, und die stehende gerade Linie heißt Lot auf die, auf der sie steht (I, Def. 10).

Man hat also auf eine gegebene unbegrenzte gerade Linie AB von einem gegebenen Punkte C, der nicht auf ihr liegt, das Lot gefällt, nämlich CH — dies hatte man ausführen sollen.

§ 13 (L. 6).

Wenn eine gerade Linie, auf eine gerade Linie gestellt, Winkel bildet, dann muß sie entweder zwei Rechte oder solche, die zusammen zwei Rechten gleich sind, bilden.

Eine gerade Linie AB bilde nämlich, auf die gerade Linie CD gestellt, die Winkel CBA, ABD. Ich behaupte, daß die Winkel CBA, ABD entweder beide Rechte sind oder zusammen zwei Rechten gleich.

Ist $CBA = ABD$, so sind beide Rechte (I, Def. 10). Anderenfalls ziehe man von Punkt B aus $BE \perp CD$ (I, 11); CBE, EBD sind also zwei Rechte. Hier ist $CBE = CBA + ABE$; daher füge man EBD beiderseits hinzu; dann sind $CBE + EBD = CBA + ABE + EBD$ (Ax. 2). Ebenso ist $DBA = DBE + EBA$; daher füge man ABC beiderseits hinzu; dann sind $DBA + ABC = DBE + EBA + ABC$. Wie oben bewiesen, sind aber auch $CBE + EBD$ denselben drei Winkeln zusammen gleich; was aber demselben gleich ist, ist auch einander gleich (Ax. 1); also sind auch $CBE + EBD = DBA + ABC$; aber CBE, EBD sind zwei Rechte; also sind auch $DBA + ABC = 2$ R. — S.

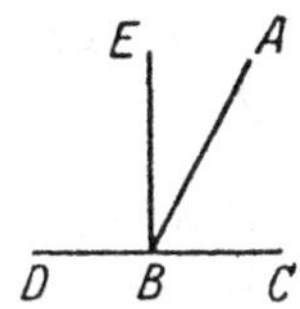

Fig. 13.

§ 14 (L. 7).

Bilden an einer geraden Linie in einem Punkte auf ihr zwei nicht auf derselben Seite liegende gerade Linien Nebenwinkel, die zusammen zwei Rechten gleich sind, dann müssen diese geraden Linien einander gerade fortsetzen.

An einer geraden Linie $A B$ mögen nämlich in dem Punkte B auf ihr zwei nicht auf derselben Seite liegende gerade Linien $B C$, $B D$ die Nebenwinkel $A B C$, $A B D$ bilden, die zusammen $= 2$ R. Ich behaupte, daß $B D$ $C B$ gerade fortsetzt.

Wenn nämlich $B D$ $B C$ nicht gerade fortsetzen sollte, möge $B E$ $C B$ gerade fortsetzen (Post. 2). Da dann die gerade Linie $A B$ auf der geraden Linie $C B E$ stünde, so wären $\angle A B C + A B E = 2$ R. (I, 13); aber auch $A B C + A B D = 2$ R.; also wären $C B A + A B E = C B A + A B D$ (Post. 4, Ax. 1). Man nehme $C B A$ beiderseits weg; dann wäre der Restwinkel $A B E$ dem Restwinkel $A B D$ gleich (Ax. 3), der kleinere (Ax. 8) dem größeren; dies ist aber unmöglich. Also setzt $B E$ nicht $C B$ gerade fort. Ähnlich läßt sich zeigen, daß auch keine andere von $B D$ verschiedene gerade Linie es tut; also setzt $C B$ $B D$ gerade fort (Post. 2) — S.

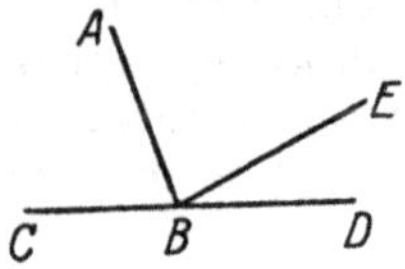

Fig. 14.

§ 15 (L. 8).

Zwei gerade Linien bilden, wenn sie einander schneiden, Scheitelwinkel, die einander gleich sind.

Zwei gerade Linien $A B$, $C D$ mögen einander im Punkte E schneiden. Ich behaupte, daß $\angle A E C = D E B$ und $C E B = A E D$.

Da nämlich die gerade Linie $A E$ auf der geraden Linie $C D$ steht und dabei die Winkel $C E A$, $A E D$ bildet, so sind $\angle C E A + A E D = 2$ R. (I, 13). Da ebenso die gerade Linie $D E$ auf der geraden Linie $A B$ steht und dabei die Winkel $A E D$, $D E B$ bildet, so sind $\angle A E D + D E B = 2$ R. Wie oben bewiesen, sind auch $C E A + A E D = 2$ R.; also sind $C E A + A E D = A E D + D E B$ (Post. 4, Ax. 1). Man nehme $A E D$ beiderseits weg; dann sind die Reste $C E A = B E D$ (Ax. 3); ähnlich läßt sich zeigen, daß auch $C E B = D E A$ — S.

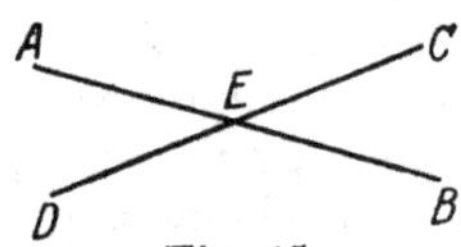

Fig. 15.

[*Zusatz*: Hiernach ist klar, daß zwei gerade Linien, wenn sie einander schneiden, am Schnittpunkte Winkel bilden müssen, die zusammen vier Rechten gleich sind.]

§ 16 (L. 9).

An jedem Dreieck ist der bei Verlängerung einer Seite entstehende Außenwinkel größer als jeder der beiden gegenüberliegenden Innenwinkel.

Das Dreieck sei ABC; man verlängere seine eine Seite BC nach D. Ich behaupte, daß der Außenwinkel ACD größer ist als jeder der beiden gegenüberliegenden Innenwinkel CBA, BAC.

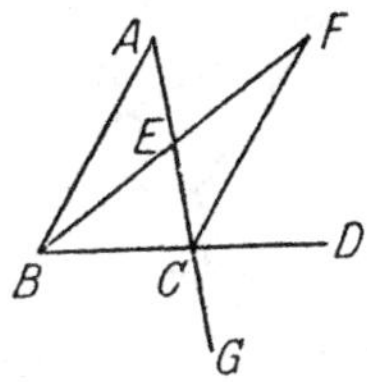

Fig. 16.

Man halbiere AC in E (I, 10), ziehe BE und verlängere es nach F; ferner mache man $EF = BE$, verbinde FC und ziehe AC nach G hin durch.

Da $AE = EC$ und $BE = EF$, so sind zwei Seiten AE, EB zwei Seiten CE, EF entsprechend gleich; ferner $\angle AEB = \angle FEC$ als Scheitelwinkel (I, 15); also ist Grdl. $AB =$ Grdl. FC, $\triangle ABE = \triangle FEC$, und die übrigen Winkel sind den übrigen Winkeln entsprechend gleich, immer die, denen gleiche Seiten gegenüberliegen (I, 4): also $\angle BAE = ECF$. Aber $\angle ECD > ECF$ (Ax. 8); also ist $ACD > BAE$. Ähnlich läßt sich, bei Halbierung von BC, zeigen, daß auch BCG, d. h. $ACD > ABC$ — S.

§ 17 (L. 10).

In jedem Dreieck sind zwei Winkel, beliebig zusammengenommen, kleiner als zwei Rechte.

Das Dreieck sei ABC. Ich behaupte, daß in dem Dreieck ABC zwei Winkel, beliebig zusammengenommen, kleiner sind als zwei Rechte.

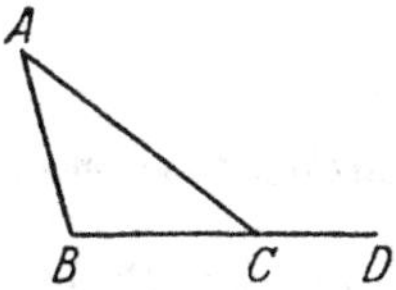

Fig. 17.

Man verlängere BC nach D.

Als Außenwinkel am Dreieck ABC ist dann $\angle ACD$ größer als der gegenüberliegende Innenwinkel ABC (I, 16). Man füge ACB beiderseits hinzu; dann sind $ACD + ACB > ABC + BCA$. Aber $ACD + ACB = 2$ R. (I, 13); also sind $ABC + BCA < 2$ R. Ähnlich läßt sich zeigen, daß auch $BAC + ACB < 2$ R., desgleichen $CAB + ABC$ — S.

§ 18 (L. 11).

In jedem Dreieck liegt der größeren Seite der größere Winkel gegenüber.

ABC sei ein Dreieck mit der Seite $AC > AB$. Ich behaupte, daß auch $\angle ABC > BCA$.

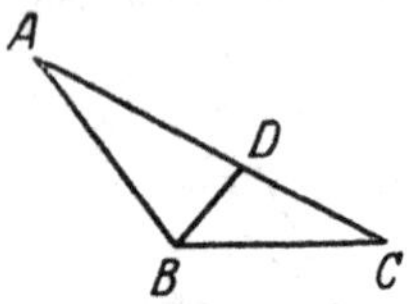

Fig. 18.

Hier ist $AC > AB$; man trage daher $AD = AB$ ab und ziehe BD.

Als Außenwinkel am Dreieck BCD ist dann $\angle ADB$ größer als der gegenüberliegende Innenwinkel DCB (I, 16); aber $ADB = ABD$, da die Seite $AB = AD$ (I, 5); also ist auch $ABD > ACB$, um so mehr $ABC > ACB$ (Ax. 8) — S.

§ 19 (L. 12).

In jedem Dreieck liegt dem größeren Winkel die größere Seite gegenüber.

ABC sei ein Dreieck mit $\angle ABC > BCA$. Ich behaupte, daß auch die Seite $AC > AB$.

Anderenfalls wäre AC nämlich entweder $=$ oder $< AB$. Gleich AB kann AC nicht sein; denn sonst wäre auch $\angle ABC = ACB$ (I, 5); dies ist aber nicht der Fall; also ist nicht $AC = AB$. Aber auch $< AB$ kann AC nicht sein; denn sonst wäre auch $\angle ABC < ACB$ (I, 18); dies ist aber nicht der Fall; also ist nicht $AC < AB$. Wie oben bewiesen, sind sie auch nicht gleich. Also ist $AC > AB$ — S.

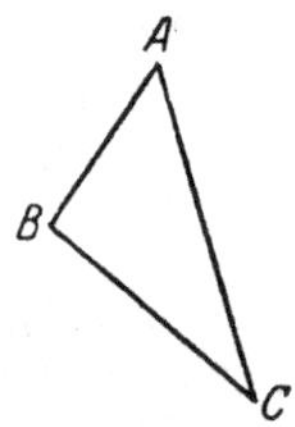

Fig. 19.

§ 20 (L. 13).

In jedem Dreieck sind zwei Seiten, beliebig zusammengenommen, größer als die letzte.

Das Dreieck sei ABC. Ich behaupte, daß in dem Dreieck ABC zwei Seiten, beliebig zusammengenommen, größer sind als die letzte: $BA + AC > BC$, $AB + BC > AC$ und $BC + CA > AB$.

Man verlängere BA nach Punkt D, mache $AD = CA$ und ziehe DC.

Da $DA = AC$, ist auch $\angle ADC = ACD$ (I, 5); also $BCD > ADC$ (Ax. 8); und da DBC ein Dreieck ist mit $\angle BCD > BDC$, dem größeren Winkel aber die größere Seite gegenüberliegt (I, 19), so ist $DB > BC$. Aber $DA = AC$; also sind $BA + AC > BC$. Ähnlich läßt sich zeigen, daß auch $AB + BC > CA$ und $BC + CA > AB$ — S.

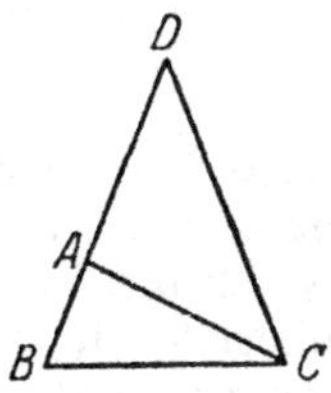

Fig. 20.

§ 21 (L. 14).

Sind in einem Dreieck über einer seiner Seiten von ihren Enden aus zwei Strecken innerhalb zusammengebracht, so müssen die zusammengebrachten Strecken kleiner sein als die beiden übrigen Dreiecksseiten zusammen, dabei aber den größeren Winkel umfassen.

Im Dreieck ABC seien nämlich über BC, einer seiner Seiten, von ihren Enden B, C aus zwei Strecken BD, DC innerhalb zusammengebracht. Ich behaupte, daß BD und DC zusammen kleiner als die beiden übrigen Dreiecksseiten $BA + AC$ sind, dabei aber den größeren Winkel umfassen, nämlich $BDC > BAC$.

Man verlängere BD nach E. Da in jedem Dreieck zwei Seiten zusammen größer sind als die letzte (I, 20), so sind im Dreieck ABE die zwei Seiten $AB + AE > BE$; man füge EC beiderseits hinzu; dann sind $BA + AC > BE + EC$. Ebenso sind im Dreieck CED die zwei Seiten $CE + ED > CD$; man füge daher DB beiderseits hinzu; dann sind $CE + EB > CD + DB$. Wie oben bewiesen, sind $BA + AC > BE + EC$; um so mehr sind $BA + AC > BD + DC$.

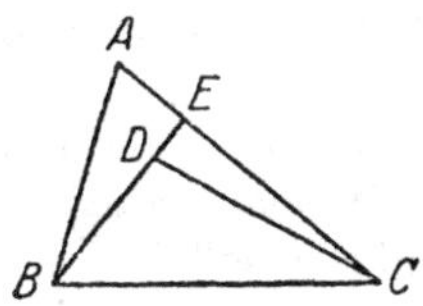

Fig. 21.

Zweitens ist, da an jedem Dreieck der Außenwinkel größer als der gegenüberliegende Innenwinkel ist (I, 16), am Dreieck CDE der Außenwinkel $BDC > CED$. Aus demselben Grunde ist auch am Dreieck ABE der

Außenwinkel $CEB > BAC$. Wie oben bewiesen, ist $BDC > CEB$; um so mehr ist $BDC > BAC$ — S.

§ 22 (A. 8).

Aus drei Strecken die drei gegebenen gleich sind, ein Dreieck zu errichten; hierbei müssen [weil in jedem Dreieck zwei Seiten, beliebig zusammengenommen, größer sind als die letzte (I, 20)] *stets zwei, beliebig zusammengenommen, größer sein als die letzte.*

Die drei gegebenen Strecken seien a, b, c, und von ihnen seien stets zwei, beliebig zusammengenommen, größer als die letzte: $a + b > c$, $a + c > b$ und $b + c > a$. Man soll aus Strecken, die a, b, c gleich sind, ein Dreieck errichten.

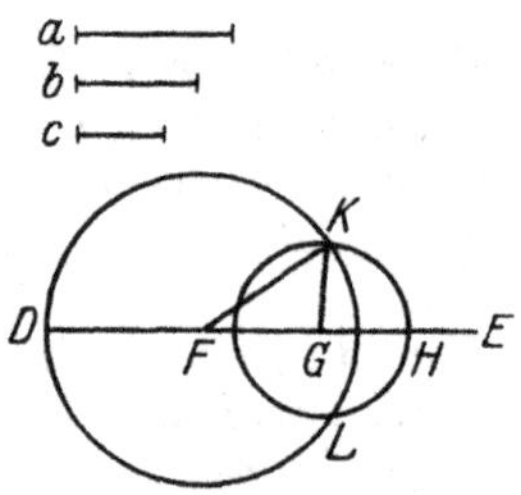

Fig. 22.

Man ziehe eine in D begrenzte, nach E unbegrenzte gerade Linie DE und trage $DF = a$, $FG = b$, $GH = c$ ab; ferner zeichne man mit F als Mittelpunkt, FD als Abstand den Kreis DKL, ebenso mit G als Mittelpunkt, GH als Abstand den Kreis KLH, ziehe KF und KG; ich behaupte, daß das Dreieck KFG aus drei Strecken errichtet ist, die a, b, c gleich sind.

Da nämlich Punkt F Mittelpunkt des Kreises DKL ist, ist $FD = FK$; aber $FD = a$; also ist auch $KF = a$. Da ebenso Punkt G Mittelpunkt des Kreises LKH ist, ist $GH = GK$; aber $GH = c$; also ist auch $KG = c$. Ferner ist $FG = b$. Die drei Strecken KF, FG, GK sind also den drei Strecken a, b, c gleich.

Also hat man aus drei Strecken KF, FG, GK, die drei gegebenen Strecken a, b, c gleich sind, ein Dreieck errichtet, nämlich KFG — dies hatte man ausführen sollen.

§ 23 (A. 9).

An eine gegebene gerade Linie in einem Punkte auf ihr einen einem gegebenen geradlinigen Winkel gleichen geradlinigen Winkel anzutragen.

Die gegebene gerade Linie sei AB, der Punkt auf ihr A, der gegebene geradlinige Winkel DCE. Man soll an die gegebene gerade Linie AB in dem Punkte A auf ihr einen dem gegebenen geradlinigen Winkel *D C E* gleichen geradlinigen Winkel antragen.

Man wähle auf beiden geraden Linien *C D*, *C E* Punkte *D*, *E* beliebig und ziehe *D E*; ferner errichte man aus drei Strecken, die den drei Strecken *C D*, *D E*, *C E* gleich sind, ein Dreieck *A F G* (I, 22), so daß *C D* = *A F*, *C E* = *A G* und *D E* = *F G*.

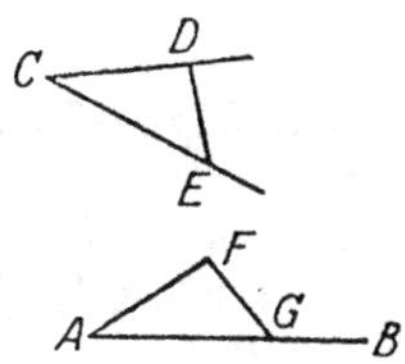

Fig. 23.

Da hier zwei Seiten *D C*, *C E* zwei Seiten *F A*, *A G* entsprechend gleich sind, auch Grdl. *D E* = Grdl. *F G*, so ist ∠ *D C E* = ∠ *F A G* (I, 8).

Man hat also an eine gegebene gerade Linie *A B* in einem Punkte *A* auf ihr einen einem gegebenen geradlinigen Winkel *D C E* gleichen geradlinigen Winkel angetragen, nämlich *F A G* — dies hatte man ausführen sollen.

§ 24 (L. 15).

Wenn in zwei Dreiecken zwei Seiten zwei Seiten entsprechend gleich sind, der von den gleichen Strecken umfaßte Winkel aber im ersten Dreieck größer ist als im zweiten, dann muß auch die Grundlinie im ersten Dreieck größer sein als im zweiten.

A B C, *D E F* seien zwei Dreiecke, in denen zwei Seiten *A B*, *A C* zwei Seiten *D E*, *D F* entsprechend gleich sind, nämlich *A B* = *D E*, *A C* = *D F*; der Winkel bei *A* sei aber größer als der Winkel bei *D*. Ich behaupte, daß auch Grdl. *B C* > Grdl. *E F*.

Hier ist ∠ *B A C* > ∠ *E D F*; man trage daher an die gerade Linie *D E* im Punkte *D* auf ihr ∠ *E D G* = *B A C* an (I, 23), mache *D G* = *A C* oder *D F* und ziehe *E G*, *F G*.

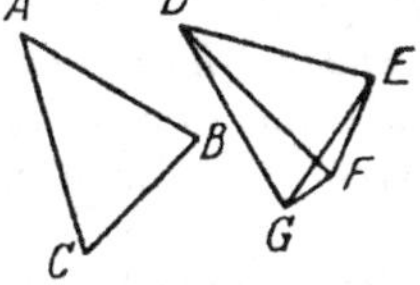

Fig. 24.

Da *A B* = *D E* und *A C* = *D G*, so sind zwei Seiten *B A*, *A C* zwei Seiten *E D*, *D G* entsprechend gleich; ferner ∠ *B A C* = *E D G*; also ist Grdl. *B C* = Grdl. *E G* (I, 4). Andererseits ist, da *D F* = *D G*, auch ∠ *D G F* = *D F G* (I, 5); also *D F G* > *E G F* (Ax. 8); um so mehr ist *E F G* > *E G F*. Da so *E F G* ein

Dreieck mit $\angle\ EFG > EGF$ ist, dem größeren Winkel aber die größere Seite gegenüberliegt (I, 19), so ist auch die Seite $EG > EF$. Aber $EG = BC$; also ist auch $BC > EF$ — S.

§ 25 (L. 16).

Wenn in zwei Dreiecken zwei Seiten zwei Seiten entsprechend gleich sind, die Grundlinie aber im ersten Dreieck größer ist als im zweiten, dann muß auch der von den gleichen Strecken umfaßte Winkel im ersten Dreieck größer sein als im zweiten.

ABC, DEF seien zwei Dreiecke, in denen zwei Seiten AB, AC zwei Seiten DE, DF entsprechend gleich sind, nämlich $AB = DE$, $AC = DF$; Grdl. BC sei aber > Grdl. EF. Ich behaupte, daß auch $\angle\ BAC > \angle\ EDF$.

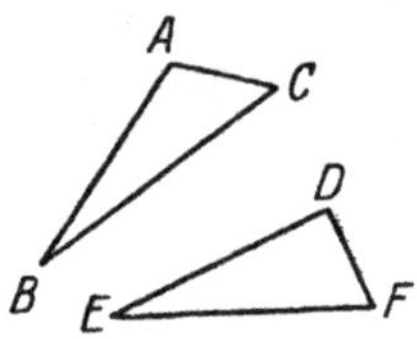

Fig. 25.

Anderenfalls wäre er entweder ihm gleich oder kleiner. Gleich EDF kann BAC nicht sein; denn sonst wäre auch Grdl. BC = Grdl. EF (I, 4); dies ist aber nicht der Fall; also ist nicht $\angle\ BAC = EDF$. Aber auch $< EDF$ kann BAC nicht sein; denn sonst wäre auch Grdl. $BC <$ Grdl. EF (I, 24), dies ist aber nicht der Fall; also ist nicht $\angle\ BAC < EDF$. Wie oben bewiesen, sind sie auch nicht gleich also ist $BAC > EDF$ — S.

§ 26 (L. 17).

Wenn in zwei Dreiecken zwei Winkel zwei Winkeln entsprechend gleich sind und eine Seite einer Seite, nämlich entweder die den gleichen Winkeln anliegenden oder die einem der gleichen Winkel gegenüberliegenden Seiten einander gleich, dann müssen auch die übrigen Seiten den übrigen Seiten (entsprechend) gleich sein und der letzte Winkel dem letzten Winkel.

ABC, DEF seien zwei Dreiecke, in denen zwei Winkel ABC, BCA zwei Winkeln DEF, EFD entsprechend gleich sind, nämlich $ABC = DEF$, $BCA = EFD$; ferner sei in ihnen eine Seite einer Seite gleich, zunächst die den gleichen Winkeln anliegende $BC = EF$. Ich behaupte, daß in ihnen auch die übrigen Seiten den übrigen Seiten entsprechend gleich sein müssen, $AB = DE$, $AC = DF$, und der letzte Winkel dem letzten Winkel, $BAC = EDF$.

Wäre nämlich AB ungleich DE, so müßte eine der Strecken größer sein. AB sei die größere; dann trage man $BG = DE$ ab und ziehe GC. Da hier $BG = DE$ und $BC = EF$, so wären zwei Seiten BG, BC zwei Seiten DE, EF entsprechend gleich; ferner $\angle GBC = \angle DEF$; also wäre Grdl. $GC =$ Grdl. DF, $\triangle GBC = \triangle DEF$, und die übrigen Winkel müßten den übrigen Winkeln gleich sein, immer die, denen gleiche Seiten gegenüberliegen (I, 4); also wäre $\angle GCB = DFE$. Nach Voraussetzung ist aber $DFE = BCA$; also wäre auch $\angle BCG = BCA$, der kleinere dem größeren (Ax. 8); dies ist aber unmöglich. AB ist also nicht ungleich DE, also ihm gleich. Aber auch $BC = EF$; mithin sind zwei Seiten AB, BC zwei Seiten DE, EF entsprechend gleich; ferner $\angle ABC = \angle DEF$; also ist Grdl. $AC =$ Grdl. DF und der letzte Winkel BAC dem letzten Winkel EDF gleich (I, 4).

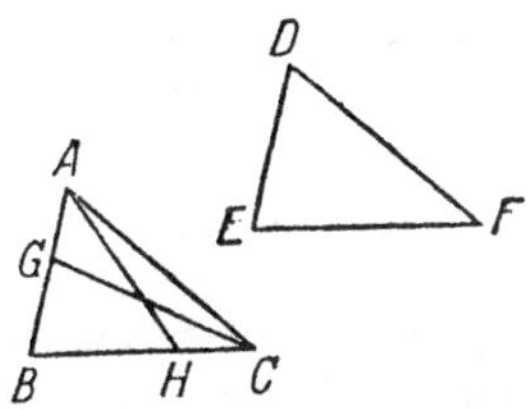

Fig. 26.

Zweitens seien Seiten gleich, die gleichen Winkeln gegenüberliegen, etwa $AB = DE$. Ich behaupte wieder, daß die übrigen Seiten den übrigen Seiten gleich sein müssen, $AC = DF$ und $BC = EF$, schließlich auch der letzte Winkel BAC dem letzten Winkel EDF gleich.

Wäre nämlich BC ungleich EF, so müßte eine der Strecken größer sein. BC sei etwa die größere; dann trage man $BH = EF$ ab und ziehe AH. Da hier $BH = EF$ und $AB = DE$, so wären zwei Seiten AB, BH zwei Seiten DE, EF entsprechend gleich; auch umfaßten sie gleiche Winkel; also wäre Grdl. $AH =$ Grdl. DF, $\triangle ABH$ $\triangle DEF$, und die übrigen Winkel müßten den übrigen Winkeln gleich sein, immer die, denen gleiche Seiten gegenüberliegen (I, 4); also wäre $\angle BHA = EFD$. Aber $EFD = BCA$; mithin wäre am Dreieck AHC der Außenwinkel BHA dem gegenüberliegenden Innenwinkel

B C A gleich; dies ist aber unmöglich (I, 16). *B C* ist also nicht ungleich *E F*, also ihm gleich. Aber auch *A B* = *D E*; mithin sind zwei Seiten *A B*, *B C* zwei Seiten *D E*, *E F* entsprechend gleich; auch umfassen sie gleiche Winkel; also ist Grdl. *A C* = Grdl. *D F*, △ *A B C* = △ *D E F* und der letzte Winkel *B A C* dem letzten Winkel *E D F* gleich (I, 4) — *S*.

§ 27 (L. 18).

Wenn eine gerade Linie beim Schnitt mit zwei geraden Linien einander gleiche (innere) Wechselwinkel bildet, müssen diese geraden Linien einander parallel sein.

Die gerade Linie *E F* bilde nämlich beim Schnitt mit den zwei geraden Linien *A B*, *C D* einander gleiche Wechselwinkel *A E F*, *E F D*. Ich behaupte, daß *A B* ‖ *C D*.

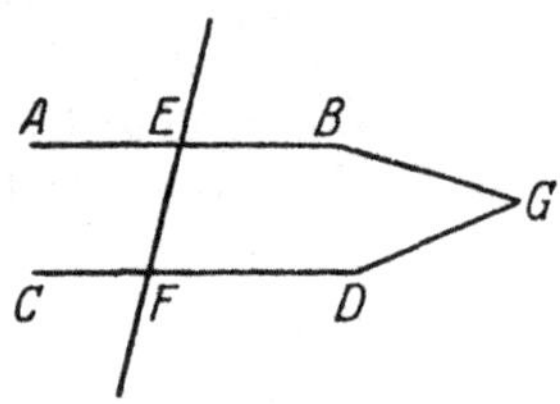

Fig. 27.

Anderenfalls müßten sich nämlich *A B*, *C D* bei Verlängerung treffen entweder nach *B*, *D* zu oder nach *A*, *C* zu (I, Def. 23); man verlängere sie, sie mögen sich nach *B*, *D* zu treffen, in *G*. Dann wäre am Dreieck *G E F* der Außenwinkel *A E F* dem gegenüberliegenden Innenwinkel *E F G* gleich; dies ist aber unmöglich (I, 16); also treffen sich *A B*, *C D* bei Verlängerung nicht auf der Seite *B*, *D*. Ähnlich läßt sich zeigen, daß sie es auch nach *A*, *C* zu nicht tun; nach keiner Seite hin sich treffende sind aber parallel (I, Def. 23); also ist *A B* ‖ *C D* — S.

§ 28 (L. 19).

Wenn eine gerade Linie beim Schnitt mit zwei geraden Linien bewirkt, daß ein äußerer Winkel dem auf derselben Seite innen gegenüberliegenden gleich oder innen auf derselben Seite liegende Winkel zusammen zwei Rechten gleich werden, dann müssen diese geraden Linien einander parallel sein.

Die gerade Linie *E F* mache nämlich beim Schnitt mit den zwei geraden Linien *A B*, *C D* den äußeren Winkel *E G B* dem innen gegenüberliegenden Winkel *G H D* gleich oder die innen auf derselben Seite liegenden $BGH + GHD = 2$ R. Ich behaupte, daß $AB \parallel CD$.

Da nämlich $EGB = GHD$, andererseits $EGB = AGH$ (I, 15), so ist auch $AGH = GHD$; sie sind dabei Wechselwinkel; also ist $AB \parallel CD$ (I, 27).

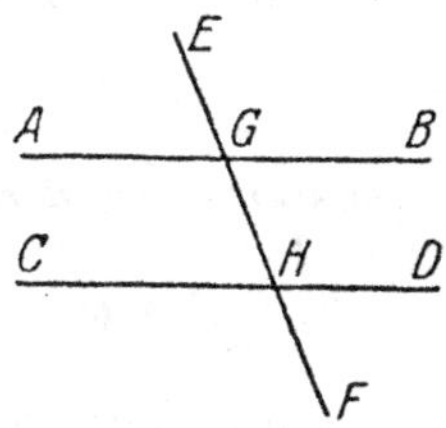

Fig. 28.

Im zweiten Fall sind, da $BGH + GHD = 2$ R., aber auch $AGH + BGH = 2$ R. (I, 13), $AGH + BGH = BGH + GHD$ (Post. 4, Ax. 1); man nehme BGH beiderseits weg; dann ist Rest AGH = Rest GHD; sie sind dabei Wechselwinkel; also ist $AB \parallel CD$ (*I*, 27) — S.

§ 29 (L. 20).

Beim Schnitt einer geraden Linie mit (zwei) parallelen geraden Linien werden (innere) Wechselwinkel einander gleich, jeder äußere Winkel wird dem innen gegenüberliegenden gleich, und innen auf derselben Seite entstehende Winkel werden zusammen zwei Rechten gleich.

Man bringe nämlich die gerade Linie EF mit den parallelen geraden Linien AB, CD zum Schnitt. Ich behaupte, daß dann die Wechselwinkel AGH, GHD gleich werden, der äußere Winkel EGB dem innen gegenüberliegenden GHD gleich und die innen auf derselben Seite entstehenden Winkel $BGH + GHD = 2$ R.

Wäre nämlich AGH ungleich GHD, so müßte einer der Winkel größer sein. AGH sei der größere; man füge BGH beiderseits hinzu; dann wären $AGH + BGH > BGH + GHD$. Aber $AGH + BGH = 2$ R. (I, 13); also wären $BGH + GHD < 2$ R. Von Winkeln aus, die zusammen < 2 R. sind, ins unendliche verlängerte treffen sich aber (Post. 5); also müßten AB, CD sich bei Verlängerung ins unendliche treffen; sie treffen sich aber nicht, da sie nach Voraussetzung parallel sind (I, Def. 23). AGH ist also nicht ungleich GHD, also ihm gleich. Weiter ist AGH

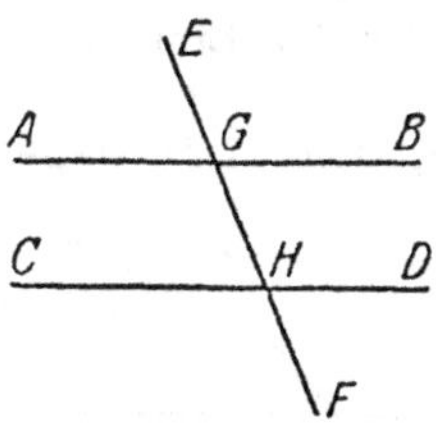

Fig. 29.

$= EGB$ (I, 15), also auch $EGB = GHD$. Man füge BGH beiderseits hinzu; dann sind $EGB + BGH = BGH + GHD$; aber $EGB + BGH = 2$ R. (I, 13); also sind auch $BGH + GHD = 2$ R. — S.

§ 30 (L. 21)

Derselben geraden Linie parallele sind auch einander parallel.

AB, CD seien beide $\parallel EF$. Ich behaupte, daß auch $AB \parallel CD$.

Man bringe die gerade Linie GK mit ihnen zum Schnitt.

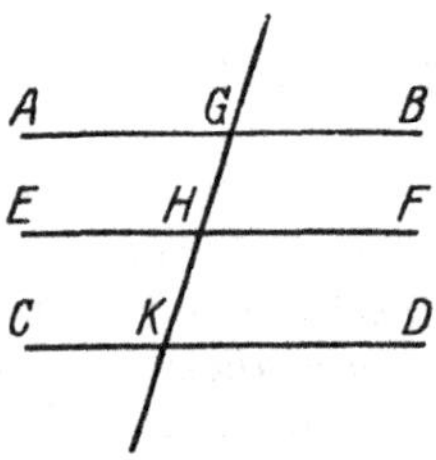

Fig. 30.

Da die parallelen geraden Linien AB, EF von der geraden Linie GK geschnitten werden, ist $AGK = GHF$ (I, 29). Ebenso ist, da die parallelen geraden Linien EF, CD von der geraden Linie GK geschnitten werden, $GHF = GKD$ (I, 29). Wie oben bewiesen, ist $AGK = GHF$; also ist auch $AGK = GKD$; sie sind dabei Wechselwinkel. Also ist $AB \parallel CD$ (I, 27) — [S.] dies hatte man beweisen sollen.

§ 31 (A. 10).

Durch einen gegebenen Punkt eine einer gegebenen geraden Linie parallele gerade Linie zu ziehen.

Der gegebene Punkt sei A, die gegebene gerade Linie BC. Man soll durch den Punkt A eine der geraden Linie BC parallele gerade Linie ziehen.

Auf BC wähle man Punkt D beliebig, ziehe AD, trage an die gerade Linie DA im Punkte A auf ihr $\angle DAE = ADC$ an (I, 23) und verlängere EA gerade um die gerade Linie AF.

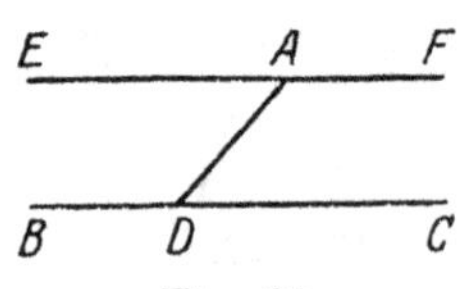

Fig. 31.

Da die gerade Linie AD beim Schnitt mit den zwei geraden Linien BC, EF einander gleiche Wechselwinkel bildet, nämlich EAD, ADC, so ist $EAF \parallel BC$ (I, 27).

Also hat man durch den gegebenen Punkt A zur gegebenen geraden Linie $B\,C$ parallel die gerade Linie $E\,A\,F$ gezogen — dies hatte man ausführen sollen.

§ 32 (L. 22).

An jedem Dreieck ist der bei Verlängerung einer Seite entstehende Außenwinkel den beiden gegenüberliegenden Innenwinkeln zusammen gleich, und die drei Winkel innerhalb des Dreiecks sind zusammen zwei Rechten gleich.

Das Dreieck sei $A\,B\,C$. Man verlängere seine eine Seite $B\,C$ nach D; ich behaupte, daß der Außenwinkel $A\,C\,D$ den beiden gegenüberliegenden Innenwinkeln $C\,A\,B + A\,B\,C$ gleich ist und die drei Winkel innerhalb des Dreiecks $A\,B\,C + B\,C\,A + C\,A\,B = 2$ R.

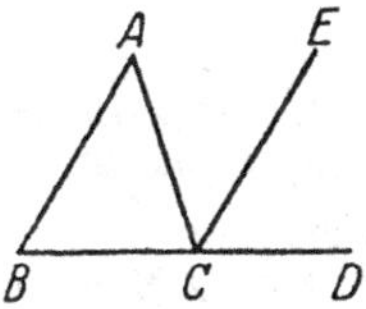

Fig. 32.

Durch Punkt C ziehe man $C\,E \parallel$ zur geraden Linie $A\,B$ (I, 31).

Da $A\,B \parallel C\,E$ und sie von $A\,C$ geschnitten werden, sind die Wechselwinkel $B\,A\,C = A\,C\,E$ (I, 29). Ebenso ist, da $A\,B \parallel C\,E$ und sie von der geraden Linie $B\,D$ geschnitten werden, der äußere Winkel $E\,C\,D$ dem innen gegenüberliegenden $A\,B\,C$ gleich (I, 29). Wie oben bewiesen, ist auch $A\,C\,E = B\,A\,C$; also ist der ganze Winkel $A\,C\,D$ den beiden gegenüberliegenden Innenwinkeln $B\,A\,C + A\,B\,C$ gleich (Ax. 2).

Man füge $A\,C\,B$ beiderseits hinzu; dann sind $A\,C\,D + A\,C\,B = A\,B\,C + B\,C\,A + C\,A\,B$. Aber $A\,C\,D + A\,C\,B = 2$ R. (I, 13); also sind auch $A\,C\,B + C\,B\,A + C\,A\,B = 2$ R. — S.

§ 33 (L. 23).

Strecken, welche gleiche und parallele Strecken auf denselben Seiten verbinden, sind auch selbst gleich und parallel.

$A\,B$, $C\,D$ seien gleich und parallel, und die Strecken $A\,C$, $B\,D$ mögen sie auf denselben Seiten verbinden. Ich behaupte, daß auch $A\,C$, $B\,D$ gleich und parallel sind.

Man ziehe $B\,C$.

Da $A\,B \parallel C\,D$ und sie von $B\,C$ geschnitten werden, sind die Wechselwinkel $A\,B\,C = B\,C\,D$ (I, 29). Da $A\,B = C\,D$ ist und $B\,C$ gemeinsam, so sind zwei Seiten $A\,B$, $B\,C$

zwei Seiten $B\,C$, $C\,D$ gleich; auch $\angle A\,B\,C = \angle B\,C\,D$; also ist Grdl. $A\,C =$ Grdl. $B\,D$, $\triangle A\,B\,C = \triangle B\,C\,D$, und die übrigen Winkel müssen den übrigen Winkeln entsprechend gleich sein, immer die, denen gleiche Seiten gegenüberliegen (I, 4); also ist $\angle A\,C\,B = C\,B\,D$. Da hier die gerade Linie $B\,C$ beim Schnitt mit den zwei geraden Linien $A\,C$, $B\,D$ einander gleiche Wechselwinkel bildet, so ist $A\,C \parallel B\,D$ (I, 27). Die Gleichheit ist oben bewiesen — S.

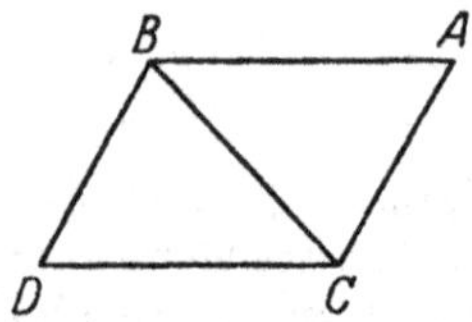

Fig. 33.

§ 34 (L. 24).

Im Parallelogramm sind die gegenüberliegenden Seiten sowohl als Winkel einander gleich, und die Diagonale halbiert es.

$A\,C\,D\,B$ sei ein Parallelogramm, $B\,C$ Diagonale in ihm. Ich behaupte, daß im Parallelogramm $A\,C\,D\,B$ die gegenüberliegenden Seiten sowohl als Winkel einander gleich sind und daß die Diagonale $B\,C$ es halbiert.

Da $A\,B \parallel C\,D$ und sie von der geraden Linie $B\,C$ geschnitten werden, sind die Wechselwinkel $A\,B\,C = B\,C\,D$ (I, 29). Ebenso sind, da $A\,C \parallel B\,D$ und sie von $B\,C$ geschnitten werden, die Wechselwinkel $A\,C\,B = C\,B\,D$. Mithin sind $A\,B\,C$, $B\,C\,D$ zwei Dreiecke, in denen zwei Winkel $A\,B\,C$, $B\,C\,A$ zwei Winkeln $B\,C\,D$, $C\,B\,D$ entsprechend gleich sind und eine Seite einer Seite gleich, nämlich die den gleichen Winkeln anliegende $B\,C$, die ihnen gemeinsam ist; also müssen in ihnen auch die übrigen Seiten den übrigen Seiten entsprechend gleich sein und der letzte Winkel dem letzten Winkel (I, 26); also ist die Seite $A\,B = C\,D$, $A\,C = B\,D$ sowie $\angle B\,A\,C = C\,D\,B$. Und da $\angle A\,B\,C = B\,C\,D$, $C\,B\,D = A\,C\,B$, so sind die ganzen Winkel $A\,B\,D = A\,C\,D$ (Ax. 2). Daß auch $B\,A\,C = C\,D\,B$, ist oben bewiesen.

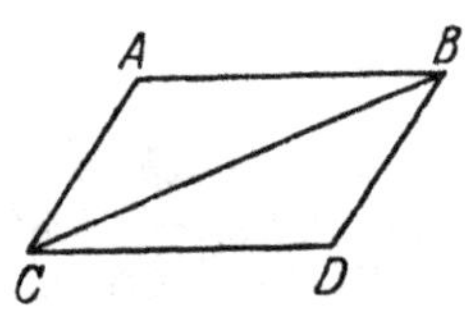

Fig. 34.

Im Parallelogramm sind also die gegenüberliegenden Seiten sowohl als Winkel einander gleich.

Weiter behaupte ich, daß die Diagonale es halbiert.

Da nämlich $AB = CD$ ist und BC gemeinsam, so sind zwei Seiten AB, BC zwei Seiten CD, BC entsprechend gleich; ferner $\angle ABC = \angle BCD$; also ist auch [Grdl. $AC = BD$ und] $\triangle ABC = \triangle BCD$ (I, 4).

Also halbiert die Diagonale BC das Parallelogramm $ABCD$ — dies hatte man beweisen sollen.

§ 35 (L. 25).

Auf derselben Grundlinie zwischen denselben Parallelen gelegene Parallelogramme sind einander gleich.

Die Parallelogramme $ABCD$, $EBCF$ mögen auf derselben Grundlinie BC und zwischen denselben Parallelen AF, BC liegen. Ich behaupte, daß Pgm. $ABCD = EBCF$.

Da $ABCD$ ein Parallelogramm ist, ist $AD = BC$ (I, 34). Aus demselben Grunde ist $EF = BC$, so daß auch $AD = EF$; DE ist gemeinsam; also sind die ganzen Strecken $AE = DF$ (Ax. 2). Aber auch $AB = DC$; mithin sind zwei Seiten EA, AB zwei Seiten FD, DC entsprechend gleich; ferner ist $\angle FDC = \angle EAB$, der äußere dem inneren (I, 29); also ist Grdl. $EB =$ Grdl. FC, und $\triangle EAB$ muß $= \triangle DFC$ sein (I, 4). Man nehme das gemeinsame $\triangle DGE$ weg; dann ist das Resttrapez $ABGD =$ dem Resttrapez $EGCF$ (Ax. 3). Man füge $\triangle GBC$ beiderseits hinzu; dann ist das ganze Pgm. $ABCD$ = dem ganzen Pgm. $EBCF$ (Ax. 2) — S.

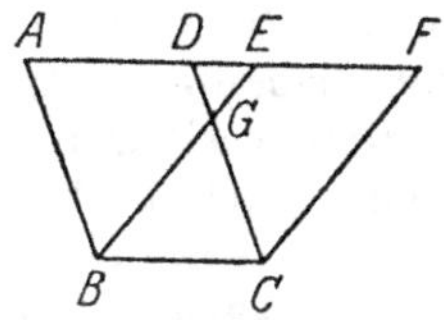

Fig. 35.

§ 36 (L. 26).

Auf gleichen Grundlinien zwischen denselben Parallelen gelegene Parallelogramme sind einander gleich.

$ABCD$, $EFGH$ seien auf gleichen Grundlinien BC, FG zwischen denselben Parallelen AH, BG gelegene Parallelogramme. Ich behaupte, daß Pgm. $ABCD = EFGH$.

Man ziehe BE, CH.

Da $BC = FG$, andererseits $FG = EH$ (I, 34), so ist auch $BC = EH$; dabei sind sie parallel; und EB, HC

verbinden sie. Strecken, die gleiche und parallele Strecken auf denselben Seiten verbinden, sind aber gleich und parallel (I, 33) [auch $E B$, $H C$ sind also gleich und parallel]; also ist $EBCH$ ein Parallelogramm. Und es ist $= ABCD$; denn es hat mit ihm dieselbe Grundlinie $B C$ und liegt mit ihm zwischen denselben Parallelen $B C$, $A H$ (I, 35). Aus demselben Grunde ist auch $E F G H$ demselben $EBCH$ gleich, so daß auch Pgm. $A B C D = E F G H$ — S.

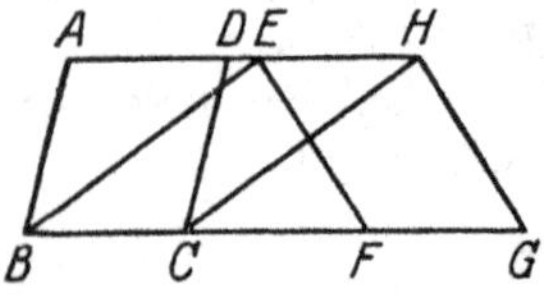

Fig. 36.

§ 37 (L. 27).

Auf derselben Grundlinie zwischen denselben Parallelen gelegene Dreiecke sind einander gleich.

Die Dreiecke $A B C$, $D B C$ mögen auf derselben Grundlinie $B C$ zwischen denselben Parallelen $A D$, $B C$ liegen. Ich behaupte, daß $\triangle A B C = \triangle D B C$.

Man verlängere $A D$ nach beiden Seiten nach E, F, ziehe durch B $B E \parallel C A$ und durch C $C F \parallel B D$ (I, 31).

Dann sind $E B C A$ und $D B C F$ beide Parallelogramme; und sie sind gleich; denn sie liegen auf derselben Grundlinie $B C$ und zwischen denselben Parallelen $B C$, $E F$ (I, 35). Ferner ist $\triangle A B C$ vom Pgm. $E B C A$ die Hälfte; denn dieses wird von der Diagonale $A B$ halbiert (I, 34). Und $\triangle D B C$ ist vom Pgm. $D B C F$ die Hälfte; denn dieses wird von der Diagonale $D C$ halbiert. [Die Hälften gleicher Ganzen sind aber gleich (Ax. 6).] Also ist $\triangle A B C = \triangle D B C$ — S.

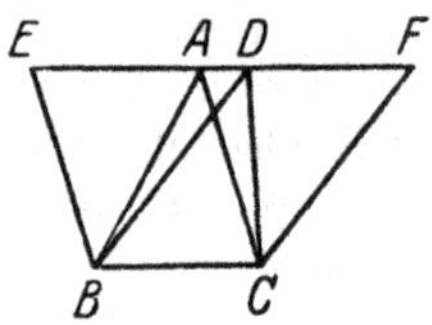

Fig. 37.

§ 38 (L. 28).

Auf gleichen Grundlinien zwischen denselben Parallelen gelegene Dreiecke sind einander gleich.

Die Dreiecke $A B C$, $D E F$ mögen auf gleichen Grundlinien $B C$, $E F$ zwischen denselben Parallelen $B F$, $A D$ liegen. Ich behaupte, daß $\triangle A B C = \triangle D E F$.

Man verlängere $A\,D$ nach beiden Seiten nach G, H, ziehe durch B $B\,G \parallel C\,A$ und durch F $F\,H \parallel D\,E$.

Dann sind $G\,B\,C\,A$ und $D\,E\,F\,H$ beide Parallelogramme; und $G\,B\,C\,A = D\,E\,F\,H$; denn sie liegen auf gleichen Grundlinien $B\,C$, $E\,F$ und zwischen denselben Parallelen $B\,F$, $G\,H$ (I, 36). Ferner ist $\triangle\,A\,B\,C$ vom Pgm. $G\,B\,C\,A$ die Hälfte; denn dieses wird von der Diagonale $A\,B$ halbiert (I, 34). Und $\triangle\,F\,E\,D$ ist vom Pgm. $D\,E\,F\,H$ die Hälfte; denn dieses wird von der Diagonale $D\,F$ halbiert. [Die Hälften gleicher Ganzen sind aber gleich (Ax. 6).] Also ist $\triangle\,A\,B\,C = \triangle\,D\,E\,F$ — S.

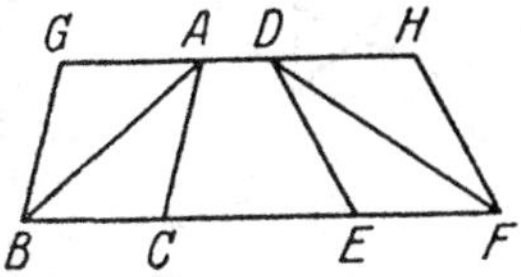

Fig. 38.

§ 39 (L. 29).

Auf derselben Grundlinie nach derselben Seite gelegene gleiche Dreiecke liegen auch zwischen denselben Parallelen.

$A\,B\,C$, $D\,B\,C$ seien gleiche auf derselben Grundlinie $B\,C$ nach derselben Seite gelegene Dreiecke. [Ich behaupte, daß sie zwischen denselben Parallelen liegen.] Man ziehe $A\,D$. Ich behaupte, daß $A\,D \parallel B\,C$.

Anderenfalls ziehe man durch Punkt A $A\,E \parallel$ zur geraden Linie $B\,C$ und verbinde $E\,C$. Dann wäre $\triangle\,A\,B\,C = \triangle\,E\,B\,C$; denn es läge mit ihm auf derselben Grundlinie $B\,C$ und zwischen denselben Parallelen (I, 37). Aber $A\,B\,C = D\,B\,C$; also wäre auch $D\,B\,C = E\,B\,C$, das größere dem kleineren (Ax. 8); dies ist aber unmöglich; also ist $A\,E$ nicht $\parallel$ $B\,C$. Ähnlich läßt sich zeigen, daß auch keine andere von $A\,D$ verschiedene Linie es ist; also ist $A\,D \parallel B\,C$ (I, 31) — S.

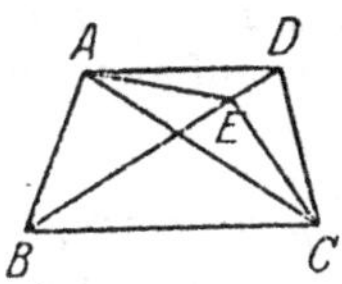

Fig. 39.

§ 40 (L. 30).

[*Auf gleichen Grundlinien nach derselben Seite gelegene gleiche Dreiecke liegen auch zwischen denselben Parallelen.*]

§ 41 (L. 31).

Wenn ein Parallelogramm mit einem Dreieck dieselbe Grundlinie hat und zwischen denselben Parallelen liegt, ist das Parallelogramm doppelt so groß wie das Dreieck.

Das Parallelogramm $A\,B\,C\,D$ habe nämlich mit dem Dreieck $E\,B\,C$ dieselbe Grundlinie $B\,C$ und liege zwischen denselben Parallelen $B\,C$, $A\,E$. Ich behaupte, daß Pgm. $A\,B\,C\,D = 2\,\triangle\,B\,E\,C$.

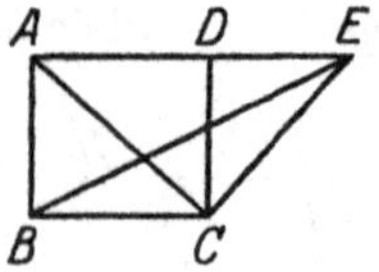

Fig. 40.

Man ziehe $A\,C$.

Dann ist $\triangle\,A\,B\,C = \triangle\,E\,B\,C$; denn es liegt mit ihm auf derselben Grundlinie $B\,C$ und zwischen denselben Parallelen $B\,C$, $A\,E$ (I, 37). Aber Pgm. $A\,B\,C\,D = 2\,\triangle\,A\,B\,C$; denn es wird von der Diagonale $A\,C$ halbiert (I, 34); folglich ist auch Pgm. $A\,B\,C\,D = 2\,\triangle\,E\,B\,C$ — S.

§ 42 (A. 11).

Ein einem gegebenen Dreieck gleiches Parallelogramm in einem gegebenen geradlinigen Winkel zu errichten.

Das gegebene Dreieck sei $A\,B\,C$, der gegebene geradlinige Winkel D. Man soll ein dem Dreieck $A\,B\,C$ gleiches Parallelogramm in dem geradlinigen Winkel D errichten.

Man halbiere $B\,C$ in E (I, 10), ziehe $A\,E$ und trage an die gerade Linie $E\,C$ im Punkte E auf ihr $C\,E\,F = \angle\,D$ an (I, 23), ziehe ferner durch A $A\,G \parallel E\,C$ und durch C $C\,G \parallel E\,F$ (I, 31).

Dann ist $F\,E\,C\,G$ ein Parallelogramm. Da $B\,E = E\,C$, ist ferner $\triangle\,A\,B\,E = \triangle\,A\,E\,C$; denn sie liegen auf gleichen Grundlinien $B\,E$, $E\,C$ und zwischen denselben Parallelen $B\,C$, $A\,G$ (I, 38); also ist $\triangle\,A\,B\,C = 2\,\triangle\,A\,E\,C$. Aber auch Pgm. $F\,E\,C\,G = 2\,\triangle\,A\,E\,C$; denn es hat mit ihm dieselbe Grundlinie und liegt mit ihm zwischen denselben Parallelen (I, 41). Also ist Pgm. $F\,E\,C\,G = \triangle\,A\,B\,C$; und sein Winkel $C\,E\,F$ ist dem gegebenen $\angle\,D$ gleich.

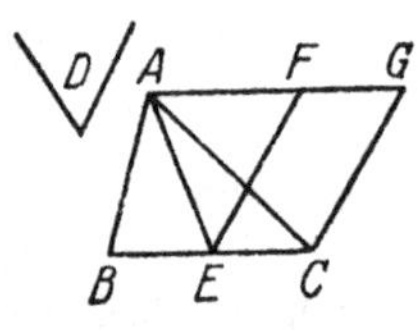

Eig. 41.

Also hat man ein dem Dreieck $A\,B\,C$ gleiches Parallelogramm, nämlich $F\,E\,C\,G$, im Winkel $C\,E\,F = D$ errichtet — dies hatte man ausführen sollen.

§ 43 (L. 32).

In jedem Parallelogramm sind die Ergänzungen der um die Diagonale liegenden Parallelogramme einander gleich.

$ABCD$ sei ein Parallelogramm, AC Diagonale in ihm; EH, FG seien die Parallelogramme um AC, und BK, KD die sogenannten Ergänzungen. Ich behaupte, daß die Ergänzung BK der Ergänzung KD gleich ist.

Da nämlich $ABCD$ ein Parallelogramm ist, AC Diagonale in ihm, ist $\triangle ABC = \triangle ACD$ (I, 34). Ebenso ist, da EH ein Parallelogramm ist, AK Diagonale in ihm, $\triangle AEK = \triangle AHK$. Aus demselben Grunde ist auch $\triangle KFC = KGC$. Da hier sowohl $\triangle AEK = \triangle AHK$ als auch $KFC = KGC$, so ist $\triangle AEK$ mit KGC zusammen $= \triangle AHK$ mit KFC zusammen (Ax. 2). Aber auch das ganze $\triangle ABC$ ist dem ganzen ADC gleich; also ist der Rest, die Ergänzung BK, dem Rest, der Ergänzung KD, gleich (Ax. 3) — S.

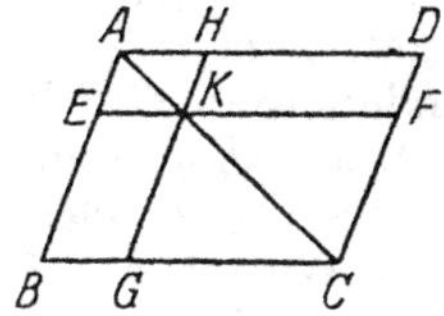

Fig. 42.

§ 44 (A. 12).

An eine gegebene Strecke ein einem gegebenen Dreieck gleiches Parallelogramm in einem gegebenen geradlinigen Winkel anzulegen.

Die gegebene Strecke sei AB, das gegebene Dreieck C und der gegebene geradlinige Winkel D. Man soll an die gegebene Strecke AB ein dem gegebenen $\triangle C$ gleiches Parallelogramm in einem Winkel $= D$ anlegen.

Man errichte im Winkel $EBG = D$ das Parallelogramm $BEFG = \triangle C$ (I, 42) und lege es so, daß BE AB gerade fortsetzt, ziehe FG nach H durch, ziehe ferner durch A $AH \parallel BG$ oder EF und verbinde HB. Da hier die Parallelen AH, EF von der geraden Linie HF geschnitten werden, so sind $\angle AHF + HFE = 2$ R. (I, 29). Dann sind $BHG + GFE < 2$ R. (Ax. 8). Von Winkeln aus, die zusammen < 2 R. sind, ins unendliche verlängerte treffen sich aber (Post. 5); also müssen sich HB, FE bei Verlängerung treffen. Man verlängere sie, sie mögen sich in K treffen. Ferner ziehe man durch Punkt K KL

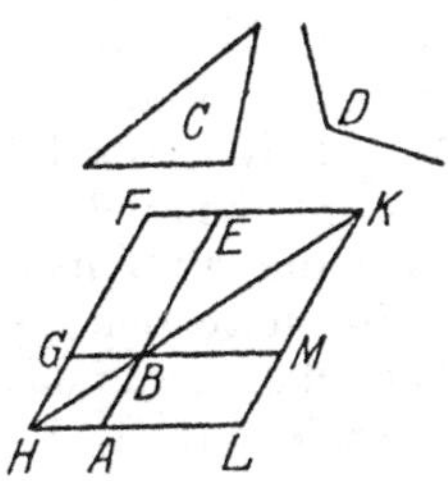

Fig. 43.

$\parallel EA$ oder FH und verlängere HA, GB nach den Punkten L, M.

Dann ist $HLKF$ ein Parallelogramm, HK Diagonale in ihm, und um HK liegen die Parallelogramme AG, ME; die sogenannten Ergänzungen sind LB, BF; also ist $LB = BF$ (I, 43). Aber Pgm. $BF = \triangle C$; also ist auch Pgm. $LB = \triangle C$. Und da $\angle GBE = ABM$ (I, 15), andererseits $GBE = \angle D$, so ist auch $ABM = \angle D$.

Man hat also an die gegebene Strecke AB ein dem gegebenen $\triangle C$ gleiches Parallelogramm, nämlich LB, in dem Winkel $ABM = D$ angelegt — dies hatte man ausführen sollen.

§ 45 (A. 13).

[*Ein einer gegebenen geradlinigen Figur gleiches Parallelogramm in einem gegebenen geradlinigen Winkel zu errichten.*

Die gegebene geradlinige Figur sei $ABCD$, der gegebene geradlinige Winkel E. Man soll ein der geradlinigen Figur $ABCD$ gleiches Parallelogramm in dem gegebenen Winkel E errichten.

Man ziehe DB, errichte im Winkel $HKF = E$ das Parallelogramm $FH = \triangle ABD$ (I, 42) und lege an die Strecke GH im Winkel $GHM = E$ das Parallelogramm $GM = \triangle DBC$ an (I, 44).

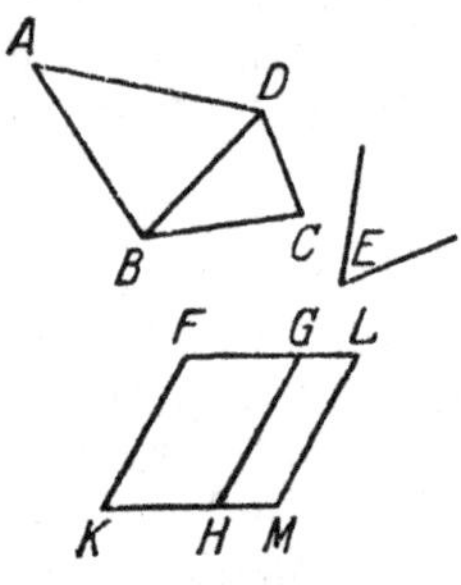

Fig. 44.

Da $\angle E$ sowohl $= HKF$ als auch $= GHM$, ist auch $HKF = GHM$. Man füge KHG beiderseits hinzu; dann sind $FKH + KHG = KHG + GHM$. Aber $FKH + KHG = 2$ R. (I, 29); also sind auch $KHG + GHM = 2$ R. Hier bilden an einer geraden Linie GH im Punkte H auf ihr die zwei nicht auf derselben Seite liegenden geraden Linien KH, HM Nebenwinkel, die zusammen $= 2$ R. sind; also setzt KH HM gerade fort (I, 14). Da ferner die Parallelen KM, FG von der geraden Linie HG geschnitten werden, sind die Wechselwinkel $MHG = HGF$ (I, 29). Man füge HGL beiderseits hinzu; dann sind $MHG + HGL = HGF + HGL$.

Aber $M\,H\,G + H\,G\,L = 2$ R. (I, 29); also sind auch $H\,G\,F + H\,G\,L = 2$ R.; also setzt $F\,G$ $G\,L$ gerade fort (I, 14). Und da $F\,K =$ und $\parallel H\,G$ (I, 34), ebenso $H\,G$ mit $M\,L$, so ist auch $K\,F =$ und $\parallel M\,L$ (I, 30); und die Strecken $K\,M$, $F\,L$ verbinden sie; also sind auch $K\,M$, $F\,L$ gleich und parallel (I, 33); also ist $K\,F\,L\,M$ ein Parallelogramm. Da $\triangle\,A\,B\,D =$ Pgm. $F\,H$ und $D\,B\,C = G\,M$, so ist die ganze geradlinige Figur $A\,B\,C\,D$ dem ganzen Parallelogramm $K\,F\,L\,M$ gleich (Ax. 2).

Man hat also ein der gegebenen geradlinigen Figur $A\,B\,C\,D$ gleiches Parallelogramm, nämlich $K\,F\,L\,M$, im Winkel $F\,K\,M$, der dem gegebenen $\angle\,E$ gleich ist, errichtet — dies hatte man ausführen sollen.]

§ 46 (A. 14).

Über einer gegebenen Strecke das Quadrat zu zeichnen.

Die gegebene Strecke sei $A\,B$. Man soll über der Strecke $A\,B$ das Quadrat zeichnen.

Man ziehe $A\,C$ rechtwinklig zur geraden Linie $A\,B$ vom Punkte A auf ihr aus (I, 11) und trage $A\,D = A\,B$ ab; ferner ziehe man durch Punkt D $D\,E \parallel A\,B$ (I, 31) und durch Punkt B $B\,E \parallel A\,D$.

Dann ist $A\,D\,E\,B$ ein Parallelogramm; also $A\,B = D\,E$ und $A\,D = B\,E$ (I, 34). Aber $A\,B = A\,D$; also sind $B\,A$, $A\,D$, $D\,E$, $E\,B$ alle vier einander gleich (Ax. 1); das Parallelogramm $A\,D\,E\,B$ ist also gleichseitig. Ich behaupte, daß es auch rechtwinklig ist. Da nämlich die Parallelen $A\,B$, $D\,E$ von der geraden Linie $A\,D$ geschnitten werden, so sind $\angle\,B\,A\,D + A\,D\,E = 2$ R. (I, 29). $B\,A\,D$ ist aber ein Rechter; also ist auch $A\,D\,E$ ein Rechter (Ax. 3). Im Parallelogramm sind aber die gegenüberliegenden Seiten sowohl als Winkel einander gleich (I, 34); auch die gegenüberliegenden Winkel $A\,B\,E$, $B\,E\,D$ sind also beide Rechte; also ist $A\,D\,E\,B$ rechtwinklig. Die Gleichseitigkeit ist oben bewiesen.

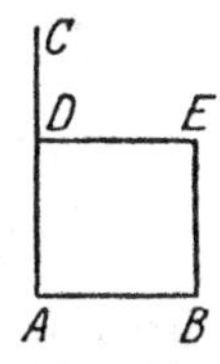

Fig. 45.

Also ist es ein Quadrat (I, Def. 22), und man hat es über der Strecke $A\,B$ gezeichnet — dies hatte man ausführen sollen.

§ 47 (L. 33).

Am rechtwinkligen Dreieck ist das Quadrat über der dem rechten Winkel gegenüberliegenden Seite den Quadraten über den den rechten Winkel umfassenden Seiten zusammen gleich.

A B C sei ein rechtwinkliges Dreieck mit dem rechten Winkel *B A C*. Ich behaupte, daß $BC^2 = BA^2 + AC^2$.

Man zeichne nämlich über *B C* das Quadrat *B D E C* (I, 46) und über *B A*, *A C* die Quadrate *G B*, *H C*; ferner ziehe man durch *A* *A L* ∥ *B D* oder *C E* und ziehe *A D*, *F C*.

Da hier die Winkel *B A C*, *B A G* beide Rechte sind, so bilden an der geraden Linie *B A* im Punkte *A* auf ihr die zwei nicht auf derselben Seite liegenden geraden Linien *A C*, *A G* Nebenwinkel, die zusammen = 2 R. sind; also setzt *C A* *A G* gerade fort (I, 14). Aus demselben Grunde setzt auch *B A* *A H* gerade fort. Ferner ist ∠ *D B C* = *F B A*; denn beide sind Rechte (Post. 4); daher füge man *A B C* beiderseits hinzu; dann ist der ganze Winkel *D B A* dem ganzen *F B C* gleich (Ax. 2). Da ferner *D B* = *B C* und *F B* = *B A* (I, Def. 22), so sind zwei Seiten *D B*, *B A* zwei Seiten *F B*, *B C* (überkreuz) entsprechend gleich; und ∠ *D B A* = ∠ *F B C*; also ist Grdl. *A D* = Grdl. *F C* und △ *A B D* = △ *F B C* (I, 4). Ferner ist Pgm. *B L* = 2 △ *A B D*; denn sie haben dieselbe Grundlinie *B D* und liegen zwischen denselben Parallelen *B D*, *A L* (I, 41); auch ist das Quadrat *G B* = 2 △ *F B C*; denn sie haben wieder dieselbe Grundlinie, nämlich *F B*, und liegen zwischen denselben Parallelen *F B*, *G C*. [Von Gleichem die Doppelten sind aber einander gleich (Ax. 5).] Also ist Pgm. *B L* = Quadrat *G B*. Ähnlich läßt sich, wenn man *A E*, *B K* zieht, zeigen, daß auch Pgm. *C L* = Quadrat *H C*; also ist das ganze Quadrat *B D E C* den zwei Quadraten *G B* + *H C* gleich (Ax. 2). Dabei ist das Quadrat *B D E C* über *B C* gezeichnet und *G B*, *H C* über *B A*, *A C*. Also ist das Quadrat über der Seite *B C* den Quadraten über den Seiten *B A*, *A C* zusammen gleich — S.

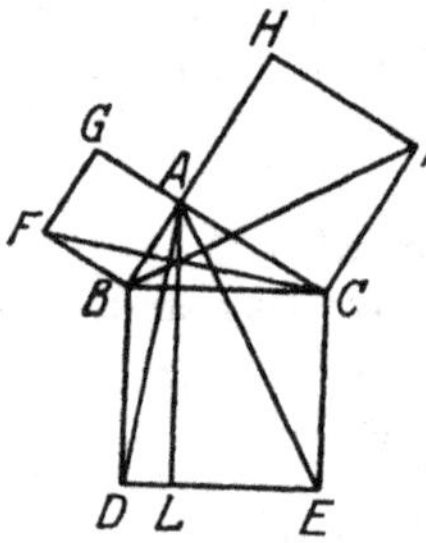

Fig. 46.

§ 48 (L. 34).

Wenn an einem Dreieck das Quadrat über einer Seite den Quadraten über den beiden übrigen Seiten zusammen gleich ist, dann ist der von diesen beiden übrigen Seiten des Dreiecks umfaßte Winkel ein Rechter.

Am Dreieck ABC sei nämlich das Quadrat über der einen Seite BC den Quadraten über den Seiten BA, AC zusammen gleich. Ich behaupte, daß $\angle BAC$ ein Rechter ist.

Man ziehe AD vom Punkte A aus $\perp$ zur geraden Linie AC (I, 11), mache $AD = BA$ und ziehe DC.

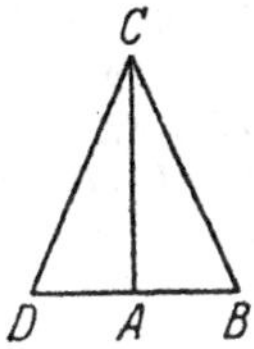

Fig. 47.

Da $DA = AB$, ist auch $DA^2 = AB^2$. Man füge AC^2 beiderseits hinzu; dann sind $DA^2 + AC^2 = BA^2 + AC^2$. Aber $DA^2 + AC^2 = DC^2$; denn $\angle DAC$ ist ein Rechter (I, 47). Andererseits ist $BA^2 + AC^2 = BC^2$; dies hatten wir nämlich vorausgesetzt. Also ist $DC^2 = BC^2$, so daß auch die Seite $DC = BC$. Da ferner $DA = AB$ ist und AC gemeinsam, so sind zwei Seiten DA, AC zwei Seiten BA, AC gleich; auch ist Grdl. DC = Grdl. BC; also ist $\angle DAC = \angle BAC$ (I, 8). DAC ist aber ein Rechter; also ist auch BAC ein Rechter — S.

II. Buch.

Definitionen.

1. *Von jedem rechtwinkligen Parallelogramm sagt man, daß es von den beiden den rechten Winkel umfassenden Seiten* ***umfaßt*** *(das* ***Rechteck aus*** *den Seiten) werde.*

2. *In jedem Parallelogramm soll ein beliebiges der um seine Diagonale liegenden Parallelogramme zusammen mit den beiden Ergänzungen ein* ***Gnomon*** *heißen.*

§ 1 (L. 1).

Hat man zwei Strecken und teilt die eine von ihnen in beliebig viele Abschnitte, so ist das Rechteck aus den beiden Strecken den Rechtecken aus der ungeteilten Strecke und allen einzelnen Abschnitten zusammen gleich.

Die zwei Strecken seien a, BC; man teile BC beliebig, in den Punkten D, E. Ich behaupte, daß $a \cdot BC = a \cdot BD + a \cdot DE + a \cdot EC$.

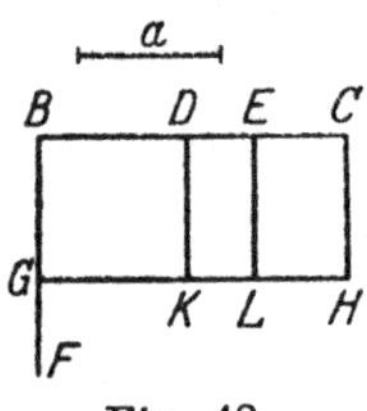

Fig. 48.

Man ziehe nämlich von B aus $BF \perp BC$, trage $BG = a$ ab, ziehe durch G $GH \parallel BC$ und durch D, E, C $DK, EL, CH \parallel BG$.

Hier ist Pgm. $BH = BK + DL + EH$. BH ist nun $a \cdot BC$; denn es wird von GB, BC umfaßt (II, Def. 1), und $BG = a$. Und BK ist $a \cdot BD$; denn es wird von GB, BD umfaßt, und $BG = a$. Und DL ist $a \cdot DE$; denn DK, d. h. BG (I, 34) $= a$. Ähnlich ist EH schließlich $a \cdot EC$. Also ist $a \cdot BC = a \cdot BD + a \cdot DE + a \cdot EC$ — S.

§ 2 (L. 2).

Teilt man eine Strecke, wie es gerade trifft, so sind die Rechtecke aus der ganzen Strecke und beiden einzelnen Ab-

schnitten zusammen dem Quadrat über der ganzen Strecke gleich.

Man teile die Strecke AB beliebig, im Punkte C. Ich behaupte, daß $AB \cdot BC + BA \cdot AC = AB^2$.

Man zeichne nämlich über AB das Quadrat $ADEB$ und ziehe durch C $CF \parallel AD$ oder BE.

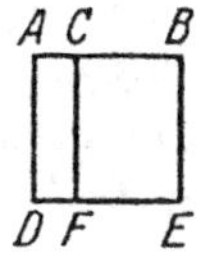

Fig. 49.

Hier ist Pgm. $AE = AF + CE$; AE ist nun AB^2. Und AF ist $BA \cdot AC$; denn es wird von DA, AC umfaßt, und $AD = AB$. Und CE ist $AB \cdot BC$; denn $BE = AB$. Also sind $BA \cdot AC + AB \cdot BC = AB^2$ — S.

§ 3 (L. 3).

Teilt man eine Strecke, wie es gerade trifft, so ist das Rechteck aus der ganzen Strecke und einem der Abschnitte dem Rechteck aus den Abschnitten und dem Quadrat über vorgenanntem Abschnitt zusammen gleich.

Man teile die Strecke AB beliebig, in C. Ich behaupte, daß $AB \cdot BC = AC \cdot CB + BC^2$.

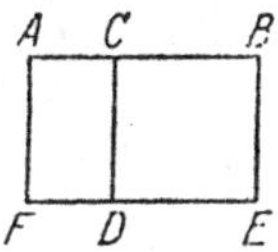

Fig. 50.

Man zeichne nämlich über CB das Quadrat $CDEB$, verlängere ED nach F und ziehe durch A $AF \parallel CD$ oder BE.

Hier ist Pgm. $AE = AD + CE$. AE ist nun $AB \cdot BC$; denn es wird von AB, BE umfaßt, und $BE = BC$. Und AD ist $AC \cdot CB$; denn $DC = CB$. Und DB ist CB^2. Also ist $AB \cdot BC = AC \cdot CB + BC^2$ — S.

§ 4 (L. 4).

Teilt man eine Strecke, wie es gerade trifft, so ist das Quadrat über der ganzen Strecke den Quadraten über den Abschnitten und zweimal dem Rechteck aus den Abschnitten zusammen gleich.

Man teile die Strecke AB beliebig, in C. Ich behaupte, daß $AB^2 = AC^2 + CB^2 + 2\,AC \cdot CB$.

Man zeichne nämlich über AB das Quadrat $ADEB$, ziehe BD, ferner durch C $CF \parallel AD$ oder EB und durch G $HK \parallel AB$ oder DE.

Da $CF \parallel AD$, und BD sie schneidet, so ist der äußere Winkel CGB dem innen gegenüberliegenden ADB gleich

(I, 29). Aber $ADB = ABD$, da die Seite $BA = AD$ (I, 5); also ist auch $\angle CGB = GBC$ (Ax. 1), so daß auch die Seite $BC =$ der Seite CG (I, 6). Andererseits ist $CB = GK$ (I, 34) und $CG = KB$; also ist auch $GK = KB$ (Ax. 1); also ist $CGKB$ gleichseitig. Ich behaupte, daß es auch rechtwinklig ist. Da nämlich $CG \parallel BK$ [und die gerade Linie CB sie schneidet], so sind $\angle KBC + GCB = 2$ R. (I, 29). KBC ist aber ein Rechter; also ist auch BCG ein Rechter (Ax. 3); daher sind auch die gegenüberliegenden Winkel CGK, GKB Rechte (I, 34). $CGKB$ ist also rechtwinklig. Die Gleichseitigkeit ist oben bewiesen. Also ist es ein Quadrat, und zwar über CB. Aus demselben Grunde ist auch HF ein Quadrat, und zwar über HG, d. h. über AC (I, 34); HF, KC sind also AC^2, CB^2. Da ferner Pgm. $AG = GE$ (I, 43) und $AG = AC \cdot CB$, weil $GC = CB$, so ist auch $GE = AC \cdot CB$, also $AG + GE = 2\,AC \cdot CB$. Man hat aber auch AC^2, CB^2, nämlich HF, CK; also sind $HF + CK + AG + GE = AC^2 + CB^2 + 2\,AC \cdot CB$. HF, CK, AG, GE bilden aber zusammen $ADEB$, d. h. AB^2. Also ist $AB^2 = AC^2 + CB^2 + 2\,AC \cdot CB$ — S.

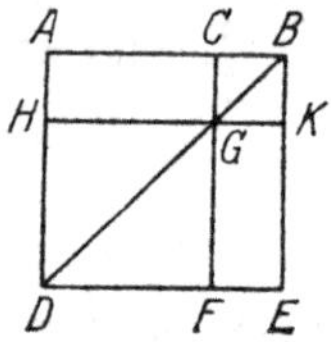

Fig. 51.

[*Zusatz*: Hiernach ist klar, daß in jedem Quadrat die Parallelogramme um die Diagonale Quadrate sind.]

§ 5 (L. 5).

Teilt man eine Strecke sowohl in gleiche als auch in ungleiche Abschnitte, so ist das Rechteck aus den ungleichen Abschnitten der ganzen Strecke zusammen mit dem Quadrat über der Strecke zwischen den Teilpunkten dem Quadrat über der Hälfte gleich.

Eine Strecke AB teile man in gleiche Abschnitte in C und in ungleiche in D. Ich behaupte, daß $AD \cdot DB + CD^2 = CB^2$.

Man zeichne über CB das Quadrat $CEFB$, ziehe BE, ferner durch D $DG \parallel CE$ oder BF, ebenso durch H $KM \parallel AB$ oder EF, und ebenso durch A $AK \parallel CL$ oder BM.

Hier ist die Ergänzung CH der Ergänzung HF gleich (I, 43); man füge daher DM beiderseits hinzu; dann ist das ganze Pgm. CM dem ganzen DF gleich. Andererseits ist Pgm. $CM = AL$, da $AC = CB$ (I, 36); also ist auch Pgm. $AL = DF$. Man füge CH beiderseits hinzu; dann ist das ganze Pgm. AH = Gnomon NOP (II, Def. 2). AH ist aber $AD \cdot DB$; denn $DH = DB$ (II, 4, Zus.); also ist Gnomon $NOP = AD \cdot DB$. Man füge $LG = CD^2$ beiderseits hinzu; dann sind Gnomon $NOP + LG = AD \cdot DB + CD^2$. Gnomon NOP und LG bilden aber zusammen das Quadrat $CEFB$, d. h. CB^2. Also sind $AD \cdot DB + CD^2 = CB^2$ — S.

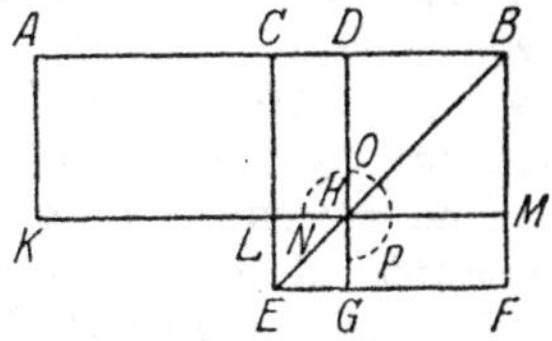

Fig. 52.

§ 6 (L. 6).

Halbiert man eine Strecke und setzt ihr irgendeine Strecke gerade an, so ist das Rechteck aus der ganzen Strecke mit Verlängerung und der Verlängerung zusammen mit dem Quadrat über der Hälfte dem Quadrat über der aus der Hälfte und der Verlängerung zusammengesetzten Strecke gleich.

Eine Strecke AB halbiere man im Punkte C und setze ihr eine Strecke BD gerade an. Ich behaupte, daß $AD \cdot DB + CB^2 = CD^2$.

Man zeichne über CD das Quadrat $CEFD$, ziehe DE, ferner durch Punkt B $BG \parallel EC$ oder DF, durch Punkt H $KM \parallel AB$ oder EF, schließlich durch A $AK \parallel CL$ oder DM.

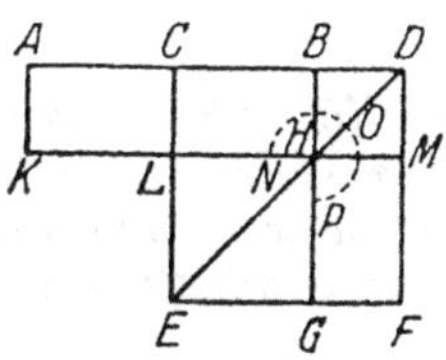

Fig. 53.

Da hier $AC = CB$, ist auch Pgm. $AL = CH$ (I, 36). Andererseits ist Pgm. $CH = HF$ (I, 43); also ist auch Pgm. $AL = HF$. Man füge CM beiderseits hinzu; dann ist das ganze Pgm. AM = Gnomon NOP. AM ist aber $AD \cdot DB$; denn $DM = DB$; also ist Gnomon $NOP = AD \cdot DB$. Man füge $LG = BC^2$ beiderseits hinzu; dann sind $AD \cdot DB + CB^2$ = Gnomon $NOP + LG$. Gnomon NOP und LG bilden aber zusammen das Quadrat $CEFD$, d. h. CD^2. Also sind $AD \cdot DB + CB^2 = CD^2$ — S.

§ 7 (L. 7).

Teilt man eine Strecke, wie es gerade trifft, so sind die Quadrate über der ganzen Strecke und über einem ihrer Abschnitte beide zusammen gleich zweimal dem Rechteck aus der ganzen Strecke und dem genannten Abschnitt und dem Quadrat über dem anderen Abschnitt zusammen.

Eine Strecke AB teile man beliebig, im Punkte C. Ich behaupte, daß $AB^2 + BC^2 = 2\,AB \cdot BC + CA^2$.

Man zeichne über AB das Quadrat $ADEB$ und zeichne die Figur fertig.

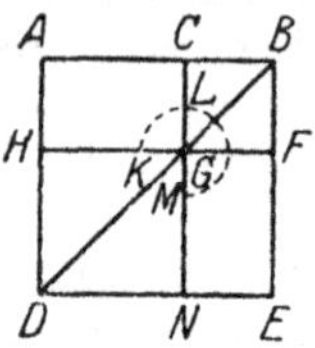

Fig. 54.

Hier ist Pgm. $AG = GE$ (I, 43); man füge daher CF beiderseits hinzu; dann ist das ganze Pgm. AF dem ganzen CE gleich; also $AF + CE = 2\,AF$. Andererseits bilden $AF + CE$ Gnomon KLM + Quadrat CF; also sind Gnomon $KLM + CF = 2\,AF$. $2\,AF$ ist aber auch $2\,AB \cdot BC$; denn $BF = BC$. Also sind Gnomon KLM + Quadrat $CF = 2\,AB \cdot BC$. Man füge DG, d. h. AC^2 beiderseits hinzu; dann sind Gnomon KLM und die Quadrate BG, GD zusammen $= 2\,AB \cdot BC + AC^2$. Gnomon KLM und Quadrate BG, GD bilden aber zusammen $ADEB + CF$, d. h. $AB^2 + BC^2$. Also sind $AB^2 + BC^2 = 2\,AB \cdot BC + AC^2$ — S.

§ 8 (L. 8).

Teilt man eine Strecke, wie es gerade trifft, so ist viermal das Rechteck aus der ganzen Strecke und einem der Abschnitte zusammen mit dem Quadrat über dem anderen Abschnitt dem über der ganzen Strecke und genanntem Abschnitt vereint gezeichneten Quadrat gleich.

Eine Strecke AB teile man beliebig, im Punkte C. Ich behaupte, daß $4\,AB \cdot BC + AC^2 = (AB + BC)^2$.

Man setze nämlich BD [an AB] gerade an, mache $BD = CB$, zeichne über AD das Quadrat $AEFD$ und zeichne die Doppelfigur fertig.

Da hier $CB = BD$, andererseits $CB = GK$ und $BD = KN$ (I, 34), so ist auch $GK = KN$. Aus demselben Grunde ist auch $QR = RP$. Und da sowohl $BC = BD$ als auch $GK = KN$, so ist auch sowohl Pgm. $CK = KD$

als auch Pgm. $GR = RN$ (I, 36). Andererseits ist $CK = RN$; denn sie sind Ergänzungen im Parallelogramm CP (I, 43). Also ist auch Pgm. $KD = GR$ (Ax. 1); also sind DK, CK, GR, RN alle vier einander gleich. Alle vier zusammen sind also $= 4\,CK$. Ebenso ist, da $CB = BD$, andererseits $BD = BK$, d. h. $= CG$, und $CB = GK$, d. h. $= GQ$, auch $CG = GQ$. Und da sowohl $CG = GQ$ als auch $QR = RP$, ist auch sowohl Pgm. $AG = MQ$ als auch Pgm. $QL = RF$. Andererseits ist $MQ = QL$; denn sie sind Ergänzungen im Parallelogramm ML. Also ist auch Pgm. $AG = RF$; also sind AG, MQ, QL, RF alle vier einander gleich. Alle vier zusammen sind also $= 4\,AG$. Wie oben bewiesen, sind $CK + KD + GR + RN = 4\,CK$; also sind die acht Flächenstücke, die den Gnomon STU bilden, $= 4\,AK$. Da AK hier $AB \cdot BD$ ist, weil $BK = BD$, so ist $4\,AB \cdot BD = 4\,AK$. Wie oben bewiesen, ist auch Gnomon $STU = 4\,AK$; also ist $4\,AB \cdot BD =$ Gnomon STU. Man füge $OH = AC^2$ beiderseits hinzu; dann sind $4\,AB \cdot BD + AC^2 =$ Gnomon $STU + OH$. Andererseits bilden Gnomon $STU + OH$ das Quadrat $AEFD$, d. h. AD^2; also sind $4\,AB \cdot BD + AC^2 = AD^2$. Aber $BD = BC$; also sind $4\,AB \cdot BC + AC^2 = AD^2$, d. h. $= (AB + BC)^2$ — S.

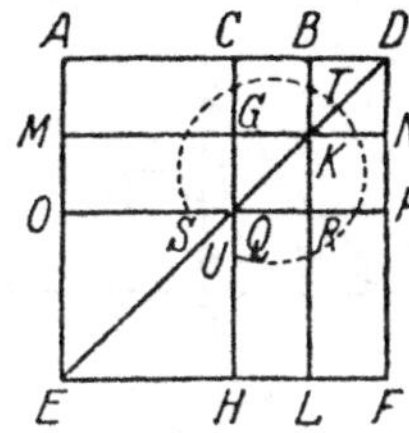

Fig. 5 .

§ 9 (L. 9).

Teilt man eine Strecke sowohl in gleiche als auch in ungleiche Abschnitte, so sind die Quadrate über den ungleichen Abschnitten der ganzen Strecke zusammen doppelt so groß wie die Quadrate über der Hälfte und über der Strecke zwischen den Teilpunkten zusammen.

Eine Strecke AB teile man in gleiche Abschnitte in C und in ungleiche in D. Ich behaupte, daß $AD^2 + DB^2 = 2\,(AC^2 + CD^2)$.

Man ziehe CE von C aus $\perp AB$ und mache es sowohl AC als auch CB gleich, ziehe ferner EA, EB sowie durch D $DF \parallel EC$ und durch F $FG \parallel AB$, und ziehe AF.

Da hier $AC = CE$, ist auch $\angle EAC = AEC$ (I, 5). Und da der Winkel bei C ein Rechter ist, so sind die übrigen $\angle EAC + AEC = 1$ R. (I, 32); dabei sind sie gleich; also ist jeder der beiden $\angle CEA$, $CAE = 1/2$ R. Aus demselben Grunde ist auch jeder der beiden $\angle CEB$, $EBC = 1/2$ R.; der ganze $\angle AEB$ ist also ein Rechter. Und da $GEF = 1/2$ R., EGF aber ein Rechter, weil dem innen gegenüberliegenden $\angle ECB$ gleich (I, 29), so ist der letzte $\angle EFG = 1/2$ R. (I, 32); also ist $\angle GEF = EFG$; folglich auch die Seite $EG = GF$ (I, 6). Ebenso ist, da der Winkel bei B $= 1/2$ R. und FDB ein Rechter, weil wieder dem innen gegenüberliegenden $\angle ECB$ gleich, der letzte $\angle BFD = 1/2$ R.; also ist der Winkel bei $B = DFB$; folglich auch Seite FD = Seite DB.

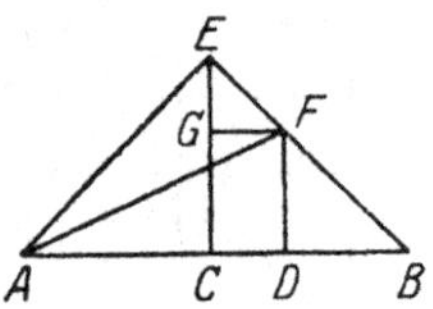

Fig. 56.

Und da $AC = CE$, ist auch $AC^2 = CE^2$; also sind $AC^2 + CE^2 = 2\,AC^2$. Aber $AC^2 + CE^2 = EA^2$; denn $\angle ACE$ ist ein Rechter (I, 47); also ist $EA^2 = 2\,AC^2$. Ebenso ist, da $EG = GF$, auch $EG^2 = GF^2$; also $EG^2 + GF^2 = 2\,GF^2$. Aber $EG^2 + GF^2 = EF^2$; also ist $EF^2 = 2\,GF^2$. Aber $GF = CD$ (I, 34); also ist $EF^2 = 2\,CD^2$. Aber auch $EA^2 = 2\,AC^2$; also sind $AE^2 + EF^2 = 2\,(AC^2 + CD^2)$. Aber $AE^2 + EF^2 = AF^2$; denn $\angle AEF$ ist ein Rechter (I, 47); also ist $AF^2 = 2\,(AC^2 + CD^2)$. Aber $AF^2 = AD^2 + DF^2$; denn der Winkel bei D ist ein Rechter (I, 47); also sind $AD^2 + DF^2 = 2\,(AC^2 + CD^2)$. Aber $DF = DB$; also sind $AD^2 + DB^2 = 2\,(AC^2 + CD^2)$ — S.

§ 10 (L. 10).

Halbiert man eine Strecke und setzt ihr irgendeine Strecke gerade an, so sind die Quadrate über der ganzen Strecke mit Verlängerung und über der Verlängerung beide zusammen doppelt so groß wie das Quadrat über der Hälfte und das über der Hälfte und Verlängerung vereint gezeichnete Quadrat zusammen.

Eine Strecke AB halbiere man in C und setze ihr eine Strecke BD gerade an. Ich behaupte, daß $AD^2 + DB^2 = 2\,(AC^2 + CD^2)$.

Man ziehe CE von Punkt C aus $\perp AB$ und mache es sowohl AC als auch CB gleich, ziehe ferner EA, EB sowie durch E $EF \parallel AD$ und durch D $FD \parallel CE$. Da hier parallele gerade Linien EC, FD von der geraden Linie EF geschnitten werden, so sind $CEF + EFD = 2$ R. (I, 29); also sind $FEB + EFD < 2$ R. (Ax. 8); von Winkeln aus, die zusammen < 2 R. sind, verlängerte treffen sich aber (Post. 5); also müssen sich EB, FD bei Verlängerung über B, D hinaus treffen. Man verlängere sie, sie mögen sich in G treffen; und man ziehe AG.

Da hier $AC = CE$, ist auch $\angle EAC = AEC$ (I, 5); und der Winkel bei C ist ein Rechter; also ist jeder der beiden $\angle EAC$, $AEC = \frac{1}{2}$ R. (I, 32). Aus demselben Grunde ist auch jeder der beiden $\angle CEB, EBC = \frac{1}{2}$ R.; also ist AEB ein Rechter. Ferner ist, da $EBC = \frac{1}{2}$ R., auch $DBG = \frac{1}{2}$ R. (I, 15); und BDG ist ein Rechter, er ist nämlich $= DCE$ als Wechselwinkel (I, 29); also ist der letzte $\angle DGB = \frac{1}{2}$ R. (I, 32). Also

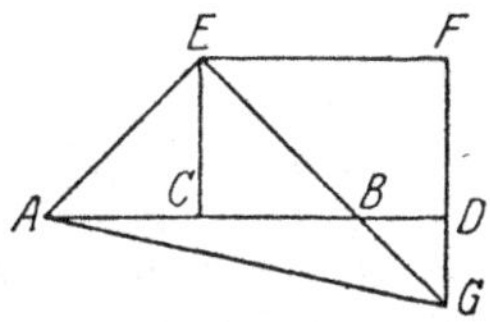

Fig. 57.

ist $DGB = DBG$, folglich Seite $BD =$ Seite GD (I, 6). Ebenso ist, da $EGF = \frac{1}{2}$ R. und der Winkel bei F ein Rechter, weil dem gegenüberliegenden Winkel bei C gleich (I, 34), der letzte $\angle FEG = \frac{1}{2}$ R. (I, 32). Also ist $\angle EGF = FEG$, folglich Seite $GF =$ Seite EF (I, 6). Da ferner [$EC = CA$ und] $EC^2 = CA^2$, so sind $EC^2 + CA^2 = 2\,CA^2$. Aber $EC^2 + CA^2 = EA^2$ (I, 47); also ist $EA^2 = 2\,AC^2$. Ebenso ist, da $FG = EF$, auch $FG^2 = FE^2$; also sind $GF^2 + FE^2 = 2\,EF^2$. Aber $GF^2 + FE^2 = EG^2$; also ist $EG^2 = 2\,EF^2$. Aber $EF = CD$ (I, 34); also $EG^2 = 2\,CD^2$. Wie oben bewiesen, ist $EA^2 = 2\,AC^2$; also sind $AE^2 + EG^2 = 2\,(AC^2 + CD^2)$. Aber $AE^2 + EG^2 = AG^2$ (I, 47); also ist $AG^2 = 2\,(AC^2 + CD^2)$. Aber $AG^2 = AD^2 + DG^2$ (I, 47); also sind $AD^2 + DG^2 = 2\,(AC^2 + CD^2)$. Aber $DG = DB$; also sind $AD^2 + DB^2 = 2\,(AC^2 + CD^2)$ — S.

§ 11 (A. 1).

Eine gegebene Strecke so zu teilen, daß das Rechteck aus der ganzen Strecke und dem einen Abschnitt dem Quadrat über dem anderen Abschnitt gleich ist.

Die gegebene Strecke sei AB. Man soll AB so teilen, daß das Rechteck aus der ganzen Strecke und dem einen Abschnitt dem Quadrat über dem anderen Abschnitt gleich ist.

Man zeichne über AB das Quadrat $ABDC$, halbiere AC im Punkte E, ziehe BE, verlängere CA nach F, mache $EF = BE$, zeichne über AF das Quadrat FH und ziehe GH nach K durch; ich behaupte, daß man AB in H so geteilt hat, daß $AB \cdot BH = AH^2$.

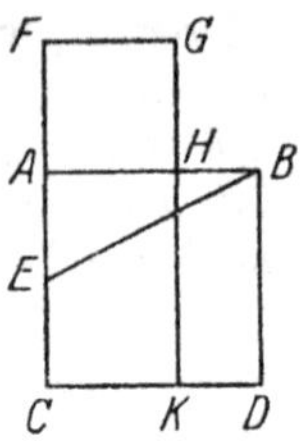

Fig. 58.

Da die Strecke AC nämlich in E halbiert und FA ihr angesetzt ist, so ist $CF \cdot FA + AE^2 = EF^2$ (II, 6). Aber $EF = EB$; also ist $CF \cdot FA + AE^2 = EB^2$. Aber $EB^2 = BA^2 + AE^2$; denn der Winkel bei A ist ein Rechter (I, 47); also ist $CF \cdot FA + AE^2 = BA^2 + AE^2$. Man nehme das gemeinsame AE^2 weg; dann ist der Rest, $CF \cdot FA = AB^2$. $CF \cdot FA$ ist hier FK; denn $AF = FG$; und AB^2 ist AD; also ist $FK = AD$. Man nehme Pgm. AK beiderseits weg; dann ist der Rest, Pgm. $FH = HD$. HD ist hier $AB \cdot BH$; denn $AB = BD$; und FH ist AH^2; also ist $AB \cdot BH = HA^2$.

Man hat also eine gegebene Strecke AB in H so geteilt, daß $AB \cdot BH = HA^2$ — dies hatte man ausführen sollen.

§ 12 (L. 11).

An jedem stumpfwinkligen Dreieck ist das Quadrat über der dem stumpfen Winkel gegenüberliegenden Seite größer als die Quadrate über den den stumpfen Winkel umfassenden Seiten zusammen um zweimal das Rechteck aus einer der Seiten um den stumpfen Winkel, nämlich der, auf die das Lot fällt, und der durch das Lot außen abgeschnittenen Strecke an der stumpfen Ecke.

ABC sei ein stumpfwinkliges Dreieck mit dem stumpfen Winkel BAC; und vom Punkte B sei auf die Verlängerung von CA das Lot BD gefällt. Ich behaupte, daß BC^2 um $2\,CA \cdot AD$ größer ist als $BA^2 + AC^2$.

Da die Strecke CD im Punkte A beliebig geteilt ist, so ist $DC^2 = CA^2 + AD^2 + 2\,CA \cdot AD$ (II, 4). Man füge DB^2 beiderseits hinzu; dann sind $CD^2 + DB^2 = CA^2 + AD^2 + DB^2 + 2\,CA \cdot AD$. Aber $CD^2 + DB^2 = CB^2$; denn der Winkel bei D ist ein Rechter (I, 47); und $AD^2 + DB^2 = AB^2$ (I, 47); also ist $CB^2 = CA^2 + AB^2 + 2\,CA \cdot AD$. Folglich ist CB^2 um $2\,CA \cdot AD$ größer als $CA^2 + AB^2$ — S.

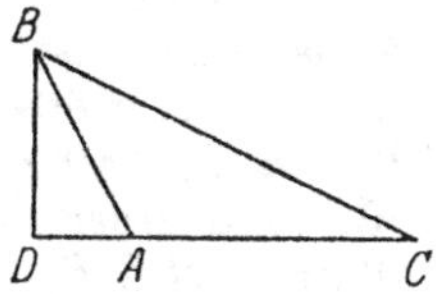

Fig. 59.

§ 13 (L. 12).

An jedem spitzwinkligen Dreieck ist das Quadrat über der einem spitzen Winkel gegenüberliegenden Seite kleiner als die Quadrate über den diesen spitzen Winkel umfassenden Seiten zusammen um zweimal das Rechteck aus einer der Seiten um diesen spitzen Winkel, nämlich der, auf die das Lot fällt, und der durch das Lot innen abgeschnittenen Strecke an dieser spitzen Ecke.

ABC sei ein spitzwinkliges Dreieck mit einem spitzen Winkel bei B; und vom Punkte A sei auf BC das Lot AD gefällt. Ich behaupte, daß AC^2 um $2\,CB \cdot BD$ kleiner ist als $CB^2 + BA^2$.

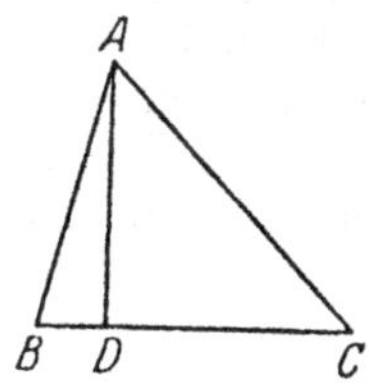

Fig. 60.

Da die Strecke CB in D beliebig geteilt ist, so sind $CB^2 + BD^2 = 2\,CB \cdot BD + DC^2$ (II, 7). Man füge DA^2 beiderseits hinzu; dann sind $CB^2 + BD^2 + DA^2 = 2\,CB \cdot BD + AD^2 + DC^2$. Aber $BD^2 + DA^2 = AB^2$; denn der Winkel bei D ist ein Rechter (I, 47); und $AD^2 + DC^2 = AC^2$ (I, 47); also sind $CB^2 + BA^2 = AC^2 + 2\,CB \cdot BD$. Folglich ist AC^2 allein um $2\,CB \cdot BD$ kleiner als $CB^2 + BA^2$ — S.

§ 14 (A. 2).

Ein einer gegebenen geradlinigen Figur gleiches Quadrat zu errichten.

Die gegebene geradlinige Figur sei A. Man soll ein der geradlinigen Figur A gleiches Quadrat errichten.

Man errichte ein der geradlinigen Figur A gleiches rechtwinkliges Parallelogramm BD (I, 45). Wenn hier $BE = ED$, dann wäre die Aufgabe schon ausgeführt; denn dann hat man ein der geradlinigen Figur A gleiches Quadrat errichtet, nämlich BD.

Anderenfalls ist eine der Strecken BE, ED größer. BE sei die größere, man verlängere sie nach F, mache $EF = ED$, halbiere BF in G, zeichne mit G als Mittelpunkt und einer der Strecken GB, GF als Abstand den Halbkreis BHF, verlängere DE nach H und ziehe GH.

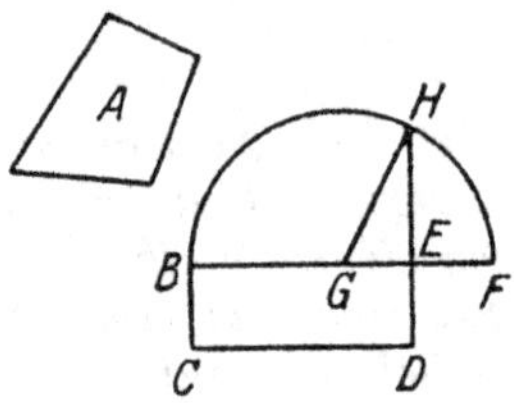

Fig. 61.

Da hier die Strecke BF sowohl in gleiche Abschnitte geteilt ist in G, als auch in ungleiche in E, so sind $BE \cdot EF + EG^2 = GF^2$ (II, 5). Aber $GF = GH$ (I, Def. 15); also sind $BE \cdot EF + GE^2 = GH^2$. Aber $GH^2 = HE^2 + EG^2$ (I, 47); also sind $BE \cdot EF + GE^2 = HE^2 + EG^2$. Man nehme das gemeinsame GE^2 weg; dann ist der Rest, $BE \cdot EF = EH^2$. $BE \cdot EF$ ist aber BD; denn $EF = ED$; also ist Pgm. $BD = HE^2$. BD ist aber der geradlinigen Figur A gleich. Also ist auch die geradlinige Figur A dem Quadrat gleich, das man über EH zu zeichnen hätte.

Also hat man sich ein der gegebenen geradlinigen Figur A gleiches Quadrat verschafft, nämlich das, welches man über EH zu zeichnen hätte — dies hatte man ausführen sollen.

III. Buch.

Definitionen.

1. ***Gleiche*** *Kreise sind solche, deren Durchmesser oder deren Radien gleich sind.*

2. *Daß sie den Kreis* ***berühre*** *(****Tangente*** *sei), sagt man von einer geraden Linie, die einen Kreis trifft, ihn aber bei Verlängerung nicht schneidet.*

3. *Daß sie* ***einander berühren,*** *sagt man von Kreisen, die einander treffen, ohne einander zu schneiden.*

4. *Von Strecken im Kreise* **(*Sehnen*)** *sagt man, daß sie vom Mittelpunkt* ***gleich weit abstehen,*** *wenn die vom Mittelpunkt auf sie gefällten Lote gleich sind;*

5. *Daß sie* ***weiter abstehe,*** *sagt man von der, auf die das größere Lot fällt.*

6. (6; auch I, Def. 19) ***Kreisabschnitt*** *ist die von einer Strecke und einem Kreisbogen begrenzte Figur.*

7. ***Winkel des Abschnitts*** *ist der von der Strecke und dem Kreisbogen umfaßte;*

8. ***Winkel im Abschnitt*** *ist der Winkel, der, wenn man auf dem Bogen des Abschnitts einen Punkt wählt und von ihm nach den Enden der Grundstrecke des Abschnitts gerade Linien zieht, von diesen umfaßt wird.*

9. *Wenn die einen Winkel umfassenden geraden Linien einen Bogen abgrenzen, sagt man, der Winkel* ***stehe über*** *dem Bogen.*

10. ***Kreisausschnitt*** *ist die Figur, die, wenn ein Winkel seinen Scheitel im Mittelpunkt des Kreises hat, von den den Winkel umfassenden geraden Linien und dem von ihnen abgegrenzten Bogen umfaßt wird.*

11. ***Ähnliche Kreisabschnitte*** *sind solche, die gleiche Winkel fassen, oder in denen die Winkel einander gleich sind.*

§ 1 (A. 1).

Zu einem gegebenen Kreise den Mittelpunkt zu finden.

Der gegebene Kreis sei *A B C*. Man soll zum Kreise *A B C* den Mittelpunkt finden.

Man ziehe in ihn, wie es gerade trifft, eine Sehne *A B*, halbiere sie im Punkte *D*, ziehe ferner *D C* von *D* aus $\perp$ *A B*, ziehe *D C* nach *E* durch und halbiere *C E* in *F*; ich behaupte, daß *F* der Mittelpunkt des Kreises *A B C* ist.

Wäre dies nämlich nicht der Fall, sondern etwa *G* Mittelpunkt, dann ziehe man *G A*, *G D*, *G B*. Da *A D* = *D B* und *D G* gemeinsam wäre, wären zwei Seiten *A D*, *D G* zwei Seiten *G D*, *D B* (überkreuz) entsprechend gleich; auch die Grundlinien *G A*, *G B* wären gleich als Radien; also wäre $\angle$ *A D G* = $\angle$ *G D B* (I, 8). Wenn aber eine gerade Linie, auf eine gerade Linie gestellt, einander gleiche Nebenwinkel bildet, dann ist jeder der beiden gleichen Winkel ein Rechter (I, Def. 10); also wäre *G D B* ein Rechter. Aber auch *F D B* ist ein Rechter; also wäre *F D B* = *G D B* (Post. 4), der größere Winkel (Ax. 8) dem kleineren; dies ist aber unmöglich. *G* ist also nicht Mittelpunkt des Kreises *A B C*. Ähnlich läßt sich zeigen, daß auch sonst kein Punkt außer *F* es sein kann.

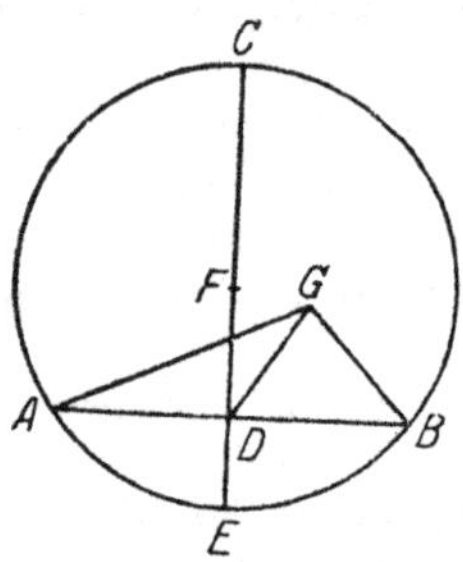

Fig. 62.

Also ist Punkt *F* der Mittelpunkt (I, Def. 16) des Kreises *A B C*.

Zusatz: Hiernach ist klar, daß, wenn im Kreise eine Sehne irgendeine andere mitten und rechtwinklig schneidet, dann der Mittelpunkt des Kreises auf der schneidenden Sehne liegt. — Dies hatte man ausführen sollen.

§ 2 (L. 1).

Wählt man auf dem Umfang eines Kreises zwei beliebige Punkte, so muß die die Punkte verbindende Strecke innerhalb des Kreises fallen.

A B C sei ein Kreis, man wähle auf seinem Umfang zwei beliebige Punkte *A*, *B*. Ich behaupte, daß die *A* mit B verbindende Strecke innerhalb des Kreises fallen muß.

Täte sie dies nämlich nicht, sondern fiele, etwa als $A\,E\,B$, außerhalb, so verschaffe man sich den Mittelpunkt des Kreises $A\,B\,C$ (III, 1), er sei D; ferner ziehe man $D\,A$, $D\,B$ und ziehe $D\,F\,E$ durch.

Da hier $D\,A = D\,B$, so ist auch $\angle\ D\,A\,E = D\,B\,E$ (I, 5); und da am Dreieck $D\,A\,E$ eine Seite verlängert ist, nämlich $A\,E\,B$, so ist $\angle\ D\,E\,B > D\,A\,E$ (I, 16). Aber $D\,A\,E = D\,B\,E$; also ist $D\,E\,B > D\,B\,E$. Dem größeren Winkel liegt aber die größere Seite gegenüber (I, 19); also ist $D\,B > D\,E$. Aber $D\,B = D\,F$; also ist $D\,F > D\,E$, die (als) kleinere (angenommene) Strecke größer als die größere (Ax. 8); dies ist aber unmöglich. Also kann die A mit B verbindende Strecke nicht außerhalb des Kreises fallen. Ähnlich läßt sich zeigen, daß sie auch nicht auf den Umfang selbst fallen kann; also fällt sie innerhalb — S.

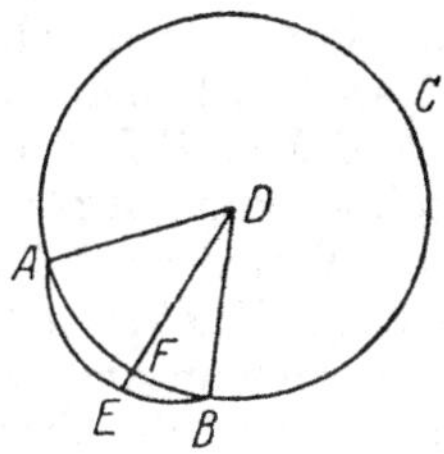

Fig. 63.

§ 3 (L. 2).

Wenn in einem Kreise eine durch den Mittelpunkt gehende gerade Linie eine nicht durch den Mittelpunkt gehende Sehne halbiert, schneidet sie sie auch rechtwinklig; und wenn sie sie rechtwinklig schneidet, halbiert sie sie auch.

$A\,B\,C$ sei ein Kreis, in ihm halbiere eine durch den Mittelpunkt gehende gerade Linie $C\,D$ eine nicht durch den Mittelpunkt gehende Sehne $A\,B$ im Punkte F. Ich behaupte, daß sie sie auch rechtwinklig schneidet.

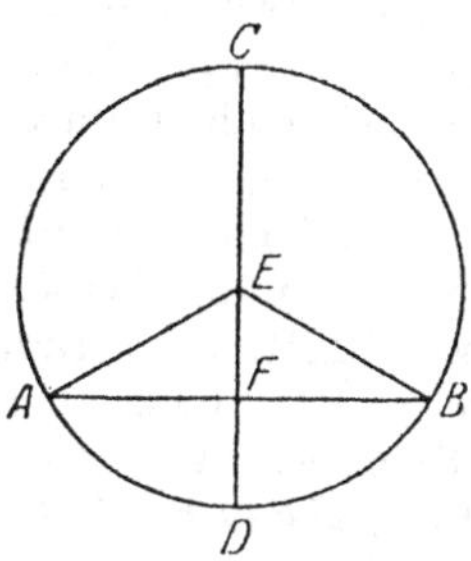

Fig. 64.

Man verschaffe sich nämlich den Mittelpunkt des Kreises $A\,B\,C$, er sei E, und ziehe $E\,A$, $E\,B$.

Da $A\,F = F\,B$ ist und $F\,E$ gemeinsam, sind zwei Seiten zwei Seiten gleich; ferner Grdl. $E\,A$ = Grdl. $E\,B$; also ist $\angle\ A\,F\,E = \angle\ B\,F\,E$ (I, 8). Wenn aber eine gerade Linie, auf eine gerade Linie gestellt, einander gleiche Nebenwinkel bildet, dann ist jeder der beiden gleichen Winkel ein Rechter (I, Def. 10); also sind *A F E*, *B F E* beide Rechte. Also schneidet *C D*, eine durch den Mittelpunkt gehende gerade Linie, *A B*, eine nicht durch den Mittelpunkt gehende Sehne, indem sie sie halbiert, auch rechtwinklig.

Zweitens schneide *C D* *A B* rechtwinklig; ich behaupte, daß sie sie auch halbiert, d. h. daß *A F* = *F B*.

Man konstruiere ebenso. Da dann *E A* = *E B*, ist auch ∠ *E A F* = *E B F* (I, 5). Aber auch *A F E* = *B F E* als Rechte; man hat also zwei Dreiecke *E A F*, *E F B*, in denen zwei Winkel zwei Winkeln gleich sind und die einem der gleichen Winkel gegenüberliegenden Seiten, nämlich die ihnen gemeinsame *E F*, einander gleich; also müssen in ihnen auch die übrigen Seiten den übrigen Seiten gleich sein (I, 26); also ist *A F* = *F B* — S.

§ 4 (L. 3).

Zwei nicht durch den Mittelpunkt gehende Sehnen eines Kreises können einander beim Schnitt nicht halbieren.

A B C D sei ein Kreis, in ihm mögen zwei nicht durch den Mittelpunkt gehende Sehnen *A C*, *B D* einander in *E* schneiden. Ich behaupte, daß sie einander nicht halbieren.

Wenn dies nämlich möglich wäre, mögen sie einander halbieren, so daß sowohl *A E* = *E C* als auch *B E* = *E D*; man verschaffe sich dann den Mittelpunkt des Kreises *A B C D*, er sei *F*, und ziehe *F E*.

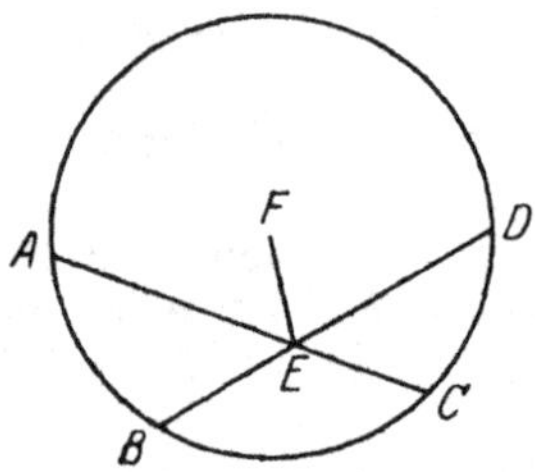

Fig. 65.

Da dann eine durch den Mittelpunkt gehende gerade Linie, nämlich *F E*, eine nicht durch den Mittelpunkt gehende Sehne, nämlich *A C*, halbierte, schnitte sie sie auch rechtwinklig (III, 3); also wäre *F E A* ein Rechter. Ebenso schnitte die gerade Linie *F E*, da sie die Sehne *B D* halbierte, diese auch rechtwinklig; also wäre *F E B* ein Rechter. Wie oben bewiesen, wäre auch *F E A* ein Rechter, also wäre *F E A* = *F E B*, der kleinere Winkel dem größeren (Ax. 8); dies ist aber unmöglich. Also können $A\,C$, $B\,D$ einander nicht halbieren — S.

§ 5 (L. 4).

Wenn zwei Kreise einander schneiden, können sie nicht denselben Mittelpunkt haben.

Zwei Kreise $A\,B\,C$, $C\,D\,G$ mögen einander schneiden, in den Punkten B, C. Ich behaupte, daß sie nicht denselben Mittelpunkt haben können.

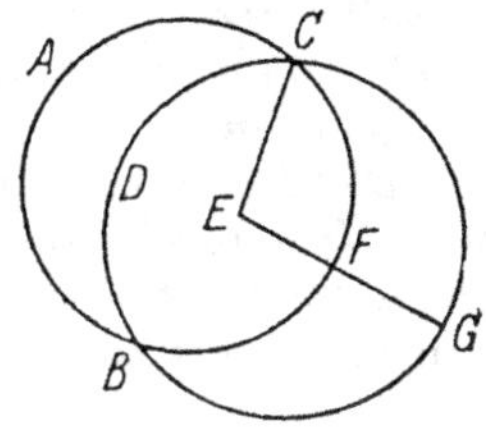

Fig. 66.

Wäre dies nämlich möglich, so sei er E; dann verbinde man $E\,C$ und ziehe $E\,F\,G$ durch, wie es gerade trifft.

Da Punkt E Mittelpunkt des Kreises $A\,B\,C$ sein soll, wäre $E\,C = E\,F$. Ebenso wäre, da Punkt E Mittelpunkt des Kreises $C\,D\,G$ sein soll, $E\,C = E\,G$. Wie oben bewiesen, wäre auch $E\,C = E\,F$; also wäre auch $E\,F = E\,G$, die kleinere Strecke der größeren (Ax. 8); dies ist aber unmöglich. Also ist Punkt E nicht Mittelpunkt der Kreise $A\,B\,C$ und $C\,D\,G$ — S.

§ 6 (L. 5).

Wenn zwei Kreise einander berühren, können sie nicht denselben Mittelpunkt haben.

Zwei Kreise $A\,B\,C$, $C\,D\,E$ mögen einander berühren, im Punkte C. Ich behaupte, daß sie nicht denselben Mittelpunkt haben können.

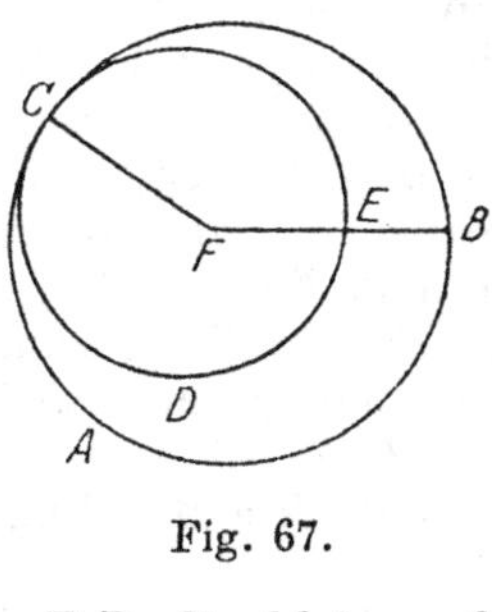

Fig. 67.

Wäre dies nämlich möglich, so sei er F; dann verbinde man $F\,C$ und ziehe $F\,E\,B$ durch, wie es gerade trifft. Da Punkt F Mittelpunkt des Kreises $A\,B\,C$ sein soll, wäre $F\,C = F\,B$. Ebenso wäre, da Punkt F Mittelpunkt des Kreises $C\,D\,E$ sein soll, $F\,C = F\,E$. Wie oben bewiesen, wäre $F\,C = F\,B$; also wäre auch $F\,E = F\,B$, die kleinere Strecke der größeren (Ax. 8); dies ist aber unmöglich. Also ist Punkt F nicht Mittelpunkt der Kreise $A\,B\,C$ und $C\,D\,E$ — S.

§ 7 (L. 6).

Wählt man auf dem Durchmesser eines Kreises einen Punkt, der nicht der Kreismittelpunkt ist, und zieht von dem Punkte bis zum Kreise irgendwelche Strecken, so muß die die größte sein, auf der der Mittelpunkt liegt, die kleinste die Reststrecke; und von den anderen ist immer die, welche der durch den Mittelpunkt gehenden näher liegt, größer als die entferntere; und von dem Punkt lassen sich an gleichen Strecken nur immer zwei bis zum Kreise ziehen, beiderseits der kleinsten.

$ABCD$ sei ein Kreis, AD ein Durchmesser desselben; auf AD wähle man einen Punkt F, der nicht der Kreismittelpunkt ist; der Kreismittelpunkt sei E; ferner ziehe man von F bis zum Kreise $ABCD$ irgendwelche Strecken FB, FC, FG. Ich behaupte, daß FA die größte und FD die kleinste ist, von den anderen $FB > FC$ und $FC > FG$.

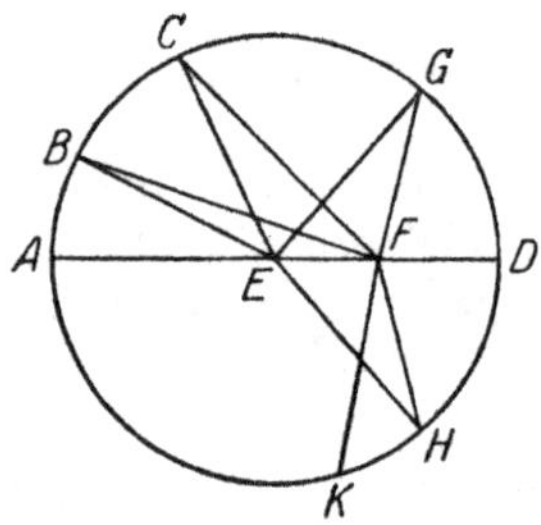

Fig. 68.

Man ziehe BE, CE, GE.

Da in jedem Dreieck zwei Seiten zusammen größer sind als die letzte (I, 20), sind $EB + EF > BF$. Aber $AE = BE$ [also $BE + EF = AF$]; also ist $AF > BF$. Da weiter $BE = CE$ ist und FE gemeinsam, so sind zwei Seiten BE, EF zwei Seiten CE, EF gleich; dabei ist $\angle BEF > \angle CEF$; also ist Grdl. $BF >$ Grdl. CF (I, 24). Aus demselben Grunde ist auch $CF > FG$. Ebenso sind, da $GF + FE > EG$ (I, 20) und $EG = ED$, $GF + FE > ED$. Man nehme EF beiderseits weg; dann ist der Rest $GF >$ Rest FD. Also ist FA die größte Strecke, FD die kleinste, $FB > FC$ und $FC > FG$.

Ich behaupte, daß ferner sich vom Punkte F bis zum Kreise $ABCD$ an gleichen Strecken nur immer zwei ziehen lassen, beiderseits der kleinsten FD.

Man trage an die gerade Linie EF im Punkte E auf ihr $\angle FEH = GEF$ an und ziehe FH.

Da dann $GE = EH$ ist und EF gemeinsam, sind zwei Seiten GE, EF zwei Seiten HE, EF gleich; und $\angle GEF = \angle HEF$; also ist Grdl. $FG =$ Grdl. FH (I, 4). Ich behaupte nun, daß sich vom Punkte F keine weitere Strecke, die $= FG$ wäre, bis zum Kreise ziehen läßt. Wäre dies nämlich möglich, dann sei FK so gezogen. Da dann $FK = FG$ und $FH = FG$, so wäre auch $FK = FH$, die der durch den Mittelpunkt gehenden nähere Strecke der entfernteren gleich; dies ist aber unmöglich. Also läßt sich vom Punkte F bis zum Kreise keine weitere Strecke, die $= GF$ wäre, ziehen, also nur eine einzige — S.

§ 8 (L. 7).

Wählt man außerhalb eines Kreises einen Punkt und zieht von dem Punkte irgendwelche gerade Linien zum Kreise durch, eine davon durch den Mittelpunkt, die übrigen beliebig, so ist unter den zum hohlen Bogen gezogenen Strecken die größte die durch den Mittelpunkt, von den anderen immer die, welche der durch den Mittelpunkt gehenden näher liegt, größer als die entferntere; unter den zum erhabenen Bogen gezogenen Strecken hingegen ist die kleinste die zwischen dem Punkte und dem Durchmesser, von den anderen immer die, welche der kleinsten näher liegt, kleiner als die entferntere; und von dem Punkt lassen sich an gleichen Strecken nur immer zwei bis zum Kreise ziehen, beiderseits der kleinsten.

ABC sei ein Kreis; außerhalb ABC wähle man einen Punkt D und ziehe von ihm irgendwelche gerade Linien DA, DE, DF, DC durch, DA soll durch den Mittelpunkt gehen. Ich behaupte, daß unter den zum hohlen Bogen $AEFC$ gezogenen Strecken die größte die durch den Mittelpunkt, DA ist, ferner $DE > DF$ und $DF > DC$, daß unter den zum erhabenen Bogen $HLKG$ gezogenen Strecken hingegen die kleinste DG ist, die zwischen dem Punkte und dem Durchmesser AG, und daß immer die, welche der kleinsten DG näher liegt, kleiner ist als die entferntere, $DK < DL$ und $DL < DH$.

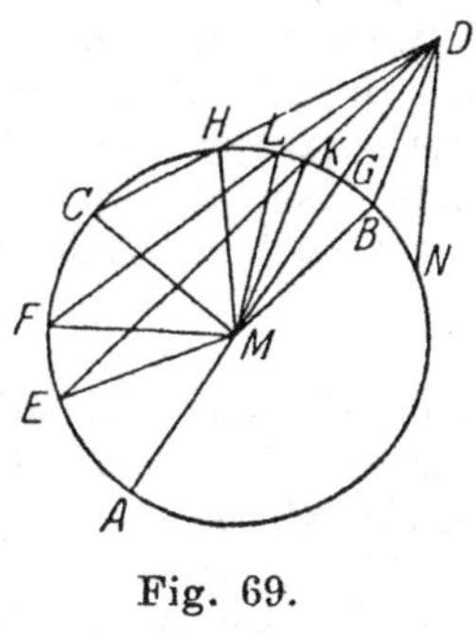

Fig. 69.

Man verschaffe sich den Mittelpunkt des Kreises ABC, er sei M, und ziehe ME, MF, MC, MK, ML, MH.

Hier ist $AM = EM$; man füge daher MD beiderseits hinzu; dann ist $AD = EM + MD$; aber $EM + MD > ED$ (I, 20); also ist auch $AD > ED$. Da ebenso $ME = MF$ ist und MD gemeinsam, so sind EM, MD den Seiten FM, MD gleich; und $\angle EMD > \angle FMD$; also ist Grdl. $ED >$ Grdl. FD (I, 24). Ähnlich läßt sich zeigen, daß auch $FD > CD$; also ist DA die größte Strecke, $DE > DF$ und $DF > DC$. Da weiter $MK + KD > MD$ (I, 20) und $MG = MK$, so ist der Rest $KD >$ Rest GD, folglich $GD < KD$. Und da im Dreieck MDL über der einen Seite MD zwei Strecken MK, KD innerhalb zusammengebracht sind, so sind $MK + KD < ML + LD$ (I, 21). Aber $MK = ML$; also ist der Rest $DK <$ Rest DL. Ähnlich läßt sich zeigen, daß auch $DL < DH$; also ist DG die kleinste Strecke, $DK < DL$ und $DL < DH$.

Ich behaupte, daß ferner sich vom Punkte D bis zum Kreise an gleichen Strecken nur immer zwei ziehen lassen, beiderseits der kleinsten DG.

Man trage an die gerade Linie MD im Punkte M auf ihr $\angle DMB = \angle KMD$ an und ziehe DB.

Da dann $MK = MB$ ist und MD gemeinsam, sind zwei Seiten KM, MD zwei Seiten BM, MD entsprechend gleich; und $\angle KMD = \angle BMD$; also ist Grdl. DK = Grdl. DB (I, 4). Ich behaupte nun, daß vom Punkte D sich keine weitere Strecke, die $= DK$ wäre, bis zum Kreise ziehen läßt. Wäre dies nämlich möglich, dann sei eine so gezogen, etwa DN. Da dann $DK = DN$ und $DK = DB$, so wäre auch $DB = DN$, die der kleinsten Strecke DG nähere der entfernteren gleich; wie oben bewiesen, ist dies aber unmöglich. Also lassen sich an gleichen Strecken nicht mehr als immer zwei vom Punkte D bis zum Kreise ABC ziehen, beiderseits der kleinsten DG — S.

§ 9 (L. 8).

Wählt man innerhalb eines Kreises einen Punkt und es lassen sich von dem Punkte bis zum Kreise mehr als zwei gleiche Strecken ziehen, so ist der gewählte Punkt der Mittelpunkt des Kreises.

ABC sei ein Kreis, D ein Punkt innerhalb desselben, und von D seien mehr als zwei gleiche Strecken bis zum

Kreise $A\,B\,C$ gezogen, nämlich $D\,A$, $D\,B$, $D\,C$. Ich behaupte, daß Punkt D der Mittelpunkt des Kreises $A\,B\,C$ ist.

Man ziehe nämlich $A\,B$, $B\,C$, halbiere sie in den Punkten E, F und ziehe die Verbindungslinien $E\,D$, $F\,D$ durch nach den Punkten G, K, H, L.

Da dann $A\,E = E\,B$ ist und $E\,D$ gemeinsam, sind zwei Seiten $A\,E$, $E\,D$ zwei Seiten $B\,E$, $E\,D$ gleich; und Grdl. $D\,A$ = Grdl. $D\,B$; also ist $\angle\, A\,E\,D = \angle\, B\,E\,D$ (I, 8). Also sind $\angle\, A\,E\,D$, $B\,E\,D$ beide Rechte (I, Def. 10); also schneidet $G\,K$ die Sehne $A\,B$ mitten und rechtwinklig. Und da, wenn im Kreise eine Sehne irgendeine andere mitten und rechtwinklig schneidet, der Mittelpunkt des Kreises auf der schneidenden Sehne liegen muß (III, 1, Zus.), so liegt auf $G\,K$ der Kreismittelpunkt. Aus demselben Grunde liegt der Mittelpunkt des Kreises $A\,B\,C$ auch auf $H\,L$. Die geraden Linien $G\,K$, $H\,L$ können nun außer dem Punkte D keinen weiteren gemein haben; also ist Punkt D der Mittelpunkt des Kreises $A\,B\,C$ — S.

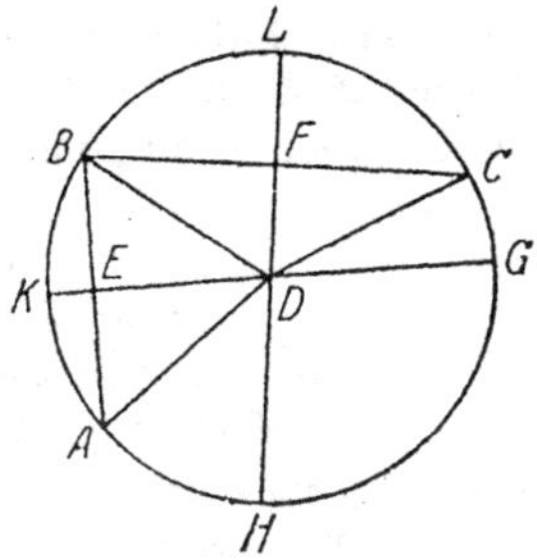

Fig. 70.

§ 10 (L. 9).

Ein Kreis kann einen Kreis nicht in mehr als zwei Punkten schneiden.

Wäre dies nämlich möglich, so schneide der Kreis $A\,B\,C$ den Kreis $D\,E\,F$ in mehr als zwei Punkten B, G, F, H; man ziehe dann die Strecken $B\,H$, $B\,G$ und halbiere sie in den Punkten K, L; ferner ziehe man $K\,C$, $L\,M$ von K, L aus rechtwinklig zu $B\,H$, $B\,G$ und ziehe sie durch nach den Punkten A, E.

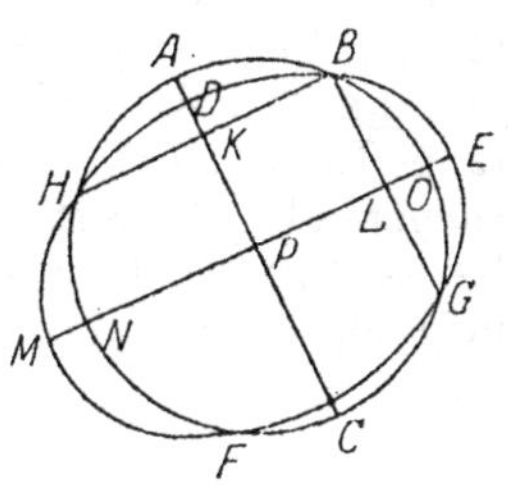

Fig. 71.

Da dann im Kreise $A\,B\,C$ eine Sehne $A\,C$ eine Sehne $B\,H$ mitten und rechtwinklig schnitte, so läge der Mittelpunkt des Kreises $A\,B\,C$ auf $A\,C$ (III, 1,

Zus.). Da ebenso in demselben Kreise $A\,B\,C$ eine Sehne $N\,O$ eine Sehne $B\,G$ mitten und rechtwinklig schnitte, so läge der Mittelpunkt des Kreises $A\,B\,C$ auf $N\,O$. Wie oben bewiesen, läge er auch auf $A\,C$. Die geraden Linien $A\,C$, $N\,O$ treffen sich nun nirgends außer in P; also wäre Punkt P der Mittelpunkt des Kreises $A\,B\,C$. Ähnlich läßt sich zeigen, daß P auch der Mittelpunkt des Kreises $D\,E\,F$ wäre; also hätten zwei Kreise, die einander schneiden, nämlich $A\,B\,C$, $D\,E\,F$, denselben Mittelpunkt, nämlich P; dies ist aber unmöglich (III, 5) — S.

§ 11 (L. 10).

Wenn zwei Kreise einander [innen] berühren [und man verschafft sich ihre Mittelpunkte], so muß die Verbindungslinie ihrer Mittelpunkte (gegebenenfalls) verlängert den Berührungspunkt der Kreise treffen.

Zwei Kreise $A\,B\,C$, $A\,D\,E$ mögen einander innen berühren im Punkte A; man verschaffe sich die Kreismittelpunkte F von $A\,B\,C$ und G von $A\,D\,E$ (III, 1). Ich behaupte, daß die Verbindungsstrecke von G mit F verlängert den Punkt A treffen muß.

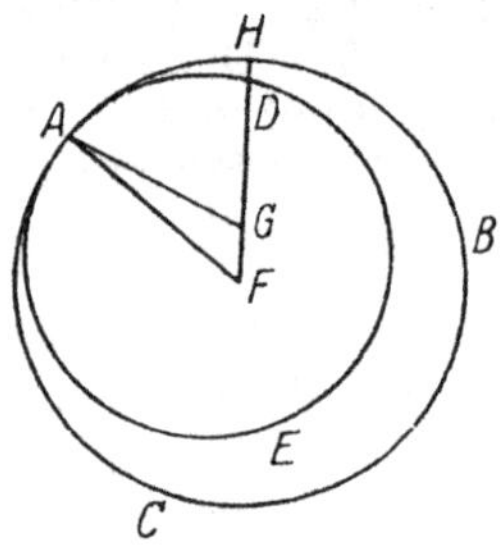

Fig. 72.

Sie treffe ihn nämlich nicht, sondern verlaufe etwa wie $F\,G\,H$; dann ziehe man $A\,F$, $A\,G$. Dann wären $A\,G + G\,F > F\,A$ (I, 20), d. h. $> F\,H$; man nehme daher $F\,G$ beiderseits weg; dann wäre der Rest $A\,G >$ Rest $G\,H$. Aber $A\,G = G\,D$; also wäre auch $G\,D > G\,H$, die kleinere Strecke (Ax. 8) größer als die größere; dies ist aber unmöglich. Also kann die F mit G verbindende gerade Linie nicht vorbeigehen; also muß sie den Berührungspunkt A treffen. (Bei äußerer Berührung würden $G\,A + A\,F > G\,F$, also $G\,D + H\,F > G\,F$; dies ist aber unmöglich) — S.

§ 12 (L. 11).

[*Wenn zwei Kreise einander außen berühren, muß die Verbindungsstrecke ihrer Mittelpunkte durch den Berührungspunkt gehen.*]

§ 13 (L. 12).

Ein Kreis kann einen Kreis nicht in mehr als einem Punkte berühren, einerlei ob er ihn innen oder außen berührt.

Wenn möglich, berühre nämlich der Kreis $ABCD$ den Kreis $EBFD$ zunächst innen in mehr Punkten als einem, nämlich D und B.

Man verschaffe sich die Kreismittelpunkte G von $ABCD$ und H von $EBFD$. Dann müßte die G mit H verbindende Linie B und D treffen (III, 11); sie verlaufe wie $BGHD$. Da Punkt G der Mittelpunkt des Kreises $ABCD$ sein soll, wäre $BG = GD$; also wäre $BG > HD$ (Ax. 8); um so mehr wäre also $BH > HD$ (Ax. 8). Ebenso wäre, da Punkt H der Mittelpunkt des Kreises $EBFD$ sein soll, $BH = HD$; wie oben bewiesen, wäre die eine Strecke aber auch weit größer als die andere; dies ist aber unmöglich. Also berührt ein Kreis den anderen innen nicht in mehr Punkten als einem.

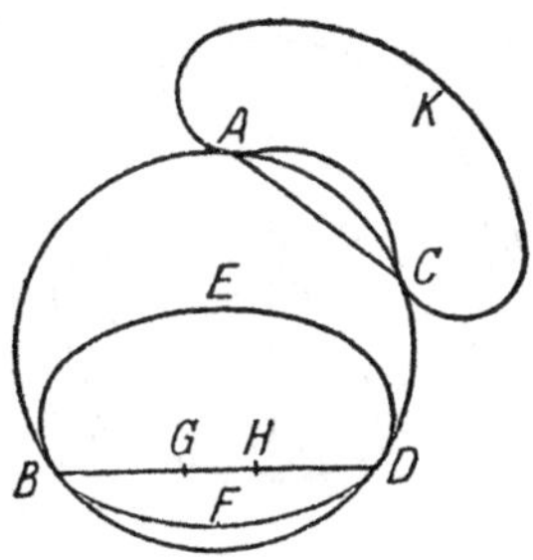

Fig. 73.

Ich behaupte, daß er es auch außen nicht tut.

Wenn möglich, berühre nämlich der Kreis ACK den Kreis $ABCD$ außen in mehr Punkten als einem, nämlich A und C. Dann ziehe man AC.

Da man dann auf dem Umfang jedes der beiden Kreise $ABCD$, ACK zwei beliebige Punkte A, C hätte, müßte die die Punkte verbindende Strecke innerhalb beider Kreise fallen (III, 2). Sie liegt jedoch zwar innerhalb $ABCD$, aber außerhalb ACK (III, Def. 3); dies wäre Unsinn. Also berührt ein Kreis den anderen außen nicht in mehr Punkten als einem. Wie oben bewiesen, tut er es auch innen nicht — S.

§ 14 (L. 13).

Im Kreise stehen gleiche Sehnen gleichweit vom Mittelpunkt ab, und gleichweit vom Mittelpunkt abstehende Sehnen sind einander gleich.

$A\,B\,C\,D$ sei ein Kreis, und in ihm seien $A\,B$, $C\,D$ gleiche Sehnen. Ich behaupte, daß $A\,B$ und $C\,D$ vom Mittelpunkt gleichweit abstehen.

Man verschaffe sich den Mittelpunkt des Kreises $A\,B\,C\,D$, er sei E, fälle von E auf $A\,B$, $C\,D$ die Lote $E\,F$, $E\,G$ und ziehe $A\,E$, $E\,C$.

Da hier eine durch den Mittelpunkt gehende gerade Linie $E\,F$ eine nicht durch den Mittelpunkt gehende Sehne $A\,B$ rechtwinklig schneidet, halbiert sie sie auch (III, 3). Also ist $A\,F = F\,B$, also $A\,B = 2\,A\,F$. Aus demselben Grunde ist auch $C\,D = 2\,C\,G$. Hier ist $A\,B = C\,D$; also ist auch $A\,F = C\,G$. Da ferner $A\,E = E\,C$, ist auch $A\,E^2 = E\,C^2$. Aber $A\,E^2 = A\,F^2 + E\,F^2$; denn der Winkel bei F ist ein Rechter (I, 47); und $E\,C^2 = E\,G^2 + G\,C^2$; denn der Winkel bei G ist ein Rechter. Also sind $A\,F^2 + F\,E^2 = C\,G^2 + G\,E^2$; hierin ist $A\,F^2 = C\,G^2$, denn $A\,F = C\,G$; also ist der Rest $F\,E^2 = E\,G^2$, also $E\,F = E\,G$. Man sagt aber von Sehnen, daß sie vom Mittelpunkt gleichweit abstehen, wenn die vom Mittelpunkt auf sie gefällten Lote gleich sind (III, Def. 4); also stehen $A\,B$ und $C\,D$ gleichweit vom Mittelpunkt ab.

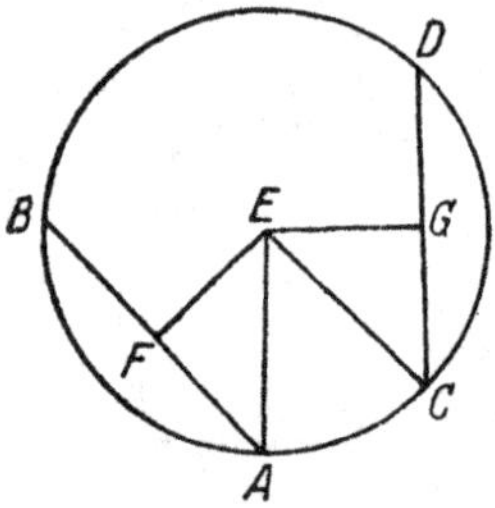

Fig. 74.

Andererseits mögen die Sehnen $A\,B$, $C\,D$ gleichweit vom Mittelpunkt abstehen, d. h. es sei $E\,F = E\,G$. Ich behaupte, daß auch $A\,B = C\,D$.

Man konstruiere ebenso; dann läßt sich ähnlich zeigen, daß $A\,B = 2\,A\,F$ und $C\,D = 2\,C\,G$. Und da $A\,E = C\,E$, ist $A\,E^2 = C\,E^2$. Aber $A\,E^2 = E\,F^2 + F\,A^2$ und $C\,E^2 = E\,G^2 + G\,C^2$; also ist $E\,F^2 + F\,A^2 = E\,G^2 + G\,C^2$; hierin ist $E\,F^2 = E\,G^2$, denn $E\,F = E\,G$; also ist der Rest $A\,F^2 = C\,G^2$, also $A\,F = C\,G$. Nun ist $2\,A\,F = A\,B$ und $2\,C\,G = C\,D$; also ist $A\,B = C\,D$ — S.

§ 15 (L. 14).

Größte Sehne im Kreise ist der Durchmesser, und von den anderen ist immer die dem Mittelpunkt nähere größer als die entferntere.

$ABCD$ sei ein Kreis, AD ein Durchmesser desselben, E der Mittelpunkt, und dem Durchmesser AD liege BC näher, FG ferner. Ich behaupte, daß AD am größten ist und $BC > FG$.

Man fälle vom Mittelpunkt E auf BC, FG die Lote EH, EK. Da BC dem Mittelpunkt näher liegt, FG ferner, so ist $EK > EH$. Man trage $EL = EH$ ab, ziehe LM durch L $\perp$ EK und durch nach N, ziehe ferner ME, EN, FE, EG.

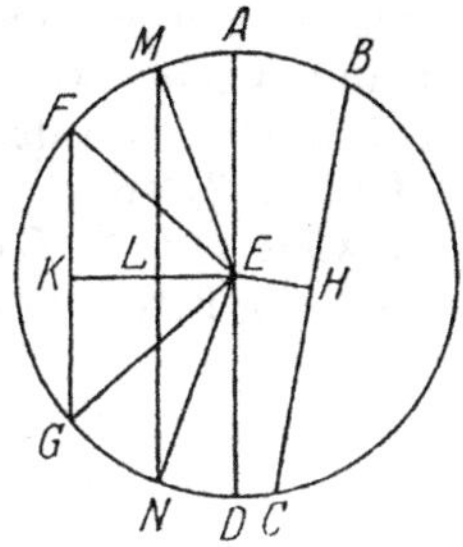

Fig. 75.

Da $EH = EL$, ist auch $BC = MN$ (III, 14). Andererseits ist, da $AE = EM$ und $ED = EN$, $AD = ME + EN$. Aber $ME + EN > MN$ (I, 20) [und $AD > MN$] und $MN = BC$; also ist $AD > BC$. Und da zwei Seiten ME, EN zwei Seiten FE, EG gleich sind, dabei $\angle MEN > \angle FEG$, so ist Grdl. $MN >$ Grdl. FG (I, 24). Wie oben bewiesen, ist $MN = BC$ [und $BC > FG$]. Also ist der Durchmesser AD am größten und $BC > FG$ — S.

§ 16 (L. 15).

Eine rechtwinklig zum Kreisdurchmesser vom Endpunkt aus gezogene gerade Linie muß außerhalb des Kreises fallen, und in den Zwischenraum der geraden Linie und des Bogens läßt sich keine weitere gerade Linie nebenhineinziehen; der Winkel des Halbkreises ist größer als jeder spitze geradlinige Winkel, der Restwinkel kleiner.

Man habe einen Kreis ABC um den Mittelpunkt D und den Durchmesser AB. Ich behaupte, daß eine $\perp AB$ vom Endpunkte A aus gezogene gerade Linie außerhalb des Kreises fallen muß.

Täte sie dies nämlich nicht, sondern fiele innerhalb, etwa wie CA, dann ziehe man DC. Da $DA = DC$, wäre auch $\angle DAC = \angle ACD$ (I, 5). DAC ist aber ein Rechter; also wäre auch ACD ein Rechter. Im Dreieck ACD wären dann zwei Winkel $DAC + ACD = 2$ R.; dies ist aber unmöglich (I, 17). Also kann eine $\perp BA$ vom Punkte A aus gezogene gerade Linie nicht innerhalb des Kreises fallen. Ähnlich läßt sich zeigen, daß sie auch nicht auf den Bogen fallen kann; also fällt sie außerhalb.

Sie verlaufe wie *A E*. Ich behaupte, daß in den Zwischenraum der geraden Linie *A E* und des Bogens *C H A* sich keine weitere gerade Linie nebenhineinziehen läßt.

Eine solche sei nämlich, wenn möglich, als *F A* nebenhineingezogen. Dann fälle man vom Punkte *D* auf *F A* das Lot *D G*. Da dann *A G D* ein Rechter wäre und $D A G < R.$ (Ax. 8), so wäre $A D > D G$ (I, 19). Aber $D A = D H$; also wäre $D H > D G$, die kleinere Strecke (Ax. 8) größer als die größere; dies ist aber unmöglich. Also läßt sich in den Zwischenraum der geraden Linie und des Bogens keine weitere gerade Linie nebenhineinziehen.

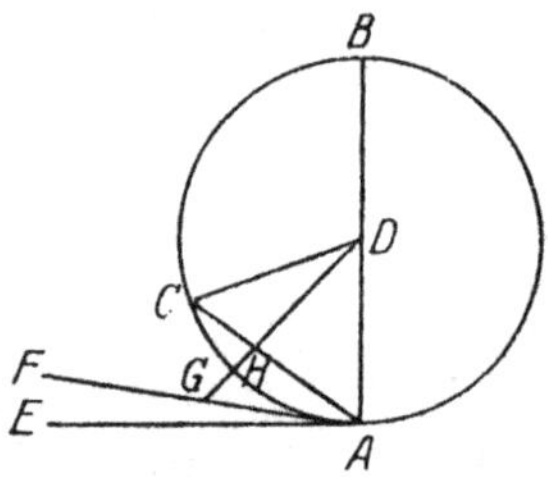

Fig. 76.

Ich behaupte, daß außerdem der Winkel des Halbkreises, nämlich der, der von der geraden Linie *B A* und dem Bogen *C H A* umfaßt wird (III, Def. 7), größer ist als jeder spitze geradlinige Winkel, der Restwinkel aber, nämlich der, der von dem Bogen *C H A* und der geraden Linie *A E* umfaßt wird, kleiner als jeder spitze geradlinige Winkel.

Wäre nämlich irgendein geradliniger Winkel größer als der zwischen der geraden Linie *B A* und dem Bogen *C H A* oder kleiner als der zwischen dem Bogen *C H A* und der geraden Linie *A E*, so müßte sich in den Zwischenraum des Bogens *C H A* und der geraden Linie *A E* eine gerade Linie nebenhineinziehen lassen, die den Winkel zwischen geraden Linien erzeugte, der größer wäre als der zwischen der geraden Linie *B A* und dem Bogen *C H A*, und den, der kleiner wäre als der zwischen dem Bogen *C H A* und der geraden Linie *A E*. Eine solche läßt sich aber nicht nebenhineinziehen. Also kann kein spitzer Winkel zwischen geraden Linien größer sein als der Winkel zwischen der geraden Linie *B A* und dem Bogen *C H A* und auch keiner kleiner als der zwischen dem Bogen *C H A* und der geraden Linie *A E*.

Zusatz: Hiernach ist klar, daß eine rechtwinklig zum Kreisdurchmesser vom Endpunkte aus gezogene gerade Linie den Kreis berührt [und daß eine gerade Linie einen Kreis nur in einem Punkte berühren kann, da ja, wie bewiesen, eine Strecke, die in zweien mit ihm zusammentrifft, innerhalb desselben fällt] — dies hatte man beweisen sollen.

§ 17 (A. 2).

Von einem gegebenen Punkte aus an einen gegebenen Kreis eine Tangente zu ziehen.

Der gegebene Punkt sei A, der gegebene Kreis $B\,C\,D$. Man soll vom Punkte A an den Kreis $B\,C\,D$ eine Tangente ziehen.

Man verschaffe sich den Kreismittelpunkt E (III, 1), ziehe $A\,E$ und zeichne mit E als Mittelpunkt, $E\,A$ als Abstand den Kreis $A\,F\,G$, ziehe ferner von D aus $D\,F \perp E\,A$ und ziehe $E\,F$, $A\,B$. Ich behaupte, daß man vom Punkte A an den Kreis $B\,C\,D$ eine Tangente gezogen hat, nämlich $A\,B$.

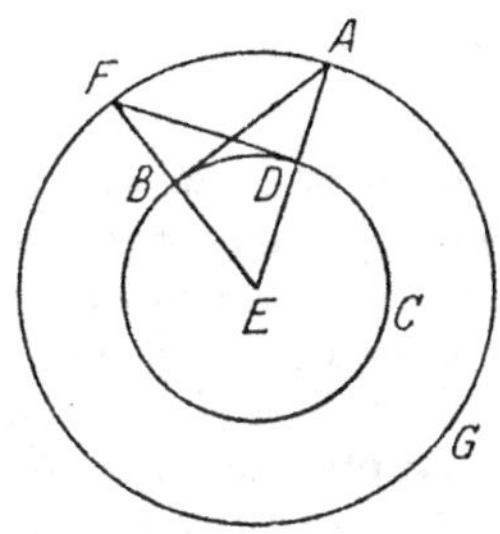

Fig. 77.

Da nämlich E Mittelpunkt der Kreise $B\,C\,D$, $A\,F\,G$ ist, so ist $E\,A = E\,F$ und $E\,D = E\,B$; mithin sind zwei Seiten $A\,E$, $E\,B$ zwei Seiten $F\,E$, $E\,D$ gleich; und sie umfassen einen gemeinsamen Winkel, den bei E; also ist Grdl. $D\,F$ = Grdl. $A\,B$, $\triangle\ D\,E\,F = \triangle\ E\,B\,A$, und die übrigen Winkel den übrigen Winkeln (I, 4); also ist $\angle\ E\,D\,F = E\,B\,A$. $E\,D\,F$ ist aber ein Rechter; also ist auch $E\,B\,A$ ein Rechter. Und $E\,B$ geht vom Mittelpunkt aus; eine rechtwinklig zum Kreisdurchmesser vom Endpunkte aus gezogene gerade Linie berührt aber den Kreis (III, 16, Zus.); also berührt $A\,B$ den Kreis $B\,C\,D$.

Man hat also von einem gegebenen Punkte A an einen gebenen Kreis $B\,C\,D$ eine Tangente gezogen, nämlich $A\,B$ — dies hatte man ausführen sollen.

§ 18 (L. 16).

Zieht man an einen Kreis eine Tangente, ferner vom Mittelpunkt aus eine gerade Linie zum Berührungspunkt, so muß die Verbindungslinie das Lot auf die Tangente sein.

Den Kreis $A B C$ berühre nämlich eine gerade Linie $D E$ im Punkte C; man verschaffe sich den Mittelpunkt F des Kreises $A B C$ und ziehe von F nach C die Verbindungslinie $F C$. Ich behaupte, daß $F C$ das Lot auf $D E$ ist.

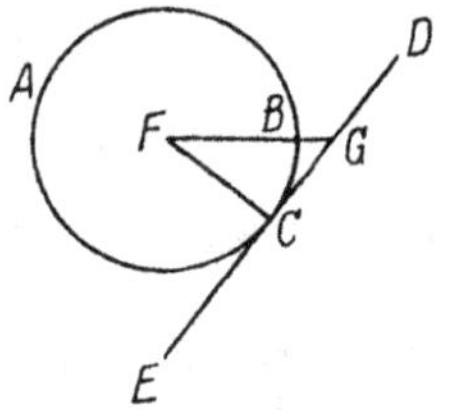

Fig. 78.

Anderenfalls fälle man nämlich von F auf $D E$ das Lot $F G$. Da dann $\angle F G C$ ein Rechter wäre, wäre $F C G$ spitz (I, 17). Dem größeren Winkel liegt aber die größere Seite gegenüber (I, 19), also wäre $F C > F G$. Aber $F C = F B$; also wäre auch $F B > F G$, die kleinere Strecke (Ax. 8) größer als die größere; dies ist aber unmöglich. $F G$ ist also nicht das Lot auf $D E$. Ähnlich läßt sich zeigen, daß auch keine andere Strecke außer $F C$ es sein kann; also ist $F C$ das Lot auf $D E$ (I, 12) — S.

§ 19 (L. 17).

Zieht man an einen Kreis eine Tangente, ferner vom Berührungspunkt aus eine gerade Linie rechtwinklig zur Tangente, so muß auf dieser der Mittelpunkt des Kreises liegen.

Den Kreis $A B C$ berühre nämlich eine gerade Linie $D E$ im Punkte C; man ziehe von C aus $C A \perp D E$. Ich behaupte, daß der Mittelpunkt des Kreises auf $A C$ liegt.

Täte er es nämlich nicht, sondern wäre etwa F; dann ziehe man $C F$. Da man dann an den Kreis $A B C$ eine Tangente $D E$ und vom Mittelpunkt zum Berührungspunkt die Verbindungslinie $F C$ gezogen hätte, so wäre $F C$ das Lot auf $D E$ (III, 18), also $\angle F C E$ ein Rechter. Aber auch $A C E$ ist ein Rechter; also wäre $F C E = A C E$, der kleinere Winkel dem größeren (Ax. 8); dies ist aber unmöglich. Also ist F nicht Mittelpunkt des Kreises $A B C$.

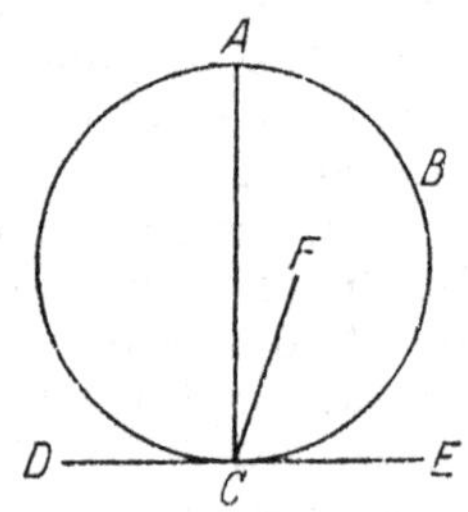

Fig. 79.

Ähnlich läßt sich zeigen, daß auch kein anderer Punkt außer einem auf $A C$ es sein kann — S.

§ 20 (L. 18).

Im Kreise ist der Mittelpunktswinkel doppelt so groß wie der Umfangswinkel, wenn die Winkel über demselben Bogen stehen.

Man habe den Kreis $A B C$ und die Winkel $B E C$ an seinem Mittelpunkt, $B A C$ am Umfang; diese mögen über demselben Bogen $B C$ stehen. Ich behaupte, daß $\angle B E C = 2 B A C$.

Man ziehe $A E$ und durch nach F.

Da dann $E A = E B$, so ist auch $\angle E A B = E B A$ (I, 5); also sind $\angle E A B + E B A = 2 E A B$. Aber $B E F = E A B + E B A$ (I, 32); also ist auch $B E F = 2 E A B$. Aus demselben Grunde ist auch $F E C = 2 E A C$. Also ist der ganze Winkel $B E C$ doppelt so groß wie der ganze Winkel $B A C$.

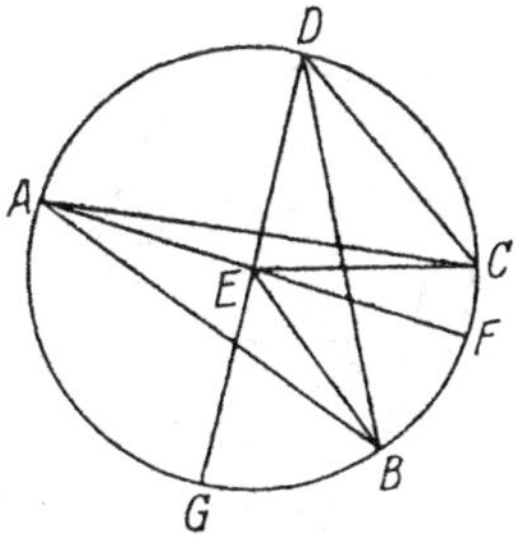

Fig. 80.

Man ziehe wieder eine gebrochene Linie, es entstehe ein anderer Winkel $B D C$. Dann ziehe man $D E$ und durch nach G. Dann läßt sich ähnlich zeigen, daß $\angle G E C = 2 E D C$ und hierin $G E B = 2 E D B$; also ist auch der Restwinkel $B E C = 2 B D C$ — S.

§ 21 (L. 19).

Im Kreise sind die Winkel in demselben Abschnitt einander gleich.

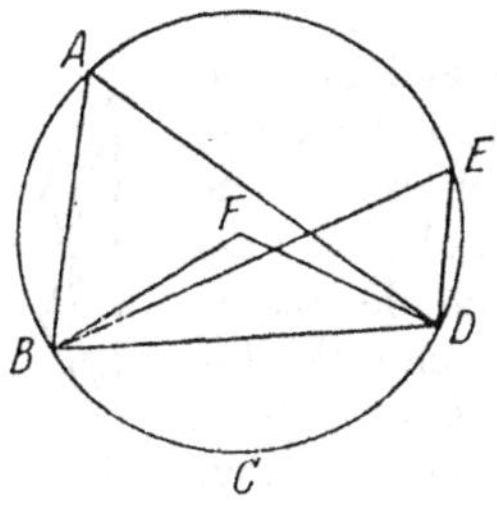

Fig. 81.

Man habe den Kreis $A B C D$, und in demselben Abschnitt $B A E D$ die Winkel $B A D$, $B E D$ (III, Def. 8). Ich behaupte, daß $\angle B A D = \angle B E D$.

Man verschaffe sich den Mittelpunkt des Kreises $A B C D$, er sei F, und ziehe $B F$, $F D$.

Da dann der Winkel $B F D$ am Mittelpunkt liegt, $B A D$ am Umfang, und sie über demselben Bogen BCD stehen, so ist $\angle\ BFD = 2\ BAD$ (III, 20). Aus demselben Grunde ist auch $BFD = 2\ BED$; also ist $BAD = BED$ — S.

§ 22 (L. 20).

In jedem einem Kreise einbeschriebenen Viereck sind gegenüberliegende Winkel zusammen zwei Rechten gleich.

Man habe den Kreis $ABCD$ und in ihm das Viereck $ABCD$. Ich behaupte, daß gegenüberliegende Winkel zusammen zwei Rechten gleich sind.

Man ziehe AC, BD.

Da in jedem Dreieck die drei Winkel zusammen = 2 R. sind (I, 32), sind im Dreieck ABC die drei Winkel $CAB + ABC + BCA = 2$ R. Aber $\angle\ CAB = BDC$; denn sie liegen in demselben Abschnitt $BADC$ (III, 21). Und $\angle\ ACB = ADB$; denn sie liegen in demselben Abschnitt $ADCB$. Also ist der ganze Winkel $ADC = BAC + ACB$. Man füge ABC beiderseits hinzu; dann sind $ABC + BAC + ACB = ABC + ADC$. Aber $ABC + BAC + ACB = 2$ R.; also sind auch $ABC + ADC = 2$ R. Ähnlich läßt sich zeigen, daß auch $\angle\ BAD + DCB = 2$ R. — S.

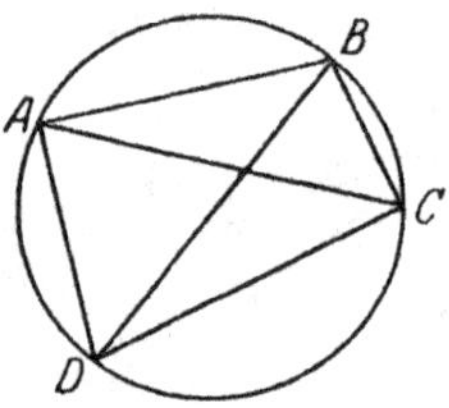

Fig. 82.

§ 23 (L. 21).

Es ist nicht möglich, über derselben Strecke zwei ungleiche ähnliche Kreisabschnitte nach derselben Seite zu errichten.

Wäre dies nämlich möglich, so errichte man über derselben Strecke AB zwei ungleiche ähnliche Kreisabschnitte ACB, ADB nach derselben Seite. Man ziehe dann ACD durch und ziehe CB, DB. Da hier der Abschnitt ACB dem Abschnitt ADB ähnlich sein soll, ähnliche Kreisabschnitte aber solche sind, die gleiche Winkel fassen (III, Def. 11), so wäre $ACB = ADB$, der Außenwinkel dem Innenwinkel; dies ist aber unmöglich (I, 16) — S.

Fig. 83.

§ 24 (L. 22).

Ähnliche Kreisabschnitte über gleichen Strecken sind einander gleich.

AEB, CFD seien ähnliche Kreisabschnitte über gleichen Strecken AB, CD. Ich behaupte, daß der Abschnitt AEB dem Abschnitt CFD gleich ist.

Deckt man nämlich den Abschnitt AEB auf CFD und legt dabei Punkt A auf C sowie die gerade Linie AB auf CD, dann muß auch Punkt B Punkt D decken, weil $AB = CD$. Deckt AB aber CD, dann muß auch der Abschnitt AEB CFD decken; wenn nämlich zwar die Strecke AB CD deckte, der Abschnitt AEB aber CFD nicht deckte, so müßte er entweder innerhalb desselben fallen oder außerhalb (ausgeschlossen durch III, 23) oder abweichen wie CGD, und ein Kreis schnitte den anderen in mehr als zwei Punkten; dies ist aber unmöglich (III, 10). Also trifft nicht zu, daß, während die Strecke AB CD deckt, der Abschnitt AEB CFD nicht auch deckte; also muß er decken und ihm gleich sein (Ax. 7) — S.

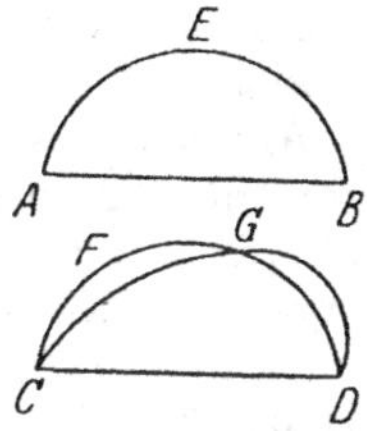

Fig. 84.

§ 25 (A. 3).

Wenn ein Kreisabschnitt gegeben ist, den Kreis daran zu zeichnen, dessen Abschnitt er ist.

Der gegebene Kreisabschnitt sei ABC. Man soll zum Abschnitt ABC den Kreis daranzeichnen, dessen Abschnitt er ist.

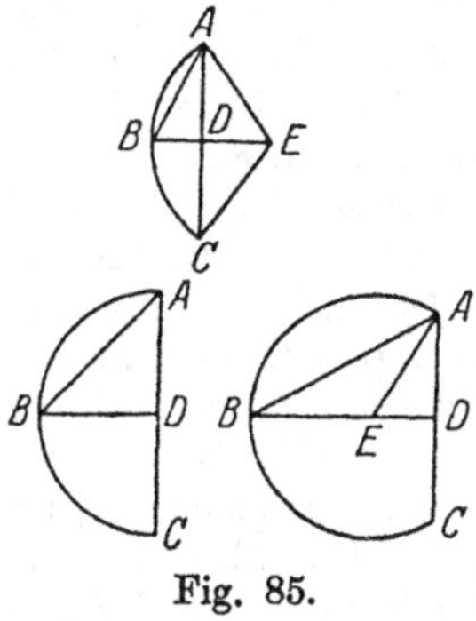

Fig. 85.

Man halbiere AC in D, ziehe vom Punkte D aus $DB \perp AC$ und ziehe AB; $\angle ABD$ ist dann entweder $> BAD$ oder $=$ oder $<$.

Zunächst sei er größer; dann trage man an die gerade Linie BA im Punkte A auf ihr $\angle BAE = ABD$ an, verlängere DB nach E und ziehe EC. Da $\angle ABE = BAE$, ist auch die Strecke $EB = EA$ (I, 6). Da ferner $AD = DC$ ist und DE gemeinsam, so sind zwei Seiten AD, DE

zwei Seiten CD, DE entsprechend gleich; und $\angle ADE = \angle CDE$, weil beide Rechte sind; also ist Grdl. AE = Grdl. CE (I, 4). Wie oben bewiesen, ist aber $AE = BE$; also ist auch $BE = CE$; also sind AE, EB, EC alle drei einander gleich. Zeichnet man also mit E als Mittelpunkt und einer der Strecken AE, EB, EC als Abstand den Kreis, so muß er auch durch die übrigen Punkte gehen und darangezeichnet sein (III, 9). Also hat man zum gegebenen Kreisabschnitt den Kreis darangezeichnet. Hier sieht man, daß der Abschnitt ABC kleiner als der Halbkreis ist, weil sich der Mittelpunkt E außerhalb seiner findet.

Ähnlich müssen auch, wenn $\angle ABD = BAD$, da AD sowohl BD als auch DC gleich wird, DA, DB, DC alle drei einander gleich sein; D muß der Mittelpunkt des ergänzten Kreises sein und offenbar ABC ein Halbkreis.

Ist aber $\angle ABD < BAD$ und trägt man an die gerade Linie BA im Punkte A auf ihr einen Winkel $= ABD$ an, so muß der Mittelpunkt innerhalb des Abschnittes ABC auf DB fallen, und der Abschnitt ABC muß offenbar größer als der Halbkreis sein — S.

§ 26 (L. 23).

In gleichen Kreisen sind die Bogen gleich, über denen gleiche Winkel stehen, einerlei ob diese an den Mittelpunkten oder an den Umfängen stehen.

ABC, DEF seien gleiche Kreise, in ihnen BGC, EHF gleiche Mittelpunktswinkel, BAC, EDF gleiche Umfangswinkel. Ich behaupte, daß Bogen BKC = Bogen ELF.

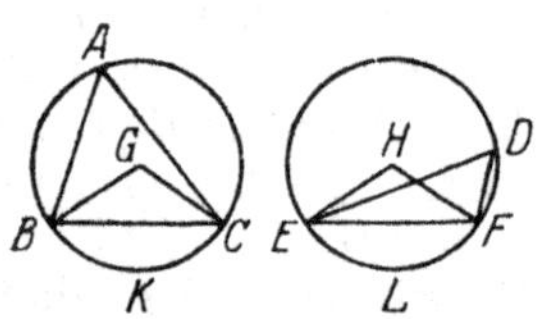

Fig. 86.

Man ziehe BC, EF.

Da die Kreise ABC, DEF gleich sind, sind auch die Radien gleich (III, Def. 1); also sind die zwei Seiten BG, GC zwei Seiten EH, HF gleich; und der Winkel bei G ist dem Winkel bei H gleich; also ist Grdl. BC = Grdl. EF (I, 4). Da der Winkel bei A dem bei D gleich ist, ist der Abschnitt BAC dem Abschnitt EDF ähnlich (III, Def. 11); sie liegen dabei über gleichen Strecken [BC, EF]; ähnliche Kreisabschnitte über gleichen Strecken sind aber einander gleich (III, 24); also ist der Abschnitt $BAC = EDF$. Auch der ganze Kreis ABC ist aber dem ganzen Kreis DEF gleich; also ist der Restbogen BKC dem Bogen ELF gleich — S.

§ 27 (L. 24).

In gleichen Kreisen über gleichen Bogen stehende Winkel sind einander gleich, einerlei ob sie an den Mittelpunkten oder an den Umfängen stehen.

In gleichen Kreisen ABC, DEF mögen nämlich über gleichen Bogen BC, EF an den Mittelpunkten G, H die Winkel BGC, EHF und an den Umfängen die Winkel BAC, EDF stehen. Ich behaupte, daß $\angle BGC = EHF$ und $BAC = EDF$.

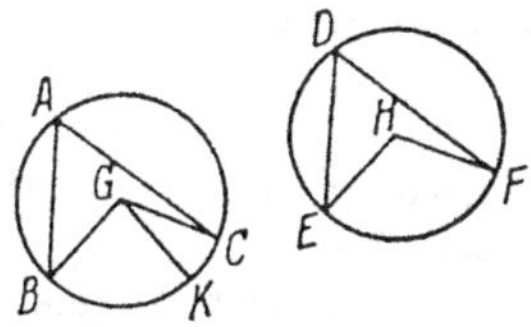

Fig. 87.

Wäre nämlich $\angle BGC$ ungleich EHF, dann müßte einer von ihnen größer sein. $\angle BGC$ sei der größere. Man trage dann an die gerade Linie BG im Punkte G auf ihr $\angle BGK = EHF$ an. Bogen, über denen gleiche Mittelpunktswinkel stehen, sind aber gleich (III, 26); also wäre Bogen BK = Bogen EF. Aber $EF = BC$; also wäre auch $BK = BC$, der kleinere Bogen dem größeren (Ax. 8); dies ist aber unmöglich. $\angle BGC$ ist also nicht ungleich EHF, also ihm gleich. Ferner ist der Winkel bei $A = 1/2\, BGC$ und der bei $D = 1/2\, EHF$ (III, 20); also ist auch der Winkel bei A dem bei D gleich — S.

§ 28 (L. 25).

Gleiche Sehnen in gleichen Kreisen grenzen gleiche Bogen ab, so daß der größere dem größeren gleich wird und der kleinere dem kleineren.

ABC, DEF seien gleiche Kreise, in ihnen AB, DE gleiche Sehnen, so daß ACB, DFE die größeren abgegrenzten Bogen werden, AGB, DHE die kleineren. Ich behaupte, daß der größere Bogen ACB dem größeren Bogen DFE gleich ist und der kleinere Bogen $AGB = DHE$.

Man verschaffe sich die Kreismittelpunkte *K*, *L* und ziehe *A K*, *K B*, *D L*, *L E*.

Da die Kreise gleich sind, sind auch die Radien gleich; also sind zwei Seiten *A K*, *K B* zwei Seiten *D L*, *L E* gleich; und Grdl. *A B* = Grdl. *D E*; also ist ∠ *A K B* = ∠ *D L E* (I, 8). Bogen, über denen gleiche Mittelpunktswinkel stehen, sind aber gleich (III, 26); also ist Bogen *A G B* = *D H E*. Aber auch der ganze Kreis *A B C* ist dem ganzen Kreise *D E F* gleich; also ist auch der Restbogen *A C B* dem Restbogen *D F E* gleich — S.

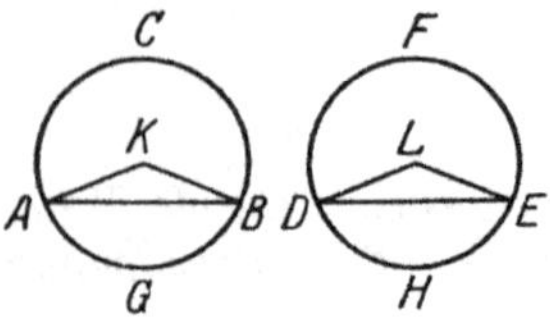

Fig. 88.

§ 29 (L. 26).

Gleichen Bogen in gleichen Kreisen liegen gleiche Sehnen gegenüber.

A B C, *D E F* seien gleiche Kreise; in ihnen grenze man gleiche Bogen *B G C*, *E H F* ab und ziehe die Sehnen *B C*, *E F*. Ich behaupte, daß *B C* = *E F*.

Man verschaffe sich nämlich die Kreismittelpunkte, sie seien *K*, *L*, und ziehe *B K*, *K C*, *E L*, *L F*.

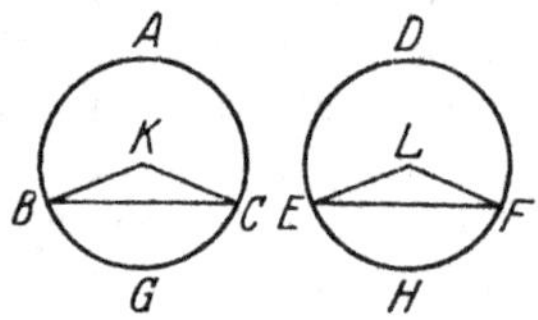

Fig. 89.

Da Bogen *B G C* = Bogen *E H F*, ist auch ∠ *B K C* = *E L F* (III, 27). Und da die Kreise *A B C*, *D E F* gleich sind, sind auch die Radien gleich; also sind zwei Seiten *B K*, *K C* zwei Seiten *E L*, *L F* gleich; und sie umfassen gleiche Winkel; also ist Grdl. *B C* = Grdl. *E F* (I, 4) — S.

§ 30 (A. 4).

Einen gegebenen Bogen zu halbieren.

Der gegebene Bogen sei *A D B*. Man soll den Bogen *A D B* halbieren.

Man ziehe *A B*, halbiere es in *C*, ziehe vom Punkte *C* aus *C D* ⊥ zur geraden Linie *A B* und ziehe *A D*, *D B*.

Da *A C* = *C B* ist und *C D* gemeinsam, sind zwei Seiten *A C*, *C D* zwei Seiten *B C*, *C D* gleich; und ∠ *A C D*

$= \angle BCD$, weil beide Rechte sind; also ist Grdl. AD = Grdl. DB (I, 4). Gleiche Sehnen grenzen aber gleiche Bogen ab, so daß der größere dem größeren gleich wird und der kleinere dem kleineren (III, 28); hier sind beide Bogen AD, DB kleiner als der Halbkreis; also ist Bogen AD = Bogen DB.

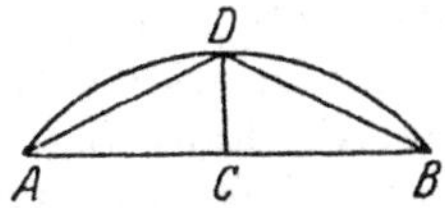

Fig. 90.

Der gegebene Bogen ist also im Punkte D halbiert — dies hatte man ausführen sollen.

§ 31 (L. 27).

Im Kreise ist der Winkel im Halbkreis ein Rechter, der in einem größeren Abschnitt kleiner als ein Rechter und der in einem kleineren Abschnitt größer als ein Rechter; außerdem ist der Winkel des größeren Abschnittes größer als ein Rechter und der Winkel des kleineren Abschnittes kleiner als ein Rechter.

$ABCD$ sei ein Kreis, BC Durchmesser desselben, E der Mittelpunkt; man ziehe BA, AC, AD, DC. Ich behaupte, daß der Winkel BAC im Halbkreis BAC ein Rechter ist, der Winkel ABC im Abschnitt ABC, der größer als der Halbkreis ist, $<$ R. und der Winkel ADC im Abschnitt ADC, der kleiner als der Halbkreis ist, $>$ R.

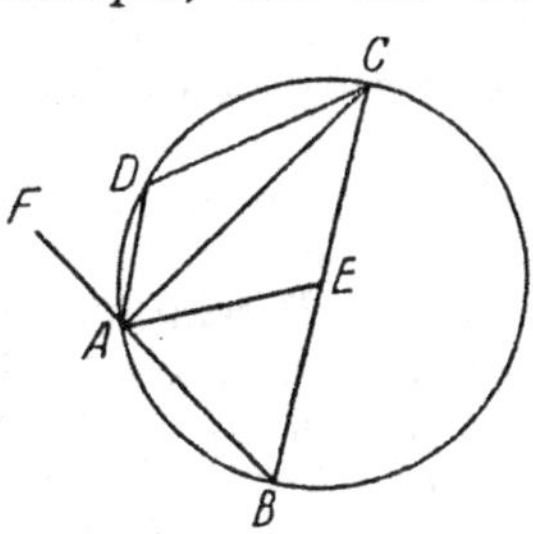

Fig. 91.

Man ziehe AE und verlängere BA nach F.

Da $BE = EA$, ist auch $\angle ABE = BAE$ (I, 5). Ebenso ist, da $CE = EA$, auch $\angle ACE = CAE$; also ist der ganze $\angle BAC = ABC + ACB$. Am Dreieck ABC ist aber auch der Außenwinkel $FAC = ABC + ACB$ (I, 32); also ist $\angle BAC = FAC$; also sind beide Rechte (I, Def. 10). Also ist der Winkel BAC im Halbkreis BAC ein Rechter.

Da ferner im Dreieck ABC die zwei Winkel $ABC + BAC < 2$ R. (I, 17), BAC aber ein Rechter ist, so ist $\angle ABC <$ R.; und dieser liegt im Abschnitt ABC, der größer als der Halbkreis ist.

Da ferner $A\,B\,C\,D$ ein einem Kreise einbeschriebenes Viereck ist, in jedem einem Kreise einbeschriebenen Viereck aber gegenüberliegende Winkel zusammen = 2 R. (III, 22) [also $\angle\ A\,B\,C + A\,D\,C = 2$ R.] und $\angle\ A\,B\,C$ < R., so ist der Restwinkel $A\,D\,C$ > R.; und dieser liegt im Abschnitt $A\,D\,C$, der kleiner als der Halbkreis ist.

Ich behaupte, daß außerdem der Winkel des größeren Abschnittes, nämlich (III, Def. 7) der zwischen dem Bogen $A\,B\,C$ und der Sehne $A\,C$, > R. ist und der Winkel des kleineren Abschnittes, nämlich der zwischen dem Bogen $A\,D$ [C] und der Sehne $A\,C$, < R. Dies ist ohne weiteres klar. Da nämlich der Winkel zwischen den geraden Linien $B\,A$, $A\,C$ ein Rechter ist, ist der zwischen dem Bogen $A\,B\,C$ und der geraden Linie $A\,C$ > *R*. (Ax. 8). Ebenso ist, da der Winkel zwischen den geraden Linien $A\,C$, $A\,F$ ein Rechter ist, der zwischen der geraden Linie $C\,A$ und dem Bogen $A\,D$ [C] < R. — S.

§ 32 (L. 28).

Zieht man an einen Kreis eine Tangente und vom Berührungspunkt aus eine den Kreis schneidende gerade Linie zum Kreis durch, so müssen die Winkel, die diese mit der Tangente bildet, den Winkeln in den entgegengesetzten Kreisabschnitten gleich sein.

Man ziehe an den Kreis $A\,B\,C\,D$ eine im Punkte B berührende gerade Linie $E\,F$ und vom Punkte B aus eine den Kreis $A\,B\,C\,D$ schneidende gerade Linie $B\,D$ zu ihm durch. Ich behaupte, daß die Winkel, die $B\,D$ mit der Tangente $E\,F$ bildet, den Winkeln in den entgegengesetzten Kreisabschnitten gleich sein müssen, d. h. daß $\angle\ F\,B\,D$ einem im Abschnitt $B\,A\,D$ zu errichtenden Winkel gleich ist und $\angle\ E\,B\,D$ einem im Abschnitt $D\,C\,B$ zu errichtenden Winkel gleich.

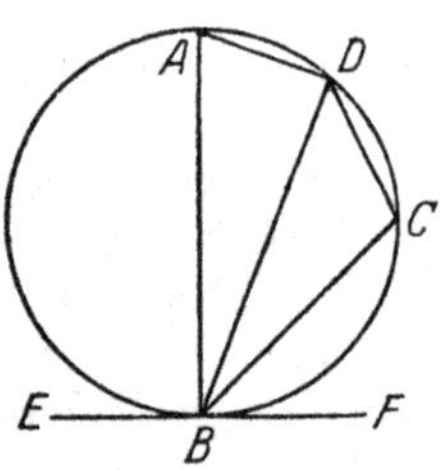

Fig. 92.

Man ziehe nämlich von B aus $B\,A$ $\perp$ $E\,F$, wähle auf dem Bogen $B\,D$ Punkt C beliebig und ziehe $A\,D$, $D\,C$, $C\,B$.

Da eine gerade Linie $E\,F$ den Kreis $A\,B\,C\,D$ in B berührt und man $B\,A$ vom Berührungspunkt aus rechtwinklig zur Tangente gezogen hat, liegt der Mittelpunkt des Kreises *A B C D* auf *B A* (III, 19). *B A* ist also Durchmesser des Kreises *A B C D*, also ∠ *A D B* als Winkel im Halbkreis ein Rechter (III, 31); also sind die übrigen Winkel *B A D* + *A B D* = 1 R. (I, 32). Aber auch *A B F* ist ein Rechter, also *A B F* = *B A D* + *A B D* (Post. 4). Man nehme *A B D* beiderseits weg; dann ist der Restwinkel *D B F* dem Winkel im entgegengesetzten Kreisabschnitt, nämlich *B A D* gleich. Da ferner *A B C D* ein Viereck im Kreise ist, sind in ihm gegenüberliegende Winkel zusammen = 2 R. (III, 22). Aber auch *D B F* + *D B E* = 2 R. (I, 13); also sind *D B F* + *D B E* = *B A D* + *B C D*. Hiervon ist, wie oben bewiesen, *B A D* = *D B F*; also ist der Restwinkel *D B E* = *D C B*, dem Winkel im entgegengesetzten Kreisabschnitt *D C B* — S.

§ 33 (A. 5).

Über einer gegebenen Strecke einen Kreisabschnitt zu zeichnen, der einen einem gegebenen geradlinigen Winkel gleichen Winkel faßt.

Die gegebene Strecke sei *A B*, der gegebene geradlinige Winkel der bei *C*. Man soll über der gegebenen Strecke *A B* einen Kreisabschnitt zeichnen, der einen dem bei *C* gleichen Winkel faßt.

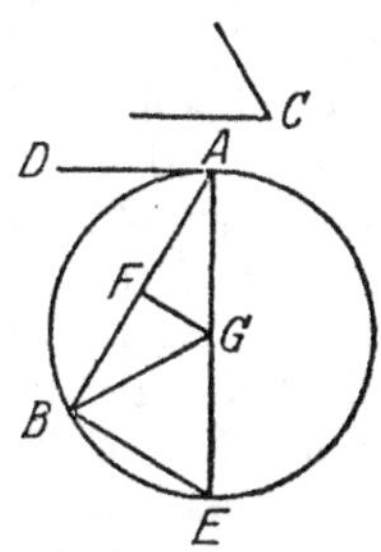

Fig. 93.

Der Winkel bei *C* ist entweder spitz oder ein Rechter oder stumpf. Zunächst sei er spitz. Dann trage man, wie in der ersten Zeichnung, an die gerade Linie *A B* im Punkte *A* den dem Winkel bei *C* gleichen ∠ *B A D* an; dann ist auch ∠ *B A D* spitz. Man ziehe *A E* ⊥ *D A*, halbiere *A B* in *F*, ziehe vom Punkte *F* aus *F G* ⊥ *A B* und verbinde *G B*. Da *A F* = *F B* ist und *F G* gemeinsam, sind zwei Seiten *A F*, *F G* zwei Seiten *B F*, *F G* gleich; und ∠ *A F G* = *B F G*; also ist Grdl. *A G* = Grdl. *B G* (I, 4). Zeichnet man also mit *G* als Mittelpunkt und *G A* als Abstand den Kreis, so muß dieser auch durch *B* gehen. Man zeichne ihn, er sei *A B E*, und ziehe *E B*.

Da $A D$ vom Endpunkt A des Durchmessers $A E$ aus $\perp A E$ verläuft, berührt $A D$ den Kreis $A B E$ (III, 16, Zus.). Da hier eine gerade Linie $A D$ den Kreis $A B E$ berührt und vom Berührungspunkt A eine gerade Linie $A B$ zum Kreis $A B E$ durchgezogen ist, so ist $\angle D A B = A E B$, dem Winkel im entgegengesetzten Kreisabschnitt (III, 32). $\angle D A B$ ist aber dem bei C gleich; also ist der Winkel bei C auch $= A E B$.

Man hat also über der gegebenen Strecke $A B$ einen Kreisabschnitt, der den dem gegebenen Winkel bei C gleichen $\angle A E B$ faßt, gezeichnet, nämlich $A E B$.

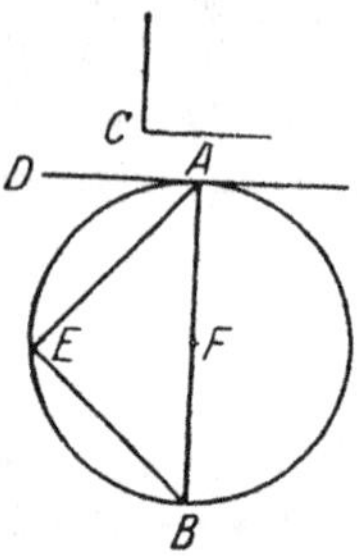

Fig. 94.

Zweitens sei der Winkel bei C ein Rechter. Man soll wieder über $A B$ einen Kreisabschnitt zeichnen, der einen dem Rechten bei C gleichen Winkel faßt. Man trage den dem Rechten bei C gleichen $\angle B A D$ an, wie in der zweiten Zeichnung geschehen, halbiere $A B$ in F und zeichne mit F als Mittelpunkt und $F A$ oder $F B$ als Abstand den Kreis $A E B$.

Dann berührt die gerade Linie $A D$ den Kreis $A B E$, weil der Winkel bei A ein Rechter ist (III, 16, Zus.). Und $\angle B A D$ ist dem im Abschnitt $A E B$ gleich; denn als Winkel im Halbkreis ist auch dieser ein Rechter (III, 31). $\angle B A D$ ist aber auch dem bei C gleich. Also ist auch der Winkel im Abschnitt $A E B$ dem bei C gleich.

Man hat also wieder über $A B$ einen Kreisabschnitt, der einen dem Winkel bei C gleichen faßt, gezeichnet, nämlich $A E B$.

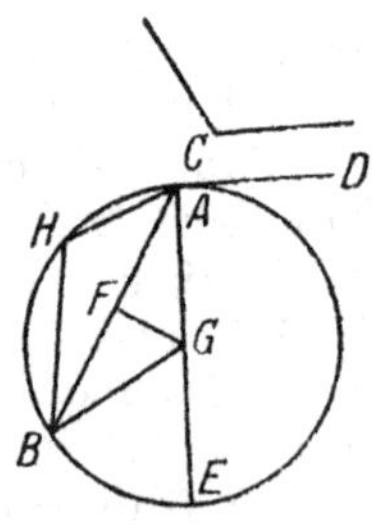

Fig. 95.

Schließlich sei der Winkel bei C stumpf. Man trage dann, wie in der dritten Zeichnung geschehen, an die gerade Linie $A B$ im Punkte A $\angle B A D$, der jenem gleich sei, an, ziehe $A E \perp A D$, halbiere wieder $A B$ in F, ziehe $F G \perp A B$ und verbinde $G B$. Da wieder $A F = F B$ ist und $F G$ gemeinsam, sind zwei Seiten $A F$, $F G$ zwei Seiten $B F$, $F G$

gleich; und $\angle AFG = \angle BFG$; also ist Grdl. AG = Grdl. BG (I, 4). Zeichnet man also mit G als Mittelpunkt und GA als Abstand den Kreis, so muß dieser auch durch B gehen; er verlaufe wie AEB.

Da hier AD rechtwinklig zum Durchmesser AE vom Endpunkte aus verläuft, berührt AD den Kreis AEB (III, 16, Zus.); und AB ist vom Berührungspunkt A aus durchgezogen; also ist $\angle BAD$ dem Winkel, der sich im entgegengesetzten Kreisabschnitt AHB errichten läßt, gleich. Andererseits ist $\angle BAD$ dem Winkel bei C gleich. Also ist auch der Winkel im Abschnitt AHB dem bei C gleich.

Man hat also über der gegebenen Strecke AB einen Kreisabschnitt, der einen dem Winkel bei C gleichen faßt, gezeichnet, nämlich AHB — dies hatte man ausführen sollen.

§ 34 (A. 6).

Von einem gegebenen Kreis einen Abschnitt abzutrennen, der einen einem gegebenen geradlinigen Winkel gleichen Winkel faßt.

Der gegebene Kreis sei ABC, der gegebene geradlinige Winkel der bei D. Man soll vom Kreise ABC einen Abschnitt abtrennen, der einen dem gegebenen geradlinigen Winkel bei D gleichen Winkel faßt.

Man ziehe an ABC im Punkte B die Tangente EF (III, 16, Zus.) und trage an die gerade Linie FB im Punkte B auf ihr $\angle FBC$ = dem bei D an.

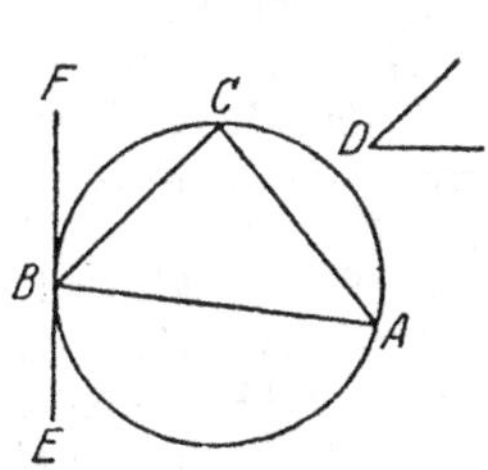

Fig. 96.

Da eine gerade Linie EF den Kreis ABC berührt und BC vom Berührungspunkt B aus durchgezogen ist, ist $\angle FBC$ dem Winkel, der sich im entgegengesetzten Abschnitt BAC errichten läßt, gleich (III, 32). Andererseits ist FBC dem Winkel bei D gleich; also ist der Winkel im Abschnitt BAC dem bei D gleich.

Man hat also von dem gegebenen Kreise ABC einen Abschnitt abgetrennt, nämlich BAC, der einen dem gegebenen geradlinigen Winkel bei D gleichen Winkel faßt — dies hatte man ausführen sollen.

§ 35 (L. 29).

Schneiden im Kreise zwei Sehnen einander, so ist das Rechteck aus den Abschnitten der einen dem Rechteck aus den Abschnitten der anderen gleich.

Im Kreise $ABCD$ mögen nämlich zwei Sehnen AC, BD einander schneiden im Punkte E. Ich behaupte, daß $AE \cdot EC = DE \cdot EB$.

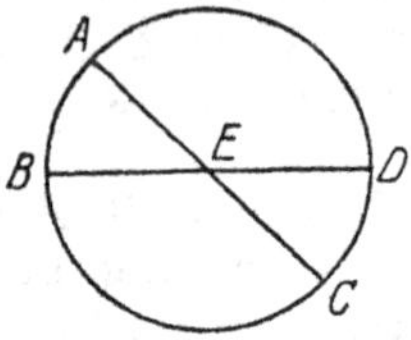

Fig. 97.

Gehen hier AC und BD durch den Mittelpunkt, so daß E der Mittelpunkt des Kreises $ABCD$ ist, so ist klar, daß, da AE, EC, DE, EB gleich sind, auch $AE \cdot EC = DE \cdot EB$.

AC und DB mögen nun nicht durch den Mittelpunkt gehen. Dann verschaffe man sich den Mittelpunkt von $ABCD$, er sei F, fälle von F auf die geraden Linien AC, DB die Lote FG, FH und ziehe FB, FC, FE.

Da eine durch den Mittelpunkt gehende gerade Linie GF eine nicht durch den Mittelpunkt gehende Sehne AC rechtwinklig schneidet, halbiert sie sie auch (III, 3); also ist $AG = GC$. Da man hier die Strecke AC sowohl in gleiche Abschnitte geteilt hat in G, als auch in ungleiche in E, so ist $AE \cdot EC + EG^2 = GC^2$ (II, 5). Man füge GF^2 [beiderseits] hinzu; dann ist $AE \cdot EC + GE^2 + GF^2 = CG^2 + GF^2$. Aber $EG^2 + GF^2 = FE^2$ und $CG^2 + GF^2 = FC^2$ (I, 47); also ist $AE \cdot EC + FE^2 = FC^2$. Aber $FC = FB$; also ist $AE \cdot EC + EF^2 = FB^2$. Aus demselben Grunde ist auch $DE \cdot EB + FE^2 = FB^2$.

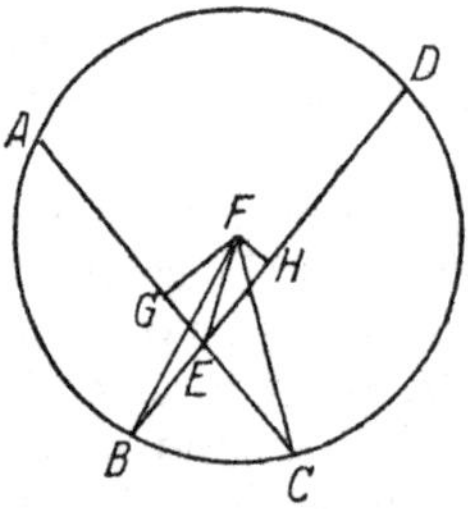

Fig. 98.

Wie oben bewiesen, ist aber $AE \cdot EC + FE^2 = FB^2$, also ist $AE \cdot EC + FE^2 = DE \cdot EB + FE^2$. Man nehme FE^2 beiderseits weg; dann ist der Rest $AE \cdot EC = DE \cdot EB$ — S.

§ 36 (L. 30).

Wählt man außerhalb eines Kreises einen Punkt und zieht von ihm aus zum Kreis zwei Strecken, von denen die eine den Kreis schneidet, die andere ihn berührt, so muß das Rechteck aus der ganzen schneidenden Strecke und dem außen zwischen dem Punkt und dem erhabenen Bogen abgegrenzten Stück dem Quadrat über der Tangente gleich sein.

Man wähle außerhalb des Kreises $A\,B\,C$ einen Punkt D und ziehe von D aus zum Kreis $A\,B\,C$ zwei Strecken $D\,C\,[A]$, $D\,B$; $D\,C\,A$ schneide den Kreis $A\,B\,C$, $B\,D$ berühre ihn. Ich behaupte, $A\,D \cdot D\,C = D\,B^2$.

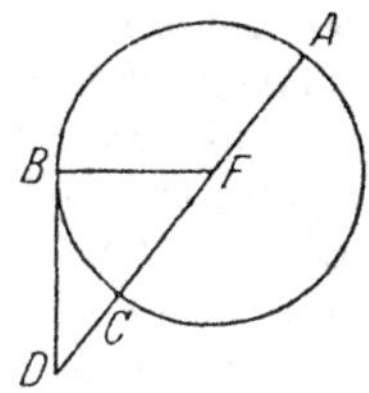

Fig. 99.

$[D]\,C\,A$ geht dann entweder durch den Mittelpunkt oder tut es nicht. Zunächst gehe es durch den Mittelpunkt; F sei der Mittelpunkt des Kreises $A\,B\,C$; man ziehe $F\,B$.

Dann ist $F\,B\,D$ ein Rechter (III, 18). Da die Strecke $A\,C$ in F halbiert ist und $C\,D$ ihr angesetzt, so ist $A\,D \cdot D\,C + F\,C^2 = F\,D^2$ (II, 6). Aber $F\,C = F\,B$; also ist $A\,D \cdot D\,C + F\,B^2 = F\,D^2$. Aber $F\,D^2 = F\,B^2 + B\,D^2$ (I, 47); also ist $A\,D \cdot D\,C + F\,B^2 = F\,B^2 + B\,D^2$. Man nehme $F\,B^2$ beiderseits weg; dann ist der Rest $A\,D \cdot D\,C$ dem Quadrat über der Tangente $D\,B$ gleich.

Zweitens gehe $D\,C\,A$ nicht durch den Mittelpunkt des Kreises $A\,B\,C$; dann verschaffe man sich den Mittelpunkt E, fälle von E auf $A\,C$ das Lot $E\,F$ und ziehe $E\,B$, $E\,C$, $E\,D$.

Dann ist $E\,B\,D$ ein Rechter (III, 18). Da hier eine durch den Mittelpunkt gehende gerade Linie $E\,F$ eine nicht durch den Mittelpunkt gehende Sehne $A\,C$ rechtwinklig schneidet, halbiert sie sie auch (III, 3); also ist $A\,F = F\,C$. Und da die Strecke $A\,C$ im Punkte F halbiert ist und $C\,D$ ihr angesetzt, so ist $A\,D \cdot D\,C + F\,C^2 = F\,D^2$ (II, 6). Man füge $F\,E^2$ beiderseits hinzu; dann

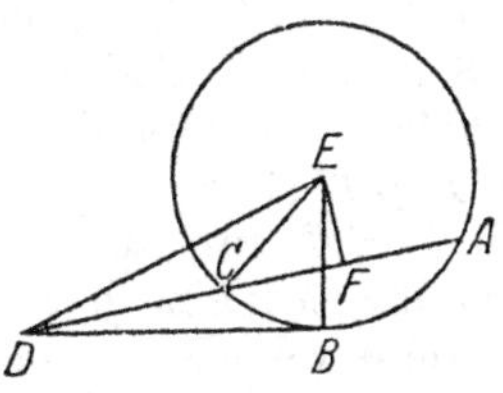

Fig. 100.

ist $A\,D \cdot D\,C + C\,F^2 + F\,E^2 = F\,D^2 + F\,E^2$. Aber $C\,F^2 + F\,E^2 = E\,C^2$, weil $E\,F\,C$ ein Rechter (I, 47); und

$DF^2 + FE^2 = ED^2$ (I, 47); also ist $AD \cdot DC + EC^2 = ED^2$. Aber $EC = EB$; also ist $AD \cdot DC + EB^2 = ED^2$. Und $ED^2 = EB^2 + BD^2$, weil $\angle EBD$ ein Rechter (I, 47); also ist $AD \cdot DC + EB^2 = EB^2 + BD^2$. Man nehme EB^2 beiderseits weg; dann ist der Rest $AD \cdot DC = DB^2$ — S.

§ 37 (L. 31).

Wählt man außerhalb eines Kreises einen Punkt und zieht von dem Punkte aus zum Kreis zwei Strecken, von denen die eine den Kreis schneidet, die andere herangeht, so, daß das Rechteck aus der ganzen schneidenden Strecke und dem außen zwischen dem Punkt und dem erhabenen Bogen abgegrenzten Stück dem Quadrat über der herangehenden Strecke gleich ist, so muß die Herangehende den Kreis berühren.

Man wähle außerhalb des Kreises ABC einen Punkt D und ziehe von D aus zum Kreis ABC zwei Strecken DCA, DB; DCA schneide den Kreis, DB gehe heran; und es sei $AD \cdot DC = DB^2$. Ich behaupte, daß DB den Kreis ABC berührt.

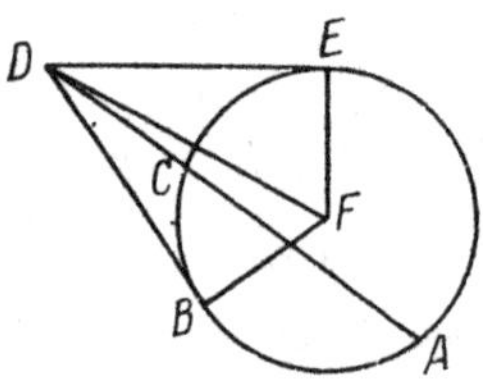

Fig. 101.

Man ziehe an ABC die Tangente DE (III, 17), verschaffe sich den Mittelpunkt des Kreises ABC, er sei F, und ziehe FE, FB, FD.

Dann ist FED ein Rechter (III, 18). Da DE den Kreis ABC berührt und DCA ihn schneidet, so ist $AD \cdot DC = DE^2$ (III, 36). Es war aber auch $AD \cdot DC = DB^2$; also ist $DE^2 = DB^2$, also $DE = DB$. Aber auch $FE = FB$; mithin sind zwei Seiten DE, EF zwei Seiten DB, BF gleich; und sie haben die Grundlinie FD gemein; also ist $\angle DEF = \angle DBF$ (I, 8). DEF ist aber ein Rechter; also ist auch DBF ein Rechter. Nun läßt sich FB zum Durchmesser verlängern; eine gerade Linie, die man rechtwinklig zum Kreisdurchmesser vom Endpunkte aus zieht, berührt aber den Kreis (III, 16, Zus.); also berührt DB den Kreis ABC. Ähnlich läßt sich der Beweis auch führen, wenn der Mittelpunkt auf AC liegt — S.

IV. Buch.

Definitionen.

1. *Eine geradlinige Figur heißt einer geradlinigen Figur* ***einbeschrieben,*** *wenn jede Ecke der einbeschriebenen Figur auf einer entsprechenden Seite der Figur, der einbeschrieben wird, liegt.*

2. *Ähnlich heißt eine Figur einer Figur* ***umbeschrieben,*** *wenn auf jeder Seite der umbeschriebenen Figur eine entsprechende Ecke der Figur, der umbeschrieben wird, liegt.*

3. *Eine geradlinige Figur heißt* ***einem Kreise einbeschrieben,*** *wenn jede Ecke der einbeschriebenen Figur auf dem Kreisumfang liegt.*

4. *Eine geradlinige Figur heißt* ***einem Kreise umbeschrieben,*** *wenn jede Seite der umbeschriebenen Figur den Kreisumfang berührt.*

5. *Ähnlich heißt ein Kreis* ***einer Figur einbeschrieben,*** *wenn der Kreisumfang jede Seite der Figur, der einbeschrieben wird, berührt.*

6. *Ein Kreis heißt* ***einer Figur umbeschrieben,*** *wenn der Kreisumfang jede Ecke der Figur, der umbeschrieben wird, trifft.*

7. *Eine Strecke heißt* ***in einen Kreis eingetragen,*** *wenn ihre Enden auf dem Kreisumfang liegen.*

§ 1 (A. 1).

In einen gegebenen Kreis eine einer gegebenen Strecke, die nicht größer als der Kreisdurchmesser ist, gleiche Sehne einzutragen.

$A\,B\,C$ sei der gegebene Kreis, d die gegebene Strecke, die nicht größer sein darf als der Kreisdurchmesser (III, 15). Man soll in den Kreis $A\,B\,C$ eine der Strecke d gleiche Sehne eintragen (IV, Def. 7).

Man ziehe im Kreise ABC einen Durchmesser BC. Ist dann $BC = d$, so hätte man die Aufgabe ausgeführt; denn man hätte in den Kreis ABC eine Sehne $= d$ eingetragen, nämlich BC.

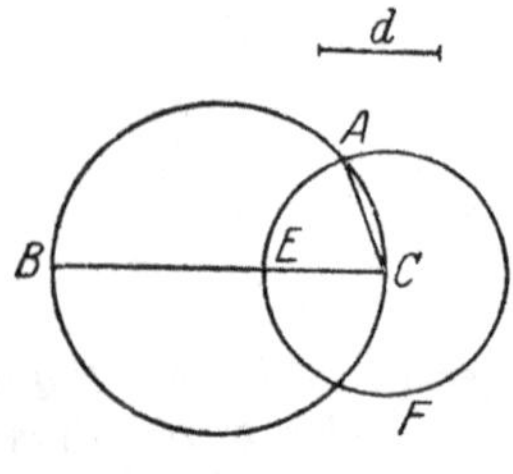

Fig. 1.

Ist aber $BC > d$, dann trage man $CE = d$ ab, zeichne mit C als Mittelpunkt und CE als Abstand den Kreis EAF und ziehe CA.

Da der Punkt C Mittelpunkt des Kreises EAF ist, ist $CA = CE$. Andererseits ist $CE = d$; also ist auch $d = CA$.

Man hat also in den gegebenen Kreis ABC eine der gegebenen Strecke d gleiche Sehne eingetragen, nämlich CA — dies hatte man ausführen sollen.

§ 2 (A. 2).

Einem gegebenen Kreis ein mit einem gegebenen Dreieck winkelgleiches Dreieck einzubeschreiben.

ABC sei der gegebene Kreis, DEF das gegebene Dreieck. Man soll dem Kreise ABC ein mit $\triangle DEF$ winkelgleiches Dreieck einbeschreiben (IV, Def. 3).

Man ziehe an den Kreis ABC in A die Tangente GH, trage an die gerade Linie AH im Punkte A auf ihr $\angle HAC = \angle DEF$ sowie an die gerade Linie AG im Punkte A auf ihr $\angle GAB = DFE$ an und ziehe BC.

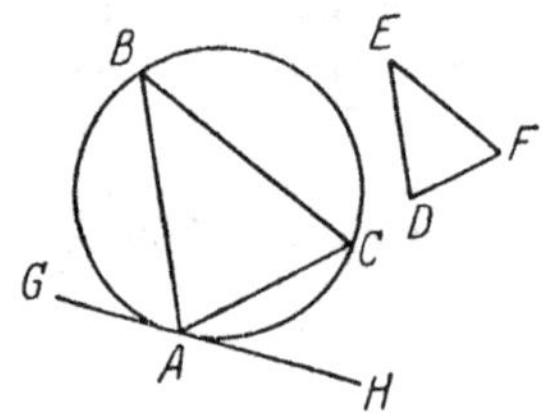

Fig. 2.

Da dann eine gerade Linie AH den Kreis ABC berührt und vom Berührungspunkt A aus die gerade Linie AC zum Kreis durchgezogen ist, so ist $\angle HAC = ABC$, dem Winkel im entgegengesetzten Kreisabschnitt (III, 32). Aber $HAC = DEF$; also ist auch $\angle ABC = DEF$. Aus demselben Grunde ist auch $ACB = DFE$; also ist auch der letzte Winkel BAC dem letzten $\angle EDF$ gleich (I, 32). [Also ist $\triangle ABC$ mit $\triangle DEF$ winkelgleich und dem Kreise ABC einbeschrieben] — S.

§ 3 (A. 3).

Einem gegebenen Kreis ein mit einem gegebenen Dreieck winkelgleiches Dreieck umzubeschreiben.

$A\,B\,C$ sei der gegebene Kreis, $D\,E\,F$ das gegebene Dreieck. Man soll dem Kreise $A\,B\,C$ ein mit $\triangle$ $D\,E\,F$ winkelgleiches Dreieck umbeschreiben (IV, Def. 4).

Man verlängere $E\,F$ nach beiden Seiten nach den Punkten G, H, verschaffe sich vom Kreise $A\,B\,C$ den Mittelpunkt K, ziehe eine gerade Linie $K\,B$ beliebig durch, trage an die gerade Linie $K\,B$ im Punkte K auf ihr $\angle\ B\,K\,A = D\,E\,G$ sowie $B\,K\,C = D\,F\,H$ an und ziehe an den Kreis $A\,B\,C$ durch die Punkte A, B, C die Tangenten $L\,A\,M$, $M\,B\,N$, $N\,C\,L$.

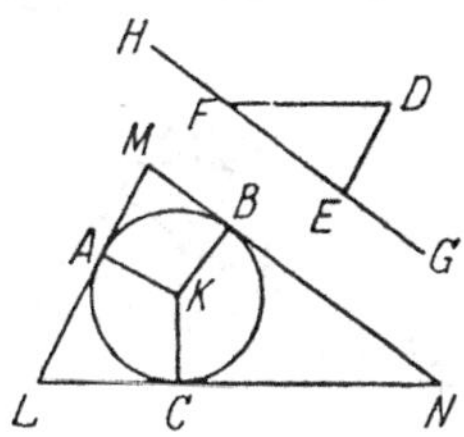

Fig. 3.

Da $L\,M$, $M\,N$, $N\,L$ den Kreis $A\,B\,C$ in den Punkten A, B, C berühren und $K\,A$, $K\,B$, $K\,C$ die Verbindungsstrecken vom Mittelpunkt K zu den Punkten A, B, C sind, sind die Winkel bei den Punkten A, B, C Rechte (III, 18). Da ferner im Viereck (Post. 5) $A\,M\,B\,K$ die vier Winkel zusammen vier Rechten gleich sind, weil sich $A\,M\,B\,K$ ja in zwei Dreiecke zerlegen läßt (I, 32), und $\angle\ K\,A\,M$, $K\,B\,M$ Rechte sind, sind auch die übrigen $\angle\ A\,K\,B + A\,M\,B = 2$ R. Aber auch $D\,E\,G + D\,E\,F = 2$ R. (I, 13); also sind $A\,K\,B + A\,M\,B = D\,E\,G + D\,E\,F$. Hierin ist aber $A\,K\,B = D\,E\,G$; also ist auch der Rest $\angle\ A\,M\,B =$ Rest $D\,E\,F$. Ähnlich läßt sich zeigen, daß $\angle\ L\,N\,B = D\,F\,E$; also ist auch der letzte $\angle\ M\,L\,N = E\,D\,F$ (I, 32). Also ist $\triangle\ L\,M\,N$ mit $\triangle\ D\,E\,F$ winkelgleich, und es ist dem Kreise $A\,B\,C$ umbeschrieben — S.

§ 4 (A. 4).

Einem gegebenen Dreieck den Kreis einzubeschreiben.

$A\,B\,C$ sei das gegebene Dreieck. Man soll dem Dreieck $A\,B\,C$ den Kreis einbeschreiben (IV, Def. 5).

Man halbiere die Winkel $A\,B\,C$, $A\,C\,B$ durch die geraden Linien $B\,D$, $C\,D$; diese mögen miteinander im Punkte D

zusammentreffen (Post. 5); ferner fälle man von D auf die geraden Linien AB, BC, CA die Lote DE, DF, DG.

Da $\angle ABD = CBD$, ferner $\angle BED = BFD$ als Rechte, sind EBD, FBD zwei Dreiecke, in denen zwei Winkel zwei Winkeln gleich sind und eine Seite einer Seite gleich, nämlich die einem der gleichen Winkel gegenüberliegende, ihnen gemeinsame BD; also müssen in ihnen auch die übrigen Seiten den übrigen Seiten gleich sein (I, 26); also ist $DE = DF$. Aus demselben Grunde ist auch $DG = DF$. Die Strecken DE, DF, DG sind also alle drei einander gleich. Zeichnet man also mit D als Mittelpunkt und als Abstand einem von E, F, G den Kreis, so muß er auch durch die übrigen Punkte gehen und die geraden Linien AB, BC, CA berühren, weil die Winkel bei den Punkten E, F, G Rechte sind. Würde er sie nämlich schneiden, so gäbe es eine zum Kreisdurchmesser vom Endpunkte aus rechtwinklig gezogene Strecke, die innerhalb des Kreises läge; daß dies Unsinn ist, haben wir bewiesen (III, 16). Der mit D als Mittelpunkt und als Abstand einem von E, F, G gezeichnete Kreis kann also die geraden Linien AB, BC, CA nicht schneiden; also muß er sie berühren (III, Def. 2); und der Kreis muß dem Dreieck ABC einbeschrieben sein (IV, Def. 5). Man beschreibe ihn ein wie FGE.

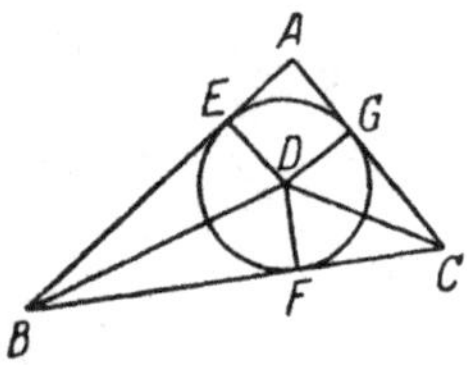

Fig. 4.

Man hat also dem gegebenen Dreieck ABC den Kreis einbeschrieben, nämlich EFG — dies hatte man ausführen sollen.

§ 5 (A. 5).

Einem gegebenen Dreieck den Kreis umzubeschreiben.

ABC sei das gegebene Dreieck. Man soll dem gegebenen Dreieck ABC den Kreis umbeschreiben (IV, Def. 6).

Man halbiere die Strecken AB, AC in den Punkten D, E und ziehe rechtwinklig zu AB, AC von den Punkten D, E aus DF, EF; diese müssen einander treffen (Post. 5) entweder innerhalb des Dreiecks ABC oder auf der Strecke BC oder jenseits BC.

Zunächst mögen sie sich innerhalb treffen, in F. Man ziehe FB, FC, FA. Da hier $AD = DB$, DF aber gemeinsam ist und rechte Winkel bildet, so ist auch Grdl. $AF =$ Grdl. FB (I, 4). Ähnlich läßt sich zeigen, daß auch $CF = AF$, so daß auch $FB = FC$. Also sind die Strecken FA, FB, FC alle drei einander gleich. Zeichnet man also mit F als Mittelpunkt und als Abstand einem von A, B, C den Kreis, so muß er auch durch die übrigen Punkte gehen, und der Kreis muß dem Dreieck ABC umbeschrieben sein. Man beschreibe ihn um, wie ABC.

Zweitens mögen DF, EF sich auf der Strecke BC treffen, in F, wie die zweite Zeichnung zeigt. Man ziehe AF. Dann läßt sich ähnlich beweisen, daß Punkt F der Mittelpunkt des dem Dreieck ABC umzubeschreibenden Kreises ist.

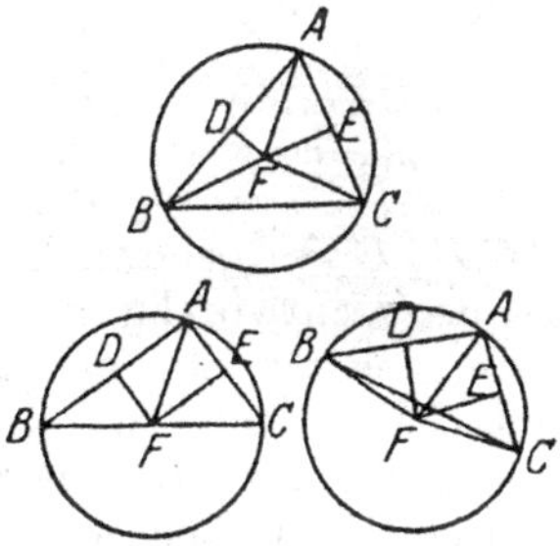

Fig. 5.

Schließlich mögen sich DF, EF außerhalb des Dreiecks ABC treffen, wieder in F, wie die dritte Zeichnung zeigt. Man ziehe AF, BF, CF. Da hier wieder $AD = DB$, DF aber gemeinsam ist und rechte Winkel bildet, so ist Grdl. $AF =$ Grdl. BF. Ähnlich läßt sich zeigen, daß auch $CF = AF$, so daß auch $BF = FC$. Zeichnet man also [wieder] mit F als Mittelpunkt und einer der Strecken FA, FB, FC als Abstand den Kreis, so muß er auch durch die übrigen Punkte gehen und dem Dreieck ABC umbeschrieben sein — S.

[*Zusatz*:] Man sieht, daß, wenn der Kreismittelpunkt innerhalb des Dreiecks fällt, BAC als Winkel in einem Abschnitt, der größer als der Halbkreis ist, $<$ R. ist; daß BAC, wenn der Mittelpunkt auf die Strecke BC fällt, als Winkel im Halbkreise ein Rechter ist; und daß BAC, wenn der Kreismittelpunkt außerhalb des Dreiecks fällt, als Winkel in einem Abschnitt, der kleiner als der Halbkreis ist, $>$ R. ist (III, 31). [Daher müssen auch DF, EF, wenn der gegebene Winkel $<$ R. ist, sich innerhalb des Dreiecks treffen; wenn ein Rechter, auf BC; wenn $>$ R., jenseits BC — dies hatte man ausführen sollen.]

§ 6 (A. 6).

Einem gegebenen Kreis ein Quadrat einzubeschreiben.

$ABCD$ sei der gegebene Kreis. Man soll dem Kreise $ABCD$ ein Quadrat einbeschreiben.

Man ziehe im Kreise $ABCD$ zwei Durchmesser AC, BD rechtwinklig zueinander und ziehe AB, BC, CD, DA.

Da $BE = ED$, weil E der Mittelpunkt, EA aber gemeinsam ist und rechte Winkel bildet, so ist Grdl. AB = Grdl. AD (I, 4). Aus demselben Grunde sind auch BC, CD entsprechend gleich AB, AD; das Viereck $ABCD$ ist also gleichseitig. Ich behaupte, daß es außerdem rechtwinklig ist. Da nämlich die Strecke BD Durchmesser des Kreises $ABCD$ ist, ist BAD ein Halbkreis; also $\angle BAD$ ein Rechter (III, 31). Aus demselben Grunde sind auch ABC, BCD, CDA sämtlich Rechte. Das Viereck $ABCD$ ist also rechtwinklig; wie oben bewiesen, ist es auch gleichseitig; es ist also ein Quadrat. Und es ist dem Kreise $ABCD$ einbeschrieben.

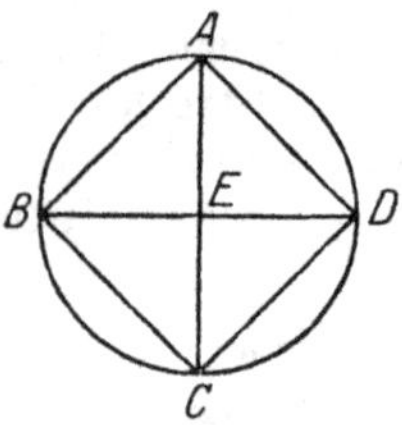

Fig. 6.

Also hat man dem gegebenen Kreis ein Quadrat einbeschrieben, nämlich $ABCD$ — dies hatte man ausführen sollen.

§ 7 (A. 7).

Einem gegebenen Kreis ein Quadrat umzubeschreiben.

$ABCD$ sei der gegebene Kreis. Man soll dem Kreise $ABCD$ ein Quadrat umbeschreiben.

Man ziehe im Kreise $ABCD$ zwei Durchmesser AC, BD rechtwinklig zueinander und ziehe durch die Punkte A, B, C, D an den Kreis $ABCD$ die Tangenten FG, GH, HK, KF.

Da FG den Kreis $ABCD$ berührt und EA den Mittelpunkt E mit dem Berührungspunkt A verbindet, sind die Winkel bei A Rechte (III, 18). Aus demselben Grunde sind auch die Winkel bei den Punkten B, C, D

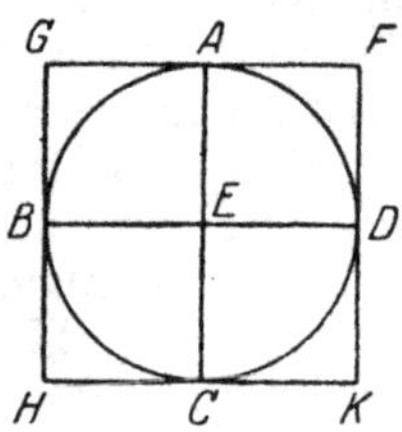

Fig. 7.

Rechte. Da hier $\angle A E B$ ein Rechter ist und auch $E B G$ ein Rechter, ist $G H \parallel A C$ (I, 28). Aus demselben Grunde ist $A C \parallel F K$; folglich auch $G H \parallel F K$ (I, 30). Ähnlich läßt sich zeigen, daß auch $G F$, $H K$ beide $\parallel B E D$. Also sind $G K$, $G C$, $A K$, $F B$, $B K$ Parallelogramme. Also ist $G F = H K$ und $G H = F K$ (I, 34). Und da $A C = B D$, andererseits $A C$ sowohl $G H$ als auch $F K$ und $B D$ sowohl $G F$ als auch $H K$ gleich (I, 34), [$G H$, $F K$ also auch $G F$, $H K$ entsprechend gleich,] so ist das Viereck $F G H K$ gleichseitig. Ich behaupte, daß es außerdem rechtwinklig ist. Da nämlich $G B E A$ ein Parallelogramm ist und $A E B$ ein Rechter, ist auch $A G B$ ein Rechter (I, 34). Ähnlich läßt sich zeigen, daß auch die Winkel bei H, K, F Rechte sind. $F G H K$ ist also rechtwinklig; wie oben bewiesen, ist es auch gleichseitig; es ist also ein Quadrat. Und es ist dem Kreise $A B C D$ umbeschrieben — S.

§ 8 (A. 8).

Einem gegebenen Quadrat den Kreis einzubeschreiben.

$A B C D$ sei das gegebene Quadrat. Man soll dem Quadrat $A B C D$ den Kreis einbeschreiben.

Man halbiere $A D$, $A B$, alle beide, in den Punkten E, F, ziehe durch E $E H \parallel A B$ oder $C D$ und durch F $F K \parallel A D$ oder $B C$. Dann sind $A K$, $K B$, $A H$, $H D$, $A G$, $G C$, $B G$, $G D$ sämtlich Parallelogramme (I, 30) und ihre gegenüberliegenden Seiten offenbar gleich (I, 34). Da ferner $A D = A B$ und $A E = {}^1/_2 A D$, $A F = {}^1/_2 A B$, so ist $A E = A F$; folglich sind es auch die gegenüberliegenden Seiten, also $F G = G E$. Ähnlich läßt sich zeigen, daß auch $G H$, $G K$ entsprechend gleich $F G$, $G E$ sind; also sind $G E$, $G F$, $G H$, $G K$ alle vier einander gleich. Zeichnet man also mit G als Mittelpunkt und als Abstand einem von E, F, H, K den Kreis, so muß er auch durch die übrigen Punkte gehen und die geraden Linien $A B$, $B C$, $C D$, $D A$ berühren, weil die Winkel bei E, F, H, K Rechte sind (I, 29). Schnitte der Kreis nämlich $A B$, $B C$, $C D$, $D A$, so fiele eine rechtwinklig zum Kreisdurchmesser

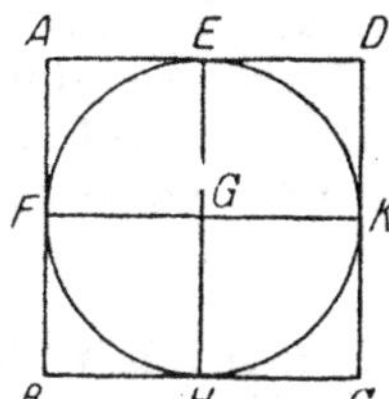

Fig. 8.

vom Endpunkte aus gezogene Strecke innerhalb des Kreises; daß dies Unsinn ist, haben wir bewiesen (III, 16). Der mit G als Mittelpunkt und als Abstand einem von E, F, H, K gezeichnete Kreis kann also die geraden Linien AB, BC, CD, DA nicht schneiden; also muß er sie berühren und dem Quadrat $ABCD$ einbeschrieben sein — S.

§ 9 (A. 9).

Einem gegebenen Quadrat den Kreis umzubeschreiben.

$ABCD$ sei das gegebene Quadrat. Man soll dem Quadrat $ABCD$ den Kreis umbeschreiben.

Man ziehe AC, BD, sie mögen einander in E schneiden. Da $DA = AB$ ist und AC gemeinsam, sind zwei Seiten DA, AC zwei Seiten BA, AC gleich; und Grdl. DC = Grdl. BC; also ist $\angle DAC = \angle BAC$ (I, 8); also wird $\angle DAB$ von AC halbiert. Ähnlich läßt sich zeigen, daß auch ABC, BCD, CDA sämtlich von den geraden Linien AC, DB halbiert werden. Und da $\angle DAB = ABC$, ferner $EAB = {}^1/_2\, DAB$, $EBA = {}^1/_2\, ABC$, ist $\angle EAB = EBA$, folglich auch die Seite $EA = EB$ (I, 6). Ähnlich läßt sich zeigen, daß auch EB, EA entsprechend gleich EC, ED sind; also sind EA, EB, EC, ED alle vier einander gleich. Zeichnet man also mit E als Mittelpunkt und als Abstand einem von A, B, C, D den Kreis, so muß er auch durch die übrigen Punkte gehen und dem Quadrat $ABCD$ umbeschrieben sein. Man beschreibe ihn um, wie $ABCD$ — S.

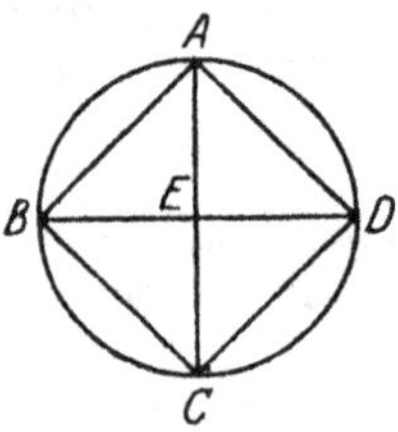

Fig. 9.

§ 10 (A. 10).

Ein gleichschenkliges Dreieck zu errichten, in dem jeder der beiden Winkel an der Grundlinie doppelt so groß ist wie der letzte Winkel.

Man lege eine Strecke AB hin und teile sie im Punkte C so, daß $AB \cdot BC = CA^2$ (II, 11). Ferner zeichne man mit A als Mittelpunkt und AB als Abstand den Kreis BDE, trage in den Kreis BDE die der Strecke AC, die nicht größer ist als der Durchmesser des Kreises BDE, gleiche Sehne $B\,D$ ein (IV, 1), ziehe $A\,D$, $D\,C$ und beschreibe dem Dreieck $A\,C\,D$ den Kreis $A\,C\,D$ um (IV, 5).

Da $A\,B \cdot B\,C = A\,C^2$ und $A\,C = B\,D$, so ist $A\,B \cdot B\,C = B\,D^2$. Da man hier außerhalb des Kreises $A\,C\,D$ einen Punkt B gewählt hat und von B aus zwei Strecken $B\,A$, $B\,D$ zum Kreise $A\,C\,D$ gehen, von denen die eine schneidet, die andere herangeht, während $A\,B \cdot B\,C = B\,D^2$ ist, so berührt $B\,D$ den Kreis $A\,C\,D$ (III, 37). Da nun $B\,D$ Tangente ist und $D\,C$ vom Berührungspunkt D aus durchgezogen, so ist $\angle\ B\,D\,C = D\,A\,C$, dem Winkel im entgegengesetzten Kreisabschnitt (III, 32). Hier ist $B\,D\,C = D\,A\,C$; man füge daher $C\,D\,A$ beiderseits hinzu; dann ist der ganze $\angle\ B\,D\,A = C\,D\,A + D\,A\,C$. Andererseits ist $B\,C\,D$ als Außenwinkel $= C\,D\,A + D\,A\,C$ (I, 32), also $B\,D\,A = B\,C\,D$. Aber $\angle\ B\,D\,A = C\,B\,D$, da die Seite $A\,D = A\,B$ (I, 5); folglich ist auch $D\,B\,A = B\,C\,D$. Also sind $B\,D\,A$, $D\,B\,A$, $B\,C\,D$ alle drei einander gleich. Und da $\angle\ D\,B\,C = B\,C\,D$, ist auch Seite $B\,D$ = Seite $D\,C$ (I, 6). Wir setzen aber voraus, daß $B\,D = C\,A$; also ist $C\,A = C\,D$, folglich auch $\angle\ C\,D\,A = \angle\ D\,A\,C$ (I, 5). Also sind $C\,D\,A + D\,A\,C = 2\,D\,A\,C$. Aber $B\,C\,D = C\,D\,A + D\,A\,C$; also ist auch $B\,C\,D = 2\,C\,A\,D$. $B\,C\,D$ ist aber sowohl $B\,D\,A$ als auch $D\,B\,A$ gleich; also ist sowohl $B\,D\,A$ als auch $D\,B\,A = 2\,D\,A\,B$.

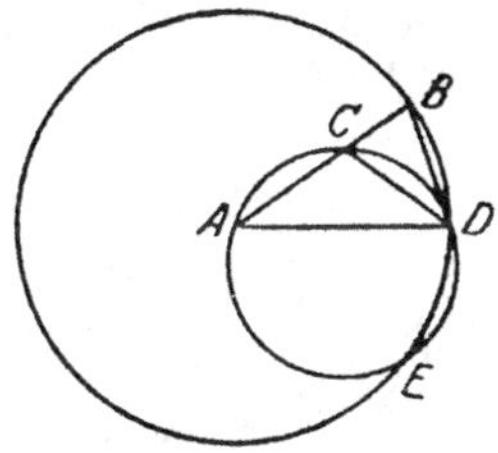

Fig. 10.

Also hat man ein gleichschenkliges Dreieck, nämlich $A\,B\,D$, errichtet, in dem jeder der beiden Winkel an der Grundlinie $D\,B$ doppelt so groß ist wie der letzte Winkel — dies hatte man ausführen sollen.

§ 11 (A. 11).

Einem gegebenen Kreis ein gleichseitiges und gleichwinkliges Fünfeck einzubeschreiben.

$A\,B\,C\,D\,E$ sei der gegebene Kreis. Man soll dem Kreise $A\,B\,C\,D\,E$ ein gleichseitiges und gleichwinkliges Fünfeck einbeschreiben.

Man lege ein gleichschenkliges Dreieck FGH hin, in dem jeder der beiden Winkel bei G, H doppelt so groß ist wie der bei F (IV, 10), und beschreibe dem Kreise $ABCDE$ ein mit $\triangle\ FGH$ winkelgleiches $\triangle\ ACD$ so ein, daß $\angle\ CAD$ dem Winkel bei F und die Winkel bei G, H den Winkeln ACD, CDA entsprechend gleich sind (IV, 2); dann ist sowohl ACD als auch $CDA = 2\ CAD$. Man halbiere die beiden Winkel ACD, CDA durch die beiden geraden Linien CE, DB und ziehe AB, BC, [CD,] DE, EA.

Da nun sowohl $\angle\ ACD$ als auch $\angle\ CDA = 2\ CAD$ und beide halbiert sind durch die geraden Linien CE, DB, so sind die fünf Winkel DAC, ACE, ECD, CDB, BDA einander gleich. Gleiche Winkel stehen aber über gleichen Bogen (III, 26); also sind die fünf Bogen AB, BC, CD, DE, EA einander gleich. Und gleichen Bogen liegen gleiche Sehnen gegenüber (III, 29); die fünf Strecken AB, BC, CD, DE, EA sind also einander gleich; also ist das Fünfeck $ABCDE$ gleichseitig. Ich behaupte, daß es außerdem gleichwinklig ist. Hier ist Bogen AB = Bogen DE; man füge daher BCD beiderseits hinzu; dann ist der ganze Bogen $ABCD$ dem ganzen Bogen $EDCB$ gleich. Über dem Bogen $ABCD$ steht aber $\angle\ AED$ und über dem Bogen $EDCB$ $\angle\ BAE$; also ist $\angle\ BAE = AED$ (III, 27). Aus demselben Grunde ist auch jeder der Winkel ABC, BCD, CDE beiden Winkeln BAE, AED gleich; also ist das Fünfeck $ABCDE$ gleichwinklig; wie oben bewiesen, ist es aber auch gleichseitig — S.

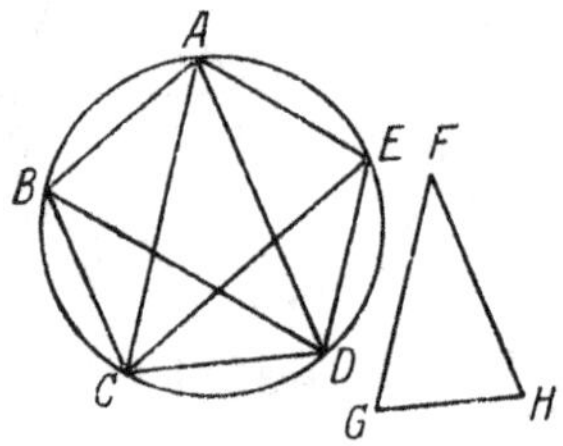

Fig. 11.

§ 12 (A. 12).

Einem gegebenen Kreis ein gleichseitiges und gleichwinkliges Fünfeck umzubeschreiben.

$ABCDE$ sei der gegebene Kreis. Man soll dem Kreise $ABCDE$ ein gleichseitiges und gleichwinkliges Fünfeck umbeschreiben.

Man verstehe unter A, B, C, D, E, die Eckpunkte des einbeschriebenen Fünfecks (IV, 11), so daß die Bogen AB, BC, CD, DE, EA gleich sind; dann ziehe man durch A, B, C, D, E die Kreistangenten GH, HK, KL, LM, MG, verschaffe sich den Mittelpunkt F des Kreises $ABCDE$ und ziehe FB, FK, FC, FL, FD.

Da die gerade Linie KL $ABCDE$ in C berührt und FC den Mittelpunkt F mit dem Berührungspunkt C verbindet, so ist FC das Lot auf KL (III, 18); also sind die beiden Winkel bei C Rechte. Aus demselben Grunde sind auch die Winkel bei den Punkten B, D Rechte. Und da $\angle\ FCK$ ein Rechter ist, so ist $FK^2 = FC^2 + CK^2$ (I, 47). Aus demselben Grunde ist auch $FK^2 = FB^2 + BK^2$, folglich $FC^2 + CK^2 = FB^2 + BK^2$; hierin ist $FC^2 = FB^2$; also ist der Rest $CK^2 = BK^2$, also $BK = CK$. Da ferner $FB = FC$ ist und FK gemeinsam, sind zwei Seiten BF, FK zwei Seiten CF, FK gleich; und Grdl. BK = Grdl. CK; also ist $\angle\ BFK = KFC$ (I, 8) und $\angle\ BKF = FKC$ (I, 4). Also ist $BFC = 2\ KFC$ und $BKC = 2\,FKC$. Aus demselben Grunde ist auch $CFD = 2\ CFL$ und $DLC = 2\,FLC$. Ferner ist, da Bogen $BC = CD$, auch $\angle\ BFC = CFD$ (III, 27). Hier ist $BFC = 2\,KFC$ und $DFC = 2\,LFC$, also auch $KFC = LFC$. Aber auch $\angle\ FCK = FCL$. Mithin hat man zwei Dreiecke FKC, FLC, in denen zwei Winkel zwei Winkeln gleich sind und eine Seite einer Seite gleich, nämlich die ihnen gemeinsame FC; also müssen in ihnen auch die übrigen Seiten den übrigen Seiten gleich sein und der letzte Winkel dem letzten Winkel (I, 26); also ist die Strecke $KC = CL$ und $\angle\ FKC = FLC$. Und da $KC = CL$, ist $KL = 2\ KC$. Auf demselben Wege läßt sich zeigen, daß auch $HK = 2\,BK$. Dabei ist $BK = KC$, also ist auch $HK = KL$. Ähnlich läßt sich zeigen, daß auch die Strecken HG, GM, ML sämtlich den beiden HK, KL gleich sind; also ist das Fünfeck $GHKLM$ gleichseitig. Ich behaupte, daß es außerdem gleichwinklig ist. Da nämlich $\angle\ FKC$

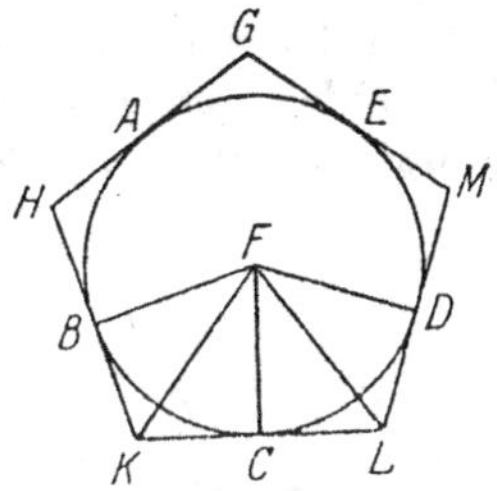

Fig. 12.

$= FLC$ und, wie oben bewiesen, $2\,FKC = HKL$ sowie $2\,FLC = KLM$, so ist auch $HKL = KLM$. Ähnlich läßt sich zeigen, daß auch $\angle\ KHG$, HGM, GML sämtlich den beiden HKL, KLM gleich sind. Also sind die fünf Winkel GHK, HKL, KLM, LMG, MGH einander gleich. Also ist das Fünfeck $GHKLM$ gleichwinklig. Wie oben bewiesen, ist es auch gleichseitig; und es ist dem Kreis $ABCDE$ umbeschrieben — dies hatte man ausführen sollen.

§ 13 (A. 13).

Einem gegebenen Fünfeck, das gleichseitig und gleichwinklig ist, den Kreis einzubeschreiben.

$ABCDE$ sei das gegebene gleichseitige und gleichwinklige Fünfeck. Man soll dem Fünfeck $ABCDE$ den Kreis einbeschreiben.

Man halbiere die beiden Winkel BCD, CDE durch die beiden geraden Linien CF, DF und ziehe von dem Punkte F, in dem die geraden Linien CF, DF einander treffen, die Strecken FB, FA, FE. Da $BC = CD$ ist und CF gemeinsam, sind zwei Seiten BC, CF zwei Seiten DC, CF gleich; und $\angle\ BCF = \angle\ DCF$; also ist Grdl. $BF =$ Grdl. DF, $\triangle\ BCF = \triangle\ DCF$, und die übrigen Winkel müssen den übrigen Winkeln gleich sein, immer die, denen gleiche Seiten gegenüberliegen (I, 4); also ist $\angle\ CBF = CDF$. Da ferner $CDE = 2\,CDF$ und $CDE = ABC$ sowie $CDF = CBF$, ist auch $CBA = 2\,CBF$; also ist $\angle\ ABF = FBC$ (Ax. 3); also wird $\angle\ ABC$ von der geraden Linie BF halbiert. Ähnlich läßt sich zeigen, daß auch die beiden Winkel BAE, AED von den beiden geraden Linien FA, FE halbiert werden. Man fälle dann vom Punkte F auf die geraden Linien AB, BC, CD, DE, EA die Lote FG, FH, FK, FL, FM. Da hier $\angle\ HCF = KCF$ ist und $FHC = FKC$ als Rechte, so sind FHC, FKC zwei Dreiecke, in denen zwei Winkel zwei Winkeln gleich sind und eine Seite einer

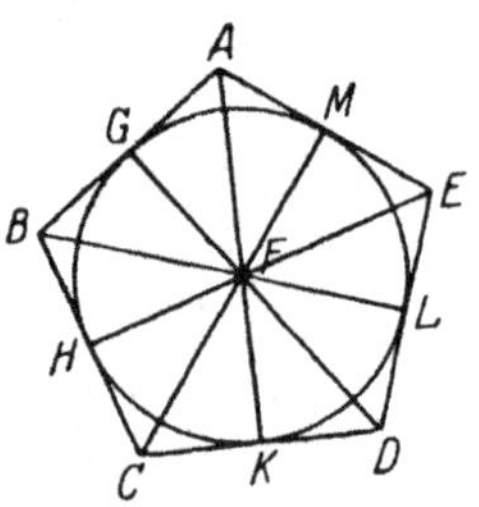

Fig. 13.

Seite gleich, nämlich die ihnen gemeinsame FC, die einem der gleichen Winkel gegenüberliegt; also müssen in ihnen auch die übrigen Seiten den übrigen Seiten gleich sein (I, 26); also ist Lot FH = Lot FK. Ähnlich läßt sich zeigen, daß auch FL, FM, FG sämtlich den beiden Strecken FH, FK gleich sind; also sind die fünf Strecken FG, FH, FK, FL, FM einander gleich. Zeichnet man also mit F als Mittelpunkt und als Abstand einem von G, H, K, L, M den Kreis, so muß er auch durch die übrigen Punkte gehen und die geraden Linien AB, BC, CD, DE, EA berühren, weil die Winkel bei den Punkten G, H, K, L, M Rechte sind. Berührte er sie nämlich nicht, sondern schnitte sie, so ergäbe sich, daß eine rechtwinklig zum Kreisdurchmesser vom Endpunkte aus gezogene Strecke innerhalb des Kreises fiele; daß dies Unsinn ist, haben wir bewiesen (III, 16). Der mit F als Mittelpunkt und als Abstand einem von Punkt G, Punkt H, K, L, M gezeichnete Kreis kann also die geraden Linien AB, BC, CD, DE, EA nicht schneiden; also muß er sie berühren. Man zeichne ihn, wie $GHKLM$ — S.

§ 14 (A. 14).

Einem gegebenen Fünfeck, das gleichseitig und gleichwinklig ist, den Kreis umbeschreiben.

Das gegebene Fünfeck, das gleichseitig und gleichwinklig ist, sei $ABCDE$. Man soll dem Fünfeck $ABCDE$ den Kreis umbeschreiben.

Man halbiere die beiden Winkel BCD, CDE durch die beiden geraden Linien CF, DF, und ziehe vom Punkte F, in dem die geraden Linien zusammentreffen, nach den Punkten B, A, E die Strecken FB, FA, FE. Dann läßt sich ähnlich wie beim vorigen Satz (IV, 13) der Beweis führen, daß die Winkel CBA, BAE, AED sämtlich durch die entsprechenden geraden Linien FB, FA, FE halbiert werden. Da $\angle\ BCD = CDE$ und $\frac{1}{2} BCD = FCD$ sowie $\frac{1}{2} CDE = CDF$, ist auch $FCD = FDC$, folglich Seite FC = Seite FD (I, 6).

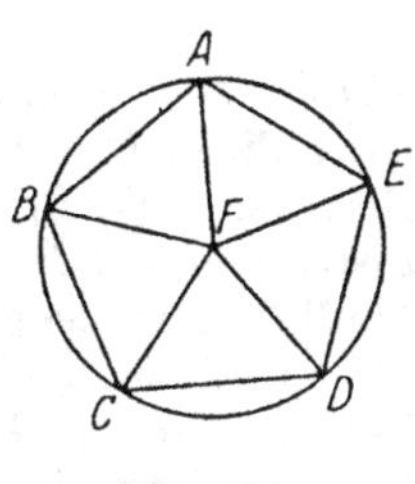

Fig. 14.

Ähnlich läßt sich

zeigen, daß auch $F B$, $F A$, $F E$ sämtlich beiden Strecken $F C$, $F D$ gleich sind; also sind die fünf Strecken $F A$, $F B$, $F C$, $F D$, $F E$ einander gleich. Zeichnet man also mit F als Mittelpunkt und einer der Strecken $F A$, $F B$, $F C$, $F D$, $F E$ als Abstand den Kreis, so muß er auch durch die übrigen Punkte gehen und umbeschrieben sein. Man beschreibe ihn um; er sei $A B C D E$ — S.

§ 15 (A. 15).

Einem gegebenen Kreis ein gleichseitiges und gleichwinkliges Sechseck einzubeschreiben.

$A B C D E F$ sei der gegebene Kreis. Man soll dem Kreise $A B C D E F$ ein gleichseitiges und gleichwinkliges Sechseck einbeschreiben.

Man ziehe im Kreise $A B C D E F$ einen Durchmesser $A D$, verschaffe sich den Mittelpunkt G des Kreises und zeichne mit D als Mittelpunkt und $D G$ als Abstand den Kreis $E G C H$; ferner ziehe man die Verbindungsstrecken $E G$, $C G$ und diese durch nach den Punkten B, F, und ziehe $A B$, $B C$, $C D$, $D E$, $E F$, $F A$. Ich behaupte, daß das Sechseck $A B C D E F$ gleichseitig und gleichwinklig ist.

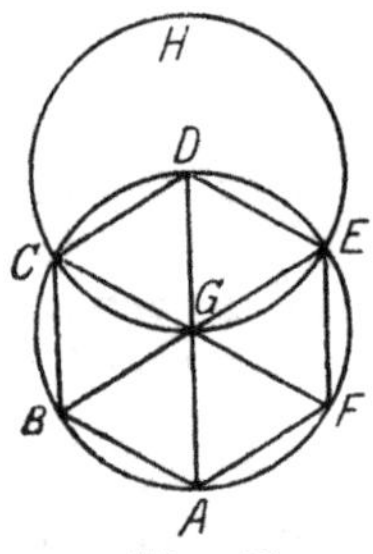

Fig. 15.

Da nämlich der Punkt G Mittelpunkt des Kreises $A B C D E F$ ist, ist $GE = GD$. Ebenso ist, da der Punkt D Mittelpunkt des Kreises $G C H$ ist, $D E = D G$. Und, wie oben bewiesen, ist $G E = G D$; also ist auch $G E = E D$, also $\triangle\ E G D$ gleichseitig. Auch seine drei Winkel $E G D$, $G D E$, $D E G$ sind also einander gleich, weil im gleichschenkligen Dreieck die Winkel an der Grundlinie einander gleich sind (I, 5); ferner sind die drei Winkel im Dreieck zusammen $= 2$ R. (I, 32); $\angle\ E G D$ ist also $1/3$ von 2 R. Ähnlich läßt sich zeigen, daß auch $D G C$ $1/3$ von 2 R. ist. Und da die gerade Linie $C G$, auf $E B$ gestellt, die Nebenwinkel $E G C + C G B = 2$ R. macht (I, 13), ist auch der Restwinkel $C G B$ $1/3$ von 2 R. Die Winkel $E G D$, $D G C$, $C G B$ sind also einander gleich; folglich sind auch ihre Scheitelwinkel $B G A$, $A G F$, $F G E$ [den Winkeln

E G D, *D G C*, *C G B*] gleich (I, 15). Also sind die sechs Winkel *E G D*, *D G C*, *C G B*, *B G A*, *A G F*, *F G E* einander gleich. Gleiche Winkel stehen aber über gleichen Bogen (III, 26); also sind die sechs Bogen *A B*, *B C*, *C D*, *D E*, *E F*, *F A* einander gleich. Und gleichen Bogen liegen gleiche Sehnen gegenüber (III, 29); also sind die sechs Strecken einander gleich; also ist das Sechseck *A B C D E F* gleichseitig. Ich behaupte, daß es außerdem gleichwinklig ist. Hier ist Bogen *F A* = Bogen *E D*; daher füge man den Bogen *A B C D* beiderseits hinzu; dann ist der ganze Bogen *F A B C D* dem ganzen *E D C B A* gleich. Nun steht über dem Bogen *F A B C D* ∠ *F E D* und über dem Bogen *E D C B A* ∠ *A F E*; also ist ∠ *A F E* = *D E F* (III, 27). Ähnlich läßt sich zeigen, daß auch die übrigen Winkel des Sechsecks *A B C D E F* einzeln beiden Winkeln *A F E*, *F E D* gleich sind; also ist das Sechseck *A B C D E F* gleichwinklig. Wie oben bewiesen, ist es auch gleichseitig; und es ist dem Kreise *A B C D E F* einbeschrieben — S.

Zusatz: Hiernach ist klar, daß die Seite des Sechsecks dem Radius des Kreises gleich ist.

Zieht man ähnlich wie beim Fünfeck durch die Teilpunkte auf dem Kreise die Kreistangenten, so entsteht nach dem beim Fünfeck Ausgeführten (IV, 12) ein dem Kreise umbeschriebenes gleichseitiges und gleichwinkliges Sechseck. Schließlich läßt sich auch auf ähnlichem Wege, wie beim Fünfeck ausgeführt (IV, 13, 14), einem gegebenen Sechseck der Kreis einbeschreiben und umbeschreiben — dies hatte man ausführen sollen.

§ 16 (A. 16).

Einem gegebenen Kreis ein gleichseitiges und gleichwinkliges Fünfzehneck einzubeschreiben.

A B C D sei der gegebene Kreis. Man soll dem Kreise *A B C D* ein gleichseitiges und gleichwinkliges Fünfzehneck einbeschreiben.

Man zeichne in den Kreis *A B C D* die Seite des ihm einbeschriebenen gleichseitigen Dreiecks, *A C* (IV, 2 oder 15), und die des gleichseitigen Fünfecks (IV, 11), *A B*, ein. Von fünfzehn gleichen Abschnitten, die auf den Kreis *A B C D* gehen, muß also der Bogen *A B C* als Drittel des Kreises fünf, der Bogen *A B* als Fünftel des Kreises drei enthalten. Der Restbogen *B C* enthält also zwei der gleichen Abschnitte. Man halbiere *B C* in *E* (III, 30); dann ist jeder der beiden Bogen *B E*, *E C* ein Fünfzehntel des Kreises *A B C D*.

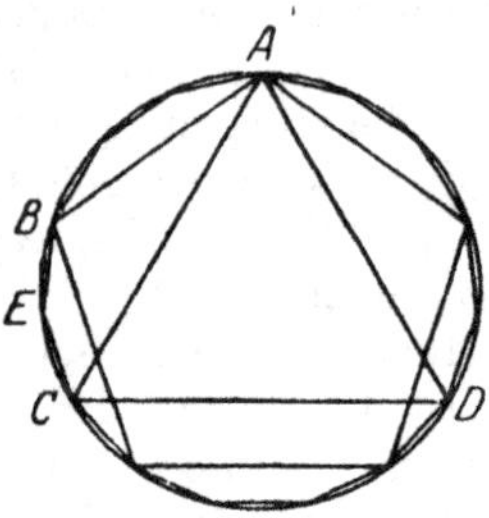

Fig. 16.

Zieht man also die Strecken *B E*, *E C* und trägt ihnen gleiche Sehnen zusammenhängend in den Kreis *A B C D* [*E*] ein (IV, 1), so muß ein diesem einbeschriebenes gleichseitiges und gleichwinkliges Fünfzehneck entstehen — dies hatte man ausführen sollen.

Ähnlich wie beim Fünfeck (IV, 12) erhält man, wenn man durch die Teilpunkte auf dem Kreise die Kreistangenten zieht, ein dem Kreise umbeschriebenes gleichseitiges und gleichwinkliges Fünfzehneck. Schließlich läßt sich auf Grund ähnlicher Überlegungen wie beim Fünfeck (IV, 13, 14) auch einem gegebenen Fünfzehneck der Kreis einbeschreiben und umbeschreiben — dies hatte man ausführen sollen.

V. Buch.

Definitionen.

1. ***Teil** einer Größe ist eine Größe, die kleinere von der größeren, wenn sie die größere genau mißt;*

2. *Und **Vielfaches** die größere von der kleineren, wenn sie von der kleineren genau gemessen wird.*

3. ***Verhältnis** ist das gewisse Verhalten zweier gleichartiger Größen der Abmessung nach.*

4. *Daß sie **ein Verhältnis zueinander haben,** sagt man von Größen, die vervielfältigt einander übertreffen können.*

5. *Man sagt, daß Größen **in demselben Verhältnis stehen,** die erste zur zweiten wie die dritte zur vierten, wenn bei beliebiger Vervielfältigung die Gleichvielfachen der ersten und dritten den Gleichvielfachen der zweiten und vierten gegenüber, paarweise entsprechend genommen, entweder zugleich größer oder zugleich gleich oder zugleich kleiner sind;*

6. *Und die dasselbe Verhältnis habenden Größen sollen **in Proportion stehend** heißen;*

7. *Wenn aber von den Gleichvielfachen das Vielfache der ersten Größe das Vielfache der zweiten übertrifft, während das Vielfache der dritten das Vielfache der vierten nicht übertrifft, dann sagt man, daß die erste Größe zur zweiten **ein größeres Verhältnis hat** als die dritte zur vierten.*

8. (9) *Die kürzeste Proportion besteht aus drei Gliedern*

9. (10) *Wenn drei Größen in (stetiger) Proportion stehen, sagt man von der ersten, daß sie zur dritten **zweimal im Verhältnis** stehe wie zur zweiten;*

10. (11) *Und wenn vier Größen in (stetiger) Proportion stehen, sagt man von der ersten, daß sie zur vierten **dreimal im Verhältnis** stehe wie zur zweiten, und ähnlich immer der Reihe nach je nach der vorliegenden Proportion.*

11. (12) *Als **entsprechende** Größen bezeichnet man Vorderglied zu Vorderglied und Hinterglied zu Hinterglied.*

12. (13) *Verhältnis mit* ***Vertauschung*** *ist die Inbeziehungsetzung von Vorderglied zu Vorderglied und von Hinterglied zu Hinterglied.*

13. (14) *Verhältnis mit* ***Umkehrung*** *ist die Inbeziehungsetzung von Hinterglied als Vorderglied zu Vorderglied als Hinterglied.*

14. (15) *Verhältnis****verbindung*** *ist die Inbeziehungsetzung von Vorderglied mit Hinterglied vereinigt zum selben Hinterglied.*

15. (16) *Verhältnis* ***trennung*** *ist die Inbeziehungsetzung des Überschusses von Vorderglied über Hinterglied zum selben Hinterglied.*

16. (17) *Verhältnis****umwendung*** *ist die Inbeziehungsetzung von Vorderglied zum Überschuß von Vorderglied über Hinterglied.*

17. (18) *Verhältnis* ***über gleiches weg*** *hat man, wenn sich bei Zusammenstellung mehrerer Größen mit gleichviel weiteren, so daß sie paarweise immer in demselben Verhältnis stehen, dann: wie in der ersten Reihe die erste Größe zur letzten, ebenso in der zweiten Reihe die erste Größe zur letzten verhält; oder anders: es ist die Inbeziehungsetzung der äußeren Glieder unter Weglassung der mittleren.*

18. (20) *Eine* ***überkreuzte Proportion*** *hat man, wenn sich bei drei Größen und gleichviel weiteren: wie in der ersten Reihe eine vorangehende Größe zur folgenden, ebenso in der zweiten Reihe eine vorangehende Größe zur folgenden verhält, zugleich aber wie in der ersten Reihe die folgende Größe zu noch einer, ebenso in der zweiten Reihe noch eine zur vorangehenden.*

§ 1 (L. 1).

Bei beliebig vielen Größen, die einzeln Gleichvielfache von gleichviel weiteren Größen sind, ist die Summe von der Summe Ebensovielfaches wie die einzelne Größe von der (zugehörigen) einzelnen.

Beliebig viele Größen $A\,B$, $C\,D$ seien einzeln Gleichvielfache von gleichviel Größen e, f. Ich behaupte, daß auch $A\,B + C\,D$ von $e + f$ Ebensovielfaches ist wie $A\,B$ von e.

Da nämlich AB von e und CD von f Gleichvielfache sind, enthält AB ebensoviele Größen $= e$, wie CD solche $= f$. Man teile AB in die mit e gleichen Größen AG, GB (V, Def. 2) und CD in die mit f gleichen CH, HD; dann muß die Anzahl der Größen AG, GB der Anzahl der Größen CH, HD gleich sein. Und da $AG = e$, $CH = f$, so ist mit $AG = e$ zugleich auch $AG + CH = e + f$. Aus demselben Grunde ist mit $GB = e$ zugleich auch $GB + HD = e + f$; also enthält $AB + CD$ ebensoviel Teile $= e + f$, wie AB Teile $= e$ enthält; also ist $AB + CD$ von $e + f$ Ebensovielfaches wie AB von e — S.

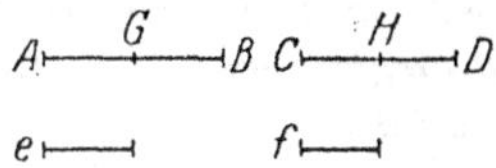

Fig. 17.

§ 2 (L. 2).

Wenn eine erste Größe von einer zweiten Gleichvielfaches ist wie eine dritte von einer vierten, während noch eine fünfte von der zweiten Gleichvielfaches ist wie eine sechste von der vierten, dann müssen auch zusammen erste und fünfte von der zweiten Gleichvielfaches sein wie dritte und sechste von der vierten.

Es sei nämlich die erste Größe AB von der zweiten c Gleichvielfaches wie die dritte DE von der vierten f, ferner die fünfte BG von der zweiten c Gleichvielfaches wie die sechste EH von der vierten f. Ich behaupte, daß auch zusammen erste + fünfte, nämlich AG, von der zweiten c Gleichvielfaches sind wie dritte + sechste, nämlich DH, von der vierten f.

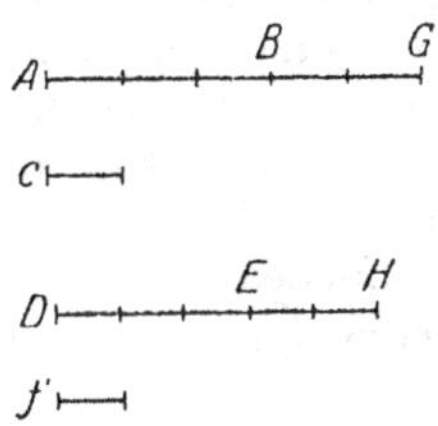

Fig. 18.

Da nämlich AB von c Gleichvielfaches ist wie DE von f, so enthält DE ebensoviel Teile $= f$, wie AB Teile $= c$. Aus demselben Grunde enthält auch EH ebensoviel Teile $= f$, wie BG Teile $= c$; also enthält die Summe DH ebensoviel Teile $= f$, wie die Summe AG Teile $= c$; DH ist also von f Ebensovielfaches wie AG von c. Also muß zusammen erste + fünfte Größe, hier AG, von der zweiten hier c, Gleichvielfaches sein wie dritte + sechste, hier DH, von der vierten, hier f — S.

§ 3 (L. 3).

Wenn eine erste Größe von einer zweiten Gleichvielfaches ist, wie eine dritte von einer vierten, und man bildet Gleichvielfache der ersten und dritten, dann müssen über gleiches weg auch die neugebildeten Größen Gleichvielfache der zugehörigen sein, die eine von der zweiten, die andere von der vierten.

Es sei nämlich die erste Größe a von der zweiten b Gleichvielfaches wie die dritte c von der vierten d, und man bilde von a, c Gleichvielfache EF, GH. Ich behaupte, daß EF von b Gleichvielfaches ist wie GH von d.

Da nämlich EF von a Gleichvielfaches ist wie GH von c, so enthält GH ebensoviel Teile $= c$, wie EF Teile $= a$. Man teile EF in die mit a gleichen Größen EK, KF, und GH in die mit c gleichen GL, LH; dann muß die Anzahl der Teile EK, KF der Anzahl der Teile GL, LH gleich sein. Und da a von b Gleichvielfaches ist wie c von d, aber $EK = a$ und $GL = c$, so ist EK von b Gleichvielfaches wie GL von d. Aus demselben Grunde ist KF von b Gleichvielfaches wie LH von d. Da so eine erste Größe EK von einer zweiten b Gleichvielfaches ist wie eine dritte GL von einer vierten d, ferner eine fünfte KF von der zweiten b Gleichvielfaches ist wie eine sechste LH von der vierten d, so sind auch zusammen erste + fünfte, nämlich EF, von der zweiten b Gleichvielfaches wie dritte + sechste, nämlich GH, von der vierten d (V, 2) — S.

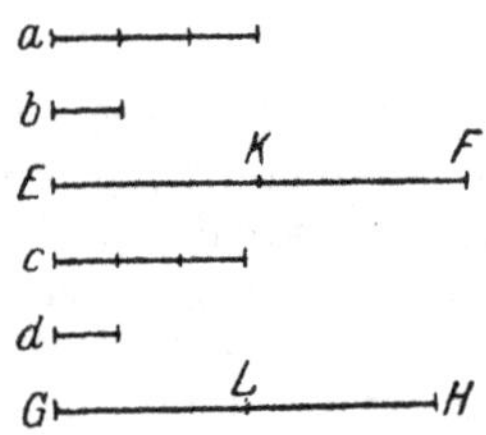

Fig. 19.

§ 4 (L. 4).

Hat eine erste Größe zur zweiten dasselbe Verhältnis wie die dritte zur vierten, dann müssen auch bei beliebiger Vervielfältigung Gleichvielfache der ersten und dritten zu Gleichvielfachen der zweiten und vierten, entsprechend genommen, dasselbe Verhältnis haben.

Es habe nämlich die erste Größe a zur zweiten b dasselbe Verhältnis wie die dritte c zur vierten d; und man bilde von

a, c Gleichvielfache e, f, sowie von b, d beliebige weitere Gleichvielfache g, h. Ich behaupte, daß $e : g = f : h$.

Man bilde von e, f Gleichvielfache k, l, und von g, h beliebige weitere Gleichvielfache m, n.

Da dann e von a Gleichvielfaches ist wie f von c, von e, f aber Gleichvielfache k, l gebildet sind, so ist k von a Gleichvielfaches wie l von c (V, 3). Aus demselben Grunde

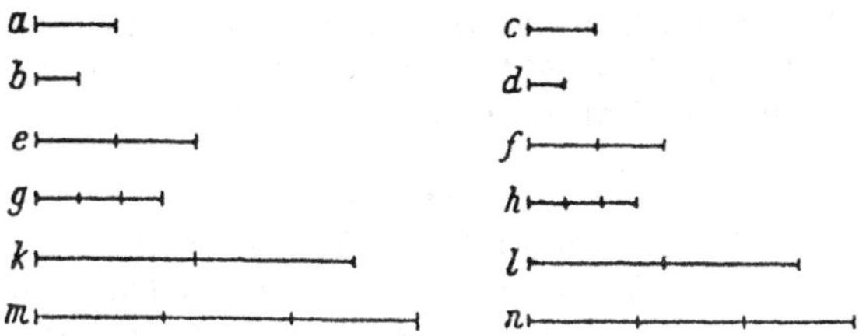

Fig. 20.

ist auch m von b Gleichvielfaches wie n von d. Da nun $a : b = c : d$, und von a, c Gleichvielfache k, l, sowie von b, d irgendwelche weitere Gleichvielfache m, n gebildet sind, so ist, wenn $k > m$, auch $l > n$, wenn gleich, gleich, und wenn kleiner, kleiner (V, Def. 5). Hier sind k, l auch von e, f Gleichvielfache, und m, n von g, h beliebige weitere Gleichvielfache; also ist $e : g = f : h$ (V, Def. 5) — S.

§ 5 (L. 5).

Wenn eine Größe von einer Größe Gleichvielfaches ist wie ein Stück von einem Stück, dann muß auch der Rest vom Rest Gleichvielfaches sein wie das Ganze vom Ganzen.

Es sei nämlich die Größe AB von der Größe CD Gleichvielfaches wie das Stück AE vom Stück CF. Ich behaupte, daß auch der Rest EB vom Rest FD Gleichvielfaches sein muß wie das Ganze AB vom Ganzen CD.

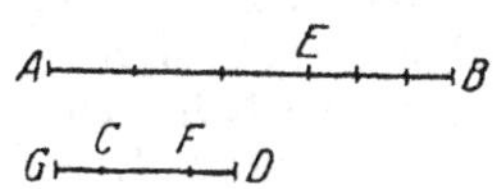

Fig. 21.

Man zeichne CG so, daß EB von ihm Ebensovielfaches wird, wie AE von CF.

Da dann AE von CF Gleichvielfaches ist wie EB von GC, ist AE von CF Gleichvielfaches wie AB von GF (V, 1). AE ist aber von CF schon Gleichvielfaches wie AB von CD; also ist AB Gleichvielfaches von beiden Größen GF, CD; also ist $GF = CD$ (Ax. 6 verallgemeinert). Man nehme CF beiderseits weg; dann ist Rest $GC =$ Rest FD. Da AE von CF Gleichvielfaches ist wie EB von GC, und $GC = DF$, so ist AE von CF Gleichvielfaches wie EB von FD. Nach Voraussetzung ist aber AE von CF Gleichvielfaches wie AB von CD; also ist EB von FD Gleichvielfaches wie AB von CD. Also muß der Rest EB vom Rest FD Ebensovielfaches sein wie das Ganze AB vom Ganzen CD — S.

§ 6 (L. 6).

Wenn zwei (erste) Größen Gleichvielfache von zwei (zweiten) Größen sind und irgendwelche Stücke (der ersten) Gleichvielfache von denselben (zweiten), dann sind auch die Reste denselben (zweiten) entweder gleich oder Gleichvielfache von ihnen.

Es seien nämlich zwei Größen AB, CD Gleichvielfache von zwei Größen e, f, und die Stücke AG, CH Gleichvielfache von denselben e, f. Ich behaupte, daß auch die Reste GB, HD entweder e, f gleich oder Gleichvielfache von ihnen sind.

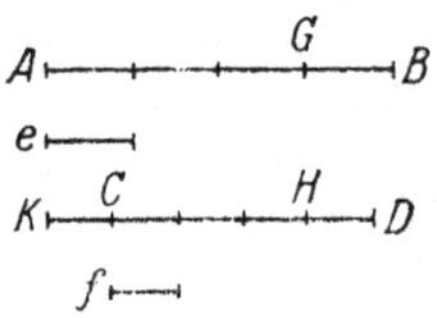

Fig. 22.

Zunächst sei $GB = e$; ich behaupte, daß auch $HD = f$. Man lege $CK = f$ hin. Da AG von e Gleichvielfaches ist wie CH von f, und $GB = e$, $KC = f$, so ist AB von e Gleichvielfaches wie KH von f (V, 2). Nach Voraussetzung ist aber AB von e Gleichvielfaches wie CD von f; also ist KH von f Gleichvielfaches wie CD von f. Da so KH, CD beide von f Gleichvielfache sind, ist $KH = CD$ (Ax. 5 verallgemeinert). Man nehme CH beiderseits weg; dann ist Rest KC = Rest HD. Aber $f = KC$; also ist auch $HD = f$; folglich muß, wenn $GB = e$, auch $HD = f$ sein.

Ähnlich läßt sich zeigen, daß auch, wenn GB Vielfaches von e ist, HD Ebensovielfaches von f sein muß — S.

§ 7 (L. 7).

Gleiche Größen haben zu einer festen Größe dasselbe Verhältnis, ebenso die feste Größe zu gleichen.

Es seien a, b gleiche Größen, c eine beliebige andere Größe. Ich behaupte, daß a, b beide zu c dasselbe Verhältnis haben, ebenso c zu beiden Größen a, b.

Man bilde von a, b Gleichvielfache d, e, ferner von c ein beliebiges weiteres Vielfaches f.

Da dann d von a Gleichvielfaches ist wie e von b, während $a = b$, so ist $d = e$. f ist irgendeine andere Größe; wenn also $d > f$, ist auch $e > f$, gleich, wenn gleich, kleiner, wenn kleiner. Hier sind d, e von a, b Gleichvielfache, und f ist von c ein beliebiges weiteres Vielfaches; also ist $a : c = b : c$ (V, Def. 5).

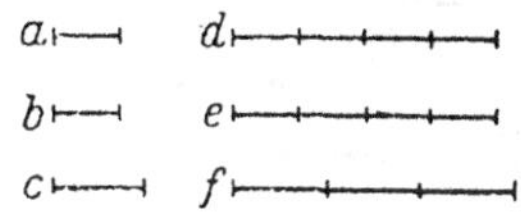

Fig. 23.

Ich behaupte, daß außerdem c zu beiden Größen a, b dasselbe Verhältnis hat.

Man konstruiere ebenso; dann zeigt man ähnlich, daß $d = e$; f ist irgendeine andere Größe; wenn f also $> d$, so ist es auch $> e$, gleich, wenn gleich, kleiner, wenn kleiner. Hier ist f Vielfaches von c, und d, e sind von a, b beliebige weitere Gleichvielfache; also ist $c : a = c : b$ (V, Def. 5).

Also haben gleiche Größen zu einer festen Größe dasselbe Verhältnis, ebenso die feste Größe zu gleichen.

[*Zusatz*: Hiernach ist klar, daß Größen, die in Proportion stehen, auch bei Umkehrung (V, Def. 13) in Proportion stehen müssen] — dies hatte man beweisen sollen.

§ 8 (L. 8).

Von ungleichen Größen hat die größere zu einer festen Größe größeres Verhältnis als die kleinere; und die feste Größe hat zur kleineren größeres Verhältnis als zur größeren.

Es seien AB, c ungleiche Größen, AB die größere, d eine beliebige andere. Ich behaupte, daß $AB : d > c : d$, und $d : c > : AB$.

Durch $AB > c$ berechtigt, trage man $BE = c$ ab; dann muß die kleinere der Größen AE, EB, vervielfältigt, schließlich d übertreffen (V, Def. 4).

Zunächst sei $AE < EB$; dann vervielfältige man AE und erhalte von ihm ein Vielfaches $FG > d$; auch bilde man Ebensovielfache, wie FG von AE ist, von EB, nämlich GH, und von c, nämlich k; ferner verschaffe man sich von d das Doppelte l, das Dreifache m, und so immer um eins fortschreitend weiter, bis ein Vielfaches von d entsteht, das als erstes $> k$ ist. Man verschaffe sich dieses, es sei n, (etwa) $= 4\,d$, dabei als erstes $> k$.

Da nun $k < n$ als erstes, ist k nicht $< m$. Da ferner FG von AE Gleichvielfaches ist wie GH von EB, so ist FG von AE Gleichvielfaches wie FH von AB (V, 1). FG ist aber von AE Gleichvielfaches wie k von c; also ist FH von AB Gleichvielfaches wie k von c; also sind FH, k Gleichvielfache von AB, c. Da GH von EB Gleichvielfaches wie k von c ist, während $EB = c$, ist andererseits $GH = k$. Nun ist k nicht $< m$, also auch GH nicht $< m$. Und $FG > d$; also ist die ganze Größe $FH > d + m$. Aber $d + m = n$, da ja $m = 3\,d$ und $m + d = 4\,d$, während auch $n = 4\,d$; also sind $m + d = n$. Nun ist $FH > m + d$, also $FH > n$, während k nicht $> n$. Hier sind FH, k Gleichvielfache von AB, c und n von d ein weiteres Vielfaches, wie es gerade trifft; also ist $AB : d > c : d$ (V, Def. 7)

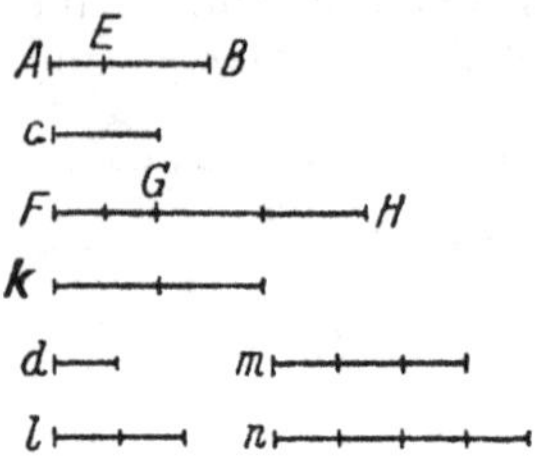

Fig. 24.

Ich behaupte, daß außerdem $d : c > d : AB$.

Man konstruiere ebenso; dann läßt sich ähnlich zeigen, daß $n > k$, während n nicht $> FH$. Hier ist n ein Vielfaches von d, und FH, k sind von AB, c irgendwelche weitere Gleichvielfache; also ist $d : c > d : AB$ (V, Def. 7).

Zweitens sei $AE > EB$. Die kleinere Größe EB muß, vervielfältigt, schließlich d übertreffen (V, Def. 4). Man vervielfältige und erhalte von EB ein Vielfaches $GH > d$; auch bilde man Ebensovielfache, wie GH von EB ist, von AE, nämlich FG, und von c, nämlich k. Dann läßt sich wie oben zeigen, daß FH, k Gleichvielfache von AB, c sind. Und wie oben verschaffe man sich von d das Vielfache

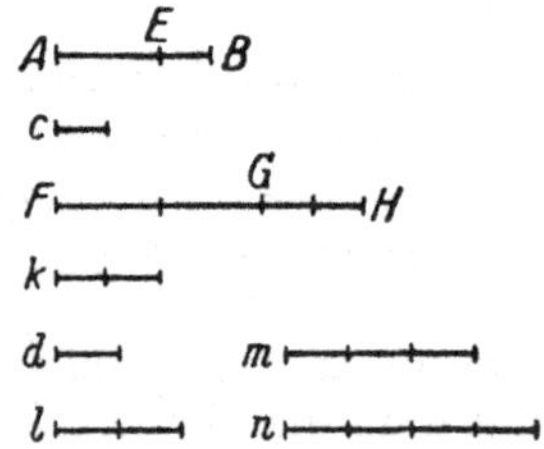

Fig. 25.

n, das als erstes $> FG$ ist, so daß diesmal FG nicht $< m$. Und $GH > d$; also ist die ganze Größe $FH > d + m$, d. h. $> n$. Nun ist k nicht $> n$, da ja FG, das GH, d. h. k übertrifft, nicht $> n$ ist. So kann man auf demselben Weg wie oben den Beweis zu Ende führen — S.

§ 9 (L. 9).

Größen, die zu einer festen Größe dasselbe Verhältnis haben, sind einander gleich; und Größen, zu denen die feste Größe dasselbe Verhältnis hat, sind gleich.

a und b mögen beide zu c dasselbe Verhältnis haben. Ich behaupte, daß $a = b$.

Anderenfalls könnten nämlich a und b nicht beide zu c dasselbe Verhältnis haben (V, 8); sie haben es aber; also ist $a = b$.

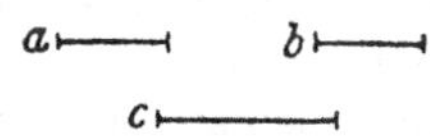

Fig. 26.

Zweitens habe c zu beiden Größen a und b dasselbe Verhältnis. Ich behaupte, daß $a = b$.

Anderenfalls könnte nämlich c nicht zu beiden Größen a und b dasselbe Verhältnis haben (V, 8); es hat es aber; also ist $a = b$ — S.

§ 10 (L. 10).

Von Größen, die zu einer festen Größe Verhältnis haben, ist die, die größeres Verhältnis hat, die größere; und die, zu der die feste Größe größeres Verhältnis hat, ist die kleinere.

Es sei nämlich $a : c > b : c$. Ich behaupte, daß $a > b$.

Anderenfalls müßte a entweder $= b$ sein oder kleiner. Daß $a = b$, ist unmöglich; sonst hätten nämlich a und b beide zu c gleiches Verhältnis (V, 7); sie haben es aber nicht; also ist a nicht $= b$. Daß $a < b$, ist auch unmöglich; sonst wäre nämlich $a : c < b : c$ (V, 8); dies ist aber nicht der Fall; also ist a nicht $< b$. Die Ungleichheit wurde oben bewiesen; also ist $a > b$.

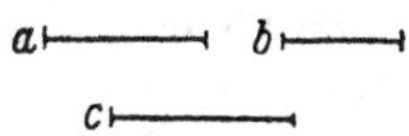

Fig. 27.

Zweitens sei $c : b > c : a$. Ich behaupte, daß $b < a$.

Anderenfalls müßte es nämlich entweder gleich oder größer sein. Daß $b = a$, ist unmöglich; sonst hätte nämlich c zu beiden Größen a und b dasselbe Verhältnis (V, 7); es hat es aber nicht; also ist a nicht $= b$. Daß $b > a$, ist auch unmöglich; sonst hätte nämlich c zu b kleineres Verhältnis als zu a (V, 8); es hat es aber nicht; also ist b nicht $> a$. Die Ungleichheit wurde oben bewiesen; also ist $b < a$ — S.

§ 11 (L. 11).

Mit demselben Verhältnis zusammenfallende Verhältnisse fallen auch miteinander zusammen.

Es sei $a : b = c : d$ und $c : d = e : f$. Ich behaupte, daß $a : b = e : f$.

Man bilde von a, c, e Gleichvielfache g, h, k und von b, d, f beliebige weitere Gleichvielfache l, m, n.

Da $a : b = c : d$ und man von a, c Gleichvielfache g, h sowie von b, d beliebige weitere Gleichvielfache l, m gebildet hat, so ist, wenn $g > l$, auch $h > m$, gleich, wenn gleich, und kleiner, wenn kleiner (V, Def. 5). Da ferner $c : d = e : f$

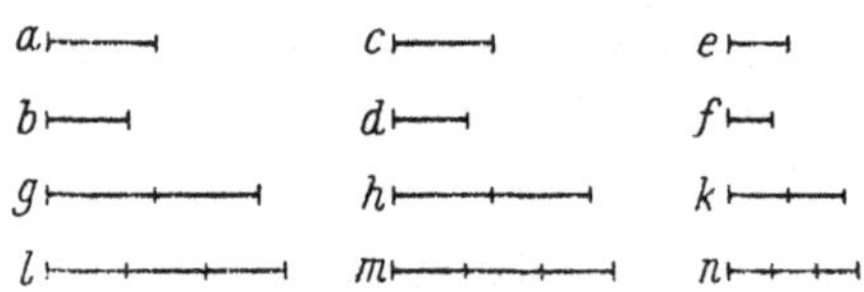

Fig. 28.

und man von c, e Gleichvielfache h, k sowie von d, f irgendwelche weitere Gleichvielfache m, n gebildet hat, so ist ebenso, wenn $h > m$, auch $k > n$, gleich, wenn gleich, und kleiner, wenn kleiner. Wenn $h > m$, war aber auch $g > l$, wenn gleich, gleich, wenn kleiner, kleiner; folglich ist auch, wenn $g > l$, $k > n$, gleich, wenn gleich, und kleiner, wenn kleiner. Hier sind g, k Gleichvielfache von a, e, und l, n von b, f beliebige weitere Gleichvielfache; also ist $a : b = e : f$ (V, Def. 5) — S.

§ 12 (L. 12).

Stehen beliebig viele Größen in Proportion, dann müssen sich alle Vorderglieder zusammen zu allen Hintergliedern zusammen verhalten wie das einzelne Vorderglied zum (zugehörigen) einzelnen Hinterglied.

Beliebig viele Größen a, b, c, d, e, f mögen in Proportion stehen, $a:b = c:d$ und $= e:f$. Ich behaupte, daß $a:b = (a+c+e):(b+d+f)$.

Man bilde nämlich von a, c, e Gleichvielfache g, h, k und von b, d, f beliebige weitere Gleichvielfache l, m, n.

Da hier $a:b = c:d = e:f$ und man von a, c, e Gleichvielfache g, h, k sowie von b, d, f beliebige weitere Gleichvielfache l, m, n gebildet hat, so sind, wenn $g > l$, auch $h > m$ und $k > n$, gleich, wenn gleich, und kleiner, wenn kleiner (V, Def. 5); folglich sind, wenn $g > l$, auch $g + h + k > l + m + n$, gleich, wenn gleich (Ax. 2), und kleiner, wenn kleiner. Hier sind g und $g + h + k$ von a und $a + c + e$ Gleichvielfache, da bei beliebig vielen Größen, die einzeln Gleichvielfache von gleichviel weiteren Größen sind, die Summe von der Summe Ebensovielfaches ist wie die einzelne Größe von der einzelnen (V, 1). Aus demselben Grunde sind auch l und $l + m + n$ von b und $b + d + f$ Gleichvielfache; also ist $a:b = (a+c+e):(b+d+f)$ (V, Def. 5) — S.

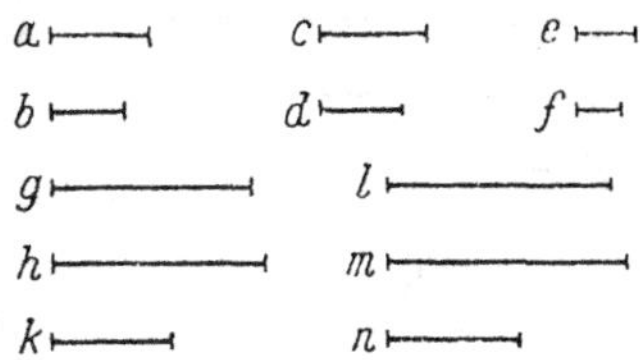

Fig. 29.

§ 13 (L. 13).

Hat eine erste Größe zur zweiten dasselbe Verhältnis wie die dritte zur vierten, während die dritte zur vierten größeres Verhältnis hat als die fünfte zur sechsten, dann muß auch die erste zur zweiten größeres Verhältnis haben als die fünfte zur sechsten.

Es habe nämlich eine erste Größe a zur zweiten b dasselbe Verhältnis wie die dritte c zur vierten d, die dritte c habe aber zur vierten d größeres Verhältnis als die fünfte e zur sechsten f. Ich behaupte, daß auch die erste Größe a zur zweiten b größeres Verhältnis haben muß als die fünfte e zur sechsten f.

Da es nämlich von c, e Gleichvielfache und von d, f irgendwelche weitere Gleichvielfache gibt, so daß das Vielfache von c das Vielfache von d übertrifft, während das Vielfache von e das Vielfache von f nicht übertrifft (V, Def. 7), verschaffe man sich solche und erhalte von c, e Gleichvielfache g, h und von d, f irgendwelche weitere Gleichvielfache k, l, so daß $g > k$, aber h nicht $> l$; ferner sei m von a Ebensovielfaches wie g von c und n von b Ebensovielfaches wie k von d.

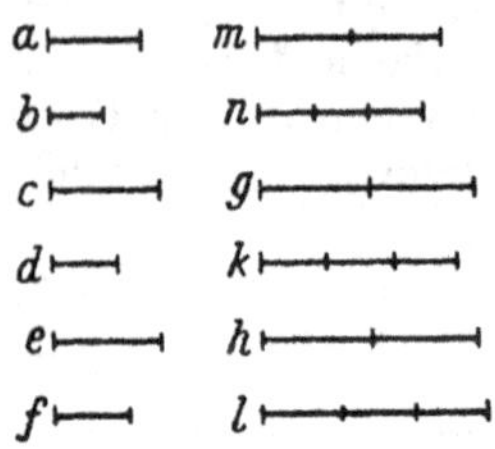

Fig. 30.

Da $a : b = c : d$ und man von a, c Gleichvielfache m, g, sowie von b, d irgendwelche weitere Gleichvielfache n, k gebildet hat, so ist, wenn $m > n$, auch $g > k$, gleich, wenn gleich, und kleiner, wenn kleiner (V, Def. 5). Nun ist $g > k$, also auch $m > n$, während h nicht $> l$. Hier sind m, h von a, e Gleichvielfache, und n, l von b, f irgendwelche weitere Gleichvielfache; also ist $a : b > e : f$ (V, Def. 7) — S.

§ 14 (L. 14).

Hat eine erste Größe zur zweiten dasselbe Verhältnis wie die dritte zur vierten und ist dabei die erste größer als die dritte, dann muß auch die zweite größer sein als die vierte, gleich, wenn gleich, und kleiner, wenn kleiner.

Es habe nämlich eine erste Größe a zur zweiten b dasselbe Verhältnis wie die dritte c zur vierten d; dabei sei $a > c$. Ich behaupte, daß auch $b > d$.

Da $a > c$, und b eine beliebige weitere Größe ist, so ist $a : b > c : b$ (V, 8). Nun ist $a : b = c : d$; also ist $c : d > c : b$ (V, 13). Die Größe, zu der eine feste Größe größeres Verhältnis hat, ist aber die kleinere (V, 10); also ist $d < b$, folglich $b > d$.

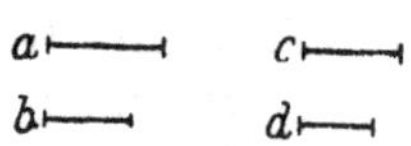

Fig. 31.

Ähnlich läßt sich auch zeigen, daß $b = d$, wenn $a = c$ und $b < d$, wenn $a < c$ — S.

§ 15 (L. 15).

Teile haben zueinander dasselbe Verhältnis wie Gleichvielfache von ihnen zueinander.

Es sei AB von c Gleichvielfaches wie DE von f. Ich behaupte, daß $c : f = AB : DE$.

Da AB von c Gleichvielfaches ist wie DE von f, so enthält DE ebensoviel Größen $= f$, wie AB solche $= c$. Man teile AB in die mit c gleichen Stücke AG, GH, HB, und DE in die mit f gleichen Stücke DK, KL, LE.

Dann muß die Anzahl der Stücke AG, GH, HB der Anzahl der Stücke DK, KL, LE gleich sein. Da $AG = GH = HB$ und $DK = KL = LE$, ist $AG : DK = GH : KL = HB : LE$ (V, 7, 11). Also müssen sich auch alle Vorderglieder zusammen zu allen Hintergliedern zusammen verhalten wie eines der Vorderglieder zu einem der Hinterglieder (V, 12); also ist $AG : DK = AB : DE$. Aber $AG = c$ und $DK = f$; also ist $c : f = AB : DE$ (V, 7, 11) — S.

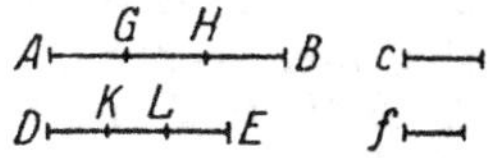

Fig. 32.

§ 16 (L. 16).

Stehen vier Größen in Proportion, so müssen sie auch vertauscht in Proportion stehen.

Vier Größen a, b, c, d mögen in Proportion stehen, $a : b = c : d$. Ich behaupte, daß sie es auch bei Vertauschung (V, Def. 12) tun müssen, $a : c = b : d$.

Man bilde von a, b Gleichvielfache e, f und von c, d beliebige weitere Gleichvielfache g, h.

Da dann e von a Gleichvielfaches ist wie f von b, Teile aber dasselbe Verhältnis haben wie Gleichvielfache (V, 15), so ist $a : b = e : f$. Aber $a : b = c : d$; also ist auch $c : d = e : f$ (V, 11). Ebenso ist, da g, h von c, d Gleichvielfache sind, $c : d = g : h$. Aber $c : d = e : f$; also ist auch $e : f = g : h$ (V, 11). Stehen aber vier Größen in Proportion und ist dabei die erste größer als die dritte, dann muß auch die zweite größer sein als die vierte, gleich, wenn gleich, und kleiner, wenn kleiner (V, 14); also ist, wenn $e > g$, auch $f > h$, gleich, wenn gleich, und kleiner, wenn kleiner. Hier sind e, f Gleichvielfache von a, b, und g, h von c, d beliebige weitere Gleichvielfache; also ist $a : c = b : d$ (V, Def. 5) — S.

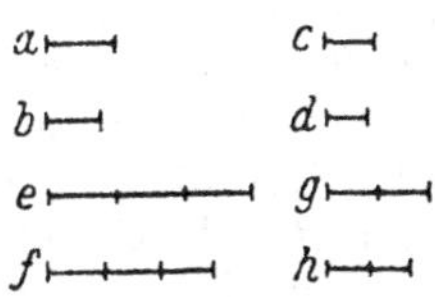

Fig. 33.

§ 17 (L. 17).

Stehen Größen verbunden in Proportion, so müssen sie auch getrennt in Proportion stehen.

AB, BE, CD, DF seien Größen, die verbunden in Proportion stehen, $AB : BE = CD : DF$. Ich behaupte, daß sie auch getrennt (V, Def. 15) in Proportion stehen müssen, $AE : EB = CF : DF$.

Man bilde von AE, EB, CF, FD Gleichvielfache GH, HK, LM, MN und von EB, FD beliebige weitere Gleichvielfache KO, NQ.

Da GH von AE Gleichvielfaches ist wie HK von EB, so ist GH von AE Gleichvielfaches wie GK von AB (V, 1). GH ist aber von AE Gleichvielfaches wie LM von CF; also ist GK von AB Gleichvielfaches wie LM von CF. Ebenso ist, da LM von CF Gleichvielfaches ist wie MN von FD, LM von CF auch Gleichvielfaches wie LN von CD. LM war aber von CF Gleichvielfaches

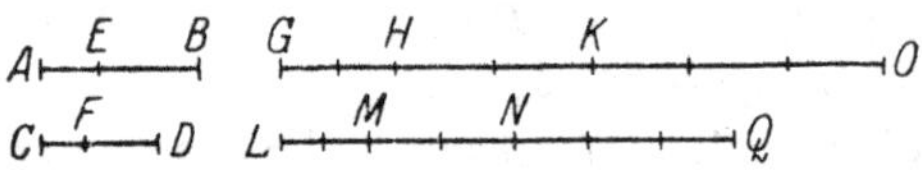

Fig. 34.

wie GK von AB; also ist GK von AB Gleichvielfaches wie LN von CD. Also sind GK, LN Gleichvielfache von AB, CD. Ebenso ist, da HK von EB Gleichvielfaches ist wie MN von FD und KO von EB Gleichvielfaches wie NQ von FD, auch verbunden HO von EB Gleichvielfaches wie MQ von FD (V, 2). Da nun $AB : BE = CD : DF$ und man von AB, CD Gleichvielfache GK, LN sowie von EB, FD Gleichvielfache HO, MQ gebildet hat, so ist, wenn $GK > HO$, auch $LN > MQ$, gleich, wenn gleich, und kleiner, wenn kleiner (V, Def. 5). Es sei (zunächst) $GK > HO$; nimmt man dann HK beiderseits weg, so ist auch $GH > KO$. Wenn aber $GK > HO$, mußte auch $LN > MQ$ sein; also ist $LN > MQ$; nimmt man dann beiderseits MN weg, so ist auch $LM > NQ$; folglich ist, wenn $GH > KO$, auch $LM > NQ$. Ähnlich läßt sich zeigen, daß auch, wenn $GH = KO$, dann $LM = NQ$, und kleiner, wenn kleiner. Hier sind GH, LM von AE, CF Gleichvielfache und KO, NQ von EB, FD

beliebige weitere Gleichvielfache; also ist $AE : EB = CF : FD$ (V, Def. 5) — S.

§ 18 (L. 18).

Stehen Größen getrennt in Proportion, so müssen sie auch verbunden in Proportion stehen.

AE, EB, CF, FD seien Größen, die getrennt in Proportion stehen, $AE : EB = CF : FD$. Ich behaupte, daß sie auch verbunden (V, Def. 14) in Proportion stehen müssen, $AB : BE = CD : FD$.

Verhielte sich nämlich nicht $AB : BE = CD : DF$, dann müßte sich, wie AB zu BE, so CD zu etwas verhalten, was entweder kleiner oder größer wäre als DF.

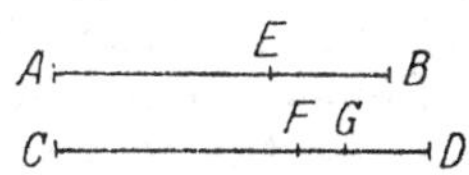

Fig. 35.

Zunächst verhalte es sich so zu etwas kleinerem, nämlich DG. Da dann $AB : BE = CD : DG$, stünden verbundene Größen in Proportion; folglich müßten sie auch getrennt in Proportion stehen (V, 17); also wäre $AE : EB = CG : GD$. Nach Voraussetzung ist aber $AE : EB = CF : FD$; also wäre $CG : GD = CF : FD$ (V, 11). Hier wäre die erste Größe $CG >$ die dritte CF; also wäre auch die zweite $GD >$ die vierte FD (V, 14); dabei ist sie kleiner; dies ist unmöglich; also kann sich nicht, wie AB zu BE, so CD zu etwas $< FD$ verhalten. Ähnlich läßt sich zeigen, daß es sich so auch nicht verhalten kann zu etwas, was größer wäre; es muß sich also so verhalten zu FD selbst — S.

§ 19 (L. 19).

Verhält sich ein Stück zum Stück wie das Ganze zum Ganzen, dann muß sich auch der Rest zum Rest verhalten wie das Ganze zum Ganzen.

Wie das Ganze AB zum Ganzen CD, so verhalte sich das Stück AE zum Stück CF. Ich behaupte, daß sich auch der Rest EB zum Rest FD verhalten muß wie das Ganze AB zum Ganzen CD.

Da $AB : CD = AE : CF$, so ist auch bei Vertauschung $BA : AE = DC : CF$ (V, 16). Da hier verbundene Größen in Proportion stehen, müssen sie auch getrennt in Proportion stehen (V, 17), $BE : EA = DF : CF$; und es ist, mit Vertauschung, $BE : DF = EA : FC$ (V, 16). Nach Voraussetzung ist aber $AE : CF =$ Ganzes AB : Ganzem CD. Also muß sich auch der Rest EB zum Rest FD verhalten wie das Ganze AB zum Ganzen CD (V, 11) — S.

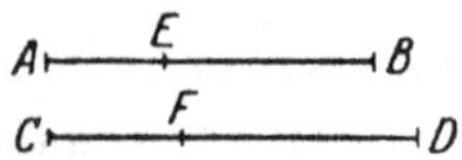

Fig. 36.

[Da, wie oben bewiesen, $AB : CD = EB : FD$, so ist auch vertauscht $AB : BE = CD : FD$, die Größen stehen also verbunden in Proportion; andererseits wurde oben bewiesen, daß $BA : AE = DC : CF$; dies entsteht durch Umwendung.

Zusatz: Hiernach ist klar, daß Größen, die verbunden in Proportion stehen, auch bei Umwendung (V, Def. 16) in Proportion stehen müssen — dies hatte man beweisen sollen.]

§ 20 (L. 20).

Hat man drei Größen und gleichviel weitere, so daß sie paarweise genommen in demselben Verhältnis stehen, und ist dabei über gleiches weg die erste größer als die dritte, so muß auch die vierte größer sein als die sechste, gleich, wenn gleich, und kleiner, wenn kleiner.

a, b, c seien drei Größen und d, e, f gleichviel weitere, paarweise genommen in demselben Verhältnis stehend, $a : b = d : e$, $b : c = e : f$, und über gleiches weg sei $a > c$. Ich behaupte, daß dann auch $d > f$, gleich, wenn gleich, und kleiner, wenn kleiner.

Da $a > c$ ist und b irgendeine andere Größe, Größeres aber zu einer festen Größe größeres Verhältnis hat als Kleineres (V, 8), so ist $a : b > c : b$. Nun ist $a : b = d : e$, ferner, nach Umkehrung, $c : b = f : e$ (V, 7 Zus.). Also ist $d : e > f : e$ (V, 13). Von Größen, die zu einer festen Größe Verhältnis haben, ist aber die, die größeres Verhältnis hat, die größere (V, 10); also ist $d > f$. Ähnlich läßt sich zeigen, daß, wenn $a = c$, auch $d = f$ (V, 7, 11, 9), und kleiner, wenn kleiner — S.

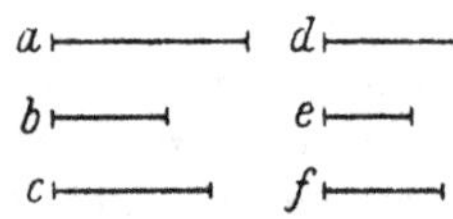

Fig. 37.

§ 21 (L. 21).

Hat man drei Größen und gleichviel weitere, so daß sie paarweise genommen in demselben Verhältnis stehen, aber in überkreuzter Proportion, und ist dabei über gleiches weg die erste größer als die dritte, so muß auch die vierte größer sein als die sechste, gleich, wenn gleich, und kleiner, wenn kleiner.

a, *b*, *c* seien drei Größen und *d*, *e*, *f* gleichviel weitere, paarweise genommen in demselben Verhältnis stehend, aber in überkreuzter Proportion (V, Def. 18), $a : b = e : f$, $b : c = d : e$, und über gleiches weg sei $a > c$. Ich behaupte, daß dann auch $d > f$, gleich, wenn gleich, und kleiner, wenn kleiner.

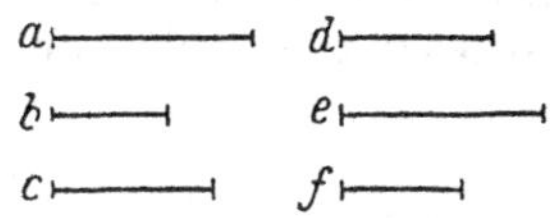

Fig. 38.

Da $a > c$ ist und *b* irgendeine andere Größe, so ist $a : b > c : b$ (V, 8). Nun ist $a : b = e : f$, ferner, nach Umkehrung, $c : b = e : d$ (V, 7 Zus.). Also ist $e : f > e : d$ (V, 13). Die Größe, zu der eine feste Größe größeres Verhältnis hat, ist aber die kleinere (V, 10); also ist $f < d$, also $d > f$. Ähnlich läßt sich zeigen, daß, wenn $a = c$, auch $d = f$ (V, 7, 11, 9), und kleiner, wenn kleiner — S.

§ 22 (L. 22).

Hat man beliebig viele Größen und gleichviel weitere, so daß sie paarweise genommen in demselben Verhältnis stehen, so müssen sie auch über gleiches weg in demselben Verhältnis stehen.

a, *b*, *c* seien beliebig viele Größen und *d*, *e*, *f* gleichviel weitere, paarweise genommen in demselben Verhältnis

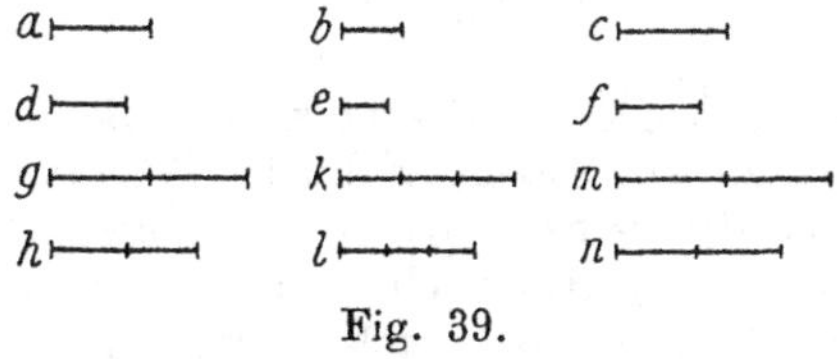

Fig. 39.

stehend, $a : b = d : e$, $b : c = e : f$. Ich behaupte, daß sie auch über gleiches weg in demselben Verhältnis (V, Def. 17) stehen müssen.

Man bilde von a, d Gleichvielfache g, h, von b, e beliebige weitere Gleichvielfache k, l, schließlich von c, f beliebige weitere Gleichvielfache m, n.

Da $a : b = d : e$ und man von a, d Gleichvielfache g, h sowie von b, e beliebige weitere Gleichvielfache k, l gebildet hat, so ist $g : k = h : l$ (V, 4). Aus demselben Grunde ist auch $k : m = l : n$. Da man so drei Größen g, k, m und gleichviel weitere h, l, n hat, die paarweise genommen in demselben Verhältnis stehen, so muß über gleiches weg, wenn $g > m$, auch $h > n$ sein, gleich, wenn gleich, und kleiner, wenn kleiner (V, 20). Hier sind g, h von a, d Gleichvielfache und m, n von c, f beliebige weitere Gleichvielfache. Also ist $a : c = d : f$ (V, Def. 5) — S.

§ 23 (L. 23).

Hat man drei Größen und gleichviel weitere, so daß sie paarweise genommen in demselben Verhältnis stehen, aber in überkreuzter Proportion, so müssen sie auch über gleiches weg in demselben Verhältnis stehen.

a, b, c seien drei Größen und d, e, f gleichviel weitere, paarweise genommen in demselben Verhältnis stehend, aber in überkreuzter Proportion (V, Def. 18), $a : b = e : f$, $b : c = d : e$. Ich behaupte, daß $a : c = d : f$.

Man bilde von a, b, d Gleichvielfache g, h, k und von c, e, f beliebige weitere Gleichvielfache l, m, n.

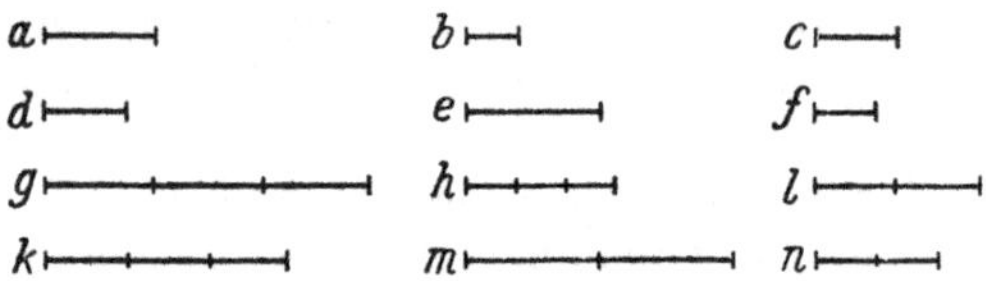

Fig. 40.

Da g, h von a, b Gleichvielfache sind, Teile aber dasselbe Verhältnis haben wie Ebensovielfache (V, 15), so ist $a : b = g : h$. Aus demselben Grunde ist auch $e : f = m : n$. Nun ist $a : b = e : f$, also auch $g : h = m : n$ (V, 11). Da ferner $b : c = d : e$, so ist auch vertauscht $b : d = c : e$ (V, 16). Und da h, k von b, d Gleichvielfache sind, Teile aber dasselbe Verhältnis haben wie Gleichvielfache (V, 15), so ist $b : d = h : k$. Aber $b : d = c : e$; also ist auch $h : k$

$= c : e$ (V, 11). Ebenso ist, da l, m von c, e Gleichvielfache sind, $c : e = l : m$. Nun ist $c : e = h : k$, also $h : k = l : m$ und, vertauscht, $h : l = k : m$. Wie oben bewiesen, ist aber auch $g : h = m : n$. Da man so drei Größen g, h, l und gleichviel weitere k, m, n hat, die paarweise genommen in demselben Verhältnis stehen, und zwar in überkreuzter Proportion, so muß über gleiches weg, wenn $g > l$, auch $k > n$ sein, gleich, wenn gleich, und kleiner, wenn kleiner (V, 21). Hier sind g, k von a, d Gleichvielfache, und l, n von c, f. Also ist $a : c = d : f$ (V, Def. 5) — S.

§ 24 (L. 24).

Hat eine erste Größe zur zweiten dasselbe Verhältnis wie die dritte zur vierten, und auch eine fünfte zur zweiten dasselbe Verhältnis wie die sechste zur vierten, dann müssen auch verbunden die erste und fünfte Größe zur zweiten dasselbe Verhältnis haben wie die dritte und sechste zur vierten.

Die erste Größe AB habe zur zweiten c dasselbe Verhältnis wie die dritte DE zur vierten f, und auch die fünfte BG habe zur zweiten c dasselbe Verhältnis wie die sechste EH zur vierten f. Ich behaupte, daß auch verbunden erste + fünfte Größe, nämlich AG, zur zweiten c dasselbe Verhältnis haben muß wie dritte + sechste, nämlich DH, zur vierten f.

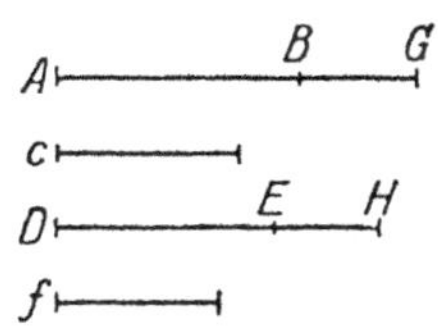

Fig. 41.

Da $BG : c = EH : f$, so ist, mit Umkehrung, $c : BG = f : EH$ (V, 7 Zus.). Da nun $AB : c = DE : f$ und $c : BG = f : EH$, so ist auch über gleiches weg $AB : BG = DE : EH$ (V, 22). Da hier Größen getrennt in Proportion stehen, müssen sie auch verbunden in Proportion stehen (V, 18); also ist $AG : GB = DH : HE$. Aber $BG : c = EH : f$; also ist über gleiches weg $AG : c = DH : f$ (V, 22) — S.

§ 25 (L. 25).

Stehen vier Größen in Proportion, so sind die größte und kleinste zusammen größer als die übrigen beiden zusammen.

Die vier Größen AB, CD, e, f mögen in Proportion stehen, $AB : CD = e : f$; von ihnen sei AB die größte und (V, 14, 16) f die kleinste. Ich behaupte, daß $A\,B + f > C\,D + e$.

Man trage $A\,G = e$ und $C\,H = f$ ab.

Da $A\,B : C\,D = e : f$ und $e = A\,G$, $f = C\,H$, so ist $A\,B : C\,D = A\,G : C\,H$. Und da sich, wie das Ganze $A\,B$ zum Ganzen $C\,D$, so das Stück $A\,G$ zum Stück $C\,H$ verhält, so muß sich auch der Rest $G\,B$ zum Rest $H\,D$ wie das Ganze $A\,B$ zum Ganzen $C\,D$ verhalten (V, 19). Nun ist $A\,B > C\,D$, also auch $G\,B > H\,D$ (V, 16, 14). Ferner ist, da $A\,G = e$ und $C\,H = f$, auch $A\,G + f = C\,H + e$. [Nun sind, wenn Ungleichem Gleiches hinzugefügt wird, die Ganzen ungleich (Ax. 4).] Wenn man daher, da $G\,B$, $H\,G$ ungleiche Größen sind, $G\,B$ die größere, $A\,G + f$ zu $G\,B$ hinzufügt und $C\,H + e$ zu $H\,D$, so erhält man $A\,B + f > C\,D + e$ — S.

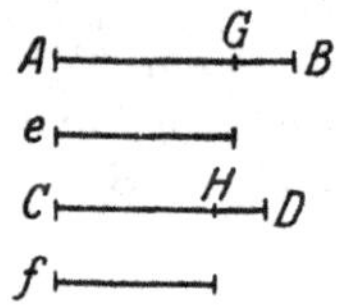

Fig. 42.

VI. Buch.

Definitionen.

1. ***Ähnlich*** *sind geradlinige Figuren, in denen die Winkel einzeln gleich sind und die gleiche Winkel umfassenden Seiten in Proportion stehen.*

2. [***Reziprok*** *sind Figuren, wenn in jeder der beiden Figuren sowohl führende als auch folgende Verhältnisse vorkommen.*]

3. *Eine Strecke heißt* ***stetig geteilt,*** *wenn sich, wie die ganze Strecke zum größeren Abschnitt, so der größere Abschnitt zum kleineren verhält.*

4. ***Höhe*** *ist in jeder Figur das vom Scheitel auf die Basis gefällte Lot.*

5. [*Ein Verhältnis heißt aus Verhältnissen* ***zusammengesetzt,*** *wenn die Abmessungen der Verhältnisse miteinander vervielfältigt ein solches bilden.*]

§ 1 (L. 1).

Dreiecke sowie Parallelogramme unter derselben Höhe verhalten sich zueinander wie die Grundlinien.

ABC, ACD seien Dreiecke und EC, CF Parallelogramme unter derselben Höhe (VI, Def. 4) AC. Ich behaupte, daß Grdl. BC : Grdl. $CD = \triangle ABC : \triangle ACD$ und $=$ Pgm. EC : Pgm. CF.

Man verlängere BD nach beiden Seiten nach den Punkten H, L, trage [beliebig viele Strecken] BG, $GH =$ Grdl. BC, sowie beliebig viele Strecken DK, $KL =$ Grdl. CD ab und ziehe AG, AH, AK, AL.

Da $CB = BG = GH$, sind auch die Dreiecke $AHG = AGB = ABC$ (I, 38). Also ist $\triangle AHC$ von $\triangle ABC$ Ebensovielfaches wie Grdl. HC von Grdl. BC. Aus demselben Grunde ist auch △ ALC von △ ACD Ebensovielfaches wie Grdl. LC von Grdl. CD. Und wenn Grdl. HC = Grdl. CL, dann ist auch △ AHC = △ ACL (I, 38); wenn Grdl. HC > Grdl. CL, dann ist △ AHC > △ ACL, und kleiner, wenn kleiner. Mithin hat man bei vier Größen, nämlich den zwei Grundlinien BC, CD und den zwei Dreiecken ABC, ACD, sowohl von Grdl. BC und △ ABC Gleichvielfache, nämlich Grdl. HC und △ AHC, als auch von Grdl. CD und △ ADC beliebige weitere Gleichvielfache, nämlich Grdl. LC und △ ALC gebildet; und man hat gezeigt, daß, wenn Grdl. HC > Grdl. CL, auch △ AHC > △ ALC ist, gleich, wenn gleich, und kleiner, wenn kleiner. Also ist Grdl. BC : Grdl. CD = △ ABC : △ ACD (V, Def. 5).

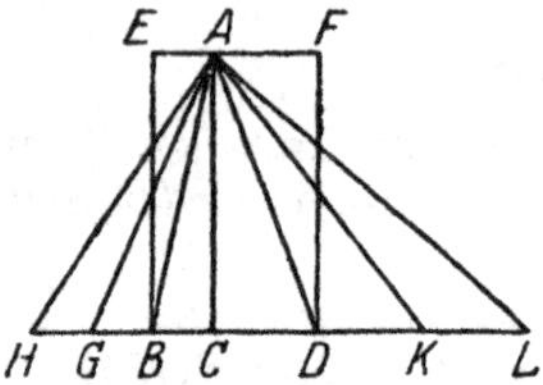

Fig. 43.

Da ferner Pgm. $EC = 2$ △ ABC und Pgm. $FC = 2$ △ ACD (I, 34), Teile aber dasselbe Verhältnis haben wie Gleichvielfache (V, 15), so ist △ ABC : △ ACD = Pgm. EC : Pgm. FC. Da nun, wie oben bewiesen, Grdl. $BC : CD$ = △ ABC : △ ACD, andererseits △ ABC : △ ACD = Pgm. EC : Pgm. CF, so ist auch Grdl. BC : Grdl. CD = Pgm. EC : Pgm. FC (V, 11) — S.

§ 2 (L. 2).

Zieht man in einem Dreieck parallel zu einer Seite eine gerade Linie, so teilt diese die Dreiecksseiten proportional; und wenn Dreiecksseiten proportional geteilt sind, dann muß die Verbindungsstrecke der Teilpunkte zur letzten Dreiecksseite parallel sein.

Im Dreieck ABC ziehe man $DE \parallel BC$, einer der Seiten. Ich behaupte, daß $BD : DA = CE : EA$.

Man ziehe BE, CD.

Dann ist △ BDE = △ CDE; denn sie liegen auf derselben Grundlinie DE und zwischen denselben Parallelen DE, BC (I, 37). △ ADE ist eine weitere Größe; gleiche Größen haben aber zu einer festen Größe dasselbe Verhältnis (V, 7); also ist △ BDE : △ ADE = △ CDE

$: \triangle ADE$. Aber $\triangle BDE : ADE = BD : DA$; denn da sie dieselbe Höhe haben, nämlich das von E auf AB zu fällende Lot, verhalten sie sich zueinander wie die Grundlinien (VI, 1). Aus demselben Grunde ist $\triangle CDE : ADE = CE : EA$; also ist $BD : DA = CE : EA$ (V, 11).

Andererseits seien im Dreieck ABC die Seiten AB, AC proportional geteilt, $BD : DA = CE : EA$; ferner sei DE gezogen. Ich behaupte, daß $DE \parallel BC$.

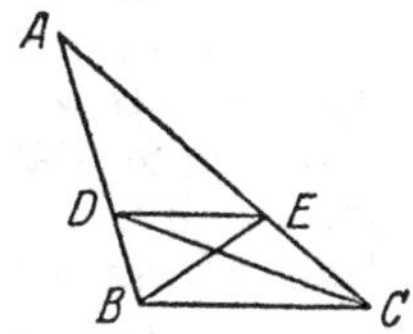

Fig. 44.

Man konstruiere ebenso. Da $BD : DA = CE : EA$ und $BD : DA = \triangle BDE : \triangle ADE$ sowie $CE : EA = \triangle CDE : \triangle ADE$ (VI, 1), so ist dann auch $\triangle BDE : \triangle ADE = \triangle CDE : \triangle ADE$ (V, 11). Beide Dreiecke BDE, CDE haben also zu ADE dasselbe Verhältnis. Also ist $\triangle BDE = \triangle CDE$ (V, 9); dabei liegen sie auf derselben Grundlinie DE. Gleiche Dreiecke auf derselben Grundlinie liegen aber zwischen denselben Parallelen (I, 39); also ist $DE \parallel BC$ — S.

§ 3 (L. 3).

Halbiert man im Dreieck einen Winkel und bringt die den Winkel teilende gerade Linie auch mit der Grundlinie zum Schnitt, so müssen die Abschnitte der Grundlinie dasselbe Verhältnis haben wie die übrigen Dreiecksseiten; und wenn die Abschnitte der Grundlinie dasselbe Verhältnis haben wie die übrigen Dreiecksseiten, dann muß eine gerade Linie, die man vom Scheitel zum Teilpunkt zieht, den (geteilten) Winkel im Dreieck halbieren.

Das Dreieck sei ABC; man halbiere den Winkel BAC durch die gerade Linie AD. Ich behaupte, daß $BD : CD = BA : AC$.

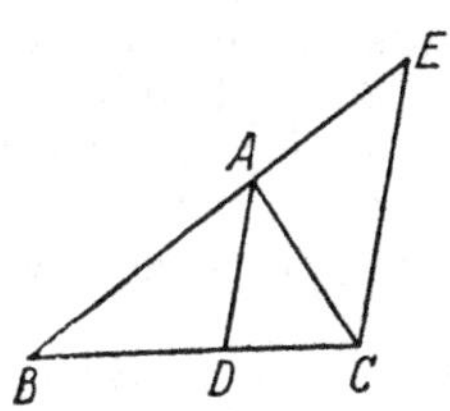

Fig. 45.

Man ziehe durch C zu DA die Parallele CE; die Verlängerung von BA treffe diese in E (Post. 5).

Da die Parallelen AD, EC von der geraden Linie AC geschnitten werden, ist $\angle ACE = CAD$ (I, 29). Nach Voraussetzung ist aber

$CAD = BAD$, also ist auch $\angle\ BAD = ACE$. Ebenso ist, da die Parallelen AD, EC von der geraden Linie BAE geschnitten werden, der äußere Winkel BAD dem inneren AEC gleich (I, 29). Wie oben bewiesen, ist $ACE = BAD$; also ist auch $\angle\ ACE = AEC$, folglich Seite AE = Seite AC (I, 6). Und da im Dreieck BCE $AD \parallel EC$, einer der Seiten gezogen ist, so stehen in Proportion $BD : DC = BA : AE$ (VI, 2). Aber $AE = AC$; also ist $BD : DC = BA : AC$ (V, 7, 11).

Andererseits sei $BD : DC = BA : AC$; man ziehe AD. Ich behaupte, daß $\angle\ BAC$ von der geraden Linie AD halbiert wird.

Man konstruiere ebenso. Da $BD : DC = BA : AC$, aber auch $BD : DC = BA : AE$, weil AD im Dreieck BCE einer der Seiten, nämlich EC parallel gezogen ist (VI, 2), so ist $BA : AC = BA : AE$ (V, 11). Also ist $AC = AE$ (V, 9), folglich auch $\angle\ AEC = ACE$ (I, 5). AEC ist aber dem äußeren Winkel BAD gleich und ACE dem Wechselwinkel CAD (I, 29); also ist $BAD = CAD$; $\angle\ BAC$ wird also von der geraden Linie AD halbiert — S.

§ 4 (L. 4).

In winkelgleichen Dreiecken stehen die Seiten um gleiche Winkel in Proportion, und zwar entsprechen einander die, die gleichen Winkeln gegenüberliegen.

ABC, DCE seien winkelgleiche Dreiecke mit $\angle\ ABC = DCE$, $BAC = CDE$ und (I, 32) $ACB = CED$. Ich behaupte, daß in den Dreiecken ABC, DCE die Seiten um gleiche Winkel in Proportion stehen und dabei die gleichen Winkeln gegenüberliegenden einander entsprechen (V, Def. 11).

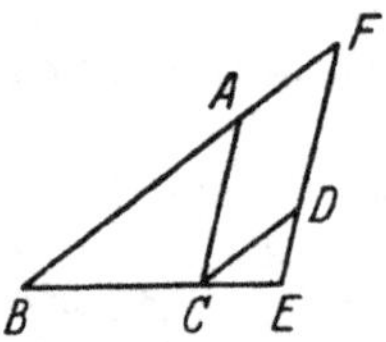

Fig. 46.

BC möge CE gerade fortsetzen. Da $\angle\ ABC + ACB < 2$ R. (I, 17) und $ACB = DEC$, so sind $\angle\ ABC + DEC < 2$ R.; also müssen sich BA, ED bei Verlängerung treffen (Post. 5). Man verlängere sie, sie mögen sich in F treffen.

Da $\angle\ DCE = ABC$, ist $BF \parallel CD$ (I, 28). Ebenso ist, da $ACB = DEC$, $AC \parallel FE$. Also ist $FACD$ ein

Parallelogramm, also $FA = DC$, $AC = FD$ (I, 34). Da hier im Dreieck FBE $AC \parallel FE$, einer der Seiten gezogen ist, so ist $BA : AF = BC : CE$ (VI, 2). Aber $AF = CD$; also ist $BA : CD = BC : CE$ und, vertauscht (V, 16), $AB : BC = DC : CE$. Ebenso ist, da $CD \parallel BF$, $BC : CE = FD : DE$; aber $FD = AC$; also ist $BC : CE = AC : DE$ und, vertauscht, $BC : CA = CE : ED$. Da, wie oben bewiesen, $AB : BC = DC : CE$, andererseits $BC : CA = CE : ED$, so ist über gleiches weg $BA : AC = CD : DE$ (V, 22) — S.

§ 5 (L. 5).

Stehen in zwei Dreiecken die Seiten in Proportion, so müssen die Dreiecke winkelgleich sein, und zwar müssen in ihnen die Winkel gleich sein, denen entsprechende Seiten gegenüberliegen.

ABC, DEF seien zwei Dreiecke, deren Seiten in Proportion stehen, $AB : BC = DE : EF$, $BC : CA = EF : FD$ und (V, 22) $BA : AC = ED : DF$. Ich behaupte, daß $\triangle ABC$ mit $\triangle DEF$ winkelgleich ist und zwar die Winkel in ihnen gleich sein müssen, denen entsprechende Seiten gegenüberliegen, $ABC = DEF$, $BCA = EFD$ und $BAC = EDF$.

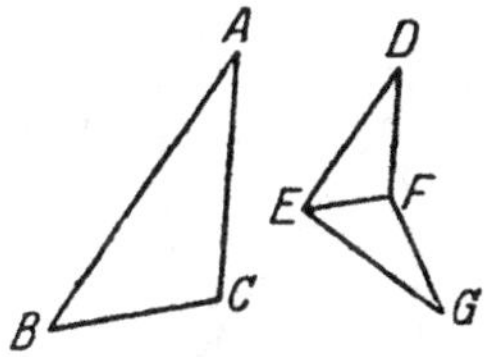

Fig. 47.

Man trage an die gerade Linie EF in den Punkten E, F auf ihr die Winkel $FEG = ABC$ und $EFG = ACB$ an; dann ist auch der letzte Winkel bei A dem letzten bei G gleich (I, 32).

Also ist $\triangle ABC$ mit EGF winkelgleich. In den Dreiecken ABC, EGF stehen also die Seiten um gleiche Winkel in Proportion, und zwar entsprechen einander die, die gleichen Winkeln gegenüberliegen (VI, 4); also ist $AB : BC = GE : EF$. Nach Voraussetzung ist aber $AB : BC = DE : EF$; also ist $DE : EF = GE : EF$ (V, 11). DE, GE haben also beide dasselbe Verhältnis zu EF; also ist $DE = GE$ (V, 9). Aus demselben Grunde ist auch $DF = GF$. Da nun $DE = EG$ ist und EF gemeinsam, so sind zwei Seiten DE, EF zwei Seiten GE, EF gleich, auch ist Grdl. DF = Grdl. FG; also ist $\angle DEF = GEF$

(I, 8), △ DEF = △ GEF, und die übrigen Winkel sind den übrigen Winkeln gleich, immer die, denen gleiche Seiten gegenüberliegen (I, 4); also sind ∠ $DFE = GFE$ und $EDF = EGF$. Da ∠ $FED = GEF$ und $GEF = ABC$, so ist auch ∠ $ABC = DEF$. Aus demselben Grunde ist auch ∠ $ACB = DFE$ und schließlich der Winkel bei A dem bei D gleich. Also ist △ ABC mit △ DEF winkelgleich — S.

§ 6 (L. 6).

Wenn in zwei Dreiecken ein Winkel einem Winkel gleich ist und die Seiten um die gleichen Winkel in Proportion stehen, dann müssen die Dreiecke winkelgleich sein, und zwar müssen in ihnen die Winkel gleich sein, denen entsprechende Seiten gegenüberliegen.

ABC, DEF seien zwei Dreiecke, in denen ein Winkel BAC einem Winkel EDF gleich ist und die Seiten um die gleichen Winkel in Proportion stehen, $BA : AC = ED : DF$. Ich behaupte, daß △ ABC mit △ DEF winkelgleich ist, und zwar muß in ihnen ∠ $ABC = DEF$, $ACB = DFE$ sein.

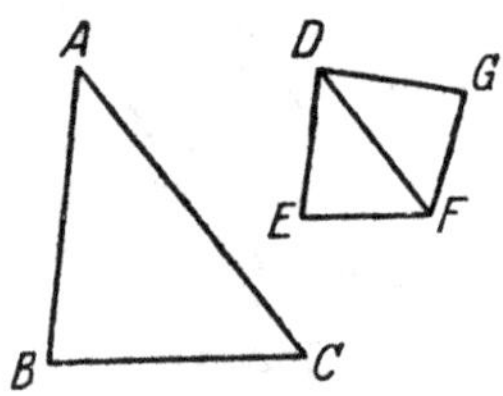

Fig. 48.

Man trage an die gerade Linie DF in den Punkten D, F auf ihr die Winkel $FDG = BAC$ oder EDF, und $DFG = ACB$ an; dann ist auch der letzte Winkel, bei B, dem letzten, bei G, gleich (I, 32).

Also ist △ ABC mit △ DGF winkelgleich. Also stehen in Proportion $BA : AC = GD : DF$ (VI, 4). Nach Voraussetzung ist aber $BA : AC = ED : DF$; also ist $ED : DF = GD : DF$ (V, 11). Also ist $ED = DG$ (V, 9); und DF ist gemeinsam; mithin sind zwei Seiten ED, DF zwei Seiten GD, DF gleich; ferner ist ∠ EDF = ∠ GDF; also ist Grdl. EF = Grdl. GF, △ DEF = △ GDF, und die übrigen Winkel müssen den übrigen Winkeln gleich sein, immer die, denen gleiche Seiten gegenüberliegen (I, 4). Also ist ∠ $DFG = DFE$ und $DGF = DEF$. Aber $DFG = ACB$; also ist auch $ACB = DFE$. Nach Voraussetzung ist aber ∠ $BAC = EDF$;

also ist auch der letzte Winkel, bei B, dem letzten, bei E, gleich (I, 32). $\triangle\, A\,B\,C$ ist also mit $\triangle\, D\,E\,F$ winkelgleich — S.

§ 7 (L. 7).

Wenn in zwei Dreiecken ein Winkel einem Winkel gleich ist und um weitere Winkel die Seiten in Proportion stehen, während die letzten Winkel beide zugleich entweder kleiner oder nicht kleiner als ein Rechter sind, dann müssen die Dreiecke winkelgleich sein, und zwar müssen in ihnen die Winkel gleich sein, um die die Seiten in Proportion stehen.

$A\,B\,C$, $D\,E\,F$ seien zwei Dreiecke, in denen ein Winkel einem Winkel gleich ist, $B\,A\,C = E\,D\,F$, und um weitere Winkel $A\,B\,C$, $D\,E\,F$ die Seiten in Proportion stehen, $A\,B : B\,C = D\,E : E\,F$; außerdem seien die letzten Winkel, bei C und F, zunächst beide zugleich kleiner als ein Rechter. Ich behaupte, daß $\triangle\, A\,B\,C$ mit $\triangle\, D\,E\,F$ winkelgleich ist, und zwar muß $\angle\, A\,B\,C = D\,E\,F$ sein, auch der letzte Winkel, bei C, offenbar dem letzten, bei F, gleich.

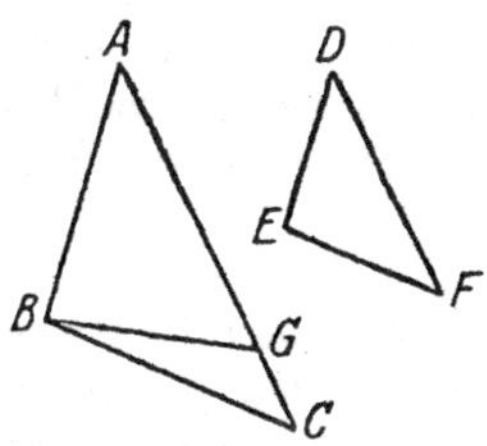

Fig. 49.

Wäre nämlich $\angle\, A\,B\,C$ ungleich $D\,E\,F$, so müßte einer von ihnen größer sein. $A\,B\,C$ sei der größere Winkel. Man trage dann an die gerade Linie $A\,B$ im Punkte B auf ihr $\angle\, A\,B\,G = D\,E\,F$ an.

Da $\angle\, A = \angle\, D$ und $A\,B\,G = D\,E\,F$, so wäre der letzte Winkel $A\,G\,B$ dem letzten $D\,F\,E$ gleich (I, 32); $\triangle\, A\,B\,G$ wäre also mit $\triangle\, D\,E\,F$ winkelgleich; also wäre $A\,B : B\,G = D\,E : E\,F$ (VI, 4). Nach Voraussetzung ist aber $D\,E : E\,F = A\,B : B\,C$; $A\,B$ hätte also zu den beiden Strecken $B\,C$, $B\,G$ gleiches Verhältnis (V, 11); also wäre $B\,C = B\,G$ (V, 9), folglich auch der Winkel bei $C = \angle\, B\,G\,C$ (I, 5). Nun ist nach Voraussetzung der Winkel bei $C <$ R.; also wäre auch $\angle\, B\,G\,C <$ R., folglich sein Nebenwinkel $A\,G\,B >$ R. (I, 13). Und dieser wäre, wie oben bewiesen, dem Winkel bei F gleich; also wäre auch der Winkel bei $F >$ R. Nach Voraussetzung ist er aber $<$ R.; dies wäre Unsinn. Also kann $\angle\, A\,B\,C$ nicht ungleich $D\,E\,F$ sein, ist ihm also gleich. Aber auch der Winkel bei A ist dem bei D gleich, also auch der letzte, bei C, dem letzten, bei F, gleich (I, 32). Also ist △ $A B C$ mit △ $D E F$ winkelgleich.

Zweitens sei vorausgesetzt, daß die Winkel bei C und F beide nicht kleiner als ein Rechter sind. Ich behaupte wieder, daß auch dann △ $A B C$ mit △ $D E F$ winkelgleich ist.

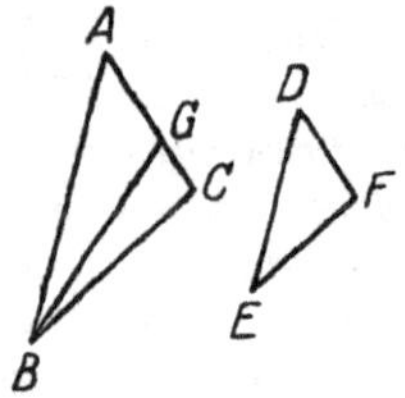

Fig. 50.

Man konstruiere ebenso; dann läßt sich ähnlich zeigen, daß $B C = B G$, folglich auch der Winkel bei $C = B G C$. Nun ist der Winkel bei C nicht < R.; also wäre auch $B G C$ nicht < R. Im Dreieck $B G C$ wären mithin zwei Winkel zusammen nicht < 2 R.; dies ist unmöglich (I, 17). Wieder kann also ∠ $A B C$ nicht ungleich $D E F$ sein, ist ihm also gleich. Aber auch der Winkel bei A ist dem bei D gleich; also ist der letzte Winkel, bei C, dem letzten, bei F, gleich (I, 32). Also ist △ $A B C$ mit △ $D E F$ winkelgleich — S.

§ 8 (L. 8).

Fällt man in einem rechtwinkligen Dreieck das Lot aus dem rechten Winkel auf die Grundlinie, so sind die Dreiecke am Lot sowohl dem ganzen als auch einander ähnlich.

$A B C$ sei ein rechtwinkliges Dreieck mit dem rechten Winkel $B A C$ und von A sei auf $B C$ das Lot $A D$ gefällt. Ich behaupte, daß die Dreiecke $A B D$, $A D C$ beide dem ganzen $A B C$ und auch einander ähnlich sind.

Da nämlich ∠ $B A C = A D B$, weil beide Rechte sind (Post. 4), und der Winkel bei B beiden Dreiecken $A B C$, $A B D$ gemeinsam ist, so ist auch der letzte Winkel $A C B$ dem letzten $B A D$ gleich (I, 32). [Also ist △ $A B C$ mit △ $A B D$ winkelgleich; also verhält sich, wie $B C$, die im △ $A B C$ dem rechten Winkel gegenüberliegende Seite, zu $B A$, der im △ $A B D$ dem rechten Winkel gegenüberliegenden Seite, so dieselbe Seite $A B$, die im △ $A B C$ dem Winkel bei C gegenüberliegt, zur Seite $B D$, die dem gleichen Winkel im △ $A B D$, nämlich $B A D$, gegen-

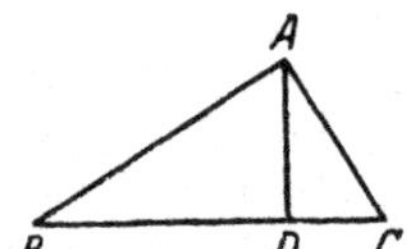

Fig. 51.

überliegt, und ebenso AC zu AD, die dem beiden Dreiecken gemeinsamen Winkel bei B gegenüberliegt.] Also ist $\triangle ABC$ mit $\triangle ABD$ winkelgleich, und in ihnen stehen die Seiten um gleiche Winkel in Proportion (VI, 4). Also ist $\triangle ABC \sim \triangle ABD$ (VI, Def. 1). Ähnlich läßt sich zeigen, daß auch $\triangle ABC \sim \triangle ADC$; ABD, ADC sind also beide dem ganzen $\triangle ABC$ ähnlich.

Ich behaupte weiter, daß die Dreiecke ABD, ADC auch einander ähnlich sind.

Da der Rechte BDA dem Rechten ADC gleich ist, ferner, wie oben bewiesen, BAD dem Winkel bei C gleich, so ist auch der letzte Winkel, bei B, dem letzten $\angle DAC$ gleich (I, 32); [also ist $\triangle ABD$ mit $\triangle ADC$ winkelgleich; also verhält sich, wie BD, die im $\triangle ABD$ dem $\angle BAD$ gegenüberliegende Seite, zu DA, der im $\triangle ADC$ dem mit BAD gleichen Winkel bei C gegenüberliegenden, so dieselbe Seite AD, die im $\triangle ABD$ dem Winkel bei B gegenüberliegt, zur Seite DC, die im $\triangle ADC$ dem dem bei B gleichen Winkel DAC gegenüberliegt, und ebenso BA zu AC, die den rechten Winkeln gegenüberliegen;] also ist $\triangle ABD \sim \triangle ADC$ (VI, 4, Def. 1) — S.

Zusatz: Hiernach ist klar, daß, wenn man in einem rechtwinkligen Dreieck aus dem rechten Winkel auf die Grundlinie das Lot fällt, dieses Mittlere Proportionale zwischen den Abschnitten der Grundlinie ist — dies hatte man beweisen sollen. [Außerdem ist zwischen der Grundlinie und einem beliebigen ihrer Abschnitte die dem Abschnitte anliegende Seite Mittlere Proportionale.]

§ 9 (A. 1).

Von einer gegebenen Strecke einen vorgeschriebenen Teil abzuschneiden.

Die gegebene Strecke sei AB. Man soll von AB einen vorgeschriebenen Teil (V, Def. 1) abschneiden.

Vorgeschrieben sei der dritte Teil. Man ziehe von A unter beliebigem Winkel gegen AB die gerade Linie AC, wähle auf AC den Punkt D beliebig, mache DE und EC gleich AD, ziehe BC und hierzu parallel DF durch D.

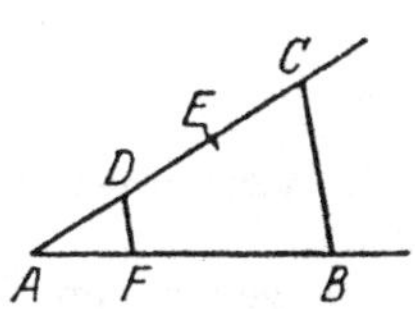

Fig. 52.

Da man im Dreieck ABC $FD \parallel BC$, einer der Seiten gezogen hat, so stehen in Proportion $CD : DA = BF : FA$ (VI, 2). Nun ist $CD = 2\,DA$, also auch $BF = 2\,FA$ (V, Def. 5), also $BA = 3\,AF$.

Also hat man von der gegebenen Strecke AB den vorgeschriebenen dritten Teil, nämlich AF abgeschnitten — dies hatte man ausführen sollen.

§ 10 (A. 2).

Eine gegebene ungeteilte Strecke einer gegebenen geteilten Strecke ähnlich zu teilen.

Gegeben seien die ungeteilte Strecke AB und die in den Punkten D, E geteilte AC; man habe sie so gelegt (I, 2), daß sie einen beliebigen Winkel umfassen.

Man verbinde dann CB und ziehe durch D, E zu BC die Parallelen DF, EG, sowie $DHK \parallel AB$ durch D.

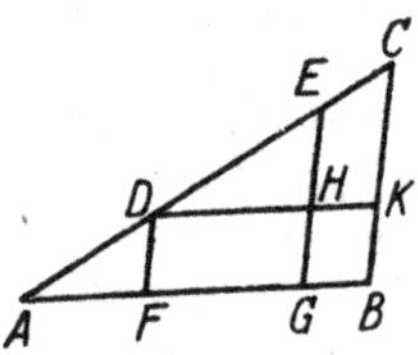

Fig. 53.

FH und HB sind dann beide Parallelogramme, also ist $DH = FG$, $HK = GB$ (I, 34). Und da man im Dreieck DKC die gerade Linie $HE \parallel KC$, einer der Seiten gezogen hat, so stehen in Proportion $CE : ED = KH : HD$ (VI, 2). Nun ist $KH = BG$, $HD = GF$; also ist $CE : ED = BG : GF$. Ebenso stehen, da man im Dreieck AGE $FD \parallel GE$, einer der Seiten gezogen hat, in Proportion $ED : DA = GF : FA$. Wie oben bewiesen, ist aber auch $CE : ED = BG : GF$; also ist sowohl $CE : ED = BG : GF$ als auch $ED : DA = GF : FA$.

Also hat man eine gegebene ungeteilte Strecke AB einer gegebenen geteilten Strecke AC ähnlich geteilt — dies hatte man ausführen sollen.

§ 11 (A. 3).

Zu zwei gegebenen Strecken die Dritte Proportionale zu finden.

Die gegebenen Strecken seien BA, AC; man habe sie so gelegt, daß sie einen beliebigen Winkel umfassen. Man soll zu BA, AC die Dritte Proportionale finden.

Man verlängere die Strecken nach den Punkten D, E, mache $BD = AC$, ziehe BC und hierzu parallel DE durch D (I, 29, 16, Post. 5).

Da man im Dreieck ADE $BC \parallel DE$, einer der Seiten gezogen hat, so stehen in Proportion $AB : BD = AC : CE$ (VI, 2). Nun ist $BD = AC$; also ist $AB : AC = AC : CE$.

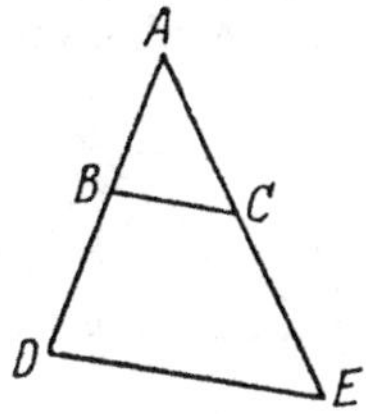

Fig. 54.

Also hat man zu zwei gegebenen Strecken AB, AC ihre Dritte Proportionale gefunden, nämlich CE — dies hatte man ausführen sollen.

§ 12 (A. 4).

Zu drei gegebenen Strecken die Vierte Proportionale zu finden.

Die drei gegebenen Strecken seien a, b, c. Man soll zu a, b, c die Vierte Proportionale finden.

Man ziehe zwei gerade Linien DE, DF, die einen beliebigen Winkel EDF umfassen, trage $DG = a$, $GE = b$, und $DH = c$ ab, ziehe GH und hierzu parallel EF durch E (I, 29, 16, Post. 5).

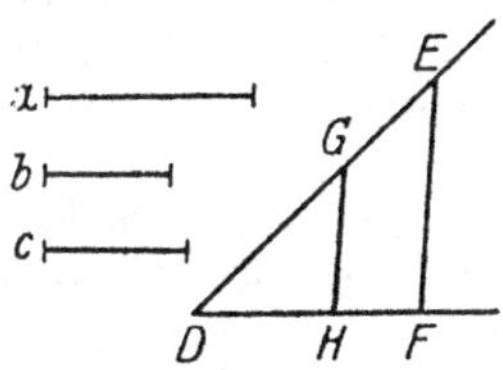

Fig. 55.

Da man im Dreieck DEF $GH \parallel EF$, einer der Seiten gezogen hat, so ist $DG : GE = DH : HF$ (VI, 2). Nun ist $DG = a$, $GE = b$, $DH = c$, also ist $a : b = c : HF$.

Also hat man zu drei gegebenen Strecken a, b, c die Vierte Proportionale gefunden, nämlich HF — dies hatte man ausführen sollen.

§ 13 (A. 5).

Zu zwei gegebenen Strecken die Mittlere Proportionale zu finden.

Die zwei gegebenen Strecken seien AB, BC. Man soll zu AB, BC die Mittlere Proportionale finden.

Man habe die Strecken in gerade Fortsetzung voneinander gelegt. Dann zeichne man über AC den Halbkreis ADC, ziehe BD vom Punkte B aus rechtwinklig zur geraden Linie AC und ziehe AD, DC.

Als Winkel im Halbkreis ist ADC ein Rechter (III, 31).

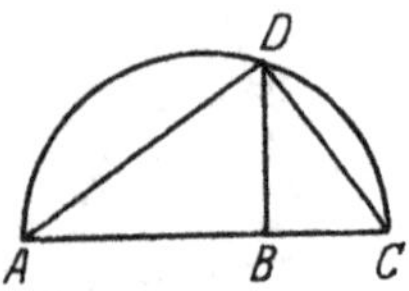

Fig. 56.

Und da man im rechtwinkligen Dreieck ADC aus dem rechten Winkel auf die Grundlinie das Lot DB gefällt hat, so ist DB Mittlere Proportionale zwischen den Abschnitten der Grundlinie, AB und BC (VI, 8. Zus.).

Also hat man zu zwei gegebenen Strecken AB, BC die Mittlere Proportionale gefunden, nämlich DB — dies hatte man ausführen sollen.

§ 14 (L. 9).

In gleichen winkelgleichen Parallelogrammen sind die Seiten um gleiche Winkel umgekehrt proportional. Und winkelgleiche Parallelogramme, in denen die Seiten um gleiche Winkel umgekehrt proportional sind, sind gleich.

AB, BC seien gleiche winkelgleiche Parallelogramme mit gleichen Winkeln bei B; und DB, BE mögen einander gerade fortsetzen; dann setzen auch FB, BG einander gerade fort (I, 14). Ich behaupte, daß in AB, BC die Seiten um gleiche Winkel umgekehrt proportional sind, d. h. daß $DB : BE = GB : BF$.

Man vervollständige das Parallelogramm FE. Da Pgm. $AB =$ Pgm. BC, während FE ein weiteres ist, so ist $AB : FE = BC : FE$ (V, 7). Aber Pgm. AB : Pgm. $FE = DB : BE$ und Pgm. BC : Pgm. $FE = GB : BF$ (VI, 1); also ist auch $DB : BE = GB : BF$ (V, 11). In den Parallelogrammen AB, BC sind also die Seiten um gleiche Winkel umgekehrt proportional.

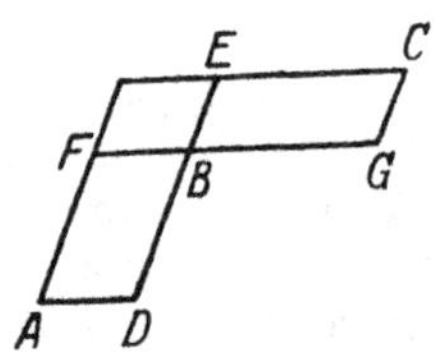

Fig. 57.

Zweitens sei $DB : BE = GB : BF$. Ich behaupte, daß Pgm. $AB =$ Pgm. BC.

Da $DB : BE = GB : BF$, andererseits $DB : BE =$ Pgm. AB : Pgm. FE und $GB : BF =$ Pgm. BC : Pgm. FE (VI, 1), so ist auch $AB : FE = BC : FE$ (V, 11). Also ist Pgm. $AB =$ Pgm. BC (V, 9) — S.

§ 15 (L. 10).

In gleichen, in einem Winkel übereinstimmenden Dreiecken sind die Seiten um die gleichen Winkel umgekehrt proportional. Und in einem Winkel übereinstimmende Dreiecke, in denen die Seiten um die gleichen Winkel umgekehrt proportional sind, sind gleich.

ABC, ADE seien gleiche Dreiecke, in denen ein Winkel einem Winkel gleich ist, $\angle BAC = DAE$. Ich behaupte, daß in den Dreiecken ABC, ADE die Seiten um die gleichen Winkel umgekehrt proportional sind, d. h. daß $CA : AD = EA : AB$.

Man habe die Dreiecke so gelegt, daß CA AD gerade fortsetzt; dann setzt auch EA AB gerade fort (I, 14). Ferner ziehe man BD.

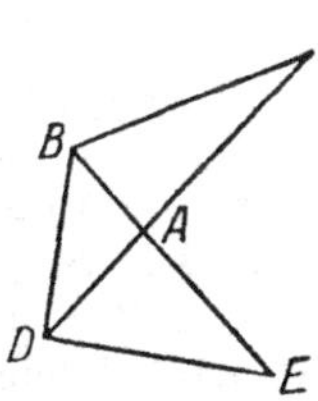

Fig. 58.

Da $\triangle ABC = \triangle ADE$, während BAD ein weiteres ist, so ist $\triangle CAB : \triangle BAD = \triangle EAD : \triangle BAD$ (V, 7). Andererseits ist $CAB : BAD = CA : AD$ und $EAD : BAD = EA : AB$ (VI, 1); also ist auch $CA : AD = EA : AB$ (V, 11). In den Dreiecken ABC, ADE sind also die Seiten um die gleichen Winkel umgekehrt proportional.

Zweitens mögen in den Dreiecken ABC, ADE Seiten umgekehrt proportional sein, und zwar sei $CA : AD = EA : AB$. Ich behaupte, daß $\triangle ABC = \triangle ADE$.

Zieht man nämlich wieder BD, so ist, da $CA : AD = EA : AB$, andererseits $CA : AD = \triangle ABC : \triangle BAD$ und $EA : AB = \triangle EAD : \triangle BAD$ (VI, 1), $\triangle ABC : \triangle BAD = \triangle EAD : \triangle BAD$ (V, 11). Also haben ABC, EAD beide zu BAD dasselbe Verhältnis. Also ist $\triangle ABC = \triangle EAD$ (V, 9) — S.

§ 16 (L. 11).

Stehen vier Strecken in Proportion, so ist das Rechteck aus den äußeren dem Rechteck aus den mittleren gleich. Und wenn das Rechteck aus den äußeren Strecken dem Rechteck aus den mittleren gleich ist, dann müssen die vier Strecken in Proportion stehen.

AB, CD, e, f seien vier in Proportion stehende Strecken, $AB : CD = e : f$. Ich behaupte, daß $AB \cdot f = CD \cdot e$.

Man ziehe AG, CH von den Punkten A, C aus rechtwinklig zu den geraden Linien AB, CD, mache $AG = f$, $CH = e$ und vervollständige die Parallelogramme BG, DH.

Da $AB : CD = e : f$, während $e = CH$, $f = AG$, so ist $AB : CD = CH : AG$. In den Parallelogrammen BG, DH sind also die Seiten um gleiche Winkel umgekehrt proportional. Winkelgleiche Parallelogramme, in denen die Seiten um gleiche Winkel umgekehrt proportional sind, sind aber gleich (VI, 14); also ist Pgm. BG = Pgm. DH. Hier ist BG $AB \cdot f$; denn $AG = f$; und DH ist $CD \cdot e$; denn $e = CH$. Also ist $AB \cdot f = CD \cdot e$.

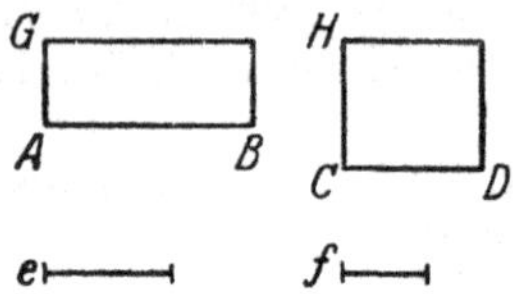

Fig. 59.

Zweitens sei $AB \cdot f = CD \cdot e$. Ich behaupte, die vier Strecken in Proportion stehen, $AB : CD = e : f$.

Man konstruiere ebenso. Dann ist, da $AB \cdot f = CD \cdot e$, während $AB \cdot f$ wegen $AG = f$ das Pgm. BG und $CD \cdot e$ wegen $CH = e$ das Pgm. DH ist, $BG = DH$; und sie sind winkelgleich. In gleichen winkelgleichen Parallelogrammen sind aber die Seiten um gleiche Winkel umgekehrt proportional (VI, 14); also ist $AB : CD = CH : AG$. Nun ist $CH = e$, $AG = f$. Also ist $AB : CD = e : f$ — S.

§ 17 (L. 12).

Stehen drei Strecken in Proportion, so ist das Rechteck aus den äußeren dem Quadrat über der mittleren gleich. Und wenn das Rechteck aus den äußeren Strecken dem Quadrat über der mittleren gleich ist, dann müssen die drei Strecken in Proportion stehen.

a, b, c seien drei in Proportion stehende Strecken, $a : b = b : c$. Ich behaupte, daß $a \cdot c = b^2$.

Man lege $d = b$ hin.

Da $a : b = b : c$ und $b = d$, so ist $a : b = d : c$ (V, 7, 11). Stehen aber vier Strecken in Proportion, so ist das Rechteck aus den äußeren dem Rechteck aus den mittleren gleich (VI, 16); also ist $a \cdot c = b \cdot d$. $b \cdot d$ ist aber b^2, weil $b = d$; also ist $a \cdot c = b^2$.

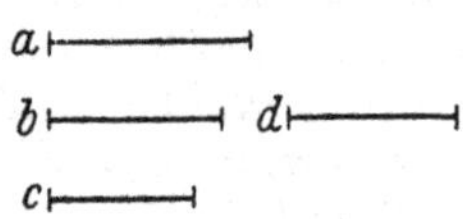

Fig. 60.

Zweitens sei $a \cdot c = b^2$. Ich behaupte, daß $a : b = b : c$. Man konstruiere ebenso. Da $a \cdot c = b^2$, während b^2, weil $b = d$, $b \cdot d$ ist, so ist $a \cdot c = b \cdot d$. Wenn aber das Rechteck aus den äußeren Strecken dem aus den mittleren gleich ist, dann stehen die vier Strecken in Proportion (VI, 16); also ist $a : b = d : c$. Nun ist $b = d$; also ist $a : b = b : c$ (V, 7, 11) — S.

§ 18 (A. 6).

Über einer gegebenen Strecke eine einer gegebenen geradlinigen Figur ähnliche und ähnlich gelegte geradlinige Figur zu zeichnen.

AB sei die gegebene Strecke, CE die gegebene geradlinige Figur. Man soll über der Strecke AB eine der geradlinigen Figur CE ähnliche geradlinige Figur ähnlich gelegt zeichnen.

Man ziehe DF und trage an die gerade Linie AB in den Punkten A, B auf ihr den dem Winkel bei C gleichen $\angle GAB$ und $\angle ABG = CDF$ an; dann ist auch der letzte $\angle CFD = AGB$ (I, 32). Also ist $\triangle FCD$ mit $\triangle GAB$ winkelgleich; also stehen in Proportion $FD : GB = FC : GA$ und $= CD : AB$ (VI, 4, V, 16). Ebenso trage man an die gerade Linie BG in den Punkten B, G auf ihr $\angle BGH = DFE$ und $GBH = FDE$ an; dann ist auch der letzte Winkel, bei E, dem letzten, bei H, gleich. Also ist $\triangle FDE$ mit $\triangle GHB$ winkelgleich; also stehen in Proportion $FD : GB = FE : GH$ und $= ED : HB$. Wie oben bewiesen, ist auch $FD : GB = FC : GA$ und $= CD : AB$; also ist $FC : AG = CD : AB = FE : GH = ED : HB$ (V, 11). Ferner ist, da $\angle CFD = AGB$ und $DFE = BGH$, der ganze Winkel CFE dem ganzen AGH gleich. Aus demselben Grunde ist auch $\angle CDE = ABH$. Aber auch der Winkel bei C ist dem bei A gleich und der bei E dem bei H. Also ist AH mit CE winkelgleich; ferner stehen in ihnen die Seiten um gleiche Winkel in Proportion. Also ist die geradlinige Figur AH der geradlinigen Figur CE ähnlich (VI, Def. 1).

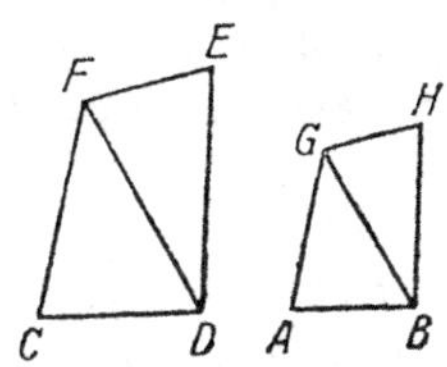

Fig. 61.

Also hat man über einer gegebenen Strecke AB eine einer gegebenen geradlinigen Figur CE ähnliche und ähnlich gelegte geradlinige Figur gezeichnet, nämlich AH — dies hatte man ausführen sollen.

§ 19 (L. 13).

Ähnliche Dreiecke stehen zueinander zweimal im Verhältnis entsprechender Seiten.

ABC, DEF seien ähnliche Dreiecke, in denen der Winkel bei B dem bei E gleich ist und $AB:BC = DE:EF$, so daß BC, EF entsprechende (V, Def. 11) Seiten sind. Ich behaupte, daß $\triangle\ ABC : \triangle\ DEF = (BC:EF)^2$ (V, Def. 9).

Man verschaffe sich zu BC, EF die Dritte Proportionale BG (VI, 11), so daß $BC:EF = EF:BG$, und ziehe AG.

Da $AB:BC = DE:EF$, so ist, vertauscht, $AB:DE = BC:EF$ (V, 16). Aber $BC:EF = EF:BG$; also ist auch $AB:DE = EF:BG$ (V, 11). Also sind in den Dreiecken ABG, DEF die Seiten um gleiche Winkel umgekehrt proportional. In einem Winkel übereinstimmnede Dreiecke, in denen die Seiten um die gleichen Winkel umgekehrt proportional sind, sind aber gleich (VI, 15); also ist $\triangle\ ABG = \triangle\ DEF$. Und da $BC:EF = EF:BG$, aber, wenn drei Strecken in Proportion stehen, die erste zur dritten zweimal im Verhältnis steht wie zur zweiten (V, Def. 9), so ist $BC:BG = (CB:EF)^2$. Aber $CB:BG = \triangle\ ABC : \triangle\ ABG$ (VI, 1); also ist auch $\triangle\ ABC : ABG = (BC:EF)^2$ (V, 11). Nun ist $\triangle\ ABG = \triangle\ DEF$. Also ist $\triangle\ ABC : \triangle\ DEF = (BC:EF)^2$ — S.

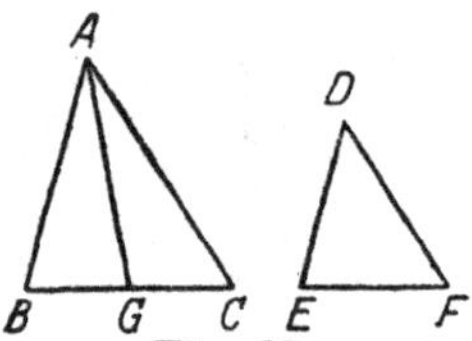

Fig. 62.

[*Zusatz*: Hiernach ist klar, daß, wenn drei Strecken in Proportion stehen, dann eine Figur über der ersten sich zu der ähnlichen über der zweiten ähnlich gezeichneten Figur verhält wie die erste Strecke zur dritten; man hat ja gezeigt, daß $CB:BG = \triangle\ ABC : \triangle\ ABG$, d. h. $: DEF$ — dies hatte man beweisen sollen.]

§ 20 (L. 14).

Ähnliche Vielecke lassen sich in ähnliche Dreiecke zerlegen, und zwar in gleichviele und den Ganzen (proportional) entsprechende; und die Vielecke stehen zueinander zweimal im Verhältnis wie entsprechende Seiten zueinander.

A B C D E, *F G H K L* seien ähnliche Vielecke; *A B* entspreche dabei *F G*. Ich behaupte, daß die Vielecke *A B C D E*, *F G H K L* sich in ähnliche Dreiecke zerlegen lassen, und zwar in gleichviele und den Ganzen entsprechende (V, Def. 11), und daß Vieleck *A B C D E* : Vieleck *F G H K L* $=(A B : F G)^2$.

Man ziehe *B E*, *E C*, *G L*, *L H*.

Da Vieleck *A B C D E* ∼ Vieleck *F G H K L*, ist ∠ *B A E* $=$ *G F L* und *B A* : *A E* $=$ *G F* : *F L* (VI, Def. 1). Da nun *A B E*, *F G L* zwei Dreiecke sind, in denen ein Winkel einem Winkel gleich ist und die Seiten um die gleichen Winkel in Proportion stehen, so ist △ *A B E* mit △ *F G L* winkelgleich (VI, 6), folglich auch ähnlich (VI, 4, Def. 1). Also ist ∠ *A B E* $=$ *F G L*. Aber auch der ganze ∠ *A B C* ist dem ganzen *F G H* gleich wegen der Ähnlichkeit der Vielecke; also ist der Restwinkel *E B C* $=$ *L G H*. Und da wegen der Ähnlichkeit der Dreiecke *A B E*, *F G L*

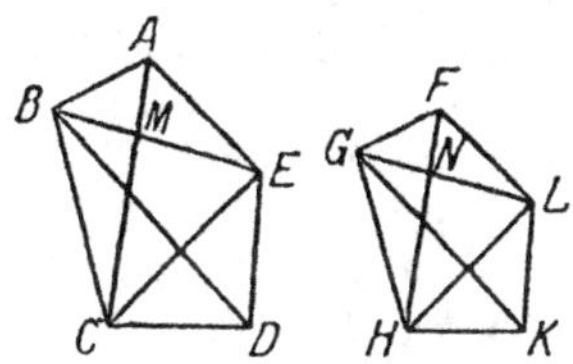

Fig. 63.

E B : *B A* $=$ *L G* : *F G* ist, andererseits wegen der Ähnlichkeit der Vielecke auch *A B* : *B C* $=$ *F G* : *G H*, so ist über gleiches weg *E B* : *B C* $=$ *L G* : *G H* (V, 22), und die Seiten um die gleichen Winkel *E B C*, *L G H* stehen in Proportion; also ist △ *E B C* mit △ *L G H* winkelgleich (VI, 6), folglich △ *E B C* ∼ △ *L G H* (VI, 4, Def. 1). Aus demselben Grunde ist auch △ *E C D* ∼ △ *L H K*. Also hat man die ähnlichen Vielecke *A B C D E*, *F G H K L* in ähnliche Dreiecke zerlegt, und zwar in gleichviele.

Ich behaupte, daß sie außerdem den Ganzen entsprechen (V, Def. 11), d. h. so, daß die Dreiecke (mit den ganzen Vielecken) in Proportion stehen und dabei *A B E*, *E B C*, *E C D* Vorderglieder, *F G L*, *L G H*, *L H K* ihre Hinterglieder sind, sowie daß das Vieleck *A B C D E* zum Vieleck $FGHKL$ zweimal im Verhältnis (V, Def. 9) steht wie entsprechende Seiten zueinander, d. h. AB zu FG.

Man ziehe AC, FH.

Da wegen der Ähnlichkeit der Vielecke $\angle ABC = \angle FGH$ und $AB : BC = FG : GH$, so ist $\triangle ABC$ mit $\triangle FGH$ winkelgleich (VI, 6). Also ist $\angle BAC = GFH$ und $BCA = GHF$. Und da $\angle BAM = GFN$, andererseits $ABM = FGN$, so ist auch der letzte $\angle AMB$ dem letzten FNG gleich (I, 32); also ist $\triangle ABM$ mit $\triangle FGN$ winkelgleich. Ähnlich läßt sich zeigen, daß auch $\triangle BMC$ mit $\triangle GNH$ winkelgleich ist. Also stehen in Proportion $AM : MB = FN : NG$ und $BM : MC = GN : NH$ (VI, 4), so daß auch über gleiches weg $AM : MC = FN : NH$ (V, 22). Aber $AM : MC = \triangle ABM : MBC$ und $= AME : EMC$; denn diese verhalten sich zueinander wie die Grundlinien (VI, 1). Also verhalten sich auch alle Vorderglieder zusammen zu allen Hintergliedern zusammen wie ein Vorderglied zu einem Hinterglied (V, 12); also ist $\triangle AMB : BMC = ABE : CBE$. Aber $AMB : BMC = AM : MC$; also ist auch $AM : MC = \triangle ABE : \triangle EBC$ (V, 11). Aus demselben Grunde ist auch $FN : NH = \triangle FGL : \triangle GLH$. Nun ist $AM : MC = FN : NH$; also ist $\triangle ABE : \triangle BEC = \triangle FGL : \triangle GLH$ (V, 11) und, vertauscht, $\triangle ABE : \triangle FGL = \triangle BEC : \triangle GLH$ (V, 16). Ähnlich kann man, indem man BD, GK zieht, zeigen, daß auch $\triangle BEC : \triangle LGH = \triangle ECD : \triangle LHK$. Und da $\triangle ABE : \triangle FGL = EBC : LGH$ und $= ECD : LHK$, also auch hier alle Vorderglieder zusammen zu allen Hintergliedern zusammen sich verhalten wie ein Vorderglied zu einem Hinterglied (V, 12), so ist $\triangle ABE : \triangle FGL =$ Vieleck $ABCDE$: Vieleck $FGHKL$. $\triangle ABE$ steht aber zu $\triangle FGL$ zweimal im Verhältnis wie die entsprechenden Seiten AB, FG zueinander; denn ähnliche Dreiecke stehen zweimal im Verhältnis entsprechender Seiten (VI, 19). Also steht das Vieleck $ABCDE$ zum Vieleck $FGHKL$ auch zweimal im Verhältnis wie die entsprechenden Seiten AB, FG zueinander (V, 11) — S.

Zusatz: Ebenso läßt sich auch bei vierseitigen Figuren zeigen, daß sie zweimal im Verhältnis entsprechender Seiten stehen; für Dreiecke ist es schon bewiesen (VI, 19);

folglich stehen allgemein ähnliche geradlinige Figuren (I, Def. 19) zueinander zweimal im Verhältnis entsprechender Seiten — dies hatte man beweisen sollen.

§ 21 (L. 15).

Derselben geradlinigen Figur ähnliche sind auch einander ähnlich.

Die geradlinigen Figuren A, B seien beide $\sim C$. Ich behaupte, daß auch $A \sim B$.

A ist, da $\sim C$, mit ihm winkelgleich, und die Seiten um gleiche Winkel stehen in Proportion (VI, Def. 1). Ebenso ist B, da $\sim C$, mit ihm winkelgleich, und die Seiten um gleiche Winkel stehen in Proportion. Beide Figuren A, B sind also mit C winkelgleich, und die Seiten um gleiche Winkel stehen in Proportion; [also ist auch A mit B winkelgleich, und die Seiten um gleiche Winkel stehen in Proportion;] also ist $A \sim B$ (Ax. 1; V, 11; VI, Def. 1) — dies hatte man beweisen sollen.

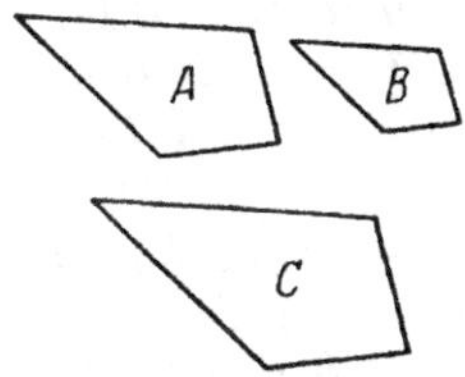

Fig. 64.

§ 22 (L. 16).

Stehen vier Strecken in Proportion, so müssen auch ähnliche über ihnen ähnlich gezeichnete geradlinige Figuren in Proportion stehen. Und wenn ähnliche über ihnen ähnlich gezeichnete geradlinige Figuren in Proportion stehen, dann müssen auch die Strecken selbst in Proportion stehen.

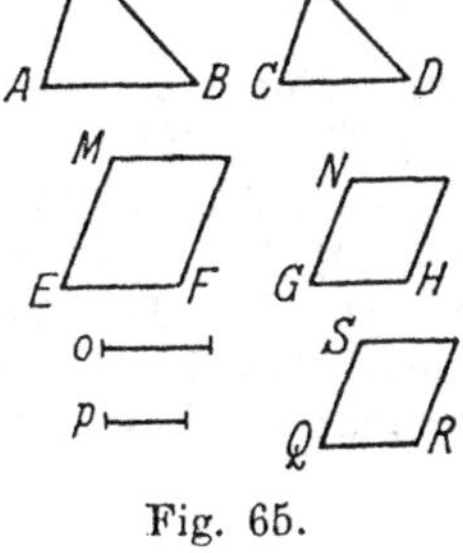

Fig. 65.

AB, CD, EF, GH seien vier in Proportion stehende Strecken, $AB : CD = EF : GH$, und es seien einerseits über AB, CD ähnliche ähnlich gelegte geradlinige Figuren KAB, LCD gezeichnet (VI, 18), andererseits über EF, GH ähnliche ähnlich gelegte geradlinige Figuren MF, NH (VI, 18). Ich behaupte, daß $KAB : LCD =$ Figur MF : Figur NH.

Man verschaffe sich zu AB, CD

die Dritte Proportionale o und zu EF, GH die Dritte Proportionale p (VI, 11). Da dann sowohl $AB:CD = EF:GH$ als auch $CD:o = GH:p$ (V, 11), so ist auch über gleiches weg $AB:o = EF:p$ (V, 22). Aber $AB:o = KAB:LCD$ und $EF:p =$ Figur MF : Figur NH (VI, 20, Zus.; V, 11, Def. 9). Also ist $KAB:LCD =$ Figur MF : Figur NH (V, 11).

Zweitens sei $KAB:LCD =$ Figur MF : Figur NH. Ich behaupte, daß auch $AB:CD = EF:GH$.

Wäre nämlich nicht $AB:CD = EF:GH$, so sei $AB:CD = EF:QR$ (VI, 12). Dann zeichne man die MF oder NH ähnliche und ähnlich gelegte geradlinige Figur über QR, nämlich SR (VI, 18).

Da $AB:CD = EF:QR$ wäre und man sowohl über AB, CD ähnliche, ähnlich gelegte Figuren KAB, LCD als auch über EF, QR ähnliche, ähnlich gelegte Figuren MF, SR gezeichnet hätte, so wäre $KAB:LCD =$ Figur MF : Figur SR. Nach Voraussetzung ist aber auch $KAB:LCD =$ Figur MF : Figur NH; also wäre $MF:SR = MF:NH$; MF hätte also zu beiden Figuren NH, SR gleiches Verhältnis; also wäre Figur $NH =$ Figur SR (V, 9). Diese wären aber auch ähnlich und ähnlich gelegt; also wäre $GH = QR$ (Hilfssatz, s. u.). Und da $AB:CD = EF:QR$, während $QR = GH$, so ist $AB:CD = EF:GH$ (V, 7) — S.

[*Hilfssatz*: Daß, wenn geradlinige Figuren gleich und ähnlich sind, ihre entsprechenden Seiten einander gleich sind, läßt sich folgendermaßen beweisen:

NH, SR seien gleiche und ähnliche geradlinige Figuren, und zwar sei $HG:GN = RQ:QS$. Ich behaupte, daß $RQ = HG$.

Wären sie nämlich ungleich, so müßte eine von ihnen größer sein; es sei $RQ > HG$. Da $RQ:QS = HG:GN$ und, vertauscht (V, 16), $RQ:HG = QS:GN$, während $QR > HG$, so wäre auch $QS > GN$ (V, 14); folglich wäre auch Figur $RS >$ Figur HN (Ax. 8; VI, Def. 1). Sie sind aber auch gleich; dies ist unmöglich. Also kann QR nicht ungleich GH sein, ist ihm also gleich — dies hatte man beweisen sollen.]

§ 23 (L. 17).

Winkelgleiche Parallelogramme haben zueinander das zusammengesetzte Verhältnis aus den Seiten(-verhältnissen).

AC, CF seien winkelgleiche Parallelogramme, in denen $\angle BCD = ECG$. Ich behaupte, daß Pgm. AC zu Pgm. CF das zusammengesetzte Verhältnis aus den Seiten hat.

Man lege sie so, daß BC CG gerade fortsetzt; dann setzt auch DC CE gerade fort (I, 14). Man vervollständige das Parallelogramm DG, lege irgendeine Strecke k hin und lasse $BC : CG = k : l$ sowie $DC : CE = l : m$ werden (VI, 12). Die Verhältnisse $k : l$, $l : m$ sind dann dieselben wie die Verhältnisse der Seiten, nämlich $BC : CG$, $DC : CE$. Nun ist das Verhältnis $k : m$ zusammengesetzt aus den Verhältnissen $k : l$ und $l : m$, so daß k zu m das zusammengesetzte Verhältnis aus den Seiten hat. Und

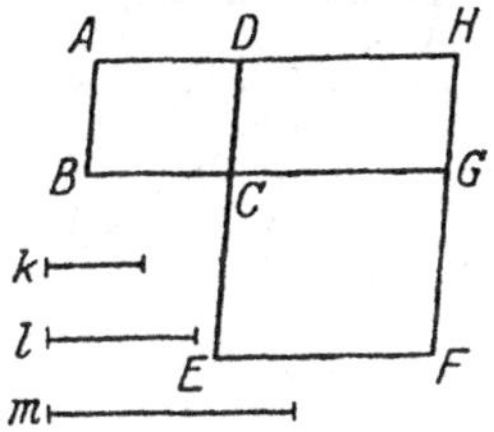

Fig. 66.

da $BC : CG =$ Pgm. $AC : CH$ (VI, 1), andererseits $BC : CG = k : l$, so ist auch $k : l =$ Pgm. $AC : CH$ (V, 11). Ebenso ist, da $DC : CE =$ Pgm. $CH : CF$ und $DC : CE = l : m$, auch $l : m =$ Pgm. CH : Pgm. CF. Da, wie oben bewiesen, $k : l =$ Pgm. AC : Pgm. CH und $l : m =$ Pgm. CH : Pgm. CF, so ist über gleiches weg $k : m =$ Pgm. $AC : CF$ (V, 22). Nun hat k zu m das zusammengesetzte Verhältnis aus den Seiten; also hat auch AC zu CF das zusammengesetzte Verhältnis aus den Seiten (V, 11) — S.

§ 24 (L. 18).

In jedem Parallelogramm sind die Parallelogramme um die Diagonale sowohl dem ganzen als auch einander ähnlich.

$ABCD$ sei ein Parallelogramm, in ihm AC Diagonale, und EG, HK seien Parallelogramme um AC. Ich behaupte, daß die Parallelogramme EG, HK beide sowohl dem ganzen Pgm. $ABCD$ als auch einander ähnlich sind.

Da man EF im Dreieck ABC einer Seite, nämlich BC parallel gezogen hat, stehen in Proportion $BE : EA = CF : FA$ (VI, 2). Ebenso stehen, da man im Dreieck ACD $FG \parallel CD$ gezogen hat, in Proportion $CF : FA = DG : GA$. Wie oben bewiesen, ist aber $CF : FA = BE : EA$. Also ist auch $BE : EA = DG : GA$ (V, 11), also, verbunden, $BA : AE = DA : AG$ (V, 18) und, vertauscht, $BA : AD = EA : AG$ (V, 16). In den Parallelogrammen $ABCD$, EG stehen also die Seiten um den gemeinsamen Winkel BAD in Proportion. Da $GF \parallel DC$, ist $\angle AFG = DCA$ (I, 29); ferner ist $\angle DAC$ den beiden Dreiecken ADC, AGF gemeinsam; also ist $\triangle ADC$ mit $\triangle AGF$ winkelgleich (I, 32). Aus demselben Grunde ist auch $\triangle ACB$ mit $\triangle AFE$ winkelgleich und das ganze Pgm. $ABCD$ mit Pgm. EG winkelgleich (Ax. 2). Also stehen in Proportion $AD : DC = AG : GF$, $DC : CA = GF : FA$, $AC : CB = AF : FE$ und $CB : BA = FE : EA$ (VI, 4). Und da, wie oben bewiesen, $DC : CA = GF : FA$ und $AC : CB = AF : FE$, so ist über gleiches weg $DC : CB = GF : FE$ (V, 22). In den Parallelogrammen $ABCD$, EG stehen also die Seiten um gleiche Winkel in Proportion; also ist Pgm. $ABCD \sim$ Pgm. EG (VI, Def. 1). Aus demselben Grunde ist auch Pgm. $ABCD \sim$ Pgm. KH. Die Parallelogramme EG, HK sind also beide $\sim ABCD$. Derselben geradlinigen Figur ähnliche sind aber auch einander ähnlich (VI, 21); also ist auch Pgm. $EG \sim$ Pgm. HK — S.

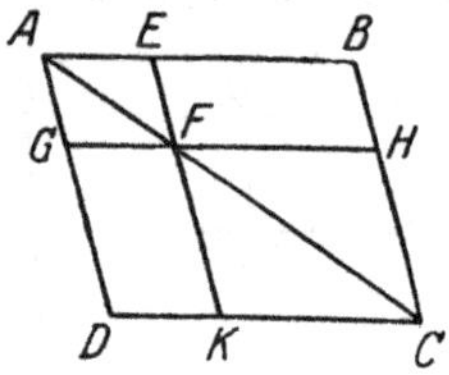

Fig. 67.

§ 25 (A. 7).

Eine geradlinige Figur zu errichten, die einer gegebenen ähnlich und zugleich einer weiter gegebenen gleich ist.

Die geradlinige Figur, der die zu errichtende ähnlich werden soll, sei ABC, und die, der sie gleich werden soll, D. Man soll eine Figur errichten, die $\sim ABC$ und zugleich $= D$ ist.

Man lege an BC ein Parallelogramm $BE = \triangle ABC$ an und an CE das Parallelogramm $CM = D$ im Winkel $FCE = CBL$ (I, 44, 45). Dann setzt BC CF gerade fort und LE EM (I, 29, 14). Man verschaffe sich zu BC, CF die Mittlere Proportionale GH (VI, 13) und zeichne über GH die ABC ähnliche und ähnlich gelegte Figur KGH (VI, 18).

Da $BC : GH = GH : CF$, aber, wenn drei Strecken in Proportion stehen, dann eine Figur über der ersten sich zu der ähnlichen über der zweiten ähnlich gezeichneten Figur verhält wie die erste Strecke zur dritten (VI, 20; V, Def. 9), so ist $BC : CF = \triangle ABC : \triangle KGH$. Aber $BC : CF =$ Pgm. BE : Pgm. EF (VI, 1); also ist $\triangle ABC : \triangle KGH =$ Pgm. BE : Pgm. EF (V, 11), also, vertauscht, $\triangle ABC$: Pgm. $BE = \triangle KGH$: Pgm. EF (V, 16). Nun ist $\triangle ABC =$ Pgm. BE, also auch $\triangle KGH$

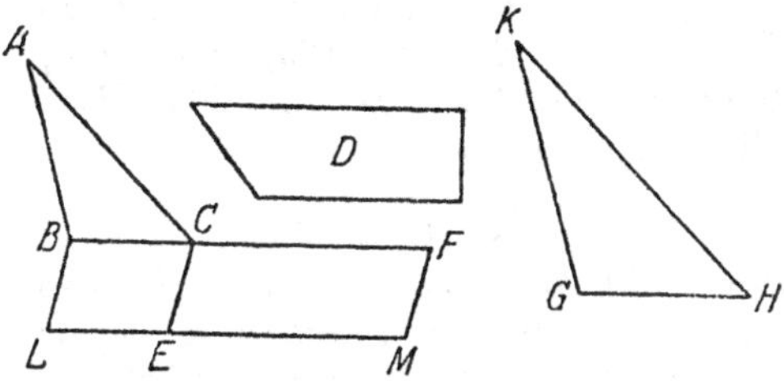

Fig. 68.

$=$ Pgm. EF (V, Def. 5). Aber Pgm. $EF = D$, also ist auch $KGH = D$; zugleich ist $KGH \sim ABC$.

Also hat man eine geradlinige Figur errichtet, die einer gegebenen ABC ähnlich und zugleich einer weiter gegebenen D gleich ist, nämlich KGH — dies hatte man ausführen sollen.

§ 26 (L. 19).

Schneidet man aus einem Parallelogramm ein dem ganzen ähnliches Parallelogramm aus, das ähnlich liegt und einen Winkel mit ihm gemein hat, so liegt es mit dem ganzen um dieselbe Diagonale.

Aus dem Parallelogramm $ABCD$ sei das $ABCD$ ähnliche Pgm. AF, das ihm ähnlich liegt und den Winkel DAB mit ihm gemein hat, ausgeschnitten. Ich behaupte, daß $ABCD$ mit AF um dieselbe Diagonale liegt.

Wäre dies nämlich nicht der Fall, sondern wäre die Diagonale etwa AHC, dann verlängere man GF nach H und ziehe $HK \parallel AD$ oder BC durch H.

Da dann $ABCD$ mit KG um dieselbe Diagonale läge, wäre $DA : AB = GA : AK$ (VI, 24, Def. 1). Andererseits ist wegen der Ähnlichkeit von $ABCD$ mit EG auch $DA : AB = GA : AE$, also wäre $GA : AK = GA : AE$ (V, 11). GA hätte also zu beiden Strecken AK, AE dasselbe Verhältnis; also wäre $AE = AK$ (V, 9), die kleinere Strecke der größeren (Ax. 8); dies ist unmöglich. Es trifft also nicht zu, daß $ABCD$ mit AF nicht um dieselbe Diagonale läge; also liegt das Parallelogramm $ABCD$ mit dem Parallelogramm AF um dieselbe Diagonale — S.

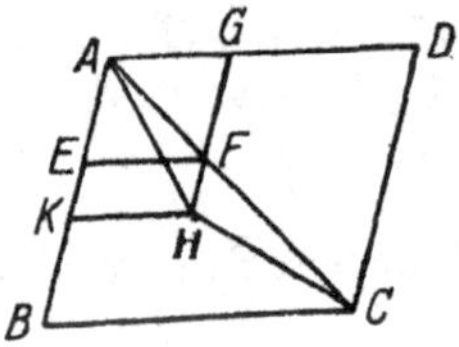

Fig. 69.

§ 27 (L. 20).

Von allen Parallelogrammen, die man an eine feste Strecke so anlegen kann, daß ein Parallelogramm fehlt, welches einem über ihrer Hälfte gezeichneten ähnlich ist und ähnlich liegt, ist das über der Hälfte angelegte, das selbst dem fehlenden ähnlich ist, das größte.

Man habe eine Strecke AB; diese sei in C halbiert; ferner sei an die Strecke AB ein Parallelogramm AD so angelegt, daß das über der Hälfte von AB, d. h. über CB gezeichnete Parallelogramm DB fehlt. Ich behaupte, daß von allen an AB so, daß eine DB ähnliche und ähnlich liegende Figur fehlt, angelegten Parallelogrammen AD das größte ist. Man lege nämlich an die Strecke AB ein Parallelogramm AF so an, daß ein DB ähnliches und ähnlich liegendes Parallelogramm FB fehlt; ich behaupte, daß dann $AD > AF$.

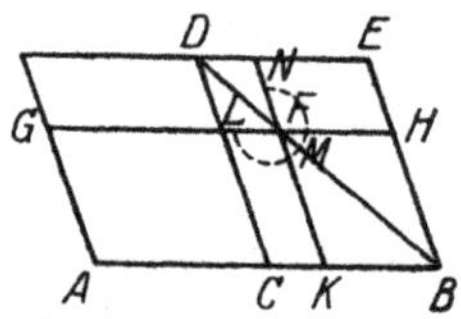

Fig. 70.

Da Pgm. $DB \sim$ Pgm. FB, liegen sie um dieselbe Diagonale (VI, 26). Man ziehe in ihnen die Diagonale DB und zeichne die Figur fertig.

Da nun Pgm. $CF = FE$ ist (I, 43) und FB gemeinsam, ist das ganze Pgm. CH dem ganzen KE gleich (Ax. 2). Aber Pgm. $CH = CG$, da $AC = CB$ (I, 36); also ist auch Pgm. $GC = EK$ (Ax. 1). Man füge CF beiderseits hinzu; dann ist das ganze Pgm. $A F$ = Gnomon $L M N$ (Ax. 2); folglich ist Pgm. $D B$, d. h. $A D >$ Pgm. $A F$ (Ax. 8).

Also ist von allen Parallelogrammen, die man an eine feste Strecke so anlegen kann, daß ein Parallelogramm fehlt, welches einem über ihrer Hälfte gezeichneten ähnlich ist und ähnlich liegt, das über der Hälfte angelegte das größte — dies hatte man beweisen sollen.

§ 28 (A. 8).

An eine gegebene Strecke ein einer gegebenen geradlinigen Figur gleiches Parallelogramm so anzulegen, daß ein einem gegebenen ähnliches Parallelogramm fehlt; hierbei darf die gegebene geradlinige Figur nicht größer sein als das dem fehlenden ähnliche über der Hälfte der Strecke zu zeichnende Parallelogramm.

Die gegebene Strecke sei $A B$; und die gegebene geradlinige Figur, der das an $A B$ anzulegende Parallelogramm

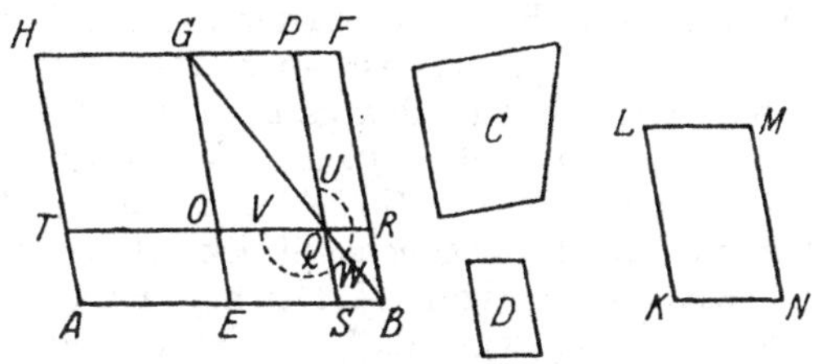

Fig. 71.

gleich werden soll, sei C, nicht größer als das dem fehlenden ähnliche über der Hälfte von $A B$ zu zeichnende Parallelogramm (VI, 27); und das Parallelogramm, dem das fehlende ähnlich werden soll, sei D. Man soll an die gegebene Strecke $A B$ ein der gegebenen geradlinigen Figur C gleiches Parallelogramm so anlegen, daß ein Parallelogramm $\sim D$ fehlt.

Man halbiere $A B$ im Punkte E, zeichne über $E B$ das D ähnliche und ähnlich gelegte Pgm. $E B F G$ (VI, 18) und vervollständige das Parallelogramm $A G$.

Ist hier $A G = C$, so hätte man das Verlangte schon ausgeführt; man hat nämlich das der gegebenen geradlinigen Figur C gleiche Pgm. $A\,G$ so an die gegebene Strecke $A\,B$ angelegt, daß Pgm. $G\,B \sim D$ fehlt.

Anderenfalls soll Pgm. $H\,E > C$ sein. Nun ist $H\,E = G\,B$ (I, 36), also $G\,B > C$. Dann errichte man ein D ähnliches und ähnlich gelegtes Parallelogramm $K\,L\,M\,N$, das dem Unterschied, um den $G\,B$ größer als C ist (vgl. I, 45), gleich ist (VI, 25). Aber $D \sim G\,B$, also ist auch $K\,M \sim G\,B$ (VI, 21). $K\,L$ möge hierbei $G\,E$ entsprechen, und $L\,M$ $G\,F$. Da $G\,B = C + K\,M$, so ist Pgm. $G\,B > K\,M$; also ist (vgl. VI, 22, Hilfssatz) $G\,E > K\,L$ und $G\,F > L\,M$. Man trage $G\,O = K\,L$ und $G\,P = L\,M$ ab und vervollständige das Parallelogramm $O\,G\,P\,Q$; Pgm. $G\,Q$ ist dann $=$ und $\sim K\,M$ (I, 29, 34; VI, 14); also ist auch $G\,Q \sim G\,B$ (VI, 21); also liegt $G\,Q$ mit $G\,B$ um dieselbe Diagonale (VI, 26). Ihre Diagonale sei $G\,Q\,B$, und man zeichne die Figur fertig.

Da $B\,G = C + K\,M$ und hierin $G\,Q = K\,M$, so ist der Rest, Gnomon $U\,W\,V$, dem Rest C gleich (Ax. 3). Nun ist $P\,R = O\,S$ (I, 43); daher füge man $Q\,B$ beiderseits hinzu; dann ist das ganze Pgm. $P\,B$ dem ganzen $O\,B$ gleich. Aber Pgm. $O\,B = T\,E$, da die Seite $A\,E$ der Seite $E\,B$ gleich ist (I, 36); also ist auch $T\,E = P\,B$. Man füge $O\,S$ beiderseits hinzu; das ganze Pgm. $T\,S$ ist dann dem ganzen Gnomon $V\,W\,U$ gleich. Wie oben bewiesen, ist aber Gnomon $V\,W\,U = C$. Also ist auch $T\,S = C$.

Man hat also an die gegebene Strecke $A\,B$ ein der gegebenen geradlinigen Figur C gleiches Parallelogramm, nämlich $S\,T$, so angelegt, daß ein Parallelogramm $Q\,B$ fehlt, das D ähnlich ist (VI, 24) [weil $Q\,B \sim G\,Q$] — dies hatte man ausführen sollen.

§ 29 (A. 9).

An eine gegebene Strecke ein einer gegebenen geradlinigen Figur gleiches Parallelogramm so anzulegen, daß ein einem gegebenen ähnliches Parallelogramm überschießt.

Die gegebene Strecke sei $A\,B$; und die gegebene geradlinige Figur, der das an $A\,B$ anzulegende Parallelogramm gleich werden soll, sei C; und die, der das überschießende ähnlich werden soll, sei D. Man soll an die Strecke $A\,B$ ein der geradlinigen Figur C gleiches Parallelogramm so anlegen, daß ein Parallelogramm $\sim D$ überschießt.

Man halbiere $A\,B$ in E, zeichne über $E\,B$ das D ähnliche und ähnlich gelegte Pgm. $B\,F$ (VI, 18) und errichte ein D ähnliches und ähnlich gelegtes Parallelogramm $G\,H$, das zugleich $= B\,F + C$ ist (VI, 25). $K\,H$ möge hierbei $F\,L$ entsprechen, und $K\,G$ $F\,E$. Da Pgm. $G\,H > F\,B$, so ist (vgl. VI, 22, Hilfssatz) $K\,H > F\,L$ und $K\,G > F\,E$. Man verlängere $F\,L$, $F\,E$, so daß $F\,L\,M = K\,H$ und $F\,E\,N = K\,G$ wird, und vervollständige das Parallelogramm $M\,N$; $M\,N$ ist dann $=$ und $\sim G\,H$ (I, 29, 34; VI, 14). Nun ist $G\,H \sim E\,L$ (VI, 21); also ist auch $M\,N \sim E\,L$; also liegt $E\,L$ mit $M\,N$ um dieselbe Diagonale (VI, 26).

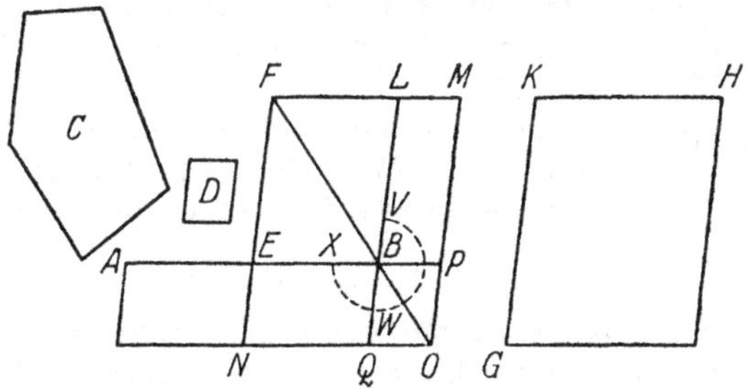

Fig. 72.

Man ziehe in ihnen die Diagonale $F\,O$ und zeichne die Figur fertig.

Da $G\,H = E\,L + C$ und $G\,H = M\,N$, so ist $M\,N = E\,L + C$. Man nehme $E\,L$ beiderseits weg; dann ist der Rest, Gnomon $X\,W\,V = C$ (Ax. 3). Und da $A\,E = E\,B$, ist auch Pgm. $A\,N = N\,B$ (I, 36), d. h. $= L\,P$ (I, 43). Man füge $E\,O$ beiderseits hinzu; das ganze Pgm. $A\,O$ ist dann dem Gnomon $V\,W\,X$ gleich. Aber Gnomon $V\,W\,X = C$. Also ist auch $A\,O = C$.

Man hat also an die gegebene Strecke $A\,B$ ein der gegebenen geradlinigen Figur C gleiches Parallelogramm, nämlich $A\,O$, so angelegt, daß ein Parallelogramm $Q\,P$ überschießt, das D ähnlich ist, da $P\,Q$ auch $\sim E\,L$ (VI, 24) — dies hatte man ausführen sollen.

§ 30 (A. 10).

Eine gegebene begrenzte gerade Linie stetig zu teilen.

Die gegebene begrenzte gerade Linie sei $A\,B$. Man soll die Strecke $A\,B$ stetig teilen (VI, Def. 3).

Man zeichne über AB das Quadrat BC und lege an AC das Parallelogramm $CD = BC$ so an, daß eine Figur $AD \sim BC$ überschießt (VI, 29).

BC ist ein Quadrat, also ist auch AD ein Quadrat. Nun ist $BC = CD$; daher nehme man CE beiderseits weg. Der Rest, Pgm. BF, ist dann = Rest AD; er ist ihm aber auch winkelgleich (Post. 4); also sind in BF, AD die Seiten um gleiche Winkel umgekehrt proportional (VI, 14); also ist $FE : ED = AE : EB$. Aber $FE = AB$ (I, 34, Def. 22) und $ED = AE$. Also ist $BA : AE = AE : EB$. Dabei ist $AB > AE$ (Ax. 8), also auch $AE > EB$ (V, 14).

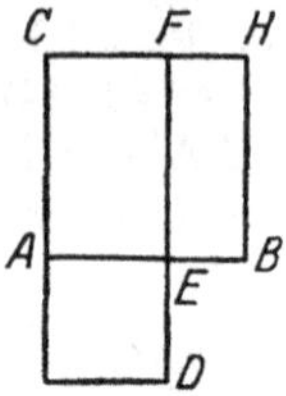

Fig. 73.

Also hat man die Strecke AB stetig geteilt in E (VI, Def. 3), und ihr größerer Abschnitt ist AE — dies hatte man ausführen sollen.

§ 31 (L. 21).

Im rechtwinkligen Dreieck ist eine (geradlinige) Figur über der dem rechten Winkel gegenüberliegenden Seite den ähnlichen, über den den rechten Winkel umfassenden Seiten ähnlich gezeichneten Figuren zusammen gleich.

ABC sei ein rechtwinkliges Dreieck mit dem rechten Winkel BAC. Ich behaupte, daß eine Figur über BC den ähnlichen, über BA, AC ähnlich gezeichneten Figuren zusammen gleich ist.

Man fälle das Lot AD.

Da man dann im rechtwinkligen Dreieck ABC aus dem rechten Winkel bei A auf die Grundlinie BC das Lot AD gefällt hat, sind die Dreiecke am Lot, nämlich ABD, ADC sowohl dem ganzen $\triangle$ ABC als auch einander ähnlich (VI, 8). Da $ABC \sim ABD$, ist $CB : BA = AB : BD$. Da hier drei Strecken in Proportion stehen, verhält sich eine Figur über der ersten zu der ähnlichen, über der zweiten ähnlich gezeichneten, wie die erste Strecke zur dritten (VI, 20; V, Def. 9); also verhält sich, wie $CB : BD$, so die Figur über CB zu der ähnlichen über BA ähnlich

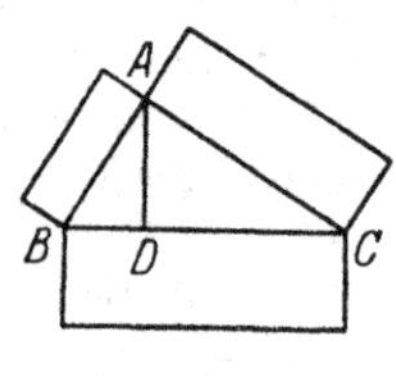

Fig. 74.

gezeichneten, und aus demselben Grunde auch, wie $BC : CD$, so die Figur über BC zu der über CA. Folglich verhält sich auch, wie $BC : (BD + DC)$, so die Figur über BC zu den ähnlichen, über BA, AC ähnlich gezeichneten zusammen (V, 24). Nun ist $BC = BD + DC$. Also ist auch die Figur über BC den ähnlichen, über BA, AC ähnlich gezeichneten Figuren zusammen gleich (V, Def. 5) — S.

§ 32 (L. 22).

Setzt man zwei Dreiecke, in denen zwei Seiten mit zwei Seiten in Proportion stehen, mit einer Ecke so aneinander, daß außerdem ihre entsprechenden Seiten (gleichgerichtet) parallel sind, so müssen die letzten Dreiecksseiten einander gerade fortsetzten.

ABC, DCE seien zwei Dreiecke, in denen die zwei Seiten BA, AC mit den zwei Seiten DC, DE in Proportion stehen, $AB : AC = DC : DE$, und $AB \parallel DC$, $AC \parallel DE$ ist. Ich behaupte, daß BC CE gerade fortsetzt.

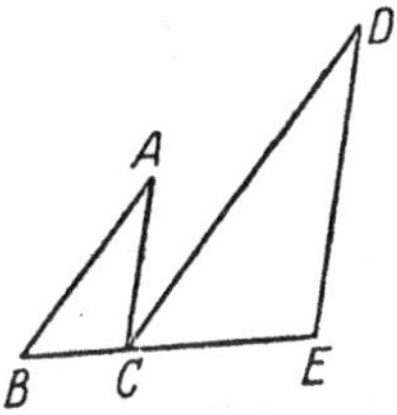

Fig. 75.

Da AB, DC Parallelen sind und die gerade Linie AC sie schneidet, sind die Wechselwinkel BAC, ACD einander gleich (I, 29). Aus demselben Grunde ist auch $\angle\ CDE = ACD$; folglich ist $\angle\ BAC = CDE$. Da man hier zwei Dreiecke hat, nämlich ABC, DCE, in denen ein Winkel, der bei A, einem Winkel, dem bei D, gleich ist und die Seiten um die gleichen Winkel in Proportion stehen, $BA : AC = CD : DE$, so ist $\triangle\ ABC$ mit $\triangle DCE$ winkelgleich (VI, 6); also ist $\angle\ ABC = DCE$. Wie oben bewiesen, ist aber auch $\angle\ ACD = BAC$; also ist der ganze Winkel $ACE = ABC + BAC$. Man füge ACB beiderseits hinzu; dann sind $ACE + ACB = BAC + ACB + CBA$. Aber $BAC + ABC + ACB = 2\,R.$ (I, 32); also sind auch $\angle\ ACE + ACB = 2\,R.$ An einer geraden Linie, nämlich AC, bilden hier in dem Punkte C auf ihr zwei nicht auf derselben Seite liegende gerade Linien BC, CE Nebenwinkel, die zusammen $= 2\,R.$ sind, nämlich ACE, ACB; also setzt BC CE gerade fort (I, 14) — S.

§ 33 (L. 23).

In gleichen Kreisen haben Winkel dasselbe Verhältnis wie die Bogen, über denen sie stehen, einerlei ob sie an den Mittelpunkten oder an den Umfängen stehen. [Dasselbe haben auch die Ausschnitte, deren Scheitel in den Mittelpunkten liegen.]

ABC, DEF seien gleiche Kreise, BGC, EHF Winkel an deren Mittelpunkten G, H, und BAC, EDF Umfangswinkel. Ich behaupte, daß Bogen BC : Bogen $EF = \angle BGC : EHF$ und $= \angle BAC : EDF$.

Man trage beliebigviele dem Bogen BC gleiche Bogen CK, KL zusammenhängend ab (vgl. III, 28), sowie beliebigviele dem Bogen EF gleiche FM, MN; ferner ziehe man GK, GL, HM, HN.

Da die Bogen BC, CK, KL einander gleich sind, sind auch die Winkel BGC, CGK, KGL einander gleich

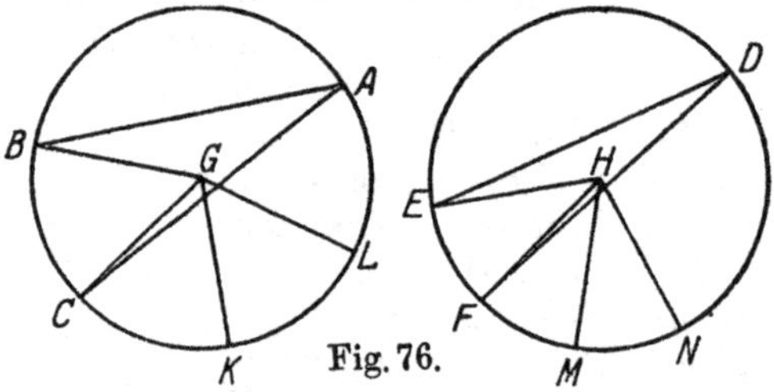

Fig. 76.

(III, 27). $\angle BGL$ ist also von BGC Ebensovielfaches wie Bogen BL von BC. Aus demselben Grunde ist auch $\angle NHE$ von EHF Ebensovielfaches wie Bogen NE von EF. Wenn [also] Bogen $BL =$ Bogen EN, dann ist auch $\angle BGL = \angle EHN$ (III, 27), und wenn Bogen $BL >$ Bogen EN, ist auch $\angle BGL > EHN$, und kleiner, wenn kleiner. Hier hat man bei vier Größen, nämlich zwei Bogen BC, EF und zwei Winkeln BGC, EHF sowohl von Bogen BC und $\angle BGC$ Gleichvielfache gebildet, nämlich Bogen BL und $\angle BGL$, als auch von Bogen EF und $\angle EHF$, nämlich Bogen EN und $\angle EHN$. Und man hat bewiesen, daß, wenn Bogen $BL >$ Bogen EN, auch $\angle BGL > \angle EHN$ ist, gleich, wenn gleich, und kleiner, wenn kleiner. Also ist Bogen $BC : EF = \angle BGC : EHF$ (V, Def. 5). Andererseits ist $\angle BGC : EHF = \angle BAC : EDF$; denn jene beiden sind von diesen beiden die Doppelten (III, 20; V, 15). Also ist Bogen BC : Bogen $EF = \angle BGC : EHF$ und $= \angle BAC : EDF$ — S.

VII. Buch.

Definitionen.

1. ***Einheit*** *ist das, wonach jedes Ding eines genannt wird.*

2. ***Zahl*** *ist die aus Einheiten zusammengesetzte Menge.*

3. ***Teil*** *einer Zahl ist eine Zahl, die kleinere von der größeren, wenn sie die größere genau mißt;*

4. *Und* ***Menge von Teilen,*** *wenn sie sie nicht genau mißt;*

5. *Und* ***Vielfaches*** *die größere von der kleineren, wenn sie von der kleineren genau gemessen wird.*

6. ***Gerade*** *ist die Zahl, die sich halbieren läßt;*

7. *Und* ***ungerade*** *die, die sich nicht halbieren läßt, oder die sich um die Einheit von einer geraden Zahl unterscheidet.*

8. ***Gerademal gerade*** *ist die Zahl, die sich von einer geraden Zahl nach einer geraden Zahl messen läßt;*

9. ***Gerademal ungerade*** *ist die, die sich von einer geraden Zahl nach einer ungeraden Zahl messen läßt;*

10. ***Ungerademal ungerade*** *ist die Zahl, die sich von einer ungeraden Zahl nach einer ungeraden Zahl messen läßt.*

11. ***Primzahl*** *ist eine Zahl, die sich nur durch die Einheit messen läßt;*

12. ***Gegeneinander prim*** *sind Zahlen, die sich nur durch die Einheit als gemeinsames Maß messen lassen;*

13. ***Zusammengesetzt*** *ist eine Zahl, die sich durch irgendeine (andere) Zahl messen läßt;*

14. ***Gegeneinander zusammengesetzt*** *sind Zahlen, die sich durch irgendeine Zahl als gemeinsames Maß messen lassen.*

15. *Man sagt, daß eine Zahl eine Zahl* ***vervielfältige,*** *wenn die zu vervielfältigende so oft zusammengesetzt wird, wieviel Einheiten jene enthält, und so eine Zahl entsteht.*

16. *Wenn zwei Zahlen bei gegenseitiger Vervielfältigung eine Zahl bilden, wird die entstehende eine* ***ebene Zahl*** *genannt, und die einander vervielfältigenden Zahlen ihre* ***Seiten;***

17. *Wenn drei Zahlen bei gegenseitiger Vervielfältigung eine Zahl bilden, ist die entstehende eine* ***körperliche Zahl,*** *und die einander vervielfältigenden Zahlen sind ihre* ***Seiten.***

18. ***Quadratzahl*** *ist eine Zahl gleichmal gleich, oder die von zwei gleichen Zahlen umfaßt wird;*

19. ***Kubikzahl*** *ist eine Zahl gleichmal gleichmal gleich, oder die von drei gleichen Zahlen umfaßt wird.*

20. *Zahlen* ***stehen in Proportion,*** *wenn die erste von der zweiten Gleichvielfaches oder derselbe Teil oder dieselbe Menge von Teilen ist wie die dritte von der vierten.*

21. ***Ähnliche*** *ebene und körperliche* ***Zahlen*** *sind solche, deren Seiten in Proportion stehen.*

22. *Eine* ***vollkommene Zahl*** *ist eine solche, die ihren Teilen zusammen gleich ist.*

§ 1 (L. 1).

Nimmt man bei Vorliegen zweier ungleicher Zahlen abwechselnd immer die kleinere von der größeren weg, so müssen, wenn niemals ein Rest die vorangehende Zahl genau mißt, bis die Einheit übrig bleibt, die ursprünglichen Zahlen gegeneinander prim sein.

Bei zwei [ungleichen] Zahlen *A B*, *C D* möge, wenn man abwechselnd immer die kleinere von der größeren wegnimmt, niemals ein Rest die vorangehende Zahl genau messen, bis die Einheit übrig bleibt. Ich behaupte, daß *A B*, *C D* gegeneinander prim sind, d. h. daß nur die Einheit *A B*, *C D* zugleich mißt.

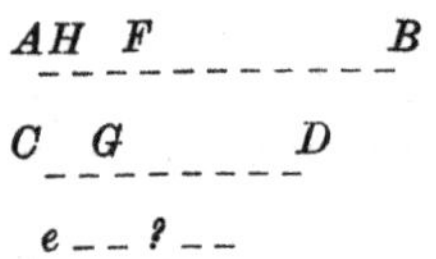

Wären nämlich *A B*, *C D* nicht gegeneinander prim, so müßte eine Zahl sie messen. Dies geschehe, die Zahl sei *e*. Dann lasse *C D*, indem es *B F* mißt, *F A*, kleiner als es selbst, übrig; und *A F* lasse, indem es *D G* mißt, *G C*, kleiner als es selbst, übrig; und *G C* lasse, indem es *F H* mißt, die Einheit *H A* übrig.

Da *e* *C D* messen soll und *C D* *B F* mißt, mäße *e* auch *B F*; es soll aber auch das Ganze *B A* messen, müßte also auch den Rest *A F* messen. *A F* mißt aber *D G*; also mäße *e* auch *D G*; es soll aber auch das Ganze *D C* messen, müßte also auch den Rest *C G* messen. *C G* mißt aber *F H*; also mäße *e* auch *F H*; es soll aber auch das Ganze *F A* messen, müßte also auch $A\,H$, die übrigbleibende Einheit messen, während es eine Zahl ist; dies ist unmöglich (VII, Def. 2). Also kann keine Zahl die Zahlen $A\,B$, $C\,D$ zugleich messen; $A\,B$, $C\,D$ sind also gegeneinander prim (VII, Def. 12) — q. e. d.

§ 2 (A. 1).

Zu zwei gegebenen Zahlen, die nicht prim gegeneinander sind, ihr größtes gemeinsames Maß zu finden.

Die zwei gegebenen Zahlen, die nicht prim gegeneinander sind, seien $A\,B$, $C\,D$. Man soll das größte gemeinsame Maß von $A\,B$, $C\,D$ finden.

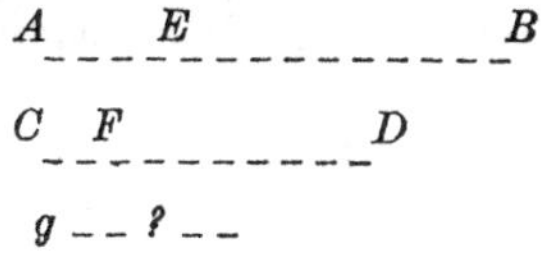

Wenn $C\,D$ hier $A\,B$ mißt — sich selbst mißt es auch — dann ist $C\,D$ gemeinsames Maß von $C\,D$, $A\,B$. Und es ist klar, daß es auch das größte ist; denn keine Zahl $> C\,D$ kann $C\,D$ messen.

Wenn $C\,D$ aber $A\,B$ nicht mißt, und man nimmt bei $A\,B$, $C\,D$ abwechselnd immer das kleinere vom größeren weg, dann muß (schließlich) eine Zahl übrig bleiben, die die vorangehende mißt. Die Einheit kann nämlich nicht übrig bleiben; sonst müßten $A\,B$, $C\,D$ gegeneinander prim sein (VII, 1), gegen die Voraussetzung. Also muß eine Zahl übrig bleiben, die die vorangehende mißt. $C\,D$ lasse, indem es $B\,E$ mißt, $E\,A$, kleiner als es selbst, übrig; und $E\,A$ lasse, indem es $D\,F$ mißt, $F\,C$, kleiner als es selbst, übrig; und $C\,F$ messe $A\,E$.

Da $C\,F$ $A\,E$ mißt und $A\,E$ $D\,F$, muß $C\,F$ auch $D\,F$ messen; es mißt aber auch sich selbst, muß also auch das Ganze $C\,D$ messen. $C\,D$ mißt aber $B\,E$; also mißt $C\,F$ auch $B\,E$; es mißt aber auch $E\,A$, muß also auch das Ganze $B\,A$ messen. Und es mißt auch $C\,D$; $C\,F$ mißt also $A\,B$ und $C\,D$; also ist $C\,F$ gemeinsames Maß von $A\,B$, $C\,D$. Ich behaupte, daß es auch das größte ist. Wäre nämlich $C\,F$ nicht das größte gemeinsame Maß von $A\,B$, $C\,D$, so müßte irgendeine Zahl $> C\,F$ die Zahlen $A\,B$ und $C\,D$ messen. Dies geschehe, die Zahl sei g. Da g dann $C\,D$ mäße und $C\,D$ $B\,E$ mißt, mäße g auch $B\,E$; es soll aber auch das Ganze $B\,A$ messen, müßte also auch den Rest $A\,E$ messen. $A\,E$ mißt aber $D\,F$; also müßte g auch

DF messen; es soll aber auch das Ganze *DC* messen, müßte also auch den Rest *CF* messen, als größere Zahl die kleinere; dies ist unmöglich. Also kann keine Zahl $> CF$ die Zahlen *AB* und *CD* messen; *CF* ist also das größte gemeinsame Maß von *AB*, *CD* [q. e. d.].

Zusatz: Hiernach ist klar, daß eine Zahl, die zwei Zahlen mißt, auch ihr größtes gemeinsames Maß messen muß — q. e. d.

§ 3 (A. 2).

Zu drei gegebenen Zahlen, die nicht prim gegeneinander sind, ihr größtes gemeinsames Maß zu finden.

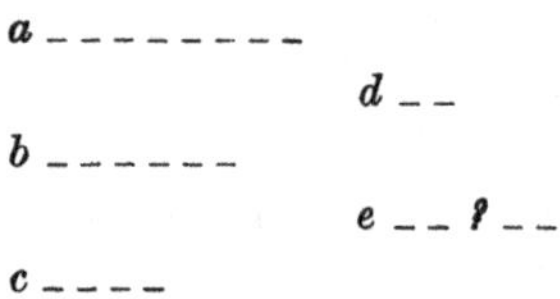

Die drei gegebenen Zahlen, die nicht prim gegeneinander sind, seien *a*, *b*, *c*. Man soll zu *a*, *b*, *c* das größte gemeinsame Maß finden.

Man verschaffe sich zu den zwei Zahlen *a*, *b* das größte gemeinsame Maß (VII, 2) *d*; *d* mißt dann *c* entweder, oder es mißt es nicht.

Zunächst messe es. Nun mißt es auch *a* und *b*; *d* mißt also *a*, *b*, *c*; also ist *d* gemeinsames Maß von *a*, *b*, *c*. Ich behaupte, daß es auch das größte ist. Wäre nämlich *d* nicht das größte gemeinsame Maß von *a*, *b*, *c*, so müßte irgendeine Zahl $> d$ die Zahlen *a*, *b*, *c* messen. Dies geschehe, die Zahl sei *e*. Da *e* hier *a*, *b*, *c* messen soll, müßte es auch *a*, *b* messen, müßte also das größte gemeinsame Maß von *a*, *b* messen (VII, 2 Zus.). Das größte gemeinsame Maß von *a*, *b* ist aber *d*; *e* mäße also *d*, als größere Zahl die kleinere; dies ist unmöglich. Also kann keine Zahl $> d$ die Zahlen *a*, *b*, *c* messen. *d* ist also das größte gemeinsame Maß von *a*, *b*, *c*.

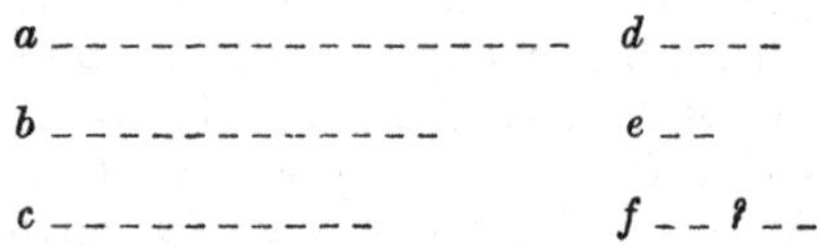

Jetzt messe *d* *c* nicht. Vorweg behaupte ich, daß *c*, *d* nicht prim gegeneinander sind. Da nämlich *a*, *b*, *c* nicht prim gegeneinander sind, muß irgendeine Zahl sie messen. Die *a*, *b*, *c* messende Zahl muß auch *a*, *b* messen und muß auch das größte gemeinsame Maß von a, b, nämlich d messen (VII, 2 Zus.). Nun mißt sie auch c; also muß irgendeine Zahl die Zahlen d, c messen; d, c sind also nicht prim gegeneinander. Man verschaffe sich nun ihr größtes gemeinsames Maß (VII, 2) e. Da e d mißt und d seinerseits a und b mißt, so mißt e auch a und b. Es mißt nun auch c; e mißt also a, b, c; also ist e gemeinsames Maß von a, b, c. Ich behaupte, daß es auch das größte ist. Wäre nämlich e nicht das größte gemeinsame Maß von a, b, c, so müßte irgendeine Zahl $> e$ die Zahlen a, b, c messen. Dies geschehe, sie sei f. Da f hier a, b, c messen soll, mäße es auch a, b, müßte also auch das größte gemeinsame Maß von a, b messen (VII, 2 Zus.). Das größte gemeinsame Maß von a, b ist aber d; f mäße also d. Es soll aber auch c messen; f mäße also d und c, müßte also auch das größte gemeinsame Maß von d, c messen (VII, 2 Zus.). Das größte gemeinsame Maß von d, c ist aber e; f mäße also e, als größere Zahl die kleinere; dies ist unmöglich. Also kann keine Zahl $> e$ die Zahlen a, b, c messen; e ist also das größte gemeinsame Maß von a, b, c — q. e. d.

§ 4 (L. 2).

Jede kleinere Zahl ist von jeder größeren Zahl entweder ein Teil oder eine Menge von Teilen.

Man habe zwei Zahlen a, BC, und BC sei die kleinere. Ich behaupte, daß BC von a entweder ein Teil ist, oder eine Menge von Teilen.

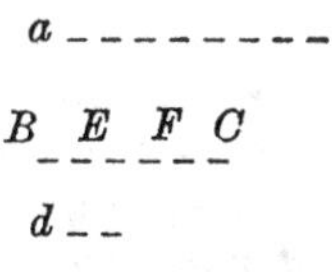

a, BC sind nämlich entweder prim gegeneinander, oder sind es nicht. Zunächst seien a, BC prim gegeneinander. Zerlegt man dann BC in seine Einheiten, dann muß jede der Einheiten in BC ein Teil von a sein; folglich ist BC von a eine Menge von Teilen.

Jetzt seien a, BC nicht prim gegeneinander; BC mißt dann a entweder, oder mißt es nicht. Wenn BC a mißt, ist BC Teil von a (VII, Def. 3). Wenn nicht, dann verschaffe man sich von a, BC das größte gemeinsame Maß (VII, 2) d und zerlege BC in die Zahlen $= d$, nämlich BE, EF, FC. d ist, da es a mißt, Teil von a. d ist aber jeder der Zahlen BE, EF, FC gleich. Also ist jede der

Zahlen BE, EF, FC Teil von a; folglich ist BC von a eine Menge von Teilen — S.

§ 5 (L. 3).

Wenn eine Zahl von einer Zahl ein Teil ist und eine weitere Zahl von einer weiteren derselbe Teil, dann muß auch die Summe von der Summe derselbe Teil sein, wie die eine Zahl von der entsprechenden.

Die Zahl a sei ein Teil von BC, und eine weitere d von einer weiteren EF derselbe Teil, wie a von BC. Ich behaupte, daß auch $a+d$ von $BC+EF$ derselbe Teil ist, wie a von BC.

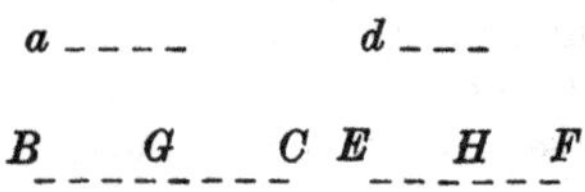

Da nämlich d von EF derselbe Teil ist wie a von BC, so enthält EF ebensoviele Zahlen $= d$, wie BC Zahlen $= a$. Man zerlege BC in die Zahlen $= a$, nämlich BG, GC, und EF in die Zahlen $= d$, nämlich EH, HF. Dann muß die Anzahl der Zahlen BG, GC der Anzahl der Zahlen EH, HF gleich sein. Da $BG = a$ und $EH = d$, sind $BG + EH = a + d$. Aus demselben Grunde sind auch $GC + HF = a + d$. Also enthalten $BC + EF$ ebensoviel Zahlen $= a + d$, wie BC solche $= a$. $BC + EF$ ist also von $a + d$ Ebensovielfaches, wie BC von a. Also ist $a + d$ von $BC + EF$ derselbe Teil, wie a von BC — q. e. d.

§ 6 (L. 4).

Wenn eine Zahl von einer Zahl eine Menge von Teilen ist und eine weitere Zahl von einer weiteren dieselbe Menge von Teilen, dann muß auch die Summe von der Summe dieselbe Menge von Teilen sein, wie die eine Zahl von der entsprechenden.

Die Zahl AB sei von der Zahl c eine Menge von Teilen, und eine weitere DE von einer weiteren f dieselbe Menge von Teilen, wie AB von c. Ich behaupte, daß auch $AB + DE$ von $c + f$ dieselbe Menge von Teilen ist, wie AB von c.

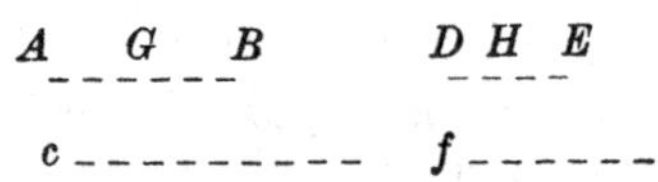

Da nämlich DE von f dieselbe Menge von Teilen ist wie AB von c, so enthält DE ebensoviel Teile von f, wie AB

Teile von *c*. Man zerlege *A B* in die Teile von *c*, nämlich *A G*, *G B*, und *D E* in die Teile von *f*, nämlich *D H*, *H E*. Dann muß die Anzahl der Teile *A G*, *G B* der Anzahl der Teile *D H*, *H E* gleich sein. Da *D H* von *f* derselbe Teil ist wie *A G* von *c*, so ist auch $A G + D H$ von $c + f$ derselbe Teil, wie *A G* von *c* (VII, 5). Aus demselben Grunde ist auch $G B + H E$ von $c + f$ derselbe Teil, wie *G B* von *c*. Also ist $A B + D E$ von $c + f$ dieselbe Menge von Teilen, wie *A B* von *c* — q. e. d.

§ 7 (L. 5).

Wenn eine Zahl von einer Zahl der Teil ist, welcher ein Stück von einem Stück ist, dann muß auch der Rest vom Rest derselbe Teil sein, wie das Ganze vom Ganzen.

Die Zahl *A B* sei von der Zahl *C D* der Teil, welcher das Stück *A E* vom Stück *C F* ist. Ich behaupte, daß auch der Rest *E B* vom Rest *F D* derselbe Teil ist, wie das Ganze *A B* vom Ganzen *C D*.

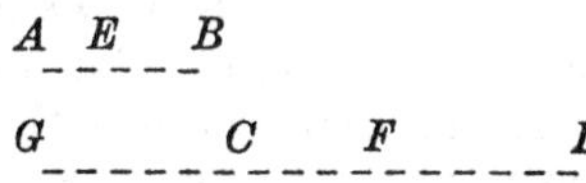

Derselbe Teil, wie *A E* von *C F* ist, sei nämlich auch *E B* von *C G*. Da *E B* von *C G* derselbe Teil ist wie *A E* von *C F*, so ist auch *A B* von *G F* derselbe Teil wie *A E* von *C F* (VII, 5). Nach Voraussetzung ist aber *A B* auch von *C D* derselbe Teil, wie *A E* von *C F*. Also ist *A B* von *C D* derselbe Teil wie von *G F*, also $G F = C D$ (Ax. 5 verallg.). Man nehme *C F* beiderseits weg. Dann ist Rest $G C =$ Rest *F D* (Ax. 3). Und da *E B* von *G C* derselbe Teil ist wie *A E* von *C F*, *G C* aber $= F D$, so ist *E B* auch von *F D* derselbe Teil, wie *A E* von *C F*. Derselbe Teil, wie *A E* von *C F*, ist aber auch *A B* von *C D*. Also ist der Rest *E B* vom Rest *F D* derselbe Teil, wie das Ganze *A B* vom Ganzen *C D* — q. e. d.

§ 8 (L. 6).

Wenn eine Zahl von einer Zahl die Menge von Teilen ist, welche ein Stück von einem Stück ist, dann muß auch der Rest vom Rest dieselbe Menge von Teilen sein, wie das Ganze vom Ganzen.

Die Zahl *A B* sei von der Zahl *C D* die Menge von Teilen, welche das Stück *A E* vom Stück *C F* ist. Ich behaupte,

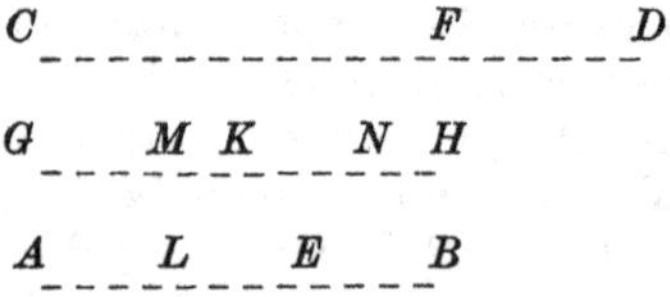

daß auch der Rest $E B$ vom Rest $F D$ dieselbe Menge von Teilen ist, wie das Ganze $A B$ vom Ganzen $C D$.

Man mache $G H = A B$. Dann ist $A E$ von $C F$ dieselbe Menge von Teilen, wie $G H$ von $C D$. Man zerlege $G H$ in die Teile von $C D$, nämlich $G K$, $K H$, und $A E$ in die Teile von $C F$, nämlich $A L$, $L E$. Dabei muß die Anzahl der Teile $G K$, $K H$ der Anzahl der Teile $A L$, $L E$ gleich sein. Und da $A L$ von $C F$ derselbe Teil ist wie $G K$ von $C D$, $C D$ aber $> C F$, so ist auch $G K > A L$. Man mache $G M = A L$. Dann ist $G M$ von $C F$ derselbe Teil, wie $G K$ von $C D$; also ist auch der Rest $M K$ vom Rest $F D$ derselbe Teil, wie das Ganze $G K$ vom Ganzen $C D$ (VII, 7). Ebenso ist, da $E L$ von $C F$ derselbe Teil ist wie $K H$ von $C D$, $C D$ aber $> C F$, auch $H K > E L$. Man mache $K N = E L$. Dann ist $K N$ von $C F$ derselbe Teil, wie $K H$ von $C D$; also ist auch der Rest $N H$ vom Rest $F D$ derselbe Teil, wie das Ganze $K H$ vom Ganzen $C D$. Wie oben bewiesen, ist aber auch der Rest $M K$ vom Rest $F D$ derselbe Teil, wie das Ganze $G K$ vom Ganzen $C D$. Also ist $M K + N H$ von $D F$ dieselbe Menge von Teilen, wie das Ganze $G H$ vom Ganzen $C D$. Es ist aber $M K + N H = E B$ (Ax. 3) und $H G = B A$. Also ist der Rest $E B$ vom Rest $F D$ dieselbe Menge von Teilen, wie das Ganze $A B$ vom Ganzen $C D$ — q. e. d.

§ 9 (L. 7).

Wenn eine Zahl von einer Zahl ein Teil ist und eine weitere Zahl von einer weiteren derselbe Teil, dann muß, vertauscht, derselbe Teil oder dieselbe Menge von Teilen, wie die erste Zahl von der dritten, auch die zweite von der vierten sein.

Es sei die Zahl a von der Zahl $B C$ ein Teil, und eine weitere Zahl d sei von einer weiteren $E F$ derselbe Teil, wie a von $B C$. Ich behaupte, daß vertauscht (V, Def. 12) derselbe Teil oder Menge von Teilen, wie a von d, auch $B C$ von $E F$ ist.

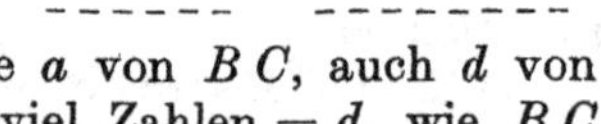

Da nämlich derselbe Teil, wie a von $B C$, auch d von $E F$ ist, so enthält $E F$ ebensoviel Zahlen $= d$, wie $B C$

solche $= a$ enthält. Man zerlege BC in die Zahlen $= a$, nämlich BG, GC, und EF in die Zahlen $= d$, nämlich EH, HF; die Anzahl der Teile BG, GC muß dabei der Anzahl der Teile EH, HF gleich sein.

Da die Zahlen $BG = GC$, ebenso die Zahlen $EH = HF$, und die Anzahl der Teile BG, GC der Anzahl der Teile EH, HF gleich ist, so ist GC von HF derselbe Teil oder dieselbe Menge von Teilen, wie BG von EH, folglich auch die Summe BC von der Summe EF derselbe Teil oder dieselbe Menge von Teilen, wie BG von EH (VII, 5, 6). Aber $BG = a$, $EH = d$; also ist derselbe Teil oder dieselbe Menge von Teilen, wie a von d, auch BC von EF — q. e. d.

§ 10 (L. 8).

Wenn eine Zahl von einer Zahl eine Menge von Teilen ist und eine weitere Zahl von einer weiteren dieselbe Menge von Teilen, dann muß, vertauscht, dieselbe Menge von Teilen oder derselbe Teil, wie die erste Zahl von der dritten, auch die zweite von der vierten sein.

Es sei die Zahl AB von der Zahl c eine Menge von Teilen, und eine weitere Zahl DE sei von einer weiteren f dieselbe Menge von Teilen. Ich behaupte, daß vertauscht (V, Def. 12) dieselbe Menge von Teilen oder derselbe Teil, wie AB von DE, auch c von f ist.

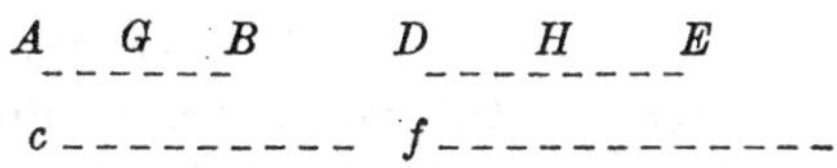

Da nämlich dieselbe Menge von Teilen, wie AB von c, auch DE von f ist, so enthält DE ebensoviel Teile von f, wie AB Teile von c. Man zerlege AB in die Teile von c, nämlich AG, GB, und DE in die Teile von f, nämlich DH, HE; die Anzahl der Teile AG, GB muß dabei der Anzahl der Teile DH, HE gleich sein.

Da derselbe Teil, wie AG von c, auch DH von f ist, muß auch vertauscht derselbe Teil oder dieselbe Menge von Teilen, wie AG von DH, auch c von f sein (VII, 9). Aus demselben Grunde ist c von f auch derselbe Teil oder dieselbe Menge von Teilen, wie GB von HE; folglich ist [GB von HE derselbe Teil oder dieselbe Menge von Teilen, wie AG von DH; also ist auch AB von DE derselbe Teil oder dieselbe Menge von Teilen, wie AG von DH. Wie oben bewiesen, ist aber auch c von f derselbe Teil oder dieselbe Menge von Teilen, wie $A\,G$ von $D\,H$; also ist] dieselbe Menge von Teilen oder derselbe Teil, wie $A\,B$ von $D\,E$, auch c von f (VII, 5, 6) — q. e. d.

§ 11 (L. 9).

Verhält sich ein Stück zum Stück wie das Ganze zum Ganzen, dann muß sich auch der Rest zum Rest verhalten wie das Ganze zum Ganzen.

Wie das Ganze $A\,B$ zum Ganzen $C\,D$, so verhalte sich das Stück $A\,E$ zum Stück $C\,F$. Ich behaupte, daß sich auch der Rest $E\,B$ zum Rest $F\,D$ verhält, wie das Ganze $A\,B$ zum Ganzen $C\,D$.

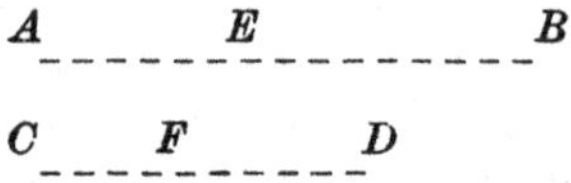

Da $A\,B : C\,D = A\,E : C\,F$, ist $A\,E$ von $C\,F$ derselbe Teil oder dieselbe Menge von Teilen, wie $A\,B$ von $C\,D$ (VII, Def. 20). Also ist auch der Rest $E\,B$ vom Rest $F\,D$ derselbe Teil oder Menge von Teilen, wie $A\,B$ von $C\,D$ (VII, 7, 8). Also ist $E\,B : F\,D = A\,B : C\,D$ (VII, Def. 20) — q. e. d.

§ 12 (L. 10).

Stehen beliebigviele Zahlen in Proportion, dann müssen sich alle Vorderglieder zusammen zu allen Hintergliedern zusammen verhalten wie das einzelne Vorderglied zum (zugehörigen) einzelnen Hinterglied.

Beliebigviele Zahlen a, b, c, d mögen in Proportion stehen, $a : b = c : d$. Ich behaupte, daß $a : b = (a + c) : (b + d)$.

Da nämlich $a : b = c : d$, so ist c von d derselbe Teil oder Menge von Teilen, wie a von b (VII, Def. 20). Also ist auch $a + c$ von $b + d$ derselbe Teil oder dieselbe Menge von Teilen, wie a von b (VII, 5, 6). Also ist $a : b = (a + c) : (b + d)$ (VII, Def. 20) — q. e. d.

§ 13 (L. 11).

Stehen vier Zahlen in Proportion, so müssen sie auch vertauscht in Proportion stehen.

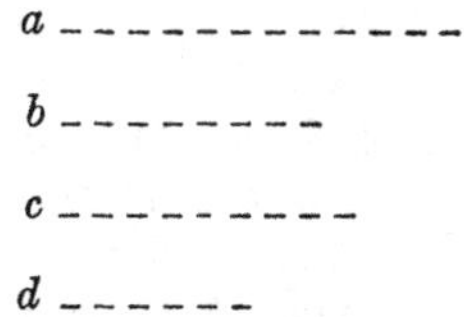

Vier Zahlen a, b, c, d mögen in Proportion stehen, $a : b = c : d$. Ich behaupte, daß sie auch bei Vertauschung (V, Def. 12) in Proportion stehen müssen, $a : c = b : d$.

Da nämlich $a : b = c : d$, so ist derselbe Teil oder dieselbe Menge von Teilen, wie a von b, auch c von d (VII, Def. 20). Dann ist, vertauscht, derselbe Teil oder dieselbe Menge von Teilen, wie a von c, auch b von d (VII, 9, 10). Also ist $a : c = b : d$ (VII, Def. 20) — q. e. d.

§ 14 (L. 12).

Hat man beliebigviele Zahlen und gleichviel weitere, so daß sie paarweise genommen in demselben Verhältnis stehen, so müssen sie auch über gleiches weg in demselben Verhältnis stehen.

a, b, c seien beliebigviele Zahlen und d, e, f gleichviel weitere, paarweise genommen in demselben Verhältnis stehend, $a : b = d : e$, $b : c = e : f$. Ich behaupte, daß auch über gleiches weg (V, Def. 17) $a : c = d : f$.

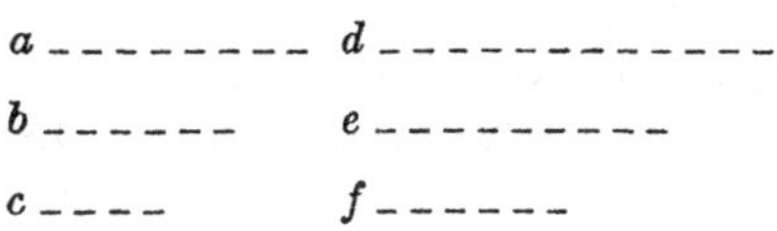

Da nämlich $a : b = d : e$, so ist, vertauscht, $a : d = b : e$ (VII, 13). Ebenso ist, da $b : c = e : f$, vertauscht $b : e = c : f$. Aber $b : e = a : d$; also ist auch $a : d = c : f$, also, vertauscht, $a : c = d : f$ (VII, 13) — q. e. d.

§ 15 (L. 13).

Wenn eine Einheit irgendeine Zahl mißt und eine weitere Zahl irgendeine andere Zahl gleichoft mißt, dann muß auch vertauscht die Einheit die dritte Zahl gleichoft messen, wie die zweite die vierte.

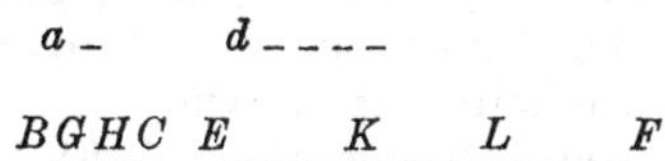

Die Einheit a messe irgendeine Zahl BC, und eine weitere Zahl d messe irgendeine andere Zahl EF gleichoft. Ich behaupte, daß auch vertauscht die Einheit a die Zahl d gleichoft mißt, wie BC EF.

Da nämlich die Einheit a die Zahl BC gleichoft mißt wie d EF, so enthält EF ebensoviel Zahlen $= d$, wie BC Einheiten. Man zerlege BC in seine Einheiten BG, GH, HC, und EF in die Zahlen $= d$, nämlich EK, KL, LF. Die Anzahl der Teile BG, GH, HC muß dabei der Anzahl der Teile EK, KL, LF gleich sein. Da nun die Einheiten $BG = GH = HC$ und die Zahlen $EK = KL = LF$, während die Anzahl der Einheiten BG, GH, HC der Anzahl der Zahlen EK, KL, LF gleich ist, so muß sein Einheit BG : Zahl EK = Einheit GH : Zahl KL = Einheit HC : Zahl LF (VII, Def. 20). Also müssen sich alle Vorderglieder zusammen zu allen Hintergliedern zusammen verhalten, wie das einzelne Vorderglied zum einzelnen Hinterglied (VII, 12); also ist Einheit BG : Zahl $EK = BC : EF$. Die Einheit BG ist aber der Einheit a gleich und die Zahl EK der Zahl d. Also ist Einheit a : Zahl $d = BC : EF$. Also mißt die Einheit a die Zahl d gleichoft, wie BC EF (VII, Def. 20) — q. e. d.

§ 16 (L. 14).

Wenn irgendwelche Zahlen entstehen, indem zwei Zahlen einander vervielfältigen, dann müssen die Ergebnisse einander gleich sein.

Die zwei Zahlen seien a, b; a bilde, indem es b vervielfältigt, c, und b bilde, indem es a vervielfältigt, d. Ich behaupte, daß $c = d$.

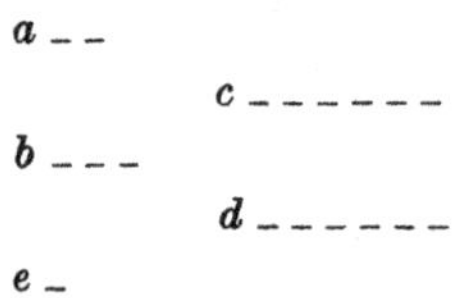

Da c entsteht, indem a b vervielfältigt, mißt b c nach den Einheiten in a (VII, Def. 15). Nun mißt die Einheit e die Zahl a nach den Einheiten in dieser; also mißt die Einheit e die Zahl a gleichoft, wie b c. Bei Vertauschung mißt also die Einheit e die Zahl b gleichoft, wie a c (VII, 15). Ebenso mißt a, da d entsteht, indem b a vervielfältigt, d nach den Einheiten in b. Nun mißt die Einheit e b nach den Einheiten in diesem; also mißt die Einheit e die Zahl b gleichoft, wie a d. Die Einheit e mißt die Zahl b aber schon gleichoft, wie a c. Also mißt a die beiden Zahlen c, d gleichoft. Also ist $c = d$ — q. e. d.

§ 17 (L. 15).

Wenn irgendwelche Zahlen entstehen, indem eine Zahl zwei Zahlen vervielfältigt, dann müssen die Ergebnisse dasselbe Verhältnis haben, wie die Zahlen, die vervielfältigt werden.

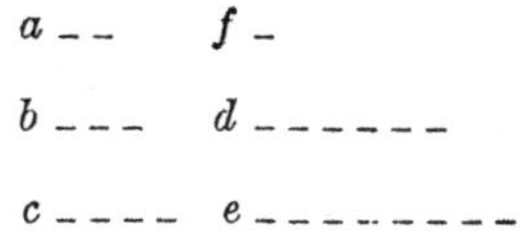

Indem eine Zahl a die beiden Zahlen b, c vervielfältigt, mögen d, e entstehen. Ich behaupte, daß $b : c = d : e$.

Da d entsteht, indem a b vervielfältigt, mißt b d nach den Einheiten in a (VII, Def. 15). Nun mißt die Einheit f die Zahl a nach den Einheiten in dieser; also mißt die Einheit f die Zahl a gleichoft, wie b d. Also ist Einheit f : Zahl $a = b : d$ (VII, Def. 20). Aus demselben Grunde ist auch Einheit f : Zahl $a = c : e$, also $b : d = c : e$. Also ist, vertauscht, $b : c = d : e$ (VII, 13) — q. e. d.

§ 18 (L. 16).

Wenn irgendwelche Zahlen entstehen, indem zwei Zahlen eine Zahl vervielfältigen, dann müssen die Ergebnisse dasselbe Verhältnis haben, wie die vervielfältigenden Zahlen.

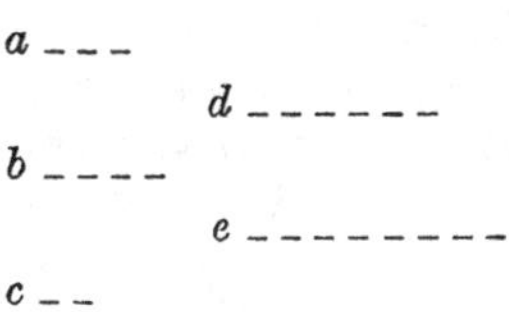

Indem zwei Zahlen a, b eine Zahl c vervielfältigen, mögen d, e entstehen. Ich behaupte, daß $a : b = d : e$.

Da d entsteht, indem a c vervielfältigt, entsteht d auch, wenn c a vervielfältigt (VII, 16). Aus demselben Grunde entsteht e auch, wenn c b vervielfältigt. Also entstehen, wenn die Zahl c die zwei Zahlen a, b vervielfältigt, d, e; also ist $a : b = d : e$ (VII, 17) — q. e. d.

§ 19 (L. 17).

Stehen vier Zahlen in Proportion, dann muß das Produkt aus der ersten und vierten dem Produkt aus der zweiten und dritten gleich sein; und wenn das Produkt aus der ersten und vierten Zahl dem aus der zweiten und dritten gleich ist, dann müssen die vier Zahlen in Proportion stehen.

a, b, c, d seien vier in Proportion stehende Zahlen, $a : b = c : d$; a bilde, indem es d vervielfältigt, e; und b bilde, indem es c vervielfältigt, f. Ich behaupte, daß $e = f$.

a bilde nämlich, indem es c vervielfältigt, g. Da a, indem es c vervielfältigt, g und, indem es d vervielfältigt, e bildet, entstehen, indem die Zahl a die zwei Zahlen c, d vervielfältigt, g, e; also ist $c:d = g:e$ (VII, 17). Nun ist $c:d = a:b$, also $a:b = g:e$. Ebenso entstehen, da a, indem es c vervielfältigt, g bildet und b, indem es c vervielfältigt, f bildet, indem die zwei Zahlen a, b eine Zahl c vervielfältigen, g, f; also ist $a:b = g:f$ (VII, 18). Nun ist auch $a:b = g:e$, also $g:e = g:f$. Also hat g zu beiden Zahlen e, f dasselbe Verhältnis; also ist $e = f$.

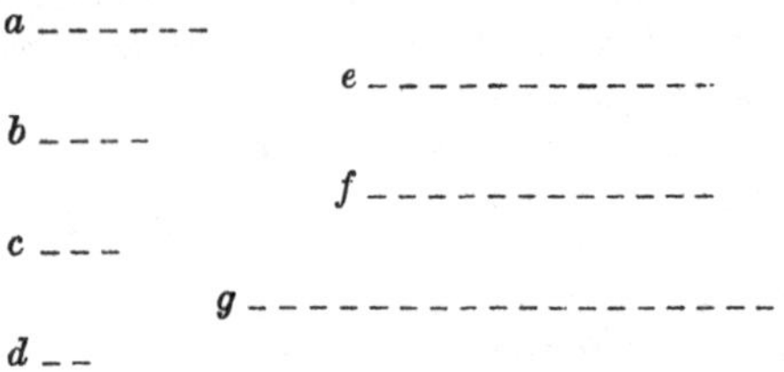

Zweitens sei $e = f$. Ich behaupte, daß $a:b = c:d$.

Man konstruiere ebenso. Da $e = f$, ist dann $g:e = g:f$. Aber $g:e = c:d$ (VII, 17) und $g:f = a:b$ (VII, 18). Also ist auch $a:b = c:d$ — q. e. d.

§ 20 (21; L. 18).

Die kleinsten unter den Zahlen, die dasselbe Verhältnis haben wie sie, messen Zahlen, die dasselbe Verhältnis haben, gleichoft, die größere die größere und die kleinere die kleinere.

Unter den Zahlen, die dasselbe Verhältnis haben wie a, b, seien die kleinsten CD, EF.

Ich behaupte, daß CD a gleichoft mißt, wie EF b.

CD ist von a keine Menge von Teilen. Dies sei nämlich der Fall, wenn es möglich wäre. Dann wäre EF von b dieselbe Menge von Teilen, wie CD von a (VII, 13, Def. 20). Also enthielte EF ebensoviel Teile von b, wie CD Teile von a. Man zerlege CD in die Teile von a, nämlich CG, GD und EF in die Teile von b, nämlich EH, HF; dabei müßte die Anzahl der Teile CG, GD der Anzahl der Teile EH, HF gleich sein. Und da die Zahlen $CG = GD$ sowie die Zahlen $EH = HF$, ferner die Anzahl der Teile CG, GD der Anzahl der Teile EH, HF gleich wäre, so wäre $CG:EH = GD:HF$.

Also müßten sich alle Vorderglieder zusammen zu allen Hintergliedern zusammen verhalten, wie das einzelne Vorderglied zum einzelnen Hinterglied (VII, 12); also wäre $CG : EH = CD : EF$. CG, EH stünden also in demselben Verhältnis wie CD, EF und wären dabei kleiner als diese. Dies ist unmöglich; denn CD, EF sind nach Voraussetzung unter den dasselbe Verhältnis wie sie habenden Zahlen die kleinsten. CD ist also von a keine Menge von Teilen, also ein Teil (VII, 4). Und EF ist von b derselbe Teil, wie CD von a (VII, 13, Def. 20). CD mißt also a gleichoft, wie EF b — q. e. d.

§ 21 (23; L. 19).

Zahlen, die gegeneinander prim sind, sind unter denen, die dasselbe Verhältnis haben wie sie, die kleinsten.

a, b seien Zahlen, die gegeneinander prim sind. Ich behaupte, daß a, b unter denen, die dasselbe Verhältnis haben wie sie, die kleinsten sind.

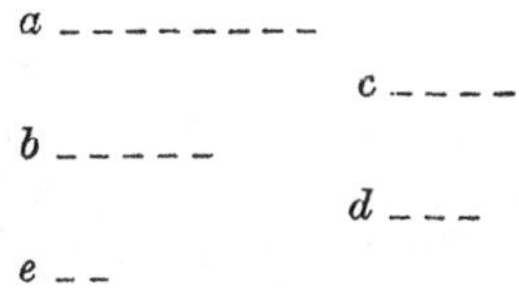

Anderenfalls müßte es Zahlen $< a, b$ geben, die in demselben Verhältnis stünden wie a, b. Diese seien c, d.

Da die kleinsten unter den Zahlen, die ein festes Verhältnis haben, Zahlen, die dasselbe Verhältnis haben, gleichoft messen, die größere die größere und die kleinere die kleinere (VII, 20), d. h. das Vorderglied das Vorderglied und das Hinterglied das Hinterglied, so mäße c a gleichoft, wie d b. Nun enthalte e soviel Einheiten, wieoft c a mißt. Dann mäße auch d b nach den Einheiten in e. Da c a nach den Einheiten in e mißt, mißt auch e a nach den Einheiten in c (VII, 15). Aus demselben Grunde mäße e auch b nach den Einheiten in d. e mäße also a und b, während sie gegeneinander prim sind; dies ist unmöglich (VII, Def. 12). Also kann es keine Zahlen $< a, b$ geben, die in demselben Verhältnis stünden wie a, b. Also sind a, b unter den Zahlen, die dasselbe Verhältnis haben wie sie, die kleinsten — q. e. d.

§ 22 (24; L. 20).

Die kleinsten unter den Zahlen, die dasselbe Verhältnis haben wie sie, sind gegeneinander prim.

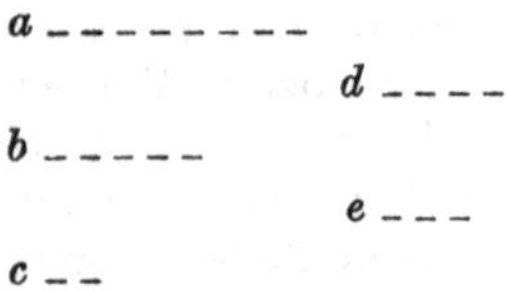

a, *b* seien die kleinsten unter den Zahlen, die dasselbe Verhältnis haben wie sie. Ich behaupte, daß *a*, *b* gegeneinander prim sind.

Wären sie nämlich nicht gegeneinander prim, so müßte irgendeine Zahl sie messen. Dies geschehe, die Zahl sei *c*. Weiter enthalte *d* soviel Einheiten, wieoft *c a* mißt, und *e* enthalte soviel Einheiten, wieoft *c b* mäße.

Da *c a* nach den Einheiten in *d* mißt, entsteht *a*, indem *c d* vervielfältigt (VII, Def. 15). Aus demselben Grunde entstünde *b*, indem *c e* vervielfältigt. Mithin entstünden *a*, *b*, indem *c* zwei Zahlen, nämlich *d*, *e* vervielfältigt; also wäre $d : e = a : b$ (VII, 17). Also stünden *d*, *e* in demselben Verhältnis wie *a*, *b*, während sie kleiner sind als diese; dies ist unmöglich. Also kann keine Zahl die Zahlen *a*, *b* messen; also sind *a*, *b* gegeneinander prim (VII, Def. 12) — q. e. d.

§ 23 (25; L. 21).

Sind zwei Zahlen gegeneinander prim, so muß jede die eine von ihnen messende Zahl gegen die andere prim sein.

Zwei Zahlen *a*, *b* seien gegeneinander prim, und irgendeine Zahl *c* messe *a*. Ich behaupte, daß auch *c*, *b* gegeneinander prim sind.

Wären nämlich *c*, *b* nicht gegeneinander prim, so müßte eine Zahl *c* und *b* messen. Dies geschehe, die Zahl sei *d*. Da *d c* mißt, *c* aber *a* mißt, mißt *d* auch *a*. Es soll aber auch *b* messen. *d* mäße also *a* und *b*, während sie gegeneinander prim sind; dies ist unmöglich (VII, Def. 12). Also kann keine Zahl die Zahlen *c*, *b* messen; *c*, *b* sind also gegeneinander prim — q. e. d.

§ 24 (26; L. 22).

Sind zwei Zahlen gegen irgendeine Zahl prim, so muß auch ihr Produkt gegen dieselbe prim sein.

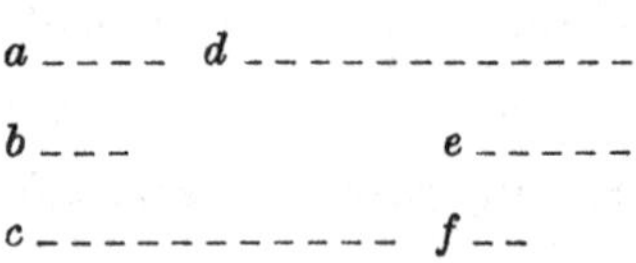

Zwei Zahlen *a*, *b* seien gegen irgendeine Zahl *c* prim, ferner bilde *a*, indem es *b* vervielfältigt, *d*. Ich behaupte, daß *c*, *d* gegeneinander prim sind.

Wären nämlich c, d nicht prim gegeneinander, so müßte eine Zahl c und d messen. Dies geschehe, die Zahl sei e. Da c, a gegeneinander prim sind, eine Zahl e aber c messen soll, so wären a, e gegeneinander prim (VII, 23). Nun enthalte f soviel Einheiten, wie oft e d mäße. Auch f mäße dann d nach den Einheiten in e (VII, 15). d entstünde also, indem e f vervielfältigt (VII, Def. 15). Aber auch indem a b vervielfältigt, entsteht d. Also wäre $e \cdot f = a \cdot b$. Wenn aber das Produkt aus den äußeren Zahlen dem aus den mittleren gleich ist, stehen die vier Zahlen in Proportion (VII, 19); also wäre $e : a = b : f$. Nun sollen a, e prim sein, wären, weil prim, auch die kleinsten (VII, 21); die kleinsten von den Zahlen, die ein festes Verhältnis haben, messen aber Zahlen, die dasselbe Verhältnis haben, gleichoft, die größere die größere und die kleinere die kleinere (VII, 20), d. h. das Vorderglied das Vorderglied und das Hinterglied das Hinterglied; e mäße also b. Nun soll es aber auch c messen. e mäße also b und c, während sie gegeneinander prim sind; dies ist unmöglich (VII, Def. 12). Also kann keine Zahl die Zahlen c, d messen; c, d sind also gegeneinander prim — q. e. d.

§ 25 (27; L. 23).

Sind zwei Zahlen gegeneinander prim, so muß das Produkt der einen (mit sich selbst) gegen die andere prim sein.

Zwei Zahlen a, b seien gegeneinander prim, ferner bilde a, indem es sich selbst vervielfältigt, c. Ich behaupte, daß b, c gegeneinander prim sind.

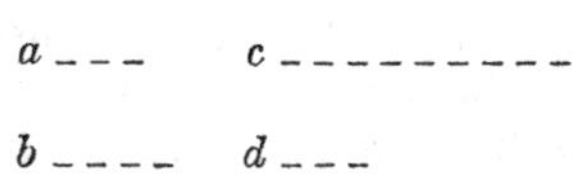

Man mache $d = a$. Da a, b gegeneinander prim sind und $a = d$, so sind auch d, b gegeneinander prim. d und a sind also beide prim gegen b; also muß auch $d \cdot a$ prim gegen b sein (VII, 24). $d \cdot a$ ist aber c; also sind c, b gegeneinander prim — q. e. d.

§ 26 (28; L. 24).

Sind zwei Zahlen gegen zwei Zahlen, beide gegen jede, prim, dann müssen auch ihre Produkte gegeneinander prim sein.

Es seien zwei Zahlen *a*, *b* gegen zwei Zahlen *c*, *d* prim, beide gegen jede; ferner bilde *a*, indem es *b* vervielfältigt, *e*, und *c* bilde, indem es *d* vervielfältigt, *f*. Ich behaupte, daß *e*, *f* gegeneinander prim sind.

Da nämlich *a*, *b* beide gegen *c* prim sind, muß auch $a \cdot b$ gegen *c* prim sein (VII, 24). $a \cdot b$ ist aber *e*; also sind *e*, *c* gegeneinander prim. Aus demselben Grunde sind auch *d*, *e* gegeneinander prim. *c*, *d* sind also beide gegen *e* prim; also muß auch $c \cdot d$ gegen *e* prim sein (VII, 24). $c \cdot d$ ist aber *f*; also sind *e*, *f* gegeneinander prim — q. e. d.

§ 27 (29; L. 25).

Sind zwei Zahlen gegeneinander prim und bildet jede der beiden, indem sie sich selbst vervielfältigt, eine weitere, so müssen die Ergebnisse gegeneinander prim sein; und wenn die ursprünglichen Zahlen, indem sie die Ergebnisse vervielfältigen, weitere bilden, so müssen auch diese gegeneinander prim sein [*und dies gilt stets von den letzten*].

Es seien zwei Zahlen *a*, *b* gegeneinander prim; ferner bilde *a*, indem es sich selbst vervielfältigt, *c*, und indem es *c* vervielfältigt, *d*; und *b* bilde, indem es sich selbst vervielfältigt, *e*, und indem es *e* vervielfältigt, *f*. Ich behaupte, daß sowohl *c*, *e* als auch *d*, *f* gegeneinander prim sind.

Da *a*, *b* gegeneinander prim sind und *c* entsteht, indem *a* sich selbst vervielfältigt, sind *c*, *b* gegeneinander prim (VII, 25). Da hier *c*, *b* gegeneinander prim sind und *e* entsteht, indem *b* sich selbst vervielfältigt, so sind *c*, *e* gegeneinander prim (VII, 25).

Zweitens sind, da *a*, *b* gegeneinander prim sind und *e* entsteht, indem *b* sich selbst vervielfältigt, *a*, *e* gegeneinander prim (VII, 25). Da hier zwei Zahlen *a*, *c* gegen zwei Zahlen *b*, *e*, beide gegen jede, prim sind, so ist auch $a \cdot c$ gegen $b \cdot e$ prim (VII, 26). $a \cdot c$ ist dabei *d*, und $b \cdot e$ ist *f*; also sind *d*, *f* gegeneinander prim — q. e. d.

§ 28 (30; L. 26).

Sind zwei Zahlen gegeneinander prim, so muß auch ihre Summe gegen jede von ihnen prim sein; und wenn die Summe zweier Zahlen gegen irgendeine einzelne von ihnen prim ist, dann müssen auch die ursprünglichen Zahlen gegeneinander prim sein.

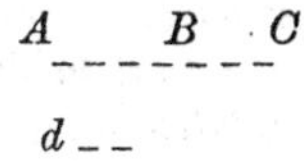

Zwei Zahlen *A B*, *B C*, die gegeneinander prim sind, seien zusammengefügt. Ich behaupte, daß auch die Summe *A C* gegen beide Zahlen *A B*, *B C* prim ist.

Wären nämlich *C A*, *A B* nicht prim gegeneinander, so müßte irgendeine Zahl *C A* und *A B* messen. Dies geschehe, die Zahl sei *d*. Da *d* hier *C A* und *A B* mäße, müßte es auch den Rest *B C* messen. Nun soll es *B A* messen; *d* mäße also *A B* und *B C*, während sie gegeneinander prim sind; dies ist unmöglich (VII, Def. 12). Also kann keine Zahl die Zahlen *C A*, *A B* messen; *C A*, *A B* sind also prim gegeneinander. Aus demselben Grunde sind auch *A C* *C B* gegeneinander prim. *C A* ist also gegen beide Zahlen *A B*, *B C* prim.

Zweitens seien *C A*, *A B* gegeneinander prim. Ich behaupte, daß auch *A B*, *B C* gegeneinander prim sind.

Wären nämlich *A B*, *B C* nicht prim gegeneinander, so müßte irgendeine Zahl *A B* und *B C* messen. Dies geschehe, die Zahl sei *d*. Da *d* beide Zahlen *A B*, *B C* mäße, müßte es auch die Summe *C A* messen. Nun soll es *A B* messen; *d* mäße also *C A* und *A B*, während sie gegeneinander prim sind; dies ist unmöglich (VII, Def. 12). Also kann keine Zahl die Zahlen *A B*, *B C* messen; *A B*, *B C* sind also gegeneinander prim — q. e. d.

§ 29 (31; L. 27).

Jede Primzahl ist gegen jede Zahl, die von ihr nicht gemessen wird, prim.

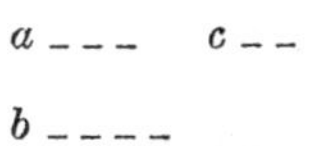

a sei eine Primzahl und messe *b* nicht. Ich behaupte, daß *b*, *a* gegeneinander prim sind.

Wären nämlich *b*, *a* nicht prim gegeneinander, so müßte irgendeine Zahl sie messen. *c* messe sie. Da *c* *b* messen soll, *a* aber *b* nicht mißt, fällt *c* mit *a* nicht zusammen. Da *c* hier *b* und *a* messen soll, mäße es *a*, eine Primzahl, ohne mit ihr zusammenzufallen; dies ist unmöglich (VII, Def. 11). Also kann keine Zahl b und a messen; also sind a, b gegeneinander prim — q. e. d.

§ 30 (32; L. 28).

Wenn zwei Zahlen, indem sie einander vervielfältigen, irgendeine Zahl bilden und irgendeine Primzahl dabei das Produkt mißt, dann muß diese auch eine der ursprünglichen Zahlen messen.

Zwei Zahlen a, b mögen, indem sie einander vervielfältigen, c bilden; und irgendeine Primzahl d messe c. Ich behaupte, daß d eine der Zahlen a, b mißt.

a - - - b - - - -

c - - - - - - - - - - - -

d - - e - - - - - -

Es messe nämlich a nicht. Nun ist d Primzahl; also sind a, d gegeneinander prim (VII, 29). Weiter enthalte e soviel Einheiten, wie oft d c mißt. Da d hier c nach den Einheiten in e mißt, entsteht c, indem d e vervielfältigt (VII, Def. 15). c entsteht aber auch, indem a b vervielfältigt; also ist $d \cdot e = a \cdot b$, also $d : a = b : e$ (VII, 19). Nun sind d, a prim und, weil prim, auch die kleinsten (VII, 21); die kleinsten Zahlen messen aber solche, die dasselbe Verhältnis haben, gleichoft, die größere die größere und die kleinere die kleinere (VII, 20), d. h. das Vorderglied das Vorderglied und das Hinterglied das Hinterglied; d mißt also b. Ähnlich läßt sich zeigen, daß es, wenn es b nicht mißt, a messen muß. d mißt also eine der Zahlen a, b — q. e. d.

§ 31 (33; L. 29).

Jede zusammengesetzte Zahl wird von irgendeiner Primzahl gemessen.

a sei eine zusammengesetzte Zahl. Ich behaupte, daß a von irgendeiner Primzahl gemessen wird.

a - - - - - - - - -

b - - - - c - -

Da a zusammengesetzt ist, muß irgendeine Zahl es messen (VII, Def. 13). Dies geschehe, die Zahl sei b. Wenn hier b Primzahl ist, dann hätte man das Verlangte schon ausgeführt; wenn aber zusammengesetzt, dann muß irgendeine Zahl es messen. Dies geschehe, die Zahl sei c. Da c b und b a mißt, mißt c a. Wenn hier c Primzahl ist, dann hätte man das Verlangte ausgeführt; wenn aber zusammengesetzt, dann muß irgendeine Zahl es messen. Führt man die Betrachtung so durch, dann muß man schließlich eine [die vorhergehende Zahl] messende Primzahl erhalten[, die dann auch *a* messen muß]. Erhielte man nämlich keine solche, so müßten unendlich viele Zahlen, von denen immer eine kleiner wäre als die andere, die Zahl *a* messen; dies ist bei Zahlen unmöglich. Also muß man schließlich eine die vorhergehende Zahl messende Primzahl erhalten, die dann auch *a* messen muß — S.

§ 32 (34; L. 30).

Jede Zahl ist entweder Primzahl oder wird von irgendeiner Primzahl gemessen.

Die Zahl sei *a*. Ich behaupte, daß *a* entweder Primzahl ist oder von irgendeiner Primzahl gemessen wird.

Wenn *a* Primzahl ist, wäre das Verlangte geschehen; wenn aber zusammengesetzt, dann muß irgendeine Primzahl es messen (VII, 31) — S.

§ 33 (35; A. 3).

Zu beliebigvielen gegebenen Zahlen die kleinsten von denen zu finden, die dasselbe Verhältnis haben wie sie.

Die beliebigvielen gegebenen Zahlen seien *a*, *b*, *c*. Man soll die kleinsten von den Zahlen finden, die dasselbe Verhältnis haben wie *a*, *b*, *c*.

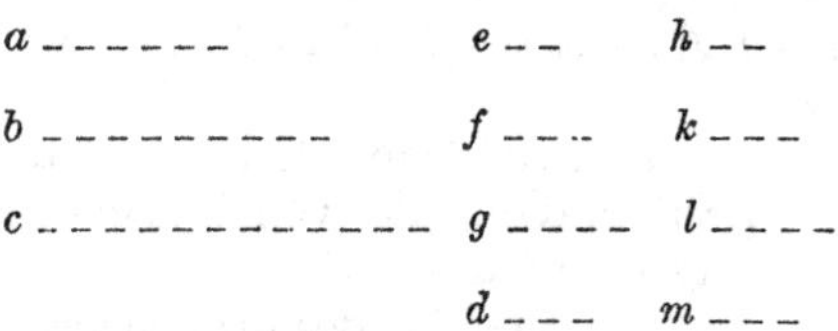

a, *b*, *c* sind entweder prim gegeneinander, oder nicht. Sind *a*, *b*, *c* gegeneinander prim, dann sind sie die kleinsten von den Zahlen, die dasselbe Verhältnis haben wie sie (VII, 21).

Anderenfalls verschaffe man sich zu *a*, *b*, *c* das größte gemeinsame Maß (VII, 3) *d*. Weiter möge jede der Zahlen *e*, *f*, *g* soviel Einheiten enthalten, wie oft *d* die entsprechende von *a*, *b*, *c* mißt. Jede der Zahlen *e*, *f*, *g* mißt dann die entsprechende von *a*, *b*, *c* nach den Einheiten in *d* (VII, 15).

e, f, g messen also a, b, c gleichoft; also stehen e, f, g in demselben Verhältnis wie a, b, c (VII, 9, Def. 20).

Ich behaupte, daß sie auch die kleinsten sind. Wären nämlich e, f, g unter den Zahlen, die dasselbe Verhältnis haben wie a, b, c, nicht die kleinsten, so müßte es Zahlen $< e, f, g$ geben, die in demselben Verhältnis stünden wie a, b, c. Solche seien h, k, l. h mäße dann a gleichoft, wie jede der Zahlen k, l die entsprechende von b, c (VII, 20). Weiter enthalte m soviel Einheiten, wieoft h a mißt; dann mäße auch jede der Zahlen k, l die entsprechende von b, c nach den Einheiten in m. Da h hier a nach den Einheiten in m messen soll, mäße m auch a nach den Einheiten in h (VII, 15). Aus demselben Grunde mäße m auch jede der Zahlen b, c nach den Einheiten in der entsprechenden von k, l. m mäße also a, b, c. Da h hier a nach den Einheiten in m messen soll, entstünde a, indem h m vervielfältigt (VII, Def. 15). Aus demselben Grunde entsteht a aber auch, indem e d vervielfältigt. Also wäre $e \cdot d = h \cdot m$, also $e : h = m : d$ (VII, 19). Nun soll $e > h$ sein; also wäre auch $m > d$ (VII, Def. 20); dabei mäße es a, b, c. Dies ist unmöglich; denn nach Voraussetzung ist d das größte gemeinsame Maß von a, b, c. Also kann es keine Zahlen $< e, f, g$ geben, die in demselben Verhältnis stünden wie a, b, c. e, f, g sind also unter den Zahlen, die dasselbe Verhältnis wie $a, b. c$ haben, die kleinsten — q. e. d.

§ 34 (36; A. 4).

Zu zwei gegebenen Zahlen die kleinste Zahl zu finden, die von ihnen gemessen wird.

Die zwei gegebenen Zahlen seien a, b. Man soll die kleinste Zahl finden, die von ihnen gemessen wird.

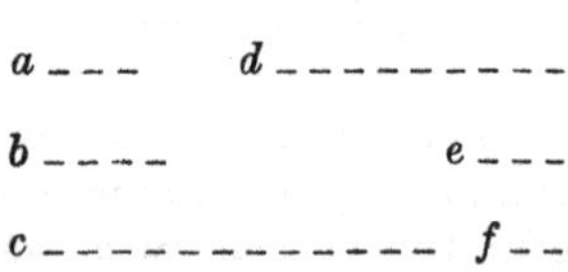

a, b sind entweder prim gegeneinander, oder nicht. Zunächst seien a, b gegeneinander prim; und a bilde, indem es b vervielfältigt, c. Dann entsteht c auch, indem b a vervielfältigt (VII, 16). c wird also von a und b gemessen (VII, Def. 15). Ich behaupte, daß es auch die kleinste solche Zahl ist. Anderenfalls müßten a und b irgendeine Zahl $< c$ messen; die gemessene Zahl sei d. Weiter enthalte

e soviel Einheiten, wieoft a d mißt, und f enthalte soviel Einheiten, wieoft b d mißt. Dann entstünde d, indem a e vervielfältigt (VII, Def. 15). d entstünde aber auch, indem b f vervielfältigt. Also wäre $a \cdot e = b \cdot f$, also $a : b = f : e$ (VII, 19). Nun sind a, b prim und, weil prim, auch die kleinsten (VII, 21); die kleinsten Zahlen messen aber solche, die dasselbe Verhältnis haben, gleichoft, die größere die größere und die kleinere die kleinere (VII, 20); b mäße also e, als Hinterglied das Hinterglied. Da nun a, indem es b, e vervielfältigt, c, d bildete, wäre $b : e = c : d$ (VII, 17). b mäße aber e; auch c mäße also d (VII, Def. 20), als größere Zahl die kleinere; dies ist unmöglich. Also können a, b keine Zahl messen, die $< c$ wäre; also ist c die kleinste Zahl, die von a und b gemessen wird.

a, b seien nunmehr nicht prim gegeneinander. Dann verschaffe man sich die kleinsten Zahlen, die dasselbe Verhältnis wie a, b haben, nämlich f, e (VII, 33). Dann ist $a \cdot e = b \cdot f$ (VII, 19). a bilde, indem es e vervielfältigt, c; dann entsteht c auch, indem b f vervielfältigt. c wird also von a und b gemessen (VII, Def. 15). Ich

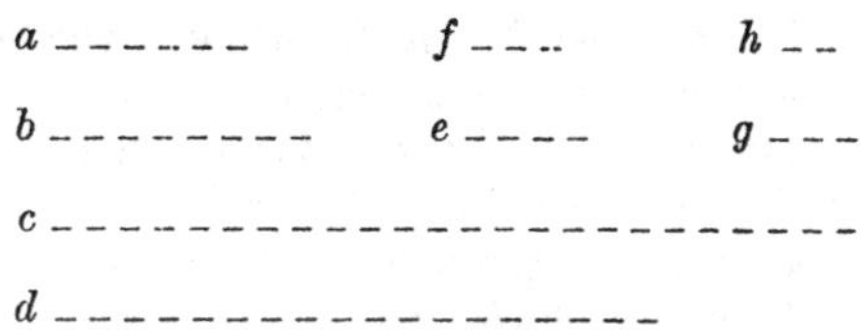

behaupte, daß es auch die kleinste solche Zahl ist. Anderenfalls müßten a und b irgendeine Zahl $< c$ messen; die gemessene Zahl sei d. Weiter enthalte g soviel Einheiten, wieoft a d mißt, und h enthalte soviel Einheiten, wieoft b d mißt. Dann entstünde d, indem a g vervielfältigt (VII, Def. 15). d entstünde aber auch, indem b h vervielfältigt. Also wäre $a \cdot g = b \cdot h$, also $a : b = h : g$ (VII, 19). Nun ist aber $a : b = f : e$; also wäre auch $f : e = h : g$. f, e sind aber die kleinsten ihrer Art; und die kleinsten Zahlen messen solche, die dasselbe Verhältnis haben, gleichoft, die größere die größere und die kleinere die kleinere (VII, 20); e mäße also g. Da nun a, indem es e, g vervielfältigt, c, d bildete, wäre $e : g = c : d$ (VII, 17). e mäße aber g; auch c mäße also d (VII, Def. 20), als größere Zahl die kleinere; dies ist unmöglich. Also können a, b keine Zahl messen, die $< c$ wäre; also ist c die kleinste Zahl, die von a und b gemessen wird — q. e. d.

§ 35 (37; L. 31).

Wenn zwei Zahlen irgendeine Zahl messen, muß auch die kleinste von ihnen gemessene Zahl dieselbe messen.

Zwei Zahlen a, b mögen irgendeine Zahl CD messen, ferner, als kleinste, e. Ich behaupte, daß auch e CD mißt.

Mäße e nämlich CD nicht, so lasse e, indem es DF mißt, CF, kleiner als es selbst, übrig. Da a und b hier e messen, e aber DF mißt, so müssen auch a und b DF messen. Sie messen aber auch das Ganze CD, müssen also auch den Rest CF messen, der dabei $< e$ sein soll; dies ist unmöglich. Daß e CD nicht mäße, trifft also nicht zu; also mißt es — q. e. d.

§ 36 (38; A. 5).

Zu drei gegebenen Zahlen die kleinste Zahl zu finden, die von ihnen gemessen wird.

Die drei gegebenen Zahlen seien a, b, c. Man soll die kleinste Zahl finden, die von ihnen gemessen wird.

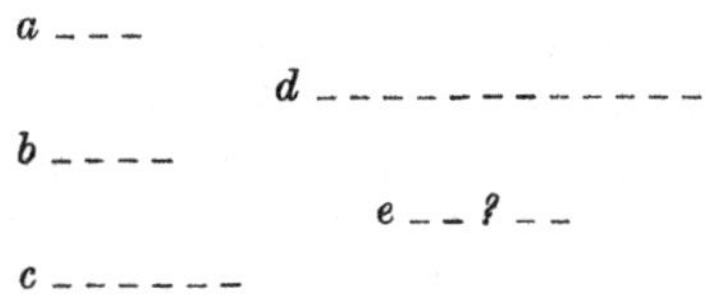

Man verschaffe sich die kleinste von den zwei Zahlen a, b gemessene Zahl d (VII, 34). Entweder mißt c dann d, oder es mißt nicht. Zunächst messe es. Auch a und b messen d; d wird also von a, b, c gemessen. Ich behaupte, daß es auch die kleinste solche Zahl ist. Anderenfalls müßten a, b, c eine Zahl $< d$ messen; die gemessene Zahl sei e. Da a, b, c hier e mäßen, mäßen auch a, b e. Auch die kleinste von a, b gemessene Zahl müßte dann e messen (VII, 35). Die kleinste von a und b gemessene Zahl ist nun d; d müßte also e messen, als größere Zahl die kleinere; dies ist unmöglich. Also können a, b, c keine Zahl messen, die $< d$ wäre. d ist also die kleinste Zahl, die von a, b, c gemessen wird.

Zweitens messe c d nicht. Dann verschaffe man sich die kleinste von c und d gemessene Zahl e (VII, 34). Da a

und b hier d messen, d aber e mißt, so messen a und b auch e. Nun mißt auch c e; also wird e von a, b, c gemessen. Ich behaupte, daß es auch die kleinste solche Zahl ist. Anderenfalls müßten a, b, c irgendeine Zahl $< e$ messen; die gemessene Zahl sei f. Da a, b, c hier f mäßen, mäßen auch a, b f. Auch die kleinste von a, b gemessene Zahl müßte also f messen (VII, 35). Nun ist d die kleinste von a und b gemessene Zahl; d mäße also f. Auch c soll aber f messen; d und c mäßen also f, so daß auch die kleinste von d und c gemessene Zahl f messen müßte (VII, 35). Nun ist e die kleinste von c und d gemessene Zahl; e mäße also f, als größere Zahl die kleinere; dies ist unmöglich. Also können a, b, c keine Zahl messen, die $< e$ wäre. e ist also die kleinste Zahl, die von a, b, c gemessen wird — q. e. d.

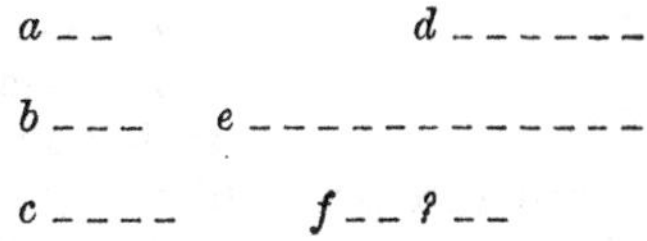

§ 37 (39; L. 32).

Wird eine Zahl von irgendeiner Zahl gemessen, so muß die gemessene Zahl einen Teil besitzen, dessen Nenner der messenden Zahl gleich ist.

Die Zahl a werde von irgendeiner Zahl b gemessen. Ich behaupte, daß a einen Teil vom Nenner $= b$ besitzt.

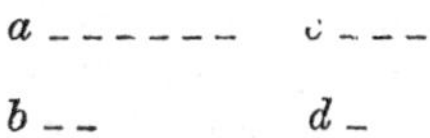

c enthalte soviel Einheiten, wie oft b a mißt. Da b a nach den Einheiten in c mißt, die Einheit d die Zahl c aber auch nach den Einheiten in dieser mißt, so mißt die Einheit d die Zahl c gleichoft, wie b a. Also mißt, vertauscht, die Einheit d die Zahl b gleichoft, wie c a (VII, 15). c ist also von a derselbe Teil, wie die Einheit d von der Zahl b. Die Einheit d ist aber von der Zahl b ein Teil, dessen Nenner dieser gleich ist. Also ist auch c von a ein Teil vom Nenner $= b$. Folglich besitzt a einen Teil vom Nenner $= b$, nämlich c — q. e. d.

§ 38 (40; L. 33).

Wenn eine Zahl einen Teil besitzt, einerlei welchen, so läßt sie sich durch eine Zahl messen, die dem Nenner des Teils gleich ist.

Die Zahl *a* besitze einen beliebigen Teil *b*, und dem Nenner des Teils *b* sei die Zahl *c* gleich. Ich behaupte, daß *c* *a* mißt.

Da *b* von *a* ein Teil ist vom Nenner $= c$, auch die Einheit *d* aber von *c* ein Teil, dessen Nenner diesem gleich ist, so ist *b* von *a* derselbe Teil, wie die Einheit *d* von der Zahl *c*. Die Einheit *d* mißt also die Zahl *c* gleichoft, wie *b* *a*. Also mißt, vertauscht, die Einheit *d* die Zahl *b* gleichoft, wie *c* *a* (VII, 15). *c* mißt also *a* — q. e. d.

§ 39 (41; A. 6).

Die kleinste Zahl zu finden, die vorgeschriebene Teile besitzt.

Die vorgeschriebenen Teile seien *a*, *b*, *c*. Man soll die kleinste Zahl finden, die die Teile *a*, *b*, *c* besitzt.

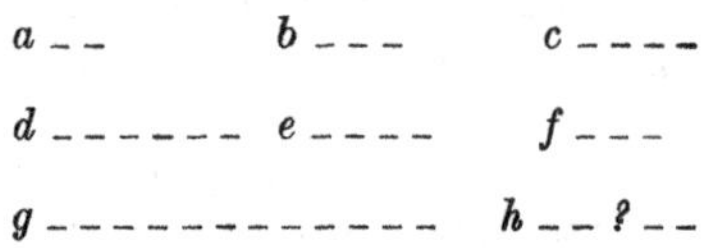

d, *e*, *f* seien die Nenner zu den Teilen *a*, *b*, *c*; man verschaffe sich dann die kleinste von *d*, *e*, *f* gemessene Zahl *g* (VII, 36). *g* besitzt dann Teile, deren Nenner $= d, e, f$ sind (VII, 37). Die Teile von den Nennern *d*, *e*, *f* sind aber *a*, *b*, *c*. *g* besitzt also die Teile *a*, *b*, *c*. Ich behaupte, daß es auch die kleinste solche Zahl ist. Anderenfalls müßte es nämlich irgendeine Zahl $< g$ geben, die die Teile *a*, *b*, *c* besäße; diese sei *h*. Da *h* die Teile *a*, *b*, *c* besitzen soll, ließe *h* sich durch Zahlen, die den Nennern der Teile *a*, *b*, *c* gleich sind, messen (VII, 38). Die Nenner zu den Teilen *a*, *b*, *c* sind aber *d*, *e*, *f*; *h* würde also von *d*, *e*, *f* gemessen und wäre dabei $< g$; dies ist unmöglich. Also gibt es keine Zahl $< g$, die die Teile *a*, *b*, *c* besäße — q. e. d.

VIII. Buch.

§ 1 (L. 1).

Hat man beliebigviele Zahlen in Geometrischer Reihe und sind dabei die äußeren Glieder gegeneinander prim, so sind sie unter denen, die dasselbe Verhältnis haben wie sie, die kleinsten.

a, b, c, d seien beliebigviele Zahlen in Geometrischer Reihe; und die äußeren Glieder *a, d* seien gegeneinander

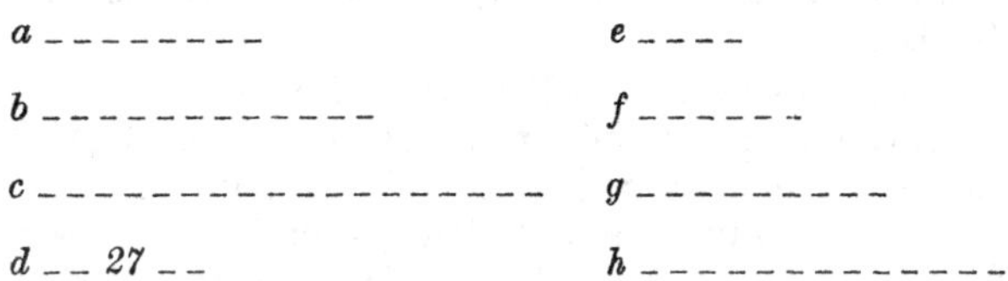

prim. Ich behaupte, daß *a, b, c, d* unter denen, die dasselbe Verhältnis haben wie sie, die kleinsten sind.

Anderenfalls seien *e, f, g, h* Zahlen $<$ *a, b, c, d*, die in demselben Verhältnis stehen wie sie. Da hier *a, b, c, d* in demselben Verhältnis stünden wie *e, f, g, h* und die Anzahl [der Zahlen *a, b, c, d*] der Anzahl [der Zahlen *e, f, g, h*] gleich ist, wäre über gleiches weg $a : d = e : h$ (VII, 14). Nun sind *a, d* prim und, weil prim, auch die kleinsten (VII, 21); die kleinsten Zahlen messen aber solche, die dasselbe Verhältnis haben, gleichoft, die größere die größere und die kleinere die kleinere (VII, 20), d. h. das Vorderglied das Vorderglied und das Hinterglied das Hinterglied. *a* mäße also *e*, als größere Zahl die kleinere; dies ist unmöglich. Also können *e, f, g, h*, die $<$ *a, b, c, d* sein sollen, nicht in demselben Verhältnis stehen wie sie. *a, b, c, d* sind also unter den Zahlen, die dasselbe Verhältnis haben wie sie, die kleinsten — q. e. d.

§ 2 (A. 1).

Kleinste Zahlen in Geometrischer Reihe in gegebenem Verhältnis zu finden, soviele verlangt werden.

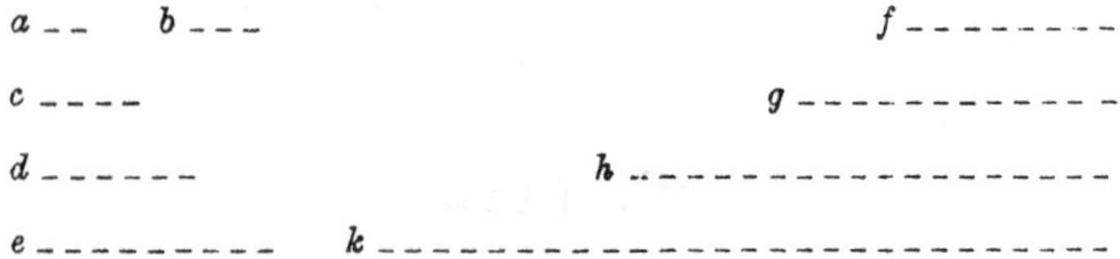

Das gegebene Verhältnis sei, in kleinsten Zahlen (VII, 33), $a : b$. Man soll kleinste Zahlen in Geometrischer Reihe im Verhältnis $a : b$ finden, soviele verlangt werden.

Verlangt seien vier. a bilde, indem es sich selbst vervielfältigt, c und, indem es b vervielfältigt, d; ferner bilde b, indem es sich selbst vervielfältigt, e; ferner bilde a, indem es c, d, e vervielfältigt, f, g, h, und b bilde, indem es e vervielfältigt, k.

Da a, indem es sich selbst vervielfältigt, c und, indem es b vervielfältigt, d bildet, so ist $a : b = c : d$ (VII, 17). Ebenso entstehen, da a, indem es b vervielfältigt, d, und b, indem es sich selbst vervielfältigt, e bildet, d, e beide, indem von a, b die entsprechende Zahl b vervielfältigt; also ist $a : b = d : e$ (VII, 18). Aber $a : b = c : d$; also ist auch $c : d = d : e$. Ferner ist, da a, indem es c, d vervielfältigt, f, g bildet, $c : d = f : g$ (VII, 17). Nun war $c : d = a : b$; also ist auch $a : b = f : g$. Ebenso ist, da a, indem es d, e vervielfältigt, g, h bildet, $d : e = g : h$ (VII, 17). Aber $d : e = a : b$; also ist auch $a : b = g : h$. Ferner ist, da a, b, indem sie e vervielfältigen, h, k bilden, $a : b = h : k$ (VII, 18). Aber $a : b = f : g = g : h$; also ist auch $f : g = g : h = h : k$. Also stehen c, d, e und f, g, h, k in Proportion im Verhältnis $a : b$. Ich behaupte, daß sie auch die kleinsten solchen Zahlen sind. Da nämlich a, b unter den Zahlen, die dasselbe Verhältnis haben wie sie, die kleinsten sind, die kleinsten unter den Zahlen, die dasselbe Verhältnis haben, aber gegeneinander prim sind (VII, 22), so sind a, b gegeneinander prim. a und b bilden nun beide, indem jede sich selbst vervielfältigt, c und e und, indem jede die entsprechende der Zahlen c, e vervielfältigt, f und k. Also sind *c*, *e*, ebenso *f*, *k* gegeneinander prim (VII, 27). Hat man aber beliebigviele Zahlen in Geometrischer Reihe und sind dabei die äußeren Glieder gegeneinander prim, so sind sie unter denen, die dasselbe Verhältnis haben wie sie, die kleinsten (VIII, 1). Also sind *c*, *d*, *e* und *f*, *g*, *h*, *k* unter den Zahlen, die dasselbe Verhältnis wie *a*, *b* haben, die kleinsten — q. e. d.

Zusatz: Hiernach ist klar, daß, wenn drei Zahlen in Geometrischer Reihe unter denen, die dasselbe Verhältnis haben wie sie, die kleinsten sind, dann die äußeren Glieder Quadratzahlen (VII, Def. 18) sind, und wenn vier, dann Kubikzahlen (VII, Def. 19).

§ 3 (L. 2).

Hat man beliebigviele Zahlen in Geometrischer Reihe, die kleinsten unter denen, die dasselbe Verhältnis haben wie sie, dann sind die äußeren Glieder gegeneinander prim.

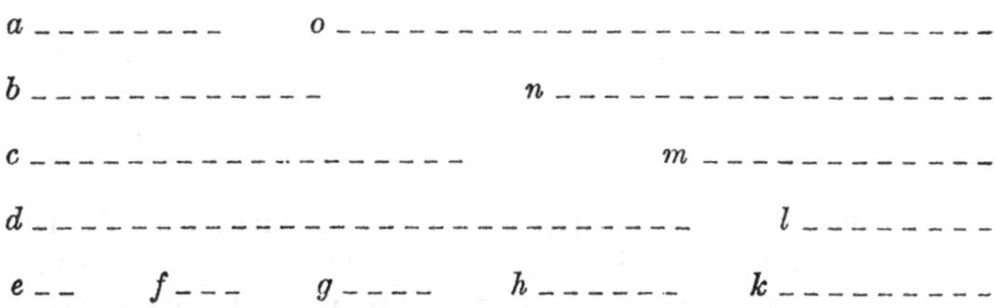

a, *b*, *c*, *d* seien beliebigviele Zahlen in Geometrischer Reihe, die kleinsten unter denen, die dasselbe Verhältnis haben wie sie. Ich behaupte, daß die äußeren Glieder *a*, *d* gegeneinander prim sind.

Man verschaffe sich kleinste Zahlen, die in demselben Verhältnis wie *a*, *b*, *c*, *d* stehen, zwei (VII, 33), nämlich *e*, *f*, drei, nämlich *g*, *h*, *k*, und der Reihe nach immer um eine mehr (VIII, 2), bis die gewählte Anzahl der Anzahl der Zahlen *a*, *b*, *c*, *d* gleich wird. Man bilde sie, sie seien *l*, *m*, *n*, *o*.

Da *e*, *f* unter den Zahlen, die dasselbe Verhältnis haben wie sie, die kleinsten sind, sind sie gegeneinander prim (VII, 22). Da *e* und *f*, indem jede sich selbst vervielfältigt, *g* und *k* und, indem jede die entsprechende von *g*, *k* vervielfältigt, *l* und *o* bilden (VIII, 2), so sind auch *g*, *k*, ebenso *l*, *o* gegeneinander prim (VII, 27). Da nun *a*, *b*, *c*, *d* unter den Zahlen, die dasselbe Verhältnis haben wie sie, die kleinsten sind, auch l, m, n, o aber die kleinsten in demselben Verhältnis wie a, b, c, d stehenden sind, ferner die Anzahl der Zahlen a, b, c, d der Anzahl der Zahlen l, m, n, o gleich ist, so ist jede der Zahlen a, b, c, d der entsprechenden von l, m, n, o gleich. Also ist $a = l$ und $d = o$. Nun sind l, o gegeneinander prim; also sind auch a, d gegeneinander prim — q. e. d.

§ 4 (A. 2).

Zu beliebigvielen in kleinsten Zahlen gegebenen Verhältnissen die kleinsten in den gegebenen Verhältnissen der Reihe nach in Proportion stehenden Zahlen zu finden.

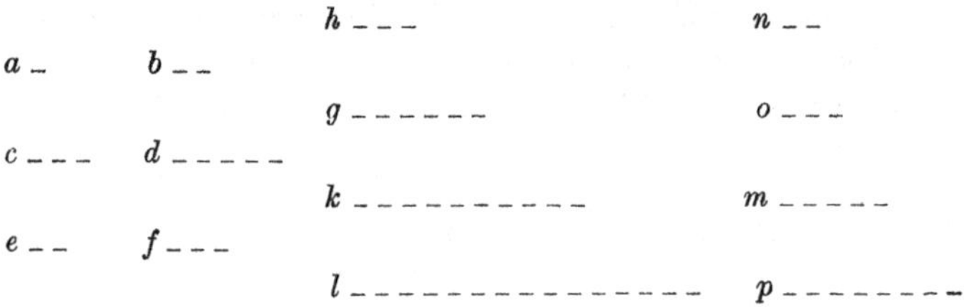

Die gegebenen Verhältnisse seien in kleinsten Zahlen $a : b$, $c : d$ und $e : f$. Man soll die kleinsten in den Verhältnissen $a : b$, $c : d$ und $e : f$ der Reihe nach in Proportion stehenden Zahlen finden.

Man verschaffe sich die kleinste von b und c gemessene Zahl g (VII, 34). Ferner werde h von a ebensooft gemessen, wie g von b; und k werde von d ebensooft gemessen, wie g von c. e mißt dann entweder k, oder es mißt nicht.

Zunächst messe es. Dann werde l von f ebensooft gemessen, wie k von e. Da a hier h gleichoft mißt wie b g, ist $a : b = h : g$ (VII, Def. 20; VII, 13). Aus demselben Grunde ist auch $c : d = g : k$ und $e : f = k : l$. h, g, k, l stehen also in den Verhältnissen $a : b$, $c : d$ und $e : f$ der Reihe nach in Proportion. Ich behaupte, daß sie auch die kleinsten solchen Zahlen sind. Wären nämlich h, g, k, l nicht die kleinsten in den Verhältnissen $a : b$, $c : d$ und $e : f$ der Reihe nach in Proportion stehenden Zahlen, so mögen n, o, m, p es sein. Da dann $a : b = n : o$, wobei a, b die kleinsten sind, und da die kleinsten Zahlen solche, die dasselbe Verhältnis haben, gleichoft messen, die größere die größere und die kleinere die kleinere (VII, 20), d. h. das Vorderglied das Vorderglied und das Hinterglied das Hinterglied, so mäße b o. Aus demselben Grunde mäße auch c o. b und c mäßen also o; also müßte auch die kleinste von b und c gemessene Zahl o messen (VII, 35). Die kleinste von b und c gemessene Zahl ist aber g. Auch g mäße also o, als größere Zahl die kleinere; dies ist unmöglich. Also kann es keine Zahlen $< h, g, k, l$ geben, die in den Verhältnissen $a:b$, $c:d$ und $e:f$ der Reihe nach in Proportion stünden.

Nunmehr messe e k nicht. Dann verschaffe man sich die kleinste von e und k gemessene Zahl m (VII, 34). Ferner

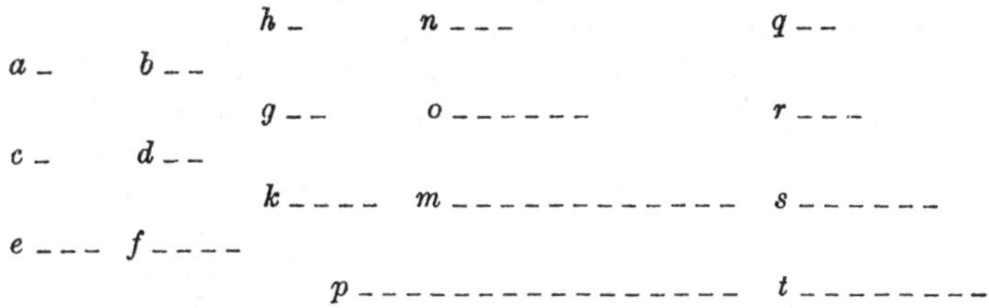

mögen n, o von h, g, jede von der entsprechenden, ebensooft gemessen werden, wie m von k; und p werde von f ebensooft gemessen, wie m von e. Da h hier n gleichoft mißt wie g o, so ist $h:g = n:o$ (VII, Def. 20; VII, 13). Aber $h:g = a:b$; also ist auch $a:b = n:o$. Aus demselben Grunde ist auch $c:d = o:m$. Ebenso ist, da e m gleichoft mißt wie f p, $e:f = m:p$. n, o, m, p stehen also in den Verhältnissen $a:b$, $c:d$ und $e:f$ der Reihe nach in Proportion. Ich behaupte, daß sie auch die kleinsten Zahlen in den Verhältnissen $a:b$, $c:d$, $e:f$ sind. Anderenfalls müßte es nämlich Zahlen $< n, o, m, p$ geben, die in den Verhältnissen $a:b$, $c:d$, $e:f$ der Reihe nach in Proportion stünden. Solche seien q, r, s, t. Da dann $q:r = a:b$, wobei a, b die kleinsten sind, und da die kleinsten Zahlen solche, die dasselbe Verhältnis haben wie sie, gleichoft messen, das Vorderglied das Vorderglied und das Hinterglied das Hinterglied (VII, 20), so mäße b r. Aus demselben Grunde mäße auch c r. b und c mäßen also r; also müßte auch die kleinste von b und c gemessene Zahl r messen (VII, 35). Die kleinste von b und c gemessene Zahl ist aber g; g mäße also r. Nun wäre $g:r$

$= k : s$ (VII, 13), und k mäße also s (VII, Def. 20). Aber auch e mäße s; e und k mäßen also s. Also müßte auch die kleinste von e und k gemessene Zahl s messen (VII, 35). Die kleinste von e und k gemessene Zahl ist aber m. m mäße also s, als größere Zahl die kleinere; dies ist unmöglich. Also kann es keine Zahlen $< n, o, m, p$ geben, die in den Verhältnissen $a : b$, $c : d$ und $e : f$ der Reihe nach in Proportion stünden. Also sind n, o, m, p die kleinsten in den Verhältnissen $a : b$, $c : d$, $e : f$ der Reihe nach in Proportion stehenden Zahlen — q. e. d.

§ 5 (L. 3).

Ebene Zahlen haben zueinander das zusammengesetzte Verhältnis aus den Seiten(-verhältnissen).

a, b seien ebene Zahlen; die Seiten von a seien die Zahlen c, d, und e, f die von b (VII, Def. 16). Ich behaupte, daß a zu b das zusammengesetzte Verhältnis aus den Seiten hat.

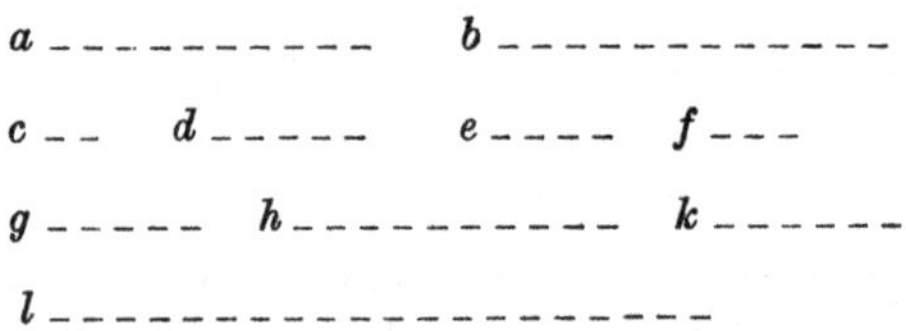

Zu den gegebenen Verhältnissen (VII, 33) von c zu e und von d zu f bilde man die kleinsten in den Verhältnissen $c : e$, $d : f$ der Reihe nach in Proportion stehenden Zahlen g, h, k (VIII, 4), so daß $c : e = g : h$ und $d : f = h : k$. [g, h, k haben also zueinander die Verhältnisse der Seiten. Nun ist das Verhältnis $g : k$ aus $g : h$ und $h : k$ zusammengesetzt. g hat also zu k das zusammengesetzte Verhältnis aus den Seiten. Ich behaupte, daß $a : b = g : k$.] Ferner bilde d, indem es e vervielfältigt, l.

Da d, indem es c vervielfältigt, a und, indem es e vervielfältigt, l bildet, ist $c : e = a : l$ (VII, 17). Aber $c : e = g : h$; also ist auch $g : h = a : l$. Ebenso ist, da e, indem es d vervielfältigt, l bildet (VII, 16), hingegen, indem es f vervielfältigt, b bildet, $d : f = l : b$ (VII, 17). Aber $d : f = h : k$; also ist auch $h : k = l : b$. Wie oben bewiesen, ist auch $g : h = a : l$; also ist über gleiches weg $g : k = a : b$ (VII, 14). g hat aber zu k das zusammengesetzte Verhältnis aus den Seiten; also hat auch a zu b das zusammengesetzte Verhältnis aus den Seiten — q. e. d.

§ 6 (L. 4).

Hat man beliebigviele Zahlen in Geometrischer Reihe und mißt dabei die erste die zweite nicht, dann kann auch sonst keine irgendeine (spätere) messen.

a, *b*, *c*, *d*, *e* seien beliebigviele Zahlen in Geometrischer Reihe, und *a* messe *b* nicht. Ich behaupte, daß auch sonst keine irgendeine messen kann.

a -- *16* --   *b* -- *24* --   *c* -- *36* --

d -- *54* --   *e* -- *81* --

f ----   *g* ------   *h* ---------

Daß *a*, *b*, *c*, *d*, *e* der Reihe nach einander nicht messen, ist klar; denn *a* mißt *b* nicht (VII, Def. 20). Ich behaupte daß auch sonst keine irgendeine messen kann. Wäre dies nämlich möglich, so messe *a* etwa *c*. In der Anzahl von *a*, *b*, *c* bilde man dann kleinste Zahlen, die dasselbe Verhältnis haben wie *a*, *b*, *c*, nämlich *f*, *g*, *h* (VII, 33). Da *f*, *g*, *h* in demselben Verhältnis wie *a*, *b*, *c* stehen und die Anzahl der Zahlen *a*, *b*, *c* der Anzahl der Zahlen *f*, *g*, *h* gleich ist, ist über gleiches weg $a : c = f : h$ (VII, 14). Da ferner $a : b = f : g$, *a* aber *b* nicht mißt, so mißt auch *f* *g* nicht (VII, Def. 20). Also ist *f* keine Einheit; denn die Einheit mißt jede Zahl. *f*, *h* sind gegeneinander prim (VIII, 3) [*f* mißt also auch *h* nicht] und $f : h = a : c$; auch *a* mißt also *c* nicht (VII, Def. 20). Ähnlich läßt sich zeigen, daß auch sonst keine irgendeine mißt — q. e. d.

§ 7 (L. 5).

Hat man beliebigviele Zahlen in Geometrischer Reihe und mißt die erste dabei die letzte, dann muß sie auch die zweite messen.

a, *b*, *c*, *d* seien beliebigviele Zahlen in Geometrischer Reihe, und *a* messe *d*. Ich behaupte, daß *a* auch *b* mißt.

a ---   *b* ------   *c* ------------

d ---------------------------

Wenn *a* nämlich *b* nicht mäße, könnte auch sonst keine Zahl irgendeine messen (VIII, 6). *a* mißt aber *d*; also mißt *a* auch *b* — q. e. d.

§ 8 (L. 6).

Wenn sich zwischen zwei Zahlen Zahlen in stetiger Proportion einschalten lassen, dann lassen sich ebensoviele Zahlen, wie sich zwischen jene in stetiger Proportion einschalten lassen, auch zwischen solche Zahlen, die dasselbe Verhältnis haben, in stetiger Proportion einschalten.

Zwischen die zwei Zahlen a, b mögen sich die Zahlen c, d in stetiger Proportion einschalten lassen; ferner sei $a : b$

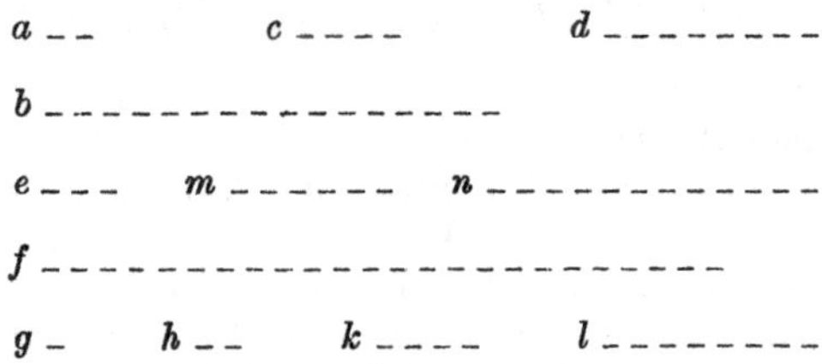

$= e : f$. Ich behaupte, daß sich ebensoviele Zahlen, wie zwischen a, b in stetiger Proportion eingeschaltet sind, auch zwischen e, f in stetiger Proportion einschalten lassen müssen.

Man verschaffe sich in der Anzahl von a, b, c, d die kleinsten Zahlen, die dasselbe Verhältnis wie a, c, d, b haben, nämlich g, h, k, l (VII, 33). Dann sind die äußeren Glieder g, l gegeneinander prim (VIII, 3). Da hier a, c, d, b in demselben Verhältnis stehen wie g, h, k, l und die Anzahl der Zahlen a, c, d, b der Anzahl der Zahlen g, h, k, l gleich ist, so ist über gleiches weg $a : b = g : l$ (VII, 14). Aber $a : b = e : f$; also ist auch $g : l = e : f$. Nun sind g, l prim und, weil prim, auch die kleinsten (VII, 21); die kleinsten Zahlen messen aber solche, die dasselbe Verhältnis haben, gleichoft, die größere die größere und die kleinere die kleinere (VII, 20), d. h. das Vorderglied das Vorderglied und das Hinterglied das Hinterglied; g mißt also e gleichoft, wie l f. Jetzt mögen h, k ebensooft m, n messen, jede Zahl die entsprechende, wie g e mißt. g, h, k, l messen dann e, m, n, f gleichoft; g, h, k, l stehen also in demselben Verhältnis wie e, m, n, f (VII, 9, Def. 20). g, h, k, l stehen aber in demselben Verhältnis wie a, c, d, b; also stehen a, c, d, b auch in demselben Verhältnis wie e, m, n, f. Nun bilden a, c, d, b eine Geometrische Reihe; also bilden auch e, m, n, f eine Geometrische Reihe. Man hat also ebensoviele Zahlen in stetiger Proportion zwischen *e*, *f* eingeschaltet, wie zwischen *a*, *b* in stetiger Proportion eingeschaltet waren — q. e. d.

§ 9 (L. 7).

Sind zwei Zahlen gegeneinander prim und kann man zwischen sie Zahlen in stetiger Proportion einschalten, dann müssen sich ebensoviele Zahlen, wie sich zwischen jene in stetiger Proportion einschalten lassen, auch zwischen jede von ihnen und die Einheit in stetiger Proportion einschalten lassen.

Die zwei Zahlen *a*, *b* seien gegeneinander prim, und zwischen sie mögen sich *c*, *d* in stetiger Proportion ein-

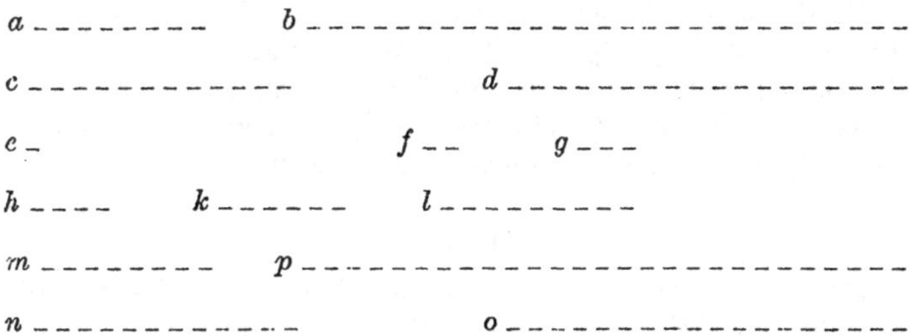

schalten lassen; ferner sei *e* die Einheit. Ich behaupte, daß zwischen jede der beiden Zahlen *a*, *b* und die Einheit sich ebensoviele Zahlen in stetiger Proportion einschalten lassen müssen, wie zwischen *a* und *b* in stetiger Proportion eingeschaltet sind.

Man verschaffe sich kleinste Zahlen, die in demselben Verhältnis wie *a*, *c*, *d*, *b* stehen, zwei, nämlich *f*, *g* (VII, 33), drei, nämlich *h*, *k*, *l*, und der Reihe nach immer um eine mehr (VIII, 2), bis ihre Anzahl der Anzahl der Zahlen *a*, *c*, *d*, *b* gleich wird. Man bilde sie, sie seien *m*, *n*, *o*, *p*. Dann ist klar, daß *f*, indem es sich selbst vervielfältigt, *h* und, indem es *h* vervielfältigt, *m* bildet, sowie daß *g*, indem es sich selbst vervielfältigt, *l* und, indem es *l* vervielfältigt, *p* bildet (VIII, 2). Da nun *m*, *n*, *o*, *p* unter den Zahlen, die dasselbe Verhältnis haben wie $f:g$, kleinste sind, auch *a*, *c*, *d*, *b* aber unter den Zahlen, die dasselbe Verhältnis haben wie $f:g$, kleinste sind (VIII, 1), ferner die Anzahl der Zahlen m, n, o, p der Anzahl der Zahlen a, c, d, b gleich ist, so ist jede der Zahlen m, n, o, p der entsprechenden von a, c, d, b gleich; also ist $m = a$ und $p = b$. Da nun h entsteht, indem f sich selbst vervielfältigt, mißt f h nach den Einheiten in f (VII, Def. 15). Die Einheit e mißt f aber auch nach den Einheiten in diesem. Die Einheit e mißt also die Zahl f gleichoft, wie f h; also ist Einheit e : Zahl $f = f : g$ (VII, Def. 20). Ebenso mißt h, da m entsteht, indem f h vervielfältigt, m nach den Einheiten in f. Die Einheit e mißt die Zahl f aber auch nach den Einheiten in dieser. Die Einheit e mißt also die Zahl f gleichoft, wie h m; also ist Einheit e : Zahl $f = h : m$. Wie oben bewiesen, ist aber auch Einheit e : Zahl $f = f : h$. Also ist Einheit e : Zahl $f = f : h = h : m$. Aber $m = a$; also ist Einheit e : Zahl $f = f : h = h : a$. Aus demselben Grunde ist auch Einheit e : Zahl $g = g : l = l : b$. Man hat also zwischen jede der beiden Zahlen a, b und die Einheit e ebensoviele Zahlen in stetiger Proportion eingeschaltet, wie zwischen a und b in stetiger Proportion eingeschaltet waren — q. e. d.

§ 10 (L. 8).

Kann man zwischen jede von zwei Zahlen und die Einheit (gleichviele) Zahlen in stetiger Proportion einschalten, dann müssen sich ebensoviele Zahlen, wie sich zwischen jede der beiden und die Einheit in stetiger Proportion einschalten lassen, auch zwischen jene in stetiger Proportion einschalten lassen.

Zwischen die zwei Zahlen a, b und die Einheit c seien Zahlen in stetiger Proportion eingeschaltet, einerseits d, e,

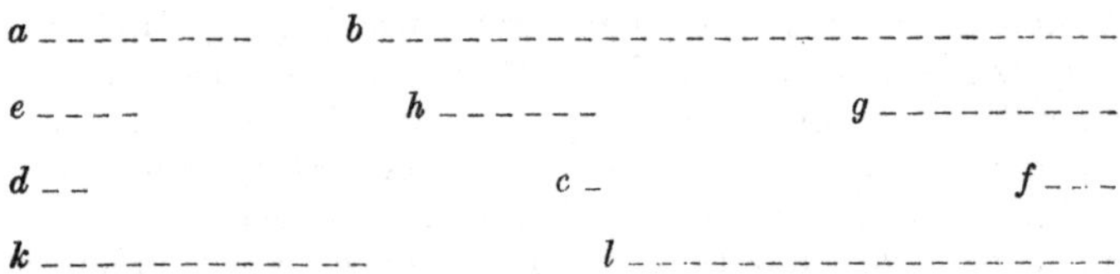

andererseits f, g. Ich behaupte, daß sich auch zwischen a und b ebensoviele Zahlen in stetiger Proportion einschalten lassen müssen, wie zwischen jede der beiden Zahlen a, b und die Einheit c in stetiger Proportion eingeschaltet sind.

h entstehe, indem d f vervielfältigt, und k, l mögen entstehen, indem d, f entsprechend h vervielfältigen.

Da Einheit c : Zahl $d = d : e$, mißt die Einheit c die Zahl d gleichoft, wie d e (VII, Def. 20). Nun mißt die Einheit c die Zahl d nach den Einheiten in d. Die Zahl d mißt also e auch nach den Einheiten in d; also entsteht e, indem d sich selbst vervielfältigt (VII, Def. 15). Ebenso mißt, da [Einheit] c : Zahl $d = e : a$, die Einheit c die Zahl d gleichoft, wie e a. Nun mißt die Einheit c die Zahl d nach den Einheiten in d; e mißt also a auch nach den Einheiten in d; also entsteht a, indem d e vervielfältigt. Aus demselben Grunde bildet f, indem es sich selbst vervielfältigt, g und, indem es g vervielfältigt, b. Weiter ist, da d, indem es sich selbst vervielfältigt, e und, indem es f vervielfältigt, h bildet, $d : f = e : h$ (VII, 17). Aus demselben Grunde ist auch $d : f = h : g$ (VII, 18); also ist $e : h = h : g$. Ebenso ist, da d, indem es e, h vervielfältigt, entsprechend a, k bildet, $e : h = a : k$ (VII, 17). Aber $e : h = d : f$; also ist auch $d : f = a : k$. Ebenso ist, da d, f, indem sie h vervielfältigen, entsprechend k, l bilden, $d : f = k : l$ (VII, 18). Aber $d : f = a : k$; also ist auch $a : k = k : l$. Ferner ist, da f, indem es h, g vervielfältigt, entsprechend l, b bildet, $h : g = l : b$ (VII, 17). Aber $h : g = d : f$; also ist $d : f = l : b$. Wie oben bewiesen, ist aber auch $d : f = a : k = k : l$; also ist $a : k = k : l = l : b$. a, k, l, b stehen also in stetiger Proportion. Zwischen a und b lassen sich also ebensoviele Zahlen in stetiger Proportion einschalten, wie sich zwischen jede der beiden Zahlen a, b und die Einheit c in stetiger Proportion einschalten lassen — q. e. d.

§ 11 (L. 9).

Zwischen zwei Quadratzahlen gibt es eine Mittlere Proportionalzahl; und die Quadratzahl steht zur Quadratzahl zweimal im Verhältnis wie die Seite zur Seite.

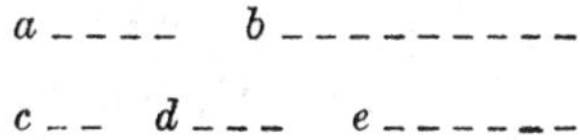

Man habe die Quadratzahlen a, b; und die Seite von a sei c, die von b d. Ich behaupte, daß es zwischen a, b eine Mittlere Proportionalzahl gibt, und daß $a : b = (c : d)^2$.

e entstehe, indem c d vervielfältigt. Da a eine Quadratzahl ist, c seine Seite (VII, Deff. 18, 16), so entsteht a, indem c sich selbst vervielfältigt. Aus demselben Grunde entsteht b, indem d sich selbst vervielfältigt. Da nun a, e entstehen, indem c entsprechend c, d vervielfältigt, so ist $c : d = a : e$ (VII, 17). Aus demselben Grunde ist auch $c : d = e : b$ (VII, 18); also ist $a : e = e : b$. Zwischen a, b gibt es also eine Mittlere Proportionalzahl.

Ich behaupte weiter, daß $a : b = (c : d)^2$. Da nämlich die drei Zahlen a, e, b in Proportion stehen, ist $a : b = (a : e)^2$ (V, Def. 9). Aber $a : e = c : d$; also ist $a : b =$ (Seite $c : d)^2$ — q. e. d.

§ 12 (L. 10).

Zwischen zwei Kubikzahlen gibt es zwei Mittlere Proportionalzahlen; und die Kubikzahl steht zur Kubikzahl dreimal im Verhältnis wie die Seite zur Seite.

Man habe die Kubikzahlen a, b; und die Seite von a sei c, die von b d. Ich behaupte, daß es zwischen a, b zwei Mittlere Proportionalzahlen gibt, und daß $a : b = (c : d)^3$.

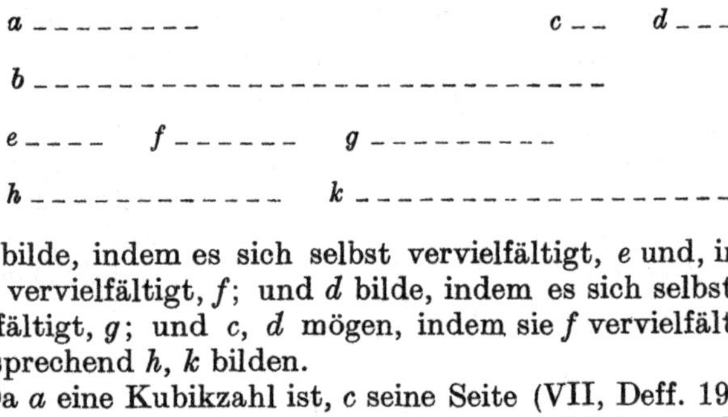

c bilde, indem es sich selbst vervielfältigt, e und, indem es d vervielfältigt, f; und d bilde, indem es sich selbst vervielfältigt, g; und c, d mögen, indem sie f vervielfältigen, entsprechend h, k bilden.

Da a eine Kubikzahl ist, c seine Seite (VII, Deff. 19, 17), und e entsteht, indem c sich selbst vervielfältigt, so bildet c, indem es sich selbst vervielfältigt, e und, indem es e vervielfältigt, a. Aus demselben Grunde bildet d, indem es sich selbst vervielfältigt, g und, indem es g vervielfältigt, b. Und da e, f entstehen, indem c entsprechend c, d vervielfältigt, so ist $c : d = e : f$ (VII, 17). Aus demselben Grund ist auch $c : d = f : g$ (VII, 18). Ebenso ist, da a, h entstehen, indem c entsprechend e, f vervielfältigt, $e : f = a : h$. Aber $e : f = c : d$; also ist $c : d = a : h$. Ebenso ist, da h, k entstehen, indem c,

d entsprechend f vervielfältigen, $c:d = h:k$. Ebenso ist, da k, b entstehen, indem d entsprechend f, g vervielfältigt, $f:g = k:b$. Aber $f:g = c:d$; also ist $c:d = a:h = h:k = k:b$. Also gibt es zwischen a, b zwei Mittlere Proportionalen, nämlich h, k.

Ich behaupte weiter, daß $a:b = (c:d)^3$. Da nämlich die vier Zahlen a, h, k, b in (stetiger) Proportion stehen, so ist $a:b = (a:h)^3$ (V, Def. 10). Aber $a:h = c:d$; also ist $a:b = (c:d)^3$ — q. e. d.

§ 13 (L. 11).

Hat man beliebigviele Zahlen in Geometrischer Reihe und bildet jede, indem sie sich selbst vervielfältigt, eine weitere, so müssen die Produkte in Proportion stehen; und wenn die ursprünglichen Zahlen, indem sie die Produkte vervielfältigen, weitere bilden, so müssen auch diese in Proportion stehen [und dies gilt stets von den letzten].

a, b, c seien beliebigviele Zahlen in Geometrischer Reihe, $a:b = b:c$; und a, b, c mögen, indem sie sich selbst vervielfältigen, d, e, f und, indem sie d, e, f vervielfältigen, g, h, k bilden. Ich behaupte, daß d, e, f und g, h, k Geometrische Reihen bilden.

a ----	b ------	c ----------
d -- 16 --	e -- 36 --	f -- 81 --
g -- 64 --	h -- 216 --	k -- 729 --
l -- 24 --	m -- 96 --	n -- 144 --
o -- 54 --	p -- 324 --	q -- 486 --

a bilde, indem es b vervielfältigt, l; und a, b mögen, indem sie l vervielfältigen, entsprechend m, n bilden. Ebenso bilde b, indem es c vervielfältigt, o; und b, c mögen, indem sie o vervielfältigen, entsprechend p, q bilden.

Ähnlich wie oben (VIII, 12) läßt sich zeigen, daß d, l, e und g, m, n, h Geometrische Reihen bilden im Verhältnis $a:b$, ferner e, o, f und h, p, q, k Geometrische Reihen im Verhältnis $b:c$. Nun ist $a:b = b:c$; also stehen d, l, e in demselben Verhältnis wie e, o, f, ferner g, m, n, h wie h, p, q, k. Dabei ist die Anzahl der Zahlen d, l, e der Anzahl von e, o, f gleich, und die der Zahlen g, m, n, h der von h, p, q, k; über gleiches weg ist also $d:e = e:f$ und $g:h = h:k$ (VII, 14) — q. e. d.

§ 14 (L. 12).

Wenn eine Quadratzahl eine Quadratzahl mißt, dann muß auch die Seite die Seite messen; und wenn die Seite die Seite mißt, dann muß auch die Quadratzahl die Quadratzahl messen.

a ---- b ------------------

c -- d ---- e ---------

a, b seien Quadratzahlen, c, d ihre Seiten, und a messe b. Ich behaupte, daß auch c d mißt.

e entstehe, indem c d vervielfältigt. Dann bilden a, e, b eine Geometrische Reihe im Verhältnis $c:d$ (VIII, 11). Da a, e, b eine Geometrische Reihe bilden und a dabei b mißt, mißt a auch e (VIII, 7). Nun ist $a:e = c:d$; also mißt auch c d (VII, Def. 20).

Zweitens möge c d messen. Ich behaupte, daß auch a b mißt.

Man konstruiere ebenso; dann läßt sich ähnlich zeigen, daß a, e, b eine Geometrische Reihe bilden im Verhältnis $c:d$ (VII, 17, 18). Und da $c:d = a:e$, c aber d mißt, so mißt auch a e (VII, Def. 20). Nun bilden a, e, b eine Geometrische Reihe; also mißt a auch b (VII, Def. 20) — S.

§ 15 (L. 13).

Wenn eine Kubikzahl eine Kubikzahl mißt, dann muß auch die Seite die Seite messen; und wenn die Seite die Seite mißt, dann muß auch die Kubikzahl die Kubikzahl messen.

a -- 27 -- b -- 216 --

c --- d ------

e --9-- f -- 18 -- g -- 36 --

h -- 54 -- k -- 108 --

Die Kubikzahl a messe die Kubikzahl b; und c sei die Seite von a, d die von b. Ich behaupte, daß c d mißt.

e entstehe, indem c sich selbst vervielfältigt, und g entstehe, indem d sich selbst vervielfältigt; ferner bilde c, indem es d vervielfältigt, f; und c, d mögen, indem sie f vervielfältigen, entsprechend h, k bilden. Dann ist klar, daß e, f, g und a, h, k, b Geometrische Reihen bilden im Verhältnis $c:d$ (VIII, 11, 12). Da a, h, k, b eine Geometrische Reihe bilden und a dabei b mißt, mißt es auch h (VIII, 7). Nun ist $a : h = c : d$; also mißt auch c d (VII, Def. 20).

Andererseits möge c d messen. Ich behaupte, daß auch a b messen muß.

Man konstruiere ebenso; dann läßt sich ähnlich zeigen, daß a, h, k, b eine Geometrische Reihe bilden im Verhältnis $c : d$ (VII, 17, 18). Und da c d mißt, während $c : d = a : h$, mißt auch a h (VII, Def. 20). Folglich mißt a auch b (VII, Def. 20) — q. e. d.

§ 16 (L. 14).

Wenn eine Quadratzahl eine Quadratzahl nicht mißt, kann auch die Seite die Seite nicht messen; und wenn die Seite die Seite nicht mißt, kann auch die Quadratzahl die Quadratzahl nicht messen.

a - - - - c - -

b - - - - - - - - - - d - - -

a, b seien Quadratzahlen, c, d ihre Seiten; und a messe b nicht. Ich behaupte, daß auch c d nicht mißt.

Mäße c nämlich d, so müßte auch a b messen (VIII, 14). a mißt b aber nicht; also kann auch c d nicht messen.

Zweitens messe c d nicht. Ich behaupte, daß auch a b nicht messen kann.

Mäße a nämlich b, so müßte auch c d messen (VIII, 14). c mißt d aber nicht; also kann auch a b nicht messen — q. e. d.

§ 17 (L. 15).

Wenn eine Kubikzahl eine Kubikzahl nicht mißt, kann auch die Seite die Seite nicht messen; und wenn die Seite die Seite nicht mißt, kann auch die Kubikzahl die Kubikzahl nicht messen.

Die Kubikzahl a messe die Kubikzahl b nicht; und c sei die Seite von a, d die von b. Ich behaupte, daß c d nicht messen kann.

a - - - - - - - - c - - d - - -

b -

Mäße c nämlich d, so müßte auch a b messen (VIII, 15). a mißt b aber nicht; also mißt auch c d nicht.

Andererseits messe c d nicht. Ich behaupte, daß auch a b nicht messen kann.

Mäße a nämlich b, so müßte auch c d messen (VIII, 15). c mißt d aber nicht; also kann auch a b nicht messen — q. e. d.

§ 18 (L. 16).

Zwischen zwei ähnlichen ebenen Zahlen gibt es eine Mittlere Proportionalzahl; und die ebene Zahl steht zur ebenen Zahl zweimal im Verhältnis wie eine Seite zur entsprechenden Seite.

Man habe zwei ähnliche ebene Zahlen a, b; die Zahlen c, d seien die Seiten von a, und e, f die von b. Da ähnliche

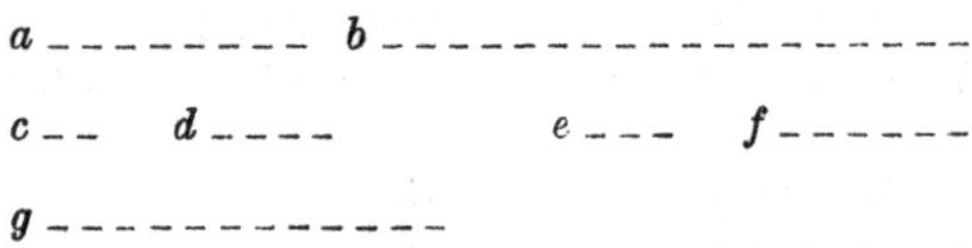

ebene Zahlen solche sind, deren Seiten in Proportion stehen (VII, Def. 21), ist $c:d = e:f$. Ich behaupte, daß es dann zwischen a, b eine Mittlere Proportionalzahl gibt, und daß $a:b = (c:e)^2 = (d:f)^2$, d. h. zweimal wie eine Seite zur entsprechenden.

Da $c:d = e:f$, so ist, vertauscht, $c:e = d:f$ (VII, 13). Und da a eine ebene Zahl ist, c, d ihre Seiten, so entsteht a, indem d c vervielfältigt (VII, Def. 16). Aus demselben Grunde entsteht auch b, indem e f vervielfältigt. Nun bilde d, indem es e vervielfältigt, g. Da hier d, indem es c vervielfältigt, a und, indem es e vervielfältigt, g bildet, ist $c:e = a:g$ (VII, 17). Aber $c:e = d:f$; also ist auch $d:f = a:g$. Ebenso ist, da e, indem es d vervielfältigt, g (VII, 16) und, indem es f vervielfältigt, b bildet, $d:f = g:b$. Wie oben bewiesen, ist aber $d:f = a:g$; also ist $a:g = g:b$. a, g, b bilden also eine Geometrische Reihe; also gibt es zwischen a, b eine Mittlere Proportionalzahl.

Ich behaupte weiter, daß a zu b zweimal im Verhältnis steht, wie eine Seite zur entsprechenden Seite, d. h. wie c zu e oder d zu f. Da nämlich a, g, b eine Geometrische Reihe bilden, steht a zu b zweimal im Verhältnis wie zu g (V, Def. 9). Nun ist $a:g = c:e = d:f$, also $a:b = (c:e)^2$ $= (d:f)^2$ — q. e. d.

§ 19 (L. 17).

Zwischen zwei ähnliche körperliche Zahlen lassen sich zwei Mittlere Proportionalzahlen einschalten; und die körperliche Zahl steht zur ähnlichen körperlichen Zahl dreimal im Verhältnis wie eine Seite zur entsprechenden Seite.

Man habe zwei ähnliche körperliche Zahlen a, b; c, d, e seien die Seiten von a, und f, g, h die von b. Da ähnliche körperliche Zahlen solche sind, deren Seiten in Proportion

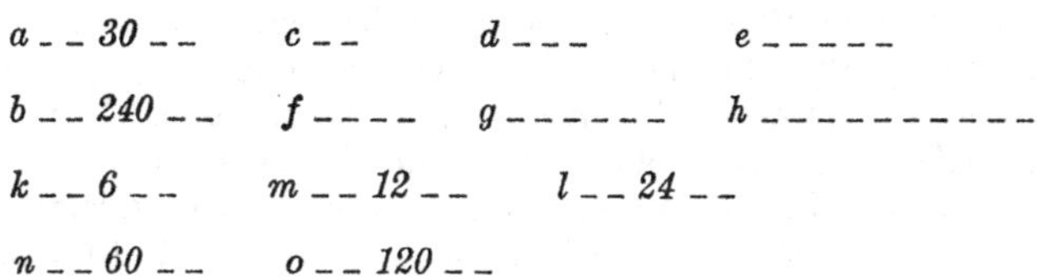

stehen (VII, Def. 21), ist $c : d = f : g$ und $d : e = g : h$. Ich behaupte, daß sich zwischen a, b zwei Mittlere Proportionalen einschalten lassen, und daß $a : b = (c : f)^3 = (d : g)^3 = (e : h)^3$.

c bilde, indem es d vervielfältigt, k, und f bilde, indem es g vervielfältigt, l. Da c, d in demselben Verhältnis stehen wie f, g, und da $c \cdot d$ k ist und $f \cdot g$ l, so sind k, l ähnliche ebene Zahlen (VII, Def. 21). Zwischen k, l gibt es also eine Mittlere Proportionalzahl (VIII, 18); sie sei m. m ist dann $d \cdot f$, wie im vorigen Satz (VIII, 18) gezeigt wurde. Da d hier, indem es c vervielfältigt, k (VII, 16) und, indem es f vervielfältigt, m bildet, ist $c : f = k : m$ (VII, 17). Aber $k : m = m : l$; also bilden k, m, l eine Geometrische Reihe im Verhältnis $c : f$. Und da $c : d = f : g$, so ist, vertauscht, $c : f = d : g$ (VII, 13). Aus demselben Grunde ist auch $d : g = e : h$. k, m, l bilden also eine Geometrische Reihe sowohl im Verhältnis $c : f$, als auch $d : g$, als auch $e : h$. Nun mögen e, h, indem sie m vervielfältigen, entsprechend n, o bilden. Da a eine körperliche Zahl ist, c, d, e ihre Seiten, so entsteht a, indem e $c \cdot d$ vervielfältigt (VII, Def. 17). $c \cdot d$ ist aber k; a entsteht also, indem e k vervielfältigt. Aus demselben Grunde entsteht b, indem h l vervielfältigt. Da e hier, indem es k vervielfältigt, a, dagegen, indem es m vervielfältigt, n bildet, so ist $k : m = a : n$ (VII, 17). Aber $k : m = c : f = d : g = e : h$; also ist $c : f = d : g = e : h = a : n$.

Ebenso ist, da e, h, indem sie m vervielfältigen, entsprechend n, o bilden, $e : h = n : o$ (VII, 18). Aber $e : h = c : f = d : g$; also ist $c : f = d : g = e : h = a : n = n : o$. Ebenso ist, da h, indem es m vervielfältigt, o, dagegen, indem es l vervielfältigt, b bildet, $m : l = o : b$. Aber $m : l = c : f = d : g = e : h$; also sind $c : f$, $d : g$, $e : h$ = nicht nur $o : b$, sondern auch $a : n$ und $n : o$. a, n, o, b bilden also eine Geometrische Reihe in den genannten Verhältnissen der Seiten.

Ich behaupte, daß ferner a zu b dreimal im Verhältnis steht, wie eine Seite zur entsprechenden Seite, d. h. wie die Zahl c zu f oder $d : g$ sowie $e : h$. Da nämlich a, n, o, b vier Zahlen in Geometrischer Reihe sind, so ist $a : b = (a : n)^3$ (V, Def. 10). Wie oben bewiesen, ist aber $a : n = c : f = d : g = e : h$. Also steht a zu b dreimal im Verhältnis wie eine Seite zur entsprechenden, d. h. wie die Zahl c zu f und $d : g$ sowie $e : h$ — q. e. d.

§ 20 (L. 18).

Läßt sich zwischen zwei Zahlen eine Mittlere Proportionalzahl einschalten, so müssen die Zahlen ähnliche ebene Zahlen sein.

Zwischen zwei Zahlen a, b lasse sich eine Mittlere Proportionalzahl c einschalten. Ich behaupte, daß a, b ähnliche ebene Zahlen sind.

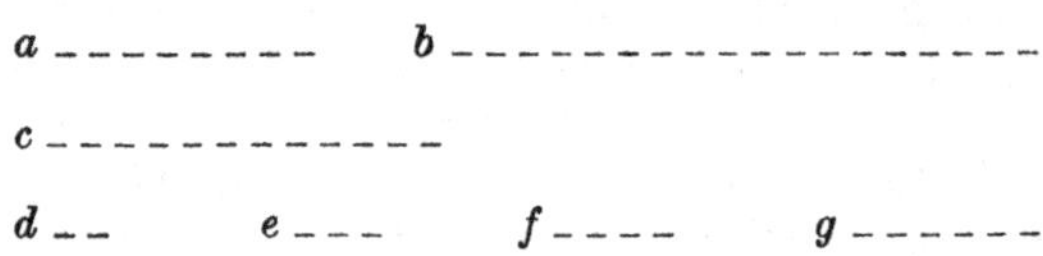

Man verschaffe sich von den Zahlen, die dasselbe Verhältnis haben wie a, c, die kleinsten d, e (VII, 33). Dann mißt d a gleichoft, wie e c (VII, 20).

Nun möge f soviel Einheiten enthalten, wieoft d a mißt. Dann entsteht a, indem f d vervielfältigt. Folglich ist a eine ebene Zahl (VII, Def. 16), d, f ihre Seiten. Da d, e ebenso die kleinsten unter den Zahlen sind, die dasselbe Verhältnis wie c, b haben, mißt d c gleichoft wie e b. Nun möge g soviel Einheiten enthalten, wieoft e b mißt; e mißt also b nach den Einheiten in g. Dann entsteht b, indem g e vervielfältigt; also ist b eine ebene Zahl, e, g ihre Seiten. a und b sind also ebene Zahlen. Ich behaupte, daß sie auch ähnlich sind. Da f nämlich, indem es d vervielfältigt, a und, indem es e vervielfältigt, c bildet, ist $d : e = a : c$, d. h. $= c : b$. Ebenso ist, da e, indem es f, g beide vervielfältigt, c, b bildet, $f : g = c : b$. Aber $c : b = d : e$; also ist auch $d : e = f : g$ und, vertauscht, $d : f = e : g$ (VII, 13). Also sind a, b ähnliche ebene Zahlen; denn ihre Seiten stehen in Proportion (VII, Def. 21) — q. e. d.

§ 21 (L. 19).

Lassen sich zwischen zwei Zahlen zwei Mittlere Proportionalzahlen einschalten, so sind die Zahlen ähnliche körperliche Zahlen.

Zwischen zwei Zahlen a, b mögen sich zwei Mittlere Proportionalzahlen c, d einschalten lassen. Ich behaupte, daß a, b ähnliche körperliche Zahlen sind.

a – – *120* – – *c* – – *180* – – *d* – – *270* – – *b* – – *405* – –

e – – – – *f* – – – – – – *g* – – – – – – – – – –

h – – *k* – – *n* – – *30* – – *l* – – – *m* – – – *o* – – *45* – –

Man verschaffe sich die kleinsten drei Zahlen, die dasselbe Verhältnis haben wie a, c, d, nämlich e, f, g (VII, 33). Die äußeren Glieder e, g sind dann gegeneinander prim (VIII, 3). Da sich nun zwischen e, g eine Mittlere Proportionalzahl einschalten läßt, nämlich f, so sind e, g ähnliche ebene Zahlen (VIII, 20). Nun seien h, k die Seiten von e, und l, m die von g. Dann ist nach dem vorigen (VIII, 20) klar, daß e, f, g eine Geometrische Reihe bilden im Verhältnis sowohl $h : l$ als auch $k : m$. Da hier e, f, g die kleinsten unter den Zahlen sind, die dasselbe Verhältnis haben wie a, c, d, und die Anzahl der Zahlen e, f, g der Anzahl von a, c, d gleich ist, so ist über gleiches weg $e : g = a : d$ (VII, 14). Nun sind e, g prim und, weil prim, auch die kleinsten (VII, 21); die kleinsten Zahlen messen aber solche, die dasselbe Verhältnis haben wie sie, gleichoft, die größere die größere und die kleinere die kleinere (VII, 20), d. h. das Vorderglied das Vorderglied und das Hinterglied das Hinterglied; e mißt also a gleichoft, wie g d. Nun enthalte n soviel Einheiten, wieoft e a mißt. Dann entsteht a, indem n e vervielfältigt.

e ist aber $h \cdot k$; also bildet n, indem es $h \cdot k$ vervielfältigt, a. a ist also eine körperliche Zahl, h, k, n sind ihre Seiten (VII, Def. 17). Da e, f, g ebenso unter den Zahlen, die dasselbe Verhältnis haben wie c, d, b, die kleinsten sind, mißt e c gleichoft, wie g b. Nun enthalte o soviel Einheiten, wieoft e c mißt. g mißt dann b nach den Einheiten in o; b entsteht also, indem o g vervielfältigt. g ist aber $l \cdot m$; also bildet o, indem es $l \cdot m$ vervielfältigt, b. b ist also eine körperliche Zahl, l, m, o sind ihre Seiten. a und b sind also körperliche Zahlen.

Ich behaupte, daß sie auch ähnlich sind. Da n, o nämlich, indem sie e vervielfältigen, a, c bilden, ist $n:o = a:c$ (VII, 18), d. h. $= e:f$. Aber $e:f = h:l = k:m$; also ist $h:l = k:m = n:o$. Hier sind h, k, n die Seiten von a, und o, l, m die Seiten von b; a, b sind also ähnliche körperliche Zahlen (VII, Def. 21) — q. e. d.

§ 22 (L. 20).

Bilden drei Zahlen eine Geometrische Reihe und ist die erste eine Quadratzahl, so muß auch die dritte eine Quadratzahl sein.

a - - - -

b - - - - - -

c - - - - - - - - - -

a, b, c seien drei Zahlen in Geometrischer Reihe, und die erste, a, sei eine Quadratzahl. Ich behaupte, daß auch die dritte, c, eine Quadratzahl ist.

Da es zwischen a, c eine Mittlere Proportionalzahl gibt, nämlich b, so sind a, c ähnliche ebene Zahlen (VIII, 20). Nun ist a eine Quadratzahl; also ist auch c eine Quadratzahl — *q. e. d.*

§ 23 (L. 21).

Bilden vier Zahlen eine Geometrische Reihe und ist die erste eine Kubikzahl, so muß auch die vierte eine Kubikzahl sein.

a - - *8* - -   *b* - - *12* - -

d - - *27* - -   *c* - - *18* - -

a, b, c, d seien vier Zahlen in geometrischer Reihe, a eine Kubikzahl. Ich behaupte, daß auch d eine Kubikzahl ist.

Da es zwischen a, d zwei Mittlere Proportionalzahlen gibt, nämlich b, c, so sind a, d ähnliche körperliche Zahlen (VIII, 21). Nun ist a eine Kubikzahl; also ist auch d eine Kubikzahl — q. e. d.

§ 24 (L. 22).

Haben zwei Zahlen zueinander ein Verhältnis wie eine Quadratzahl zu einer Quadratzahl, und ist die erste eine Quadratzahl, so muß auch die zweite eine Quadratzahl sein.

Zwei Zahlen a, b mögen zueinander ein Verhältnis haben wie die Quadratzahl c zur Quadratzahl d; und a sei eine Quadratzahl. Ich behaupte, daß auch b eine Quadratzahl ist.

a	16	c
b	36	d

Da c, d Quadratzahlen sind, sind c, d ähnliche ebene Zahlen (VII, Deff. 18, 21). Zwischen c, d läßt sich also eine Mittlere Proportionalzahl einschalten (VIII, 18). Nun ist $c : d = a : b$; also läßt sich auch zwischen a, b eine Mittlere Proportionalzahl einschalten (VIII, 8). Hier ist a eine Quadratzahl; also ist auch b eine Quadratzahl (VIII, 22) — q. e. d.

§ 25 (L. 23).

Haben zwei Zahlen zueinander ein Verhältnis wie eine Kubikzahl zu einer Kubikzahl, und ist die erste eine Kubikzahl, so muß auch die zweite eine Kubikzahl sein.

a	64	b	216
c	8	d	27
e	96	f	144

Zwei Zahlen a, b mögen zueinander ein Verhältnis haben, wie die Kubikzahl c zur Kubikzahl d; und a sei eine Kubikzahl. Ich behaupte, daß auch b eine Kubikzahl ist.

Da c, d Kubikzahlen sind, sind c, d ähnliche körperliche Zahlen (VII, Deff. 19, 21). Zwischen c, d lassen sich also zwei Mittlere Proportionalzahlen einschalten (VIII, 19). Ebensoviele Zahlen, wie zwischen c, d, lassen sich auch zwischen solche Zahlen, die dasselbe Verhältnis haben wie sie, in stetiger Proportion einschalten (VIII, 8), so daß sich auch zwischen a, b zwei Mittlere Proportionalzahlen einschalten lassen; es mögen sich e, f einschalten lassen. Da hier die vier Zahlen a, e, f, b eine Geometrische Reihe bilden und a eine Kubikzahl ist, so ist auch b eine Kubikzahl (VIII, 23) — q. e. d.

§ 26 (L. 24).

Ähnliche ebene Zahlen haben zueinander ein Verhältnis wie eine Quadratzahl zu einer Quadratzahl.

Man habe ähnliche ebene Zahlen a, b. Ich behaupte, daß a zu b ein Verhältnis hat wie eine Quadratzahl zu einer Quadratzahl.

a -- *20* -- c -- *30* -- b -- *45* --

d ---- e ------ f ---------

Da a, b ähnliche ebene Zahlen sind, läßt sich zwischen a, b eine Mittlere Proportionalzahl einschalten (VIII, 18). Man schalte sie ein, sie sei c. Ferner verschaffe man sich von den Zahlen, die dasselbe Verhältnis haben wie a, c, b, die kleinsten d, e, f (VII, 33). Die äußeren Glieder d, f sind dann Quadratzahlen (VIII, 2 Zus.). Da nun $d:f = a:b$ und d, f Quadratzahlen sind, hat a zu b ein Verhältnis wie eine Quadratzahl zu einer Quadratzahl — q. e. d.

§ 27 (L. 25).

Ähnliche körperliche Zahlen haben zueinander ein Verhältnis wie eine Kubikzahl zu einer Kubikzahl.

a -- *40* -- c -- *60* -- d -- *90* -- b -- *135* --

e -- *8* -- f -- *12* -- g -- *18* -- h -- *27* --

Man habe ähnliche körperliche Zahlen a, b. Ich behaupte, daß a zu b ein Verhältnis hat wie eine Kubikzahl zu einer Kubikzahl.

Da a, b ähnliche körperliche Zahlen sind, lassen sich zwischen a, b zwei Mittlere Proportionalzahlen einschalten (VIII, 19). Es mögen sich c, d einschalten lassen. Ferner verschaffe man sich von den Zahlen, die dasselbe Verhältnis haben wie a, c, d, b, die kleinsten in gleicher Anzahl e, f, g, h (VII, 33). Die äußeren Glieder e, h sind dann Kubikzahlen (VIII, 2 Zus.). Nun ist $e:h = a:b$; also hat a zu b ein Verhältnis wie eine Kubikzahl zu einer Kubikzahl — q. e. d.

IX. Buch.

§ 1 (L. 1).

Entsteht eine Zahl dadurch, daß zwei ähnliche ebene Zahlen einander vervielfältigen, so muß das Produkt eine Quadratzahl sein.

Man habe zwei ähnliche ebene Zahlen a, b; und a bilde, indem es b vervielfältigt, c. Ich behaupte, daß c eine Quadratzahl ist.

a -- 8 --	*b -- 18 --*
c -- 144 --	*d -- 64 --*

a bilde, indem es sich selbst vervielfältigt, d; dann ist d eine Quadratzahl. Da nun a, indem es sich selbst vervielfältigt, d und, indem es b vervielfältigt, c bildet, ist $a : b = d : c$ (VII, 17). Und da a, b ähnliche ebene Zahlen sind, läßt sich zwischen a, b eine Mittlere Proportionalzahl einschalten (VIII, 18). Wenn sich aber zwischen zwei Zahlen Zahlen in stetiger Proportion einschalten lassen, dann lassen sich ebensoviele Zahlen, wie zwischen sie, auch zwischen solche Zahlen einschalten, die dasselbe Verhältnis haben (VIII, 8), so daß sich auch zwischen d, c eine Mittlere Proportionalzahl einschalten läßt. Nun ist d eine Quadratzahl; also ist auch c eine Quadratzahl (VIII, 22) — q. e. d.

§ 2 (L. 2).

Bilden zwei Zahlen, indem sie einander vervielfältigen, eine Quadratzahl, so sind sie ähnliche ebene Zahlen.

a -- 8 --	*b -- 18 --*
c -- 144 --	*d -- 64 --*

Man habe zwei Zahlen a, b; und a bilde, indem es b vervielfältigt, die Quadratzahl c. Ich behaupte, daß a, b ähnliche ebene Zahlen sind.

a bilde, indem es sich selbst vervielfältigt, d; dann ist d eine Quadratzahl. Da a, indem es sich selbst vervielfältigt, *d* und, indem es *b* vervielfältigt, *c* bildet, ist $a : b = d : c$ (VII, 17). Da nun *d* eine Quadratzahl ist, aber auch *c*, so sind *d*, *c* ähnliche ebene Zahlen (VII, Deff. 18, 21). Also läßt sich zwischen *d*, *c* eine Mittlere Proportionale einschalten (VIII, 18). Nun ist $d : c = a : b$; auch zwischen *a*, *b* läßt sich also eine Mittlere Proportionale einschalten (VIII, 8). Läßt sich aber zwischen zwei Zahlen eine Mittlere Proportionale einschalten, so sind sie ähnliche ebene Zahlen (VIII, 20); also sind *a*, *b* ähnliche ebene Zahlen — q. e. d.

§ 3 (L. 3).

Entsteht eine Zahl dadurch, daß eine Kubikzahl sich selbst vervielfältigt, so muß das Produkt eine Kubikzahl sein.

a -- *8* -- *b* -- *64* --

c -- *d* ----

Die Kubikzahl *a* möge, indem sie sich selbst vervielfältigt, *b* bilden. Ich behaupte, daß *b* eine Kubikzahl ist.

Man verschaffe sich von *a* die Seite *c*; und *d* entstehe, indem *c* sich selbst vervielfältigt. Dann ist klar, daß *a* entsteht, indem *c* *d* vervielfältigt (VII, Def. 19). Da *d* entsteht, indem *c* sich selbst vervielfältigt, mißt *c* *d* nach den Einheiten in ihm selbst. Nun mißt die Einheit *c* auch nach den Einheiten in ihm; also ist $1 : c = c : d$ (VII, Def. 20). Ebenso mißt *d*, da *a* entsteht, indem *c* *d* vervielfältigt, *a* nach den Einheiten in *c*. Die Einheit mißt *c* aber auch nach den Einheiten in ihm; also ist $1 : c = d : a$. Aber $1 : c = c : d$; also ist $1 : c = c : d = d : a$. Zwischen die Einheit und die Zahl *a* lassen sich also zwei mittlere Zahlen in stetiger Proportion einschalten, nämlich *c*, *d*. Ebenso mißt *a*, da *b* entsteht, indem *a* sich selbst vervielfältigt, *b* nach den Einheiten in ihm selbst. Die Einheit mißt aber *a* auch nach den Einheiten in ihm; also ist $1 : a = a : b$. Nun lassen sich zwischen die Einheit und *a* zwei Mittlere Proportionalen einschalten; also müssen sich auch zwischen *a*, *b* zwei Mittlere Proportionalzahlen einschalten lassen (VIII, 8). Lassen sich aber zwischen zwei Zahlen zwei Mittlere Proportionalzahlen einschalten, und ist die erste eine Kubikzahl, so muß auch die zweite eine Kubikzahl sein (VIII, 23). Hier ist *a* eine Kubikzahl; also ist auch *b* eine Kubikzahl — q. e. d.

§ 4 (L. 4).

Entsteht eine Zahl dadurch, daß eine Kubikzahl eine Kubikzahl vervielfältigt, so muß das Produkt eine Kubikzahl sein.

Die Kubikzahl a möge, indem sie die Kubikzahl b vervielfältigt, c bilden. Ich behaupte, daß c eine Kubikzahl ist.

a -- *8* --	b -- *27* --
c -- *216* --	d -- *64* --

a bilde, indem es sich selbst vervielfältigt, d; dann ist d eine Kubikzahl (IX, 3). Da a, indem es sich selbst vervielfältigt, d und, indem es b vervielfältigt, c bildet, ist $a : b = d : c$ (VII, 17). Da a und b Kubikzahlen sind, sind a, b ähnliche körperliche Zahlen (VII, Deff. 19, 21). Also lassen sich zwischen a, b zwei Mittlere Proportionalzahlen einschalten (VIII, 19). Folglich müssen sich auch zwischen d, c zwei Mittlere Proportionalzahlen einschalten lassen (VIII, 8). Hier ist d eine Kubikzahl; also ist auch c eine Kubikzahl (VIII, 23) — q. e. d.

§ 5 (L. 5).

Entsteht eine Kubikzahl dadurch, daß eine Kubikzahl irgendeine Zahl vervielfältigt, so muß die vervielfältigte eine Kubikzahl sein.

Die Kubikzahl c entstehe dadurch, daß eine Kubikzahl a irgendeine Zahl b vervielfältigt. Ich behaupte, daß b eine Kubikzahl ist.

a -- *8* --	b -- *27* --
c -- *216* --	d -- *64* --

a bilde, indem es sich selbst vervielfältigt, d; dann ist d eine Kubikzahl (IX, 3). Da a, indem es sich selbst vervielfältigt, d und, indem es b vervielfältigt, c bildet, ist $a : b = d : c$ (VII, 17). d, c sind als Kubikzahlen ähnliche körperliche Zahlen (VII, Deff. 19, 21); also lassen sich zwischen d, c zwei Mittlere Proportionalzahlen einschalten (VIII, 19). Nun ist $d : c = a : b$; also lassen sich auch zwischen a, b zwei Mittlere Proportionalzahlen einschalten (VIII, 8). Hier ist a eine Kubikzahl; also ist auch b eine Kubikzahl (VIII, 23) — q. e. d.

§ 6 (L. 6).

Entsteht eine Kubikzahl dadurch, daß eine Zahl sich selbst vervielfältigt, so muß auch diese eine Kubikzahl sein.

a -- 8 --

b -- 64 --

c -- 512 --

Die Kubikzahl b entstehe dadurch, daß eine Zahl a sich selbst vervielfältigt. Ich behaupte, daß auch a eine Kubikzahl ist.

a bilde, indem es b vervielfältigt, c. Da a, indem es sich selbst vervielfältigt, b und, indem es b vervielfältigt, c bildet, ist c eine Kubikzahl. Da b entsteht, indem a sich selbst vervielfältigt, mißt a b nach den Einheiten in ihm selbst. Die Einheit mißt a aber auch nach den Einheiten in ihm; also ist $1 : a = a : b$ (VII, Def. 20). Da c entsteht, indem a b vervielfältigt, mißt b c nach den Einheiten in a. Die Einheit mißt a aber auch nach den Einheiten in ihm; also ist $1 : a = b : c$. Aber $1 : a = a : b$; also ist $a : b = b : c$. Nun sind b, c als Kuben ähnliche körperliche Zahlen (VII, Deff. 19, 21). Zwischen b, c gibt es also zwei Mittlere Proportionalzahlen (VIII, 19). Nun ist $b : c = a : b$; also gibt es auch zwischen a, b zwei Mittlere Proportionalzahlen (VIII, 8). Hier ist b eine Kubikzahl; also ist auch a eine Kubikzahl (VIII, 23) — q. e. d.

§ 7 (L. 7).

Entsteht eine Zahl dadurch, daß eine zusammengesetzte Zahl irgendeine Zahl vervielfältigt, so muß das Produkt eine körperliche Zahl sein.

c entstehe dadurch, daß eine zusammengesetzte Zahl a irgendeine Zahl b vervielfältigt. Ich behaupte, daß c eine körperliche Zahl ist.

a ------ b -----

c -- 30 --

d -- e ---

Da a eine zusammengesetzte Zahl ist, läßt sie sich durch irgendeine Zahl messen (VII, Def. 13). Sie lasse sich durch d messen; ferner enthalte e soviel Einheiten, wieoft d a mißt. Da d hier a nach den Einheiten in e mißt, bildet e, indem es d vervielfältigt, a. Da nun a, indem es b vervielfältigt, c bildet, a aber $d \cdot e$ ist, so bildet $d \cdot e$, indem es b vervielfältigt, c. Also ist c eine körperliche Zahl, und d, e, b sind ihre Seiten (VII, Def. 17) — q. e. d.

§ 8 (L. 8).

Bilden beliebigviele Zahlen von der Einheit aus eine Geometrische Reihe, so muß die dritte von der Einheit aus eine

Quadratzahl sein, ebenso die folgenden, wenn man immer eine überspringt; ferner die vierte eine Kubikzahl, ebenso alle folgenden, wenn man immer zwei überspringt; und die siebente zugleich Kubikzahl und Quadratzahl, ebenso die folgenden, wenn man immer fünf überspringt.

Man habe beliebigviele Zahlen *a*, *b*, *c*, *d*, *e*, *f*, von der Einheit aus in Geometrischer Reihe. Ich behaupte, daß von der Einheit aus die dritte, *b* eine Quadratzahl ist, ebenso alle folgenden, wenn man immer eine überspringt; ferner die vierte, *c* eine Kubikzahl, ebenso alle folgenden, wenn man immer zwei überspringt; und die siebente, *f* zugleich Kubikzahl und Quadratzahl, ebenso alle folgenden, wenn man immer fünf überspringt.

a --	*d* -- *16* --
b ----	*e* -- *32* --
c ---------	*f* -- *64* --

Da $1 : a = a : b$, mißt die Einheit die Zahl *a* gleichoft, wie *a b* (VII, Def. 20). Die Einheit mißt aber die Zahl *a* nach den Einheiten in ihr; *a* mißt also *b* auch nach den Einheiten in *a*. Also entsteht *b*, indem *a* sich selbst vervielfältigt; *b* ist also eine Quadratzahl. Da ferner *b*, *c*, *d* eine Geometrische Reihe bilden und *b* eine Quadratzahl ist, so ist auch *d* eine Quadratzahl (VIII, 22). Aus demselben Grunde ist auch *f* eine Quadratzahl. Ähnlich läßt sich zeigen, daß auch alle folgenden, wenn man immer eine überspringt, Quadratzahlen sind.

Ich behaupte, daß weiter von der Einheit aus die vierte, *c* eine Kubikzahl ist, ebenso alle folgenden, wenn man immer zwei überspringt. Da nämlich $1 : a = b : c$, so mißt die Einheit die Zahl *a* gleichoft, wie *b c* (VII, Def. 20). Die Einheit mißt aber die Zahl *a* nach den Einheiten in *a*; *b* mißt also *c* auch nach den Einheiten in *a*; also entsteht *c*, indem *a b* vervielfältigt. Da nun *a*, indem es sich selbst vervielfältigt, *b* und, indem es *b* vervielfältigt, *c* bildet, so ist *c* eine Kubikzahl. Da ferner *c*, *d*, *e*, *f* eine Geometrische Reihe bilden und *c* eine Kubikzahl ist, so ist auch *f* eine Kubikzahl (VIII, 23). Wie oben bewiesen, ist es aber auch eine Quadratzahl. Von der Einheit aus die siebente ist also sowohl Kubikzahl als Quadratzahl. Ähnlich läßt sich zeigen, daß auch alle folgenden, wenn man immer fünf überspringt, sowohl Kubikzahlen als Quadratzahlen sind — q. e. d.

§ 9 (L. 9).

Bilden beliebigviele Zahlen von der Einheit aus stetig eine Geometrische Reihe, und ist die nach der Einheit eine Quadratzahl, so müssen auch die übrigen sämtlich Quadratzahlen sein; und ist die nach der Einheit eine Kubikzahl, so müssen auch die übrigen sämtlich Kubikzahlen sein.

Man habe beliebigviele Zahlen *a, b, c, d, e, f,* von der Einheit aus in Geometrischer Reihe; und *a*, die nach der Einheit, sei eine Quadratzahl. Ich behaupte, daß auch die übrigen sämtlich Quadratzahlen sein müssen.

a -- 64 --	d -- 64^4 --
b -- 64^2 --	e -- 64^5 --
c -- 64^3 --	f -- 64^6 --

Daß die von der Einheit aus dritte, *b* eine Quadratzahl ist, ebenso alle folgenden, wenn man immer eine überspringt, ist schon bewiesen (IX, 8). Ich behaupte, daß auch die übrigen sämtlich Quadratzahlen sind. Da nämlich *a, b, c* eine Geometrische Reihe bilden und *a* eine Quadratzahl ist, ist auch *c* eine Quadratzahl (VIII, 22). Ebenso ist, da *b, c, d* eine Geometrische Reihe bilden und *b* eine Quadratzahl ist, auch *d* eine Quadratzahl. Ähnlich läßt sich zeigen, daß auch die übrigen sämtlich Quadratzahlen sind.

Andererseits sei *a* eine Kubikzahl. Ich behaupte, daß auch die übrigen sämtlich Kubikzahlen sind.

Daß die von der Einheit aus vierte, *c* eine Kubikzahl ist, ebenso alle folgenden, wenn man immer zwei überspringt, ist schon bewiesen (IX, 8). Ich behaupte, daß auch die übrigen sämtlich Kubikzahlen sind. Da nämlich $1 : a = a : b$, so mißt die Einheit *a* gleichoft, wie *a b* (VII, Def. 20). Die Einheit mißt *a* aber nach den Einheiten in ihm; *a* mißt also *b* auch nach den Einheiten in ihm selbst; *b* entsteht also, indem *a* sich selbst vervielfältigt. Nun ist *a* eine Kubikzahl. Entsteht aber eine Zahl dadurch, daß eine Kubikzahl sich selbst vervielfältigt, so ist das Produkt eine Kubikzahl (IX, 3); also ist *b* eine Kubikzahl. Da weiter die vier Zahlen *a, b, c, d* eine Geometrische Reihe bilden und *a* eine Kubikzahl ist, ist auch *d* eine Kubikzahl

(VIII, 23). Aus demselben Grunde ist auch *e* eine Kubikzahl, und ähnlich sind auch die übrigen sämtlich Kubikzahlen — q. e. d.

§ 10 (L. 10).

Bilden beliebigviele Zahlen von der Einheit aus eine Geometrische Reihe und ist die nach der Einheit keine Quadratzahl, so kann auch sonst keine eine Quadratzahl sein, abgesehen von der dritten von der Einheit aus und allen, die bleiben, wenn man immer eine überspringt; und ist die nach der Einheit keine Kubikzahl, so kann auch sonst keine eine Kubikzahl sein, abgesehen von der vierten von der Einheit aus und allen, die bleiben, wenn man immer zwei überspringt.

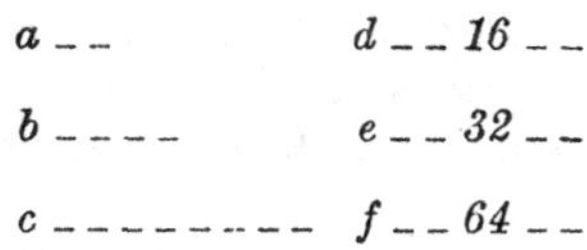

Man habe beliebigviele Zahlen *a*, *b*, *c*, *d*, *e*, *f*, von der Einheit aus in Geometrischer Reihe; und *a*, die nach der Einheit, sei keine Quadratzahl. Ich behaupte, daß auch sonst keine eine Quadratzahl sein kann, abgesehen von der dritten von der Einheit aus [und denen, die bleiben, wenn man immer eine überspringt].

Es sei nämlich, wenn möglich, *c* eine Quadratzahl. Auch *b* ist eine Quadratzahl (IX, 8); also hätten *b*, *c* zueinander ein Verhältnis wie eine Quadratzahl zu einer Quadratzahl. Nun ist $b : c = a : b$; also hätten *a*, *b* zueinander ein Verhältnis wie eine Quadratzahl zu einer Quadratzahl [, so daß *a*, *b* ähnliche ebene Zahlen wären]. Nun ist *b* eine Quadratzahl; also wäre auch *a* eine Quadratzahl (VIII, 24), gegen die Voraussetzung. Also ist *c* keine Quadratzahl. Ähnlich läßt sich zeigen, daß auch sonst keine eine Quadratzahl ist, abgesehen von der dritten von der Einheit aus und denen, die bleiben, wenn man immer eine überspringt.

Andererseits sei *a* keine Kubikzahl. Ich behaupte, daß auch sonst keine eine Kubikzahl sein kann, abgesehen von der vierten von der Einheit aus und denen, die bleiben, wenn man immer zwei überspringt.

Es sei nämlich, wenn möglich, *d* eine Kubikzahl. Auch *c* ist eine Kubikzahl als vierte von der Einheit aus (IX, 8). Nun ist $c : d = b : c$; auch *b* hätte also zu *c* ein Verhältnis wie eine Kubikzahl zu einer Kubikzahl. Dabei ist *c* eine

Kubikzahl; also wäre auch b eine Kubikzahl (VIII, 25). Da ferner $1 : a = a : b$ und die Einheit a nach den Einheiten in ihm mißt, mißt a b auch nach den Einheiten in ihm selbst (VII, Def. 20); a bildete also, indem es sich selbst vervielfältigt, eine Kubikzahl, nämlich b. Entsteht aber eine Kubikzahl dadurch, daß eine Zahl sich selbst vervielfältigt, so muß auch diese eine Kubikzahl sein (IX, 6); also wäre auch a eine Kubikzahl, gegen die Voraussetzung. Also ist d keine Kubikzahl. Ähnlich läßt sich zeigen, daß auch sonst keine eine Kubikzahl ist, abgesehen von der vierten von der Einheit aus und denen, die bleiben, wenn man immer zwei überspringt — q. e. d.

§ 11 (L. 11).

Bilden beliebigviele Zahlen von der Einheit aus eine Geometrische Reihe, so mißt die kleinere die größere nach einer der in der Reihe vorkommenden Zahlen.

a _ *b* _ _ *c* _ _ _ _

d _ _ *8* _ _ *e* _ _ *16* _ _

Man habe beliebigviele Zahlen b, c, d, e, von der Einheit a aus in Geometrischer Reihe. Ich behaupte, daß von den Zahlen b, c, d, e die kleinste b e nach einer der Zahlen c, d mißt.

Da Einheit $a : b = d : e$, so mißt die Einheit a die Zahl b gleichoft wie d e (VII, Def. 20). Die Einheit a mißt also, vertauscht, d gleichoft, wie b e (VII, 15). Die Einheit a mißt nun d nach den Einheiten in ihm; b mißt also e auch nach den Einheiten in d, so daß die kleinere Zahl b die größere e nach einer der in der Reihe vorkommenden Zahlen mißt.

[*Zusatz*:] Und es ist klar, daß die Zahl, nach der gemessen wird, von der gemessenen aus nach rückwärts denselben Platz hat, wie die messende Zahl von der Einheit aus — q. e. d.

§ 12 (L. 12).

Bilden beliebigviele Zahlen von der Einheit aus eine Geometrische Reihe, so läßt die neben der Einheit sich durch alle Primzahlen messen, durch die die letzte sich messen läßt.

Man habe beliebigviele Zahlen a, b, c, d, von der Einheit aus in Proportion. Ich behaupte, daß a sich durch alle Primzahlen messen läßt, durch die d sich messen läßt.

d lasse sich nämlich durch irgendeine Primzahl *e* messen. Ich behaupte, daß *e a* mißt. Dies sei nämlich nicht der

a -- *6* -- *b* -- *36* -- *c* -- *216* -- *d* -- *1296* --

e --- *f* -- *432* -- *g* -- *72* -- *h* -- *12* --

Fall. Nun ist *e* eine Primzahl; jede Primzahl ist aber gegen jede Zahl, die von ihr nicht gemessen wird, prim (VII, 29); also wären *e*, *a* gegeneinander prim. Da *e d* mißt, möge es dasselbe nach *f* messen; dann bildet *e*, indem es *f* vervielfältigt, *d*. Ebenso entsteht *d*, da *a d* nach den Einheiten in *c* mißt (IX, 11), indem *a c* vervielfältigt. *d* entsteht aber auch, indem *e f* vervielfältigt; also ist $a \cdot c = e \cdot f$, also $a : e = f : c$ (VII, 19). Nun wären *a*, *e* prim und, weil prim, auch die kleinsten (VII, 21); die kleinsten Zahlen messen aber solche, die dasselbe Verhältnis haben, gleichoft, das Vorderglied das Vorderglied und das Hinterglied das Hinterglied (VII, 20); *e* mißt also *c*. Es messe dasselbe nach *g*; dann entsteht *c*, indem *e g* vervielfältigt. Nach dem vorigen (IX, 11) entsteht *c* aber auch, indem *a b* vervielfältigt; also ist $a \cdot b = e \cdot g$, also $a : e = g : b$. Nun wären *a*, *e* prim und, weil prim, auch die kleinsten; die kleinsten Zahlen messen aber solche, die dasselbe Verhältnis haben wie sie, gleichoft, das Vorderglied das Vorderglied und das Hinterglied das Hinterglied; *e* mißt also *b*. Es messe dasselbe nach *h*; dann entsteht *b*, indem *e h* vervielfältigt. *b* entsteht aber auch, indem *a* sich selbst vervielfältigt (IX, 8); also ist $e \cdot h = a^2$, also $e : a = a : h$. Nun wären *a*, *e* prim und, weil prim, auch die kleinsten; die kleinsten Zahlen messen aber solche, die dasselbe Verhältnis haben, gleichoft, das Vorderglied das Vorderglied und das Hinterglied das Hinterglied; *e* mißt also *a* als Vorderglied das Vorderglied. Es sollte dasselbe aber auch nicht messen; dies ist unmöglich. *e*, *a* sind also nicht gegeneinander prim; sie sind also (gegeneinander) zusammengesetzt. Zusammengesetzte Zahlen lassen sich aber durch irgendeine [Prim-]Zahl messen (VII, Def. 14). Da *e* nun nach Voraussetzung Primzahl ist, eine Primzahl sich aber durch keine andere Zahl messen läßt außer durch sich selbst, so mißt *e a* und *e*; *e* mißt also *a*. [Es mißt aber auch *d*; *e* mißt also *a* und *d*.] Ähnlich läßt sich zeigen, daß *a* sich (auch sonst) durch alle Primzahlen messen läßt, durch die *d* sich messen läßt — q. e. d.

§ 13 (L. 13).

Bilden beliebigviele Zahlen von der Einheit aus eine Geometrische Reihe und ist die Zahl nach der Einheit eine Primzahl, so läßt die größte Zahl sich durch keine andere messen, außer durch die in der Reihe vorkommenden Zahlen.

a _ _ _   *b* _ _ *9* _ _   *c* _ _ *27* _ _   *d* _ _ *81* _ _

e _ _ *?* _ _   *f* _ _ *?* _ _   *g* _ _ *?* _ _   *h* _ _ *?* _ _

Man habe beliebigviele Zahlen *a*, *b*, *c*, *d*, von der Einheit aus in Geometrischer Reihe; und *a*, die nach der Einheit, sei eine Primzahl. Ich behaupte, daß *d*, die größte der Zahlen, sich durch keine andere messen läßt außer durch *a*, *b*, *c*.

Wenn möglich lasse sie sich nämlich durch *e* messen, wo *e* mit keiner der Zahlen *a*, *b*, *c* zusammenfalle. Hier ist klar, daß *e* keine Primzahl ist; denn wäre *e* eine Primzahl und mäße dabei *d*, so müßte es auch *a* messen (IX, 12), eine Primzahl, mit der es nicht zusammenfiele; dies ist unmöglich (VII, Def. 11). *e* ist also keine Primzahl, also eine zusammengesetzte Zahl. Jede zusammengesetzte Zahl wird aber von irgendeiner Primzahl gemessen (VII, 31); also wird *e* von irgendeiner Primzahl gemessen. Ich behaupte, daß es sich durch keine andere Primzahl messen läßt außer durch *a*. Würde *e* nämlich von einer anderen gemessen, während *e* *d* mäße, so müßte auch jene *d* messen, so daß sie auch *a* messen müßte (IX, 12), eine Primzahl, mit der sie nicht zusammenfiele; dies ist unmöglich; *a* müßte also *e* messen. Da *e* nun *d* messen sollte, messe es dasselbe nach *f*. Ich behaupte, daß *f* mit keiner der Zahlen *a*, *b*, *c* zusammenfällt. Wenn nämlich *f* mit einer der Zahlen *a*, *b*, *c* zusammenfiele, während es *d* nach *e* mäße (VII, 15), dann mäße eine der Zahlen *a*, *b*, *c* hier *d* nach *e*. Eine der Zahlen *a*, *b*, *c* mißt *d* aber nach einer der Zahlen *a*, *b*, *c* (IX, 11); auch *e* fiele also mit einer der Zahlen *a*, *b*, *c* zusammen, gegen die Voraussetzung. Also fällt *f* mit keiner der Zahlen *a*, *b*, *c* zusammen. Ähnlich läßt sich zeigen, daß *f* von *a* gemessen würde, indem man wieder zeigt, daß *f* keine Primzahl ist. Wäre es nämlich eine solche und mäße dabei d, so müßte es auch a messen, eine Primzahl, mit der es nicht zusammenfiele; dies ist unmöglich. f ist also keine Primzahl, also eine zusammengesetzte Zahl. Jede zusammengesetzte Zahl wird aber von irgendeiner Primzahl gemessen; also wird f von irgendeiner Primzahl gemessen. Ich behaupte, daß es sich durch keine andere Primzahl messen läßt außer durch a. Würde irgendeine andere Primzahl nämlich f messen, während f d mäße, so müßte auch jene d messen, so daß sie auch a messen müßte, eine Primzahl, mit der sie nicht zusammenfiele; dies ist unmöglich; a mäße also f. Da e nun d nach f messen sollte, entstünde d, indem e f vervielfältigt. d entsteht aber auch, indem a c vervielfältigt (IX, 11); also wäre $a \cdot c = e \cdot f$, also $a : e = f : c$ (VII, 19). a mäße nun e; auch f mäße also c (VII, Def. 20); es möge dasselbe nach g messen. Ähnlich läßt sich zeigen, daß g mit keiner der Zahlen a, b zusammenfällt und daß es von a gemessen würde. Da f nun c nach g messen sollte, entstünde c, indem f g vervielfältigt. c entsteht aber auch, indem a b vervielfältigt; also wäre $a \cdot b = f \cdot g$, also $a : f = g : b$. a mäße nun f; auch g mäße also b; es möge dasselbe nach h messen. Ähnlich läßt sich zeigen, daß h mit a nicht zusammenfällt. Da g nun b nach h messen sollte, entstünde b, indem g h vervielfältigt. b entsteht aber auch, indem a sich selbst vervielfältigt (IX, 8); also wäre $h \cdot g = a^2$, also $h : a = a : g$. a mäße nun g; h mäße also a, eine Primzahl, mit der es nicht zusammenfiele; dies wäre Unsinn. Also läßt sich d, die größte Zahl, durch keine andere messen außer durch a, b, c — q. e. d.

§ 14 (L. 14).

Die kleinste Zahl, die von gewissen Primzahlen gemessen wird, läßt sich durch keine andere Primzahl messen außer den ursprünglich messenden.

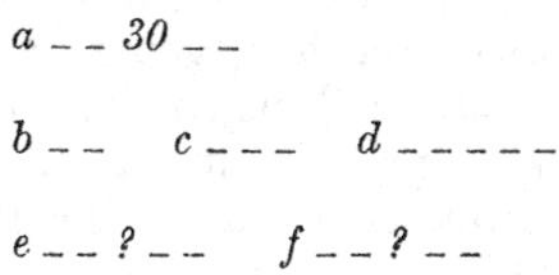

a sei die kleinste Zahl, die von den Primzahlen b, c, d gemessen wird. Ich behaupte, daß a sich von keiner anderen Primzahl messen läßt außer b, c, d.

Es möge nämlich, wenn möglich, von der Primzahl e gemessen werden, wo e mit keiner der Zahlen b, c, d zusammenfalle. Da e a messen soll, messe es dasselbe nach f; dann entstünde a, indem e f vervielfältigt. Nun läßt a sich durch die Primzahlen b, c, d messen. Wenn aber zwei Zahlen, indem sie einander vervielfältigen, irgendeine Zahl bilden und irgendeine Primzahl dabei das Produkt mißt, dann muß diese auch eine der ursprünglichen Zahlen messen (VII, 30). b, c, d müßten also eine der Zahlen e, f messen. e können sie nicht messen; denn e sollte eine Primzahl sein und dabei mit keiner der Zahlen b, c, d zusammenfallen; also müßten sie f messen, das $< a$ wäre; dies ist unmöglich; denn nach Voraussetzung ist a die kleinste von b, c, d gemessene Zahl. Keine Primzahl außer b, c, d kann also a messen — q. e. d.

§ 15 (L. 15).

Sind drei Zahlen in Geometrischer Reihe die kleinsten von denen, die dasselbe Verhältnis wie sie haben, dann sind zwei beliebige zusammengenommen gegen die dritte prim.

Drei Zahlen in Geometrischer Reihe a, b, c seien die kleinsten von denen, die dasselbe Verhältnis wie sie haben. Ich behaupte, daß zwei beliebige der Zahlen a, b, c zusammengenommen gegen die dritte prim sind, nämlich $a + b$ gegen c, $b + c$ gegen a und $a + c$ gegen b.

Man verschaffe sich von den Zahlen, die dasselbe Verhältnis haben wie a, b, c, die zwei kleinsten DE, EF (VII, 33). Hier ist klar, daß DE, indem es sich selbst vervielfältigt, a und, indem es EF vervielfältigt, b bildet, schließlich EF, indem es sich selbst vervielfältigt, c (VIII, 2). DE, EF sind als kleinste Zahlen gegeneinander prim (VII, 22). Sind aber zwei Zahlen gegeneinander prim, so ist auch die Summe gegen jede einzelne prim (VII, 28); DF ist also sowohl gegen DE als auch gegen EF prim. Nun ist auch DE gegen EF prim; also sind DF und DE gegen EF prim. Sind aber zwei Zahlen gegen irgendeine Zahl prim, so ist auch ihr Produkt gegen die dritte Zahl prim (VII, 24), so daß $FD \cdot DE$ gegen EF prim ist. Folglich ist $FD \cdot DE$ auch gegen EF^2 prim [; sind nämlich zwei Zahlen gegeneinander prim, so ist das Produkt der einen mit sich selbst gegen die andere prim] (VII, 25). $FD \cdot DE$ ist aber $DE^2 + DE \cdot EF$ (II, 3); also ist $DE^2 + DE \cdot EF$ gegen EF^2 prim. Nun ist DE^2 a, $DE \cdot EF$ b und EF^2 c; also sind $a + b$ gegen c prim. Ähnlich läßt sich zeigen, daß auch $b + c$ gegen a prim sind.

Ich behaupte, daß weiter $a + c$ gegen b prim sind. Da DF nämlich sowohl gegen DE als auch EF prim ist, ist auch DF^2 gegen $DE \cdot EF$ prim (VII, 24, 25). Aber $DF^2 = DE^2 + EF^2 + 2\,DE \cdot EF$ (II, 4); also sind $DE^2 + EF^2 + 2\,DE \cdot EF$ gegen $DE \cdot EF$ prim. Bei Trennung ergeben sich also $DE^2 + EF^2 + 1\,DE \cdot EF$ als prim gegen $DE \cdot EF$ (VII, 28), und bei nochmaliger Trennung $DE^2 + EF^2$ als prim gegen $DE \cdot EF$. Nun ist DE^2 a, $DE \cdot EF$ b, EF^2 c; also sind $a + c$ gegen b prim — q. e. d.

§ 16 (L. 16).

Sind zwei Zahlen gegeneinander prim, so ist nicht möglich, daß, wie die erste zur zweiten, sich die zweite zu einer weiteren verhielte.

Zwei Zahlen a, b seien gegeneinander prim. Ich behaupte, daß b sich zu keiner weiteren Zahl verhält, wie a zu b.

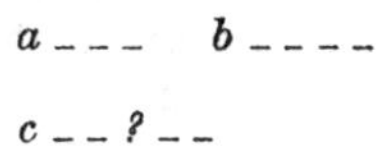

Es sei nämlich, wenn möglich, $a : b = b : c$. Nun sind a, b prim und, weil prim, auch die kleinsten (VII, 21); die kleinsten Zahlen messen aber solche, die dasselbe Verhältnis haben, gleichoft, das Vorderglied das Vorderglied und das Hinterglied das Hinterglied (VII, 20); a mäße also b, als Vorderglied das Vorderglied. Es mißt aber auch sich selbst; a mäße also a und b, die gegeneinander prim sind; dies wäre Unsinn (VII, Def. 12). Also kann nicht sein $a : b = b : c$ — q. e. d.

§ 17 (L. 17).

Hat man beliebigviele Zahlen in Geometrischer Reihe und sind dabei die äußeren von ihnen gegeneinander prim, so ist nicht möglich, daß sich, wie die erste zur zweiten, so die letzte zu einer weiteren Zahl verhielte.

Man habe beliebigviele Zahlen a, b, c, d in Geometrischer Reihe; und die äußeren a, d seinen gegeneinander prim.

a — 8 — *b* — 12 — *c* — 18 —
d — 27 — *e* — ? —

Ich behaupte, daß *d* sich zu keiner weiteren Zahl verhält, wie *a* zu *b*.

Es sei nämlich, wenn möglich, $a : b = d : e$. Dann wäre, vertauscht, $a : d = b : e$ (VII, 13). Nun sind *a*, *d* prim und, weil prim, auch die kleinsten (VII, 21); die kleinsten Zahlen messen aber solche, die dasselbe Verhältnis haben, gleichoft, das Vorderglied das Vorderglied und das Hinterglied das Hinterglied (VII, 20); *a* mäße also *b*. Nun ist $a : b = b : c$; *b* mäße also *c* (VII, Def. 20), so daß *a* auch *c* mäße. Und da $b : c = c : d$, *b* aber *c* mäße, so mäße auch *c d*. *a* hätte aber *c* gemessen, so daß *a* auch *d* mäße. Es mißt aber auch sich selbst; *a* mäße also *a* und *d*, die gegeneinander prim sind; dies ist unmöglich (VII, Def. 12). Also kann nicht sein $a : b = d :$ irgendeiner weiteren Zahl — q. e. d.

§ 18 (A. 1).

Bei zwei gegebenen Zahlen zu prüfen, ob es möglich ist, zu ihnen eine Dritte Proportionale zu finden.

a — 6 — *b* — 12 —
c — 144 — *d* — 24 —

Die zwei gegebenen Zahlen seien *a*, *b*. Und es sei verlangt, zu prüfen, ob es möglich ist, zu ihnen eine Dritte Proportionale zu finden.

a, *b* sind gegeneinander entweder prim oder nicht. Wenn sie gegeneinander prim sind, so ist schon bewiesen, daß es unmöglich ist, zu ihnen eine Dritte Proportionale zu finden (IX, 16).

Nun seien *a*, *b* nicht prim gegeneinander; ferner entstehe *c*, indem *b* sich selbst vervielfältigt. *a* mißt dann *c* entweder, oder mißt es nicht.

Zunächst messe es dasselbe, nach *d*. Dann entsteht *c*, indem *a d* vervielfältigt. *c* entsteht aber auch, indem *b* sich selbst vervielfältigt; also ist $a \cdot d = b^2$, also $a : b = b : d$ (VII, 19). Man hat also zu *a*, *b* die Dritte Proportionalzahl gefunden, nämlich *d*.

Andererseits möge *a c* nicht messen. Ich behaupte, daß dann unmöglich ist, zu *a*, *b* eine Dritte Proportionalzahl zu finden. Es sei nämlich, wenn möglich, *d* passend gefunden. Dann wäre $a \cdot d = b^2$ (VII, 19). b^2 ist aber *c*; also wäre $a \cdot d = c$, so daß *c* entstünde, indem *a d* vervielfältigt.

a mäße also *c* nach *d* (VII, Def. 15). Nach Voraussetzung mißt es dasselbe aber auch nicht; dies wäre Unsinn. Also ist nicht möglich, zu *a*, *b* eine Dritte Proportionalzahl zu finden, wenn *a* *c* nicht mißt — q. e. d.

§ 19 (A. 2).

Bei drei gegebenen Zahlen zu prüfen, ob es möglich ist, zu ihnen eine Vierte Proportionale zu finden.

Die drei gegebenen Zahlen seien *a*, *b*, *c*. Und es sei verlangt zu prüfen, ob es möglich ist, zu ihnen eine Vierte Proportionale zu finden.

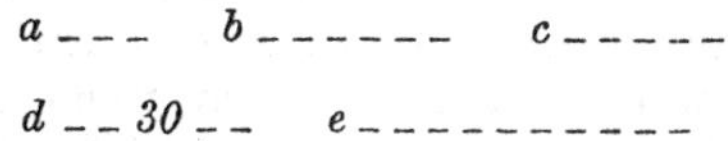

Die Zahlen *a*, *b*, *c* bilden entweder [nicht] eine Geometrische Reihe und die äußeren Glieder *a*, *c* sind dabei gegeneinander prim, oder [sie bilden eine Geometrische Reihe und die äußeren Glieder sind dabei] nicht [prim gegeneinander, oder sie bilden weder eine Geometrische Reihe noch sind die äußeren Glieder gegeneinander prim, oder sie bilden sowohl eine Geometrische Reihe als auch sind die äußeren Glieder gegeneinander prim].

Bilden *a*, *b*, *c* eine Geometrische Reihe und sind die äußeren Glieder *a*, *c* dabei gegeneinander prim, dann ist es, wie schon bewiesen (IX, 17), unmöglich, zu ihnen eine Vierte Proportionalzahl zu finden.

[Nun mögen *a*, *b*, *c* keine Geometrische Reihe bilden, während die äußeren Glieder ebenso gegeneinander prim seien. Ich behaupte, daß auch dann unmöglich ist, zu ihnen eine Vierte Proportionale zu finden (falsch!).] Wenn [möglich, sei nämlich *d* passend gefunden, so daß $a : b = c : d$, und es werde $b : c = d : e$ (z. B. $3 : 6 = 5 : 10$; $6 : 5 = 10 : ?$). Da $a : b = c : d$ und $b : c = d : e$, so wäre über gleiches weg $a : c = c : e$. Nun sollten *a*, *c* prim sein, wären, weil prim, auch die kleinsten; die kleinsten Zahlen messen aber solche, die dasselbe Verhältnis haben, das Vorderglied das Vorderglied und das Hinterglied das Hinterglied; *a* mäße also *c*, als Vorderglied das Vorderglied. Es mißt aber auch sich selbst; *a* mäße also *a* und *c*, die gegeneinander prim sind; dies ist unmöglich. Also ist es nicht möglich, zu *a*, *b*, *c* eine Vierte Proportionale zu finden. Andererseits mögen *a*, *b*, *c* wieder eine Geometrische Reihe bilden, *a*, *c* seien dabei] aber nicht [prim gegeneinander. Ich behaupte, daß es dann möglich ist, zu ihnen eine Vierte Proportionale zu finden], dann bilde *b*, indem es *c* vervielfältigt, *d*. *a* mißt dann *d* entweder, oder es mißt es nicht.

Zunächst messe es dasselbe, nach *e*. Dann entsteht *d*, indem *a e* vervielfältigt. *d* entsteht aber auch, indem *b c* vervielfältigt. Also ist $a \cdot e = b \cdot c$, also $a : b = c : e$ (VII, 19). Zu *a*, *b*, *c* hat man also die Vierte Proportionale gefunden, nämlich *e*.

Andererseits messe *a d* nicht. Ich behaupte, daß es dann unmöglich ist, zu *a*, *b*, *c* eine Vierte Proportionalzahl zu finden. Es sei nämlich, wenn möglich, *e* passend gefunden. Dann wäre $a \cdot e = b \cdot c$ (VII, 19). $b \cdot c$ ist aber *d*; also wäre auch $a \cdot e = d$; also entstünde *d*, indem *a e* vervielfältigt. Also mäße *a d* nach *e*; *a* mäße folglich *d*. Es sollte dasselbe dabei aber nicht messen; dies wäre Unsinn. Also ist nicht möglich, zu *a*, *b*, *c* eine Vierte Proportionalzahl zu finden, wenn *a d* nicht mißt.

[Schließlich mögen weder *a*, *b*, *c* eine Geometrische Reihe bilden noch die äußeren Glieder gegeneinander prim sein. Und *b* bilde, indem es *c* vervielfältigt, *d*. Dann läßt sich ähnlich zeigen, daß es, wenn *a d* mißt, möglich ist, zu ihnen die Proportionale passend zu finden, wenn es dasselbe aber nicht mißt, unmöglich] — q. e. d.

§ 20 (L. 18).

Es gibt mehr Primzahlen als jede vorgelegte Anzahl von Primzahlen.

Die vorgelegten Primzahlen seien *a*, *b*, *c*. Ich behaupte, daß es mehr Primzahlen gibt als *a*, *b*, *c*.

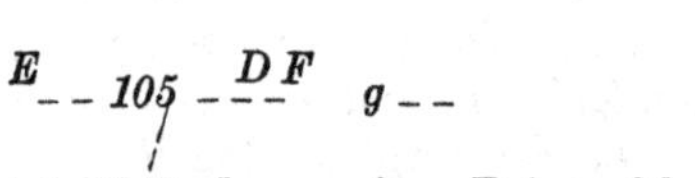

Man bilde die kleinste von *a*, *b*, *c* gemessene Zahl (VII, 36); sie sei *D E*, und man füge zu *D E* die Einheit *D F* hinzu. Entweder ist *E F* dann eine Primzahl, oder nicht. Zunächst sei es eine Primzahl. Dann hat man mehr Primzahlen als *a*, *b*, *c* gefunden, nämlich *a*, *b*, *c*, *E F*.

Zweitens sei *E F* keine Primzahl. Dann muß es von irgendeiner Primzahl gemessen werden (VII, 31); es werde von der Primzahl *g* gemessen. Ich behaupte, daß *g* mit keiner der Zahlen *a*, *b*, *c* zusammenfällt. Wenn möglich tue es dies nämlich. *a*, *b*, *c* messen nun *D E*; auch *g* müßte dann *D E* messen. Es mißt aber auch *E F*. *g* müßte also auch den Rest, die Einheit *D F* messen, während es eine Zahl ist; dies wäre Unsinn. Also fällt *g* mit keiner der Zahlen *a*, *b*, *c* zusammen; und es ist Primzahl nach Voraussetzung. Man hat also mehr Primzahlen als die vorgelegte Anzahl *a*, *b*, *c* gefunden, nämlich *a*, *b*, *c*, *g* — q. e. d.

§ 21 (L. 19).

Setzt man beliebigviele gerade Zahlen zusammen, so ist die Summe gerade.

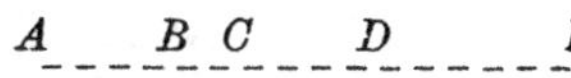

Beliebigviele gerade Zahlen *A B*, *B C*, *C D*, *D E* seien zusammengesetzt. Ich behaupte, daß die Summe *A E* gerade ist.

Jede der Zahlen *A B*, *B C*, *C D*, *D E* hat, da sie gerade ist, einen Teil, der die Hälfte ist (VII, Def. 6). Folglich hat auch die Summe *A E* einen Teil, der die Hälfte ist (VII, 5). Gerade ist aber die Zahl, die sich halbieren läßt (VII, Def. 6). Also ist *A E* gerade — q. e. d.

§ 22 (L. 20).

Setzt man beliebigviele ungerade Zahlen zusammen und ist ihre Anzahl gerade, so muß die Summe gerade sein.

Beliebigviele ungerade Zahlen in gerader Anzahl *A B*, *BC*, *CD*, *DE* seien zusammengesetzt. Ich behaupte, daß die Summe *A E* gerade ist.

Da nämlich jede der Zahlen *A B*, *B C*, *C D*, *D E* ungerade ist, muß, wenn man von jeder die Einheit wegnimmt, jeder der Reste gerade sein (VII, Def. 7), so daß auch deren Summe gerade sein muß (IX, 21). Auch die Anzahl der Einheiten ist aber gerade; also ist auch die Summe *A E* gerade (IX, 21) — q. e. d.

§ 23 (L. 21).

Setzt man beliebigviele ungerade Zahlen zusammen und ist ihre Anzahl ungerade, so muß auch die Summe ungerade sein.

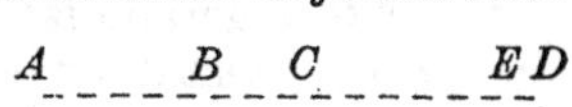

Beliebigviele ungerade Zahlen, deren Anzahl ungerade sei, *A B*,

B C, *C D*, seien zusammengesetzt. Ich behaupte, daß auch die Summe *A D* ungerade ist.

Man nehme von *C D* die Einheit *D E* weg; der Rest *C E* ist dann gerade (VII, Def. 7). Auch *C A* ist aber gerade (IX, 22); also ist auch die Summe *A E* gerade (IX, 21). Nun ist *D E* die Einheit; also ist *A D* ungerade (VII, Def. 7) — q. e. d.

§ 24 (L. 22).

Nimmt man von einer geraden Zahl eine gerade weg, so muß der Rest gerade sein.

Von der geraden Zahl *A B* nehme man die gerade *B C* weg. Ich behaupte, daß der Rest *C A* gerade ist.

A B hat, da es gerade ist, einen Teil, der die Hälfte ist (VII, Def. 6). Aus demselben Grunde hat auch *B C* einen Teil, der die Hälfte ist; [folglich hat] auch der Rest [*C A* einen Teil, der die Hälfte ist (VII, 7).] *A C* ist also gerade (VII, Def. 6) — q. e. d.

§ 25 (L. 23).

Nimmt man von einer geraden Zahl eine ungerade weg, so muß der Rest ungerade sein.

Von der geraden Zahl *A B* nehme man die ungerade *B C* weg. Ich behaupte, daß der Rest *C A* ungerade ist.

Man nehme von *B C* die Einheit *C D* weg; dann ist *D B* gerade (VII, Def. 7). Auch *A B* ist aber gerade; also ist auch der Rest *A D* gerade (IX, 24). Nun ist *C D* die Einheit; also ist *C A* ungerade (VII, Def. 7) — q. e. d.

§ 26 (L. 24).

Nimmt man von einer ungeraden Zahl eine ungerade weg, so muß der Rest gerade sein.

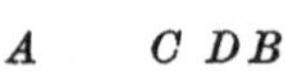

Von der ungeraden Zahl *A B* nehme man die ungerade *B C* weg. Ich behaupte, daß der Rest *C A* gerade ist.

Da *A B* ungerade ist, nehme man die Einheit *B D* weg; der Rest *A D* ist dann gerade (VII, Def. 7). Aus demselben

Grunde ist auch CD gerade; folglich ist auch der Rest CA gerade (IX, 24) — q. e. d.

§ 27 (L. 25).

Nimmt man von einer ungeraden Zahl eine gerade weg, so muß der Rest ungerade sein.

Von der ungeraden Zahl AB nehme man die gerade BC weg. Ich behaupte, daß der Rest CA ungerade ist.

A D   C B

Man nehme die Einheit AD weg; dann ist DB gerade (VII, Def. 7). Auch BC ist aber gerade; also ist der Rest CD gerade (IX, 24); CA ist also ungerade (VII, Def. 7) — q. e. d.

§ 28 (L. 26).

Entsteht eine Zahl dadurch, daß eine ungerade Zahl eine gerade vervielfältigt, so muß das Produkt gerade sein.

a - - -   *b* - -

c - - - - - -

c entstehe dadurch, daß eine ungerade Zahl a eine gerade b vervielfältigt. Ich behaupte, daß c gerade ist.

Da a, indem es b vervielfältigt, c bildet, so ist c aus soviel Zahlen $= b$ zusammengesetzt, wie a Einheiten enthält (VII, Def. 15). Nun ist b gerade; c ist also aus geraden Zahlen zusammengesetzt. Setzt man aber beliebigviele gerade Zahlen zusammen, so ist die Summe gerade (IX, 21); also ist c gerade — q. e. d.

§ 29 (L. 27).

Entsteht eine Zahl dadurch, daß eine ungerade Zahl eine ungerade Zahl vervielfältigt, so muß das Produkt ungerade sein.

c entstehe dadurch, daß eine ungerade Zahl a eine ungerade b vervielfältigt. Ich behaupte, daß c ungerade ist.

a - - -   *b* - - - - -

c - - *15* - -

Da a, indem es b vervielfältigt, c bildet, so ist c aus soviel Zahlen $= b$ zusammengesetzt, wie a Einheiten enthält (VII, Def. 15). Nun sind a und b beide ungerade; c ist also aus ungeraden Zahlen, deren Anzahl ungerade ist, zusammengesetzt; folglich ist c ungerade (IX, 23) — q. e. d.

§ 30 (L. 28).

Eine ungerade Zahl muß, wenn sie eine gerade Zahl mißt, auch deren Hälfte messen.

Eine ungerade Zahl *a* messe eine gerade *b*. Ich behaupte, daß sie auch deren Hälfte messen muß.

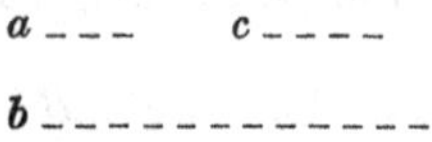

a möge, da es *b* mißt, dasselbe nach *c* messen. Ich behaupte, daß *c* nicht ungerade ist. Wenn möglich, sei dies nämlich der Fall. Da *a* hier *b* nach *c* mißt, entsteht *b*, indem *a c* vervielfältigt. *b* wäre also aus ungeraden Zahlen, deren Anzahl ungerade wäre, zusammengesetzt. Also wäre *b* ungerade (IX, 23); dies wäre Unsinn; denn nach Voraussetzung ist es gerade. *c* ist also nicht ungerade; also ist *c* gerade, so daß *a b* gerademal mißt. Aus diesem Grunde muß es auch dessen Hälfte messen (VII, Deff. 6, 15; VII, 18) — q. e. d.

§ 31 (L. 29).

Wenn eine ungerade Zahl gegen irgendeine Zahl prim ist, dann muß sie auch gegen deren Doppeltes prim sein.

Eine ungerade Zahl *a* sei gegen irgendeine Zahl *b* prim; und das Doppelte von *b* sei *c*. Ich behaupte, daß *a* gegen *c* prim ist.

Wären *a*, *c* nämlich nicht prim, so müßte irgendeine Zahl sie messen (VII, Def. 12). Dies geschehe, die Zahl sei *d*. Nun ist *a* ungerade; also wäre auch *d* ungerade (IX, 28). Da *d* als ungerade Zahl *c* mäße und *c* gerade ist, müßte *d* auch die Hälfte von *c* messen (IX, 30). Die Hälfte von *c* ist *b*; *d* mäße also *b*. Nun sollte es auch *a* messen; *d* mäße also *a* und *b*, die gegeneinander prim sind; dies ist unmöglich. Also trifft nicht zu, daß *a* gegen *c* nicht prim wäre; *a*, *c* sind also gegeneinander prim — q. e. d.

§ 32 (L. 30).

Jede der Zahlen, die durch Verdoppelung von der Zwei aus entstehen, ist ausschließlich gerademal gerade.

Man bilde von *a*, der Zwei aus durch Verdoppelung beliebigviele Zahlen *b*, *c*, *d*. Ich behaupte, daß *b*, *c*, *d* ausschließlich gerademal gerade sind.

Daß jede der Zahlen [*b*, *c*, *d*] gerademal gerade ist, ist klar; denn sie entsteht durch Verdoppelung von der Zwei aus (VII, Def. 8). Ich behaupte, daß sie ausschließlich dies ist. Man nehme die Einheit hinzu. Da man dann beliebigviele Zahlen von der Einheit aus in Geometrischer Reihe hat und die Zahl nach der Einheit, nämlich *a* eine Primzahl ist, so läßt sich die größte der Zahlen *a*, *b*, *c*, *d*, nämlich *d* durch keine andere messen außer durch *a*, *b*, *c* (IX, 13). Nun ist jede der Zahlen *a*, *b*, *c* gerade; also ist *d* ausschließlich gerademal gerade. Ähnlich läßt sich zeigen, daß auch *b*, *c* alle beide ausschließlich gerademal gerade sind — q. e. d.

§ 33 (L. 31).

Eine Zahl, deren Hälfte ungerade ist, ist ausschließlich gerademal ungerade.

Von der Zahl *a* sei die Hälfte ungerade. Ich behaupte, daß *a* ausschließlich gerademal ungerade ist.

Daß sie gerademal ungerade ist, ist klar; denn ihre Hälfte, die ungerade ist, mißt sie gerademal (VII, Def. 9; VII, 16). Ich behaupte, daß sie auschließlich dies ist. Wäre *a* nämlich auch gerademal gerade, so ließe es sich durch eine gerade Zahl nach einer geraden messen (VII, Def. 8), so daß sich auch ihre Hälfte, die ungerade ist, durch eine gerade Zahl messen ließe (VII, Deff. 6, 15; VII, 18); dies wäre Unsinn. Also ist *a* ausschließlich gerademal ungerade — q. e. d.

§ 34 (L. 32).

Wenn eine (gerade) Zahl weder zu denen gehört, die durch Verdoppelung von der Zwei aus entstehen, noch eine ungerade Zahl als Hälfte hat, dann ist sie sowohl gerademal gerade als auch gerademal ungerade.

Ein (gerade) Zahl *a* gehöre weder zu denen, die durch Verdoppelung von der Zwei aus entstehen, noch sei ihre Hälfte ungerade. Ich behaupte, daß *a* sowohl gerademal gerade als auch gerademal ungerade ist.

Daß *a* gerademal gerade ist, ist klar; denn seine Hälfte ist nicht ungerade (VII, Def. 8). Ich behaupte, daß es auch geurademal ungerade ist. Halbiert man nämlich a und halbiert die Hälfte wieder und tut dies immer, so muß man auf irgendeine ungerade Zahl hinauskommen, die dann a nach einer geraden Zahl mißt. Anderenfalls würde man nämlich auf die Zwei hinauskommen, und a würde zu den durch Verdoppelung von der Zwei aus entstehenden Zahlen gehören, gegen die Voraussetzung. Folglich ist a gerademal ungerade (VII, Def. 9). Wie oben bewiesen, ist es auch gerademal gerade; a ist also sowohl gerademal gerade als auch gerademal ungerade — q. e. d.

§ 35 (L. 33).

Hat man beliebigviele Zahlen in Geometrischer Reihe und nimmt man sowohl von der zweiten als auch von der letzten der ersten gleiche weg, dann muß sich, wie der Überschuß der zweiten zur ersten, so der Überschuß der letzten zur Summe der ihr vorangehenden verhalten.

Man habe beliebigviele Zahlen in Geometrischer Reihe a, BC, d, EF, beginnend mit der kleinsten, a; man nehme

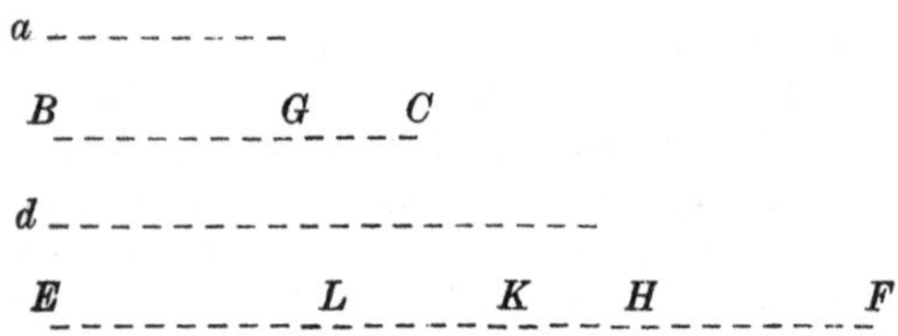

BG und FH, beide $= a$, entsprechend von BC und EF weg. Ich behaupte, daß $GC : a = EH : (a + BC + d)$.

Man mache $FK = BC$ und $FL = d$. Da $FK = BC$ und hierin $FH = BG$, so ist Rest $HK =$ Rest GC. Da nun $EF : d = d : BC = BC : a$, während $d = FL$, $BC = FK$, $a = FH$, so ist $EF : FL = LF : FK = FK : FH$. Durch Trennung (V, Def. 15) ergibt sich $EL : LF = LK : FK = KH : FH$ (VII, 11, 13). Es verhalten sich also auch alle Vorderglieder zusammen zu allen Hintergliedern zusammen wie ein Vorderglied zu einem Hinterglied (VII, 12), also $KH : FH = (EL + LK + KH) : (LF + FK + HF)$. Nun sind $KH = CG$, $FH = a$, $LF + FK + HF = d + BC + a$; also ist $CG : a = EH : (d + BC + a)$. Also verhält sich, wie der Überschuß der zweiten

Zahl zur ersten, so der Überschuß der letzten zur Summe der ihr vorangehenden — q. e. d.

§ 36 (L. 34).

Verschafft man sich beliebigviele Zahlen, von der Einheit aus in Reihe nach dem Verhältnis 1: 2, bis die Summe aus allem eine Primzahl wird, und bildet die Summe, mit dem letzten Glied vervielfältigt, eine Zahl, so muß das Produkt eine vollkommene Zahl sein.

Man verschaffe sich beliebigviele Zahlen a, b, c, d, von der Einheit aus im Verhältnis 1 : 2, bis die Summe aus allem

a – – *b* – – – – *c* – – – – – – – – *d* – – *16* – –

e – – *31* – – *F* – – *31* – *O* – – *465* – *G*

H – – *31* – *N* – – *31* – *K* *l* – – *124* – – *m* – – *248* – –

p – – *?* – – *q* – – *?* – –

eine Primzahl wird; ferner sei e der Summe gleich, und e bilde, indem es d vervielfältigt, FG. Ich behaupte, daß FG eine vollkommene Zahl ist.

Man bilde von e aus nach dem Verhältnis 1 : 2 soviele Zahlen e, HK, l, m, wie a, b, c, d der Anzahl nach sind. Dann ist über gleiches weg $a : d = e : m$ (VII, 14); also ist $e \cdot d = a \cdot m$ (VII, 19). $e \cdot d$ ist nun FG; auch $a \cdot m$ ist also FG; also entsteht FG, indem a m vervielfältigt; m mißt also FG nach den Einheiten in a. Nun ist a die Zwei; also ist $FG = 2m$. Auch m, l, HK, e sind aber immer die Doppelten voneinander der Reihe nach; also bilden e, HK, l, m, FG eine Geometrische Reihe im Verhältnis 1 : 2. Man nehme von der zweiten Zahl HK und von der letzten FG die Zahlen HN, FO weg, die beide der ersten e gleich sind; dann verhält sich, wie der Überschuß der zweiten Zahl zur ersten, so der Überschuß der letzten zur Summe der ihr vorangehenden (IX, 35); also ist $NK : e = OG : (m + l + KH + e)$. Nun ist $NK = e$; also ist $OG = m + l + HK + e$ (VII, Def. 20). Ferner ist $FO = e$ und $e = a + b + c + d + 1$; also ist das Ganze $FG = e + HK + l + m + a + b + c + d + 1$. Dabei wird sie von ihnen gemessen.

Ich behaupte, daß FG sich auch durch keine andere Zahl außer durch a, b, c, d, e, HK, l, m und die Einheit messen läßt. Wäre dies nämlich möglich, so messe etwa p FG, wo p mit keiner der Zahlen a, b, c, d, e, HK, l, m zusammenfiele. Ferner enthalte q soviel Einheiten, wieoft p FG mißt; dann entstünde FG, indem q p vervielfältigt. FG entsteht aber auch, indem e d vervielfältigt; also wäre $e : q = p : d$ (VII, 19). Da ferner a, b, c, d eine Geometrische Reihe von der Einheit aus bilden, läßt d sich durch keine andere Zahl messen außer durch a, b, c (IX, 13). Nach Voraussetzung fällt nun p mit keiner der Zahlen a, b, c zusammen; p kann also d nicht messen. Aber $p : d = e : q$; e kann also q auch nicht messen (VII, Def. 20). Nun ist e eine Primzahl. Jede Primzahl ist aber gegen jede Zahl, die von ihr nicht gemessen wird, prim (VII, 29). Also wären e, q gegeneinander prim und, weil prim, auch die kleinsten (VII, 21); die kleinsten Zahlen messen aber solche, die dasselbe Verhältnis haben, gleichoft, das Vorderglied das Vorderglied und das Hinterglied das Hinterglied (VII, 20). Nun ist $e : q = p : d$; also mäße e p gleichoft, wie q d. d läßt sich aber durch keine andere Zahl messen außer durch a, b, c. Also müßte q mit einer der Zahlen a, b, c zusammenfallen; es falle mit b zusammen. Dann nehme man von e aus soviel Glieder e, HK, l, wie b, c, d der Anzahl nach sind. Nun stehen e, HK, l in demselben Verhältnis wie b, c, d; also ist über gleiches weg $b : d = e : l$ (VII, 14); also ist $b \cdot l = d \cdot e$ (VII, 19). Es wäre aber auch $d \cdot e = q \cdot p$, also $q \cdot p = b \cdot l$, also $q : b = l : p$ (VII, 19). Nun sollte q mit b zusammenfallen; also fiele auch l mit p zusammen; dies ist unmöglich; denn nach Voraussetzung sollte p mit keiner der vorgelegten Zahlen zusammenfallen. Also kann außer a, b, c, d, e, HK, l, m und der Einheit keine Zahl FG messen. Wie oben bewiesen, ist $FG = a + b + c + d + e + HK + l + m + 1$. Eine vollkommene Zahl ist aber eine solche, die ihren Teilen zusammen gleich ist (VII, Def. 22); also ist FG eine vollkommene Zahl — q. e. d.

X. Buch.

Definitionen.

1 (1, 2). ***Kommensurabel*** *heißen* ***Größen,*** *die von demselben Maß gemessen werden, und* ***inkommensurabel*** *solche, für die es kein gemeinsames Maß gibt.*

2 (3, 4). ***Strecken*** *sind* ***quadriert kommensurabel,*** *wenn die Quadrate über ihnen von derselben Fläche gemessen werden, und* ***(quadriert) inkommensurabel,*** *wenn es zu den Quadraten über ihnen keine Fläche gibt, die gemeinsames Maß würde.*

3 (5—7). *[Auf Grund hiervon beweist man (X, 10), daß es zu jeder Ausgangsstrecke unendlich viele Strecken gibt sowohl von solchen, die kommensurabel, als auch von solchen, die inkommensurabel sind, sei es nur linear, sei es auch quadriert.] Die Ausgangsstrecke soll* ***die Rationale*** *heißen; und die mit ihr sei es linear und quadriert, sei es nur quadriert kommensurablen sollen* ***rationale Strecken*** *heißen, die mit ihr inkommensurablen* ***irrationale.***

4 (8—11). *Auch das Quadrat über der Ausgangsstrecke soll rational, und die mit diesem kommensurablen* ***Flächen*** *sollen* ***rational,*** *die mit ihm inkommensurablen aber* ***irrational*** *heißen; irrational auch die quadriert dieselben ergebenden Strecken (X, Def. 3), nämlich, wenn die Flächen Quadrate sind, ihre Seiten selbst, wenn aber andere geradlinige Figuren, dann die Seiten der ihnen gleichen Quadrate.*

§ 1 (L. 1).

Nimmt man bei Vorliegen zweier ungleicher (gleichartiger) Größen von der größeren ein Stück größer als die Hälfte weg und vom Rest ein Stück größer als die Hälfte und wiederholt dies immer, dann muß einmal eine Größe übrig bleiben, die kleiner als die kleinere Ausgangsgröße ist.

$A\,B$, c seien zwei ungleiche (gleichartige) Größen, $A\,B$ die größere von ihnen. Ich behaupte, daß, wenn man von

AB ein Stück größer als die Hälfte wegnimmt und vom Rest ein Stück größer als die Hälfte und dies immer wiederholt, einmal eine Größe übrigbleiben muß, die kleiner ist als die Größe c.

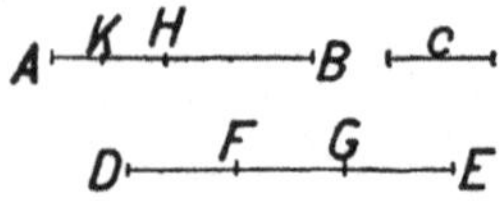

c muß nämlich vervielfacht schließlich größer als AB werden (V, Def. 4). Man vervielfache es, und DE sei ein Vielfaches von c, dabei $> AB$; auch sei DE in die mit c gleichen Abschnitte DF, FG, GE geteilt; ferner nehme man von AB BH, das größer als die Hälfte ist, weg und von AH HK, das größer als die Hälfte ist, und wiederhole dies immer, bis die Anzahl der Teilungen in AB der der Teilungen in DE gleich wird.

Die Teile seien nun AK, KH, HB, an Anzahl gleich DF, FG, GE; da hier $DE > AB$ und man von DE ein Stück kleiner als die Hälfte, nämlich EG weggenommen hat, von AB aber ein Stück größer als die Hälfte, nämlich BH, so ist Rest $GD >$ Rest HA. Und da $GD > HA$ und man von GD die Hälfte, nämlich GF weggenommen hat, von HA aber ein Stück größer als die Hälfte, nämlich HK, so ist Rest $DF >$ Rest AK. Aber $DF = c$; also ist auch $c > AK$, also $AK < c$.

Von der Größe AB bleibt also schließlich die Größe AK übrig, die kleiner ist als die kleinere Ausgangsgröße c — q. e. d.

Ähnlich läßt sich der Beweis auch führen, wenn die weggenommenen Stücke die Hälften sind.

§ 2 (L. 2).

Mißt, wenn man unter zwei ungleichen Größen abwechselnd immer die kleinere von der größeren wegnimmt, der Rest niemals genau die vorhergehende Größe, so müssen die Größen inkommensurabel sein.

Es seien nämlich AB, CD zwei ungleiche Größen, AB die kleinere; dabei soll, wenn man abwechselnd immer die kleinere von der größeren wegnimmt, der Rest niemals genau die vorhergehende Größe messen. Ich behaupte, daß die Größen AB, CD inkommensurabel sind.

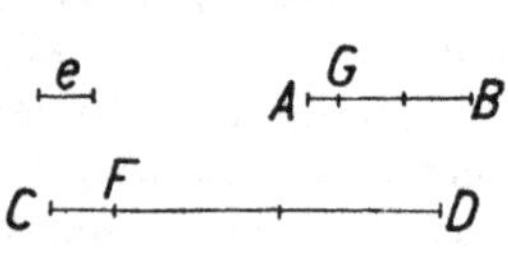

Wenn sie nämlich kommensurabel wären, müßte irgendeine Größe sie messen (X, Def. 1). Es messe sie, wenn möglich, eine solche, sie sei *e*. *A B* lasse, während es *F D* genau mißt, *C F* kleiner als es selbst übrig, und *C F* lasse, während es *B G* genau mißt, *A G* kleiner als es selbst übrig, und dies wiederhole sich immer, bis eine Größe übrig bleibt, die kleiner ist als *e* (X, 1). Dies sei geschehen, und übrig geblieben sei $A G < e$.

Da nun *e* *A B* messen soll, *A B* aber *D F* mißt, müßte *e* auch *F D* messen. Es soll aber auch die ganze Größe *C D* messen; es müßte also auch den Rest *C F* messen. *C F* mißt aber *B G*; *e* mäße also auch *B G*. Es soll aber auch die ganze Größe *A B* messen; es müßte also auch den Rest *A G* messen, als Größeres das Kleinere; dies ist unmöglich. Also kann keine Größe die Größen *A B*, *C D* messen; also sind die Größen *A B*, *C D* inkommensurabel (X, Def. 1) — S.

§ 3 (A. 1).

Zu zwei gegebenen kommensurablen Größen ihr größtes gemeinsames Maß zu finden.

Die zwei gegebenen kommensurablen Größen seien *A B*, *C D*, die kleinere von ihnen *A B*. Man soll das größte gemeinsame Maß von *A B*, *C D* finden.

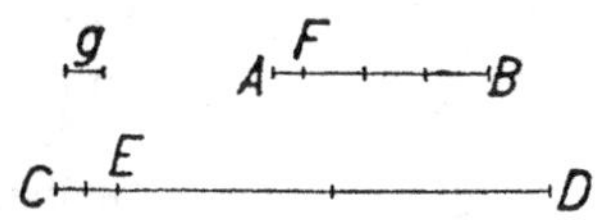

Die Größe *A B* mißt entweder *C D*, oder tut es nicht. Wenn sie es mißt — sich selbst mißt sie auch — dann ist *A B* gemeinsames Maß von *A B*, *C D*; und es ist klar, daß es auch das größte ist; denn eine Größe $> A B$ könnte *A B* nicht messen.

A B möge *C D* jetzt nicht messen. Nimmt man abwechselnd immer das Kleinere vom Größeren weg, dann muß der Rest schließlich die vorhergehende Größe messen, weil *A B*, *C D* nicht inkommensurabel sind (X, 2). *A B* lasse, indem es *E D* genau mißt, *E C* kleiner als es selbst übrig; und *E C* lasse, indem es *F B* genau mißt, *A F* kleiner als es selbst übrig; und *A F* messe *C E*.

Da *A F* *C E* mißt, und *C E* *F B*, muß *A F* auch *F B* messen. Es mißt aber auch sich selbst; also muß *A F* auch das Ganze AB messen. AB mißt aber DE; also muß AF auch ED messen. Es mißt aber auch CE; also mißt es auch das Ganze CD; AF ist also gemeinsames Maß von AB, CD.

Weiter behaupte ich, daß es auch das größte ist. Anderenfalls müßte es nämlich eine Größe $> AF$ geben, die AB, CD mäße; sie sei g. Da dann g AB mäße und AB ED mißt, müßte g auch ED messen. Es soll aber auch das Ganze CD messen; also müßte g auch den Rest CE messen. CE mißt aber FB; g müßte also auch FB messen. Es soll aber auch das Ganze AB messen, müßte auch den Rest AF messen, als Größeres das Kleinere; dies ist unmöglich. Also kann keine Größe $> AF$ AB, CD messen; AF ist also das größte gemeinsame Maß von AB, CD.

Zu zwei gegebenen kommensurablen Größen AB, CD hat man also das größte gemeinsame Maß gefunden — q. e. d.

Zusatz: Hiernach ist klar, daß eine Größe, die zwei Größen mißt, auch ihr größtes gemeinsames Maß messen muß.

§ 4 (A. 2).

Zu drei gegebenen kommensurablen Größen ihr größtes gemeinsames Maß zu finden.

Die drei gegebenen kommensurablen Größen seien a, b, c. Man soll zu a, b, c das größte gemeinsame Maß finden.

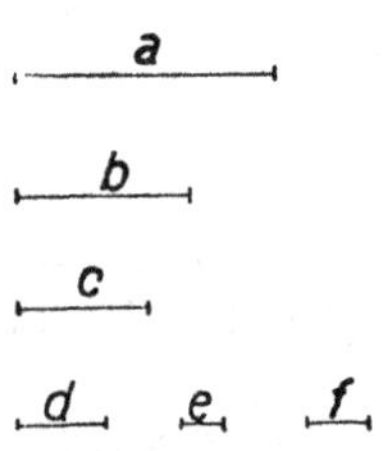

Man verschaffe sich zu den zwei Größen a, b das größte gemeinsame Maß (X, 3), es sei d; d mißt dann entweder c, oder tut es nicht.

Zunächst messe es. Da d hier c, aber auch a und b mißt, [mißt d die Größen a, b, c; also] ist d gemeinsames Maß von a, b, c. Und es ist klar, daß es auch das größte ist; denn eine Größe $> d$ könnte nicht a und b messen.

Jetzt messe d c nicht. Vorweg behaupte ich, daß c, d kommensurabel sind. Da nämlich a, b, c kommensurabel sind, muß irgendeine Größe sie messen; diese muß offenbar auch a und b messen; folglich muß sie auch das größte gemeinsame Maß von a, b, nämlich d messen (X, 3 Zus.).

Nun mißt sie auch c; folglich muß die erwähnte Größe c und d messen; c, d sind also kommensurabel.

Man verschaffe sich nun ihr größtes gemeinsames Maß, es sei e. Da e d mißt, d aber seinerseits a und b mißt, so muß e auch a und b messen. Es mißt nun auch c; e mißt also a, b, c; also ist e gemeinsames Maß von a, b, c.

Ich behaupte, daß es auch das größte ist. Wenn möglich, sei nämlich f eine Größe $> e$ und messe dabei a, b, c. Da f die Größen a, b, c messen soll, müßte es a und b und auch das größte gemeinsame Maß von a, b messen. Das größte gemeinsame Maß von a, b ist aber d; f mäße also d. Es soll aber auch c messen; f mäße also c und d; f müßte also auch das größte gemeinsame Maß von c, d messen. Dies ist aber e; f müßte also e messen, als Größeres das Kleinere; dies ist unmöglich. Also kann keine Größe $> e$ die Größen a, b, c messen. Das größte gemeinsame Maß von a, b, c ist also e, wenn d c nicht mißt, und d selbst, wenn es mißt — S.

§ 5 (L. 3).

Kommensurable Größen haben zueinander ein Verhältnis wie eine Zahl zu einer Zahl.

a, b seien kommensurable Größen. Ich behaupte, daß a zu b ein Verhältnis hat wie eine Zahl zu einer Zahl.

Da a, b kommensurabel sind, muß irgendeine Größe sie messen. Dies geschehe, die Größe sei c. Dann möge d soviele Einheiten enthalten, wieoft c a mißt, und e möge soviele Einheiten enthalten, wieoft c b mißt.

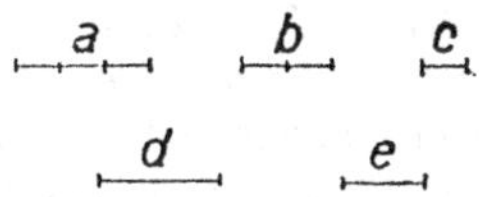

Da c a nach den in d enthaltenen Einheiten mißt, aber auch 1 d nach den in ihm enthaltenen Einheiten mißt, so mißt 1 die Zahl d gleichoft, wie die Größe c a. Also ist $c : a = 1 : d$ (VII, Def. 20; V, Def. 5); also, umgekehrt (V, Def. 13), $a : c = d : 1$. Ebenso mißt, da c b nach den in e enthaltenen Einheiten mißt, aber auch 1 e nach den in ihm enthaltenen Einheiten mißt, 1 e gleichoft, wie c b. Also ist $c : b = 1 : e$. Wie oben bewiesen, ist auch $a : c = d : 1$. Also ist über gleiches weg $a : b =$ Zahl $d : e$ (VII, 14; V, 22).

Kommensurable Größen *a*, *b* haben also zueinander ein Verhältnis wie eine Zahl, nämlich *d*, zu einer Zahl, nämlich *e* — q. e. d.

§ 6 (L. 4).

Haben zwei Größen zueinander ein Verhältnis wie eine Zahl zu einer Zahl, dann müssen die Größen kommensurabel sein.

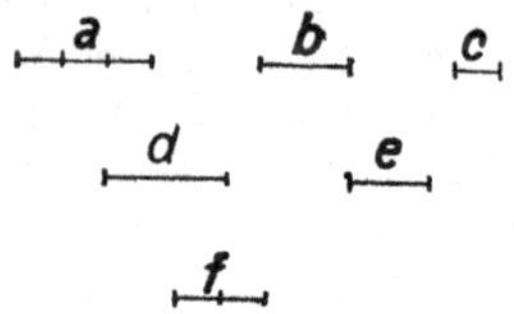

Zwei Größen *a*, *b* mögen zueinander ein Verhältnis haben wie eine Zahl *d* zu einer Zahl *e*. Ich behaupte, daß die Größen *a*, *b* kommensurabel sind.

Man teile *a* in soviele gleiche Teile, wie *d* Einheiten enthält (VI, 9); einem von ihnen sei *c* gleich. Und aus sovielen Größen $= c$, wie *e* Einheiten enthält, setze man *f* zusammen.

Da *a* ebensoviele Größen $= c$ enthält, wie *d* Einheiten, ist *c* von *a* derselbe Teil, wie 1 von *d*. Also ist $c : a = 1 : d$ (VII, Def. 20). Nun mißt 1 die Zahl *d*; also mißt auch *c a*. Und da $c : a = 1 : d$, so ist, umgekehrt (V, Def. 13), $a : c$ = Zahl $d : 1$. Ebenso ist, da *f* ebensoviele Größen $= c$ enthält, wie *e* Einheiten, $c : f = 1 : e$. Wie oben bewiesen, ist aber $a : c = d : 1$. Also ist über gleiches weg $a : f = d : e$ (VII, 14). Aber $d : e = a : b$. Also verhält sich *a*, wie zu *b*, so auch zu *f*. *a* hat also zu beiden Größen *b*, *f* dasselbe Verhältnis; also ist $b = f$ (V, 9). *c* mißt nun *f*, also mißt es *b*; aber auch *a*. *c* mißt also *a* und *b*. *a* ist also mit *b* kommensurabel — S.

[*Zusatz:* Hiernach ist klar, daß, wenn man zwei Zahlen, etwa *d*, *e*, und eine Strecke, etwa *a*, hat, sich bewirken läßt, das Zahl *d* : Zahl *e* = diese Strecke : einer Strecke (*f*). Verschafft man sich nun zu *a*, *f* die Mittlere Proportionale (VI, 13), etwa *b*, so muß sich verhalten $a : f = a^2 : b^2$, nämlich eine Figur über der ersten Strecke zu der ähnlichen über der zweiten ähnlich gezeichneten, wie die erste Strecke zur dritten (VI, 19 Zus.). Aber $a : f$ = Zahl *d* : Zahl *e*. Also erreicht man, daß, wie die Zahl *d* zur Zahl *e*, so das Quadrat über der Strecke *a* sich zu dem über der Strecke *b* verhält — q. e. d.]

§ 7 (L. 5).

[Inkommensurable Größen haben zueinander kein Verhältnis wie eine Zahl zu einer Zahl.]

§ 8 (L. 6).

[Haben zwei Größen zueinander kein Verhältnis wie eine Zahl zu einer Zahl, dann müssen die Größen inkommensurabel sein.]

§ 9 (L. 7).

Die Quadrate über linear kommensurablen Strecken haben zueinander ein Verhältnis wie eine Quadratzahl zu einer Quadratzahl;

und von Quadraten, die zueinander ein Verhältnis haben wie eine Quadratzahl zu einer Quadratzahl, müssen auch die Seiten linear kommensurabel sein;

[die Quadrate über linear inkommensurablen Strecken hingegen haben kein Verhältnis zueinander wie eine Quadratzahl zu einer Quadratzahl;]

und von Quadraten, die kein Verhältnis wie eine Quadratzahl zu einer Quadratzahl zueinander haben, können auch die Seiten nicht linear kommensurabel sein.

Die Strecken a, b seien linear kommensurabel. Ich behaupte, daß a^2 zu b^2 ein Verhältnis hat wie eine Quadratzahl zu einer Quadratzahl.

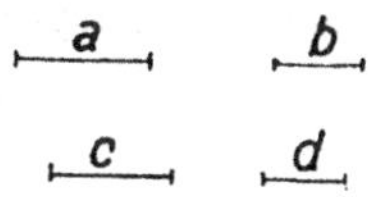

Da a mit b linear kommensurabel ist, hat a zu b ein Verhältnis wie eine Zahl zu einer Zahl (X, 5); es habe das Verhältnis wie die Zahl c zu d. Da hier $a : b = c : d$, aber $(a : b)^2 = a^2 : b^2$ — ähnliche Figuren stehen nämlich zweimal im Verhältnis entsprechender Seiten (VI, 20, Zus.) — sowie $(c : d)^2 = c^2 : d^2$ — zwischen zwei Quadratzahlen gibt es nämlich eine Mittlere Proportionalzahl, und die Quadratzahl steht zur Quadratzahl zweimal im Verhältnis wie die Seite zur Seite (VIII, 11) — so ist $a^2 : b^2 = c^2 : d^2$.

Nunmehr sei $a^2 : b^2 = c^2 : d^2$. Ich behaupte, daß a mit b linear kommensurabel ist.

Da nämlich $a^2 : b^2 = c^2 : d^2$, aber $a^2 : b^2 = (a : b)^2$ sowie $c^2 : d^2 = (c : d)^2$, so ist $a : b = c : d$ (vgl. Anm.). a hat also zu b ein Verhältnis wie eine Zahl c zu einer Zahl d. Also ist a mit b linear kommensurabel (X, 6).

[Nunmehr sei a mit b linear inkommensurabel. Ich behaupte, daß a^2 zu b^2 kein Verhältnis wie eine Quadratzahl zu einer Quadratzahl hat.

Hätte nämlich a^2 zu b^2 ein Verhältnis wie eine Quadratzahl zu einer Quadratzahl, so müßte a mit b kommensurabel sein; es ist dies aber nicht. Also hat a^2 zu b^2 kein Verhältnis wie eine Quadratzahl zu einer Quadratzahl.]

Endlich habe a^2 zu b^2 kein Verhältnis wie eine Quadratzahl zu einer Quadratzahl. Ich behaupte, daß a mit b linear inkommensurabel ist.

Wäre nämlich a mit b kommensurabel, so müßte a^2 zu b^2 ein Verhältnis haben wie eine Quadratzahl zu einer Quadratzahl; es hat dies aber nicht. Also ist a mit b nicht linear kommensurabel — S.

Zusatz: Aus dem Bewiesenen muß deutlich sein, daß allgemein linear kommensurable Strecken es auch quadriert sind, daß quadriert kommensurable es aber nicht allgemein auch linear sind.

§ 10 (11; A. 3).

[*Zu einer vorgelegten Strecke zwei Strecken zu finden, die ihr inkommensurabel sind, eine nur linear, eine auch quadriert.*

Die vorgelegte Strecke sei a. Man soll zu a zwei Strecken finden, die ihm inkommensurabel sind, eine nur linear, eine auch quadriert.

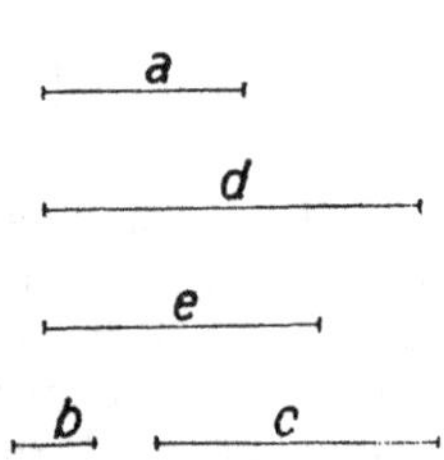

Man lege zwei Zahlen b, c zugrunde, die zueinander kein Verhältnis haben wie eine Quadratzahl zu einer Quadratzahl, d. h. nicht ähnliche ebene Zahlen, und mache $b : c = a^2 : d^2$; dies haben wir nämlich gelernt (X, 6 Zus.). Dann ist a^2 mit d^2 kommensurabel (X, 6). Und da b zu c kein Verhältnis hat wie eine Quadratzahl zu einer Quadratzahl, hat auch a^2 zu d^2 kein Verhältnis wie eine Quadratzahl zu einer Quadratzahl; a ist also zu d linear inkommensurabel (X, 9).

Man verschaffe sich zu a, d die Mittlere Proportionale e; dann ist $a : d = a^2 : e^2$ (VI, 19 Zus.). a ist aber zu d linear inkommensurabel; also ist auch a^2 zu e^2 inkommensurabel (X, 11); a ist also zu e quadriert inkommensurabel (X, Def. 2).

Zur vorgelegten Strecke a hat man also zwei Strecken d, e gefunden, die ihr inkommensurabel sind, d nur linear, e quadriert und offenbar auch linear.]

§ 11 (10; L. 8).

Stehen vier Größen in Proportion und ist die erste der zweiten kommensurabel, dann muß auch die dritte der vierten kommensurabel sein;

und ist die erste der zweiten inkommensurabel, dann muß auch die dritte der vierten inkommensurabel sein.

Die vier Größen a, b, c, d mögen in Proportion stehen, $a : b = c : d$, und es sei $a \frown b$. Ich behaupte, daß auch $c \frown d$ sein muß.

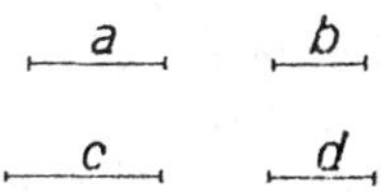

Da nämlich $a \frown b$, hat a zu b ein Verhältnis wie eine Zahl zu einer Zahl (X, 5). Nun ist $a : b = c : d$; also hat auch c zu d ein Verhältnis wie eine Zahl zu einer Zahl; also ist $c \frown d$ (X, 6).

Nunmehr sei $a \smile b$. Ich behaupte, daß auch $c \smile d$ sein muß.

Da nämlich $a \smile b$, hat a zu b kein Verhältnis wie eine Zahl zu einer Zahl (X, 6). Nun ist $a : b = c : d$ (V, Def. 5); also hat auch c zu d kein Verhältnis wie eine Zahl zu einer Zahl (vgl. VII, Def. 20); also ist $c \smile d$ (X, 5) — S.

§ 12 (12; L. 9).

Was derselben Größe kommensurabel ist, ist auch einander kommensurabel.

a und b seien beide $\frown c$. Ich behaupte, daß auch $a \frown b$.

Da nämlich $a \frown c$, hat a zu c ein Verhältnis wie eine Zahl zu einer Zahl (X, 5), etwa $= d : e$. Ebenso hat, da $c \frown b$, c zu b ein Verhältnis wie eine Zahl zu einer Zahl, etwa $= f : g$. Zu beliebigvielen gegebenen Verhältnissen,

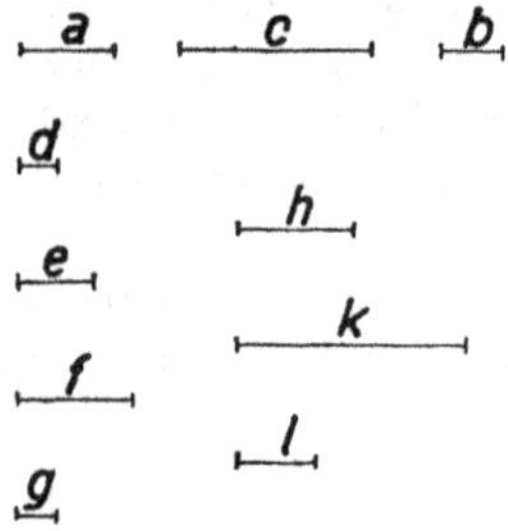

nämlich $d : e$ und $f : g$, verschaffe man sich, der Reihe nach in den gegebenen Verhältnissen, die Zahlen h, k, l, so daß $d : e = h : k$ und $f : g = k : l$ (VIII, 4).

Da nun $a : c = d : e$ und $d : e = h : k$, ist $a : c = h : k$ (VII, Def. 20). Ebenso ist, da $c : b = f : g$ und $f : g = k : l$, auch $c : b = k : l$. Aber auch $a : c = h : k$; also ist über gleiches weg $a : b = h : l$ (VII, 14). Also hat a zu b ein Verhältnis wie eine Zahl, nämlich h, zu einer Zahl, nämlich l; also ist $a \frown b$ (X, 6) — S.

§ 13 (14; L. 10).

Wenn zwei Größen kommensurabel sind und die eine von ihnen irgendeiner Größe inkommensurabel, dann muß auch die andere zu derselben inkommensurabel sein.

a, b seien zwei kommensurable Größen, und die eine von ihnen, a, sei einer weiteren Größe c inkommensurabel. Ich behaupte, daß auch die andere, b, zu c inkommensurabel ist.

Wäre nämlich $b \frown c$, während doch $a \frown b$, so wäre auch $a \frown c$ (X, 12), und dabei inkommensurabel; dies ist unmöglich. b ist also mit c nicht kommensurabel, also inkommensurabel — S.

§ 14 (15; L. 11).

Stehen vier Strecken in Proportion und übertrifft quadriert die erste um das Quadrat einer ihr [linear] kommensurablen die zweite, dann muß quadriert die dritte auch um das Quadrat einer ihr [linear] kommensurablen die vierte übertreffen;

und übertrifft quadriert die erste um das Quadrat einer ihr [linear] inkommensurablen die zweite, dann muß quadriert die dritte auch um das Quadrat einer ihr [linear] inkommensurablen die vierte übertreffen.

Die vier Strecken a, b, c, d mögen in Proportion stehen, $a : b = c : d$ (V, Def. 5), und es übertreffe quadriert a b um

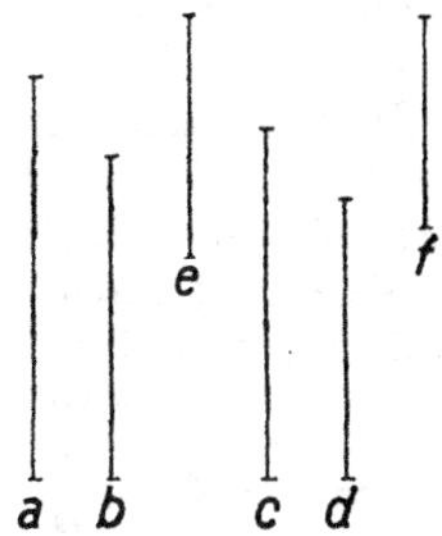

e^2, $c\,d$ um f^2. Ich behaupte, daß, wenn $a \frown e$, auch $c \frown f$, und wenn $a \smile e$, auch $c \smile f$.

Da nämlich $a : b = c : d$, ist auch $a^2 : b^2 = c^2 : d^2$ (VI, 22). Nun ist $a^2 = e^2 + b^2$ und $c^2 = d^2 + f^2$. Also ist $(e^2 + b^2) : b^2 = (d^2 + f^2) : d^2$, also, getrennt, $e^2 : b^2 = f^2 : d^2$ (V, 17). Also ist auch $e : b = f : d$ (VI, 22), also, umgekehrt (V, Def. 13), $b : e = d : f$. Aber $a : b = c : d$; also ist über gleiches weg $a : e = c : f$ (V, 22). Wenn nun $a \frown e$, dann ist auch $c \frown f$, und wenn $a \smile e$, dann ist auch $c \smile f$ (X 11) — S.

§ 15 (16; L. 12).

Setzt man zwei kommensurable Größen zusammen, so muß auch das Ganze ihnen beiden einzeln kommensurabel sein;

und wenn das Ganze einer von ihnen kommensurabel ist, müssen auch die ursprünglichen Größen kommensurabel sein.

Zwei kommensurable Größen $A\,B$, $B\,C$ seien zusammengesetzt. Ich behaupte, daß auch das Ganze $A\,C$ sowohl $A\,B$ als auch $B\,C$ kommensurabel ist.

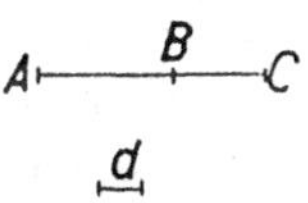

Da $A\,B \frown B\,C$, muß irgendeine Größe sie messen. Es messe sie eine, etwa d. Da d dann $A\,B$ und $B\,C$ mißt, muß es auch das Ganze $A\,C$ messen; es mißt aber auch $A\,B$ und $B\,C$. d mißt also $A\,B$, $B\,C$, $A\,C$. $A\,C$ ist also sowohl $A\,B$ als auch $B\,C$ kommensurabel.

Nunmehr sei $A\,C \frown A\,B$. Ich behaupte, daß auch $A\,B \frown B\,C$.

Da $A\,C \frown A\,B$, muß irgendeine Größe sie messen. Es messe sie eine, etwa d. Da d dann $C\,A$ und $A\,B$ mißt, muß es auch den Rest $B\,C$ messen. Es mißt aber auch $A\,B$; d muß also $A\,B$ und $B\,C$ messen; also ist $A\,B \frown B\,C$ — S.

§ 16 (17; L. 13).

Setzt man zwei inkommensurable Größen zusammen, so muß auch das Ganze ihnen beiden einzeln inkommensurabel sein;

und wenn das Ganze einer von ihnen inkommensurabel ist, müssen auch die ursprünglichen Größen inkommensurabel sein.

Zwei inkommensurable Größen *A B*, *B C* seien zusammengesetzt. Ich behaupte, daß auch das Ganze *A C* sowohl *A B* als auch *B C* inkommensurabel ist.

Wären nämlich *C A*, *A B* nicht inkommensurabel, so müßte irgendeine Größe sie messen. Es messe sie, wenn möglich, eine, etwa *d*. Da *d* dann *C A* und *A B* mäße, müßte es auch den Rest *B C* messen. Es mäße aber auch *A B*; *d* mäße also *A B* und *B C*. *A B*, *B C* wären also kommensurabel; nach Voraussetzung sind sie aber auch inkommensurabel; dies ist unmöglich. Also kann keine Größe *C A* und *A B* messen; also ist *C A* $\cup$ *A B*. Ähnlich läßt sich zeigen, daß auch *A C* $\cup$ *C B*. *A C* ist also sowohl *A B* als auch *B C* inkommensurabel.

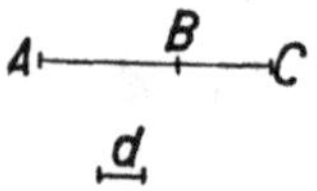

Nunmehr sei *A C* zu einer der Größen *A B*, *B C* inkommensurabel, zunächst $\cup$ *A B*. Ich behaupte, daß auch *A B* $\cup$ *B C*.

Wären sie nämlich kommensurabel, so müßte irgendeine Größe sie messen. Es messe sie eine, etwa *d*. Da *d* dann *A B* und *B C* mäße, müßte es auch das Ganze *A C* messen. Es mäße aber auch *A B*; *d* mäße also *C A* und *A B*. *C A*, *A B* wären also kommensurabel; nach Voraussetzung sind sie aber auch inkommensurabel; dies ist unmöglich. Also kann keine Größe *A B* und *B C* messen; also ist *A B* $\cup$ *B C* — S.

§ 17 (18; L. 14).

Hat man zwei ungleiche Strecken und legt eine dem vierten Teil des Quadrats über der kleineren gleiche Fläche so an die größere an, daß ein Quadrat fehlt, und zerfällt diese dabei in linear kommensurable Stücke, dann muß quadriert die größere Strecke um das Quadrat einer ihr [linear] kommensurablen die kleinere übertreffen;

und übertrifft quadriert die größere Strecke um das Quadrat einer ihr [linear] kommensurablen die kleinere und legt man eine dem Viertel des Quadrats über der kleineren gleiche Fläche so an die größere an, daß ein Quadrat fehlt, dann zerfällt diese in linear kommensurable Stücke.

a, BC seien zwei ungleiche Strecken, BC die größere von ihnen; man lege eine Fläche $= {}^1/_4$ des Quadrats der kleineren a, d. h. $= \left(\frac{a}{2}\right)^2$ an BC so an, daß ein Quadrat fehlt (VI, 28); die Fläche sei $BD \cdot DC$; und BD sei $\frown DC$. Ich behaupte, daß BC quadriert um das Quadrat einer ihm kommensurablen Strecke a übertrifft.

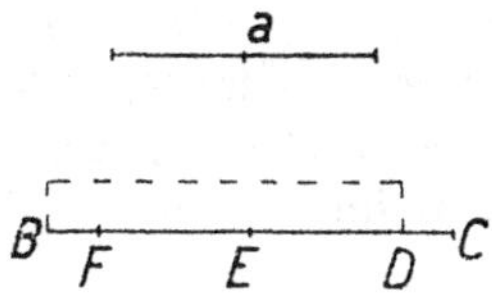

Man halbiere BC im Punkte E und mache $EF = DE$. Dann ist Rest $DC = BF$. Da die Strecke BC dann in gleiche Abschnitte in E und in ungleiche in D geteilt ist, so ist $BD \cdot DC + ED^2 = EC^2$ (II, 5), ebenso die Vierfachen; also $4\,BD \cdot DC + 4\,DE^2 = 4\,EC^2$. Aber $4\,BD \cdot DC = a^2$ und $4\,DE^2 = DF^2$, weil $DF = 2\,DE$; und $4\,EC^2 = BC^2$, weil ebenso $BC = 2\,CE$. Also sind $a^2 + DF^2 = BC^2$, so daß BC^2 um DF^2 größer als a^2 ist; BC übertrifft quadriert also a um $DF(^2)$. Zu beweisen ist noch die Kommensurabilität von BC mit DF. Da $BD \frown DC$, ist auch $BC \frown CD$ (X, 15). Nun ist $CD \frown CD + BF$, weil $CD = BF$. Also ist auch $BC \frown BF + CD$ (X, 12); folglich BC auch $\frown$ Rest FD (X, 15). Quadriert übertrifft also BC um das Quadrat einer ihm kommensurablen Strecke a.

Nunmehr möge quadriert BC um das Quadrat einer ihm kommensurablen Strecke a übertreffen; man lege an BC eine Fläche $= {}^1/_4\, a^2$ so an, daß ein Quadrat fehlt; die Fläche sei $BD \cdot DC$. Zu beweisen ist, daß $BD \frown DC$.

Man konstruiere ebenso; dann läßt sich ähnlich zeigen, daß BC quadriert a um FD^2 übertrifft. Nun übertrifft quadriert BC um das Quadrat einer ihm kommensurablen Strecke a; also ist $BC \frown FD$, so daß BC auch $\frown$ Rest $BF + DC$ (X, 15). Aber $BF + DC \frown DC$; folglich ist auch $BC \frown CD$ (X, 12), also auch getrennt (X, 15) $BD \frown DC$ — S.

§ 18 (19; L. 15).

Hat man zwei ungleiche Strecken und legt eine dem vierten Teil des Quadrats über der kleineren gleiche Fläche so an die größere an, daß ein Quadrat fehlt, und zerfällt diese dabei in (linear) inkommensurable Stücke, dann muß quadriert die größere Strecke um das Quadrat einer ihr inkommensurablen die kleinere übertreffen;

und übertrifft quadriert die größere Strecke um das Quadrat einer ihr inkommensurablen die kleinere und legt man eine dem Viertel des Quadrats über der kleineren gleiche Fläche so an die größere an, daß ein Quadrat fehlt, dann zerfällt diese in (linear) inkommensurable Stücke.

a, BC seien zwei ungleiche Strecken, BC die größere von ihnen; man lege eine Fläche $= {}^1/_4$ des Quadrats der kleineren a an BC so an, daß ein Quadrat fehlt (VI, 28); die Fläche sei $BD \cdot DC$; und BD sei $\smile DC$. Ich behaupte, daß quadriert BC um das Quadrat einer ihm inkommensurablen Strecke a übertrifft.

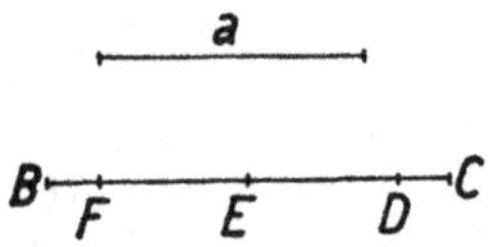

Man konstruiere ebenso wie beim vorigen Satz; dann läßt sich ähnlich zeigen, daß BC quadriert a um FD^2 übertrifft. Zu beweisen ist, daß $BC \smile DF$. Da $BD \smile DC$, ist auch $BC \smile CD$ (X, 16). Nun ist $DC \frown BF + DC$; also ist $BC \smile BF + DC$ (X, 13); folglich BC auch $\smile$ Rest FD (X, 16). Nun übertrifft BC quadriert a um FD^2; quadriert übertrifft BC also um das Quadrat einer ihm inkommensurablen Strecke a.

Zweitens möge quadriert BC um das Quadrat einer ihm inkommensurablen Strecke a übertreffen; man lege an BC eine Fläche $= {}^1/_4\, a^2$ so an, daß ein Quadrat fehlt; die Fläche sei $BD \cdot DC$. Zu beweisen ist, daß $BD \smile DC$.

Man konstruiere ebenso; dann läßt sich ähnlich zeigen, daß BC quadriert a um FD^2 übertrifft. Nun übertrifft quadriert BC um das Quadrat einer ihm inkommensurablen Strecke a; also ist $BC \smile FD$, so daß BC auch $\smile$ Rest $BF + DC$ (X, 16). Aber $BF + DC \frown DC$; also auch $BC \smile DC$ (X, 13), folglich auch getrennt (X, 16) $BD \smile DC$ — S.

§ 19 (20; L. 16).

Das Rechteck aus linear kommensurablen [auf eine der oben genannten Weisen (X, Def. 3)] rationalen Strecken ist rational.

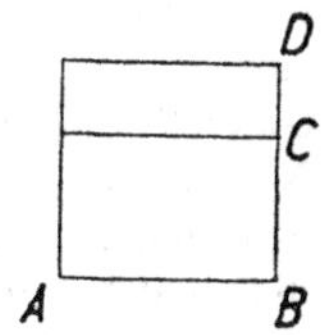

Linear kommensurable rationale Strecken AB, BC mögen ein Rechteck AC umfassen. Ich behaupte, daß AC rational ist.

Man zeichne über AB das Quadrat AD; dann ist AD rational (X, Def. 4). Da $AB \frown BC$ und $AB = BD$, ist $BD \frown BC$. Weiter ist $BD : BC = DA : AC$ (VI, 1), also $DA \frown AC$ (X, 11). Nun ist DA rational; also ist auch AC rational (X, 12; Def. 4) — S.

§ 20 (21; L. 17).

Legt man an eine rationale Strecke eine rationale Fläche an, so wird die Breite rational und der Strecke, an die angelegt wurde, linear kommensurabel.

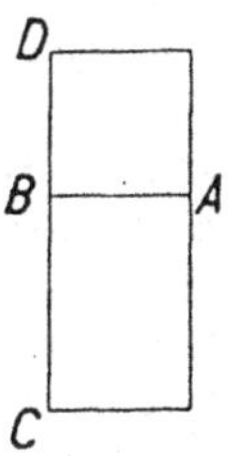

Man lege eine rationale Fläche AC an eine [wieder auf eine der obengenannten Weisen (X, Def. 3)] rationale Strecke AB an, so daß BC die Breite wird. Ich behaupte, daß BC rational ist und $\frown BA$.

Man zeichne über AB das Quadrat AD; dann ist AD rational. Auch AC ist aber rational, also $DA \frown AC$ (X, Def. 4). Weiter ist $DA : AC = DB : BC$ (VI, 1), also $DB \frown BC$ (X, 11). Aber $DB = BA$; also ist auch $AB \frown BC$. Nun ist AB rational; also ist auch BC rational (X, Def. 3) und $\frown AB$ — S.

§ 21 (22; L. 18 u. Def.).

Das Rechteck aus nur quadriert kommensurablen rationalen Strecken ist irrational; auch die quadriert dasselbe ergebende Strecke ist irrational; sie heiße ***Mediale.***

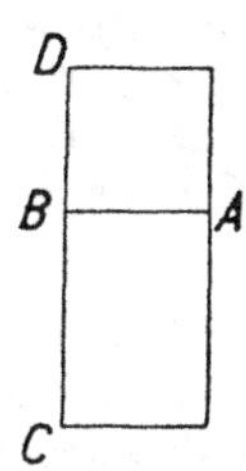

Nur quadriert kommensurable rationale Strecken AB, BC mögen ein Rechteck AC umfassen. Ich behaupte, daß AC irrational ist und daß auch die quadriert dasselbe ergebende Strecke irrational ist; sie heiße Mediale.

Man zeichne über AB das Quadrat AD; dann ist AD rational. Da $AB \smile BC$ —

nach Voraussetzung sind sie ja nur quadriert kommensurabel — und $AB = BD$, ist auch $DB \smile BC$. Weiter ist $DB : BC = AD : AC$ (VI, 1), also $DA \smile AC$ (X, 11). Nun ist DA rational; also ist AC irrational (X, 13; Def. 4). Folglich ist auch die quadriert AC ergebende Strecke [d. h. die, welche quadriert ein ihm gleiches Quadrat ergibt] irrational (X, Def. 3); sie heiße Mediale — q. e. d.

§ 22 (23; L. 19).

Legt man das Quadrat einer Medialen an eine rationale Strecke an, so entsteht als Breite eine rationale, aber der, an die angelegt wurde, linear inkommensurable Strecke.

a sei eine Mediale, CB eine rationale Strecke; man lege an BC das Rechteck $BD = a^2$ an (I, 44), so daß CD die Breite wird. Ich behaupte, daß CD rational ist, aber $\smile CB$.

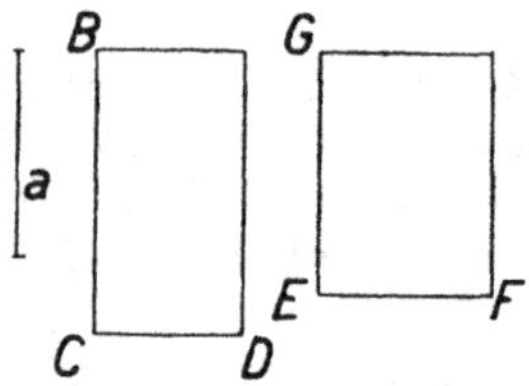

a ergibt, da es medial ist, quadriert ein Rechteck aus nur quadriert kommensurablen rationalen Strecken (X, 21: Def.); quadriert ergebe es GF. Quadriert ergibt es aber auch BD; also ist $BD = GF$, außerdem ihm gleichwinklig. In gleichen winkelgleichen Parallelogrammen sind aber die Seiten um gleiche Winkel umgekehrt proportional (VI, 14); also stehen in Proportion $BC : EG = EF : CD$. Dann ist auch $BC^2 : EG^2 = EF^2 : CD^2$ (VI, 22). Nun ist $CB^2 \frown EG^2$ — beide Strecken sind ja rational — also auch $EF^2 \frown CD^2$ (X, 11). Nun ist EF^2 rational, also auch CD^2 rational; also ist auch CD rational. Da ferner $EF \smile EG$ — sie sind ja nur quadriert kommensurabel — und $EF : EG = EF^2 : FE \cdot EG$ (VI, 1), so ist $EF^2 \smile FE \cdot EG$ (X, 11). Nun ist $CD^2 \frown EF^2$ [denn quadriert sind die Strecken rational] und $FE \cdot EG \frown DC \cdot CB$, weil beide $= a^2$; also ist $CD^2 \smile DC \cdot CB$ (X, 12, 13). Aber $CD^2 : DC \cdot CB = DC : CB$; also ist $DC \smile CB$ (X, 11). CD ist also rational, aber $\smile CB$ — q. e. d.

§ 23 (24; L. 20).

Jede einer Medialen kommensurable Strecke ist medial.

a sei eine Mediale, b mit a kommensurabel. Ich behaupte, daß auch b eine Mediale ist.

Man lege eine rationale Strecke CD zugrunde und lege an CD ein Rechteck $CE = a^2$ an, so daß ED die Breite wird (I, 44); dann ist ED rational, aber $\smile CD$ (X, 22). Ferner lege man an CD ein Rechteck $CF = b^2$ an, so daß DF die Breite wird. Da a mit b kommensurabel ist, ist auch $a^2 \frown b^2$ (X, 9 Zus.). Nun ist $a^2 = EC$ und $b^2 = CF$, also ist $EC \frown CF$. Weiter ist $EC : CF = ED : DF$ (VI, 1), also $ED \frown DF$ (X, 11). Nun ist ED rational und $\smile DC$; also ist auch DF rational und $\smile DC$ (X, 13). CD, DF sind also rational, aber nur quadriert kommensurabel. Eine Strecke, die quadriert ein Rechteck aus nur quadriert kommensurablen rationalen Strecken ergibt, ist aber medial (X, 21: Def.). Die quadriert $CD \cdot DF$ ergebende Strecke ist also medial; nun ergibt b quadriert $CD \cdot DF$; also ist b medial.

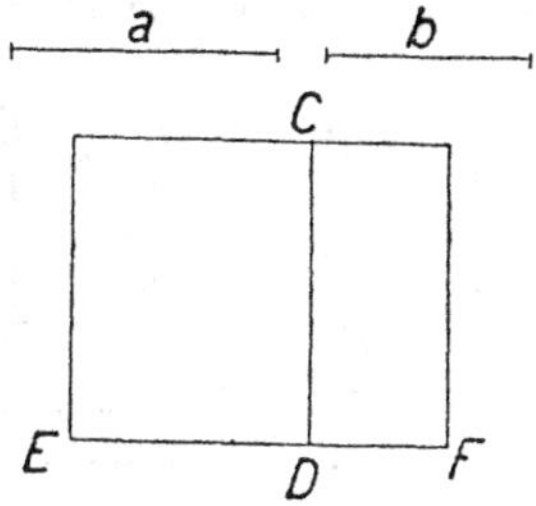

Zusatz: Hiernach ist klar, daß jede einer medialen Fläche kommensurable medial ist.

§ 24 (25; L. 21).

[*Das Rechteck aus linear kommensurablen medialen Strecken ist medial.*

Linear kommensurable Strecken AB, BC mögen ein Rechteck AC umfassen. Ich behaupte, daß AC medial ist.

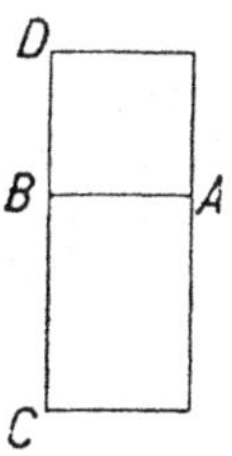

Man zeichne über AB das Quadrat AD; dann ist AD medial (vgl. X, 21: Def.). Da $AB \frown BC$ und $AB = BD$, ist $DB \frown BC$. Folglich ist auch $DA \frown AC$ (VI, 1; X, 11). Nun ist DA medial; also ist auch AC medial (X, 23 Zus.) — q. e. d.]

§ 25 (26; L. 22).

Das Rechteck aus nur quadriert kommensurablen medialen Strecken ist entweder rational oder medial.

Nur quadriert kommensurable mediale Strecken AB,

BC mögen ein Rechteck AC umfassen. Ich behaupte, daß AC entweder rational oder medial ist.

Man zeichne über AB und BC die Quadrate AD, BE; dann sind AD, BE beide medial (vgl. X, 21: Def.).

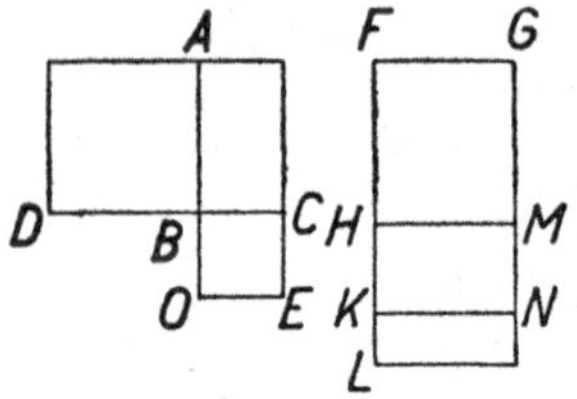

Man lege eine rationale Strecke FG hin und an FG ein Rechteck $GH = AD$ an, so daß FH die Breite wird, und lege an HM ein Rechteck $MK = AC$ an, so daß HK die Breite wird, schließlich lege man an KN ebenso $NL = BE$ an, so daß KL die Breite wird (I, 44). Dann setzen FH, HK, KL einander gerade fort (I, 14). Da AD, BE beide medial sind und $AD = GH$, $BE = NL$, so sind GH, NL beide medial. Und sie sind einer rationalen Strecke FG angelegt. Also sind FH, KL beide rational und $\smile FG$ (X, 22). Da $AD \frown BE$, ist auch $GH \frown NL$. Nun ist $GH : NL = FH : KL$ (VI, 1), also $FH \frown KL$ (X, 11). FH, KL sind also linear kommensurable rationale Strecken; also ist $FH \cdot KL$ rational (X, 19). Da ferner $DB = BA$ und $OB = BC$, so ist $DB : BC = AB : BO$. Aber $DB : BC = DA : AC$ und $AB : BO = AC : CO$ (VI, 1); also ist $DA : AC = AC : CO$ (V, 11). Nun ist $AD = GH$, $AC = MK$, $CO = NL$, also $GH : MK = MK : NL$; also ist auch $FH : HK = HK : KL$ (VI, 1; V, 11). Also ist $FH \cdot KL = HK^2$ (VI, 17). Nun ist $FH \cdot KL$ rational, also HK^2 rational; also ist HK rational. Ist es dabei $\frown FG$, dann ist HN rational (X, 19); ist es aber $\smile FG$, dann sind KH, HM nur quadriert kommensurable rationale Strecken, also ist HN medial (X, 21). HN ist also entweder rational oder medial. Nun ist $HN = AC$; also ist AC entweder rational oder medial — S.

§ 26 (27; L. 23).

Der Überschuß einer medialen Fläche über eine mediale ist nicht rational.

Wenn möglich, möge nämlich der Überschuß DB einer medialen Fläche AB über eine mediale Fläche AC rational sein. Dann lege man eine rationale Strecke EF hin und an EF ein Rechteck $FH = AB$ an, so daß EH die Breite wird, und man trage Rechteck $FG = AC$ ab (I, 44); dann ist Rest BD = Rest KH.

Nun soll DB rational sein, also wäre auch KH rational. Da AB, AC beide medial sind und $AB = FH$, $AC = FG$, sind FH, FG beide medial. Und sie sind einer rationalen Strecke, nämlich EF angelegt. Also sind HE, EG beide rational und $\smile EF$ (X, 22). Da [DB rational und $= KH$, also] KH rational wäre und einer rationalen Strecke, nämlich EF angelegt, wäre GH rational und $\frown EF$ (X, 20). EG ist nun auch rational, aber $\smile EF$. Also ist $EG \smile GH$ (X, 13). Nun ist $EG : GH = EG^2 : EG \cdot GH$ (VI, 1); also ist $EG^2 \smile EG \cdot GH$ (X, 11). EG^2 wäre aber $\frown EG^2 + GH^2$, weil beide Quadrate rational wären (X, 15). Mit $EG \cdot GH$ ist nun $2\,EG \cdot GH$ kommensurabel als Doppeltes. Also wäre $EG^2 + GH^2 \smile 2\,EG \cdot GH$ (X, 12, 13). Zusammen wären also $EG^2 + GH^2 + 2\,EG \cdot GH$, d. h. EH^2 (II, 4) $\smile EG^2 + GH^2$ (X, 16). Nun wäre $EG^2 + GH^2$ rational, also wäre EH^2 irrational (X, Def. 4). EH wäre also irrational; dabei ist es rational; dies ist unmöglich — S.

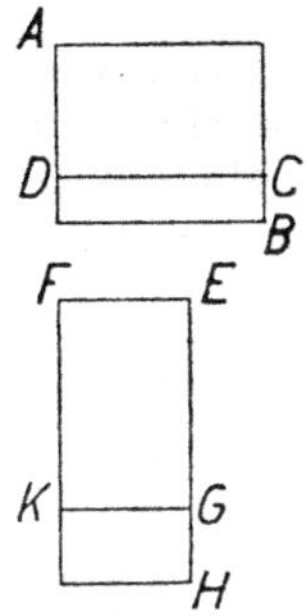

§ 27 (28; A. 4).

[*Nur quadriert kommensurable mediale Strecken zu finden, die ein rationales Rechteck umfassen.*

Man lege zwei nur quadriert kommensurable rationale Strecken a, b zugrunde (X, 10) und verschaffe sich zu a, b die Mittlere Proportionale c (VI, 13); ferner mache man $a : b = c : d$ (VI, 12).

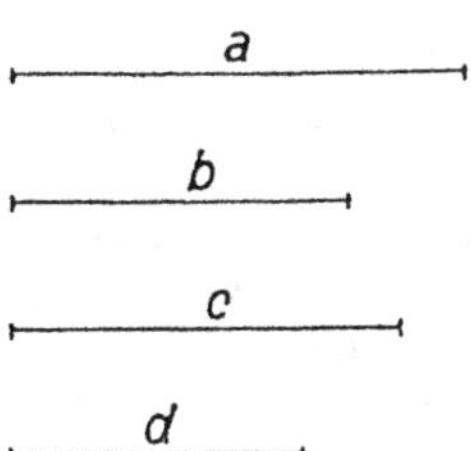

Da a, b nur quadriert kommensurable rationale Strecken sind, ist $a \cdot b$, d. h. c^2 (VI, 17) medial, also c medial (X, 21: Def.). Da $a : b = c : d$ und a, b nur quadriert kommensurabel, sind auch c, d nur quadriert kommensurabel (X, 11). Nun ist c medial, also auch d medial (X, 23). Also sind

c, d nur quadriert kommensurable Medialen. Ich behaupte weiter, daß sie ein rationales Rechteck umfassen.

Da nämlich $a:b = c:d$, ist, vertauscht, $a:c = b:d$ (V, 16). Nun ist $a:c = c:b$, also $c:b = b:d$ (V, 11), also $c \cdot d = b^2$ (VI, 17). b^2 ist aber rational; also ist auch $c \cdot d$ rational — S.]

§ 28 (29; A. 5).

[*Nur quadriert kommensurable mediale Strecken zu finden, die ein mediales Rechteck umfassen.*

Man lege drei nur quadriert kommensurable rationale Strecken a, b, c zugrunde (X, 10) und verschaffe sich zu a, b die Mittlere Proportionale d (VI, 13); ferner mache man $b:c = d:e$ (VI, 12).

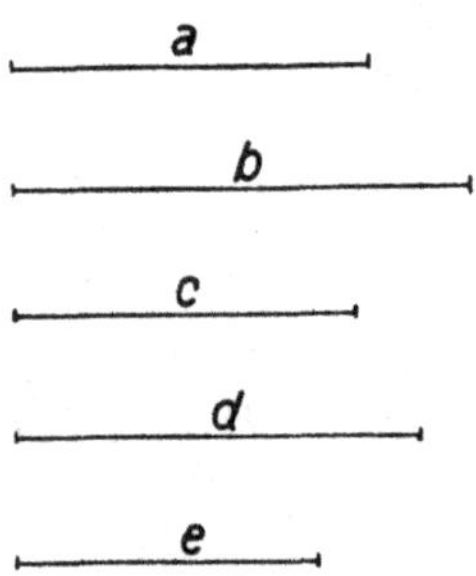

Da a, b nur quadriert kommensurable rationale Strecken sind, ist $a \cdot b$, d. h. d^2 (VI, 17) medial, also d medial (X, 21: Def.). Da b, c nur quadriert kommensurabel sind und $b:c = d:e$, sind auch d, e nur quadriert kommensurabel (X, 11). Nun ist d medial, also auch e medial (X, 23). Also sind d, e nur quadriert kommensurable Medialen. Ich behaupte weiter, daß sie ein mediales Rechteck umfassen.

Da nämlich $b:c = d:e$, ist, vertauscht, $b:d = c:e$ (V, 16). Nun ist $b:d = d:a$, also $d:a = c:e$ (V, 11), also $a \cdot c = d \cdot e$ (VI, 16). $a \cdot c$ ist aber medial (X, 21: Def.); also ist auch $d \cdot e$ medial — S.]

(§ 28a).

[*Hilfssatz:* Zwei Quadratzahlen so zu finden, daß auch ihre Summe eine Quadratzahl ist.

Man lege zwei Zahlen AB, BC zugrunde, sie seien beide entweder gerade oder ungerade. Da sowohl, wenn man von einer geraden Zahl eine gerade wegnimmt, als auch, wenn von einer ungeraden eine ungerade, der Rest gerade

ist (IX, 24, 26), so ist AC als Rest gerade; man halbiere AC in D. AB, BC sollen dabei ferner ähnliche ebene

Zahlen sein oder Quadratzahlen, die gleichfalls ähnliche ebene Zahlen sind (VII, Def. 21). Dann ist $AB \cdot BC + CD^2 = BD^2$ (II, 6). Hier ist $AB \cdot BC$ eine Quadratzahl, weil, wie bewiesen, eine Zahl, die dadurch entsteht, daß zwei ähnliche ebene Zahlen einander vervielfältigen, eine Quadratzahl ist (IX, 1). Man hat also zwei Quadratzahlen, nämlich $AB \cdot BC$ und CD^2 gefunden, die zusammengesetzt die Quadratzahl BD^2 ergeben.

(*Zusatz:*) Und es ist klar, daß man andererseits zwei Quadratzahlen, nämlich BD^2, CD^2 so gefunden hat, daß ihr Unterschied, nämlich $AB \cdot BC$ eine Quadratzahl ist, wenn AB, BC ähnliche ebene Zahlen sind. Wenn sie aber nicht ähnliche ebene Zahlen sind, hat man zwei Quadratzahlen, nämlich BD^2 und DC^2, gefunden, deren Unterschied, nämlich $AB \cdot BC$ keine Quadratzahl ist (IX, 2) — q. e. d.]

(§ 28b).

[*Hilfssatz:* Zwei Quadratzahlen so zu finden, daß ihre Summe keine Quadratzahl ist.

Wie oben angegeben, soll $AB \cdot BC$ eine Quadratzahl sein, CA gerade, und CA in D halbiert. Dann ist klar, daß Quadratzahl $AB \cdot BC + CD^2 = BD^2$ (II, 6). Man nehme die Einheit DE weg; dann ist $AB \cdot BC + CE^2 < BD^2$. Ich behaupte, daß Quadratzahl $AB \cdot BC + CE^2$ keine Quadratzahl sein kann.

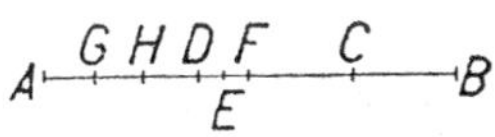

Wäre die Summe nämlich eine Quadratzahl, so wäre sie entweder $= BE^2$ oder $< BE^2$ und nicht etwa größer, sonst müßte man die Einheit teilen können. Zunächst sei, wenn möglich, $AB \cdot BC + CE^2 = BE^2$. Dann sei GA das Doppelte der Einheit DE. Da Ganzes $AC = 2\,CD$ und Stück $AG = 2\,DE$, so ist auch Rest $GC = 2\,EC$, GC also in E halbiert. Dann ist $GB \cdot BC + CE^2 = BE^2$ (II, 6). Nach Annahme wäre aber auch $AB \cdot BC + CE^2 = BE^2$; also wäre $GB \cdot BC + CE^2 = AB \cdot BC + CE^2$; und wenn man CE^2 beiderseits wegnähme, ergäbe sich $AB = GB$; dies wäre Unsinn. $AB \cdot BC + CE^2$ ist also nicht $= BE^2$. Weiter behaupte ich, daß die Summe auch nicht $< BE^2$ ist. Wenn möglich, sei sie nämlich $= BF^2$.

Dann sei $2\,DF = HA$. Dann ergäbe sich wieder $HC = 2\,CF$, so daß CH in F halbiert wäre und infolgedessen $HB \cdot BC + FC^2 = BF^2$ würde (II, 6). Nach Annahme wäre aber auch $AB \cdot BC + CE^2 = BF^2$, so daß $HB \cdot BC + CF^2 = AB \cdot BC + CE^2$; dies wäre Unsinn (Ax. 8). Also ist $AB \cdot BC + CE^2$ nicht = etwas $< BE^2$, auch, wie oben bewiesen, nicht $= BE^2$. Also ist $AB \cdot BC + CE^2$ keine Quadratzahl.

Obwohl es möglich wäre, Zahlen von besagter Eigenschaft noch auf mehr Weisen aufzuzeigen, wollen wir uns mit den genannten begnügen, um nicht infolge der Weitläufigkeit des Gegenstandes die Behandlung in die Länge zu ziehen — q. e. d.]

§ 29 (30; A. 6).

Zwei nur quadriert kommensurable rationale Strecken so zu finden, daß quadriert die größere um das Quadrat einer mit ihr linear kommensurablen Strecke die kleinere übertrifft.

Man lege eine rationale Strecke AB und zwei Quadratzahlen CD, DE, deren Unterschied CE keine Quadrat zahl sei, zugrunde, zeichne über AB den Halbkreis AFB, mache $DC : CE = BA^2 : AF^2$ (X, 6 Zus.) und ziehe FB.

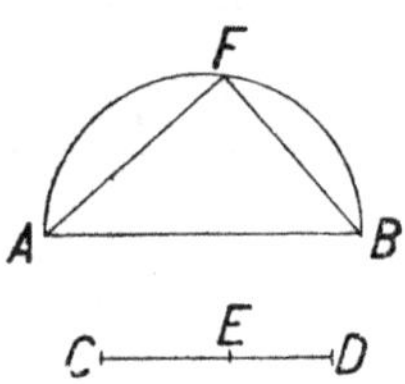

Da $BA^2 : AF^2 = DC : CE$, hat BA^2 zu AF^2 ein Verhältnis wie eine Zahl, nämlich DC, zu einer Zahl, nämlich CE; also ist $BA^2 \frown AF^2$ (X, 6). Nun ist AB^2 rational; also ist AF^2 rational, also auch AF rational. Und da DC zu CE kein Verhältnis hat wie eine Quadratzahl zu einer Quadratzahl, hat auch BA^2 zu AF^2 kein Verhältnis wie eine Quadratzahl zu einer Quadratzahl; AB ist also $\smile AF$ (X, 9). BA, AF sind also nur quadriert kommensurable rationale Strecken. Da $DC : CE = BA^2 : AF^2$, so ist, umgewendet (V, Def. 16), $CD : DE = AB^2 : BF^2$ (III, 31; I, 47). Nun hat CD zu DE ein Verhältnis wie eine Quadratzahl zu einer Quadratzahl; auch AB^2 hat also zu BF^2 ein Verhältnis wie eine Quadratzahl zu einer Quadratzahl; also ist $AB \frown BF$ (X, 9). Nun ist $AB^2 = AF^2 + FB^2$

(III, 31; I, 47); quadriert übertrifft AB also AF um BF, eine mit AB kommensurable Strecke.

Man hat also zwei nur quadriert kommensurable rationale Strecken, nämlich BA, AF so gefunden, daß quadriert die größere AB die kleinere AF übertrifft um das Quadrat über BF, einer mit AB linear kommensurablen Strecke — q. e. d.

§ 30 (31; A. 7).

Zwei nur quadriert kommensurable rationale Strecken so zu finden, daß quadriert die größere um das Quadrat einer zu ihr linear inkommensurablen Strecke die kleinere übertrifft.

Man lege eine rationale Strecke AB und zwei Quadratzahlen CE, ED, deren Summe CD keine Quadratzahl sei, zugrunde, zeichne über AB den Halbkreis AFB, mache $DC : CE = BA^2 : AF^2$ und ziehe FB.

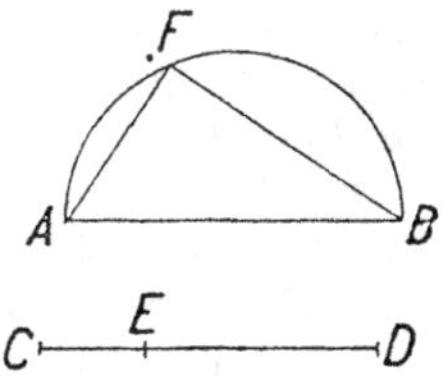

Ähnlich wie beim vorigen Satz läßt sich beweisen, daß BA, AF nur quadriert kommensurable rationale Strecken sind. Da $DC : CE = BA^2 : AF^2$, so ist, umgewendet, $CD : DE = AB^2 : BF^2$ (vgl. X, 29). Nun hat CD zu DE kein Verhältnis wie eine Quadratzahl zu einer Quadratzahl (VIII, 24); auch AB^2 hat also zu BF^2 kein Verhältnis wie eine Quadratzahl zu einer Quadratzahl; also ist $AB \smile BF$ (X, 9). Quadriert übertrifft hier AB um das Quadrat über FB, einer zu ihm inkommensurablen Strecke, AF.

AB, AF sind also nur quadriert kommensurable rationale Strecken, und quadriert übertrifft AB um das Quadrat über FB, einer zu ihm linear inkommensurablen Strecke, AF — q. e. d.

§ 31 (32; A. 8).

Zwei nur quadriert kommensurable mediale Strecken, die ein rationales Rechteck umfassen, so zu finden, daß quadriert die größere um das Quadrat einer mit ihr linear kommensurablen (oder inkommensurablen) Strecke die kleinere übertrifft.

Man lege zwei nur quadriert kommensurable rationale Strecken a, b so zugrunde, daß quadriert a, die größere, um das Quadrat einer mit ihr linear kommensurablen Strecke die kleinere b übertrifft (X, 29). Ferner sei $a \cdot b = c^2$ (II, 14). Nun ist $a \cdot b$ medial, also c^2 medial, also auch c medial (X, 21: Def.). Weiter sei $b^2 = c \cdot d$ (I, 44). Nun ist b^2 rational, also $c \cdot d$ rational. Da $a : b = a \cdot b : b^2$ (VI, 1) und $a \cdot b = c^2$, $b^2 = c \cdot d$, so ist $a : b = c^2 : c \cdot d$. Aber $c^2 : c \cdot d = c : d$ (VI, 1); also ist $a : b = c : d$ (V, 11). Nun ist a mit b nur quadriert kommensurabel; also ist auch c mit d nur quadriert kommensurabel (X, 11). Und c ist medial; also ist auch d medial (X, 23). Da $a : b = c : d$, quadriert a dabei um das Quadrat einer mit ihm kommensurablen Strecke b übertrifft, übertrifft auch c quadriert um eine mit ihm kommensurable Strecke d (X, 14).

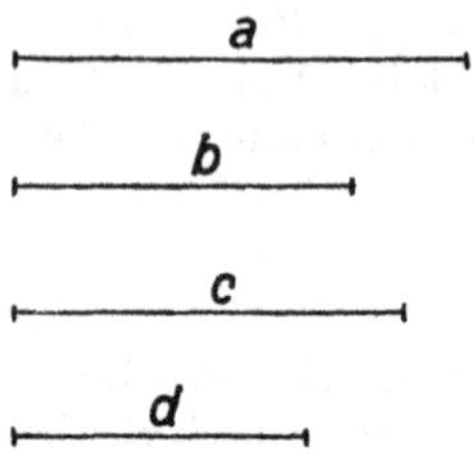

Man hat also zwei nur quadriert kommensurable mediale Strecken, die ein rationales Rechteck umfassen, gefunden, nämlich c, d, und quadriert übertrifft c um das Quadrat über einer mit ihm linear kommensurablen Strecke d.

Ähnlich läßt der Beweis sich führen auch: um das Quadrat einer inkommensurablen Strecke, wenn a quadriert um das Quadrat einer zu ihm inkommensurablen Strecke b übertrifft (X, 30).

§ 32 (33; A. 9).

Zwei nur quadriert kommensurable mediale Strecken, die ein mediales Rechteck umfassen, so zu finden, daß quadriert die größere um das Quadrat einer mit ihr kommensurablen (oder inkommensurablen) Strecke die kleinere übertrifft.

Man lege drei nur quadriert kommensurable rationale Strecken a, b, c so zugrunde, daß quadriert a um das Quadrat einer mit ihm kommensurablen Strecke c übertrifft (X, 29). Ferner sei $a \cdot b = d^2$ (II, 14). Dann ist d^2 medial, also auch d medial (X, 21: Def.). Weiter sei $b \cdot c = d \cdot e$ (I, 44). Da $a \cdot b : b \cdot c = a : c$ (VI, 1) und $a \cdot b = d^2$, $b \cdot c = d \cdot e$, so ist $a : c = d^2 : d \cdot e$. Aber $d^2 : d \cdot e = d : e$ (VI, 1); also ist $a : c = d : e$ (V, 11). Nun ist a mit c nur quadriert kommensurabel; also ist auch d mit e nur quadriert kommensurabel (X, 11). Aber d ist medial; also ist auch e medial (X, 23). Da $a : c = d : e$, quadriert a dabei um das Quadrat einer mit ihm kommensurablen Strecke c übertrifft, so muß quadriert auch d um eine mit ihm kommensurable Strecke e übertreffen (X, 14). Weiter behaupte ich, daß auch $d \cdot e$ medial ist. Da nämlich $b \cdot c = d \cdot e$ und $b \cdot c$ medial ist (X, 21: Def.), ist auch $d \cdot e$ medial.

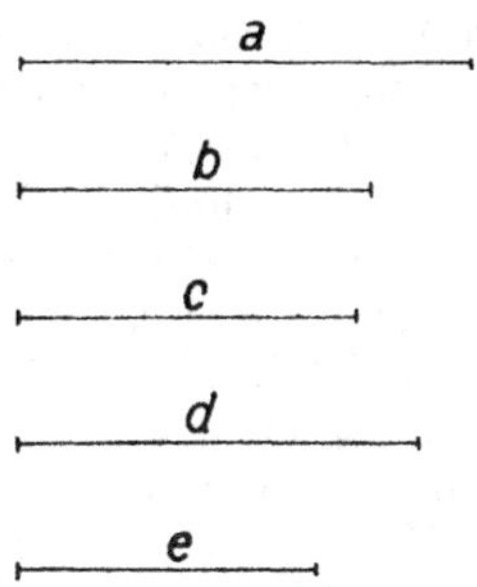

Man hat also zwei nur quadriert kommensurable mediale Strecken, die ein mediales Rechteck umfassen, nämlich d, e, so gefunden, daß quadriert die größere um das Quadrat einer mit ihr kommensurablen Strecke die kleinere übertrifft.

Wieder läßt sich ähnlich der Beweis führen auch: um das Quadrat über einer inkommensurablen Strecke, wenn a quadriert um das Quadrat einer zu ihm inkommensurablen Strecke c übertrifft (X, 30).

§ 33 (34; A. 10).

Zwei quadriert inkommensurable Strecken zu finden, aus denen die Quadratsumme rational und das Rechteck medial wird.

Man lege zwei nur quadriert kommensurable rationale Strecken AB, BC so zugrunde, daß quadriert die größere AB um das Quadrat einer zu ihr inkommensurablen Strecke die kleinere BC übertrifft (X, 30), halbiere BC in D und lege an AB ein Parallelogramm $= BD^2$ oder DC^2 so an, daß ein Quadrat fehlt (VI, 28); jenes sei $AE \cdot EB$; ferner zeichne man über AB den Halbkreis AFB, ziehe $EF \perp AB$, sowie AF, FB.

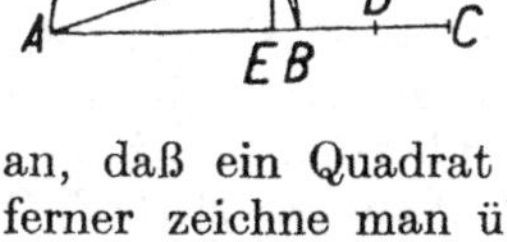

Da AB, BC ungleiche Strecken sind, quadriert AB dabei um das Quadrat einer ihm inkommensurablen Strecke BC übertrifft und man ein Parallelogramm $= \frac{1}{4}\ BC^2$, nämlich = dem Quadrat über der Hälfte dieser Strecke, an AB so angelegt hat, daß ein Quadrat fehlt, und $AE \cdot EB$ so entstanden ist, ist $AE \smile EB$ (X, 18). Nun ist $AE : EB = BA \cdot AE : AB \cdot BE$ (VI, 1) und $BA \cdot AE = AF^2$, $AB \cdot BE = BF^2$ (VI, 8); also ist $AF^2 \smile FB^2$ (X, 11); AF, FB sind also quadriert inkommensurabel. Da AB rational, ist AB^2 rational, folglich $AF^2 + FB^2$ rational (III, 31; I, 47). Da andererseits $AE \cdot EB = EF^2$, aber nach Annahme auch $AE \cdot EB = BD^2$, ist $FE = BD$, also $BC = 2FE$, so daß $AB \cdot BC \frown AB \cdot EF$. Nun ist $AB \cdot BC$ medial (X, 21: Def.), also auch $AB \cdot EF$ medial (X, 23 Zus.). Aber $AB \cdot EF = AF \cdot FB$ (VI, 8); also ist auch $AF \cdot FB$ medial. Daß dabei die Quadratsumme dieser Strecken rational ist, ist oben bewiesen.

Man hat also zwei quadriert inkommensurable Strecken AF, FB gefunden, aus denen die Quadratsumme rational und das Rechteck medial wird — q. e. d.

§ 34 (35; A. 11).

Zwei quadriert inkommensurable Strecken zu finden, aus denen die Quadratsumme medial und das Rechteck rational wird.

Man lege zwei nur quadriert kommensurable mediale Strecken AB, BC, die ein rationales Rechteck umfassen, so zugrunde, daß quadriert AB um das Quadrat einer zu ihm inkommensurablen Strecke BC übertrifft (X, 31), zeichne über AB den Halbkreis ADB, halbiere BC in E und lege an AB ein Parallelogramm $AF \cdot FB = BE^2$ so an, daß ein Quadrat fehlt (VI, 28). Dann ist $AF \smile FB$ (X, 18). Und aus F ziehe man $FD \perp AB$, ferner AD, DB.

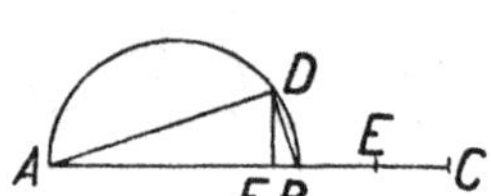

Da $AF \smile FB$, ist auch $BA \cdot AF \smile AB \cdot BF$ (X, 11). Nun ist $BA \cdot AF = AD^2$, $AB \cdot BF = DB^2$ (VI, 8), also $AD^2 \smile DB^2$. Da AB^2 medial ist, ist auch $AD^2 + DB^2$ medial (III, 31; I, 47). Und da $BC = 2DF$, ist auch $AB \cdot BC = 2AB \cdot FD$. Nun ist $AB \cdot BC$ rational, also auch $AB \cdot FD$ rational. Aber $AB \cdot FD = AD \cdot DB$ (VI, 8); folglich ist $AD \cdot DB$ rational.

Man hat also zwei quadriert inkommensurable Strecken AD, DB gefunden, aus denen die Quadratsumme medial und das Rechteck rational wird — q. e. d.

§. 35 (36; A. 12).

Zwei quadriert inkommensurable Strecken zu finden, aus denen die Quadratsumme medial und das Rechteck medial wird und dabei zu der Quadratsumme inkommensurabel.

Man lege zwei nur quadriert kommensurable mediale Strecken AB, BC, die ein mediales Rechteck umfassen, so zugrunde, daß quadriert AB um das Quadrat einer mit ihm inkommensurablen Strecke BC übertrifft (X, 32) und zeichne über AB den Halbkreis ADB; das übrige geschehe ähnlich wie oben.

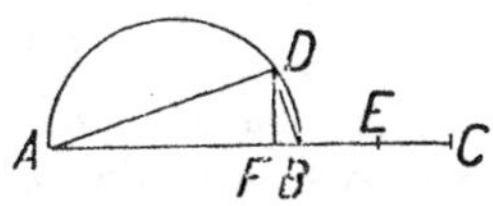

Da $AF \smile FB$, ist AD zu DB quadriert inkommensurabel (vgl. X, 34). Da AB^2 medial ist, ist auch $AD^2 + DB^2$ medial. Und da $AF \cdot FB = BE^2$ und $= DF^2$ (VI, 8), ist $BE = DF$, also $BC = 2\,FD$, so daß auch $AB \cdot BC = 2\,AB \cdot FD$. Nun ist $AB \cdot BC$ medial, also auch $AB \cdot FD$ medial, dabei $= AD \cdot DB$ (VI, 8); also ist $AD \cdot DB$ medial. Da $AB \smile BC$ und $CB \frown BE$, ist auch $AB \smile BE$ (X, 13), so daß auch $AB^2 \smile AB \cdot BE$ (VI, 1; X, 11). Aber $AB^2 = AD^2 + DB^2$ (I, 47), $AB \cdot BE = AB \cdot FD$, d. h. $= AD \cdot DB$ (VI, 8). Also ist $AD^2 + DB^2 \smile AD \cdot DB$.

Man hat also zwei quadriert inkommensurable Strecken AD, DB gefunden, aus denen die Quadratsumme medial und das Rechteck medial wird und dabei zu der Quadratsumme inkommensurabel — q. e. d.

§ 36 (37; L. 24 u. Def.).

Setzt man zwei nur quadriert kommensurable rationale Strecken zusammen, dann ist die Summe irrational; sie heiße ***Binomiale.***

Man setze zwei nur quadriert kommensurable rationale Strecken (X, 10) AB, BC zusammen. Ich behaupte, daß die Summe AC irrational ist.

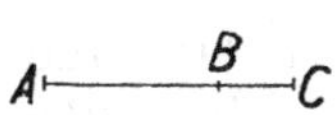

Da $AB \smile BC$ — sie sind ja nur quadriert kommensurabel — und $AB : BC = AB \cdot BC : BC^2$ (VI, 1), so ist $AB \cdot BC \smile BC^2$ (X, 11). Nun ist $2\,AB \cdot BC \frown AB \cdot BC$ und $AB^2 + BC^2 \frown BC^2$ [weil AB, BC nur quadriert kommensurable rationale Strecken sind] (X, 15). Also ist $2\,AB \cdot BC \smile AB^2 + BC^2$ (X, 13) und, zusammengesetzt, $2\,AB \cdot BC + AB^2 + BC^2$, d. h. AC^2 (II, 4) $\smile AB^2 + BC^2$ (X, 16). Nun ist $AB^2 + BC^2$ rational, also AC^2 irrational, so daß auch die Strecke AC irrational ist; sie heiße Binomiale — q. e. d.

§ 37 (38; L. 25 u. Def.).

Setzt man zwei nur quadriert kommensurable mediale Strecken, die ein rationales Rechteck umfassen, zusammen, dann ist die Summe irrational; sie heiße ***Erste Bimediale.***

Man setze zwei nur quadriert kommensurable mediale Strecken, die ein rationales Rechteck umfassen (X, 31), AB, BC zusammen. Ich behaupte, daß die Summe AC irrational ist.

Da $AB \smile BC$, ist auch $AB^2 + BC^2 \smile 2\,AB \cdot BC$ und, zusammengesetzt, $AB^2 + BC^2 + 2\,AB \cdot BC$, d. h. AC^2, $\smile AB \cdot BC$ (vgl. X, 36). Nun ist $AB \cdot BC$ rational; denn nach Voraussetzung umfassen AB, BC ein rationales Rechteck. Also ist AC^2 irrational, also die Strecke AC irrational; sie heiße Erste Bimediale — q. e. d.

§ 38 (39; L. 26 u. Def.).

Setzt man zwei nur quadriert kommensurable mediale Strecken, die ein mediales Rechteck umfassen, zusammen, dann ist die Summe irrational; sie heiße ***Zweite Bimediale.***

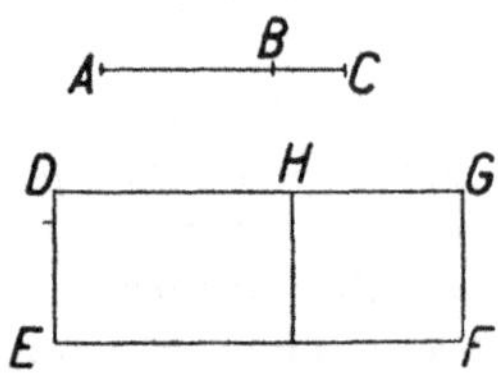

Man setze zwei nur quadriert kommensurable mediale Strecken, die ein mediales Rechteck umfassen (X, 32), AB, BC zusammen. Ich behaupte, daß AC irrational ist.

Zugrunde liege die Rationale DE. Man lege an DE Pgm. $DF = AC^2$ an, so daß DG die Breite wird (I, 44). Hier ist $AC^2 = AB^2 + BC^2 + 2\,AB \cdot BC$ (II, 4); daher lege man an DE Pgm. $EH = AB^2 + BC^2$ an; dann ist der Rest $HF = 2\,AB \cdot BC$. Da AB, BC beide medial sind, ist auch $AB^2 + BC^2$ medial (vgl. Anm.). Auch $2\,AB \cdot BC$ ist aber medial nach Voraussetzung. Nun ist

$AB^2 + BC^2 = EH$ und $2\,AB \cdot BC = FH$; also sind EH, HF beide medial. Sie sind dabei einer rationalen Strecke, nämlich DE angelegt; also ist sowohl DH als auch HG rational, aber $\cup\, DE$ (X, 22). Da nun $AB \cup BC$ [und $AB : BC = AB^2 : AB \cdot BC$ (VI, 1), ist $AB^2 \cup AB \cdot BC$ (X, 11). Andererseits ist $AB^2 + BC^2 \cap AB^2$ (X, 15) und $2\,AB \cdot BC \cap AB \cdot BC$], so ist $AB^2 + BC^2 \cup 2\,AB \cdot BC$ (X, 13). Nun ist $AB^2 + BC^2 = EH$ und $2\,AB \cdot BC = HF$. Also ist $EH \cup HF$, so daß $DH \cup HG$ (VI, 1; X, 11). Also sind DH, HG nur quadriert kommensurable rationale Strecken; folglich ist DG irrational (X, 36). DE ist aber rational. Nun ist das Rechteck aus einer irrationalen und einer rationalen Strecke irrational (X, 20). Die Fläche DF ist also irrational, und auch die quadriert dieselbe ergebende Strecke ist irrational. Nun ergibt AC quadriert DF; also ist die Strecke AC irrational; sie heiße Zweite Bimediale — q. e. d.

§ 39 (40; L. 27 u. Def.).

Setzt man zwei quadriert inkommensurable Strecken, aus denen die Quadratsumme rational und das Rechteck medial wird, zusammen, dann ist die Summenstrecke irrational; sie heiße ***Major.***

Man setze zwei quadriert inkommensurable Strecken, die das Vorgeschriebene leisten (X, 33), AB, BC zusammen. Ich behaupte, daß AC irrational ist.

Da $AB \cdot BC$ medial ist, ist auch $2\,AB \cdot BC$ medial. $AB^2 + BC^2$ ist aber rational. Also ist $2\,AB \cdot BC \cup AB^2 + BC^2$; folglich ist auch $AB^2 + BC^2 + 2\,AB \cdot BC$, d. h. AC^2 (II, 4) $\cup\, AB^2 + BC^2$ (X, 16). [Nun ist $AB^2 + BC^2$ rational.] Also ist AC^2 irrational, so daß auch die Strecke AC irrational ist; sie heiße Major — q. e. d.

§ 40 (41; L. 28 u. Def.).

Setzt man zwei quadriert inkommensurable Strecken, aus denen die Quadratsumme medial und das Rechteck rational wird, zusammen, dann ist die Summenstrecke irrational; sie heiße ***Quadriert Rationales plus Medialem Ergebende.***

Man setze zwei quadriert inkommensurable Strecken, die das Vorgeschriebene leisten (X, 34), AB, BC zusammen.

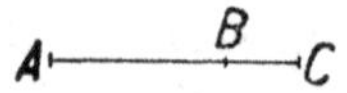

Ich behaupte, daß AC irrational ist.

Da $AB^2 + BC^2$ medial ist und $2\,AB \cdot BC$ rational, ist $AB^2 + BC^2 \smile 2\,AB \cdot BC$; folglich ist auch $AC^2 \smile 2\,AB \cdot BC$ (II, 4; X, 16). Nun ist $2\,AB \cdot BC$ rational. Also ist AC^2 irrational, also die Strecke AC irrational; sie heiße Quadriert Rationales plus Medialem Ergebende — q. e. d.

§ 41 (42; L. 29 u. Def.).

Setzt man zwei quadriert inkommensurable Strecken, aus denen die Quadratsumme medial und das Rechteck medial und dabei zu der Quadratsumme inkommensurabel wird, zusammen, dann ist die Summenstrecke irrational; sie heiße ***Quadriert die Summe zweier Medialer Ergebende.***

Man setze zwei quadriert inkommensurable Strecken, die das Vorgeschriebene leisten (X, 35), AB, BC zusammen. Ich behaupte, daß AC irrational ist.

Zugrunde liege die Rationale DE. Man lege an DE Pgm. $DF = AB^2 + BC^2$ und Pgm. $GH = 2\,AB \cdot BC$ an (I, 44); die ganze Fläche DH ist dann $= AC^2$ (II, 4). Da $AB^2 + BC^2$ medial und $= DF$, ist DF medial. Und es ist einer rationalen Strecke, nämlich DE angelegt; DG ist also rational und dabei $\smile DE$ (X, 22). Aus demselben Grunde ist auch GK rational und dabei $\smile GF$, d. h. $\smile DE$.

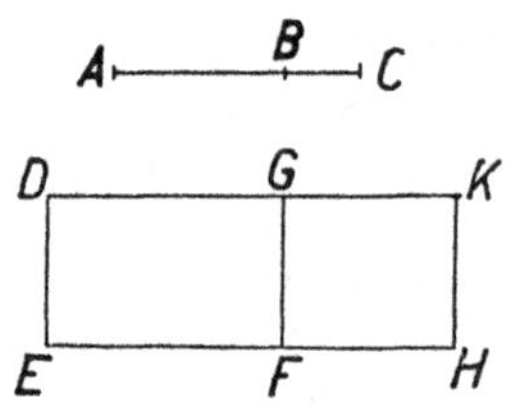

Da $AB^2 + BC^2 \smile 2\,AB \cdot BC$, ist $DF \smile GH$, folglich auch $DG \smile GK$ (VI, 1; X, 11). Dabei sind sie rational. DG, GK sind also nur quadriert kommensurable rationale Strecken. DK ist also irrational, in unserer Bezeichnung eine Binomiale (X, 36). Nun ist DE rational; DH ist also irrational (X, 20), und auch die quadriert dasselbe ergebende Strecke ist irrational. Nun ergibt AC quadriert HD; also ist die Strecke AC irrational; sie heiße Quadriert die Summe zweier Medialer Ergebende — q. e. d.

(§ 41a.)

Hilfssatz: Daß die genannten Irrationalen sich nur auf eine Weise in sie zusammensetzende, die vorgeschriebenen Figuren bildende Strecken zerlegen lassen, wollen wir zeigen, indem wir folgenden kleinen Hilfssatz vorausschicken.

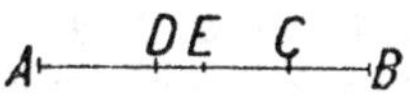

Man lege eine Strecke AB zugrunde und teile die ganze Strecke in ungleiche Abschnitte sowohl in C als auch in D, nehme dabei $AC > DB$. Ich behaupte, daß $AC^2 + CB^2 > AD^2 + DB^2$.

Man halbiere AB in E. Hier ist $AC > DB$; daher nehme man beiderseits DC weg; dann ist Rest $AD >$ Rest CB. Nun ist $AE = EB$, also $DE < EC$. Die Punkte C, D stehen also vom Halbierungspunkt nicht gleichweit ab. Da nun $AC \cdot CB + EC^2 = EB^2$ (II, 5), andererseits auch $AD \cdot DB + DE^2 = EB^2$, ist $AC \cdot CB + EC^2 = AD \cdot DB + DE^2$. Hierin ist $DE^2 < EC^2$, also Rest $AC \cdot CB < AD \cdot DB$, so daß auch $2\,AC \cdot CB < 2\,AD \cdot DB$. Also ist der Rest $AC^2 + CB^2 > AD^2 + DB^2$ [da ja die Summe $= AB^2$ (II, 4)] — q. e. d.

§ 42 (43; L. 30).

Eine Binomiale zerfällt nur in einem Punkt in Glieder.

Eine Binomiale AB zerfalle in C in Glieder; AC, CB sind also nur quadriert kommensurable rationale Strecken (X, 36: Def.). Ich behaupte, daß AB in keinem anderen Punkt in zwei nur quadriert kommensurable rationale Strecken zerfällt.

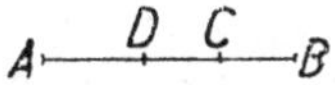

Wenn möglich, zerfalle sie nämlich auch in D, so daß auch AD, DB nur quadriert kommensurable rationale Strecken wären. Offenbar ist AC nicht dieselbe Strecke wie DB. Denn wenn möglich, sei sie es; dann müßte auch AD dieselbe Strecke sein wie CB, und es müßte sein $AC : CB = BD : DA$, und AB wäre in D durch dieselbe Trennung zerfallen wie in C, im Widerspruch mit der Annahme.

AC ist also nicht dieselbe Strecke wie DB; und aus diesem Grunde stehen die Punkte C, D nicht gleichweit ab vom Halbierungspunkt. Dann muß um den Unterschied zwischen $AC^2 + CB^2$ und $AD^2 + DB^2$ (X, 41a) sich auch $2\,AD \cdot DB$ von $2\,AC \cdot CB$ unterscheiden, weil sowohl $AC^2 + CB^2 + 2\,AC \cdot CB$ als auch $AD^2 + DB^2 + 2\,AD \cdot DB = AB^2$ (II, 4). $AC^2 + CB^2$ unterscheidet sich aber von $AD^2 + DB^2$ um Rationales (X, 15); denn beide sind rational. Also unterschieden sich auch $2\,AD \cdot DB$ und $2\,AC \cdot CB$ um Rationales, während sie medial sind (X, 21: Def.). Dies wäre Unsinn; denn der Überschuß einer medialen Fläche über eine mediale ist nicht rational (X, 26).

Also zerfällt eine Binomiale nicht in verschiedenen Punkten; also nur in einem — q. e. d.

§ 43 (44; L. 31).

Eine Erste Bimediale zerfällt nur in einem Punkt.

Eine Erste Bimediale AB zerfalle in C, so daß AC, CB nur quadriert kommensurable mediale Strecken, die ein rationales Rechteck umfassen, sind (X, 37: Def.). Ich behaupte, daß AB in keinem anderen Punkt zerfällt.

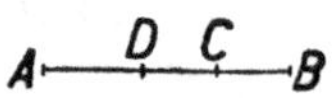

Wenn möglich, zerfalle sie nämlich auch in D, so daß auch AD, DB nur quadriert kommensurable mediale Strecken, die ein rationales Rechteck umfassen, wären. Da sich nun um den Unterschied zwischen $2\,AD \cdot DB$ und $2\,AC \cdot CB$ auch $AC^2 + CB^2$ von $AD^2 + DB^2$ unterscheidet (X, 41a), $2\,AD \cdot DB$ sich aber von $2\,AC \cdot CB$ um Rationales unterscheidet, weil beide rational sind, unterschieden sich auch $AC^2 + CB^2$ und $AD^2 + DB^2$ um Rationales, während sie medial sind (X, 15, 23 Zus.). Dies wäre Unsinn (X, 26).

Also zerfällt eine Erste Bimediale nicht in verschiedenen Punkten in Glieder; also nur in einem — q. e. d.

§ 44 (45; L. 32).

Eine Zweite Bimediale zerfällt nur in einem Punkt.

Eine Zweite Bimediale AB zerfalle in C, so daß AC, CB nur quadriert kommensurable mediale Strecken, die ein mediales Rechteck umfassen, sind (X, 38: Def.); da sie nicht linear kommensurabel sind, ist klar, daß C nicht auf den Halbierungspunkt fällt. Ich behaupte, daß AB in keinem anderen Punkte zerfällt.

Wenn möglich, zerfalle sie nämlich auch in D, so daß AC nicht dieselbe Strecke ist wie DB; vielmehr nehme man AC größer an — offenbar ist dann, wie oben (X, 41a) bewiesen, $AD^2 + DB^2 < AC^2 + CB^2$ — und AD, DB sollen nur quadriert kommensurable mediale Strecken, die ein mediales Rechteck umfassen, sein. Weiter lege man eine rationale Strecke EF hin, lege an EF ein Rechteck $EK = AB^2$ an und trage $EG = AC^2 + CB^2$ ab (I, 44); dann ist der Rest $HK = 2AC \cdot CB$ (II, 4). Ebenso trage man $EL = AD^2 + DB^2$, das, wie oben gezeigt, $< AC^2 + CB^2$, ab; auch dann ist der Rest $MK = 2DA \cdot DB$.

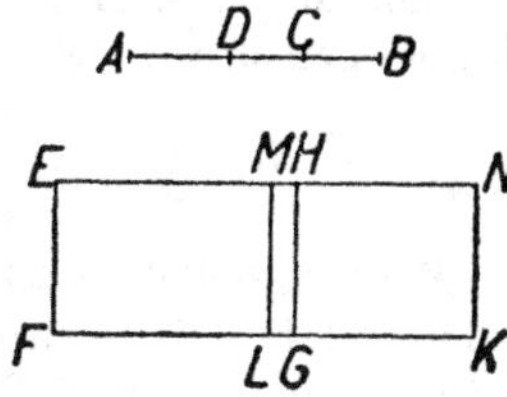

Da AC^2 und CB^2 medial sind, ist EG medial (X, 15, 23 Zus.). Und es ist einer rationalen Strecke, nämlich EF angelegt; also ist EH rational und $\smile EF$ (X, 22). Aus demselben Grunde ist auch HN rational und $\smile EF$. Und da AC, CB nur quadriert kommensurable mediale Strecken sind, ist $AC \smile CB$. Nun ist $AC : CB = AC^2 : AC \cdot CB$ (VI, 1), also $AC^2 \smile AC \cdot CB$ (X, 11). Aber $AC^2 \frown AC^2 + CB^2$ (X, 15); denn AC, CB sind quadriert kommensurabel; und $AC \cdot CB \frown 2AC \cdot CB$. Also ist $AC^2 + CB^2 \smile 2AC \cdot CB$ (X, 12, 13). Nun ist $AC^2 + CB^2 = EG$ und $2AC \cdot CB = HK$, also $EG \smile HK$, so daß auch $EH \smile HN$ (VI, 1; X, 11). Dabei sind sie rational; EH, HN sind also nur quadriert kommensurable rationale Strecken. Setzt man aber zwei nur quadriert kommensurable rationale Strecken zusammen, dann ist die Summe eine Irrationale, wie man sie Binomiale nennt (X, 36: Def.). EN ist also eine in H zerfallende Binomiale.

Ebenso läßt sich zeigen, daß auch EM, MN nur quadriert kommensurable rationale Strecken wären; und es müßte die Binomiale EN in verschiedenen Punkten zerfallen (unmöglich nach X, 42), nämlich in H und M. Auch wäre EH nicht dieselbe Strecke wie MN, weil $AC^2 + CB^2 > AD^2 + DB^2$. Hier wäre $AD^2 + DB^2 > 2AD \cdot DB$ (II, 7). Um so mehr wäre $AC^2 + CB^2$, d. h. $EG > 2AD \cdot DB$, d. h. MK, so daß auch $EH > MN$. EH wäre also nicht dieselbe Strecke wie MN — q. e. d.

§ 45 (46; L. 33).

Eine Major zerfällt nur in demselben Punkt.

Eine Major $A B$ zerfalle in C, so daß $A C$, $C B$ quadriert inkommensurable Strecken sind, aus denen $A C^2 + C B^2$ rational und $A C \cdot C B$ medial wird (X, 39: Def.). Ich behaupte, daß $A B$ in keinem anderen Punkt zerfällt.

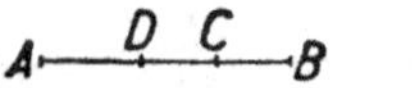

Wenn möglich, zerfalle sie nämlich auch in D, so daß auch $A D$, $D B$ quadriert inkommensurable Strecken wären, aus denen $A D^2 + D B^2$ rational und das Rechteck medial wird. Da sich um den Unterschied zwischen $A C^2 + C B^2$ und $A D^2 + D B^2$ auch $2 A D \cdot D B$ von $2 A C \cdot C B$ unterscheidet (X, 41a), $A C^2 + C B^2$ aber $A D^2 + D B^2$ um Rationales übertrifft, weil beide rational sind, so überträfe auch $2 A D \cdot D B$ $2 A C \cdot C B$ um Rationales, während sie medial sind. Dies ist unmöglich (X, 26).

Also zerfällt eine Major nicht in verschiedenen Punkten; also zerfällt sie nur in demselben Punkt — q. e. d.

§ 46 (47; L. 34).

Eine Quadriert Rationales plus Medialem Ergebende zerfällt nur in einem Punkt.

Eine Quadriert Rationales plus Medialem Ergebende $A B$ zerfalle in C, so daß $A C$, $C B$ quadriert inkommensurable Strecken sind, aus denen $A C^2 + C B^2$ medial und [2] $A C \cdot C B$ rational wird (X, 40: Def.). Ich behaupte, daß $A B$ in keinem anderen Punkt zerfällt.

Wenn möglich, zerfalle sie nämlich auch in D, so daß auch $A D$, $D B$ quadriert inkommensurable Strecken wären, aus denen $A D^2 + D B^2$ medial und [2] $A D \cdot D B$ rational wird. Da sich nun um den Unterschied zwischen $2 A C \cdot C B$ und $2 A D \cdot D B$ auch $A D^2 + D B^2$ von $A C^2 + C B^2$ unterscheidet (X, 41a), $2 A C \cdot C B$ aber $2 A D \cdot D B$ um Rationales übertrifft, so überträfe auch $A D^2 + D B^2$ $A C^2 + C B^2$ um Rationales, während sie medial sind. Dies ist unmöglich (X, 26).

Also zerfällt eine Quadriert Rationales plus Medialem Ergebende nicht in verschiedenen Punkten; also zerfällt sie in einem Punkt — q. e. d.

§ 47 (48; L. 35).

Eine Quadriert die Summe zweier Medialer Ergebende zerfällt nur in einem Punkt.

[Eine Quadriert die Summe zweier Medialer Ergebende] AB zerfalle in C, so daß AC, CB quadriert inkommensurable Strecken sind, aus denen $AC^2 + CB^2$ medial und $AC \cdot CB$ medial und dabei zu der Quadratsumme inkommensurabel wird (X, 41: Def.). Ich behaupte, daß AB in keinem anderen Punkt so zerfällt, daß das Vorgeschriebene geleistet wird.

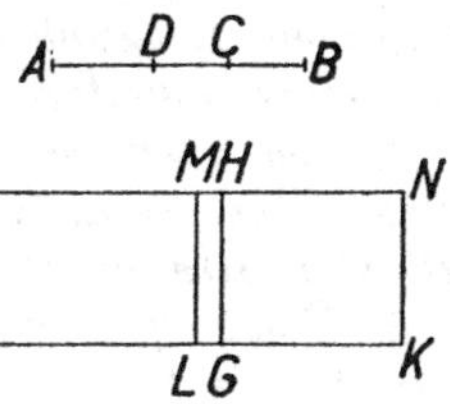

Wenn möglich, zerfalle sie nämlich in D, wieder so, daß natürlich AC nicht dieselbe Strecke wie DB ist, sondern AC größer angenommen. Weiter lege man eine rationale Strecke EF hin und lege $EG = AC^2 + CB^2$ und $HK = 2\,AC \cdot CB$ an EF an (I, 44). Dann ist das ganze Rechteck $EK = AB^2$ (II, 4). Ebenso lege man $EL = AD^2 + DB^2$ an EF an; dann ist Rest $2\,AD \cdot DB$ = Rest MK. Da $AC^2 + CB^2$ nach Voraussetzung medial ist, ist EG medial. Und es ist einer rationalen Strecke, nämlich EF angelegt; also ist HE rational und $\cup\, EF$ (X, 22). Aus demselben Grunde ist auch HN rational und $\cup\, EF$. Da ferner $AC^2 + CB^2 \cup 2\,AC \cdot CB$, ist $EG \cup GN$, so daß auch $EH \cup HN$ (VI, 1; X, 11). Dabei sind sie rational. EH, HN sind also nur quadriert kommensurable rationale Strecken. EN ist also eine Binomiale, die in H zerfällt (X, 36: Def.). Ähnlich läßt sich zeigen, daß sie auch in M zerfiele. EH ist dabei nicht dieselbe Strecke wie MN. Also zerfiele eine Binomiale in verschiedenen Punkten. Dies wäre Unsinn (X, 42).

Eine Quadriert die Summe zweier Medialer Ergebende zerfällt also nicht in verschiedenen Punkten; also zerfällt sie nur in einem [Punkt].

(§ 47a.)

Zweite Definitionengruppe.

1. *Bei Vorliegen einer Rationalen und einer in ihre Glieder zerlegten Binomialen, deren größeres Glied quadriert um das*

Quadrat einer ihm linear kommensurablen Strecke das kleinere übertrifft,

wollen wir, wenn das größere Glied mit der zugrundeliegenden Rationalen linear kommensurabel ist, von einer ***Ersten Binomiale*** *sprechen;*

2. *wenn dagegen das kleinere Glied mit der zugrundeliegenden Rationalen linear kommensurabel ist, wollen wir von einer* ***Zweiten Binomiale*** *sprechen;*

3. *und wenn keines der Glieder mit der zugrundeliegenden Rationalen linear kommensurabel ist, wollen wir von einer* ***Dritten Binomiale*** *sprechen.*

4. *Übertrifft andererseits quadriert das größere Glied um das Quadrat einer ihm inkommensurablen Strecke [das kleinere],*

dann wollen wir, wenn das größere Glied mit der zugrundeliegenden Rationalen linear kommensurabel ist, von einer ***Vierten Binomiale*** *sprechen;*

5. *wenn dagegen das kleinere, von einer* ***Fünften;***

6. *und wenn keines, von einer* ***Sechsten.***

§ 48 (49; A. 13).

Eine Erste Binomiale zu finden.

Man lege zwei Zahlen AC, CB zugrunde, so daß ihre Summe AB zu BC ein Verhältnis hat wie eine Quadratzahl zu einer Quadratzahl, zu CA aber kein Verhältnis wie eine Quadratzahl zu einer Quadratzahl (VIII, 24), lege ferner irgend eine Rationale d zugrunde; und EF sei $\frown d$. Dann ist auch EF rational. Man mache Zahl $BA : AC = EF^2 : FG^2$ (X, 6 Zus.).

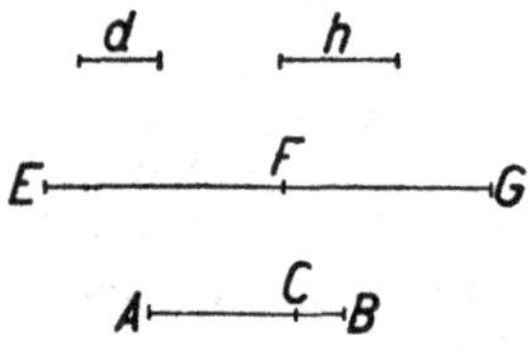

Nun hat AB zu AC ein Verhältnis wie eine Zahl zu einer Zahl; auch EF^2 hat also zu FG^2 ein Verhältnis wie eine Zahl zu einer Zahl, so daß $EF^2 \frown FG^2$ (X, 6). Hier ist EF rational; also ist auch FG rational. Da ferner BA zu AC kein Verhältnis hat wie eine Quadratzahl zu einer Quadratzahl, hat auch EF^2 zu FG^2 kein Verhältnis wie eine Quadratzahl zu einer Quadratzahl; also ist $EF \smile FG$ (X, 9). EF, FG sind also nur quadriert kommensurable rationale Strecken. Also ist EG eine Binomiale (X, 36: Def.). Ich behaupte weiter, eine Erste.

Da Zahl $BA : AC \doteq EF^2 : FG^2$ und $BA > AC$, so ist auch $EF^2 > FG^2$. Nun sei $EF^2 = FG^2 + h^2$ (I, 47). Da $BA : AC = EF^2 : FG^2$, so ist, umgewendet (V, Def. 16), $AB : BC = EF^2 : h^2$. AB hat aber zu BC ein Verhältnis wie eine Quadratzahl zu einer Quadratzahl; also hat auch EF^2 zu h^2 ein Verhältnis wie eine Quadratzahl zu einer Quadratzahl; also ist $EF \frown h$ (X, 9). Quadriert übertrifft die Strecke EF also um das Quadrat einer ihr kommensurablen FG. Dabei sind EF, FG rational, und $EF \frown d$.

Also ist EG eine Erste Binomiale (X, 47a: Def. 1) — q. e. d.

§ 49 (50; A. 14).

Eine Zweite Binomiale zu finden.

Man lege zwei Zahlen AC, CB zugrunde, so daß ihre Summe AB zu BC ein Verhältnis hat wie eine Quadratzahl zu einer Quadratzahl, zu AC aber kein Verhältnis wie eine Quadratzahl zu einer Quadratzahl, lege ferner eine Rationale d zugrunde; und EF sei $\frown d$. Dann ist EF rational. Man mache Zahl $CA : AB = EF^2 : FG^2$ (X, 6 Zus.).

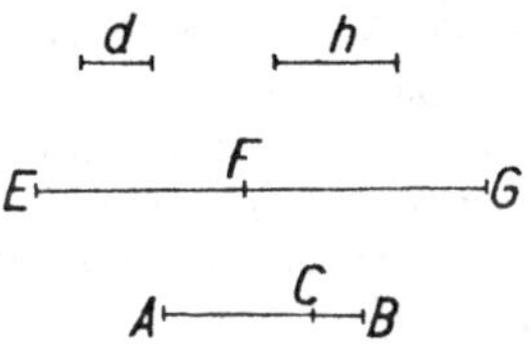

Dann ist $EF^2 \frown FG^2$ (X, 6), also auch FG rational. Da ferner die Zahl CA zu AB kein Verhältnis hat wie eine Quadratzahl zu einer Quadratzahl, hat auch EF^2 zu FG^2 kein Verhältnis wie eine Quadratzahl zu einer Quadratzahl; also ist $EF \smile FG$ (X, 9). EF, FG sind also nur quadriert kommensurable rationale Strecken. Also ist EG eine Binomiale. Daß eine Zweite, ist noch zu beweisen.

Da, umgekehrt (V, Def. 13), Zahl $BA : AC = GF^2 : FE^2$ und $BA > AC$, so ist auch $GF^2 > FE^2$. Nun sei $GF^2 = EF^2 + h^2$. Dann ist, umgewendet (V, Def. 16), $AB : BC = FG^2 : h^2$. AB hat aber zu BC ein Verhältnis wie eine Quadratzahl zu einer Quadratzahl; also hat auch FG^2 zu h^2 ein Verhältnis wie eine Quadratzahl zu einer Quadratzahl; also ist $FG \frown h$ (X, 9), so daß quadriert die Strecke

FG um das Quadrat einer ihr kommensurablen FE übertrifft. Dabei sind FG, FE nur quadriert kommensurable rationale Strecken, und EF, das kleinere Glied, ist $\frown d$, der zugrunde liegenden Rationalen.

Also ist EG eine Zweite Binomiale (X, 47a: Def. 2) — q. e. d.

§ 50 (51; A. 15).

Eine Dritte Binomiale zu finden.

Man lege zwei Zahlen AC, CB zugrunde, so daß ihre Summe AB zu BC ein Verhältnis hat wie eine Quadratzahl zu einer Quadratzahl, zu AC aber kein Verhältnis wie eine Quadratzahl zu einer Quadratzahl. Ferner lege man noch irgendeine Nichtquadratzahl d zugrunde, sie soll weder zu BA noch zu AC ein Verhältnis haben wie eine Quadratzahl zu einer Quadratzahl. Ferner lege man irgendeine Rationale e zugrunde, und mache $d : AB = e^2 : FG^2$ (X, 6 Zus.). Dann ist $e^2 \frown FG^2$ (X, 6). Nun ist e rational; also ist auch FG rational. Da ferner d zu AB kein Verhältnis hat wie eine Quadratzahl zu einer Quadratzahl, hat auch e^2 zu FG^2 kein Verhältnis wie eine Quadratzahl zu einer Quadratzahl; also ist $e \smile FG$ (X, 9). Ebenso mache man Zahl $BA : AC = FG^2 : GH^2$.

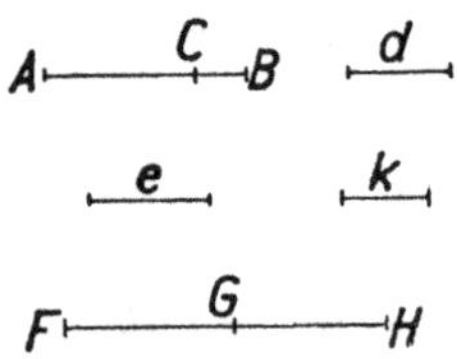

Dann ist $FC^2 \frown GH^2$. Nun ist FG rational; also ist auch GH rational. Und da BA zu AC kein Verhältnis hat wie eine Quadratzahl zu einer Quadratzahl, hat auch FG^2 zu HG^2 kein Verhältnis wie eine Quadratzahl zu einer Quadratzahl; also ist $FG \smile GH$ (X, 9). FG, GH sind also nur quadriert kommensurable rationale Strecken. Also ist FH eine Binomiale. Ich behaupte weiter, eine Dritte.

Da $d : AB = e^2 : FG^2$ und $BA : AC = FG^2 : GH^2$, so ist über gleiches weg $d : AC = e^2 : GH^2$ (V, 22). Nun hat d zu AC kein Verhältnis wie eine Quadratzahl zu einer Quadratzahl; also hat auch e^2 zu GH^2 kein Verhältnis wie eine Quadratzahl zu einer Quadratzahl; also ist $e \smile GH$ (X, 9). Da ferner $BA : AC = FG^2 : GH^2$, ist $FG^2 > GH^2$. Nun sei $FG^2 = GH^2 + k^2$. Dann ist, umgewendet (V,

Def. 16), $AB : BC = FG^2 : k^2$. AB hat aber zu BC ein Verhältnis wie eine Quadratzahl zu einer Quadratzahl; also hat auch FG^2 zu k^2 ein Verhältnis wie eine Quadratzahl zu einer Quadratzahl; also ist $FG \frown k$ (X, 9). Quadriert übertrifft also die Strecke FG um das Quadrat einer ihr kommensurablen GH. Dabei sind FG, GH nur quadriert kommensurable rationale Strecken, und keine von ihnen ist $\frown e$.

Also ist FH eine Dritte Binomiale (X, 47a: Def. 3) — q. e. d.

§ 51 (52; A. 16).

Eine Vierte Binomiale zu finden.

Man lege zwei Zahlen AC, CB zugrunde, so daß AB weder zu BC noch zu AC ein Verhältnis hat wie eine Quadratzahl zu einer Quadratzahl, lege ferner eine Rationale d zugrunde; und EF sei $\frown d$. Dann ist auch EF rational. Man mache Zahl $BA : AC = EF^2 : FG^2$ (X, 6 Zus.); dann ist $EF^2 \frown FG^2$ (X, 6), also auch FG rational.

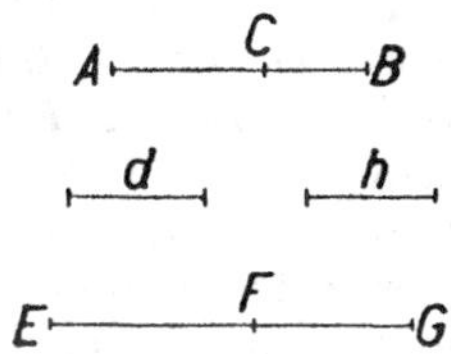

Da BA zu AC kein Verhältnis hat wie eine Quadratzahl zu einer Quadratzahl, hat auch EF^2 zu FG^2 kein Verhältnis wie eine Quadratzahl zu einer Quadratzahl; also ist $EF \smile FG$ (X, 9). EF, FG sind also nur quadriert kommensurable rationale Strecken, folglich EG eine Binomiale. Ich behaupte weiter, eine Vierte.

Da $BA : AC = EF^2 : FG^2$ [und $BA > AC$], ist $EF^2 > FG^2$. Nun sei $EF^2 = FG^2 + h^2$. Dann ist, umgewendet (V, Def. 16), Zahl $AB : BC = EF^2 : h^2$. AB hat aber zu BC kein Verhältnis wie eine Quadratzahl zu einer Quadratzahl; also hat auch EF^2 zu h^2 kein Verhältnis wie eine Quadratzahl zu einer Quadratzahl; also ist $EF \smile h$ (X, 9). Quadriert übertrifft also die Strecke EF um das Quadrat einer ihr inkommensurablen GF. Dabei sind EF, FG nur quadriert kommensurable rationale Strecken, und EF ist $\frown d$.

Also ist EG eine Vierte Binomiale (X, 47a: Def. 4) — q. e. d.

§ 52 (53; A. 17).

Eine Fünfte Binomiale zu finden.

Man lege zwei Zahlen AC, CB zugrunde, so daß AB zu keiner von ihnen ein Verhältnis hat wie eine Quadratzahl zu einer Quadratzahl, lege ferner irgendeine Rationale d zugrunde; und EF sei $\frown d$. Dann ist EF rational. Man mache $CA : AB = EF^2 : FG^2$ (X, 6 Zus.).

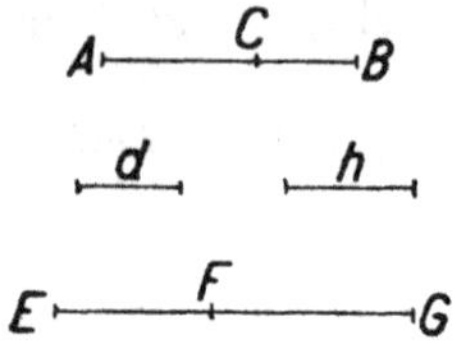

Nun hat CA zu AB kein Verhältnis wie eine Quadratzahl zu einer Quadratzahl; auch EF^2 hat also zu FG^2 kein Verhältnis wie eine Quadratzahl zu einer Quadratzahl; EF, FG sind also nur quadriert kommensurable rationale Strecken (X, 9); also ist EG eine Binomiale. Ich behaupte weiter, eine Fünfte.

Da $CA : AB = EF^2 : FG^2$, so ist, umgekehrt (V, Def. 13), $BA : AC = FG^2 : FE^2$; also ist $GF^2 > FE^2$. Nun sei $GF^2 = EF^2 + h^2$. Dann ist, umgewendet (V, Def. 16), Zahl $AB : BC = GF^2 : h^2$. AB hat aber zu BC kein Verhältnis wie eine Quadratzahl zu einer Quadratzahl; also hat auch FG^2 zu h^2 kein Verhältnis wie eine Quadratzahl zu einer Quadratzahl; also ist $FG \smile h$ (X, 9), so daß quadriert die Strecke FG um das Quadrat einer ihr inkommensurablen FE übertrifft. Dabei sind GF, FE nur quadriert kommensurable rationale Strecken, und EF, das kleinere Glied, ist $\frown d$, der zugrunde liegenden Rationalen.

Also ist EG eine Fünfte Binomiale (X, 47a: Def. 5) — q. e. d.

§ 53 (54; A. 18).

Eine Sechste Binomiale zu finden.

Man lege zwei Zahlen AC, CB zugrunde, so daß AB zu keiner von ihnen ein Verhältnis hat wie eine Quadratzahl zu einer Quadratzahl; und d sei eine weitere Zahl, die keine Quadratzahl ist und weder zu BA noch zu AC ein Verhältnis hat wie eine Quadratzahl zu einer Quadratzahl. Ferner lege man

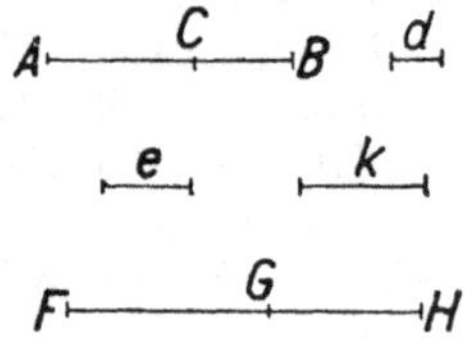

irgendeine Rationale e zugrunde, und mache $d : AB = e^2 : FG^2$ (X, 6 Zus.). Dann ist $e^2 \frown FG^2$ (X, 6). Nun ist e rational; also ist auch FG rational. Da ferner d zu AB kein Verhältnis hat wie eine Quadratzahl zu einer Quadratzahl, hat auch e^2 zu FG^2 kein Verhältnis wie eine Quadratzahl zu einer Quadratzahl; also ist $e \smile FG$ (X, 9). Ebenso mache man $BA : AC = FG^2 : GH^2$.

Dann ist $FG^2 \frown HG^2$; also ist HG^2 rational, also HG rational. Und da BA zu AC kein Verhältnis hat wie eine Quadratzahl zu einer Quadratzahl, hat auch FG^2 zu GH^2 kein Verhältnis wie eine Quadratzahl zu einer Quadratzahl; also ist $FG \smile GH$ (X, 9). FG, GH sind also nur quadriert kommensurable rationale Strecken. Also ist FH eine Binomiale. Daß eine Sechste, ist noch zu beweisen.

Da $d : AB = e^2 : FG^2$ und $BA : AC = FG^2 : GH^2$, so ist über gleiches weg $d : AC = e^2 : GH^2$ (V, 22). Nun hat d zu AC kein Verhältnis wie eine Quadratzahl zu einer Quadratzahl; also hat auch e^2 zu GH^2 kein Verhältnis wie eine Quadratzahl zu einer Quadratzahl; also ist $e \smile GH$ (X, 9). Auch zu FG ist es, wie oben bewiesen, inkommensurabel. FG, GH sind also beide $\smile e$. Da ferner $BA : AC = FG^2 : GH^2$, ist $FG^2 > GH^2$. Nun sei $FG^2 = GH^2 + k^2$. Dann ist, umgewendet (V, Def. 16), $AB : BC = FG^2 : k^2$. AB hat aber zu BC kein Verhältnis wie eine Quadratzahl zu einer Quadratzahl; folglich hat auch FG^2 zu k^2 kein Verhältnis wie eine Quadratzahl zu einer Quadratzahl; also ist $FG \smile k$ (X, 9). Quadriert übertrifft also die Strecke FG um das Quadrat einer ihr inkommensurablen GH. Dabei sind FG, GH nur quadriert kommensurable rationale Strecken, und keine von ihnen ist $\frown e$, der zugrundeliegenden Rationalen.

Also ist FH eine Sechste Binomiale (X, 47a: Def. 6) — q. e. d.

§ 54 (55; L. 36).

Wird eine Fläche von der Rationalen und einer Ersten Binomialen umfaßt, dann ist die Strecke, die quadriert die Fläche ergibt, eine Irrationale, wie man sie Binomiale nennt.

Die Fläche AC werde von der Rationalen AB und der Ersten Binomialen AD umfaßt. Ich behaupte, daß die Strecke, die quadriert die Fläche AC ergibt, eine Irrationale ist, wie man sie Binomiale nennt.

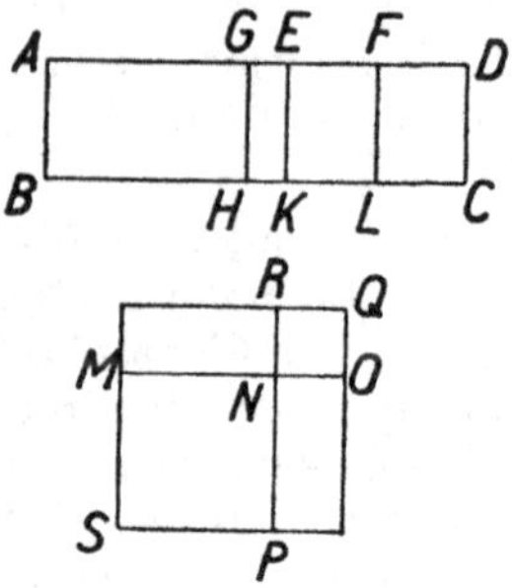

Hier ist AD eine Erste Binomiale; es zerfalle daher in E in seine Glieder; AE sei das größere Glied. Dann ist klar, daß AE, ED nur quadriert kommensurable rationale Strecken sind, daß AE quadriert um das Quadrat einer ihm kommensurablen Strecke ED übertrifft und $AE \frown AB$, der zugrunde liegenden Rationalen, ist (X, 47a: Def. 1).

Man halbiere ED im Punkt F. Da AE quadriert um das Quadrat einer ihm kommensurablen Strecke ED übertrifft, muß es, wenn man eine dem vierten Teil des Quadrats über dem kleineren Glied, d. h. EF^2 gleiche Fläche an das größere AE so anlegt, daß ein Quadrat fehlt, in (linear) kommensurable Strecken zerfallen (X, 17). Man lege an AE nun $AG \cdot GE = EF^2$ an (VI, 28); dann ist $AG \frown EG$. Man ziehe von G, E, F zu AB oder CD die Parallelen GH, EK, FL und errichte die Quadrate $SN =$ Pgm. AH (II, 14) sowie $NQ = GK$; sie sollen dabei so liegen, daß MN NO gerade fortsetzt; RN setzt dann NP auch gerade fort (I, 14). Man vervollständige Pgm. SQ; dann ist SQ ein Quadrat. Da $AG \cdot GE = EF^2$, so ist $AG : EF = FE : EG$ (VI, 17), also $AH : EL = EL : KG$ (VI, 1), EL also Mittlere Proportionale zwischen AH, GK. Nun ist $AH = SN$, $GK = NQ$, also EL Mittlere Proportionale zwischen SN, NQ. Zwischen denselben Flächen SN, NQ ist aber auch MR Mittlere Proportionale (VI, 1). Also ist $EL = MR$, folglich auch $= PO$ (I, 43). Nun sind $AH + GK = SN + NQ$; also ist das Ganze $AC = SQ$, d. h. $= MO^2$. Quadriert ergibt MO also AC.

Ich behaupte weiter, daß MO eine Binomiale ist.

Da $AG \frown GE$, ist auch AE sowohl $\frown AG$ als auch $\frown GE$ (X, 15). Nach Voraussetzung ist AE auch $\frown AB$; also sind auch AG, $GE \frown AB$ (X, 12). Nun ist AB die Rationale; AG, GE sind also beide rational; also sind AH, GK beide rational (X, 19) und $AH \frown GK$. Nun ist $AH = SN$, $GK = NQ$; also sind SN, NQ, d. h. MN^2, NO^2 rational und kommensurabel. Da nun $AE \smile ED$, während $AE \frown AG$ und $DE \frown EF$, so ist $AG \smile EF$ (X, 13), folglich auch $AH \smile EL$ (VI, 1; X, 11). Nun ist $AH = SN$, $EL = MR$, also $SN \smile MR$. Aber $SN : MR = PN : NR$ (VI, 1), also ist $PN \smile NR$ (X, 11). Nun ist $PN = MN$, $NR = NO$, also $MN \smile NO$. Dabei ist $MN^2 \frown NO^2$ und beide sind rational. Also sind MN, NO nur quadriert kommensurable rationale Strecken.

MO ist also eine Binomiale (X, 36: Def.) und ergibt quadriert AC — q. e. d.

§ 55 (56; L. 37).

Wird eine Fläche von der Rationalen und einer Zweiten Binomialen umfaßt, dann ist die Strecke, die quadriert die Fläche ergibt, eine Irrationale, wie man sie Erste Bimediale nennt.

Die Fläche $ABCD$ werde von der Rationalen AB und der Zweiten Binomialen AD umfaßt; ich behaupte, daß die Strecke, die quadriert die Fläche AC ergibt, eine Erste Bimediale ist.

Fig. s. § 54.

Hier ist AD eine Zweite Binomiale; es zerfalle daher in E in seine Glieder, so daß AE das größere Glied ist; dann sind AE, ED nur quadriert kommensurable rationale Strecken, AE übertrifft quadriert um das Quadrat einer ihm kommensurablen Strecke ED, und das kleinere Glied ED ist $\frown AB$ (X, 47a: Def. 2).

Man (vgl. X, 54) halbiere ED in F und lege $AG \cdot GE = EF^2$ an AE so an, daß ein Quadrat fehlt; dann ist $AG \frown GE$. Durch G, E, F ziehe man GH, EK, $FL \parallel AB$ und CD, und errichte das Quadrat $SN =$ Pgm. AH sowie Quadrat $NQ = GK$; sie sollen dabei so liegen, daß MN NO gerade fortsetzt; RN setzt dann NP auch gerade fort. Man vervollständige das Quadrat SQ; aus oben Bewiesenem ist dann klar, daß MR Mittlere Proportionale ist zwischen SN, NQ, und $= EL$, sowie daß MO quadriert die Fläche AC ergibt.

Man hat noch zu zeigen, daß MO eine Erste Bimediale ist.

Da $AE \smile ED$, während $ED \frown AB$, ist $AE \smile AB$ (X, 13). Da $AG \frown EG$, ist AE sowohl $\frown AG$ als $\frown GE$ (X, 15). Nun ist $AE \smile AB$, also AG und $GE \smile AB$ (X, 13). Also sind AG, GE (mit) BA nur quadriert kommensurable rationale Strecken, folglich AH, GK beide medial, folglich auch SN, NQ beide medial; also sind MN und NO Medialen. Da $AG \frown GE$, ist auch $AH \frown GH$ (VI, 1; X, 11), d. h. $SN \frown NQ$, d. h. $MN^2 \frown NO^2$ [so daß MN, NO quadriert kommensurabel sind]. Da $AE \smile ED$, während $AE \frown AG$ und $ED \frown EF$, ist $AG \smile EF$ (X, 13); so daß auch $AH \smile EL$ (VI, 1; X, 11), d. h. $SN \smile MR$, d. h. $PN \smile NR$ (X, 11), d. h. $MN \smile NO$. MN, NO sind aber, wie oben bewiesen, sowohl Medialen als auch quadriert kommensurabel; MN, NO sind also nur quadriert kommensurable Medialen. Ich behaupte weiter, daß sie ein rationales Rechteck umfassen. Da DE nämlich nach Voraussetzung sowohl $\frown AB$ als auch $\frown EF$, ist auch $EF \frown EK$ (X, 12); und beide sind rational, also ist EL, d. h. MR rational (X, 19). MR ist nun $MN \cdot NO$. Setzt man aber zwei nur quadriert kommensurable mediale Strecken, die ein rationales Rechteck umfassen, zusammen, dann ist die Summe irrational und heißt Erste Bimediale (X, 37: Def.).

MO ist also eine Erste Bimediale — q. e. d.

§ 56 (57; L. 38).

Wird eine Fläche von der Rationalen und einer Dritten Binomialen umfaßt, dann ist die Strecke, die quadriert die Fläche ergibt, eine Irrationale, wie man sie Zweite Bimediale nennt.

Die Fläche $ABCD$ werde von der Rationalen AB und der Dritten Binomialen AD, die in E in ihre Glieder, deren größeres AE ist, zerfällt, umfaßt. Ich behaupte, daß die Strecke, die quadriert die Fläche AC ergibt, eine Irrationale ist, wie man sie Zweite Bimediale nennt.

Fig. s. § 54.

Man konstruiere wie oben (vgl. X, 54). Da AD eine Dritte Binomiale ist, sind AE, ED nur quadriert kommensurable rationale Strecken, AE übertrifft quadriert um das Quadrat einer ihm kommensurablen Strecke ED, und weder AE noch ED ist $\frown AB$ (X, 47a: Def. 3).

Ähnlich wie oben (vgl. X, 55) läßt sich dann zeigen, daß MO die Strecke ist, die quadriert die Fläche AC ergibt, und daß MN, NO nur quadriert kommensurable Medialen sind, so daß MO eine Bimediale ist. Man muß noch beweisen, daß es eine Zweite ist. Da $DE \smile AB$, d. h. $\smile EK$, während $DE \frown EF$, ist $EF \smile EK$ (X, 13); dabei sind sie rational. FE, EK sind also nur quadriert kommensurable rationale Strecken; also ist EL, d. h. MR medial; und es wird von MN, NO umfaßt; $MN \cdot NO$ ist also medial.

Also ist MO eine Zweite Bimediale (X, 38: Def.) — q. e. d.

§ 57 (58; L. 39).

Wird eine Fläche von der Rationalen und einer Vierten Binomialen umfaßt, dann ist die Strecke, die quadriert die Fläche ergibt, eine Irrationale, wie man sie Major nennt.

Die Fläche AC werde von der Rationalen AB und der Vierten Binomialen AD, die in E in ihre Glieder, deren größeres AE sei, zerfällt, umfaßt. Ich behaupte, daß die Strecke, die quadriert die Fläche AC ergibt, eine Irrationale ist, wie man sie Major nennt.

Fig. s. § 54.

Da AD eine Vierte Binomiale ist, sind AE, ED nur quadriert kommensurable rationale Strecken, AE übertrifft quadriert um das Quadrat einer ihm inkommensurablen Strecke ED, und AE ist $\frown AB$ (X, 47a: Def. 4).

Man halbiere DE in F und lege Pgm. $AG \cdot GE = EF^2$ an AE an; dann ist $AG \smile GE$ (X, 18). Man ziehe GH, EK, $FL \parallel AB$ und verfahre im übrigen wie oben (vgl. X, 54). Dann ist klar, daß die Strecke, die quadriert die Fläche AC ergibt, MO ist.

Man hat noch zu zeigen, daß MO eine Irrationale ist, wie man sie Major nennt. Da $AG \smile EG$, ist auch $AH \smile GK$ (VI, 1; X, 11), d. h. $SN \smile NQ$. MN, NO sind also quadriert inkommensurabel. Da $AE \frown AB$, ist AK rational (X, 19); dabei ist es $= MN^2 + NO^2$. Also ist auch $MN^2 + NO^2$ rational. Da $DE \smile AB$, d. h. $\smile EK$, und $DE \frown EF$, so ist $EF \smile EK$ (X, 13). EK, EF sind also nur quadriert kommensurable rationale Strecken; LE, d. h. MR ist also medial; und es wird von MN, NO umfaßt; also ist $MN \cdot NO$ medial. Nun ist $MN^2 + NO^2$ rational, und MN, NO sind quadriert inkommensurabel. Setzt man aber zwei quadriert inkommensurable Strecken, aus denen die Quadratsumme rational und das Rechteck medial wird, zusammen, dann ist die Summe irrational und heißt Major (X, 39: Def.).

MO ist also eine Irrationale, wie man sie Major nennt, und ergibt quadriert die Fläche AC — q. e. d.

§ 58 (59; L. 40).

Wird eine Fläche von der Rationalen und einer Fünften Binomalen umfaßt, dann ist die Strecke, die quadriert die Fläche ergibt, eine Irrationale, wie man sie Quadriert Rationales plus Medialem Ergebende nennt.

Fig. s. § 54.

Die Fläche AC werde von der Rationalen AB und der Fünften Binomialen AD, die in E in ihre Glieder so zerfällt, daß AE das größere Glied ist, umfaßt. Ich behaupte, daß die Strecke, die quadriert die Fläche AC ergibt, eine Irrationale ist, wie man sie Quadriert Rationales plus Medialem Ergebende nennt.

Man konstruiere, wie oben gezeigt (vgl. X, 54); dann ist klar, daß die Strecke, die quadriert die Fläche AC ergibt, MO ist. Man hat dann zu zeigen, daß MO eine Quadriert Rationales plus Medialem Ergebende ist.

Da $AG \smile GE$ (X, 18), so ist $AH \smile HE$ (VI, 1; X, 11), d. h. $MN^2 \smile NO^2$; MN, NO sind also quadriert inkommensurabel. Da AD eine Fünfte Binomiale ist, ED ihr kleinerer Abschnitt, ist $ED \frown AB$ (X, 47a: Def. 5). Aber $AE \smile ED$; also ist $AB \smile AE$ (X, 13) [und BA, AE sind nur quadriert kommensurable rationale Strecken]. Also ist AK, d. h. $MN^2 + NO^2$ medial. Da $DE \frown AB$, d. h. $\frown EK$ und $DE \frown EF$, ist auch $EF \frown EK$ (X, 12). Nun ist EK rational; also ist auch EL, d. h. MR, d. h. $MN \cdot NO$ rational (X, 19). Also sind MN, NO quadriert inkommensurable Strecken, aus denen die Quadratsumme medial und das Rechteck rational wird.

MO ist also eine Quadriert Rationales plus Medialem Ergebende (X, 40: Def.) und ergibt quadriert die Fläche AC — q. e. d.

§ 59 (60; L. 41).

Wird eine Fläche von der Rationalen und einer Sechsten Binomialen umfaßt, dann ist die Strecke, die quadriert die Fläche ergibt, eine Irrationale, wie man sie Quadriert die Summe zweier Medialer Ergebende nennt.

Die Fläche $ABCD$ werde von der Rationalen AB und der Sechsten Binomialen AD, die in E in ihre Glieder so zerfällt, daß AE das größere Glied ist, umfaßt. Ich behaupte, daß die Strecke, die quadriert AC ergibt, eine Quadriert die Summe zweier Medialer Ergebende ist.

Fig. s. § 54.

Man konstruiere, wie oben gezeigt (vgl. X, 54); dann ist klar, daß die Strecke, die quadriert AC ergibt, MO ist, und daß MN zu NO quadriert inkommensurabel ist (X, 18). Da $EA \cup AB$ (X, 47a: Def. 6), sind EA, AB nur quadriert kommensurable rationale Strecken; also ist AK, d. h. $MN^2 + NO^2$ medial. Ebenso ist, da $ED \cup AB$, auch $FE \cup EK$. FE, EK sind also nur quadriert kommensurable rationale Strecken. Also ist EL, d. h. MR, d. h. $MN \cdot NO$ medial. Und da $AE \cup EF$, ist auch $AK \cup EL$ (VI, 1; X, 11). AK ist aber $MN^2 + NO^2$, und EL ist $MN \cdot NO$. Also ist $MN^2 + NO^2 \cup MN \cdot NO$; beide Flächen sind medial, und MN, NO quadriert inkommensurabel.

MO ist also eine Quadriert die Summe zweier Medialer Ergebende (X, 41: Def.) und ergibt quadriert AC — q. e. d.

§ 60 (61; L. 42).

Legt man das Quadrat einer Binomialen an die Rationale an, so entsteht als Breite eine Erste Binomiale.

Die Binomiale sei AB; sie zerfalle in C so in ihre Glieder, daß AC das größere Glied ist. Zugrunde liege die Rationale DE; an DE lege man $DEFG = AB^2$ an, so daß DG die Breite wird (I, 44). Ich behaupte, daß DG eine Erste Binomiale ist.

Man lege nämlich $DH = AC^2$ und $KL = BC^2$ an DE an; dann ist der Rest $2\,AC \cdot CB = MF$ (II, 4). Man halbiere MG in N und ziehe $NO \parallel [ML$ und $GF]$. Sowohl MO als NF ist dann $= 1\,AC \cdot CB$. Da AB eine Binomiale ist, die in C in ihre Glieder zerfällt, sind AC, CB nur quadriert kommensurable rationale Strecken (X, 36: Def.); AC^2, CB^2 sind also rational und einander kommensurabel, so daß auch $AC^2 + CB^2 \frown AC^2$ und CB^2 (X, 15); [also ist $AC^2 + CB^2$ rational] und es ist $= DL$; DL ist also rational. Es ist einer Rationalen, nämlich DE angelegt; also ist DM rational und $\frown DE$ (X, 20). Andererseits ist, da AC, CB nur quadriert kommensurable rationale Strecken sind, $2\,AC \cdot CB$, d. h. MF medial; und es ist einer Rationalen, nämlich ML angelegt; also ist MG rational und $\smile ML$, d. h. DE (X, 22). Auch MD ist rational, aber $\frown DE$. Also ist $DM \smile MG$ (X, 13); dabei sind sie rational. DM, MG sind also nur quadriert kommensurable rationale Strecken; DG ist also eine Binomiale.

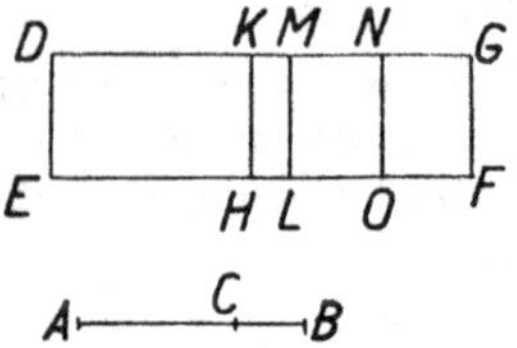

Man hat noch zu zeigen, daß es eine Erste ist.

Da $AC \cdot CB$ Mittlere Proportionale zwischen AC^2, CB^2 ist (VI, 1), ist MO Mittlere Proportionale zwischen DH, KL. Also ist $DH : MO = MO : KL$, d. h. $DK : MN = MN : MK$ (VI, 1), also $DK \cdot KM = MN^2$ (VI, 17). Da nun $AC^2 \frown CB^2$, ist auch $DH \frown KL$, folglich $DK \frown KM$ (VI, 1; X, 11). Und da $AC^2 + CB^2 > 2\,AC \cdot CB$ (II, 7), ist $DL > MF$, folglich auch $DM > MG$ (VI, 1). Nun ist $DK \cdot KM = MN^2$, d. h. $= {}^1/_4\, MG^2$, und $DK \frown KM$. Hat man aber zwei ungleiche Strecken und legt eine dem vierten Teil des Quadrats über der kleineren gleiche Fläche so an die größere an, daß ein Quadrat fehlt, und zerfällt diese dabei in (linear) kommensurable Stücke, dann übertrifft quadriert die größere um das Quadrat einer ihr kommensurablen Strecke die kleinere (X, 17). DM übertrifft also quadriert um das Quadrat einer ihm kommensurablen Strecke MG; auch sind DM, MG rationale Strecken, und DM, das größere Glied, ist $\frown DE$, der zugrundeliegenden Rationalen.

Also ist DG eine Erste Binomiale (X, 47a: Def. 1) — q. e. d.

§ 61 (62; L. 43).

Legt man das Quadrat einer Ersten Bimedialen an die Rationale an, so entsteht als Breite eine Zweite Binomiale.

Fig. s. § 60.

Die Erste Bimediale sei AB; sie zerfalle in C in die Medialen, deren größere AC sei. Zugrunde liege die Rationale DE; an DE lege man Pgm. $DF = AB^2$ an, so daß DG die Breite wird. Ich behaupte, daß DG eine Zweite Binomiale ist.

Man konstruiere wie oben (vgl. X, 60). Da AB eine Erste Bimediale ist, die in C zerfällt, sind AC, CB nur quadriert kommensurable Medialen, die ein rationales Rechteck umfassen (X, 37: Def.); folglich ist $AC^2 + CB^2$ medial (vgl. Anm.). Also ist DL medial. Nun ist es der Rationalen DE angelegt. MD ist also rational und $\cup DE$ (X, 22). Andererseits ist, da $2\,AC \cdot CB$ rational, MF rational. Nun ist es der Rationalen ML angelegt; also ist auch MG rational und $\cap ML$, d. h. $\cap DE$ (X, 20); also ist $DM \cup MG$ (X, 13). Beide sind rational. DM, MG sind also nur quadriert kommensurable rationale Strecken; also ist DG eine Binomiale.

Man hat noch zu zeigen, daß es eine Zweite ist.

Da $AC^2 + CB^2 > 2\,AC \cdot CB$ (II, 7), ist $DL > MF$, also $DM > MG$ (VI, 1). Da $AC^2 \cap CB^2$, ist $DH \cap KL$, folglich $DK \cap MK$ (VI, 1; X, 11). Nun ist $DK \cdot KM = MN^2$. DM übertrifft also quadriert um das Quadrat einer ihm kommensurablen Strecke MG (X, 17); dabei ist $MG \cap DE$.

Also ist DG eine Zweite Binomiale (X, 47a: Def. 2) — q. e. d.

§ 62 (63; L. 44).

Legt man das Quadrat einer Zweiten Bimedialen an die Rationale an, so entsteht als Breite eine Dritte Binomiale.

Fig. s. § 60.

Die Zweite Bimediale sei AB; sie zerfalle in C so in die Medialen, daß AC der größere Abschnitt ist. Man habe eine Rationale DE; an DE lege man Pgm.

$DF = AB^2$ an, so daß DG die Breite wird. Ich behaupte, daß DG eine Dritte Binomiale ist.

Man konstruiere, wie oben gezeigt (vgl. X, 60). Da AB eine Zweite Bimediale ist, die in C zerfällt, sind AC, CB nur quadriert kommensurable Medialen, die ein mediales Rechteck umfassen (X, 38: Def.); folglich ist $AC^2 + CB^2$ medial (vgl. Anm.). Nun ist es $= DL$, also DL medial, dabei der Rationalen DE angelegt. Also ist MD rational und $\cup DE$. Aus demselben Grunde ist auch MG rational und $\cup ML$, d. h. DE. DM, MG sind also beide rational und $\cup DE$. Da $AC \cup CB$ und $AC : CB = AC^2 : AC \cdot CB$ (VI, 1), so ist $AC^2 \cup AC \cdot CB$ (X, 11). Folglich ist $AC^2 + CB^2 \cup 2\,AC \cdot CB$ (X, 15, 13) d. h. $DL \cup MF$, so daß auch $DM \cup MG$ (VI, 1; X, 11). Beide sind rational; also ist DG eine Binomiale.

Man hat noch zu zeigen, daß es eine Dritte ist.

Ähnlich wie oben läßt sich schließen, daß $DM > MG$ und daß $DK \cap KM$. Dabei ist $DK \cdot KM = MN^2$. Also übertrifft DM quadriert um das Quadrat einer ihm kommensurablen Strecke MG (X, 17). Weder DM noch MG ist hier $\cap DE$.

Also ist DG eine Dritte Binomiale (X, 47a: Def. 3) — q. e. d.

§ 63 (64; L. 45).

Legt man das Quadrat einer Major an die Rationale an, so entsteht als Breite eine Vierte Binomiale.

Fig. s. § 60.

Die Major sei AB; sie zerfalle so in C, daß $AC > CB$. Die Rationale sei DE; an DE lege man Pgm. $DF = AB^2$ an, so daß DG die Breite wird. Ich behaupte, daß DG eine Vierte Binomiale ist.

Man konstruiere, wie oben gezeigt (vgl. X, 60). Da AB eine Major ist, die in C zerfällt, sind AC, CB quadriert inkommensurable Strecken, aus denen die Quadratsumme rational und das Rechteck medial wird (X, 39: Def.). Da hier $AC^2 + CB^2$ rational ist, ist DL rational, also auch DM rational und $\cap DE$ (X, 20). Andererseits ist, da $2\,AC \cdot CB$, d. h. MF medial ist und der Rationalen ML angelegt, auch MG rational und $\cup DE$ (X, 22). Also ist $DM \cup MG$ (X, 13). DM, MG sind also nur quadriert kommensurable rationale Strecken; DG ist also eine Binomiale.

Man hat noch zu zeigen, daß es eine Vierte ist.

Ähnlich wie oben läßt sich zeigen, daß $DM > MG$ und daß $DK \cdot KM = MN^2$. Da hier $AC^2 \cup CB^2$, ist $DH \cup KL$, folglich $DK \cup KM$ (VI, 1; X, 11). Hat man aber zwei ungleiche Strecken und legt ein dem vierten Teil des Quadrats über der kleineren gleiches Parallelogramm so an die größere an, daß ein Quadrat fehlt, und zerfällt diese dabei in (linear) inkommensurable Stücke, so muß quadriert die größere Strecke um das Quadrat einer ihr linear inkommensurablen Strecke die kleinere übertreffen (X, 18). Also übertrifft quadriert DM um das Quadrat einer ihm inkommensurablen Strecke MG. Hier sind DM, MG nur quadriert kommensurable rationale Strecken, und DM ist $\cap DE$, der zugrundeliegenden Rationalen.

Also ist DG eine Vierte Binomiale (X, 47a: Def. 4) — q. e. d.

§ 64 (65; L. 46).

Legt man das Quadrat einer Quadriert Rationales plus Medialem Ergebenden an die Rationale an, so entsteht als Breite eine Fünfte Binomiale.

Die Quadriert Rationales plus Medialem Ergebende sei AB; sie zerfalle in C so in ihre Strecken, daß AC die größere ist. Zugrunde liege die Rationale DE; an DE lege man $DF = AB^2$ an, so daß DG die Breite wird. Ich behaupte, daß DG eine Fünfte Binomiale ist.

Fig. s. § 60.

Man konstruiere wie oben (vgl. X, 60). Da AB eine Quadriert Rationales plus Medialem Ergebende ist, die in C zerfällt, sind AC, CB quadriert inkommensurable Strecken, aus denen die Quadratsumme medial und das Rechteck rational wird (X, 40: Def.). Da hier $AC^2 + CB^2$ medial ist, ist DL medial, folglich DM rational und $\cup DE$ (X, 22). Andererseits ist, da $2AC \cdot CB$, d. h. MF rational ist, MG rational und $\cap DE$ (X, 20); also $DM \cup MG$ (X, 13). DM, MG sind also nur quadriert kommensurable rationale Strecken; also ist DG eine Binomiale.

Ich behaupte, eine Fünfte.

Man kann nämlich ähnlich zeigen, daß $DK \cdot KM = MN^2$ und $DK \smile KM$. Also übertrifft quadriert DM um das Quadrat einer ihm inkommensurablen Strecke MG (X, 18). Hier sind DM, MG nur quadriert kommensurable rationale Strecken, und die kleinere MG ist $\frown DE$.

Also ist DG eine Fünfte Binomiale (X, 47a: Def. 5) — q. e. d.

§ 65 (66; L. 47).

Legt man das Quadrat einer Quadriert die Summe zweier Medialer Ergebenden an die Rationale an, so entsteht als Breite eine Sechste Binomiale.

Die Quadriert die Summe zweier Medialer Ergebende sei AB; sie zerfalle in C. Man habe die Rationale DE; an DE lege man $DF = AB^2$ an, so daß DG die Breite wird. Ich behaupte, daß DG eine Sechste Binomiale ist.

Fig. s. § 60.

Man konstruiere wie oben (vgl. X, 60). Da AB eine Quadriert die Summe zweier Medialer Ergebende ist, die in C zerfällt, sind AC, CB quadriert inkommensurable Strecken, aus denen die Quadratsumme medial und das Rechteck medial wird und ferner die Quadratsumme dem Rechteck inkommensurabel (X, 41: Def.). Folglich sind nach dem oben Bewiesenen DL, MF beide medial; dabei sind sie der Rationalen DE angelegt. DM, MG sind also beide rational und $\smile DE$ (X, 22). Weiter ist, da $AC^2 + CB^2 \smile 2\,AC \cdot CB$, $DL \smile MF$; also auch $DM \smile MG$ (VI, 1; X, 11). DM, MG sind also nur quadriert kommensurable rationale Strecken; DG ist also eine Binomiale.

Ich behaupte, eine Sechste.

Wieder läßt sich ähnlich zeigen, daß $DK \cdot KM = MN^2$ und daß $DK \smile KM$. Und aus demselben Grunde (X, 18) übertrifft quadriert DM um das Quadrat einer ihm linear inkommensurablen Strecke MG. Weder DM noch MG ist hier $\frown DE$, der zugrundeliegenden Rationalen.

Also ist DG eine Sechste Binomiale (X, 47a: Def. 6) — q. e. d.

§ 66 (67; L. 48).

Jede einer Binomialen linear kommensurable Strecke ist selbst eine Binomiale, und zwar von derselben Ordnung.

Es sei AB eine Binomiale, und $CD \frown AB$. Ich behaupte, daß CD eine Binomiale ist, und zwar von derselben Ordnung wie AB.

Da AB eine Binomiale ist, zerfalle es in E in seine Glieder; das größere Glied sei AE. Dann sind AE, EB nur quadriert kommensurable rationale Strecken (X, 36: Def.). Man mache $AB : CD = AE : CF$ (VI, 12); dann ist auch Rest EB : Rest $FD = AB : CD$ (V, 19). Hier ist $AB \frown CD$, also auch AE mit CF und EB mit FD (linear) kommensurabel (X, 11). Hier sind AE, EB rational, also auch CF, FD rational. Da $AE : CF = EB : FD$ (V, 11), ist, vertauscht, $AE : EB = CF : FD$ (V, 16). Nun sind AE, EB nur quadriert kommensurabel, also auch CF, FD nur quadriert kommensurabel (VI, 22; X, 11); rational sind sie auch; also ist CD eine Binomiale.

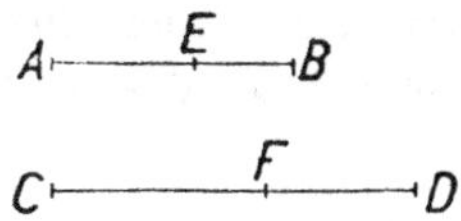

Ich behaupte weiter, daß es von derselben Ordnung ist wie AB.

Quadriert übertrifft AE nämlich entweder um das Quadrat einer ihm kommensurablen Strecke oder das einer inkommensurablen EB. Wenn AE quadriert um das Quadrat einer ihm kommensurablen Strecke EB übertrifft, muß auch CF quadriert um das Quadrat einer ihm kommensurablen Strecke FD übertreffen (X, 14). Ist dabei AE der zugrunde liegenden Rationalen (linear) kommensurabel, so muß auch CF ihr (linear) kommensurabel sein (X, 12); in diesem Fall wären AB, CD beide Erste Binomialen (X, 47a: Deff.), d. h. von derselben Ordnung. Ist aber EB der zugrunde liegenden Rationalen (linear) kommensurabel, so ist auch FD ihr (linear) kommensurabel (X, 12); und es wäre in diesem Falle (CD) ebenso von derselben Ordnung wie AB; denn sie wären beide Zweite Binomialen. Ist aber weder AE noch EB der zugrunde liegenden Rationalen (linear) kommensurabel, dann ist auch weder CF noch FD ihr (linear) kommensurabel (X, 13); beide (Binomialen) wären also Dritte. Übertrifft andererseits quadriert AE um das Quadrat einer ihm inkommensurablen Strecke EB, so übertrifft auch CF um das Quadrat einer ihm inkommensurablen Strecke FD

(X, 14). Wenn dabei AE der zugrunde liegenden Rationalen (linear) kommensurabel ist, dann ist auch CF ihr (linear) kommensurabel; und beide (Binomialen) wären Vierte. Wenn aber EB, dann auch FD; und beide (Binomialen) müßten Fünfte sein. Und wenn weder AE noch EB, dann ist auch weder CF noch FD der zugrunde liegenden Rationalen (linear) kommensurabel; und beide (Binomialen) müßten Sechste sein — S.

§ 67 (68; L. 49).

Jede einer Bimedialen [linear] kommensurable Strecke ist selbst eine Bimediale, und zwar von derselben Ordnung.

Fig. s. § 66.

Es sei AB eine Bimediale, und CD sei mit AB [linear] kommensurabel. Ich behaupte, daß CD eine Bimediale ist, und zwar von derselben Ordnung wie AB.

Da AB eine Bimediale ist, zerfalle es in E in seine Medialen; dann sind AE, EB nur quadriert kommensurable Medialen (X, 37: Def., 38: Def.). Man mache $AB : CD = AE : CF$ (VI, 12); dann ist auch Rest EB : Rest $FD = AB : CD$ (V, 19). Hier ist AB mit CD [linear] kommensurabel; also sind auch AE, EB paarweise mit CF, FD kommensurabel (X, 11). Hier sind AE, EB Medialen, also auch CF, FD Medialen (X, 23). Und da $AE : EB = CF : FD$ (V, 11, 16), während AE, EB nur quadriert kommensurabel sind, sind auch CF, FD nur quadriert kommensurabel (X, 11). Medialen sind sie auch, wie bewiesen; CD ist also eine Bimediale.

Ich behaupte weiter, daß es auch von derselben Ordnung ist wie AB.

Da nämlich $AE : EB = CF : FD$, ist auch $AE^2 : AE \cdot EB = CF^2 : CF \cdot FD$ (VI, 1; V, 11), also, vertauscht, $AE^2 : CF^2 = AE \cdot EB : CF \cdot FD$ (V, 16). Nun ist $AE^2 \frown CF^2$; also auch $AE \cdot EB \frown CF \cdot FD$ (X, 11). Wenn hier $AE \cdot EB$ rational ist, dann ist auch $CF \cdot FD$ rational [und man hätte deshalb eine Erste Bimediale (X, 37: Def.)]; oder (X, 25) wenn medial, dann medial (X, 23 Zus.), und beide Bimedialen wären Zweite (X, 38: Def.).

Auf Grund hiervon muß CD mit AB von derselben Ordnung sein — q. e. d.

§ 68 (69; L. 50).

Jede einer Major kommensurable Strecke ist selbst eine Major.

Es sei $A\,B$ eine Major, und $C\,D$ sei mit $A\,B$ kommensurabel. Ich behaupte, daß $C\,D$ eine Major ist.

$A\,B$ zerfalle in E; dann sind $A\,E$, $E\,B$ quadriert inkommensurable Strecken, aus denen die Quadratsumme rational und das Rechteck medial wird (X, 39: Def.). Man mache es wie oben (vgl. X, 66). Da $A\,B : C\,D = A\,E : C\,F$ und $= E\,B : F\,D$, ist $A\,E : C\,F = E\,B : F\,D$. Hier ist $A\,B$ mit $C\,D$ kommensurabel; also sind auch $A\,E$, $E\,B$ paarweise mit $C\,F$, $F\,D$ kommensurabel (X, 11). Da $A\,E : C\,F = E\,B : F\,D$ und, vertauscht, $A\,E : E\,B = C\,F : F\,D$ (V, 16), ist, verbunden, $A\,B : B\,E = C\,D : D\,F$ (V, 18), also $A\,B^2 : B\,E^2 = C\,D^2 : D\,F^2$ (VI, 22). Ähnlich läßt sich zeigen, daß auch $A\,B^2 : A\,E^2 = C\,D^2 : C\,F^2$. Also ist $A\,B^2 : (A\,E^2 + E\,B^2) = C\,D^2 : (C\,F^2 + F\,D^2)$ (V, 24), also, vertauscht, $A\,B^2 : C\,D^2 = (A\,E^2 + E\,B^2) : (C\,F^2 + F\,D^2)$. Nun ist $A\,B^2 \frown C\,D^2$, also $A\,E^2 + E\,B^2 \frown C\,F^2 + F\,D^2$ (X, 11). Hier ist $A\,E^2 + E\,B^2$ rational, und $C\,F^2 + F\,D^2$ ist rational. Ähnlich ist $2\,A\,E \cdot E\,B \frown 2\,C\,F \cdot F\,D$ (VI, 22; X, 11). Hier ist $2\,A\,E \cdot E\,B$ medial, also auch $2\,C\,F \cdot F\,D$ medial (X, 23 Zus.). $C\,F$, $F\,D$ sind also quadriert inkommensurable Strecken (X, 13), aus denen die Quadratsumme rational und das doppelte Rechteck medial wird. Die ganze Strecke $C\,F$ ist also eine Irrationale, wie man sie Major nennt (X, 39: Def.) — S.

Fig. s. § 66.

§ 69 (70; L. 51).

Jede einer Quadriert Rationales plus Medialem Ergebenden kommensurable Strecke ist [selbst] eine Quadriert Rationales plus Medialem Ergebende.

Es sei $A\,B$ eine Quadriert Rationales plus Medialem Ergebende, und $C\,D$ sei mit $A\,B$ kommensurabel. Man hat zu zeigen, daß auch $C\,D$ eine Quadriert Rationales plus Medialem Ergebende ist.

Fig. s. § 66.

$A\,B$ zerfalle in E in seine Strecken; dann sind $A\,E$, $E\,B$ quadriert inkommensurable Strecken, aus denen die Quadratsumme medial und das Rechteck rational wird (X, 40: Def.).

Man konstruiere wie oben. Dann läßt sich ähnlich zeigen (vgl. X, 68), daß CF, FD quadriert inkommensurabel sind, während $AE^2 + EB^2 \frown CF^2 + FD^2$ und $AE \cdot EB \frown CF \cdot FD$, so daß $CF^2 + FD^2$ medial und $CF \cdot FD$ rational ist.

Also ist CD eine Quadriert Rationales plus Medialem Ergebende (X, 40: Def.) — q. e. d.

§ 70 (71; L. 52).

Jede einer Quadriert die Summe zweier Medialer Ergebenden kommensurable Strecke ist eine Quadriert die Summe zweier Medialer Ergebende.

Es sei AB eine Quadriert die Summe zweier Medialer Ergebende, und CD mit AB kommensurabel. Man hat zu zeigeu, daß auch CD eine Quadriert die Summe zweier Medialer Ergebende ist.

Fig. s. § 66.

Da AB eine Quadriert die Summe zweier Medialer Ergebende ist, zerfalle es in E in seine Strecken; dann sind AE, EB quadriert inkommensurable Strecken, aus denen die Quadratsumme medial und das Rechteck medial ist, außerdem $AE^2 + EB^2 \smile AE \cdot EB$ (X, 41: Def.). Man konstruiere wie oben. Dann läßt sich ähnlich zeigen (vgl. X, 68), daß CF, FD quadriert inkommensurabel sind, während $AE^2 + EB^2 \frown CF^2 + FD^2$ und $AE \cdot EB \frown CF \cdot FD$, so daß $CF^2 + FD^2$ medial ist, $CF \cdot FD$ medial, und außerdem $CF^2 + FD^2 \smile CF \cdot FD$.

Also ist CD eine Quadriert die Summe zweier Medialer Ergebende (X, 41: Def.). — q. e. d.

§ 71 (72; L. 53).

Durch Zusammenlegen einer rationalen und einer medialen Fläche entstehen vier irrationale Strecken: entweder eine Binomiale oder eine Erste Bimediale oder eine Major oder eine Quadriert Rationales plus Medialem Ergebende.

Es sei AB eine rationale Fläche, CD eine mediale. Ich behaupte, daß die Strecke, die quadriert die Fläche AD ergibt, entweder eine Binomiale ist oder eine Erste Bimediale oder eine Major oder eine Quadriert Rationales plus Medialem Ergebende.

Die Fläche AB ist entweder $> CD$ oder kleiner. Zunächst sei sie größer. Zugrunde liege die Rationale EF; an EF lege man $EG = AB$ an, so daß EH die Breite wird, und auch $HJ = DC$ lege man an EF an, so daß HK die Breite wird (I, 44).

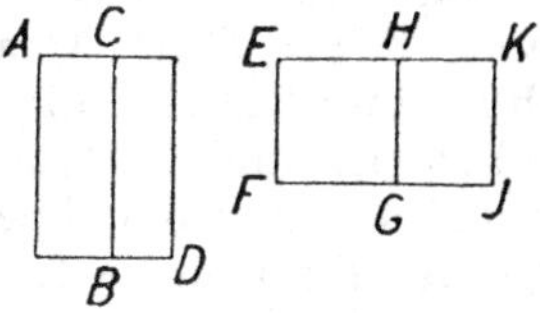

Da AB rational ist und $= EG$, ist EG rational; es ist der Rationalen EF angelegt, so daß EH die Breite wird; EH ist also rational und $\cap EF$ (X, 20). Ebenso ist, da CD medial und $= HJ$, auch HJ medial; es ist der Rationalen EF angelegt, so daß HK die Breite wird; HK ist also rational und $\cup EF$ (X, 22). Da CD medial und AB rational ist, ist $AB \cup CD$, folglich auch $EG \cup HJ$. Nun ist $EG : HJ = EH : HK$ (VI, 1), also $EH \cup HK$ (X, 11). Beide sind dabei rational; EH, HK sind also nur quadriert kommensurable rationale Strecken; EK ist also eine Binomiale, die in H zerfällt.

Da hier $AB > CD$, während $AB = EG$, $CD = HJ$, ist $EG > HJ$, also auch $EH > HK$. Quadriert übertrifft EH um das Quadrat einer Strecke, die ihm linear entweder kommensurabel oder inkommensurabel ist, HK. Zunächst übertreffe es um das Quadrat einer ihm kommensurablen Strecke. Dabei ist die größere Strecke HE $\cap EF$, der zugrunde liegenden Rationalen; also wäre EK eine Erste Binomiale (X, 47a: Def. 1). EF ist die Rationale. Wird aber eine Fläche von der Rationalen und einer Ersten Binomialen umfaßt, so ist die Strecke, die quadriert die Fläche ergibt, eine Binomiale (X, 54). Die Strecke, die quadriert EJ ergibt, wäre also eine Binomiale; folglich wäre die Strecke, die quadriert AD ergibt, eine Binomiale.

Nunmehr übertreffe quadriert EH um das Quadrat einer ihm inkommensurablen Strecke HK. Dabei ist die größere Strecke $EH \cap EF$, der zugrunde liegenden Rationalen; also wäre EK eine Vierte Binomiale (X, 47a: Def. 4). EF ist die Rationale. Wird aber eine Fläche von der Rationalen und einer Vierten Binomialen umfaßt, so ist die Strecke, die quadriert die Fläche ergibt, eine Irrationale, wie man sie Major nennt (X, 57). Die Strecke, die quadriert die Fläche EJ ergibt, wäre also eine Major; folglich wäre die Strecke, die quadriert AD ergibt, eine Major.

Nunmehr sei $AB < CD$; also ist $EG < HJ$, folglich auch $EH < HK$. Quadriert übertrifft HK um das Quadrat einer Strecke, die ihm entweder kommensurabel oder inkommensurabel ist, EH. Zunächst übertreffe es um das Quadrat einer ihm linear kommensurablen Strecke. Dabei ist die kleinere Strecke $EH \frown EF$, der zugrunde liegenden Rationalen; also wäre EK eine Zweite Binomiale (X, 47a: Def. 2). EF ist die Rationale. Wird eine Fläche aber von der Rationalen und einer Zweiten Binomialen umfaßt, so ist die Strecke, die quadriert die Fläche ergibt, eine Erste Bimediale (X, 55). Die Strecke, die quadriert die Fläche EJ ergibt, wäre also eine Erste Bimediale; folglich wäre die Strecke, die quadriert AD ergibt, eine Erste Bimediale.

Nunmehr übertreffe quadriert HK um das Quadrat einer ihm inkommensurablen Strecke HE. Dabei ist die kleinere Strecke $EH \frown EF$, der zugrunde liegenden Rationalen; also wäre EK eine Fünfte Binomiale (X, 47a: Def. 5). EF ist die Rationale. Wird aber eine Fläche von der Rationalen und einer Fünften Binomialen umfaßt, so ist die Strecke, die quadriert die Fläche ergibt, eine Quadriert Rationales plus Medialem Ergebende (X, 58). Die Strecke, die quadriert die Fläche EJ ergibt, wäre also eine Quadriert Rationales plus Medialem Ergebende; folglich wäre die Strecke, die quadriert die Fläche AD ergibt, eine Quadriert Rationales plus Medialem Ergebende — S.

§ 72 (73; L. 54).

Durch Zusammenlegen von zwei zueinander inkommensurablen medialen Flächen entstehen die beiden übrigen irrationalen Strecken: entweder eine Zweite Bimediale oder eine Quadriert die Summe zweier Medialer Ergebende.

Fig. s. § 71.

Man lege zwei zueinander inkommensurable mediale Flächen AB, CD zusammen. Ich behaupte, daß die Strecke, die quadriert die Fläche AD ergibt, entweder eine Zweite Bimediale ist oder eine Quadriert die Summe zweier Medialer Ergebende.

Die Fläche AB ist entweder $> CD$ oder kleiner. Zunächst sei etwa $AB > CD$. Zugrunde liege die Rationale EF; an EF lege man $EG = AB$ an, so daß EH die Breite wird, und $HJ = CD$, so daß HK die Breite wird.

Da AB, CD beide medial sind, sind auch EG, HJ beide medial; sie sind der Rationalen FE angelegt, so daß die Breite EH, HK wird. EH, HK sind also beide rational und $\cup EF$ (X, 22). Da hier $AB \cup CD$, während $AB = EG$, $CD = HJ$, ist auch $EG \cup HJ$. Nun ist $EG : HJ = EH : HK$ (VI, 1), also $EH \cup HK$ (X, 11). EH, HK sind also nur quadriert kommensurable rationale Strecken, EK also eine Binomiale. Quadriert übertrifft EH um das Quadrat einer Strecke, die ihm entweder kommensurabel oder inkommensurabel ist, HK.

Zunächst übertreffe es um das Quadrat einer ihm linear kommensurablen Strecke. Weder EH noch HK ist hier $\cap EF$, der zugrunde liegenden Rationalen. EK wäre also eine Dritte Binomiale (X, 47a: Def. 3). EF ist die Rationale. Wird aber eine Fläche von der Rationalen und einer Dritten Binomialen umfaßt, so ist die Strecke, die quadriert die Fläche ergibt, eine zweite Bimediale (X, 56). Die Strecke, die quadriert EJ, d. h. AD ergibt, wäre also eine Zweite Bimediale.

Nunmehr übertreffe quadriert EH um das Quadrat einer ihm linear inkommensurablen Strecke HK. EH, HK sind hier beide $\cup$ EF. EK wäre also eine Sechste Binomiale (X, 47 a: Def. 6). Wird aber eine Fläche von der Rationalen und einer Sechsten Binomialen umfaßt, so ist die Strecke, die quadriert die Fläche ergibt, eine Quadriert die Summe zweier Medialer Ergebende (X, 59); folglich wäre die Strecke, die quadriert die Fläche AD ergibt, eine Quadriert die Summe zweier Medialer Ergebende.

[Ähnlich läßt sich zeigen, daß auch, wenn $AB < CD$, die Strecke, die quadriert die Fläche AD ergibt, entweder eine Zweite Bimediale ist oder eine Quadriert die Summe zweier Medialer Ergebende.] — S.

(§ 72a.)

(*Zusammenfassung.*)

Die Binomiale und die auf sie folgenden Irrationalen sind weder mit der Medialen noch miteinander identisch.

Legt man nämlich das Quadrat einer Medialen an die Rationale an, so entsteht als Breite eine rationale, aber der, an die angelegt wurde, linear inkommensurable Strecke (X, 22). Legt man das Quadrat einer Binomialen an die Rationale an, so entsteht als Breite eine Erste Binomiale (X, 60). Legt man das Quadrat einer Ersten Bimedialen an die Rationale an, so entsteht als Breite eine Zweite Binomiale (X, 61). Legt man das Quadrat einer Zweiten Bimedialen an die Rationale an, so entsteht als Breite eine Dritte Binomiale (X, 62). Legt man das Quadrat einer Major an die Rationale an, so entsteht als Breite eine Vierte Binomiale (X, 63). Legt man das Quadrat einer Quadriert Rationales plus Medialem Ergebenden an die Rationale an, so entsteht als Breite eine Fünfte Binomiale (X, 64). Legt man das Quadrat einer Quadriert die Summe zweier Medialer Ergebenden an die Rationale an, so entsteht als Breite eine Sechste Binomiale (X, 65). Die genannten Breiten unterscheiden sich aber von der ersten und untereinander: von der ersten, weil diese rational ist, und untereinander, weil sie nicht von derselben Ordnung sind. Folglich unterscheiden sich auch die Irrationalen selbst untereinander.

§ 73 (74; L. 55 u. Def.).

Nimmt man von einer rationalen Strecke eine rationale weg, die der ganzen nur quadriert kommensurabel ist, dann ist der Rest irrational; er heiße ***Apotome.***

Von der rationalen Strecke AB nehme man die rationale Strecke BC, die mit der ganzen nur quadriert kommensurabel ist (X, 10), weg. Ich behaupte, daß der Rest AC eine Irrationale ist, wie man sie Apotome nennt.

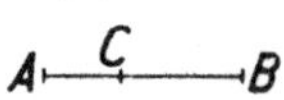

Da $AB \cup BC$ und $AB : BC = AB^2 : AB \cdot BC$ (VI, 1), ist $AB^2 \cup AB \cdot BC$ (X, 11). Nun ist $AB^2 + BC^2 \cap AB^2$ (X, 15) und $2\,AB \cdot BC \cap AB \cdot BC$. Da $AB^2 + BC^2 = 2\,AB \cdot BC + CA^2$ (II, 7), ist $AB^2 + BC^2 \cup$ auch dem Rest AC^2 (X, 13, 16). Nun ist $AB^2 + BC^2$ rational, AC also irrational; es heiße eine Apotome — q. e. d.

§ 74 (75; L. 56 u. Def.).

Nimmt man von einer medialen Strecke eine mediale weg, die der ganzen nur quadriert kommensurabel ist und mit der ganzen ein rationales Rechteck umfaßt, dann ist der Rest irrational; er heiße ***Erste Medialapotome.***

Von der medialen Strecke $A\,B$ nehme man die mediale Strecke $B\,C$, die mit $A\,B$ nur quadriert kommensurabel ist und mit $A\,B$ ein rationales Rechteck $A\,B \cdot B\,C$ bildet (X, 31), weg.

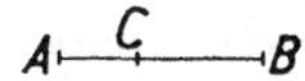

Ich behaupte, daß der Rest $A\,C$ irrational ist; er heiße Erste Medialapotome.

Da $A\,B$, $B\,C$ Medialen sind, ist auch $A\,B^2 + B\,C^2$ medial (vgl. X, 38 Anm.). $2\,A\,B \cdot B\,C$ ist rational; also $A\,B^2 + B\,C^2 \smile 2\,A\,B \cdot B\,C$; also ist $2\,A\,B \cdot B\,C \smile$ auch dem Rest (II, 7) $A\,C^2$, da, wenn das Ganze einer von ihnen inkommensurabel ist, auch die ursprünglichen Größen inkommensurabel sein müssen (X, 16). Nun ist $2\,A\,B \cdot B\,C$ rational, also $A\,C^2$ irrational. $A\,C$ ist also irrational; es heiße eine Erste Medialapotome.

§ 75 (76; L. 57 u. Def.).

Nimmt man von einer medialen Strecke eine mediale weg, die der ganzen nur quadriert kommensurabel ist und mit der ganzen ein mediales Rechteck umfaßt, dann ist der Rest irrational; er heiße ***Zweite Medialapotome.***

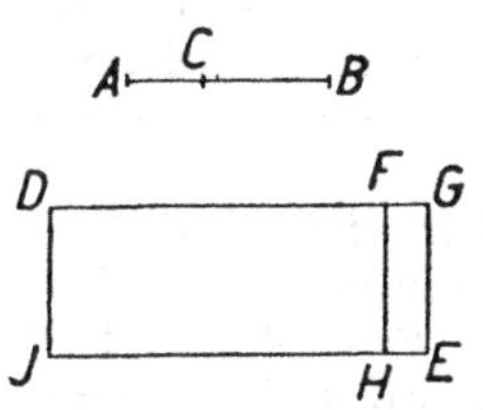

Von der medialen Strecke $A\,B$ nehme man die mediale Strecke $C\,B$, die der ganzen $A\,B$ nur quadriert kommensurabel ist und mit der ganzen $A\,B$ ein mediales Rechteck $A\,B \cdot B\,C$ umfaßt (X, 32), weg. Ich behaupte, daß der Rest $A\,C$ irrational ist; er heiße eine Zweite Medialapotome.

Zugrunde liege die Rationale $D\,J$. Man lege $D\,E = A\,B^2 + B\,C^2$ an $D\,J$ an (I, 47, 44), so daß $D\,G$ die Breite wird, und lege $D\,H = 2\,A\,B \cdot B\,C$ an $D\,J$ an, so daß $D\,F$ die Breite wird. Dann ist der Rest $F\,E = A\,C^2$ (II, 7). Da $A\,B^2$, $B\,C^2$ medial und kommensurabel sind, ist auch $D\,E$ medial (X, 15, 23 Zus.). Es ist der Rationalen $D\,J$ angelegt, so daß $D\,G$ die Breite wird. $D\,G$ ist also rational und $\smile D\,J$ (X, 22). Ebenso ist, da $A\,B \cdot B\,C$ medial, auch $2\,A\,B \cdot B\,C$ medial, dabei $= D\,H$; also ist $D\,H$ medial. Es ist der Rationalen $D\,J$ angelegt, so daß $D\,F$

die Breite wird. DF ist also rational und $\cup DJ$ (X, 22). Da AB, BC nur quadriert kommensurabel sind, ist $AB \cup BC$, also auch $AB^2 \cup AB \cdot BC$ (VI, 1; X, 11). Nun ist $AB^2 + BC^2 \cap AB^2$ (X, 15) und $2\,AB \cdot BC \cap AB \cdot BC$, also $2\,AB \cdot BC \cup AB^2 + BC^2$ (X, 13). Aber $DE = AB^2 + BC^2$, $DH = 2\,AB \cdot BC$; also ist $DE \cup DH$. Hier ist $DE : DH = GD : DF$ (VI, 1), also $GD \cup DF$ (X, 11). Beide sind rational; GD, DF sind also nur quadriert kommensurable rationale Strecken; also ist FG eine Apotome (X, 73). DJ ist die Rationale. Das Rechteck aus einer rationalen und einer irrationalen Strecke ist aber irrational (X, 20), und die Strecke, die quadriert dasselbe ergibt, ist irrational. AC ergibt quadriert FE. Also ist AC irrational. Es heiße eine Zweite Medialapotome — q. e. d.

§ 76 (77; L. 58 u. Def.).

Nimmt man von einer Strecke eine Strecke weg, die der ganzen quadriert inkommensurabel ist, aus der und der ganzen dabei die Quadratsumme rational und das Rechteck medial wird, dann ist der Rest irrational; er heiße ***Minor.***

Von der Strecke AB nehme man die Strecke BC, die der ganzen quadriert inkommensurabel ist und das Vorgeschriebene leistet (X, 33), weg. Ich behaupte, daß der Rest AC eine Irrationale ist, wie man sie Minor nennt.

Da $AB^2 + BC^2$ rational und $2\,AB \cdot BC$ medial ist, ist $AB^2 + BC^2 \cup 2\,AB \cdot BC$. Bei Umwendung (vgl. V, Def. 16) ist also $AB^2 + BC^2 \cup$ dem Rest AC^2 (II, 7; X, 16). Hier ist $AB^2 + BC^2$ rational, also AC^2 irrational, also AC irrational; es heiße eine Minor — q. e. d.

§ 77 (78; L. 59 u. Def.).

Nimmt man von einer Strecke eine Strecke weg, die der ganzen quadriert inkommensurabel ist, aus der und der ganzen dabei die Quadratsumme medial und das doppelte Rechteck rational wird, dann ist der Rest irrational; er heiße ***Mit Rationalem mediale Summenfläche Ergebende.***

Von der Strecke AB nehme man die Strecke BC, die zu AB quadriert inkommensurabel ist und das Vorgeschriebene leistet (X, 34), weg. Ich behaupte, daß der Rest AC irrational ist von der genannten Art.

Da $AB^2 + BC^2$ medial und $2\,AB \cdot BC$ rational ist, ist $AB^2 + BC^2 \cup 2\,AB \cdot BC$. Also ist der Rest $AC^2 \cup 2\,AB \cdot BC$ (II, 7; X, 16). Hier ist $2\,AB \cdot BC$ rational, also AC^2 irrational, also AC irrational; es heiße eine Mit Rationalem mediale Summenfläche Ergebende — q. e. d.

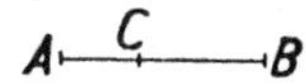

§ 78 (79; L. 60 u. Def.).

Nimmt man von einer Strecke eine Strecke weg, die der ganzen quadriert inkommensurabel ist, aus der und der ganzen dabei die Quadratsumme medial und das doppelte Rechteck medial wird, ferner die Quadratsumme dem doppelten Rechteck inkommensurabel, dann ist der Rest irrational; er heiße ***Mit Medialem mediale Summenfläche Ergebende.***

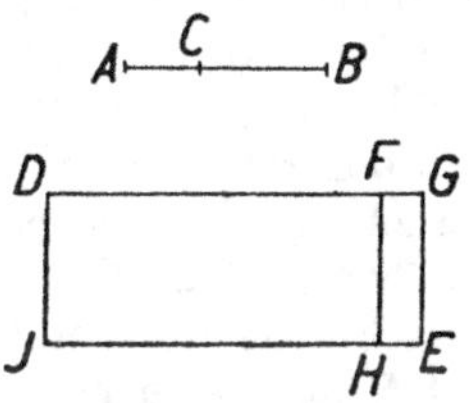

Von der Strecke AB nehme man die Strecke BC, die zu AB quadriert inkommensurabel ist und das Vorgeschriebene leistet (X, 35), weg. Ich behaupte, daß der Rest AC eine Irrationale ist, wie man sie Mit Medialem mediale Summenfläche Ergebende nennt.

Zugrunde liege die Rationale DJ. Man lege $DE = AB^2 + BC^2$ an DJ an (I, 47, 44), so daß DG die Breite wird und trage $DH = 2\,AB \cdot BC$ ab [so daß DF die Breite wird]. Dann ist der Rest $FE = AC^2$ (II, 7), so daß AC quadriert FE ergibt. Da $AB^2 + BC^2$ medial ist (X, 15, 23 Zus.) und $= DE$, ist DE medial. Es ist der Rationalen DJ angelegt, so daß DG die Breite wird. DG ist also rational und $\cup DJ$ (X, 22). Ebenso ist, da $2\,AB \cdot BC$ medial und $= DH$, DH medial. Es ist der Rationalen DJ angelegt, so daß DF die Breite wird. DF ist also rational und $\cup DJ$. Da $AB^2 + BC^2 \cup 2\,AB \cdot BC$, ist $DE \cup DH$. Hier ist $DE : DH = DG : DF$ (VI, 1), also $DG \cup DF$ (X, 11). Beide sind rational; GD, DF sind also nur quadriert kommensurable rationale Strecken; also ist FG eine Apotome (X, 73). FH ist die Rationale. Das Rechteck aus einer rationalen Strecke und einer Apotome ist aber irrational (X, 20), und die Strecke, die quadriert dasselbe ergibt, ist irrational. AC ergibt quadriert FE. Also ist AC irrational. Es heiße eine Mit Medialem mediale Summenfläche Ergebende — q. e. d.

§ 79 (80; L. 61).

An eine Apotome paßt nur eine rationale, der ganzen nur quadriert kommensurable Strecke.

AB sei eine Apotome, BC ihre Ergänzung; dann sind AC, CB nur quadriert kommensurable rationale Strecken (X, 73: Def.). Ich behaupte, daß keine weitere der ganzen nur quadriert kommensurable rationale Strecke an AB paßt.

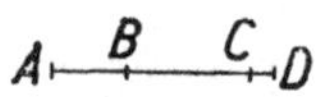

Wenn möglich, passe nämlich BD. Dann wären AD, DB nur quadriert kommensurable rationale Strecken. Da $(AD^2 + DB^2) - 2\,AD \cdot DB = (AC^2 + CB^2) - 2\,AC \cdot CB$ — der Überschuß wäre beidemal derselbe, nämlich AB^2 (II, 7) — so wäre, vertauscht (vgl. V, Def. 12), $(AD^2 + DB^2) - (AC^2 + CB^2) = 2\,AD \cdot DB - 2\,AC \cdot CB$. $AD^2 + DB^2$ überträfe aber $AC^2 + CB^2$ um Rationales (X, 15); denn beide Flächen sollten rational sein. $2\,AD \cdot DB$ überträfe also $2\,AC \cdot CB$ auch um Rationales. Dies ist unmöglich; denn beide Flächen wären medial (X, 21: Def.), und der Überschuß einer medialen Fläche über eine mediale ist nicht rational (X, 26). An AB paßt also keine weitere der ganzen nur quadriert kommensurable rationale Strecke — S.

§ 80 (81; L. 62).

An eine Erste Medialapotome paßt nur eine mediale Strecke, die der ganzen nur quadriert kommensurabel ist und mit der ganzen ein rationales Rechteck umfaßt.

AB sei eine Erste Medialapotome, und BC passe an AB; dann sind AC, CB nur quadriert kommensurable mediale Strecken, die ein rationales Rechteck $AC \cdot CB$ umfassen (X, 74: Def.). Ich behaupte, daß an AB keine weitere mediale Strecke paßt, die mit der ganzen nur quadriert kommensurabel ist und mit der ganzen ein rationales Rechteck umfaßt.

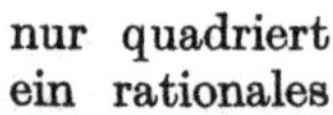

Wenn möglich, passe nämlich auch DB. Dann wären AD, DB nur quadriert kommensurable mediale Strecken, die ein rationales Rechteck $AD \cdot DB$ umfaßten. Da $(AD^2 + DB^2) - 2\,AD \cdot DB = (AC^2 + CB^2) - 2\,AC \cdot CB$ — der Überschuß wäre [wieder] derselbe, nämlich AB^2 (II, 7) — so wäre, vertauscht, $(AD^2 + DB^2) - (AC^2 + CB^2) = 2\,AD \cdot DB - 2\,AC \cdot CB$. $2\,AD \cdot DB$ überträfe aber $2\,AC \cdot CB$ um Rationales; denn beide Flächen sollten rational sein. $AD^2 + DB^2$ überträfe also $AC^2 + CB^2$ auch um Rationales. Dies ist unmöglich; denn beide Flächen wären medial (X, 15, 23 Zus.), und der Überschuß einer medialen Fläche über eine mediale ist nicht rational (X, 26) — S.

§ 81 (82; L. 63).

An eine Zweite Medialapotome paßt nur eine mediale Strecke, die der ganzen nur quadriert kommensurabel ist und mit der ganzen ein mediales Rechteck umfaßt.

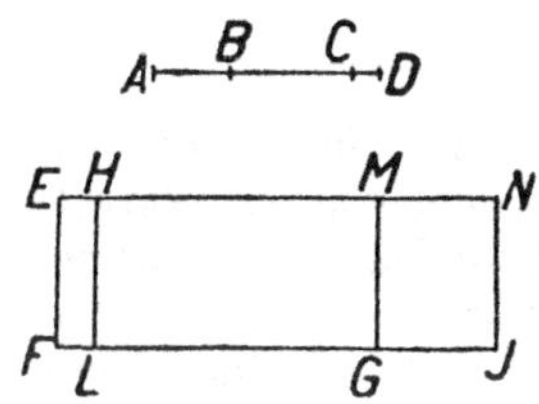

AB sei eine Zweite Medialapotome, BC Ergänzung zu AB; dann sind AC, CB nur quadriert kommensurable mediale Strecken, die ein mediales Rechteck $AC \cdot CB$ umfassen (X, 75: Def.). Ich behaupte, daß an AB keine weitere mediale Strecke passen kann, die mit der ganzen nur quadriert kommensurabel ist und mit der ganzen ein mediales Rechteck umfaßt.

Wenn möglich, passe nämlich BD. Dann wären auch AD, DB nur quadriert kommensurable mediale Strecken, die ein mediales Rechteck $AD \cdot DB$ umfaßten. Zugrunde liege die Rationale EF. Man lege $EG = AC^2 + CB^2$ an EF an (I, 47, 44), so daß EM die Breite wird, und trage $HG = 2\,AC \cdot CB$ ab, so daß HM die Breite wird. Dann ist der Rest $EL = AB^2$ (II, 7), so daß AB quadriert EL ergibt. Ebenso lege man $EJ = AD^2 + DB^2$ an EF an, so daß EN die Breite wird. Hier ist $EL = AB^2$, also der Rest $HJ = 2\,AD \cdot DB$.

Da AC, CB medial sind, ist $AC^2 + CB^2$ medial (X, 15, 23 Zus.), dabei $= EG$; also ist EG medial. Es ist der Rationalen EF angelegt, so daß EM die Breite wird. EM ist also rational und $\smile EF$ (X, 22). Ebenso ist, da

$A\,C \cdot C\,B$ medial, auch $2\,A\,C \cdot C\,B$ medial, dabei $= H\,G$; also ist $H\,G$ medial. Es ist der Rationalen $E\,F$ angelegt, so daß $H\,M$ die Breite wird. Auch $H\,M$ ist also rational und $\cup\,E\,F$. Da $A\,C$, $C\,B$ nur quadriert kommensurabel sind, ist $A\,C \cup C\,B$. Nun ist $A\,C : C\,B = A\,C^2 : A\,C \cdot C\,B$ (VI, 1), also $A\,C^2 \cup A\,C \cdot C\,B$ (X, 11). Aber $A\,C^2 + C\,B^2 \cap A\,C^2$ (X, 15) und $2\,A\,C \cdot C\,B \cap A\,C \cdot C\,B$; also ist $A\,C^2 + C\,B^2 \cup 2\,A\,C \cdot C\,B$ (X, 13). Nun ist $A\,C^2 + C\,B^2 = E\,G$ und $2\,A\,C \cdot C\,B = G\,H$, also $E\,G \cup H\,G$. Aber $E\,G : H\,G = E\,M : H\,M$ (VI, 1); also $E\,M \cup M\,H$ (X, 11). Beide sind rational; $E\,M$, $M\,H$ sind also nur quadriert kommensurable rationale Strecken. Also ist $E\,H$ eine Apotome (X, 73: Def.), $H\,M$ ihre Ergänzung. Ähnlich ließe sich zeigen, daß auch $H\,N$ an jene paßte. An eine Apotome würden also verschiedene mit der ganzen nur quadriert kommensurable Strecken passen. Dies ist unmöglich (X, 79) — S.

§ 82 (83; L. 64).

An eine Minor paßt nur eine der ganzen quadriert inkommensurable Strecke, aus der und der ganzen dabei die Quadratsumme rational und das doppelte Rechteck medial wird.

$A\,B$ sei eine Minor, $B\,C$ Ergänzung zu $A\,B$; dann sind $A\,C$, $C\,B$ quadriert inkommensurable Strecken, aus denen die Quadratsumme rational und das doppelte Rechteck medial wird (X, 76: Def.). Ich behaupte, daß an $A\,B$ keine weitere Strecke, die dasselbe leistete, passen kann.

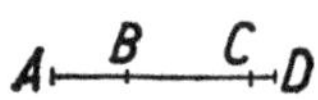

Wenn möglich, passe nämlich $B\,D$. Dann wären auch $A\,D$, $D\,B$ quadriert inkommensurable Strecken, die Genanntes leisteten. Da $(A\,D^2 + D\,B^2) - (A\,C^2 + C\,B^2) = 2\,A\,D \cdot D\,B - 2\,A\,C \cdot C\,B$ (II, 7), $A\,D^2 + D\,B^2$ aber $A\,C^2 + C\,B^2$ um Rationales überträfe (X, 15) — beide Flächen sollten ja rational sein — so überträfe $2\,A\,D \cdot D\,B$ gleichfalls $2\,A\,C \cdot C\,B$ um Rationales. Dies ist unmöglich (X, 26); denn beide Flächen sollten medial sein — S.

§ 83 (84; L. 65).

An eine Mit Rationalem mediale Summenfläche Ergebende paßt nur eine der ganzen quadriert inkommensurable Strecke, aus der und der ganzen dabei die Quadratsumme medial und das doppelte Rechteck rational wird.

AB sei eine Mit Rationalem mediale Summenfläche Ergebende, BC passe an AB; dann sind AC, CB quadriert inkommensurable Strecken, die das Vorgeschriebene leisten (X, 77: Def.). Ich behaupte, daß an AB keine weitere Strecke, die dasselbe leistete, passen kann.

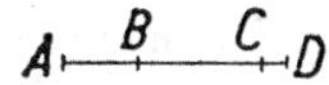

Wenn möglich, passe nämlich BD. Dann wären auch AD, DB quadriert inkommensurable Strecken, die das Vorgeschriebene leisten. Da nach obigem $(AD^2 + DB^2) - (AC^2 + CB^2) = 2\,AD \cdot DB - 2\,AC \cdot CB$ (vgl. X, 82), $2\,AD \cdot DB$ aber $2\,AC \cdot CB$ um Rationales überträfe — beide sollten ja rational sein —, so überträfe $AD^2 + DB^2$ gleichfalls $AC^2 + CB^2$ um Rationales. Dies ist unmöglich (X, 26); denn beide Flächen sollten medial sein.

Also kann an AB keine weitere der ganzen quadriert inkommensurable Strecke passen, die mit der ganzen dabei Genanntes leistete. Also kann nur eine passen — q. e. d.

§ 84 (85; L. 66).

An eine Mit Medialem mediale Summenfläche Ergebende paßt nur eine der ganzen quadriert inkommensurable Strecke, aus der und der ganzen dabei die Quadratsumme medial, ferner das doppelte Rechteck medial und der Quadratsumme inkommensurabel wird.

AB sei eine Mit Medialem mediale Summenfläche Ergebende, BC ihre Ergänzung. Dann sind AC, CB quadriert inkommensurable Strecken, die Genanntes leisten (X, 78: Def.). Ich behaupte, daß an AB keine weitere Strecke, die Genanntes leistete, passen kann.

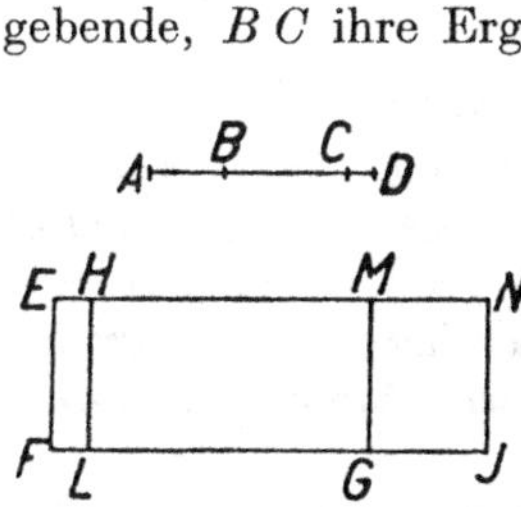

Wenn möglich, passe nämlich BD, so daß auch AD, DB quadriert inkommensurable Strecken wären, aus denen $AD^2 + DB^2$ medial und $2\,AD \cdot DB$ medial würde, ferner $AD^2 + DB^2$ $\cup$ $2\,AD \cdot DB$. Zugrunde liege die Rationale EF. An EF lege man $EG = AC^2 + CB^2$ an (I, 47, 44), so daß EM die Breite wird, lege auch $HG = 2\,AC \cdot CB$ an EF

an, so daß HM die Breite wird. Dann ist der Rest $AB^2 = EL$ (II, 7); AB ergibt also quadriert EL. Ebenso lege man $EJ = AD^2 + DB^2$ an EF an, so daß EN die Breite wird. Hier ist $AB^2 = EL$, also der Rest $2\,AD \cdot DB = HJ$.

Da $AC^2 + CB^2$ medial ist (X, 15, 23 Zus.) und $= EG$, ist EG medial. Es ist der Rationalen EF angelegt, so daß EM die Breite wird. EM ist also rational und $\cup EF$ (X, 22). Ebenso ist, da $2\,AC \cdot CB$ medial und $= HG$, HG medial. Es ist der Rationalen EF angelegt, so daß HM die Breite wird. HM ist also rational und $\cup EF$. Da ferner $AC^2 + CB^2 \cup 2\,AC \cdot CB$, ist $EG \cup HG$, also $EM \cup MH$ (VI, 1; X, 11). Beide sind rational; also sind EM, MH nur quadriert kommensurable rationale Strecken. Also ist EH eine Apotome (X, 73: Def.), HM ihre Ergänzung. Ähnlich ließe sich zeigen, daß wieder EH eine Apotome, ihre Ergänzung aber HN wäre. An eine Apotome würden also verschiedene mit der ganzen nur quadriert kommensurable rationale Strecken passen. Wie oben bewiesen (X, 79), ist dies unmöglich. An AB kann also keine weitere Strecke passen.

An AB paßt also nur eine der ganzen quadriert inkommensurable Strecke, aus der und der ganzen dabei die Quadratsumme medial und das doppelte Rechteck medial wird, ferner die Quadratsumme dem doppelten Rechteck inkommensurabel — q. e. d.

(§ 84a.)

Dritte Definitionengruppe.

1. *Bei Vorliegen einer Rationalen und einer Apotome wollen wir, wenn quadriert die ganze Strecke um das Quadrat einer ihr linear kommensurablen die Ergänzung übertrifft und die ganze Strecke mit der zugrunde liegenden Rationalen linear kommensurabel ist, von einer* **Ersten Apotome** *sprechen;*

2. *wenn dagegen die Ergänzung mit der zugrunde liegenden Rationalen linear kommensurabel ist und quadriert die ganze Strecke um das Quadrat einer ihr kommensurablen die Ergänzung übertrifft, wollen wir von einer* **Zweiten Apotome** *sprechen;*

3. *wenn dagegen keine von beiden mit der zugrunde liegenden Rationalen linear kommensurabel ist und quadriert die ganze Strecke um das Quadrat einer ihr kommensurablen die Ergänzung übertrifft, wollen wir von einer* ***Dritten Apotome*** *sprechen.*

4. *Übertrifft andererseits die ganze Strecke um das Quadrat einer ihr [linear] inkommensurablen die Ergänzung,*

dann wollen wir, wenn die ganze Strecke mit der zugrunde liegenden Rationalen linear kommensurabel ist, von einer ***Vierten Apotome*** *sprechen;*

5. *wenn dagegen die Ergänzung, von einer* ***Fünften;***

6. *und wenn keine von beiden, von einer* ***Sechsten.***

§ 85 (86; A. 19).

Eine Erste Apotome zu finden.

Zugrunde liege die Rationale a; BG sei $\frown a$; auch BG ist dann rational. Man lege zwei Quadratzahlen DE, EF, deren Unterschied FD keine Quadratzahl sei, hin. Dann hat ED zu DF kein Verhältnis wie eine Quadratzahl zu einer Quadratzahl (VIII, 24). Man mache $ED : DF = BG^2 : GC^2$ (X, 6 Zus.); dann ist $BG^2 \frown GC^2$ (X, 6). Hier ist BG^2 rational; also ist auch GC^2 rational, also auch GC rational. Da nun ED zu DF kein Verhältnis hat wie eine Quadratzahl zu einer Quadratzahl, hat auch BG^2 zu GC^2 kein Verhältnis wie eine Quadratzahl zu einer Quadratzahl; also ist $BG \smile GC$ (X, 9). Beide sind rational; BG, GC sind also nur quadriert kommensurable rationale Strecken. BC ist also eine Apotome (X, 73: Def.). Ich behaupte weiter, eine Erste.

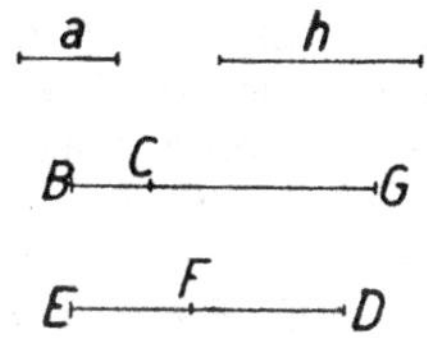

Es sei $BG^2 - GC^2 = h^2$ (I, 47). Da $ED : FD = BG^2 : GC^2$, ist, umgewendet (V, Def. 16), $DE : EF = GB^2 : h^2$. Nun hat DE zu EF ein Verhältnis wie eine Quadratzahl zu einer Quadratzahl; denn beide sind Quadratzahlen. Auch GB^2 hat also zu h^2 ein Verhältnis wie eine Quadratzahl zu einer Quadratzahl; also ist $BG \frown h$ (X, 9). Nun übertrifft BG quadriert GC um h^2. BG übertrifft also quadriert um das Quadrat einer ihm linear kommensurablen Strecke GC. Auch ist die ganze Strecke $BG \frown a$, der zugrunde liegenden Rationalen. BC ist also eine Erste Apotome (X, 84a: Def. 1).

Man hat also eine Erste Apotome gefunden, nämlich BC — dies hatte man finden sollen.

§ 86 (87: A. 20).

Eine Zweite Apotome zu finden.

Zugrunde liege die Rationale a, und $GC \frown a$; GC ist dann rational. Man lege zwei Quadratzahlen DE, EF, deren Unterschied DF keine Quadratzahl sei, hin. Man mache $FD : DE = CG^2 : GB^2$ (X, 6 Zus.); dann ist $CG^2 \frown GB^2$ (X, 6). Hier ist CG^2 rational; also ist auch GB^2 rational, also auch BG rational. Da nun GC^2 zu GB^2 kein Verhältnis hat wie eine Quadratzahl zu einer Quadratzahl (VIII, 24), ist $CG \smile GB$ (X, 9). Beide sind rational; CG, GB sind also nur quadriert kommensurable rationale Strecken. BC ist also eine Apotome. Ich behaupte weiter, eine Zweite.

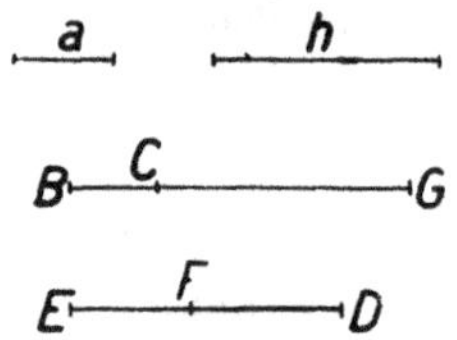

Es sei $BG^2 - GC^2 = h^2$ (I, 47). Da $BG^2 : GC^2 =$ Zahl ED : Zahl DF, ist, umgewendet (V, Def. 16), $BG^2 : h^2 = DE : EF$. DE, EF sind beide Quadratzahlen; BG^2 hat also zu h^2 ein Verhältnis wie eine Quadratzahl zu einer Quadratzahl; also ist $BG \frown h$ (X, 9). Nun übertrifft BG quadriert GC um h^2. BG übertrifft also quadriert um das Quadrat einer ihm linear kommensurablen Strecke GC. Auch ist die Ergänzung $CG \frown a$, der zugrunde liegenden Rationalen. BC ist also eine Zweite Apotome (X, 84a: Def. 2).

Man hat also eine Zweite Apotome gefunden, nämlich BC — q. e. d.

§ 87 (88; A. 21).

Eine Dritte Apotome zu finden.

Zugrunde liege die Rationale a; ferner lege man drei Zahlen e, BC, CD hin, die kein Verhältnis zueinander haben wie eine Quadratzahl zu einer Quadratzahl, doch soll CB zu BD ein Verhältnis haben wie eine Quadratzahl zu einer Quadratzahl. Man mache $e : BC = a^2 : FG^2$ und $BC : CD = FG^2 : GH^2$ (X, 6 Zus.).

Da $e : BC = a^2 : FG^2$, ist $a^2 \cap FG^2$ (X, 6). Nun ist a^2 rational, also FG^2 rational, also FG rational. Da e zu BC kein Verhältnis hat wie eine Quadratzahl zu einer Quadratzahl, hat auch a^2 zu FG^2 kein Verhältnis wie eine Quadratzahl zu einer Quadratzahl; also ist $a \cup FG$ (X, 9). Ebenso ist, da $BC : CD = FG^2 : GH^2$, $FG^2 \cap GH^2$. Nun ist FG^2 rational, also GH^2 rational, also GH rational. Da BC zu CD kein Verhältnis hat wie eine Quadratzahl zu einer Quadratzahl, hat auch FG^2 zu GH^2 kein Verhältnis wie eine Quadratzahl zu einer Quadratzahl. Also ist $FG \cup GH$ (X, 9). Beide sind rational; FG, GH sind also nur quadriert kommensurable rationale Strecken. FH ist also eine Apotome. Ich behaupte weiter, eine Dritte.

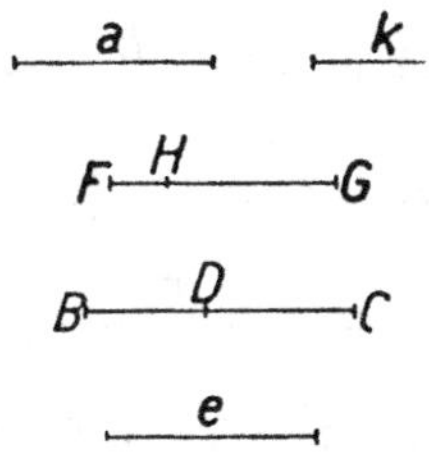

Da nämlich $e : BC = a^2 : FG^2$ und $BC : CD = FG^2 : HG^2$, so ist über gleiches weg (V, 22) $e : CD = a^2 : HG^2$. Nun hat e zu CD kein Verhältnis wie eine Quadratzahl zu einer Quadratzahl; also hat auch a^2 zu GH^2 kein Verhältnis wie eine Quadratzahl zu einer Quadratzahl; also ist $a \cup GH$ (X, 9). Weder FG noch GH ist also $\cap\, a$, der zugrunde liegenden Rationalen. Nun sei $FG^2 - GH^2 = k^2$ (I, 47). Da $BC : CD = FG^2 : GH^2$, so ist, umgewendet (V, Def. 16), $BC : BD = FG^2 : k^2$. Hier hat BC zu BD ein Verhältnis wie eine Quadratzahl zu einer Quadratzahl; also hat auch FG^2 zu k^2 ein Verhältnis wie eine Quadratzahl zu einer Quadratzahl. Also ist $FG \cap k$ (X, 9); und FG übertrifft quadriert um das Quadrat einer ihm kommensurablen Strecke GH. Weder FG noch GH ist hier $\cap\, a$, der zugrunde liegenden Rationalen. FH ist also eine Dritte Apotome (X, 84a: Def. 3).

Man hat also eine Dritte Apotome gefunden, nämlich FH — q. e. d.

§ 88 (89; A. 22).

Eine Vierte Apotome zu finden.

Zugrunde liege die Rationale a, und $BG \cap a$; dann ist auch BG rational. Ferner lege man zwei solche Zahlen DF, FE hin, daß die Summe DE weder zu DF noch zu EF ein Verhältnis hat wie eine Quadratzahl zu einer Quadratzahl. Man mache $DE : EF = BG^2 : GC^2$ (X, 6 Zus.). Dann ist $BG^2 \frown GC^2$ (X, 6). Nun ist BG^2 rational, also GC^2 rational, also GC rational. Da DE zu EF kein Verhältnis hat wie eine Quadratzahl zu einer Quadratzahl, hat auch BG^2 zu GC^2 kein Verhältnis wie eine Quadratzahl zu einer Quadratzahl.

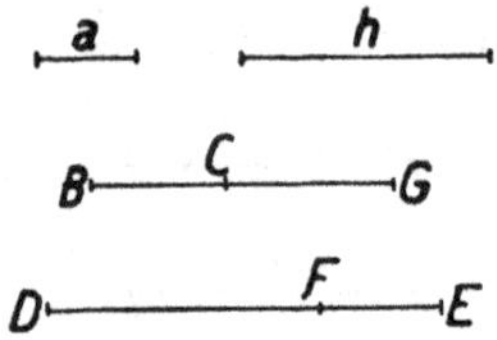

Also ist $BG \smile GC$ (X, 9). Beide sind rational; BG, GC sind also nur quadriert kommensurable rationale Strecken. BC ist also eine Apotome. [Ich behaupte weiter, eine Vierte.]

Es sei $BG^2 - GC^2 = h^2$ (I, 47). Da $DE : EF = BG^2 : GC^2$, ist, umgewendet (V, Def. 16), auch $ED : DF = GB^2 : h^2$. Nun hat ED zu DF kein Verhältnis wie eine Quadratzahl zu einer Quadratzahl. Also hat auch GB^2 zu h^2 kein Verhältnis wie eine Quadratzahl zu einer Quadratzahl. Also ist $BG \smile h$ (X, 9). BG übertrifft nun quadriert GC um h^2; also übertrifft quadriert BG um das Quadrat einer ihm inkommensurablen Strecke GC. Hier ist die ganze Strecke $BG \frown a$, der zugrunde liegenden Rationalen. BC ist also eine Vierte Apotome (X, 84a: Def. 4).

Also hat man eine Vierte Apotome gefunden — q. e. d.

§ 89 (90; A. 23).

Eine Fünfte Apotome zu finden.

Zugrunde liege die Rationale a; CG sei $\frown a$; also ist CG rational. Man lege zwei solche Zahlen DF, FE hin, daß DE wieder weder zu DF noch zu FE ein Verhältnis hat wie eine Quadratzahl zu einer Quadratzahl. Man mache $FE : ED = CG^2 : GB^2$ (X, 6 Zus.). Dann ist GB^2 rational (X, 6), also BG rational. Da $DE : EF = BG^2 : GC^2$ und DE zu EF kein

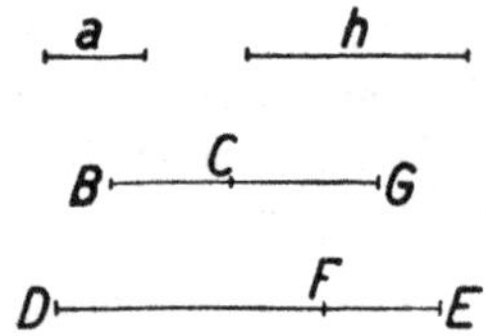

Verhältnis hat wie eine Quadratzahl zu einer Quadratzahl, hat auch BG^2 zu GC^2 kein Verhältnis wie eine Quadratzahl zu einer Quadratzahl; also ist $BG \smile GC$ (X, 9).

Beide sind rational. BG, GC sind also nur quadriert kommensurable rationale Strecken. BC ist also eine Apotome. Ich behaupte weiter, eine Fünfte.

Es sei $BG^2 - GC^2 = h^2$ (I, 47). Da $BG^2 : GC^2 = DE : EF$, so ist, umgewendet (V, Def. 16), $ED : DF = BG^2 : h^2$. Nun hat ED zu DF kein Verhältnis wie eine Quadratzahl zu einer Quadratzahl; also hat auch BG^2 zu h^2 kein Verhältnis wie eine Quadratzahl zu einer Quadratzahl; also ist $BG \smile h$ (X, 9). Hier übertrifft BG quadriert GC um h^2; GB übertrifft also quadriert um das Quadrat einer ihm linear inkommensurablen Strecke GC. Auch ist die Ergänzung $CG \frown a$, der zugrunde liegenden Rationalen. BC ist also eine Fünfte Apotome (X, 84a: Def. 5).

Man hat also eine Fünfte Apotome gefunden, nämlich BC — q. e. d.

§ 90 (91; A. 24).

Eine Sechste Apotome zu finden.

Zugrunde liege die Rationale a, ferner drei Zahlen e, BC, CD, die kein Verhältnis zueinander haben wie eine Quadratzahl zu einer Quadratzahl, auch soll CB zu BD kein Verhältnis haben wie eine Quadratzahl zu einer Quadratzahl. Man mache $e : BC = a^2 : FG^2$ (X, 6 Zus.) und $BC : CD = FG^2 : GH^2$.

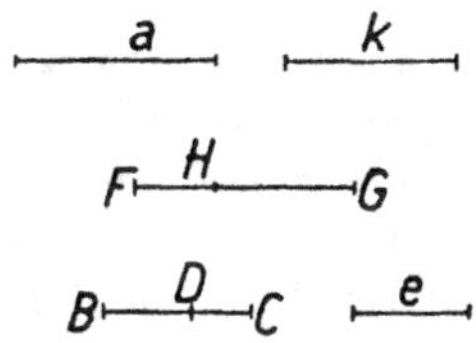

Da $e : BC = a^2 : FG^2$, ist $a^2 \frown FG^2$ (X, 6). Nun ist a^2 rational, also FG^2 rational, also auch FG rational. Da e zu BC kein Verhältnis hat wie eine Quadratzahl zu einer Quadratzahl, hat auch a^2 zu FG^2 kein Verhältnis wie eine Quadratzahl zu einer Quadratzahl; also ist $a \smile FG$ (X, 9). Ebenso ist, da $BC : CD = FG^2 : GH^2$, $FG^2 \frown GH^2$. Hier ist FG^2 rational, also GH^2 rational, also auch GH rational. Da BC zu CD kein Verhältnis hat wie eine Quadratzahl zu einer Quadratzahl, hat auch FG^2 zu GH^2 kein Verhältnis wie eine Quadratzahl zu einer Quadratzahl. Also ist $FG \smile GH$. Beide sind rational; FG, GH sind also nur quadriert kommensurable rationale Strecken. FH ist also eine Apotome. Ich behaupte weiter, eine Sechste.

Da $e : BC = a^2 : FG^2$ und $BC : CD = FG^2 : GH^2$, ist über gleiches weg (V, 22) $e : CD = a^2 : GH^2$. Nun hat e zu CD kein Verhältnis wie eine Quadratzahl zu einer Quadratzahl; also hat auch a^2 zu GH^2 kein Verhältnis wie eine Quadratzahl zu einer Quadratzahl; also ist $a \smile GH$ (X, 9). Weder FG noch GH ist also $\frown a$, der Rationalen. Nun sei $FG^2 - GH^2 = k^2$ (I, 47). Da $BC : CD = FG^2 : GH^2$, ist, umgewendet (V, Def. 16), $CB : BD = FG^2 : k^2$. Nun hat CB zu BD kein Verhältnis wie eine Quadratzahl zu einer Quadratzahl; also hat auch FG^2 zu k^2 kein Verhältnis wie eine Quadratzahl zu einer Quadratzahl; also ist $FG \smile k$ (X, 9). Hier übertrifft FG quadriert GH um k^2. Quadriert übertrifft also FG um das Quadrat einer ihm linear inkommensurablen Strecke GH; auch ist weder FG noch $GH \frown a$, der zugrunde liegenden Rationalen. FH ist also eine Sechste Apotome (X, 84a: Def. 6).

Man hat also eine Sechste Apotome gefunden, nämlich FH — q. e. d.

§ 91 (92; L. 67).

Wird eine Fläche von der Rationalen und einer Ersten Apotome umfaßt, dann ist die Strecke, die quadriert die Fläche ergibt, eine Apotome.

Die Fläche AB werde von der Rationalen AC und der Ersten Apotome AD umfaßt. Ich behaupte, daß die Strecke, die quadriert die Fläche AB ergibt, eine Apotome ist.

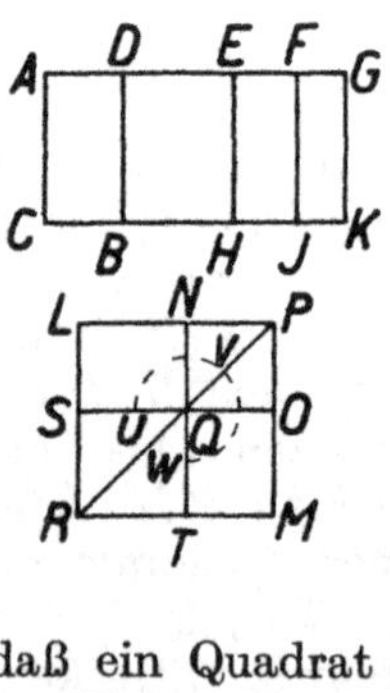

Hier ist AD eine Erste Apotome; daher sei ihre Ergänzung DG. AG, GD sind dann nur quadriert kommensurable rationale Strecken, auch ist die ganze Strecke $AG \frown AC$, der zugrunde liegenden Rationalen, und AG übertrifft um das Quadrat einer ihm linear kommensurablen Strecke GD (X, 84a: Def. 1). Legt man also eine dem vierten Teil von DG^2 gleiche Fläche so an AG an, daß ein Quadrat fehlt (VI, 28), dann zerfällt die Strecke in (linear) kommensurable (X, 17). Man halbiere DG in E und lege eine Fläche $= EG^2$ so an AG an, daß ein

Quadrat fehlt; sie sei $AF \cdot FG$. Dann ist $AF \frown FG$. Durch die Punkte E, F, G ziehe man EH, FJ, $GK \parallel AC$.

Da $AF \frown FC$, ist $AG \frown$ sowohl AF als FG (X, 15). Nun ist $AG \frown AC$; also sind AF, FG beide $\frown AC$ (X, 12). AC ist die Rationale; also sind AF, FG beide rational, folglich auch AJ, FK beide rational (X, 19). Da $DE \frown EG$, ist $DG \frown$ sowohl DE als EG (X, 15). DG ist aber rational und $\smile AC$; also sind DE und EG beide rational und $\smile AC$ (X, 13). DH, EK sind also beide medial (X, 21: Def.).

Man lege das Quadrat $LM = AJ$ hin (II, 14) und nehme das Quadrat $NO = FK$, das mit ihm Winkel LPM gemeinsam hat, weg. Dann liegen die Quadrate LM, NO um dieselbe Diagonale (VI, 26). Ihre Diagonale sei PR; man zeichne die Figur fertig. Da $AF \cdot FG = EG^2$, ist $AF : EG = EG : FG$ (VI, 17). Andererseits ist $AF : EG = AJ : EK$ und $EG : FG = EK : KF$ (VI, 1). EK ist also Mittlere Proportionale zwischen AJ, KF (V, 11). Wie oben gezeigt (vgl. Anm. zu X, 53), ist MN Mittlere Proportionale zwischen LM, NO (VI, 1); auch ist $AJ =$ Quadrat LM, $KF = NO$; also ist $MN = EK$. Nun ist $EK = DH$ und $MN = LO$ (I, 43). Also ist $DK =$ Gnomon $UVW + NO$. Aber $AK =$ Quadrat $LM +$ Quadrat NO; also ist Rest $AB = ST$. ST ist aber LN^2, also $LN^2 = AB$. LN ergibt also quadriert AB.

Ich behaupte weiter, daß LN eine Apotome ist.

Da AJ, FK beide rational sind und $= LM$, NO, sind LM, NO beide, d. h. LP^2, PN^2 beide rational; also sind LP, PN beide rational. Ebenso ist, da DH medial und $= LO$, LO medial. Da LO medial und NO rational, ist $LO \smile NO$. Aber $LO : NO = LP : PN$ (VI, 1). Also ist $LP \smile PN$ (X, 11). Beide sind rational. LP, PN sind also nur quadriert kommensurable rationale Strecken. LN ist also eine Apotome (X, 73: Def.) und ergibt quadriert die Fläche AB. Die Strecke, die quadriert die Fläche AB ergibt, ist also eine Apotome — S.

§ 92 (93; L. 68).

Wird eine Fläche von der Rationalen und einer Zweiten Apotome umfaßt, dann ist die Strecke, die quadriert die Fläche ergibt, eine Erste Medialapotome.

Die Fläche AB werde von der Rationalen AC und der Zweiten Apotome AD umfaßt. Ich behaupte, daß die Strecke, die quadriert die Fläche AB ergibt, eine Erste Medialapotome ist.

Fig. s. § 91.

Zu AD sei DG die Ergänzung. Dann sind AG, GD nur quadriert kommensurable rationale Strecken, und es ist die Ergänzung $DG \frown AC$, der zugrunde liegenden Rationalen, und die ganze Strecke AG übertrifft quadriert um das Quadrat einer ihr linear kommensurablen die Ergänzung GD (X, 84a: Def. 2). Da quadriert AG um das Quadrat einer ihm kommensurablen Strecke GD übertrifft, zerfällt AG, wenn man ihm eine Fläche $= \frac{1}{4} GD^2$ so anlegt, daß ein Quadrat fehlt, in (linear) kommensurable Strecken (vgl. X, 91). Man halbiere DG in E und lege eine Fläche $= EG^2$ an AG so an, daß ein Quadrat fehlt; sie sei $AF \cdot FG$. Dann ist $AF \frown FG$, also auch $AG \frown$ sowohl AF als FG. Nun ist AG rational und $\smile AC$; auch AF, FG sind also beide rational und $\smile AC$ (X, 13). Also sind AJ, FK beide medial (X, 21: Def.). Ebenso ist, da $DE \frown EG$, $DG \frown$ sowohl DE als EG. Aber $DG \frown AC$ [also sind DE, EG beide rational und $\frown AC$]. Also sind DH, EK beide rational (X, 19).

Man errichte nun das Quadrat $LM = AJ$ und nehme $NO = FK$, das mit LM in demselben Winkel LPM liegt, weg. Dann liegen die Quadrate LM, NO um dieselbe Diagonale. Ihre Diagonale sei PR; man zeichne die Figur fertig. Da AJ, FK medial sind und $= LP^2$, PN^2, sind LP^2, PN^2 medial, also LP, PN [nur] quadriert kommensurable mediale Strecken. Da $AF \cdot FG = EG^2$, ist $AF : EG = EG : FG$. Andererseits ist $AF : EG = AJ : EK$ und $EG : FG = EK : FK$. EK ist also Mittlere Proportionale zwischen AJ, FK. Es ist aber auch MN Mittlere Proportionale zwischen den Quadraten LM, NO, und $AJ = LM$, $FK = NO$. Also ist $MN = EK$. Nun ist $EK = DH$ und $MN = LO$, also die Summe $DK =$ Gnomon $UVW + NO$. Da das ganze Rechteck $AK = LM + NO$, hierin aber $DK =$ Gnomon $UVW + NO$, so ist der Rest $AB = TS$. TS ist aber LN^2, also $LN^2 =$ Fläche AB. LN ergibt also quadriert die Fläche AB.

Ich behaupte, daß LN eine Erste Medialapotome ist.

Da EK rational und $= LO$, ist LO, d. h. $LP \cdot PN$ rational. NO ist, wie bewiesen, medial; also $LO \cup NO$. Nun ist $LO : NO = LP : PN$, also $LP \cup PN$. LP, PN sind also nur quadriert kommensurable mediale Strecken, die ein rationales Rechteck umfassen. LN ist also eine Erste Medialapotome (X, 74: Def.) und ergibt quadriert die Fläche AB.

Die Strecke, die quadriert die Fläche AB ergibt, ist also eine Erste Medialapotome — q. e. d.

§ 93 (94; L. 69).

Wird eine Fläche von der Rationalen und einer Dritten Apotome umfaßt, dann ist die Strecke, die quadriert die Fläche ergibt, eine Zweite Medialapotome.

Die Fläche AB werde von der Rationalen AC und der Dritten Apotome AD umfaßt. Ich behaupte, daß die Strecke, die quadriert die Fläche AB ergibt, eine Zweite Medialapotome ist.

Fig. s. § 91.

Zu AD sei DG die Ergänzung. Dann sind AG, GD nur quadriert kommensurable rationale Strecken, und weder AG noch GD ist $\cap AC$, der zugrunde liegenden Rationalen, während quadriert die ganze Strecke AG um das Quadrat einer ihr kommensurablen die Ergänzung DG übertrifft (X, 84: Def. 3). Da AG quadriert um das Quadrat einer ihm kommensurablen Strecke GD übertrifft, muß AG, wenn man ihm eine Fläche $= \frac{1}{4} DG^2$ so anlegt, daß ein Quadrat fehlt, in (linear) kommensurable Strecken zerfallen (vgl. X, 91). Man halbiere DG in E und lege eine Fläche $= EG^2$ an AG so an, daß ein Quadrat fehlt; sie sei $AF \cdot FG$. Und durch die Punkte E, F, G ziehe man $EH, FJ, GK \parallel AC$. Dann ist $AF \cap FG$, also $AJ \cap FK$. Da $AF \cap FG$, ist $AG \cap$ sowohl AF als FG. Nun ist AG rational und $\cup AC$, folglich sind es auch AF und FG. AJ, FK sind also beide medial (X, 21: Def.). Ebenso ist, da $DE \cap EG$, auch $DG \cap$ sowohl DE als EG. GD ist aber rational und $\cup AC$. DE, EG sind also beide rational und $\cup AC$; also sind DH, EK beide medial. Da AG, GD nur quadriert kommensurabel sind, ist $AG \cup GD$. Aber $AG \cap AF$, $DG \cap EG$; also ist $AF \cup EG$ (X, 13). Nun ist $AF : EG = AJ : EK$; also ist $AJ \cup EK$.

Man errichte nun das Quadrat $LM = AJ$ und nehme $NO = FK$, das mit LM in demselben Winkel liegt, weg. Dann liegen LM, NO um dieselbe Diagonale. Ihre Diagonale sei PR; man zeichne die Figur fertig. Da $AF \cdot FG = EG^2$, ist $AF : EG = EG : FG$. Andererseits ist $AF : EG = AJ : EK$ und $EG : FG = EK : FK$, also $AJ : EK = EK : FK$. EK ist also Mittlere Proportionale zwischen AJ, FK. Es ist aber auch MN Mittlere Proportionale zwischen den Quadraten LM, NO und $AJ = LM$, $FK = NO$. Also ist $EK = MN$. Nun ist $MN = LO$ und $EK = DH$, also die Summe DK = Gnomon $UVW + NO$. Ferner ist $AK = LM + NO$, also der Rest $AB = ST$ d. h. $= LN^2$. LN ergibt also quadriert die Fläche AB.

Ich behaupte, daß LN eine Zweite Medialapotome ist.

Da, wie bewiesen, AJ, FK medial sind und $= LP^2$, PN^2, sind LP^2, PN^2 beide medial, also LP, PN beide medial. Da $AJ \frown FK$, ist $LP^2 \frown PN^2$. Ebenso ist, da, wie bewiesen, $AJ \smile EK$, $LM \smile MN$, d. h. $LP^2 \smile LP \cdot PN$, so daß $LP \smile PN$ (VI, 1; X, 11). LP, PN sind also nur quadriert kommensurable mediale Strecken.

Ich behaupte weiter, daß sie ein mediales Rechteck umfassen.

Da, wie bewiesen, EK medial ist und $= LP \cdot PN$, ist $LP \cdot PN$ medial. Folglich sind LP, PN nur quadriert kommensurable Medialen, die ein mediales Rechteck umfassen. LN ist also eine Zweite Medialapotome (X, 75: Def.) und ergibt quadriert die Fläche AB.

Die Strecke, die quadriert die Fläche AB ergibt, ist also eine Zweite Medialapotome — q. e. d.

§ 94 (95; L. 70).

Wird eine Fläche von der Rationalen und einer Vierten Apotome umfaßt, dann ist die Strecke, die quadriert die Fläche ergibt, eine Minor.

Die Fläche AB werde von der Rationalen AC und der Vierten Apotome AD umfaßt. Ich behaupte, daß die Strecke, die quadriert die Fläche AB ergibt, eine Minor ist.

Fig. s. § 91.

Zu AD sei DG die Ergänzung. Dann sind AG, GD nur quadriert kommensurable rationale Strecken, und $AG \frown AC$, der zugrunde liegenden Rationalen, während quadriert die ganze Strecke AG um das Quadrat einer ihr linear inkommensurablen die Ergänzung DG übertrifft (X, 84 a: Def. 4). Da AG quadriert um das Quadrat einer ihm linear inkommensurablen Strecke GD übertrifft, muß AG, wenn man ihm eine Fläche $= 1/_4\, DG^2$ so anlegt, daß ein Quadrat fehlt (VI, 28), in (linear) inkommensurable Strecken zerfallen (X, 18). Man halbiere DG in E und lege eine Fläche $= EG^2$ an AG so an, daß ein Quadrat fehlt; sie sei $AF \cdot FG$. Dann ist $AF \smile FG$. Durch E, F, G ziehe man EH, FJ, $GK \parallel AC$ und BD. Da AG rational ist und $\frown AC$, ist das ganze Rechteck AK rational (X, 19). Ebenso ist, da $DG \smile AC$, während beide rational sind, DK medial (X, 21: Def.). Schließlich ist, da $AF \smile FG$, $AJ \smile FK$ (VI, 1; X, 11).

Man errichte nun das Quadrat $LM = AJ$ und nehme $NO = FK$ in demselben Winkel LPM weg. Dann liegen die Quadrate LM, NO um dieselbe Diagonale (VI, 26). Ihre Diagonale sei PR; man zeichne die Figur fertig. Da $AF \cdot FG = EG^2$, stehen im Verhältnis $AF : EG = EG : FG$ (VI, 17). Andererseits ist $AF : EG = AJ : EK$ und $EG : FG = EK : FK$ (VI, 1). EK ist also Mittlere Proportionale zwischen AJ, FK (V, 11). Es ist aber auch MN Mittlere Proportionale zwischen den Quadraten LM, NO (VI, 1), und $AJ = LM$, $FK = NO$. Also ist $EK = MN$. Nun ist $EK = DH$, $MN = LO$, also die Summe $DK =$ Gnomon $UVW + NO$. Da das ganze Rechteck $AK =$ Quadrat $LM +$ Quadrat NO, hierin aber $DK =$ Gnomon $UVW +$ Quadrat NO, so ist der Rest $AB = ST$, d. h. $= LN^2$. LN ergibt also quadriert die Fläche AB.

Ich behaupte, daß LN eine Irrationale ist, wie man sie Minor nennt.

Da AK rational ist und $= LP^2 + PN^2$, ist $LP^2 + PN^2$ rational. Ebenso ist, da DK medial ist und $DK = 2\,LP \cdot PN$, $2\,LP \cdot PN$ medial. Und da, wie oben bewiesen, $AJ \smile FK$, ist $LP^2 \smile PN^2$. LP, PN sind also quadriert inkommensurable Strecken, aus denen die Quadratsumme rational und das doppelte Rechteck medial wird. LN ist also eine Irrationale, wie man sie Minor nennt (X, 76: Def.), und ergibt quadriert die Fläche $A\,B$.

Die Strecke, die quadriert die Fläche $A\,B$ ergibt, ist also eine Minor — q. e. d.

§ 95 (96; L. 71).

Wird eine Fläche von der Rationalen und einer Fünften Apotome umfaßt, dann ist die Strecke, die quadriert die Fläche ergibt, eine Mit Rationalem mediale Summenfläche Ergebende.

Die Fläche $A\,B$ werde von der Rationalen $A\,C$ und der Fünften Apotome $A\,D$ umfaßt. Ich behaupte, daß die Strecke, die quadriert die Fläche $A\,B$ ergibt, eine Mit Rationalem mediale Summenfläche Ergebende ist.

Fig. s. § 91.

Zu $A\,D$ sei $D\,G$ die Ergänzung. Dann sind $A\,G$, $G\,D$ nur quadriert kommensurable rationale Strecken, auch ist die Ergänzung $G\,D \frown A\,C$, der zugrunde liegenden Rationalen, während quadriert die ganze Strecke $A\,G$ um das Quadrat einer ihr inkommensurablen die Ergänzung $D\,G$ übertrifft (X, 84a: Def. 5). Legt man also eine Fläche $= {}^1/_4\, D\,G^2$ so an $A\,G$ an, daß ein Quadrat fehlt, dann muß die Strecke in (linear) inkommensurable zerfallen (vgl. X, 94). Man halbiere $D\,G$ im Punkte E und lege eine Fläche $= E\,G^2$ an $A\,G$ so an, daß ein Quadrat fehlt; sie sei $A\,F \cdot F\,D$. Dann ist $A\,F \smile F\,G$. Da $A\,G \smile C\,A$ (X, 13), während beide rational sind, ist $A\,K$ medial (X, 21: Def.). Ebenso ist, da $D\,G$ rational und $\frown A\,C$, $D\,K$ rational (X, 19).

Man errichte nun das Quadrat $L\,M = A\,J$ und nehme das Quadrat $N\,O = F\,K$ in demselben Winkel $L\,P\,M$ weg. Dann liegen die Quadrate $L\,M$, $N\,O$ um dieselbe Diagonale. Ihre Diagonale sei $P\,R$; man zeichne die Figur fertig. Dann läßt sich ähnlich (vgl. X, 91) zeigen, daß $L\,N$ quadriert die Fläche $A\,B$ ergibt.

Ich behaupte, daß $L\,N$ eine Mit Rationalem mediale Summenfläche Ergebende ist.

Da $A\,K$, wie oben bewiesen, medial ist und $= L\,P^2 + P\,N^2$, ist $L\,P^2 + P\,N^2$ medial. Ebenso ist, da $D\,K$ rational ist und $= 2\,L\,P \cdot P\,N$, dieses rational. Da $A\,J \smile F\,K$, ist $L\,P^2 \smile P\,N^2$. $L\,P$, $P\,N$ sind also quadriert inkommensurable Strecken, aus denen die Quadratsumme medial und das doppelte Rechteck rational wird. Der Rest LN ist also eine Irrationale, wie man sie Mit Rationalem mediale Summenfläche Ergebende nennt (X, 77: Def.), und ergibt quadriert die Fläche AB.

Die Strecke, die quadriert die Fläche AB ergibt, ist also eine Mit Rationalem mediale Summenfläche Ergebende — q. e. d.

§ 96 (97; L. 72).

Wird eine Fläche von der Rationalen und einer Sechsten Apotome umfaßt, dann ist die Strecke, die quadriert die Fläche ergibt, eine Mit Medialem mediale Summenfläche Ergebende.

Die Fläche AB werde von der Rationalen AC und der Sechsten Apotome AD umfaßt. Ich behaupte, daß die Strecke, die quadriert die Fläche AB ergibt, eine Mit Medialem mediale Summenfläche Ergebende ist.

Fig. s. § 91.

Zu AD sei DG die Ergänzung. Dann sind AG, GD nur quadriert kommensurable rationale Strecken, und keine von beiden ist $\frown AC$, der zugrundeliegenden Rationalen, während quadriert die ganze Strecke AG um das Quadrat einer ihr linear inkommensurablen die Ergänzung DG übertrifft (X, 84a: Def. 6). Da AG quadriert um das Quadrat einer ihm linear inkommensurablen Strecke GD übertrifft, muß AG, wenn man ihm eine Fläche $= {}^1/_4\, DG^2$ so anlegt, daß ein Quadrat fehlt, in (linear) inkommensurable Strecken zerfallen (vgl. X, 94). Man halbiere DG in E und lege eine Fläche $= EG^2$ an AG so an, daß ein Quadrat fehlt; sie sei $AF \cdot FG$. Dann ist $AF \smile FG$. Nun ist $AF : FG = AJ : FK$, also $AJ \smile FK$. Da AG, AC nur quadriert kommensurable rationale Strecken sind, ist AK medial. Ebenso ist, da AC, DG rational und linear inkommensurabel sind, DK medial. Da AG, GD nur quadriert kommensurabel sind, ist $AG \smile GD$. Nun ist $AG : GD = AK : KD$ (VI, 1), also $AK \smile KD$ (X, 11).

Man errichte nun das Quadrat $LM = AJ$ und nehme $NO = FK$ in demselben Winkel weg. Dann liegen die Quadrate LM, NO um dieselbe Diagonale. Ihre Diagonale sei PR; man zeichne die Figur fertig. Ähnlich wie oben (vgl. X, 91) läßt sich dann zeigen, daß LN quadriert die Fläche AB ergibt.

Ich behaupte, daß LN eine Mit Medialem mediale Summenfläche Ergebende ist.

Da AK, wie bewiesen, medial ist und $= LP^2 + PN^2$, ist $LP^2 + PN^2$ medial. Ebenso ist, da DK, wie bewiesen, medial ist und $= 2\,LP \cdot PN$, $2\,LP \cdot PN$ medial. Da ferner, wie bewiesen, $AK \smile DK$, ist $LP^2 + PN^2 \smile 2\,LP \cdot PN$. Da $AJ \smile FK$, ist auch $LP^2 \smile PN^2$. LP, PN sind also quadriert inkommensurable Strecken, aus denen die Quadratsumme medial und das doppelte Rechteck medial wird, ferner die Quadratsumme dem doppelten Rechteck inkommensurabel. LN ist also eine Irrationale, wie man sie Mit Medialem mediale Summenfläche Ergebende nennt (X, 78: Def.), und ergibt quadriert die Fläche AB.

Die Strecke, die quadriert die Fläche ergibt, ist also eine Mit Medialem mediale Summenfläche Ergebende — q. e. d.

§ 97 (98; L. 73).

Legt man das Quadrat einer Apotome an die Rationale an, so entsteht als Breite eine Erste Apotome.

Die Apotome sei AB, die Rationale CD. An CD lege man $CE = AB^2$ an, so daß CF die Breite wird (I, 44).

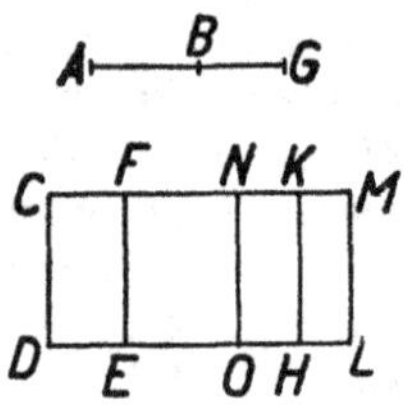

Ich behaupte, daß CF eine Erste Apotome ist.

Zu AB sei BG die Ergänzung. Dann sind AG, GB nur quadriert kommensurable rationale Strecken (X, 73: Def.). An CD lege man $CH = AG^2$ und $KL = BG^2$ an. Dann ist das ganze Rechteck $CL = AG^2 + GB^2$. Hierin ist $CE = AB^2$. Also ist der Rest $FL = 2\,AG \cdot GB$ (II, 7). Man halbiere FM im Punkte N, und durch N ziehe man $NO \parallel CD$. Dann ist sowohl FO als $LN = AG \cdot GB$.

Da $AG^2 + GB^2$ rational ist (X, 15) und $AG^2 + GB^2 = DM$, ist DM rational. Es ist der Rationalen CD angelegt, so daß CM die Breite wird. CM ist also rational und $\frown CD$ (X, 20). Ebenso ist, da $2\,AG \cdot GB$ medial ist (X, 21: Def.) und $2\,AG \cdot GB = FL$, FL medial. Es ist der Rationalen CD angelegt, so daß FM die Breite wird. FM ist also rational und $\smile CD$ (X, 22). Da $AG^2 + GB^2$ rational und $2\,AG \cdot GB$ medial ist, ist $AG^2 + GB^2$

$\smile 2\,AG \cdot GB$. Nun ist $AG^2 + GB^2 = CL$, $2\,AG \cdot GB = FL$, also $DM \smile FL$. Nun ist $DM : FL = CM : FM$ (VI, 1), also $CM \smile FM$ (X, 11). Beide sind rational. CM, MF sind also nur quadriert kommensurable rationale Strecken. CF ist also eine Apotome.

Ich behaupte weiter, eine Erste.

Da $AG \cdot GB$ Mittlere Proportionale zwischen AG^2, GB^2 ist (VI, 1) und $AG^2 = CH$, $BG^2 = KL$, $AG \cdot GB = NL$, ist NL Mittlere Proportionale zwischen CH, KL. Also ist $CH : NL = NL : KL$. Andererseits ist $CH : NL = CK : NM$ und $NL : KL = NM : KM$ (VI, 1). Also ist $CK \cdot KM = NM^2$ (V, 11; VI, 17), d. h. $= {}^1/_4\,FM^2$. Da $AG^2 \frown GB^2$, ist $CH \frown KL$. Nun ist $CH : KL = CK : KM$ (VI, 1), also $CK \frown KM$ (X, 11). Da hier CM, MF zwei ungleiche Strecken sind und man $CK \cdot KM = {}^1/_4\,FM^2$ an CM so angelegt hat, daß ein Quadrat fehlt, und dabei $CK \frown KM$ ist, übertrifft quadriert CM um das Quadrat einer ihm linear kommensurablen Strecke MF (X, 17). Auch ist $CM \frown CD$, der zugrunde liegenden Rationalen. CF ist also eine Erste Apotome (X, 84a: Def. 1) — S.

§ 98 (99; L. 74).

Legt man das Quadrat einer Ersten Medialapotome an die Rationale an, so entsteht als Breite eine Zweite Apotome.

Die Erste Medialapotome sei AB, die Rationale CD. An CD lege man $CE = AB^2$ an, so daß CF die Breite wird. Ich behaupte, daß CF eine Zweite Apotome ist.

Fig. s. § 97.

Zu AB sei BG die Ergänzung. Dann sind AG, GB nur quadriert kommensurable mediale Strecken, die ein rationales Rechteck umfassen (X, 74: Def.). An CD lege man (vgl. X, 97) $CH = AG^2$ an, so daß CK die Breite wird, und $KL = GB^2$, so daß KM die Breite wird. Dann ist das ganze Rechteck $CL = AG^2 + GB^2$, CL also medial (vgl. Anm. zu X, 61). Es ist der Rationalen CD angelegt, so daß CM die Breite wird. CM ist also rational und $\smile CD$. Da $CL = AG^2 + GB^2$ und hierin $AB^2 = CE$, ist der Rest $2\,AG \cdot GB = FL$. Nun ist $2\,AG \cdot GB$ rational; also ist FL rational. Es ist der Rationalen FE angelegt, so daß FM die Breite wird. Also ist FM rational und $\frown CD$. Da hier $AG^2 + GB^2$, d. h. CL medial ist und $2\,AG \cdot GB$, d. h. FL rational, ist $CL \smile FL$. Nun ist $CL : FL = CM : FM$, also $CM \smile FM$. Beide sind rational. Also sind CM, MF nur quadriert kommensurable rationale Strecken. CF ist also eine Apotome.

Ich behaupte weiter, eine Zweite.

Man halbiere FM in N und ziehe $NO \parallel CD$ durch N. FO, NL sind dann beide $= AG \cdot GB$. Da $AG \cdot GB$ Mittlere Proportionale zwischen AG^2, GB^2 ist und $AG^2 = CH$, $AG \cdot GB = NL$, $BG^2 = KL$, ist NL Mittlere Proportionale zwischen CH, KL. Also ist $CH : NL = NL : KL$; aber $CH : NL = CK : NM$ und $NL : KL = NM : MK$; also ist $CK : NM = NM : KM$. Also ist $CK \cdot KM = NM^2$, d. h. $= \frac{1}{4}\, FM^2$ [und da $AG^2 \frown BG^2$, ist $CH \frown KL$, d. h. $CK \frown KM$]. Da hier CM, MF zwei ungleiche Strecken sind und man $CK \cdot KM = \frac{1}{4}\, MF^2$ an die größere Strecke CM so angelegt hat, daß ein Quadrat fehlt, und diese dabei in (linear) kommensurable zerfällt, übertrifft quadriert CM um das Quadrat einer ihm linear kommensurablen Strecke MF. Auch ist die Ergänzung $FM \frown CD$, der zugrunde liegenden Rationalen. CF ist also eine Zweite Apotome (X, 84a: Def. 2) — S.

§ 99 (100; L. 75).

Legt man das Quadrat einer Zweiten Medialapotome an die Rationale an, so entsteht als Breite eine Dritte Apotome.

Fig. s. § 97.

Die Zweite Medialapotome sei AB, die Rationale CD. An CD lege man $CE = AB^2$ an, so daß CF die Breite wird. Ich behaupte, daß CF eine Dritte Apotome ist.

Zu AB sei BG die Ergänzung. Dann sind AG, GB nur quadriert kommensurable mediale Strecken, die ein mediales Rechteck umfassen (X, 75: Def.). An CD lege man (vgl. X, 97) $CH = AG^2$ an, so daß CK die Breite wird, und an KH lege man $KL = BG^2$ an, so daß KM die Breite wird. Dann ist das ganze Rechteck $CL = AG^2 + GB^2$ [und $AG^2 + GB^2$ medial], also CL medial (X, 15). Es ist der Rationalen CD angelegt, so daß CM die Breite wird. Also ist CM rational und $\smile CD$. Da das ganze Rechteck $CL = AG^2 + GB^2$ und hierin $CE = AB^2$, ist der Rest $LF = 2\,AG \cdot GB$. Man halbiere FM im Punkte N und ziehe $NO \| CD$. FO, NL sind dann beide $= AG \cdot GB$. Nun ist $AG \cdot GB$ medial, also auch FL medial. Es ist der Rationalen EF angelegt, so daß FM die Breite wird. Also ist FM rational und $\cup CD$. Da AG, GB nur quadriert kommensurabel sind, ist $AG \cup GB$, also $AG^2 \cup AG \cdot GB$. Nun ist $AG^2 \cap AG^2 + GB^2$ und $AG \cdot GB \cap 2\,AG \cdot GB$, also $AG^2 + GB^2 \cup 2\,AG \cdot GB$. Weiter ist $AG^2 + GB^2 = CL$ und $2\,AG \cdot GB = FL$, also $CL \cup FL$. Aber $CL : FL = CM : FM$, also $CM \cup FM$. Beide sind rational. CM, MF sind also nur quadriert kommensurable rationale Strecken. CF ist also eine Apotome.

Ich behaupte weiter, eine Dritte.

Da $AG^2 \cap GB^2$, ist $CH \cap KL$, folglich $CK \cap KM$. Da $AG \cdot GB$ Mittlere Proportionale zwischen AG^2, GB^2 ist, ferner $AG^2 = CH$, $GB^2 = KL$, $AG \cdot GB = NL$, ist NL Mittlere Proportionale zwischen CH, KL, also $CH : NL = NL : KL$. Nun ist $CH : NL = CK : NM$ und $NL : KL = NM : KM$, also $CK : MN = MN : KM$, also $CK \cdot KM =$ [MN^2, d. h. $=$] $^1/_4\, FM^2$. Da hier CM, MF zwei ungleiche Strecken sind und man eine Fläche $= {^1/_4}\, FM^2$ an CM so angelegt hat, daß ein Quadrat fehlt, und die Strecke dabei in (linear) kommensurable zerfällt, übertrifft quadriert CM um das Quadrat einer ihm kommensurablen Strecke MF. Weder CM noch MF ist hier $\cap CD$, der zugrunde liegenden Rationalen. CF ist also eine Dritte Apotome (X, 84a: Def. 3) — S.

§ 100 (101; L. 76).

Legt man das Quadrat einer Minor an die Rationale an, so entsteht als Breite eine Vierte Apotome.

Die Minor sei AB, die Rationale CD. An die Rationale CD lege man $CE = AB^2$ an, so daß CF die Breite wird. Ich behaupte, daß CF eine Vierte Apotome ist.

Fig. s. § 97.

Zu AB sei BG die Ergänzung. Dann sind AG, GB quadriert inkommensurable Strecken, aus denen $AG^2 + GB^2$ rational und $2\,AG \cdot GB$ medial wird (X, 76: Def.). An CD lege man $CH = AG^2$ an, so daß CK die Breite wird, und $KL = BG^2$, so daß KM die Breite wird (I, 44). Dann ist das ganze Rechteck $CL = AG^2 + GB^2$. Nun ist $AG^2 + GB^2$ rational, also ist CL rational. Es ist der

Rationalen CD angelegt, so daß CM die Breite wird. Also ist CM rational und $\frown CD$ (X, 20). Da das ganze Rechteck $CL = AG^2 + GB^2$ und hierin $CE = AB^2$, ist der Rest $FL = 2\,AG \cdot GB$ (II, 7). Man halbiere FM im Punkte N und ziehe $NO \parallel CD$ oder ML durch N. Dann sind FO, NL beide $= AG \cdot GB$. Da ferner $2\,AG \cdot GB$ medial und $= FL$, ist FL medial. Es ist der Rationalen FE angelegt, so daß FM die Breite wird; also ist FM rational und $\smile CD$ (X, 22). Da hier $AG^2 + GB^2$ rational und $2\,AG \cdot GB$ medial ist, ist $AG^2 + GB^2 \smile 2\,AG \cdot GB$. Nun ist $CL = AG^2 + GB^2$ und $FL = 2\,AG \cdot GB$, also $CL \smile FL$. Aber $CL : FL = CM : MF$ (VI, 1); also ist $CM \smile MF$ (X, 11). Beide sind rational. CM, MF sind also nur quadriert kommensurable rationale Strecken. CF ist also eine Apotome.

Ich behaupte weiter, eine Vierte.

Da AG, GB quadriert inkommensurabel sind, ist $AG^2 \smile GB^2$. Hier ist $AG^2 = CH$ und $GB^2 = KL$, also $CH \smile KL$. Aber $CH : KL = CK : KM$ (VI, 1); also ist $CK \smile KM$ (X, 11). Da $AG \cdot GB$ Mittlere Proportionale zwischen AG^2, GB^2 ist (VI, 1) und $AG^2 = CH$, $GB^2 = KL$, $AG \cdot GB = NL$, ist NL Mittlere Proportionale zwischen CH, KL, also $CH : NL = NL : KL$. Nun ist $CH : NL = CK : NM$ und $NL : KL = NM : KM$ (VI, 1), also $CK : MN = MN : KM$ (V, 11), also $CK \cdot KM = MN^2$ (VI, 17), d. h. $= \frac{1}{4} FM^2$. Da hier CM, MF zwei ungleiche Strecken sind und man $CK \cdot KM = \frac{1}{4}\, MF^2$ an CM so angelegt hat, daß ein Quadrat fehlt, und die Strecke dabei in (linear) inkommensurable zerfällt, übertrifft quadriert CM um das Quadrat einer ihm inkommensurablen Strecke MF (X, 18). Auch ist die ganze Strecke $CM \frown CD$, der zugrunde liegenden Rationalen. CF ist also eine Vierte Apotome (X, 84a: Def. 4) — S.

§ 101 (102; L. 77).

Legt man das Quadrat einer Mit Rationalem mediale Summenfläche Ergebenden an die Rationale an, so entsteht als Breite eine Fünfte Apotome.

Die Mit Rationalem mediale Summenfläche Ergebende sei AB, die Rationale CD. An CD lege man $CE = AB^2$

an, so daß CF die Breite wird. Ich behaupte, daß CF eine Fünfte Apotome ist.

Zu AB sei BG die Ergänzung. Dann sind AG, GB quadriert inkommensurable Strecken, aus denen die Quadratsumme medial und das doppelte Rechteck rational wird (X, 77: Def.). An CD lege man (vgl. X, 100) $CH = AG^2$ und $KL = GB^2$ an. Dann ist das ganze Rechteck $CL = AG^2 + GB^2$. Nun ist $AG^2 + GB^2$ medial; also ist CL medial. Es ist der Rationalen CD angelegt, so daß CM die Breite wird. Also ist CM rational und $\cup CD$. Da das ganze Rechteck $CL = AG^2 + GB^2$ und hierin $CE = AB^2$, ist der Rest $FL = 2\,AG \cdot BG$. Man halbiere FM in N und ziehe $NO \parallel CD$ oder ML durch N. Dann sind FO, NL beide $= AG \cdot GB$. Da ferner $2\,AG \cdot GB$ rational und $= FL$, ist FL rational. Es ist der Rationalen EF angelegt, so daß FM die Breite wird; also ist FM rational und $\cap CD$. Da hier CL medial ist und FL rational, ist $CL \cup FL$. Aber $CL : FL = CM : MF$; also ist $CM \cup MF$. Beide sind rational. CM, MF sind also nur quadriert kommensurable rationale Strecken. CF ist also eine Apotome.

Fig. s. § 97.

Ich behaupte weiter, eine Fünfte.

Es läßt sich nämlich ähnlich zeigen, daß $CK \cdot KM = NM^2$, d. h. $= {}^1/_4\, FM^2$. Da hier $AG^2 \cup GB^2$, dabei $AG^2 = CH$, $GB^2 = KL$, ist $CH \cup KL$. Aber $CH : KL = CK : KM$; also ist $CK \cup KM$. Da hier CM, MF zwei ungleiche Strecken sind und man eine Fläche $= {}^1/_4\, FM^2$ an CM so angelegt hat, daß ein Quadrat fehlt, und die Strecke dabei in (linear) inkommensurable zerfällt, übertrifft quadriert CM um das Quadrat einer ihm inkommensurablen Strecke MF. Auch ist die Ergänzung $FM \cap CD$, der zugrunde liegenden Rationalen.

CF ist also eine Fünfte Apotome (X, 84a: Def. 5) — q. e. d.

§ 102 (103; L. 78).

Legt man das Quadrat einer Mit Medialem mediale Summenfläche Ergebenden an die Rationale an, so entsteht als Breite eine Sechste Apotome.

Die Mit Medialem mediale Summenfläche Ergebende sei AB, die Rationale CD. An CD lege man $CE = AB^2$ an, so daß CF die Breite wird. Ich behaupte, daß CF eine Sechste Apotome ist.

Fig. s. § 97.

Zu AB sei BG die Ergänzung. Dann sind AG, GB quadriert inkommensurable Strecken, aus denen die Quadratsumme medial und $2\,AG \cdot GB$ medial wird, ferner $AG^2 + GB^2 \smile 2\,AG \cdot GB$ (X, 78: Def.). An CD lege man nun (vgl. X, 100) $CH = AG^2$ an, so daß CK die Breite wird, und $KL = BG^2$. Dann ist das ganze Rechteck $CL = AG^2 + GB^2$, also CL medial. Es ist der Rationalen CD angelegt, so daß CM die Breite wird. Also ist CM rational und $\smile CD$. Da $CL = AG^2 + GB^2$ und hierin $CE = AB^2$, ist der Rest $FL = 2\,AG \cdot GB$. Nun ist $2\,AG \cdot GB$ medial; also ist FL medial. Es ist der Rationalen FE angelegt, so daß FM die Breite wird. Also ist FM rational und $\smile CD$. Da weiter $AG^2 + GB^2 \smile 2\,AG \cdot GB$ und $AG^2 + GB^2 = CL$, $2\,AG \cdot GB = FL$, ist $CL \smile FL$. Aber $CL : FL = CM : MF$; also ist $CM \smile MF$. Beide sind rational. CM, MF sind also nur quadriert kommensurable rationale Strecken. CF ist also eine Apotome.

Ich behaupte weiter, eine Sechste.

Da $FL = 2\,AG \cdot GB$, halbiere man FM in N und ziehe $NO \,||\, CD$ durch N. Dann sind FO, NL beide $= AG \cdot GB$. Da AG, GB quadriert inkommensurabel sind, ist $AG^2 \smile GB^2$. Nun ist $AG^2 = CH$ und $GB^2 = KL$, also $CH \smile KL$. Aber $CH : KL = CK : KM$; also ist $CK \smile KM$. Da $AG \cdot GB$ Mittlere Proportionale zwischen AG^2, GB^2 ist, ferner $AG^2 = CH$, $GB^2 = KL$, $AG \cdot GB = NL$, ist NL Mittlere Proportionale zwischen CH, KL, also $CH : NL = NL : KL$. Und aus denselben Gründen übertrifft quadriert CM um das Quadrat einer ihm inkommensurablen Strecke MF. Keine der beiden Strecken ist hier $\frown CD$, der zugrunde liegenden Rationalen.

CF ist also eine Sechste Apotome (X, 84a: Def. 6) — q. e. d.

§ 103 (104; L. 79).

Jede einer Apotome linear kommensurable Strecke ist eine Apotome, und zwar von derselben Ordnung.

Es sei AB eine Apotome, und $CD \frown AB$. Ich behaupte, daß auch CD eine Apotome ist, und zwar von derselben Ordnung wie AB.

Da AB eine Apotome ist, sei BE ihre Ergänzung. Dann sind AE, EB nur quadriert kommensurable rationale Strecken (X, 73: Def.). Man mache Verhältnis $AB : CD = BE : DF$ (VI, 12). Dann verhält sich wie ein einzelnes Glied zum einzelnen, so die Gesamtheit zur Gesamtheit (V, 12), also ganze Strecke AE : ganzer Strecke $CF = AB : CD$. Nun ist $AB \frown CD$, also auch AE mit CF und BE mit DF (linear) kommensurabel (X, 11). Hier sind AE, EB nur quadriert kommensurable rationale Strecken; also sind auch CF, FD nur quadriert kommensurable rationale Strecken (VI, 22; X, 11, 12, 13). [CD ist also eine Apotome.

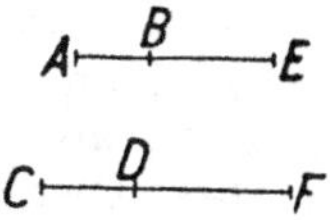

Ich behaupte weiter, auch von derselben Ordnung wie AB.]

Da $AE : CF = BE : DF$ (V, 11), ist, vertauscht, $AE : EB = CF : FD$ (V, 16). Quadriert übertrifft AE um das Quadrat einer Strecke, die ihm entweder kommensurabel ist oder inkommensurabel, EB. Übertrifft AE quadriert um das Quadrat einer ihm kommensurablen Strecke EB, dann muß auch CF quadriert um das Quadrat einer ihm kommensurablen Strecke FD übertreffen (X, 14). Wenn dabei $AE \frown$ der zugrunde liegenden Rationalen, dann ist es auch CF, wenn BE, dann auch DF, und wenn weder AE noch EB, dann auch weder CF noch FD (X, 12, 13). Übertrifft andererseits AE quadriert um das Quadrat einer ihm inkommensurablen Strecke EB, dann muß auch CF quadriert um das Quadrat einer ihm inkommensurablen Strecke FD übertreffen (X, 14). Wenn dabei $AE \frown$ der zugrunde liegenden Rationalen, dann ist es auch CF, wenn BE, dann auch DF, und wenn weder AE noch EB, dann auch weder CF noch FD (X, 12, 13).

CD ist also eine Apotome, und zwar von derselben Ordnung (X, 84a: Deff.) wie AB — q. e. d.

§ 104 (105; L. 80).

Jede einer Medialapotome kommensurable Strecke ist eine Medialapotome, und zwar von derselben Ordnung.

Es sei AB eine Medialapotome, und CD sei mit AB [linear] kommensurabel. Ich behaupte, daß auch CD eine Medialapotome ist, und zwar von derselben Ordnung wie AB.

Fig. s. § 103.

Da AB eine Medialapotome ist, sei EB ihre Ergänzung. Dann sind AE, EB nur quadriert kommensurable Medialen (X, 74: Def., 75: Def.). Man mache (vgl. X, 103) $AB : CD = BE : DF$. Dann ist auch AE mit CF, und BE mit DF kommensurabel. Hier sind AE, EB nur quadriert kommensurable Medialen; also sind auch CF, FD nur quadriert kommensurable Medialen (X, 23). CD ist also eine Medialapotome.

Ich behaupte weiter, auch von derselben Ordnung wie AB.

Da $AE : EB = CF : FD$ (V, 12, 16) [und $AE : EB = AE^2 : AE \cdot EB$ sowie $CF : FD = CF^2 : CF \cdot FD$ (VI, 1)], ist auch $AE^2 : AE \cdot EB = CF^2 : CF \cdot FD$ [und, vertauscht, $AE^2 : CF^2 = AE \cdot EB : CF \cdot FD$ (V, 16)]. Nun ist $AE^2 \frown CF^2$, also auch $AE \cdot EB \frown CF \cdot FD$ (X, 11). Wenn hier $AE \cdot EB$ rational ist, muß auch $CF \cdot FD$ rational sein; oder wenn $AE \cdot EB$ medial ist, ist auch $CF \cdot FD$ medial (X, 23 Zus.).

CD ist also eine Medialapotome, und zwar von derselben Ordnung wie AB (X, 74: Def., 75: Def.) — q. e. d.

§ 105 (106; L. 81).

Jede einer Minor kommensurable Strecke ist eine Minor.

Es sei AB eine Minor, und CD mit AB kommensurabel. Ich behaupte, daß auch CD eine Minor ist.

Fig. s. § 103.

Man mache es ebenso (vgl. X, 103). Da AE, EB quadriert inkommensurabel sind (X, 76: Def.), sind auch CF, FD quadriert inkommensurabel (X, 11). Da $AE : EB = CF : FD$ (V, 12, 16), ist auch $AE^2 : EB^2 = CF^2 : FD^2$ (VI, 22), also, verbunden, $(AE^2 + EB^2) : EB^2 = (CF^2 + FD^2) : FD^2$ (V, 18) [vertauscht gleichfalls]. Nun ist $BE^2 \frown DF^2$ (X, 11), also auch $AE^2 + EB^2 \frown CF^2 + FD^2$ (V, 16; X, 11). Hier ist $AE^2 + EB^2$ rational (X, 76: Def.); also ist auch $CF^2 + FD^2$ rational. Ebenso ist, da $AE^2 : AE \cdot EB = CF^2 : CF \cdot FD$ (VI, 1; V, 11) und dabei $AE^2 \frown CF^2$, auch $AE \cdot EB \frown CF \cdot FD$. Hier ist $AE \cdot EB$ medial (X, 76: Def.); also ist auch $CF \cdot FD$ medial (X, 23 Zus.). CF, FD sind also quadriert inkommensurable Strecken, aus denen die Quadratsumme rational und das Rechteck medial ist.

CD ist also eine Minor (X, 76: Def.) — q. e. d.

§ 106 (107; L. 82).

Jede einer Mit Rationalem mediale Summenfläche Ergebenden kommensurable Strecke ist eine Mit Rationalem mediale Summenfläche Ergebende.

Es sei AB eine Mit Rationalem mediale Summenfläche Ergebende, und CD mit AB kommensurabel. Ich behaupte, daß auch CD eine Mit Rationalem mediale Summenfläche Ergebende ist.

Fig. s. § 103.

Zu AB sei BE die Ergänzung. Dann sind AE, EB quadriert inkommensurable Strecken, aus denen $AE^2 + EB^2$ medial und das Rechteck rational wird (X, 77: Def.). Man konstruiere ebenso (vgl. X, 103). Dann läßt sich ähnlich wie oben (vgl. X, 105) zeigen, daß Verhältnis $CF : FD = AE : EB$, weiter $AE^2 + EB^2 \frown CF^2 + FD^2$ und $AE \cdot EB \frown CF \cdot FD$, so daß CF, FD quadriert inkommensurable Strecken sind, aus denen $CF^2 + FD^2$ medial und das Rechteck rational wird.

CD ist also eine Mit Rationalem mediale Summenfläche Ergebende (X, 77: Def.) — q. e. d.

§ 107 (108; L. 83).

Jede einer Mit Medialem mediale Summenfläche Ergebenden kommensurable Strecke ist selbst eine Mit Medialem mediale Summenfläche Ergebende.

Es sei AB ein Mit Medialem mediale Summenfläche Ergebende, und CD sei mit AB kommensurabel. Ich behaupte, daß auch CD eine Mit Medialem mediale Summenfläche Ergebende ist.

Fig. s. § 103.

Zu AB sei BE die Ergänzung. Man konstruiere ebenso (vgl. X, 103). Dann sind AE, EB quadriert inkommensurable Strecken, aus denen die Quadratsumme medial und das Rechteck medial wird, außerdem die Quadratsumme dem Rechteck inkommensurabel (X, 78: Def.). Und es sind, wie bewiesen (vgl. X, 104, 105), AE, EB mit CF, FD kommensurabel, ferner $AE^2 + EB^2 \frown CF^2 + FD^2$ und $AE \cdot EB \frown CF \cdot FD$. Also sind CF, FD quadriert inkommensurable Strecken, aus denen die Quadratsumme medial und das Rechteck medial wird, außerdem die Quadratsumme dem Rechteck inkommensurabel.

CD ist also eine Mit Medialem mediale Summenfläche Ergebende (X, 78: Def.) — q. e. d.

§ 108 (109; L. 84).

Durch Wegnehmen einer medialen Fläche von einer rationalen entsteht als Strecke, die quadriert die Restfläche ergibt, eine von zwei Irrationalen: entweder eine Apotome oder eine Minor.

Von einer rationalen Fläche BC nehme man eine mediale BD weg. Ich behaupte, daß als Strecke, die quadriert den Rest EC ergibt, eine von zwei Irrationalen entsteht: entweder eine Apotome oder eine Minor.

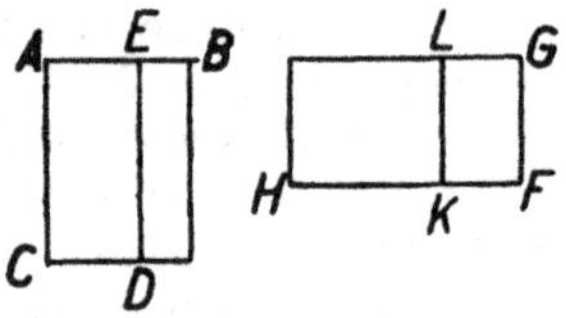

Zugrunde liege die Rationale FG. Man lege an FG das rechtwinklige Pgm. $GH = BC$ an und nehme $GK = DB$ weg (I, 44). Dann ist der Rest $EC = LH$. Da BC rational, BD medial ist und $BC = GH$, $BD = GK$, ist GH rational, GK medial. Sie sind der Rationalen FG angelegt. Also ist FH rational und $\frown FG$ (X, 20), FK rational und $\smile FG$ (X, 22). Also ist $FH \smile FK$ (X, 13). FH, FK sind also nur quadriert kommensurable rationale Strecken; also ist KH eine Apotome, KF ihre Ergänzung.

Nun übertrifft HF entweder um das Quadrat einer ihm kommensurablen Strecke FK, oder tut es nicht. Zunächst übertreffe es um das Quadrat einer kommensurablen Strecke. Dabei ist die ganze Strecke $HF \frown FG$, der zugrunde liegenden Rationalen. KH ist also eine Erste Apotome (X, 84a: Def. 1). Die Strecke, die quadriert das Rechteck aus der Rationalen und einer Ersten Apotome ergibt, ist aber eine Apotome (X, 91). Die Strecke, die quadriert LH, d. h. EC ergibt, ist also eine Apotome.

Wenn andererseits $H F$ quadriert um das Quadrat einer ihm inkommensurablen Strecke $F K$ übertrifft, während die ganze Strecke $F H \frown F G$, der zugrunde liegenden Rationalen, dann ist $K H$ eine Vierte Apotome (X, 84a: Def. 4). Die Strecke, die quadriert das Rechteck aus der Rationalen und einer Vierten Apotome ergibt, ist aber eine Minor (X, 94) — q. e. d.

§ 109 (110; L. 85).

Durch Wegnehmen einer rationalen Fläche von einer medialen entstehen zwei weitere irrationale Strecken: entweder eine Erste Medialapotome oder eine Mit Rationalem mediale Summenfläche Ergebende.

Von einer medialen Fläche $B C$ nehme man eine rationale $B D$ weg. Ich behaupte, daß als Strecke, die quadriert den Rest $E C$ ergibt, eine von zwei Irrationalen entsteht: entweder eine Erste Medialapotome oder eine Mit Rationalem mediale Summenfläche Ergebende.

Fig.. s. § 108.

Zugrunde liege die Rationale $F G$. Man lege die Flächen ähnlich an (vgl. X, 108). Entsprechend ist dann $F H$ rational und $\smile F G$, $K F$ rational und $\frown F G$. $F H$, $F K$ sind also nur quadriert kommensurable rationale Strecken; also ist $K H$ eine Apotome, $F K$ ihre Ergänzung.

Nun übertrifft quadriert $H F$ um das Quadrat einer Strecke, die ihm entweder kommensurabel oder inkommensurabel ist, $F K$. Übertrifft quadriert $H F$ um das Quadrat einer ihm kommensurablen Strecke $F K$, während die Ergänzung $F K \frown F G$, der zugrunde liegenden Rationalen, dann ist $K H$ eine Zweite Apotome (X, 84a: Def. 2). Nun ist $F G$ die Rationale, folglich die Strecke, die quadriert $L H$, d. h. $E C$ ergibt, eine Erste Medialapotome (X, 92).

Übertrifft andererseits quadriert $H F$ um das Quadrat einer inkommensurablen Strecke $F K$, während die Ergänzung $F K \frown F G$, der zugrunde liegenden Rationalen, dann ist $K H$ eine Fünfte Apotome (X, 84a: Def. 5), folglich die Strecke, die quadriert $E C$ ergibt, eine Mit Rationalem mediale Summenfläche Ergebende (X, 95) — q. e. d.

§ 110 (111; L. 86).

Durch Wegnehmen einer medialen, mit der ganzen inkommensurablen Fläche von einer medialen entstehen die beiden übrigen irrationalen Strecken: entweder eine Zweite Medialapotome oder eine Mit Medialem mediale Summenfläche Ergebende.

Wie in den vorangehenden Konstruktionen (vgl. X, 108) nehme man von der medialen Fläche BC die der ganzen inkommensurable mediale Fläche BD weg. Ich behaupte, daß die Strecke, die quadriert EC ergibt, eine von zwei Irrationalen ist: entweder eine Zweite Medialapotome oder eine Mit Medialem mediale Summenfläche Ergebende.

Fig. s. § 108.

Da BC, BD beide medial sind und $BC \smile BD$, müssen entsprechend FH, FK beide rational und $\smile FG$ sein. Da $BC \smile BD$, d. h. $GH \smile GK$, ist auch $HF \smile FK$ (VI, 1; X, 11). FH, FK sind also nur quadriert kommensurable rationale Strecken. KH ist also eine Apotome [FK ihre Ergänzung. Nun übertrifft quadriert FH um eine Strecke, die ihm entweder kommensurabel oder inkommensurabel ist, FK].

Übertrifft quadriert FH um das Quadrat einer ihm kommensurablen Strecke FK, während FH, FK beide nicht $\frown FG$, der zugrunde liegenden Rationalen, dann ist KH eine Dritte Apotome (X, 84a: Def. 3). Nun ist KL die Rationale. Das Rechteck aus der Rationalen und einer Dritten Apotome ist aber irrational, und die Strecke, die quadriert dasselbe ergibt, ist irrational und heißt Zweite Medialapotome (X, 93). Folglich ist die Strecke, die quadriert LH, d. h. EC ergibt, eine Zweite Medialapotome.

Übertrifft andererseits FH quadriert um das Quadrat einer ihm inkommensurablen Strecke FK, während HF, FK beide nicht $\frown FG$, dann ist KH eine Sechste Apotome (X, 84a: Def. 6). Die Strecke, die quadriert das Rechteck aus der Rationalen und einer Sechsten Apotome ergibt, ist aber eine Mit Medialem mediale Summenfläche Ergebende (X, 96). Die Strecke, die quadriert LH, d. h. EC ergibt, ist also eine Mit Medialem mediale Summenfläche Ergebende — q. e. d.

§ 111 (112; L. 87).

Eine Apotome fällt nicht mit einer Binomialen zusammen.

A B sei eine Apotome. Ich behaupte, daß *A B* nicht mit einer Binomialen zusammenfällt.

Wenn möglich, sei es nämlich der Fall. Zugrunde liege die Rationale *D C*. An *C D* lege man das Rechteck *C E* $= AB^2$ an, so daß *D E* die Breite wird (I, 44). Da *A B* eine Apotome, ist *D E* eine Erste Apotome (X, 97). Ihre Ergänzung sei *E F*. Dann sind *D F*, *F E* nur quadriert kommensurable rationale Strecken, *D F* übertrifft quadriert um das Quadrat einer ihm kommensurablen Strecke *F E*, und es ist $DF \frown DC$, der zugrunde liegenden Rationalen (X, 84a: Def. 1). Ebenso wäre, da *A B* eine Binomiale sein sollte, *D E* eine Erste Binomiale (X, 60). Es zerfalle in *G* in seine Glieder, *D G* sei das größere Glied. Dann wären *D G*, *G E* nur quadriert kommensurable rationale Strecken, *D G* überträfe quadriert um das Quadrat einer ihm kommensurablen Strecke *G E*, und es wäre das größere Glied $DG \frown DC$, der zugrunde liegenden Rationalen (X, 47a: Def. 1). Also wäre $DF \frown DG$ (X, 12), also auch der Rest $GF \frown DF$ (X, 15). [Da nun $DF \frown GF$ und *D F* rational ist, wäre auch *G F* rational.] Dabei ist $DF \smile EF$; also wäre auch $FG \smile EF$ (X, 13). *G F*, *F E* wären also nur quadriert kommensurable rationale Strecken. *E G* wäre also eine Apotome. Dabei sollte es rational sein. Dies ist unmöglich (X, 73) — S.

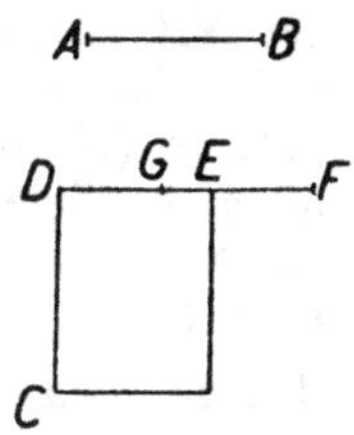

(§ 111a.)

(Zusammenfassung.)

[*Zusatz:*] Die Apotome und die auf sie folgenden Irrationalen sind weder mit der Medialen noch miteinander identisch.

Legt man nämlich das Quadrat einer Medialen an die Rationale an, so entsteht als Breite eine rationale, aber der, an die angelegt wurde, linear inkommensurable Strecke (X, 22). Legt man aber das Quadrat einer Apotome an die Rationale an, so entsteht als Breite eine Erste Apotome

(X, 97). Legt man das Quadrat einer Ersten Medialapotome an die Rationale an, so entsteht als Breite eine Zweite Apotome (X, 98). Legt man das Quadrat einer Zweiten Medialapotome an die Rationale an, so entsteht als Breite eine Dritte Apotome (X, 99). Legt man das Quadrat einer Minor an die Rationale an, so entsteht als Breite eine Vierte Apotome (X, 100). Legt man das Quadrat einer Mit Rationalem mediale Summenfläche Ergebenden an die Rationale an, so entsteht als Breite eine Fünfte Apotome (X, 101). Legt man das Quadrat einer Mit Medialem mediale Summenfläche Ergebenden an die Rationale an, so entsteht als Breite eine Sechste Apotome (X, 102).

Da die genannten Breiten sich aber von der ersten und untereinander unterscheiden — von der ersten, weil diese rational ist, und untereinander, weil sie nicht von derselben Ordnung sind (X, 84a: Deff.) — ist klar, daß sich auch die Irrationalen selbst untereinander unterscheiden. Da, wie bewiesen, eine Apotome mit einer Binomialen nicht zusammenfällt (X, 111), ferner bei Anlegung an die Rationale die Irrationalen nach der Apotome als Breite jede die der Ordnung nach entsprechende Apotome erzeugt und die Irrationalen nach der Binomialen die Binomialen gleichfalls der Ordnung nach entsprechend (X, 60—65), sind die Irrationalen nach der Apotome und die Irrationalen nach der Binomialen (X, 72a) verschieden, so daß man der Ordnung nach im ganzen 13 Irrationalen hat:

die Mediale,
die Binomiale,
die Erste Bimediale,
die Zweite Bimediale,
die Major,
die Quadriert Rationales plus Medialem Ergebende,
die Quadriert die Summe zweier Medialer Ergebende,
die Apotome,
die Erste Medialapotome,
die Zweite Medialapotome,
die Minor,
die Mit Rationalem mediale Summenfläche Ergebende,
die Mit Medialem mediale Summenfläche Ergebende.

§ 112 (113; L. 88).

[*Legt man das Quadrat einer Rationalen an eine Binomiale an, so entsteht als Breite eine Apotome, deren Glieder mit den Gliedern der Binomialen (linear) kommensurabel sind und in demselben Verhältnis stehen; ferner muß die entstehende Apotome von derselben Ordnung sein wie die Binomiale.*

Es sei a die Rationale, $B\,C$ die Binomiale, $D\,C$ ihr größeres Glied; ferner sei $a^2 = B\,C \cdot E\,F$ (I, 44). Ich behaupte, daß $E\,F$ eine Apotome ist, deren Glieder mit $C\,D$, $D\,B$ (linear) kommensurabel sind und in demselben Verhältnis stehen, und außerdem $E\,F$ von derselben Ordnung sein muß wie $B\,C$.

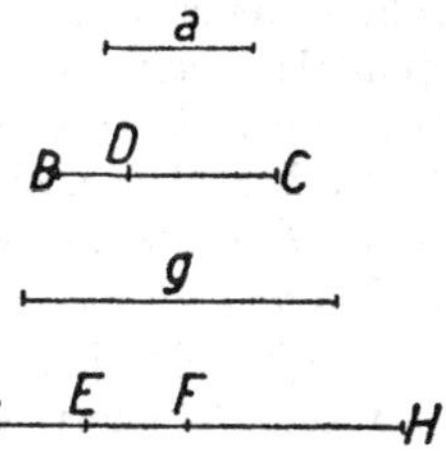

Es sei ebenso $a^2 = B\,D \cdot g$. Da dann $B\,C \cdot E\,F = B\,D \cdot g$, ist $C\,B : B\,D = g : E\,F$ (VI, 16). Hier ist $C\,B > B\,D$, also $g > E\,F$ (V, Def. 5). Nun sei $E\,H = g$. Dann ist $C\,B : B\,D = H\,E : E\,F$, also, getrennt (V, 17), $C\,D : B\,D = H\,F : F\,E$. Man mache $H\,F : F\,E = F\,K : K\,E$ (V, 17; VI, 12). Dann ist auch die ganze Strecke $H\,K$: der ganzen $K\,F = F\,K : K\,E$; denn alle Vorderglieder zusammen verhalten sich zu allen Hintergliedern zusammen wie das einzelne Vorderglied zum einzelnen Hinterglied (V, 12). Hier ist $F\,K : K\,E = C\,D : D\,B$, also $K\,H : K\,F = C\,D : D\,B$. Nun ist $C\,D^2 \frown D\,B^2$ (X, 36: Def.), also auch $H\,K^2 \frown K\,F^2$ (VI, 22; X, 11). Ferner ist $H\,K^2 : K\,F^2 = H\,K : K\,E$, da die drei Strecken $H\,K$, $K\,F$, $K\,E$ eine Proportion bilden (VI, 20 Zus.). Also ist $H\,K \frown K\,E$ (X, 11), folglich auch $H\,E \frown E\,K$ (X, 15). Da $a^2 = E\,H \cdot B\,D$ und a^2 rational, ist $E\,H \cdot B\,D$ rational. Es ist der rationalen Strecke $B\,D$ angelegt. Also ist $E\,H$ rational und $\frown B\,D$ (X, 20); folglich ist auch die mit jenem (linear) kommensurable Strecke $E\,K$ rational und $\frown B\,D$ (X, 12). Da $C\,D : D\,B = F\,K : K\,E$ und $C\,D$, $D\,B$ nur quadriert kommensurabel sind, sind auch $F\,K$, $K\,E$ nur quadriert kommensurabel (X, 11). Hier ist $K\,E$ rational, also auch $F\,K$ rational. $F\,K$, $K\,E$ sind also nur quadriert kommensurable rationale Strecken, $E\,F$ also eine Apotome (X, 73: Def.).

Nun übertrifft CD quadriert um das Quadrat einer Strecke, die ihm entweder kommensurabel oder inkommensurabel ist, DB. Übertrifft CD quadriert um das Quadrat einer [ihm] kommensurablen Strecke DB, dann muß auch FK quadriert um das Quadrat einer ihm kommensurablen Strecke KE übertreffen (X, 14). Wenn dabei $CD \frown$ der zugrunde liegenden Rationalen, dann ist es auch FK; wenn BD, dann KE; wenn weder CD noch DB, dann auch weder FK noch KE (X, 11, 12, 13).

Übertrifft CD quadriert um das Quadrat einer ihm inkommensurablen Strecke DB, dann muß auch FK quadriert um das Quadrat einer ihm inkommensurablen Strecke KE übertreffen. Wenn dabei $CD \frown$ der zugrunde liegenden Rationalen, dann ist es auch FK; wenn BD, dann KE; wenn weder CD noch DB, dann auch weder FK noch KE.

Folglich ist FE eine Apotome, deren Glieder FK, KE mit den Gliedern CD, DB der Binomialen (linear) kommensurabel sind und in demselben Verhältnis stehen; und sie ist von derselben Ordnung wie BC (X, 47a: Deff., 84a: Deff.) — q. e. d.]

§ 113 (114; L. 89).

[*Legt man das Quadrat einer Rationalen an eine Apotome an, so entsteht als Breite eine Binomiale, deren Glieder mit den Gliedern der Apotome (linear) kommensurabel sind und in demselben Verhältnis stehen; ferner ist die entstehende Binomiale von derselben Ordnung wie die Apotome.*

Es sei a die Rationale, BD die Apotome, ferner $a^2 = BD \cdot KH$ (I, 44), so daß durch Anlegen des Quadrats über der Rationalen a an die Apotome BD die Breite KH entsteht. Ich behaupte, daß KH eine Binomiale ist, deren Glieder mit den Gliedern von BD (linear) kommensurabel sind und in demselben Verhältnis stehen, und außerdem KH von derselben Ordnung ist wie BD.

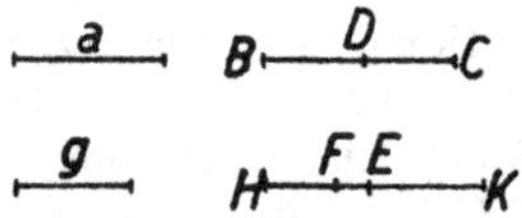

Zu BD sei DC die Ergänzung. Dann sind BC, CD nur quadriert kommensurable rationale Strecken (X, 73:

Def.). Es sei $a^2 = BC \cdot g$. Hier ist a^2 rational. Also ist $BC \cdot g$ rational. Es ist der rationalen Strecke BC angelegt. Also ist g rational und $\frown BC$ (X, 20). Da $BC \cdot g = BD \cdot KH$, so stehen in Proportion $CB : BD = KH : g$ (VI, 16). Hier ist $BC > BD$, also $KH > g$ (V, Def. 5). Man mache $KE = g$. Dann ist $KE \frown BC$. Da $CB : BD = HK : KE$, ist, umgewendet (V, Def. 16), $BC : CD = KH : HE$. Man mache $KH : HE = HF : FE$ (V, 18; VI, 12). Dann ist auch der Rest $KF : FH = KH : HE$ (V, 19), d. h. $= BC : CD$. Nun sind BC, CD nur quadriert kommensurabel, also sind auch KF, FH nur quadriert kommensurabel (X, 11). Da hier $KH : HE = KF : FH$ und $KH : HE = HF : FE$, ist $KF : FH = HF : FE$, so daß sich auch das Quadrat über der ersten Strecke zum Quadrat über der zweiten verhält wie die erste Strecke zur dritten (VI, 20 Zus.). Also ist $KF : FE = KF^2 : FH^2$. Nun ist $KF^2 \frown FH^2$; denn KF, FH sind quadriert kommensurabel. Also ist $KF \frown FE$ (X, 11), folglich $KF \frown KE$ (X, 15). Hier ist KE rational und $\frown BC$, also auch KF rational und $\frown BC$ (X, 12). Da $BC : CD = KF : FH$, ist, vertauscht (V, 16), $BC : KF = DC : FH$. Nun ist $BC \frown KF$, also auch $FH \frown CD$ (X, 11). BC, CD sind aber nur quadriert kommensurable rationale Strecken. Also sind auch KF, FH nur quadriert kommensurable rationale Strecken (X, 11). KH ist also eine Binomiale (X, 36: Def.).

Übertrifft hier quadriert BC um das Quadrat einer ihm kommensurablen Strecke CD, dann muß auch KF quadriert um das Quadrat einer ihm kommensurablen Strecke FH übertreffen (X, 14). Wenn dabei $BC \frown$ der zugrunde liegenden Rationalen, dann ist es auch KF; wenn $CD \frown$ der zugrunde liegenden Rationalen, dann ist es auch FH; wenn weder BC noch CD, dann weder KF noch FH (X, 11, 12, 13).

Übertrifft BC quadriert um das Quadrat einer ihm inkommensurablen Strecke CD, dann muß auch KF quadriert um das Quadrat einer ihm inkommensurablen Strecke FH übertreffen. Wenn dabei $BC \frown$ der zugrunde liegenden Rationalen, dann ist es auch KF; wenn CD, dann auch FH; wenn weder BC noch CD, dann weder KF noch FH.

KH ist also eine Binomiale, deren Glieder KF, FH mit den Gliedern BC, CD der Apotome (linear) kommensurabel sind und in demselben Verhältnis stehen; außerdem muß KH von derselben Ordnung sein wie BD (X, 47a: Deff., 84a: Deff.) — q. e. d.]

§ 114 (115; L. 90).

[*Wird eine Fläche von einer Apotome und einer Binomialen, deren Glieder mit den Gliedern der Apotome (linear) kommensurabel sind und in demselben Verhältnis stehen, umfaßt, dann ist die Strecke, die quadriert die Fläche ergibt, rational.*

Die Fläche $AB \cdot CD$ werde umfaßt von der Apotome AB und der Binomialen CD, deren größeres Glied CE sei; und die Glieder CE, ED der Binomialen sollen mit den Gliedern AF, FB der Apotome (linear) kommensurabel sein und in demselben Verhältnis stehen; ferner sei g die Strecke, die quadriert $AB \cdot CD$ ergibt. Ich behaupte, daß g rational ist.

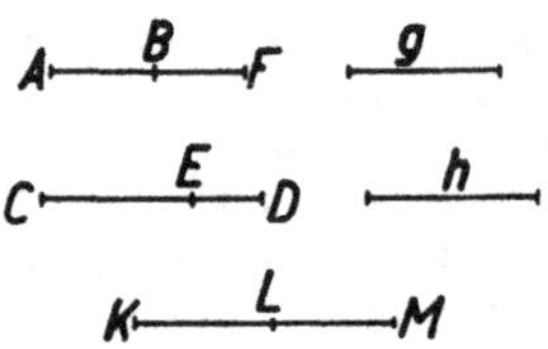

Zugrunde liege die Rationale h. Man lege an CD eine Fläche $= h^2$ an, so daß KL die Breite wird (I, 44). Dann ist KL eine Apotome, deren Glieder KM, ML seien, $\frown$ den Gliedern CE, ED der Binomialen und in demselben Verhältnis (X, 112). Weiter sind CE, $ED \frown AF$, FB und stehen in demselben Verhältnis. Also ist $AF : FB = KM : ML$ (V, 11), also, vertauscht (V, 16), $AF : KM = BF : LM$, also Rest AB : Rest $KL = AF : KM$ (V, 19). Hier ist $AF \frown KM$ (X, 12), also $AB \frown KL$ (X, 11). Nun ist $AB : KL = CD \cdot AB : CD \cdot KL$ (VI, 1), also $CD \cdot AB \frown CD \cdot KL$ (X, 11). Aber $CD \cdot KL = h^2$, also ist $CD \cdot AB \frown h^2$. Aber $CD \cdot AB = g^2$, also $g^2 \frown h^2$. Hier ist h^2 rational, also g^2 rational, also g rational (X, Def. 3). Dabei ergibt es quadriert $CD \cdot AB$ — S.

Zusatz: Hierbei ist uns die Möglichkeit deutlich geworden, daß eine rationale Fläche von irrationalen Strecken umfaßt werden kann — q. e. d.]

§ 115 (116; L. 91).

[*Von der Medialen aus lassen sich unendlichviele Irrationalen gewinnen, deren keine mit einer der früheren zusammenfällt.*

a sei eine Mediale. Ich behaupte, daß sich von der Medialen *a* aus unendlichviele Irrationalen gewinnen lassen, deren keine mit einer der früheren zusammenfällt.

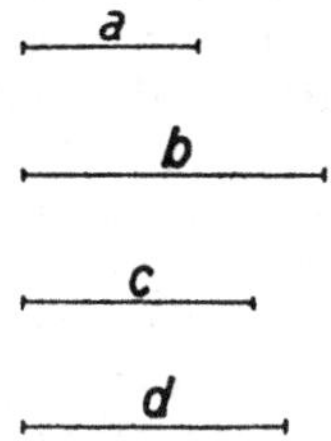

Zugrunde liege die Rationale *b*. Es sei $b \cdot a = c^2$ (II, 14). Dann ist *c* eine Irrationale; denn das Rechteck aus einer Irrationalen (X, 21) und der Rationalen ist irrational (X, 20). Die Irrationale fällt mit keiner der früheren zusammen. Denn aus keiner der früheren Irrationalen entsteht bei Anlegung des Quadrats an die Rationale als Breite eine Mediale (X, 22, 60—65, 97—102).

Ebenso sei $b \cdot c = d^2$. Dann ist d^2 irrational, also *d* eine Irrationale und mit keiner der früheren identisch. Denn aus keiner der früheren Irrationalen entsteht bei Anlegung des Quadrats an die Rationale als Breite *c*. Wenn man diese Reihe ähnlich ins unendliche fortschreiten läßt, wird deutlich, daß sich von der Medialen aus unendlichviele Irrationalen gewinnen lassen, deren keine mit einer der früheren zusammenfällt — q. e. d.]

(§ 115a) (117; L. 92).

[*Man soll zeigen, daß in jedem Quadrat die Diagonale der Seite linear inkommensurabel ist.*

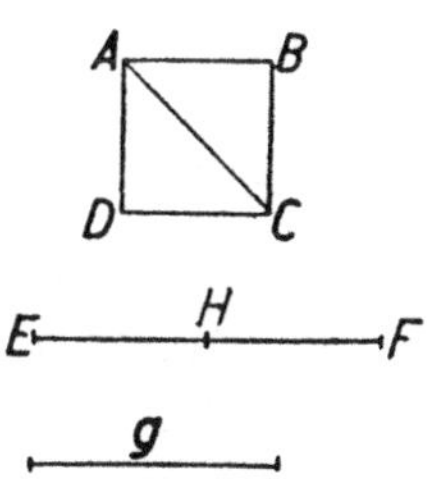

Es sei $ABCD$ ein Quadrat, AC seine Diagonale. Ich behaupte, daß $CA \cup AB$.

Wenn möglich, sei es nämlich (linear) kommensurabel. Ich behaupte, dann muß herauskommen, daß dieselbe Zahl gerade und ungerade wäre.

Offenbar ist $AC^2 = 2\,AB^2$ (I, 47). Da $CA \cap AB$, hätte CA zu AB ein Verhältnis wie eine Zahl zu einer Zahl (X, 5). Das Verhältnis sei $EF : g$; hier seien EF, g die kleinsten unter den Zahlen, die dasselbe Verhältnis haben wie sie (VII, 33). Dann ist EF nicht die Einheit. Wäre nämlich EF die Einheit und hätte zu g das Verhältnis $= AC : AB$, wo $AC > AB$, dann wäre $EF >$ eine Zahl, nämlich g (V, Def. 5). Dies wäre Unsinn. EF ist also nicht die Einheit, wäre also eine Zahl. Da $CA : AB = EF : g$, wäre auch $CA^2 : AB^2 = EF^2 : g^2$ (VI, 20 Zus.; VIII, 11). Aber $CA^2 = 2\,AB^2$, also wäre auch $EF^2 = 2\,g^2$ (V, Def. 5), also EF^2 gerade (VII, Def. 6). Folglich wäre auch EF selbst gerade; wäre es nämlich ungerade, so wäre auch sein Quadrat ungerade, da, wenn man beliebigviele ungerade Zahlen zusammensetzt und ihre Anzahl ungerade ist, auch die Summe ungerade ist (IX, 23). EF wäre also gerade; man halbiere es in H. Da EF, g die kleinsten von den Zahlen sein sollten, die dasselbe Verhältnis haben, wären sie gegeneinander prim (VII, 22). Hier wäre EF gerade, also g ungerade; denn wenn es gerade wäre, mäße die Zwei die Zahlen EF, g — jede gerade Zahl hat ja eine Hälfte — während sie gegeneinander prim sein sollten; dies ist unmöglich. g ist also nicht gerade, wäre also ungerade. Da $EF = 2\,EH$, wäre $EF^2 = 4\,EH^2$. Nun war $EF^2 = 2\,g^2$, also wäre $g^2 = 2\,EH^2$. Also wäre g^2 gerade, also nach dem Gesagten g gerade. Dabei war es ungerade. Dies ist unmöglich. Also ist CA nicht $\frown AB$ — q. e. d.]

XI. Buch.

Definitionen.

1. *Ein* ***Körper*** *ist, was Länge, Breite und Tiefe hat.*

2. *Eine Begrenzung eines Körpers ist eine Fläche.*

3. *Eine* ***gerade Linie*** *ist* ***zu*** *einer* ***Ebene senkrecht,*** *wenn sie mit allen sie treffenden geraden Linien, die in der Ebene liegen, rechte Winkel bildet.*

4. *Eine* ***Ebene*** *ist* ***zu*** *einer* ***Ebene senkrecht,*** *wenn die geraden Linien, die sich rechtwinklig zur Schnittlinie der Ebenen in der einen Ebene ziehen lassen, zur anderen Ebene senkrecht sind.*

5. [*Die* ***Neigung einer geraden Linie gegen eine Ebene*** *ist der Winkel, der, wenn man vom oberen Ende der geraden Linie auf die Ebene das Lot fällt und von dem entstandenen Punkte zum in der Ebene gelegenen Ende der geraden Linie die Verbindungsstrecke zieht, von der gezogenen und der stehenden Linie umfaßt wird.*]

6. [*Die* ***Neigung einer Ebene gegen eine Ebene*** *ist der spitze Winkel, der von den Senkrechten, die man in demselben Punkt auf der Schnittlinie in beiden Ebenen errichtet, umfaßt wird*].

7. [*Man sagt, eine Ebene sei gegen eine Ebene* ***ähnlich geneigt*** *wie eine andere gegen eine andere, wenn die besprochenen Neigungswinkel einander gleich sind.*]

8. ***Parallel*** *sind* ***Ebenen,*** *die einander nie treffen.*

9. ***Ähnlich*** *sind* ***Körper,*** *die von ähnlichen ebenen Flächen in gleicher Anzahl umfaßt werden.*

10. ***Gleich und ähnlich*** *sind* ***Körper,*** *die von ähnlichen ebenen Flächen in gleicher Anzahl und Größe umfaßt werden.*

11. *Ein* ***Körperlicher Winkel (Ecke)*** *ist die von mehr als zwei einander treffenden, aber nicht in derselben Fläche liegenden Linien an der Gesamtheit der Linien erzeugte Neigung.*

Oder: Eine Ecke ist ein von mehr als zwei ebenen Winkeln, die nicht in derselben Ebene liegen, aber an einem Punkte zusammengesetzt sind, umfaßter Winkel.

12. *Eine* ***Pyramide*** *ist ein von ebenen Flächen umfaßter Körper, der von einer Fläche zu einem Punkte zusammengeht.*

13. *Ein* ***Prisma*** *ist ein Körper, der von ebenen Flächen umfaßt wird, von denen die zwei gegenüberliegenden gleich und ähnlich sind und parallel, die übrigen Parallelogramme.*

14. *Eine* ***Kugel*** *ist der Körper, der umschlossen wird, wenn ein Halbkreis, während sein Durchmesser fest bleibt, durch Herumführen wieder in dieselbe Lage zurückgebracht wird, von der er ausging.*

15. ***Achse*** *der Kugel ist die festbleibende gerade Linie, um die sich der Halbkreis dreht.*

16. ***Mittelpunkt*** *ist bei der Kugel derselbe Punkt wie beim Halbkreise.*

17. ***Durchmesser*** *der Kugel ist jede durch den Mittelpunkt gezogene, auf beiden Seiten von der Kugelfläche begrenzte Strecke.*

18. *Ein* ***Kegel*** *ist der Körper, der umschlossen wird, wenn ein rechtwinkliges Dreieck, während eine der Seiten um den rechten Winkel fest bleibt, durch Herumführen wieder in dieselbe Lage zurückgebracht wird, von der es ausging.*

Wenn hier die festbleibende Seite der herumgeführten anderen Seite am rechten Winkel gleich ist, muß der Kegel ein ***rechtwinkliger*** *sein, wenn kleiner, ein* ***stumpfwinkliger,*** *und wenn größer, ein* ***spitzwinkliger.***

19. ***Achse*** *des Kegels ist die festbleibende gerade Linie, um die sich das Dreieck dreht.*

20. ***Grundfläche*** *ist der Kreis, der von der herumgeführten Strecke beschrieben wird.*

21. *Ein* ***Zylinder*** *ist der Körper, der umschlossen wird, wenn ein rechtwinkliges Parallelogramm, während eine der Seiten um den rechten Winkel fest bleibt, durch Herumführen wieder in dieselbe Lage zurückgebracht wird, von der es ausging.*

22. ***Achse*** *des Zylinders ist die festbleibende gerade Linie, um die sich das Parallelogramm dreht.*

23. ***Grundflächen*** *sind die Kreise, die von den beiden herumgeführten gegenüberliegenden Seiten beschrieben werden.*

24. ***Ähnlich*** *sind* ***Kegel*** *oder* ***Zylinder,*** *bei denen die Achsen und Grundflächendurchmesser in Proportion stehen.*

25. [*Ein* ***Würfel*** *ist der Körper, der von sechs gleichen Quadraten umfaßt wird.*]

26. (27) [*Ein* ***Oktaeder*** *ist der Körper, der von acht gleichen gleichseitigen Dreiecken umfaßt wird.*]

27. (29) [*Ein* ***Ikosaeder*** *ist der Körper, der von zwanzig gleichen gleichseitigen Dreiecken umfaßt wird.*]

28. [*Ein* ***Dodekaeder*** *ist der Körper, der von zwölf gleichen gleichseitigen und gleichwinkligen Fünfecken umfaßt wird.*]

§ 1 (L. 1).

Es ist nicht möglich, daß von einer geraden Linie ein Teil in der Grundebene und ein Teil darüber liegt.

Wenn möglich, liege nämlich von der geraden Linie *A B C* ein Teil *A B* in der Grundebene und ein Teil *B C* darüber.

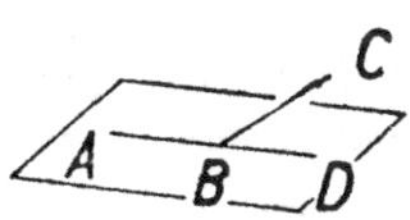

Dann muß es in der Grundebene eine gerade Linie geben, die *A B* zusammenhängend gerade fortsetzt (I, Post. 2). Sie sei *B D*; dann wäre *A B* gemeinsamer Abschnitt der zwei geraden Linien *A B C*, *A B D*; und dies ist doch unmöglich (I, Post. 2) [da ja, wenn man mit dem Mittelpunkt *B* und dem Abstande *A B* den Kreis zeichnete (XI, 2; I, Post. 3), die Durchmesser ungleiche Kreisbogen abschneiden würden (I, Def. 17)] — S.

§ 2 (L. 2).

Wenn zwei gerade Linien einander schneiden, liegen sie in einer Ebene; und jedes Dreieck liegt in einer Ebene.

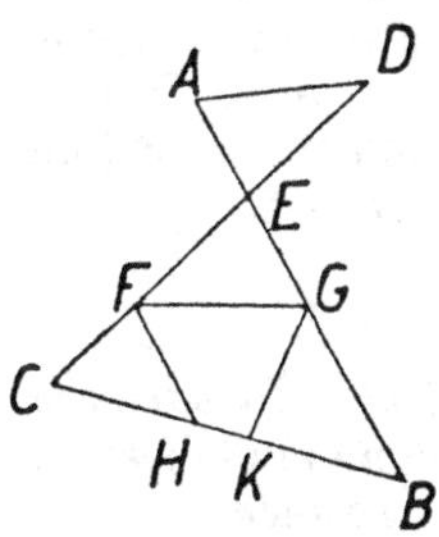

Zwei gerade Linien *A B*, *C D* mögen einander im Punkte *E* schneiden. Ich behaupte, daß *A B*, *C D* in einer Ebene liegen, und daß jedes Dreieck in einer Ebene liegt.

Man nehme auf *E C*, *E B* beliebige Punkte *F*, *G*, verbinde *C* mit *B*, *F* mit *G*, und ziehe *F H*, *G K* hindurch (I, Post. 1).

Ich behaupte zunächst, daß das Dreieck *E C B* (I, Def. 19) in einer Ebene liegt. Würde nämlich von dem Dreieck *E C B* ein Teil, etwa *F H C* oder *G B K* in der Grundebene liegen und der Rest in einer anderen, dann müßte auch von einer der Strecken $E C$, $E B$ ein Teil in der Grundebene liegen, ein Teil in einer anderen. Und läge vom Dreieck $E C B$ der Teil $F C B G$ in der Grundebene und der Rest in einer anderen, dann müßte von beiden Strecken $E C$, $E B$ je ein Teil in der Grundebene liegen, ein Teil in einer anderen; wie bewiesen, wäre dies Unsinn (XI, 1). Also liegt das Dreieck $E C B$ in einer Ebene.

In der Ebene, in der das Dreieck $E C B$ liegt, liegt auch sowohl $E C$ als $E B$; und in der Ebene, in der $E C$, $E B$ beide liegen, liegen auch $A B$ und $C D$ (XI, 1).

Die geraden Linien $A B$, $C D$ liegen also in einer Ebene; und jedes Dreieck liegt in einer Ebene — q. e. d.

§ 3 (L. 3).

Wenn zwei Ebenen einander schneiden, ist ihr Schnittgebilde eine gerade Linie.

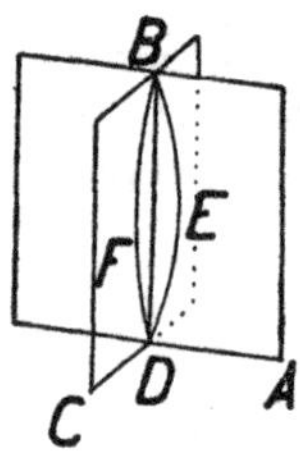

Zwei Ebenen $A B$, $B C$ mögen einander schneiden; ihr Schnittgebilde sei die Linie $D B$. Ich behaupte, daß die Linie $D B$ gerade ist.

Anderenfalls ziehe man von D nach B in der Ebene $A B$ die Verbindungsstrecke $D E B$ und in der Ebene $B C$ die Verbindungsstrecke $D F B$ (I, Post. 1). Die beiden Strecken $D E B$, $D F B$ hätten dann dieselben Enden und müßten offenbar einen Flächenraum umfassen; dies wäre Unsinn. $D E B$, $D F B$ wären also nicht gerade. Ähnlich läßt sich zeigen, daß auch sonst keine D mit B verbindende Linie gerade sein kann außer dem Schnittgebilde der Ebenen $A B$, $B C$, d. h. $D B$ — S.

§ 4 (L. 4).

Errichtet man zu zwei einander schneidenden Geraden senkrecht im Schnittpunkt eine gerade Linie, dann muß diese auch auf der durch jene gelegten Ebene senkrecht stehen.

Eine gerade Linie $E F$ stehe auf den zwei einander im Punkte E schneidenden Geraden $A B$, $C D$ in E senkrecht. Ich behaupte, daß $E F$ auch auf der Ebene durch $A B$, $C D$ senkrecht steht.

Man trage $A\,E$, $E\,B$, $C\,E$, $E\,D$ einander gleich ab, ziehe durch E beliebig (XI, 2) die gerade Linie $G\,E\,H$, ferner die Strecken $A\,D$, $C\,B$ und von dem beliebigen Punkte F noch $F\,A$, $F\,G$, $F\,D$, $F\,C$, $F\,H$, $F\,B$.

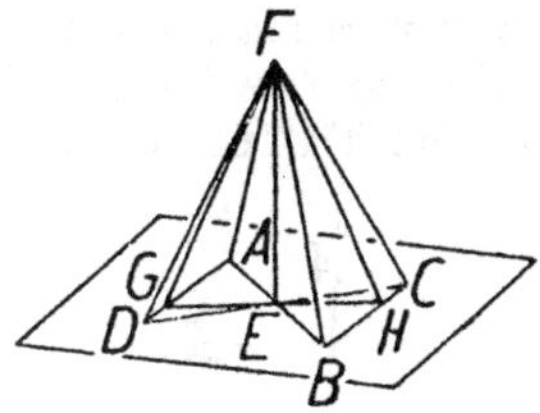

Da die beiden Seiten $A\,E$, $E\,D$ den beiden Seiten $C\,E$, $E\,B$ gleich sind und gleiche Winkel umfassen (I, 15), ist auch die Grundlinie $A\,D$ der Grundlinie $C\,B$ gleich und muß das Dreieck $A\,E\,D$ dem Dreieck $C\,E\,B$ gleich sein, folglich auch $\angle\,D\,A\,E = \angle\,E\,B\,C$ (I, 4). Aber auch $\angle\,A\,E\,G = B\,E\,H$. Hier sind $A\,G\,E$, $B\,E\,H$ zwei Dreiecke, in denen zwei Winkel zwei Winkeln entsprechend gleich sind und eine Seite einer Seite, nämlich die den gleichen Winkeln anliegenden $A\,E = E\,B$; dann müssen in ihnen auch die übrigen Seiten den übrigen Seiten gleich sein (I, 26). Also sind $G\,E = E\,H$, $A\,G = B\,H$. Und da $A\,E = E\,B$, dabei $F\,E$ gemeinsam und senkrecht, ist Grdl. $F\,A$ = Grdl. $F\,B$ (I, 4). Aus demselben Grunde ist auch $F\,C = F\,D$. Da $A\,D = C\,B$, aber auch $F\,A = F\,B$, sind zwei Seiten $F\,A$, $A\,D$ zwei Seiten $F\,B$, $B\,C$ entsprechend gleich; ferner, wie bewiesen, Grdl. $F\,D$ = Grdl. $F\,C$. Also ist auch $\angle\,F\,A\,D = \angle\,F\,B\,C$ (I, 8). Da andererseits, wie bewiesen, $A\,G = B\,H$, aber auch $F\,A = F\,B$, sind zwei Seiten $F\,A$, $A\,G$ zwei Seiten $F\,B$, $B\,H$ gleich; und, wie bewiesen, $\angle\,F\,A\,G = F\,B\,H$; also ist Grdl. $F\,G$ = Grdl. $F\,H$ (I, 4). Da andererseits, wie bewiesen, $G\,E = E\,H$, dabei $E\,F$ gemeinsam, sind zwei Seiten $G\,E$, $E\,F$ zwei Seiten $H\,E$, $E\,F$ gleich; ferner Grdl. $F\,G$ = Grdl. $F\,H$; also ist $\angle\,G\,E\,F = \angle\,H\,E\,F$ (I, 8). $\angle\,G\,E\,F$ und $H\,E\,F$ sind also beide Rechte (XI, 2; I, Def. 10). $F\,E$ steht also auf der geraden Linie $G\,H$, die durch E beliebig gezogen ist, senkrecht.

Ähnlich läßt sich zeigen, daß $F\,E$ mit allen es treffenden geraden Linien, die in der Grundebene liegen, rechte Winkel bildet. Eine gerade Linie ist aber zu einer Ebene senkrecht, wenn sie mit allen sie treffenden geraden Linien, die in derselben Ebene liegen, rechte Winkel bildet (XI, Def. 3). Also steht $F\,E$ auf der Grundebene senkrecht. Die Grundebene ist aber die durch die Geraden $A\,B$, $C\,D$. Also steht $F\,E$ auf der Ebene durch $A\,B$, $C\,D$ senkrecht — S.

§ 5 (L. 5).

Läßt sich zu drei einander treffenden Geraden senkrecht im Schnittpunkt eine gerade Linie errichten, dann liegen die drei Geraden in einer Ebene.

Eine gerade Linie $A\,B$ stehe auf drei Geraden $B\,C$, $B\,D$, $B\,E$ im Treffpunkt B senkrecht. Ich behaupte, daß $B\,C$, $B\,D$, $B\,E$ in einer Ebene liegen.

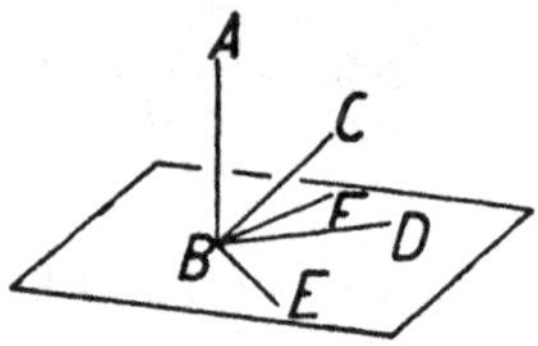

Sei es nicht so; sondern, wenn möglich, mögen zwar $B\,D$, $B\,E$ in der Grundebene liegen, $B\,C$ aber darüber. Man erweitere die durch $A\,B$, $B\,C$ gehende (XI, 2) Ebene; als Schnitt erzeugt sie dann in der Grundebene eine gerade Linie (XI, 3), diese sei $B\,F$. Die drei Geraden $A\,B$, $B\,C$, $B\,F$ liegen dann in einer Ebene, nämlich der durch $A\,B$, $B\,C$ gelegten.

Da $A\,B \perp$ sowohl $B\,D$ als $B\,E$, steht $A\,B$ auch auf der Ebene durch $B\,D$, $B\,E$ senkrecht (XI, 4). Die Ebene durch $B\,D$, $B\,E$ ist aber die Grundebene, $A\,B$ also zur Grundebene senkrecht, so daß $A\,B$ mit allen es treffenden Geraden, die in der Grundebene liegen, rechte Winkel bildet (XI, Def. 3). Nun träfe es die Gerade $B\,F$, die in der Grundebene liegen sollte; also wäre $\angle\, A\,B\,F$ ein Rechter. Nach Voraussetzung ist aber auch $\angle\, A\,B\,C$ ein Rechter; also wäre $\angle\, A\,B\,F = A\,B\,C$ (I, Post. 4); dabei lägen sie in einer Ebene; dies ist unmöglich (I, Ax. 8). Die Gerade $B\,C$ kann also nicht in einer höheren Ebene liegen; so liegen die drei Geraden $B\,C$, $B\,D$, $B\,E$ in einer Ebene — S.

§ 6 (L. 6).

Wenn zwei Geraden auf derselben Ebene senkrecht stehen, müssen sie parallel sein.

Die beiden Geraden $A\,B$, $C\,D$ mögen auf der Grundebene senkrecht stehen. Ich behaupte, daß $A\,B \parallel C\,D$.

Sie mögen die Grundebene in den Punkten B, D treffen. Man ziehe die Strecke $B\,D$, ferner $D\,E$ in der Grundebene $\perp B\,D$ (I, 11), mache $D\,E = A\,B$ und ziehe $B\,E$, $A\,E$, $A\,D$.

$A\,B$ bildet, da es auf der Grundebene senkrecht steht, mit allen es treffenden Geraden, die in der Grundebene liegen, rechte Winkel (XI, Def. 3). *B D*, *B E* treffen beide *A B* und liegen dabei in der Grundebene; also sind ∠ *A B D*, *A B E* beide Rechte. Aus demselben Grunde sind auch *C D B*, *C D E* beide Rechte. Da ferner *A B* = *D E* und *B D* gemeinsam, sind zwei Seiten *A B*, *B D* zwei Seiten *E D*, *D B* gleich; dabei umfassen sie rechte Winkel; also ist Grdl. *A D* = Grdl. *B E* (I, 4). Und da *A B* = *D E* sowie *A D* = *B E*, sind zwei Seiten *A B*, *B E* zwei Seiten *E D*, *D A* gleich; ihre Grundlinie *A E* ist gemeinsam; also ∠ *A B E* = ∠ *E D A* (I, 8). Nun ist *A B E* ein Rechter, also auch *E D A* ein Rechter, also *E D* ⊥ *D A*. Es ist aber auch ⊥ *B D* und ⊥ *D C*. *E D* steht also auf den drei Geraden *B D*, *D A*, *D C* im Treffpunkt senkrecht; die drei Geraden *B D*, *D A*, *D C* liegen also in einer Ebene (XI, 5). Nun liegt auch *A B* in der Ebene, in der *D B*, *D A* liegen; denn jedes Dreieck liegt in einer Ebene (XI, 2). Also liegen die geraden Linien *A B*, *B D*, *D C* in einer Ebene. ∠ *A B D*, *B D C* sind dabei beide Rechte; also ist *A B* ∥ *C D* (I, 28) — S.

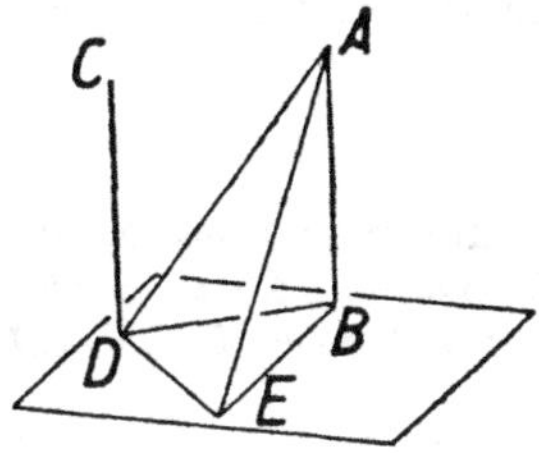

§ 7 (L. 7).

Hat man zwei parallele Geraden und nimmt auf beiden beliebige Punkte, dann liegt die Verbindungsstrecke der Punkte mit den Parallelen in derselben Ebene.

A B, *C D* seien zwei parallele Geraden (I, Def. 23), und man nehme auf beiden beliebige Punkte *E*, *F*. Ich behaupte, daß die Verbindungsstrecke der Punkte *E*, *F* mit den Parallelen in derselben Ebene liegt.

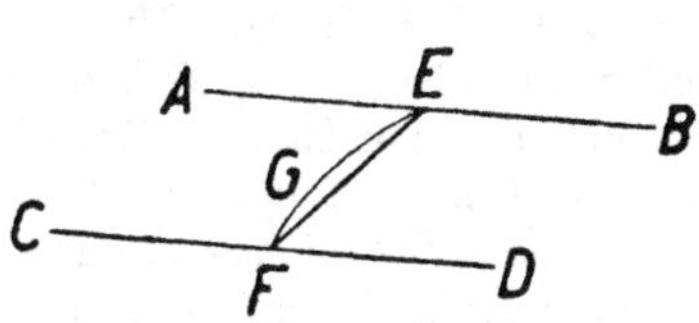

Sei es nicht so; sondern, wenn möglich, liege sie darüber, wie *E G F*; und man lege durch *E G F* eine Ebene. Diese muß in der Grundebene als Schnitt eine gerade Linie erzeugen (XI, 3), etwa *E F*. Dann müßten zwei Strecken, nämlich EGF, EF einen Flächenraum umfassen; dies ist unmöglich. Die E mit F verbindende Strecke kann also nicht in einer höheren Ebene liegen; also liegt die E mit F verbindende Strecke in der durch die Parallelen AB, CD gehenden Ebene — S.

§ 8 (L. 8).

Hat man zwei parallele Geraden, von denen die eine auf irgendeiner Ebene senkrecht steht, dann muß auch die andere auf derselben Ebene senkrecht stehen.

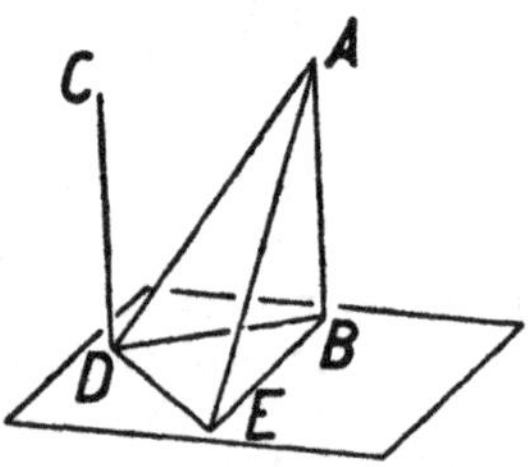

Die beiden parallelen Geraden seien AB, CD; von ihnen stehe die eine, AB, auf der Grundebene senkrecht. Ich behaupte, daß auch die andere, CD, auf derselben Ebene senkrecht steht.

AB, CD mögen die Grundebene in den Punkten B, D treffen. Man ziehe BD; dann liegen AB, CD, BD in einer Ebene (XI, 7). Man ziehe DE in der Grundebene $\perp BD$, mache $DE = AB$ und ziehe BE, AE, AD.

Da AB auf der Grundebene senkrecht steht, steht AB auf allen es treffenden Geraden, die in der Grundebene liegen, senkrecht (XI, Def. 3); $\angle ABD$, ABE sind also beide Rechte. Da hier Parallelen AB, CD von einer geraden Linie BD getroffen werden, sind $\angle ABD + CDB = 2R$ (I, 29). Nun ist ABD ein Rechter, also auch CDB ein Rechter, also $CD \perp BD$. Da $AB = DE$ und BD gemeinsam, sind zwei Seiten AB, BD zwei Seiten ED, DB gleich; auch ist $\angle ABD = \angle EDB$, weil beide Rechte; also ist Grdl. AD = Grdl. BE (I, 4). Und da $AB = DE$, $BE = AD$, sind zwei Seiten AB, BE zwei Seiten ED, DA entsprechend gleich; auch ist ihre Grundlinie AE gemeinsam; also $\angle ABE = \angle EDA$ (I, 8). Nun ist ABE ein Rechter, also auch EDA ein Rechter, also $ED \perp AD$. Es ist aber auch $\perp DB$; also steht ED auf der Ebene durch BD, DA senkrecht (XI, 4). Also muß ED mit allen es treffenden geraden Linien, die in der Ebene BDA liegen, rechte Winkel bilden (XI, Def. 3). In der

Ebene $B D A$ liegt aber $D C$, da ja $A B$, $B D$ in der Ebene $B D A$ liegen (XI, 2) und $D C$ in der Ebene liegt, in der $A B$, $B D$ liegen; also ist $E D \perp D C$, folglich auch $C D \perp D E$. $C D$ ist aber auch $\perp B D$. $C D$ steht also auf zwei einander schneidenden Geraden $D E$, $D B$ im Schnittpunkt D senkrecht; folglich steht $C D$ auch auf der Ebene durch $D E$, $D B$ senkrecht (XI, 4). Die Ebene durch $D E$, $D B$ ist aber die Grundebene; $C D$ steht also auf der Grundebene senkrecht — S.

§ 9 (L. 9).

Derselben Geraden parallele Geraden sind, auch wenn sie mit jener nicht in derselben Ebene liegen, einander parallel.

$A B$, $C D$ mögen beide $\| E F$ sein, dabei nicht (alle) in derselben Ebene liegen. Ich behaupte, daß $A B \| C D$.

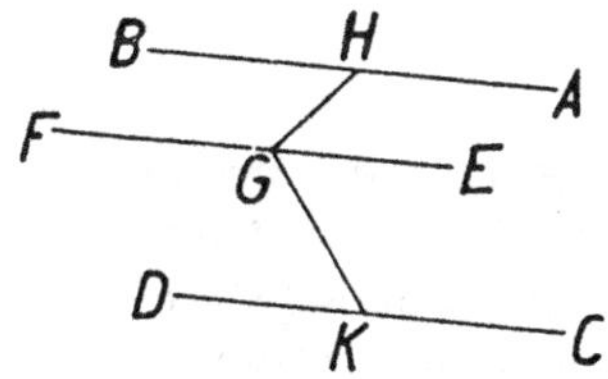

Man nehme auf $E F$ einen beliebigen Punkt G und errichte in ihm auf $E F$ in der Ebene durch $E F$, $A B$ die Senkrechte $G H$ sowie in der Ebene durch $F E$, $C D$ ebenso auf $E F$ die Senkrechte $G K$. Da $E F \perp$ sowohl $G H$ als $G K$, steht $E F$ auf der Ebene durch $G H$, $G K$ senkrecht (XI, 4). Nun ist $E F \| A B$; auch $A B$ steht also auf der Ebene $H K G$ senkrecht (XI, 8). Aus demselben Grunde steht auch $C D$ auf der Ebene $H G K$ senkrecht. $A B$, $C D$ stehen also beide auf der Ebene $H G K$ senkrecht. Wenn zwei Geraden aber auf derselben Ebene senkrecht stehen, sind die Geraden parallel (XI, 6); also ist $A B \| C D$ — q. e. d.

§ 10 (L. 10).

Wenn zwei einander treffende Geraden zu zwei einander treffenden Geraden, die nicht in derselben Ebene liegen, parallel sind, müssen sie gleiche Winkel umfassen.

Zwei einander treffende Geraden $A B$, $B C$ seien zwei einander treffenden Geraden $D E$, $E F$, die nicht in derselben Ebene liegen, parallel. Ich behaupte, daß $\angle A B C = D E F$.

Man trage einander gleiche Strecken $B A$, $B C$, $E D$, $E F$ ab und ziehe $A D$, $C F$, $B E$, $A C$, $D F$.

Da $B A =$ und $\parallel E D$, ist auch $A D =$ und $\parallel B E$ (XI, 7; I, 33). Aus demselben Grunde ist auch $C F =$ und $\parallel B E$. $A D$, $C F$ sind also beide $=$ und $\parallel B E$. Derselben Geraden parallele sind aber, auch wenn sie mit jener nicht in derselben Ebene liegen, einander parallel (XI, 9). Also ist $A D \parallel$ und $= C F$. Ihre Enden sind durch $A C$, $D F$ verbunden; also ist auch $A C =$ und $\parallel D F$ (I, 33). Da hier zwei Seiten $A B$, $B C$ zwei Seiten $D E$, $E F$ gleich sind, ferner Grdl. $A C =$ Grdl. $D F$, ist $\angle A B C = \angle D E F$ (I, 8) — S.

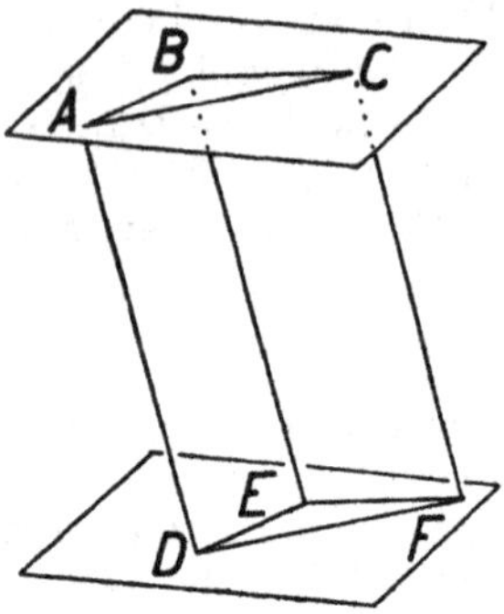

§ 11 (A. 1).

Auf eine gegebene Ebene von einem oberhalb gegebenen Punkte aus das Lot zu fällen.

Der oberhalb gegebene Punkt sei A und die gegebene Ebene die Grundebene. Man soll vom Punkte A auf die Grundebene das Lot fällen.

Man ziehe beliebig in der Grundebene eine Gerade $B C$ und fälle vom Punkte A auf $B C$ das Lot $A D$ (I, 12). Sollte $A D$ auch Lot auf die Grundebene sein, so wäre die Aufgabe schon ausgeführt. Anderenfalls ziehe man vom Punkte D aus in der Grundebene $D E \perp B C$ (I, 11) und fälle aus A auf $D E$ das Lot $A F$ (I, 12). Ferner ziehe man $G H \parallel B C$ durch F (I, 31).

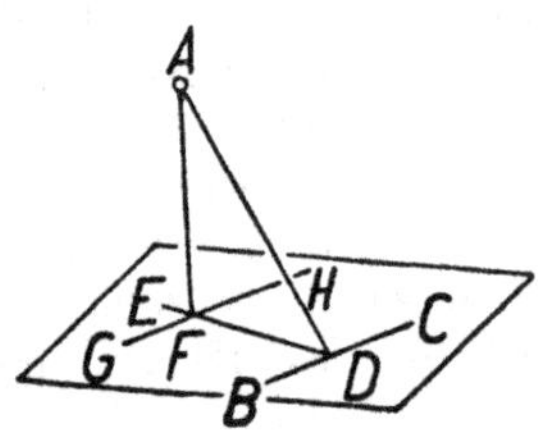

Da $B C \perp$ sowohl $D A$ als $D E$, steht $B C$ auf der Ebene $E D A$ senkrecht (XI, 4). Nun ist $G H$ ihm parallel. Hat man aber zwei parallele Geraden, von denen die eine auf irgendeiner Ebene senkrecht steht, dann muß auch die andere auf derselben Ebene senkrecht stehen (XI, 8); also steht auch $G H$ auf der Ebene durch $E D$, $D A$ senkrecht.

Dann steht $G H$ auf allen es treffenden Geraden, die in der Ebene durch $E D$, $D A$ liegen, senkrecht (XI, Def. 3). Nun trifft es die Gerade $A F$, die in der Ebene durch $E D$, $D A$ liegt; also ist $G H \perp F A$, folglich auch $F A \perp H G$. $A F$ ist aber auch $\perp D E$; also $A F \perp$ sowohl $G H$ als $D E$. Errichtet man aber zu zwei einander schneidenden Geraden senkrecht im Schnittpunkt eine gerade Linie, dann muß diese auch auf der durch jene gelegten Ebene senkrecht stehen (XI, 4); $F A$ steht also auf der Ebene durch $E D$, $G H$ senkrecht. Nun ist die Ebene durch $E D$, $G H$ die Grundebene; also steht $A F$ auf der Grundebene senkrecht.

Also hat man auf die Grundebene von dem gegebenen Punkte A oberhalb aus das Lot gefällt, nämlich $A F$ — dies hatte man ausführen sollen.

§ 12 (A. 2).

Zu einer gegebenen Ebene senkrecht von einem auf ihr gegebenen Punkte aus eine gerade Linie zu errichten.

Die gegebene Ebene sei die Grundebene, der Punkt auf ihr A. Man soll im Punke A auf der Grundebene senkrecht eine gerade Linie errichten.

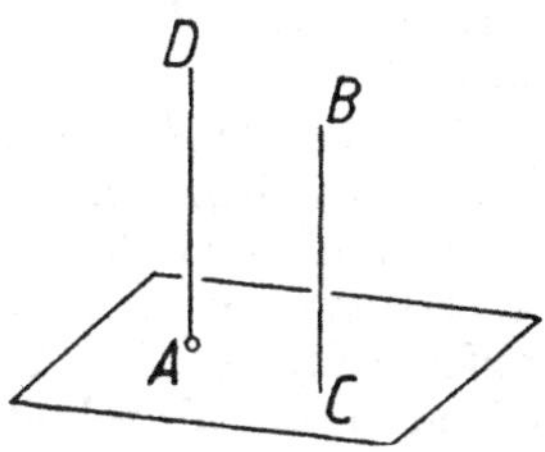

Man nehme einen Punkt B oberhalb an, fälle von B auf die Grundebene das Lot $B C$ (XI, 11) und ziehe $A D \parallel B C$ durch A (I, 31).

Da $A D$, $C B$ zwei Parallelen sind, deren eine, $B C$, auf der Grundebene senkrecht steht, steht auch die andere, $A D$, auf der Grundebene senkrecht (XI, 8).

Man hat also zur gegebenen Ebene senkrecht von dem Punkte A auf ihr aus eine gerade Linie errichtet, nämlich $A D$ — dies hatte man ausführen sollen.

§ 13 (L. 11).

Es ist nicht möglich, in demselben Punkte auf derselben Ebene zwei Senkrechten nach derselben Seite zu errichten.

Wenn möglich, mögen in demselben Punkte A zwei gerade Linien $A B$, $A C$ nach derselben Seite auf der Grundebene senkrecht stehen. Dann lege man die Ebene durch *B A*, *A C*; sie müßte die Grundebene in einer durch *A* gehenden Geraden schneiden (XI, 3); diese sei *D A E*. Dann lägen die Geraden *A B*, *A C*, *D A E* in einer Ebene.

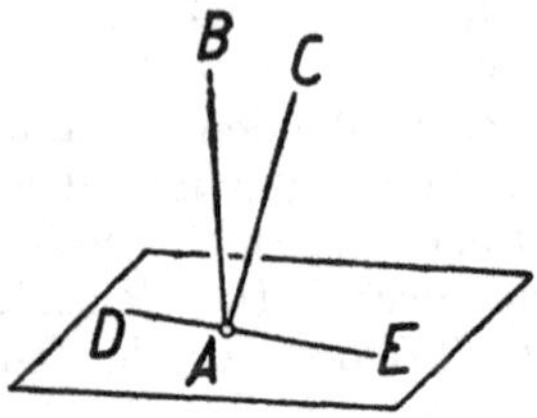

Da *C A* auf der Grundebene senkrecht stehen soll, bildete es auch mit allen es treffenden geraden Linien, die in der Grundebene liegen, rechte Winkel (XI, Def. 3). *D A E* träfe es aber und läge dabei in der Grundebene; also wäre ∠ *C A E* ein Rechter. Aus demselben Grunde wäre auch *B A E* ein Rechter; also *C A E* = *B A E* (I, Post. 4). Dabei lägen sie in einer Ebene; dies ist unmöglich (I, Ax. 8) — S.

§ 14 (L. 12).

Ebenen, auf denen dieselbe Gerade senkrecht steht, sind parallel.

Eine Gerade *A B* möge auf den beiden Ebenen *C D*, *E F* senkrecht stehen. Ich behaupte, daß die Ebenen parallel sind.

Anderenfalls müßten sie bei Erweiterung einander treffen (XI, Def. 8). Sie mögen es tun; als Schnitt würden sie eine Gerade erzeugen (XI, 3); diese sei *G H*. Dann nehme man auf *G H* einen beliebigen Punkt *K* und ziehe *A K*, *B K*.

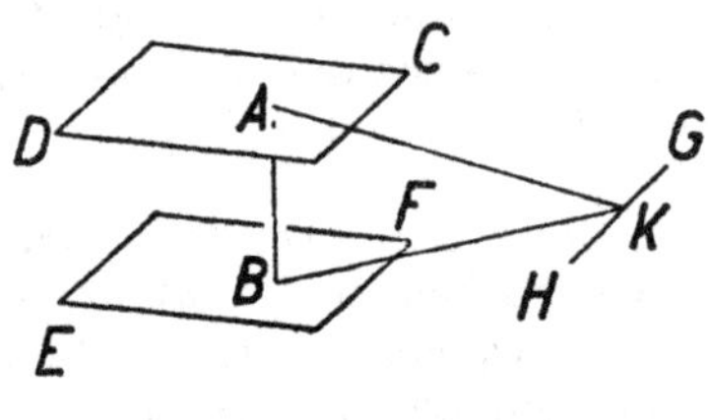

Da *A B* auf der Ebene *E F* senkrecht steht, wäre *A B* auch ⊥ *B K* (XI, Def. 3), da diese Gerade in der erweiterten Ebene *E F* läge (XI, 1); also wäre ∠ *A B K* ein Rechter. Aus demselben Grunde wäre auch *B A K* ein Rechter. Im Dreieck *A B K* wären also ∠ *A B K* + *B A K* = 2 R; dies ist unmöglich (I, 17). Die Ebenen *C D*, *E F* können also bei Erweiterung einander nicht treffen; also sind die Ebenen *C D*, *E F* parallel (XI, Def. 8) — S.

§ 15 (L. 13).

Wenn zwei einander treffende Geraden zu zwei einander treffenden Geraden, ohne in derselben Ebene zu liegen, parallel sind, sind ihre Ebenen parallel.

Zwei einander treffende Geraden AB, BC seien zwei einander treffenden Geraden DE, EF parallel, ohne in derselben Ebene zu liegen. Ich behaupte, daß die Ebenen durch AB, BC und DE, EF bei Erweiterung einander nicht treffen können (XI, Def. 8).

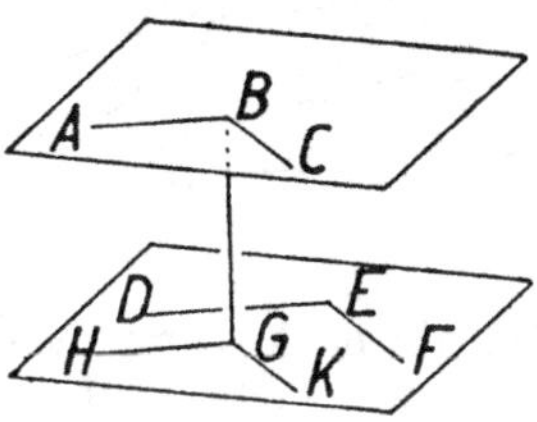

Man fälle vom Punkte B auf die Ebene durch DE, EF das Lot BG (XI, 11); es treffe die Ebene im Punkte G; und durch G ziehe man $GH \parallel ED$, $GK \parallel EF$ (I, 31).

BG muß, da es auf der Ebene durch DE, EF senkrecht steht, mit allen es treffenden geraden Linien, die in der Ebene durch DE, EF liegen, rechte Winkel bilden (XI, Def. 3). Nun trifft es sowohl GH als GK, die in der Ebene durch DE, EF liegen; $\angle BGH$, BGK sind also beide Rechte. Da hier $BA \parallel GH$ (XI, 9), sind $\angle GBA + BGH = 2R$ (I, 29). Nun ist BGH ein Rechter, also auch GBA ein Rechter, also $GB \perp BA$. Aus demselben Grunde ist GB auch $\perp BC$. Da hier eine gerade Linie GB auf zwei einander schneidenden Geraden BA, BC senkrecht steht, steht GB auch auf der Ebene durch BA, BC senkrecht (XI, 4). Ebenen, auf denen dieselbe Gerade senkrecht steht, sind aber parallel (XI, 14); also ist die Ebene durch AB, BC der durch DE, EF parallel — S.

§ 16 (L. 14).

Werden zwei parallele Ebenen von irgendeiner Ebene geschnitten, so sind die Schnittlinien parallel.

Zwei parallele Ebenen AB, CD mögen von der Ebene $EFGH$ geschnitten werden; ihre Schnittlinien (XI, 3) seien EF, GH. Ich behaupte, daß $EF \parallel GH$.

Anderenfalls müßten EF, GH sich bei Verlängerung entweder auf der Seite F, H oder auf der Seite E, G treffen

(I, Def. 23). Sie mögen sich zunächst bei Verlängerung etwa nach der Seite *F*, *H* in *K* treffen.

Da die Gerade *E F K* in der Ebene *A B* liegt, liegen alle auf *E F K* gelegenen Punkte in der Ebene *A B* (XI, 1). Nun sollte *K* einer der Punkte auf der Geraden *E F K* sein; also läge *K* in der Ebene *A B*. Aus demselben Grunde läge *K* auch in der Ebene *C D*. Die Ebenen *A B*, *C D* müßten also bei Erweiterung einander treffen.

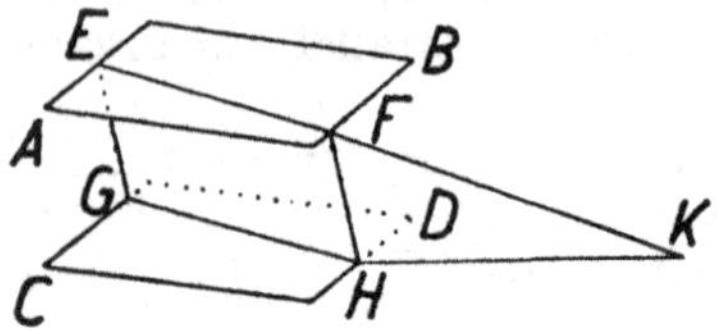

Da sie nach Voraussetzung aber parallel sind, können sie einander nicht treffen (XI, Def. 8). Auf der Seite *F*, *H* können also die Geraden *E F*, *G H* sich bei Verlängerung nicht treffen. Ähnlich läßt sich zeigen, daß die Geraden *E F*, *G H* sich auch auf der Seite *E*, *G* bei Verlängerung nicht treffen können. Geraden, die sich auf beiden Seiten nicht treffen, sind aber parallel (I, Def. 23); also ist *E F* || *G H* — S.

§ 17 (L. 15).

Werden zwei Geraden von parallelen Ebenen geschnitten, so müssen sie in denselben Verhältnissen geteilt werden.

Zwei Geraden *A B*, *C D* mögen von den parallelen Ebenen *G H*, *K L*, *M N* in den Punkten *A*, *E*, *B* und *C*, *F*, *D* geteilt werden. Ich behaupte, daß Strecke *A E* : *E B* = *C F* : *F D*.

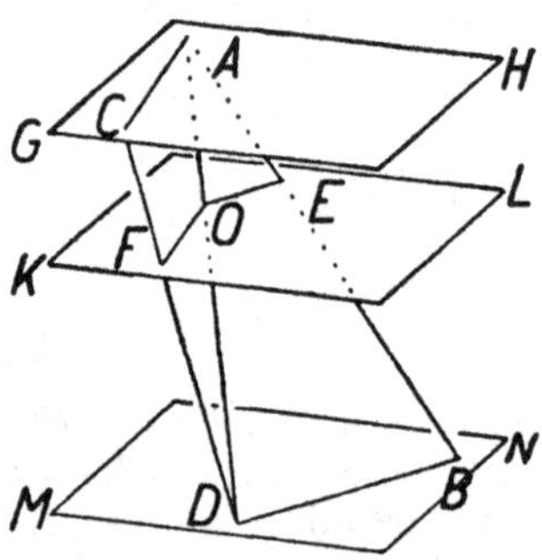

Man ziehe *A C*, *B D*, *A D*; dabei treffe *A D* die Ebene *K L* im Punkte *O*; und man ziehe *E O*, *O F*.

Da hier zwei parallele Ebenen *K L*, *M N* von einer Ebene (XI, 2) *E B D O* geschnitten werden, sind ihre Schnittlinien *E O* || *B D* (XI, 16). Aus demselben Grunde sind, weil die zwei parallelen Ebenen *G H*, *K L* von der Ebene

$A\,O\,F\,C$ geschnitten werden, ihre Schnittlinien $A\,C \parallel O\,F$. Da man hier in einem Dreieck, nämlich $A\,B\,D$, zu einer Seite, nämlich $B\,D$, eine gerade Linie, nämlich $E\,O$, parallel gezogen hat, so stehen in Proportion $A\,E : E\,B = A\,O : OD$ (VI, 2). Ebenso stehen, da man im Dreieck $A\,D\,C$ zu einer Seite $A\,C$ die gerade Linie $O\,F$ parallel gezogen hat, in Proportion $A\,O : O\,D = C\,F : F\,D$. Wie bewiesen, ist auch $A\,O : O\,D = A\,E : E\,B$; also ist $A\,E : E\,B = C\,F : F\,D$ (V, 11) — S.

§ 18 (L. 16).

Steht eine gerade Linie auf irgendeiner Ebene senkrecht, so müssen alle durch jene gehenden Ebenen auf derselben Ebene senkrecht stehen.

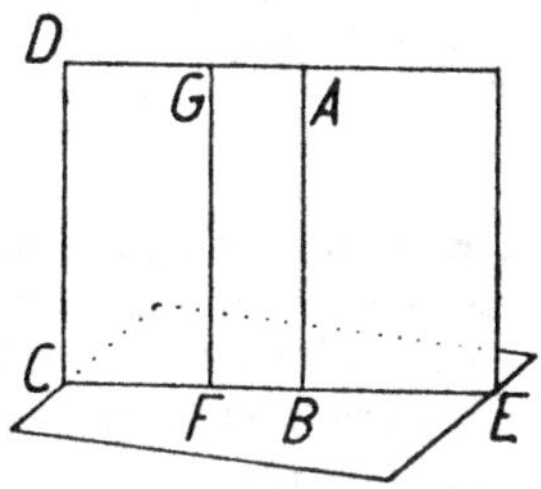

Irgendeine gerade Linie $A\,B$ stehe auf der Grundebene senkrecht. Ich behaupte, daß alle durch $A\,B$ gehenden Ebenen auf der Grundebene senkrecht stehen.

Man lege durch $A\,B$ eine Ebene $D\,E$; die Schnittlinie (XI, 3) der Ebene $D\,E$ und der Grundebene sei $C\,E$. Auf $C\,E$ nehme man beliebig einen Punkt F und errichte in der Ebene $D\,E$ von F aus $F\,G \perp C\,E$ (I, 11).

Da $A\,B$ auf der Grundebene senkrecht steht, steht $A\,B$ auf allen es treffenden Geraden, die in der Grundebene liegen, senkrecht (XI, Def. 3), ist folglich $\perp C\,E$; $\angle\, A\,B\,F$ ist also ein Rechter. Auch $G\,F\,B$ ist aber ein Rechter, also $A\,B \parallel F\,G$ (I, 28). $A\,B$ steht aber auf der Grundebene senkrecht; also steht auch $F\,G$ auf der Grundebene senkrecht (XI, 8). Nun ist eine Ebene zu einer Ebene senkrecht, wenn die geraden Linien, die sich rechtwinklig zur Schnittlinie der Ebenen in der einen Ebene ziehen lassen, zur anderen Ebene senkrecht sind (XI, Def. 4). Hier ist, wie bewiesen, die zur Schnittlinie $C\,E$ der Ebenen in der einen Ebene $D\,E$ rechtwinklig gezogene Gerade $F\,G$ zur Grundebene senkrecht; also steht die Ebene $D\,E$ auf der Grundebene senkrecht. Ähnlich läßt sich zeigen, daß überhaupt alle Ebenen durch $A\,B$ zur Grundebene senkrecht ausfallen — S.

§ 19 (L. 17).

Stehen zwei einander schneidende Ebenen auf irgendeiner Ebene senkrecht, so muß auch ihre Schnittlinie auf derselben Ebene senkrecht stehen.

Die zwei Ebenen AB, BC mögen auf der Grundebene senkrecht stehen, BD sei ihre Schnittlinie (XI, 3). Ich behaupte, daß BD auf der Grundebene senkrecht steht.

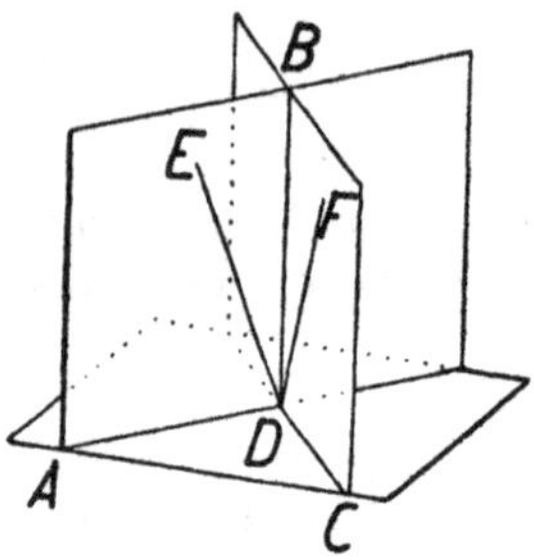

Sei es nicht so; dann ziehe man vom Punkte D aus $DE \perp AD$ in der Ebene AB und $DF \perp CD$ in der Ebene BC (I, 11).

Da die Ebene AB auf der Grundebene senkrecht steht und $DE \perp AD$, ihrer Schnittlinie, in der Ebene AB gezogen ist, steht DE auf der Grundebene senkrecht (XI, Def. 4). Ähnlich läßt sich zeigen, daß auch DF auf der Grundebene senkrecht steht. Man hätte also in demselben Punkte D auf der Grundebene zwei Senkrechten nach derselben Seite errichtet; dies ist unmöglich (XI, 13). Im Punkte D läßt sich also auf der Grundebene keine Senkrechte errichten außer DB, der Schnittlinie der Ebenen AB, BC — S.

§ 20 (L. 18).

Wird eine Ecke von drei ebenen Winkeln umfaßt, so sind irgend zwei, beliebig zusammengenommen, größer als der letzte.

Die Ecke bei A werde von drei ebenen Winkeln BAC, CAD, DAB umfaßt. Ich behaupte, daß irgend zwei von den Winkeln BAC, CAD, DAB, beliebig zusammengenommen, größer als der letzte sind.

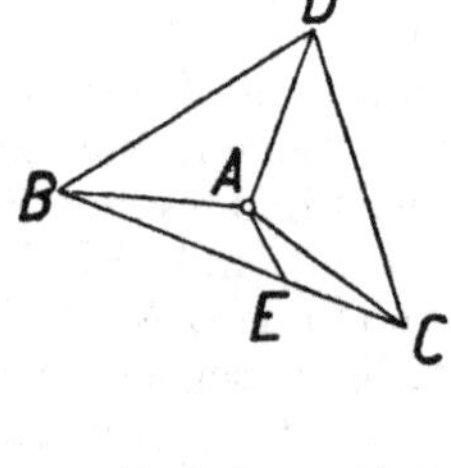

Sind $\angle BAC = CAD = DAB$, dann ist klar, daß irgend zwei zusammen größer sind als der letzte.

Anderenfalls sei BAC größer; man trage dann an die Gerade AB im Punkte A auf ihr in der Ebene BAC $\angle BAE = DAB$ an (I, 23) und mache $AE = AD$; ferner schneide eine durch den Punkt E gezogene Gerade $B\,E\,C$ die Geraden $A\,B$, $A\,C$ in den Punkten B, C; und man ziehe $D\,B$, $D\,C$.

Da $D\,A = A\,E$ und $A\,B$ gemeinsam, sind zwei Seiten zwei Seiten gleich; auch ist $\angle\, D\,A\,B = \angle\, B\,A\,E$; also Grdl. $D\,B$ = Grdl. $B\,E$ (I, 4). Und da $B\,D + D\,C > B\,C$ (I, 20), hierin aber, wie bewiesen, $D\,B = B\,E$, ist Rest $D\,C >$ Rest $E\,C$. Da hier $D\,A = A\,E$ und $A\,C$ gemeinsam, während Grdl. $D\,C >$ Grdl. $E\,C$, ist $\angle\, D\,A\,C > \angle\, E\,A\,C$ (I, 25). Wie oben gezeigt, ist aber $\angle\, D\,A\,B = B\,A\,E$, also $D\,A\,B + D\,A\,C > B\,A\,C$. Ebenso läßt sich zeigen, daß auch die anderen Winkel, zu zweit zusammengenommen, größer als der letzte sind — S.

§ 21 (L. 19).

Jede Ecke wird von ebnen Winkeln umfaßt, die zusammen kleiner als vier Rechte sind.

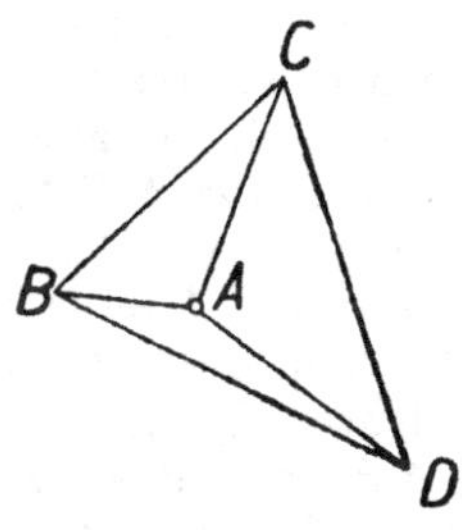

Die Ecke bei A werde von drei ebenen Winkeln $B\,A\,C$, $C\,A\,D$, $D\,A\,B$ umfaßt. Ich behaupte, daß $B\,A\,C + C\,A\,D + D\,A\,B < 4$ R.

Man nehme auf $A\,B$, $A\,C$, $A\,D$ je einen beliebigen Punkt B, C, D und ziehe $B\,C$, $C\,D$, $D\,B$.

Da die Ecke bei B von drei ebenen Winkeln $C\,B\,A$, $A\,B\,D$, $C\,B\,D$ umfaßt wird, sind zwei beliebige zusammen größer als der letzte (XI, 20); also $C\,B\,A + A\,B\,D > C\,B\,D$. Aus demselben Grunde sind auch $B\,C\,A + A\,C\,D > B\,C\,D$ und $C\,D\,A + A\,D\,B > C\,D\,B$. Zusammen sind also die sechs Winkel $C\,B\,A$, $A\,B\,D$, $B\,C\,A$, $A\,C\,D$, $C\,D\,A$, $A\,D\,B$ größer als die drei $C\,B\,D$, $B\,C\,D$, $C\,D\,B$. Nun sind die drei $\angle\, C\,B\,D + B\,D\,C + B\,C\,D = 2$ R (I, 32); also die sechs $\angle\, C\,B\,A + A\,B\,D + B\,C\,A + A\,C\,D + C\,D\,A + A\,D\,B > 2$ R. Und da in jedem der Dreiecke $A\,B\,C$, $A\,C\,D$, $A\,D\,B$ die drei Winkel zusammen = 2 R sind, sind die neun Winkel der drei Dreiecke $C\,B\,A + A\,C\,B + B\,A\,C + A\,C\,D + C\,D\,A + C\,A\,D + A\,D\,B + D\,B\,A + B\,A\,D = 6$ R; hierin sind die sechs $\angle\, A\,B\,C + B\,C\,A + A\,C\,D + C\,D\,A + A\,D\,B + D\,B\,A > 2$ R; also die drei übrigen Winkel, $BAC + CAD + DAB$, die die Ecke umfassen, $< 4\,\mathrm{R} - S$.

§ 22 (L. 20).

Hat man drei ebene Winkel, von denen stets zwei zusammen größer sind als der letzte, und werden dieselben von gleichen Strecken umfaßt, so ist möglich, aus den Strecken, die die Enden der gleichen Strecken verbinden, ein Dreieck zu errichten.

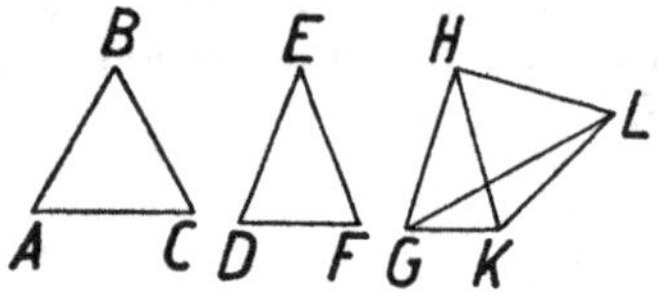

ABC, DEF, GHK seien drei ebene Winkel, von denen zwei, beliebig zusammengenommen, stets größer sind als der letzte, $ABC + DEF > GHK$, $DEF + GHK > ABC$ und $GHK + ABC > DEF$; ferner seien die Strecken $AB = BC = DE = EF = GH = HK$; man ziehe AC, DF, GK. Ich behaupte, daß möglich ist, aus Strecken, die AC, DF, GK gleich sind, ein Dreieck zu errichten, d. h. daß von den Strecken AC, DF, GK zwei beliebige zusammen größer sind als die dritte.

Sind $\angle ABC = DEF = GHK$, dann ist klar, daß, weil auch $AC = DF = GK$ werden (I, 4), möglich ist, aus Strecken, die AC, DF, GK gleich sind, ein Dreieck zu errichten (I, 1).

Anderenfalls — sie seien jetzt ungleich — trage man an die Gerade HK im Punkte H auf ihr $\angle KHL = ABC$ an (I, 23); man mache HL einer der Strecken AB, BC, DE, EF, GH, HK gleich und ziehe KL, GL.

Da zwei Seiten AB, BC zwei Seiten KH, HL gleich sind und $\angle B = \angle KHL$, ist Grdl. AC = Grdl. KL (I, 4). Und da $ABC + GHK > DEF$, ABC aber $= KHL$, ist $GHL > DEF$. Da hier zwei Seiten GH, HL zwei Seiten DE, EF gleich sind, während $\angle GHL > \angle DEF$, ist Grdl. $GL >$ Grdl. DF (I, 24). Aber $GK + KL > GL$ (I, 20); um so mehr sind also $GK + KL > DF$. Nun ist $KL = AC$, also sind $AC + GK > DF$, die letzte Strecke.

Ähnlich läßt sich zeigen daß auch $AC + DF > GK$ und $DF + GK > AC$. Es ist also möglich, aus Strecken, die AC, DF, GK gleich sind, ein Dreieck zu errichten (I, 22) — q. e. d.

§ 23 (A. 3).

Aus drei ebenen Winkeln, von denen stets zwei zusammen größer sind als der letzte, eine Ecke zu errichten; hierbei müssen alle drei zusammen kleiner als vier Rechte sein.

Die drei gegebenen ebenen Winkel seien ABC, DEF, GHK, stets zwei von ihnen, beliebig zusammengenommen, größer als der letzte (XI, 20) und alle drei zusammen < 4 R (XI, 21). Man soll aus Winkeln, die ABC, DEF, GHK gleich sind, eine Ecke errichten.

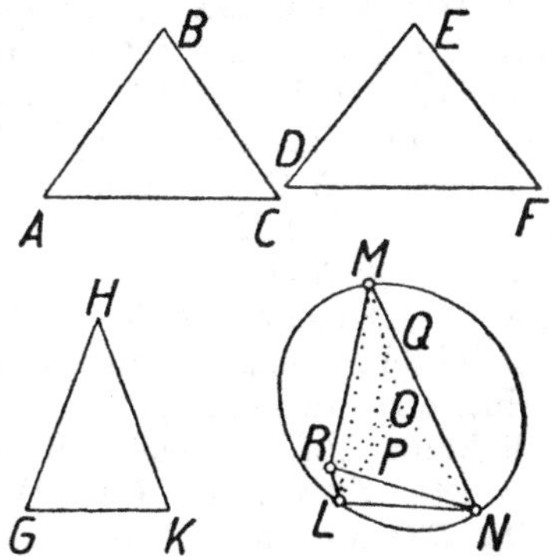

Man trage AB, BC, DE, EF, GH, HK einander gleich ab und ziehe AC, DF, GK. Dann ist möglich, aus Strecken, die AC, DF, GK gleich sind, ein Dreieck zu errichten (XI, 22). Man errichte $\triangle LMN$, so daß $AC = LM$, $DF = MN$ und $GK = NL$ (I, 22), beschreibe dem Dreieck LMN den Kreis LMN um (IV, 5), verschaffe sich seinen Mittelpunkt, er sei O, und ziehe LO, MO, NO.

Ich behaupte, daß $AB > LO$. Anderenfalls müßte AB entweder $=$ oder $< LO$ sein. Zunächst sei es gleich. Da dann $AB = LO$, während $AB = BC$ und $OL = OM$, wären zwei Seiten AB, BC zwei Seiten LO, OM entsprechend gleich; nach Voraussetzung ist aber Grdl. AC = Grdl. LM; also wäre $\angle ABC = \angle LOM$ (I, 8). Aus demselben Grunde wäre auch $DEF = MON$ und $GHK = NOL$, also $ABC + DEF + GHK = LOM + MON + NOL$. Nun sind die drei Winkel $LOM + MON + NOL = 4$ R (I, 13); also wären auch $ABC + DEF + GHK = 4$ R. Nach Voraussetzung sind sie aber < 4 R; dies wäre Unsinn. AB kann also nicht $= LO$ sein.

Ich behaupte weiter, daß AB auch nicht $< LO$ ist. Wenn möglich, sei es dies nämlich. Dann mache man $OP = AB$, $OQ = BC$ und ziehe PQ. Da $AB = BC$, wäre $OP = OQ$, folglich auch Rest $LP = QM$. Also wäre $LM \parallel PQ$ (VI, 2) und $\triangle LMO$ mit PQO winkelgleich (I, 29); dann wäre $OL : LM = OP : PQ$ (VI, 4) und, vertauscht, $LO : OP = LM : PQ$ (V, 16). Nun sollte $LO > OP$ sein, also wäre auch $LM > PQ$ (V, Def. 5). Man hatte aber $LM = AC$ gemacht, also wäre auch $AC > PQ$. Da hier zwei Seiten AB, BC zwei Seiten PO, OQ gleich wären, dabei Grdl. $AC >$ Grdl. PQ, wäre $\angle ABC > \angle POQ$ (I, 25). Ähnlich ließe sich zeigen, daß auch $DEF > MON$ und $GHK > NOL$. Also wären die drei $\angle ABC + DEF + GHK > LOM + MON + NOL$. Nach Voraussetzung sind aber $ABC + DEF + GHK < 4$ R; um so mehr wären $LOM + MON + NOL < 4$ R; dabei sind sie ebenso groß; dies wäre Unsinn. AB ist also nicht $< LO$; daß auch nicht gleich, haben wir oben bewiesen; also ist $AB > LO$.

Nun errichte man im Punkte O zur Ebene des Kreises LMN die (XI, 13) Senkrechte OR (XI, 12), mache $OR^2 = AB^2 - LO^2$ (I, 47; III, 31) und ziehe RL, RM, RN.

Da RO auf der Ebene des Kreises LMN senkrecht steht, steht RO auf jeder der Geraden LO, MO, NO senkrecht (XI, Def. 3). Da hier $LO = OM$ ist, OR gemeinsam und senkrecht, ist Grdl. $RL =$ Grdl. RM (I, 4). Aus demselben Grunde ist auch RN sowohl RL als RM gleich, also $RL = RM = RN$. Und da nach Voraussetzung $OR^2 = AB^2 - LO^2$, ist $AB^2 = LO^2 + OR^2$. Nun ist $LO^2 + OR^2 = LR^2$ (I, 47), weil LOR ein Rechter; also $AB^2 = RL^2$, also $AB = RL$. Nun ist AB jeder der Strecken BC, DE, EF, GH, HK gleich, andererseits RL sowohl RM als RN gleich. Von den Strecken AB, BC, DE, EF, GH, HK ist also jede jeder von RL, RM, RN gleich. Da hier zwei Seiten LR, RM zwei Seiten AB, BC gleich sind, nach Voraussetzung auch Grdl. $LM =$ Grdl. AC, ist $\angle LRM = \angle ABC$ (I, 8). Aus demselben Grunde ist auch $MRN = DEF$ und $LRN = GHK$.

Man hat also aus drei ebenen Winkeln LRM, MRN, LRN, die drei gegebenen ABC, DEF, GHK gleich sind, eine Ecke errichtet, nämlich die bei *R*, die von den Winkeln *L R M*, *M R N*, *L R N* umfaßt wird — dies hatte man ausführen sollen.

§ 24 (L. 21).

Wenn ein Körper von (6 paarweise) parallelen ebenen Flächen umfaßt wird, sind seine gegenüberliegenden Flächen einander gleich (und ähnlich) und Parallelogramme.

Der Körper *C D H G* werde von den parallelen Ebenen *A C*, *G F*, *A H*, *D F*, *B F*, *A E* umfaßt. Ich behaupte, daß seine gegenüberliegenden Flächen gleich sind und Parallelogramme.

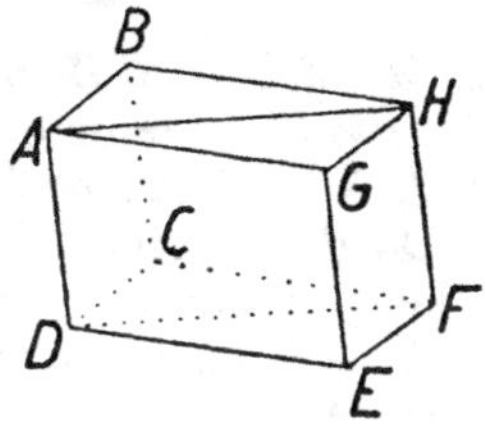

Da *B G*, *C E* zwei parallele Ebenen sind, die von einer Ebene *A C* geschnitten werden, sind ihre Schnittlinien parallel (XI, 16), *A B* || *D C*. Ebenso sind, da *B F*, *A E* zwei parallele Ebenen sind, die von einer Ebene *A C* geschnitten werden, ihre Schnittlinien parallel, *B C* || *A D*; wie bewiesen, ist *A B* || *D C*; also ist *A C* ein Parallelogramm. Ähnlich läßt sich zeigen, daß *D F*, *F G*, *G B*, *B F*, *A E* sämtlich Parallelogramme sind.

Man ziehe *A H*, *D F*.

Da *A B* || *D C* und *B H* || *C F*, sind hier zwei einander treffende Geraden *A B*, *B H* zu zwei einander treffenden Geraden *D C*, *C F* parallel, ohne in derselben Ebene zu liegen; dann müssen sie gleiche Winkel umfassen (XI, 10); also ist ∠ *A B H* = *D C F*. Da hier zwei Seiten *A B*, *B H* zwei Seiten *D C*, *C F* gleich sind (I, 34), auch ∠ *A B H* = ∠ *D C F*, ist Grdl. *A H* = Grdl. *D F* und △ *A B H* dem △ *D C F* gleich (I, 4). Nun ist Pgm. *B G* das Doppelte von *A B H* und Pgm. *C E* das Doppelte von *D C F* (I, 34), also Pgm. *B G* dem Pgm. *C E* gleich. Ähnlich läßt sich zeigen, daß auch Pgm. *A C* dem Pgm. *G F* und Pgm. *A E* dem Pgm. *B F* gleich ist — S.

§ 25 (L. 22).

Wird ein Parallelflach von einer Ebene geschnitten, die gegenüberliegenden Flächen parallel ist, so muß sich Körper zu Körper verhalten wie Grundfläche zu Grundfläche.

Das Parallelflach $A B C D$ werde von einer Ebene $F G$ geschnitten, die den gegenüberliegenden Flächen $R A$, $D H$ parallel ist. Ich behaupte, daß Grdfl. $A E F V$: Grdfl. $E H C F$ = Krp. $A B F U$: Krp. $E G C D$.

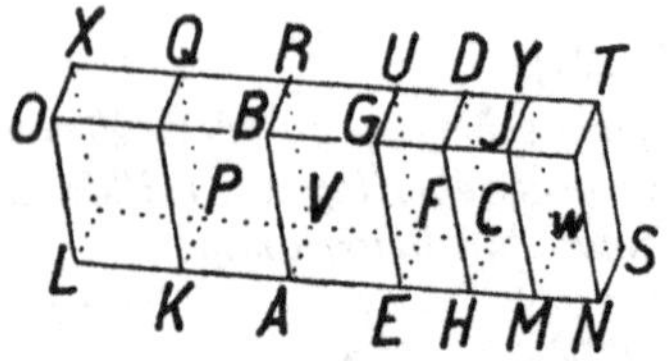

Man verlängere $A H$ nach beiden Seiten und trage Strecken $A K$, $K L = A E$ in beliebiger Anzahl sowie $H M$, $M N = E H$ in beliebiger Anzahl ab, vervollständige die Parallelogramme $L P$, $K V$, $H W$, $M S$ und die Körper $L Q$, $K R$, $D M$, $M T$.

Da die Strecken $L K = K A = A E$, sind auch die Parallelogramme $L P$, $K V$, $A F$ einander gleich und $K O$, $K B$, $A G$ einander gleich (I, 36), und außerdem sind $L X$, $K Q$, $A R$ einander gleich (XI, 24) als gegenüberliegende. [Aus demselben Grunde sind auch Pgm. $E C = H W = M S$, $H G = H J = J N$ und $D H = M Y = N T$.] An den Körpern $L Q$, $K R$, $A U$ sind also drei Flächen drei Flächen gleich; diese drei sind aber den drei gegenüberliegenden gleich (XI, 24); also sind die drei Körper $L Q$, $K R$, $A U$ einander gleich (XI, Def. 10). [Aus demselben Grunde sind auch die drei Körper $E D$, $D M$, $M T$ einander gleich.] Krp. $L U$ ist also von Krp. $A U$ dasselbe Vielfache wie Grdfl. $L F$ von Grdfl. $A F$. Aus demselben Grunde ist auch Krp. $N U$ von Krp. $H U$ dasselbe Vielfache wie Grdfl. $N F$ von Grdfl. $F H$.

Ist hier Grdfl. $L F$ = Grdfl. $N F$, so ist auch Krp. $L U$ = Krp. $N U$; ist Grdfl. $L F >$ Grdfl. $N F$, so auch Krp. $L U >$ Krp. $N U$; und wenn kleiner, dann kleiner (XI, Def. 10; I, Ax. 8). Mithin hat man bei vier Größen, nämlich den zwei Grundflächen $A F$, $F H$ und den zwei Körpern $A U$, $U H$, Gleichvielfache sowohl von Grdfl. $A F$ und Krp. $A U$, nämlich Grdfl. $L F$ und Krp. $L U$, als auch von Grdfl. $H F$ und Krp. $H U$, nämlich Grdfl. $N F$ und Krp. $N U$, genommen; und man hat bewiesen, daß, wenn Grdfl. $L F >$ Grdfl. $F N$, auch Krp. $L U >$ Krp. $N U$, wenn gleich, gleich, und wenn kleiner, kleiner. Also ist Grdfl. $A F$: Grdfl. $F H$ = Krp. $A U$: Krp. $U H$ (V, Def. 5) — q. e. d.

§ 26 (A. 4).

An eine gegebene Gerade in einem Punkte auf ihr eine einer gegebenen Ecke gleiche Ecke anzutragen.

Die gegebene Gerade sei $A\,B$, der gegebene Punkt auf ihr A, die gegebene Ecke die bei D, die von den ebenen Winkeln $E\,D\,C$, $E\,D\,F$, $F\,D\,C$ umfaßt wird. Man soll an die Gerade $A\,B$ im Punkte A auf ihr eine der Ecke bei D gleiche Ecke antragen.

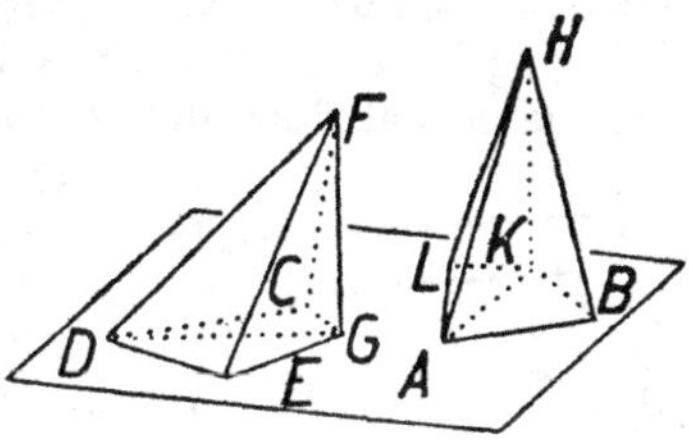

Man nehme auf $D\,F$ einen beliebigen Punkt F, fälle von F auf die Ebene durch $E\,D$, $D\,C$ das Lot $F\,G$ (XI, 11), dieses treffe die Ebene in G, und ziehe $D\,G$. Nunmehr trage man an die Gerade $A\,B$ im Punkte auf ihr A die Winkel $B\,A\,L = E\,D\,C$ und $B\,A\,K = E\,D\,G$ an (I, 23), mache $A\,K = D\,G$, errichte in K zur Ebene $B\,A\,L$ die Senkrechte $K\,H$ (XI, 12), mache $K\,H = G\,F$ und ziehe $H\,A$.

Ich behaupte, daß die Ecke bei A, die von den Winkeln $B\,A\,L$, $B\,A\,H$, $H\,A\,L$ umfaßt wird, der Ecke bei D, die von den Winkeln $E\,D\,C$, $E\,D\,F$, $F\,D\,C$ umfaßt wird, gleich ist.

Man trage $A\,B = D\,E$ ab und ziehe $H\,B$, $K\,B$, $F\,E$, $G\,E$. $F\,G$ muß, da es auf der Grundebene senkrecht steht, mit allen es treffenden Geraden, die in der Grundebene liegen, rechte Winkel bilden (XI, Def. 3); also sind $\angle\,F\,G\,D$, $F\,G\,E$ beide Rechte. Aus demselben Grunde sind auch $\angle\,H\,K\,A$, $H\,K\,B$ beide Rechte. Da hier zwei Seiten $K\,A$, $A\,B$ zwei Seiten $G\,D$, $D\,E$ entsprechend gleich sind und gleiche Winkel umfassen, ist Grdl. $K\,B =$ Grdl. $G\,E$ (I, 4). Aber auch $K\,H = G\,F$, und sie umfassen rechte Winkel; also ist auch $H\,B = F\,E$. Ebenso ist, da zwei Seiten $A\,K$, $K\,H$ zwei Seiten $D\,G$, $G\,F$ gleich sind und rechte Winkel umfassen, Grdl. $A\,H =$ Grdl. $F\,D$. Nun ist $A\,B = D\,E$; also sind zwei Seiten $H\,A$, $A\,B$ zwei Seiten $D\,F$, $D\,E$ gleich; auch ist Grdl. $H\,B =$ Grdl. $F\,E$; also $\angle\,B\,A\,H = \angle\,E\,D\,F$ (I, 8). Aus demselben Grunde ist $H\,A\,L = F\,D\,C$. Außerdem ist $B\,A\,L = E\,D\,C$.

Also hat man an die gegebene Gerade $A\,B$ im Punkte A auf ihr eine der gegebenen Ecke bei D gleiche (XI, Def. 10) angetragen — dies hatte man ausführen sollen.

§ 27 (A 5).

Über einer gegebenen Strecke ein einem gegebenen Parallelflach ähnliches und ähnlich gelegtes Parallelflach zu zeichnen.

Die gegebene Strecke sei $A\,B$, das gegebene Parallelflach $C\,D$. Man soll über der gegebenen Strecke $A\,B$ ein dem gegebenen Parallelflach $C\,D$ ähnliches Parallelflach ähnlich gelegt zeichnen.

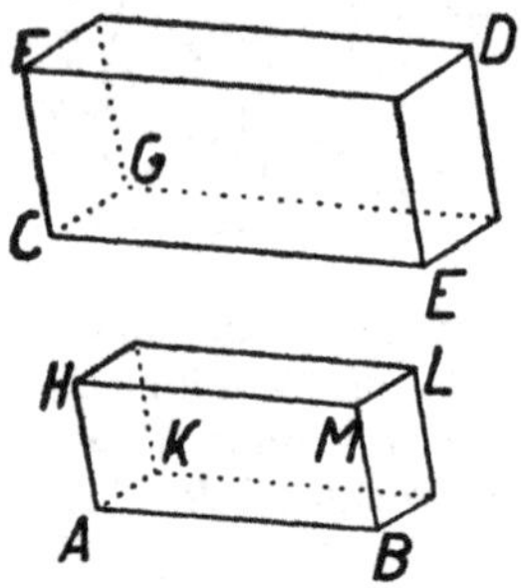

Man trage an die Strecke $A\,B$ im Punkte A auf ihr eine der Ecke bei C gleiche an, die von $B\,A\,H$, $H\,A\,K$, $K\,A\,B$ umfaßt wird, so daß $\angle\, B\,A\,H = E\,C\,F$, $B\,A\,K = E\,C\,G$, $K\,A\,H = G\,C\,F$ (XI, 26), mache ferner $E\,C : C\,G = B\,A : A\,K$ und $G\,C : C\,F = K\,A : A\,H$ (VI, 12). Über gleiches weg ist dann auch $E\,C : C\,F = B\,A : A\,H$ (V, 22). Man vervollständige Pgm. $H\,B$ und Krp. $A\,L$ (I, 31; XI, 10, 15).

Da $E\,C : C\,G = B\,A : A\,K$, Seiten um gleiche Winkel $E\,C\,G$, $B\,A\,K$ in Proportion stehen, ist Pgm. $G\,E \sim$ Pgm. $K\,B$ (VI, 6; I, 34). Aus demselben Grunde ist auch Pgm. $K\,H \sim$ Pgm. $G\,F$ und $F\,E \sim H\,B$. Drei Parallelogramme des Körpers $C\,D$ sind also drei Parallelogrammen des Körpers $A\,L$ ähnlich. Nun sind aber hier wie dort die drei Parallelogramme den drei gegenüberliegenden gleich und ähnlich (XI, 24). Also ist der ganze Krp. $C\,D$ dem ganzen Krp. $A\,L$ ähnlich (XI, Def. 9).

Man hat also über der gegebenen Strecke $A\,B$ ein dem gegebenen Parallelflach $C\,D$ ähnliches $A\,L$ ähnlich gelegt gezeichnet — dies hatte man ausführen sollen.

§ 28 (L. 23).

Wird ein Parallelflach durch eine Ebene längs der Diagonalen gegenüberliegender Flächen geschnitten, so muß der Körper von der Ebene halbiert werden.

Das Parallelflach *A B* werde durch die Ebene (XI, 9, 7) *C D E F* längs der Diagonalen *C F*, *D E* gegenüberliegender Flächen geschnitten. Ich behaupte, daß der Körper *A B* von der Ebene *C D E F* halbiert werden muß.

Da △ *C G F* dem △ *C F B* und △ *A D E* dem △ *D E H* gleich ist (I, 34), auch Pgm. *C A* dem Pgm. *E B* als gegenüberliegende und Pgm. *G E* dem Pgm. *C H* gleich (XI, 24), ist auch das von den zwei Dreiecken *C G F*, *A D E* und drei Parallelogrammen *G E*, *A C*, *C E* umfaßte Prisma dem von den zwei Dreiecken *C F B*, *D E H* und drei Parallelogrammen *C H*, *B E*, *C E* umfaßten Prisma gleich; denn sie werden von ebenen Flächen in gleicher Anzahl und Größe umfaßt (XI, Def. 10).

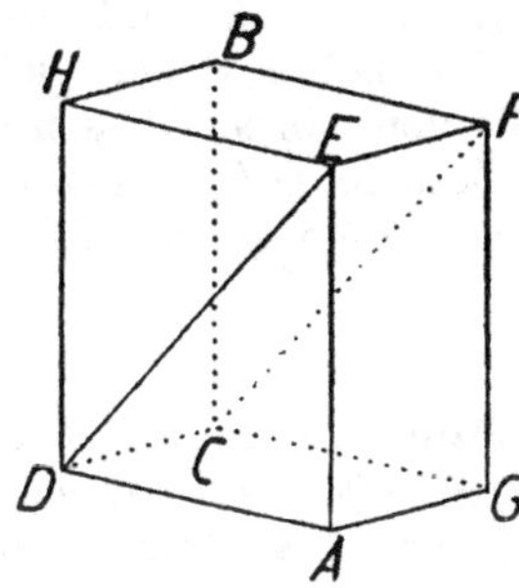

Also wird der ganze Körper *A B* von der Ebene *C D E F* halbiert — q. e. d.

§ 29 (L. 24).

Parallelflache auf derselben Grundfläche und unter derselben Höhe sind, wenn ihre stehenden Kanten auf denselben Geraden enden, einander gleich.

Die Parallelflache *C M*, *C N* mögen auf derselben Grundfläche *A B* stehen unter derselben Höhe, und ihre stehenden Kanten *A G*, *A F*, *L M*, *L N*, *C D*, *C E*, *B H*, *B K* mögen auf denselben Geraden *F N*, *D K* enden. Ich behaupte, daß Krp. *C M* = Krp. *C N*.

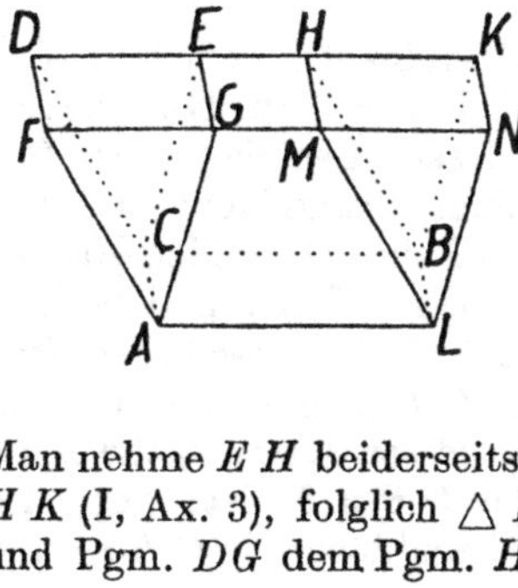

Da *C H*, *C K* beide Parallelogramme sind, ist *C B* sowohl = *D H* als = *E K* (I, 34), folglich *D H* = *E K*. Man nehme *E H* beiderseits weg; dann ist Rest *D E* = Rest *H K* (I, Ax. 3), folglich △ *D C E* dem △ *H B K* gleich (I, 8) und Pgm. *D G* dem Pgm. *H N* (I, 34, 29, 4). Aus demselben

Grunde ist auch △ *A F G* dem △ *M L N* gleich. Ferner sind Pgm. *C F* dem Pgm. *B M* und *C G* dem Pgm. *B N* gleich als gegenüberliegende (XI, 24). Das von den zwei Dreiecken *A F G*, *D C E* und drei Parallelogrammen *A D*, *D G*, *C G* umfaßte Prisma ist also dem von den zwei Dreiecken *M L N*, *H B K* und drei Parallelogrammen *B M*, *H N*, *B N* umfaßten Prisma gleich (XI, Def. 10). Man füge beiderseits den Körper, dessen Grundfläche Pgm. *A B* und dessen Deckfläche *G E H M* ist, hinzu. Dann ist das ganze Pfl. *C M* = dem ganzen Pfl. *C N* (I, Ax. 2) — S.

§ 30 (L. 25).

Parallelflache auf derselben Grundfläche und unter derselben Höhe sind (auch), wenn ihre stehenden Kanten nicht auf denselben Geraden enden, einander gleich.

Die Parallelflache *C M*, *C N* mögen auf derselben Grundfläche *A B* stehen unter derselben Höhe, und ihre stehenden Kanten *A F*, *A G*, *L M*, *L N*, *C D*, *C E*, *B H*, *B K* mögen nicht auf denselben Geraden enden. Ich behaupte, daß Krp. *C M* = Krp. *C N*.

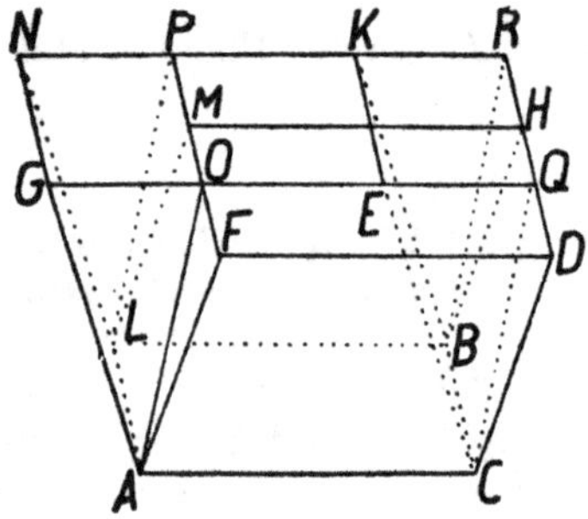

Man verlängere *N K*, *D H*, sie mögen einander in *R* treffen, verlängere außerdem *F M*, *G E* nach *P*, *Q*, und ziehe *A O*, *L P*, *C Q*, *B R*.

Dann ist Krp. *C M*, dessen Grundfläche Pgm. *A C B L* und dessen Deckfläche *F D H M* ist, = Krp. *C P*, dessen Grundfläche Pgm. *A C B L* und dessen Deckfläche *O Q R P* ist; denn sie stehen auf derselben Grundfläche *A C B L* und unter derselben Höhe, während ihre stehenden Kanten *A F*, *A O*, *L M*, *L P*, *C D*, *C Q*, *B H*, *B R* auf denselben Geraden *F P*, *D R* enden (XI, 29). Andererseits ist Krp. *C P*, dessen Grundfläche Pgm. *A C B L* und dessen Deckfläche *O Q R P* ist, = Krp. *C N*, dessen Grundfläche Pgm. *A C B L* und dessen Deckfläche *G E K N* ist; denn sie stehen ebenso auf derselben Grundfläche *A C B L* und unter derselben Höhe, während ihre stehenden Kanten AG, AO, CE, CQ, LN, LP, BK, BR auf denselben Geraden GQ, NR enden. Folglich ist auch Krp. CM = Krp. CN — S.

§ 31 (L. 26).

Parallelflache auf gleichen Grundflächen und unter derselben Höhe sind einander gleich.

Man habe Parallelflache AE, CF auf gleichen Grundflächen AB, CD unter derselben Höhe. Ich behaupte, daß Krp. AE = Krp. CF.

Zunächst seien die stehenden Kanten HK, BE, AG, LM, PQ, DF, CN, RS auf den Grundflächen AB, CD senkrecht. Man setze dann eine Strecke RT an CR gerade an, trage an die gerade Linie RT im Punkte R auf ihr (in der Grundebene) $\angle TRU = \angle ALB$ an (I, 23), mache $RT = AL$, $RU = LB$ und vervollständige die Grundfläche RW sowie den Körper XU.

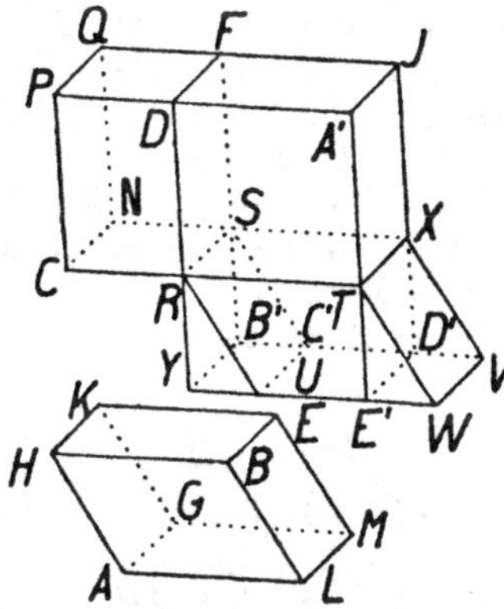

Da hier zwei Seiten TR, RU zwei Seiten AL, LB gleich sind und gleiche Winkel umfassen, ist Pgm. RW = und $\sim$ Pgm. HL (I, 4, 34). Da ebenso $AL = RT$, $LM = RS$ und sie rechte Winkel umfassen, ist Pgm. RX = und $\sim$ Pgm. AM. Aus demselben Grunde ist LE = und $\sim$ SU. Drei Parallelogramme des Körpers AE sind also drei Parallelogrammen des Körpers XU gleich und ähnlich. Diese drei sind, hier wie dort, den drei gegenüberliegenden gleich und ähnlich (XI, 24). Das ganze Pfl. AE ist also = dem ganzen Pfl. XU (XI, Def. 10).

Man ziehe DR und WU durch, sie mögen einander in Y treffen, und durch T ziehe man $A'TE' \parallel DY$, verlängere PD nach A' und vervollständige die Körper YX, RJ.

Dann ist Krp. XY, dessen Grundfläche (jetzt) Pgm. RX und dessen Deckfläche YD' ist, = Krp. XU, dessen Grundfläche Pgm. RX und dessen Deckfläche UV ist; denn sie stehen auf derselben Grundfläche RX und unter derselben Höhe, während die stehenden Kanten RY, RU, TE', TW, SB', SC', XD', XV auf denselben Geraden YW, $B'V$ enden (XI, 29). Aber Krp. $XU = AE$; also ist auch Krp. $XY =$ Krp. AE.

Ferner ist Pgm. $RUWT =$ Pgm. YT, weil sie auf derselben Grundlinie RT zwischen denselben Parallelen RT, YW liegen (I, 35), und $RUWT = CD$, da $= AB$; also ist Pgm. $YT = CD$ (Ax. 1). DT ist ein anderes Pgm. Also ist Grfl. $CD : DT = YT : DT$ (V, 7). Da hier ein Pfl. CJ von einer Ebene RF geschnitten wird, die gegenüberliegenden Flächen parallel ist, verhält sich Grdfl. CD : Grdfl. $DT =$ Krp. CF : Krp. RJ (XI, 25). Aus demselben Grunde ist, da Pfl. YJ von der Ebene RX, die gegenüberliegenden Flächen parallel ist, geschnitten wird, Grdfl. YT : Grdfl. $TD =$ Krp. $YX : RJ$. Nun war Grdfl. $CD : DT = YT : DT$. Also ist auch Krp. CF : Krp. $RJ =$ Krp. $YX : RJ$ (V. 11). Beide Körper CF, YX haben also zu RJ dasselbe Verhältnis; also ist Krp. $CF =$ Krp. YX (V, 9). Wie oben bewiesen, ist aber $YX = AE$; also $AE = CF$ [— q. e. d.].

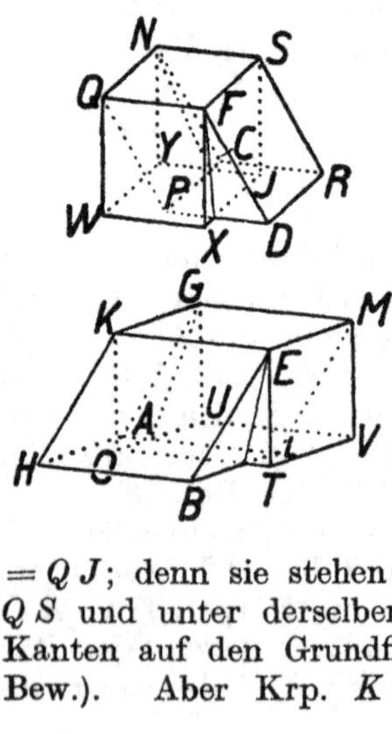

Nunmehr seien die stehenden Kanten AG, HK, BE, LM, CN, PQ, DF, RS auf den Grundflächen AB, CD nicht senkrecht. Ich behaupte ebenso, daß Krp. $AE =$ Krp. CF.

Man fälle von den Punkten K, E, G, M, Q, F, N, S auf die Grundebene die Lote KO, ET, GU, MV, QW, FX, NY, SJ (XI, 11); sie mögen die Ebene in den Punkten O, T, U, V, W, X, Y, J treffen; und man ziehe OT, OU, UV, TV, WX, WY, YJ, JX. Dann ist Krp. $KV = QJ$; denn sie stehen auf gleichen Grundflächen KM, QS und unter derselben Höhe, während ihre stehenden Kanten auf den Grundflächen senkrecht sind (1. Teil d. Bew.). Aber Krp. $KV =$ Krp. AE und $QJ = CF$;

denn sie stehen auf derselben Grundfläche und unter derselben Höhe, während ihre stehenden Kanten (im allg.) nicht auf denselben Geraden enden (XI, 30). Also ist auch Krp. *A E* = Krp. *C F* — S.

§ 32 (L. 27).

Parallelflache unter derselben Höhe verhalten sich zueinander wie die Grundflächen.

A B, *C D* seien Parallelflache unter derselben Höhe. Ich behaupte, daß die Parallelflache *A B*, *C D* sich zueinander wie die Grundflächen verhalten, d. h. daß

Grdfl. *A E* : Grdfl. *C F* = Krp. *A B* : Krp. *C D*.

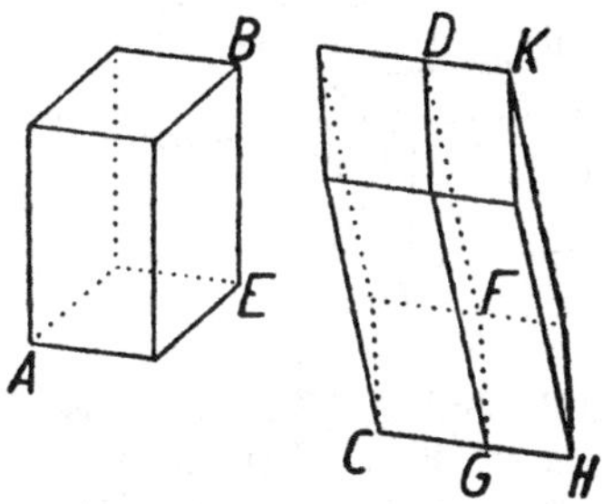

Man lege Pgm. *F H* = *A E* an *F G* an (I, 44) und vervollständige über der Grundfläche *F H* mit derselben Höhe wie bei *C D* das Pfl. *G K*.

Dann ist Krp. *A B* = *G K*; denn sie stehen auf gleichen Grundflächen *A E*, *F H* und unter derselben Höhe (XI, 31). Da hier das Pfl. *C K* von einer Ebene *D G*, die gegenüberliegenden Flächen parallel ist, geschnitten wird, verhält sich Grdfl. *C F* : Grdfl. *F H* = Krp. *C D* : Krp. *D H* (XI, 25). Nun ist Grdfl. *F H* = Grdfl. *A E* und Krp. *G K* = Krp. *A B*; also Grdfl. *A E* : Grdfl. *C F* = Krp. *A B* : Krp. *C D* — *S*.

§ 33 (L. 28).

Ähnliche Parallelflache stehen zueinander dreimal im Verhältnis entsprechender Kanten.

A B, *C D* seien ähnliche Parallelflache, *A E* entspreche *C F*. Ich behaupte, daß Krp. *A B* : Krp. *C D* = $(A E : C F)^3$.

Man setze *E K*, *E L*, *E M* gerade an *A E*, *G E*, *H E* und mache *E K* = *C F*, *E L* = *F N*, sowie *E M* = *F R* und vervollständige Pgm. *K L* und Krp. *K P*.

Da hier zwei Seiten KE, EL zwei Seiten CF, FN gleich sind, außerdem $\angle KEL = \angle CFN$, weil auch $\angle AEG = CFN$ wegen der Ähnlichkeit der Körper AB, CD (XI, Def. 9; VI, Def. 1; I, 15), ist Pgm. $KL =$ und $\sim$ Pgm. CN (I, 4, 34). Aus demselben Grunde ist auch Pgm. $KM =$ und $\sim CR$ und EP dem Pgm. DF. Also sind drei Parallelogramme am Krp. KP drei Parallelogrammen am Krp. CD gleich und ähnlich. Hier wie dort sind aber die drei Parallelogramme den drei gegenüberliegenden gleich und ähnlich (XI, 24). Also ist der ganze Krp. KP dem ganzen Krp. CD gleich und ähnlich (XI, Def. 10).

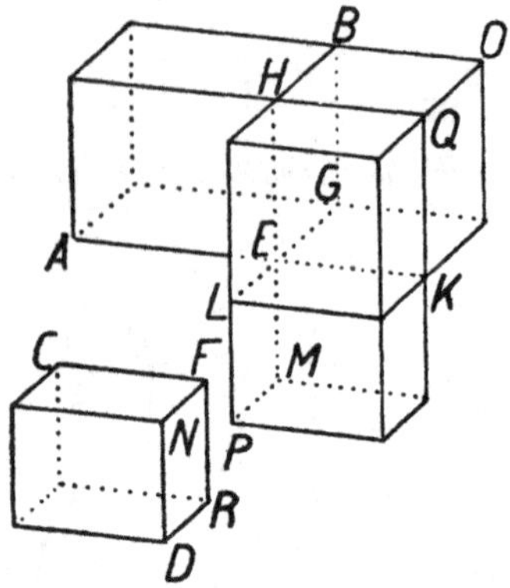

Man vervollständige Pgm. GK und vervollständige über Pgm. GK, KL als Grundflächen und unter derselben Höhe wie bei AB die Körper EO, LQ.

Da wegen der Ähnlichkeit der Körper AB, CD (XI, Def. 9; VI, Def. 1) $AE : CF = EG : FN = EH : FR$, während $CF = EK$, $FN = EL$, $FR = EM$, ist $AE : EK = GE : EL = HE : EM$ (V, 7, 11). Aber $AE : EK =$ Pgm. AG : Pgm. GK, $GE : EL = GK : KL$, $HE : EM = QE : KM$ (VI, 1); also Pgm. $AG : GK = GK : KL = QE : KM$ (V, 11). Aber $AG : GK =$ Krp. AB : Krp. EO, $GK : KL =$ Krp. OE : Krp. QL, $QE : KM =$ Krp. QL : Krp. KP (XI, 25); also Krp. $AB : EO = EO : QL = QL : KP$. Wenn aber vier Größen in stetiger Proportion stehen, steht die erste zur vierten dreimal im Verhältnis wie zur zweiten (V, Def. 10); also ist Krp. $AB : KP = (AB : EO)^3$. Nun ist $AB : EO =$ Pgm. $AG : GK =$ Strecke $AE : EK$, folglich auch Krp. $AB : KP = (AE : EK)^3$ (V, 11). Nun ist Krp. $KP =$ Krp. CD und Strecke $EK = CF$; also steht Krp. AB zu Krp. CD dreimal im Verhältnis der entsprechenden Seiten AE, CF (V, 7) — S.

[*Zusatz:* Hiernach ist klar, daß, wenn vier Strecken in (stetiger) Proportion stehen, dann die erste zur vierten sich verhält wie ein Parallelflach über der ersten zu einem ähnlichen und ähnlich gelegten über der zweiten, da ja die erste zur vierten dreimal im Verhältnis steht wie zur zweiten.]

§ 34 (L. 29).

In gleichen Parallelflachen sind die Grundflächen den Höhen umgekehrt proportional. Und Parallelflache, in denen die Grundflächen den Höhen umgekehrt proportional sind, sind gleich.

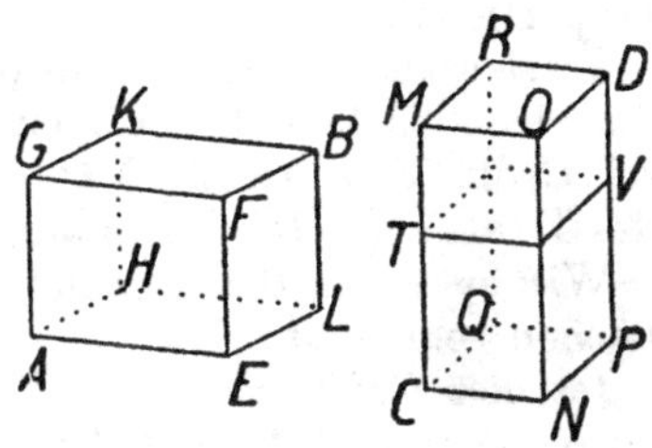

A B, *C D* seien gleiche Parallelflache. Ich behaupte, daß in den Parallelflachen *A B*, *C D* die Grundflächen den Höhen umgekehrt proportional sind und sich verhält Grdfl. *E H* : Grdfl. *N Q* = Höhe des Krp. *C D* : Höhe des Krp. *A B*.

Zunächst seien die stehenden Kanten *A G*, *E F*, *L B*, *H K*, *C M*, *N O*, *P D*, *Q R* auf ihren Grundflächen senkrecht. Ich behaupte, daß Grdfl. *E H* : Grdfl. *N Q* = *C M* : *A G*.

Ist hier Grdfl. *E H* = Grdfl. *N Q*, während Krp. *A B* = Krp. *C D*, dann muß auch *C M* = *A G* sein; denn Parallelflache unter derselben Höhe verhalten sich zueinander wie die Grundflächen (XI, 32). [Wären nämlich, während Grdfl. *E H* = *N Q*, die Höhen *A G*, *C M* nicht gleich, dann könnte auch Krp. *A B* dem Krp. *C D* nicht gleich sein; nach Voraussetznug sind sie aber gleich; die Höhen *C M*, *A G* sind also nicht ungleich, also gleich.] Und es muß sich verhalten Grdfl. *E H* : *N Q* = *C M* : *A G*; und es ist klar, daß in den Parallelflachen *A B*, *C D* die Grundflächen den Höhen umgekehrt proportional sind.

Es sei jetzt Grdfl. *E H* nicht = Grdfl. *N Q*, sondern *E H* sei größer. Nun ist Krp. *A B* = Krp. *C D*; also *C M* > *A G* [anderenfalls könnten wieder die Körper *A B*, *C D* nicht gleich sein; nach Voraussetzung sind sie aber gleich]. Man mache $CT = AG$ und vervollständige von der Grundfläche NQ und der Höhe CT aus das Pfl. VC. Da Krp. $AB =$ Krp. CD und CV ein Körper außerdem, gleiche Größen aber zu einer festen dasselbe Verhältnis haben (V, 7), ist Krp. AB : Krp. $CV =$ Krp. CD : Krp. CV. Aber Krp. AB : Krp. $CV =$ Grdfl. EH : Grdfl. NQ (XI, 32); denn die Körper AB, CV sind gleichhoch. Und Krp. CD : Krp. $CV =$ Grdfl. MQ : Grdfl. TQ (XI, 25) und $= CM : CT$ (VI, 1). Also ist Grdfl. EH : Grdfl. $NQ = MC : CT$ (V, 11). Aber $CT = AG$; also Grdfl. EH : Grdfl. $NQ = MC : AG$. In den Parallelflachen AB, CD sind also die Grundflächen den Höhen umgekehrt proportional.

Jetzt seien andererseits in den Parallelflachen AB, CD die Grundflächen den Höhen umgekehrt proportional, es sei Grdfl. EH : Grdfl. $NQ =$ Höhe des Krp. CD : Höhe des Krp. AB. Ich behaupte, daß Krp. $AB =$ Krp. CD.

Wieder seien die stehenden Kanten auf den Grundflächen senkrecht.

Ist hier Grdfl. $EH =$ Grdfl. NQ, während Grdfl. EH : Grdfl. $NQ =$ Höhe des Krp. CD : Höhe des Krp. AB, dann ist auch die Höhe des Krp. $CD =$ der Höhe des Krp. AB (V, Def. 5). Parallelflache auf gleichen Grundflächen und unter derselben Höhe sind aber einander gleich (XI, 31); also Krp. $AB =$ Krp. CD.

Es sei jetzt Grdfl. EH nicht $= NQ$, sondern EH größer. Dann ist auch die Höhe des Krp. $CD >$ die Höhe des Krp. AB, d. h. $CM > AG$. Man mache wieder $CT = AG$ und vervollständige ähnlich wie oben Krp. CV.

Da Grdfl. EH : Grdfl. $NQ = MC : AG$, während $AG = CT$, ist Grdfl. EH : Grdfl. $NQ = CM : CT$. Aber Grdfl. EH : Grdfl. $NQ =$ Krp. AB : Krp. CV (XI, 32); denn die Körper AB, CV sind gleichhoch. Und $CM : CT =$ Grdfl. MQ : Grdfl. QT (VI, 1), $=$ Krp. CD : Krp. CV (XI, 25). Also verhält sich Krp. AB : Krp. $CV =$ Krp. CD : Krp. CV (V, 11); AB, CD haben also beide zu CV dasselbe Verhältnis; also ist Krp. $AB =$ Krp. CD (V, 9) [— q. e. d.].

Nunmehr seien die stehenden Kanten FE, BL, GA, HK, ON, DP, MC, RQ auf ihren Grundflächen nicht senkrecht. Dann fälle man von den Punkten F, G, B, K

und *O*, *M*, *R*, *D* auf die Ebenen *E H*, *N Q* die Lote (XI, 11); sie mögen die Ebenen in *S*, *T*, *U*, *V*, *W*, *X*, *Y*, *Z* treffen; und man vervollständige die Körper *F V*, *O Y*. Ich behaupte, daß auch jetzt, wenn die Körper *A B*, *C D* gleich sind, die Grundflächen den Höhen umgekehrt proportional sind, Grdfl. *E H* : Grdfl. *N Q* = Höhe des Krp. *C D* : Höhe des Krp. *A B*.

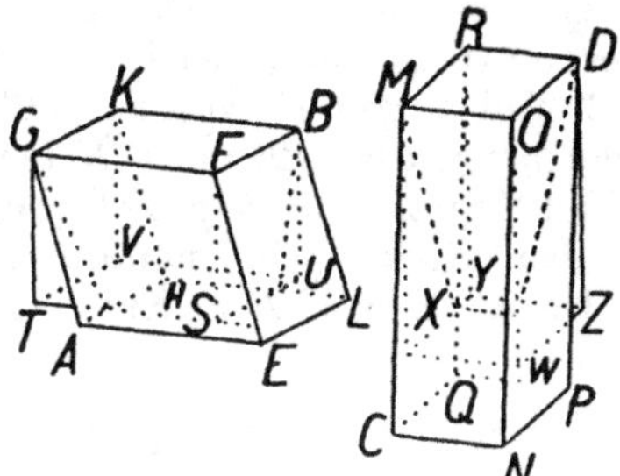

Hier ist Krp. *A B* = Krp. *C D*, ferner *A B* = *B T*; denn sie stehen auf derselben Grundfläche *F K* unter derselben Höhe (XI, 30). Und Krp. *C D* = *D X*; denn sie stehen ebenso auf derselben Grundfläche, nämlich *R O*, unter derselben Höhe. Also ist Krp. *B T* = Krp. *D X* (I, Ax. 1). [Nun sind in gleichen Parallelflachen, deren Höhen auf den Grundflächen senkrecht stehen, die Grundflächen den Höhen umgekehrt proportional.] Also ist Grdfl. *F K* : Grdfl. *O R* = Höhe des Krp. *D X* : Höhe des Krp. *B T* (1. Teil d. Bew.). Nun ist Grdfl. *F K* = Grdfl. *E H*, Grdfl. *O R* = Grdfl. *N Q* (XI, 24); also Grdfl. *E H* : Grdfl. *N Q* = Höhe des Krp. *D X* : Höhe des Krp. *B T*. Die Körper *D X*, *B T* haben aber dieselben Höhen wie *D C*, *B A*. Also verhält sich Grdfl. *E H* : Grdfl. *N Q* = Höhe des Krp. *D C* : Höhe des Krp. *A B*. In den Parallelflachen *A B*, *C D* sind also die Grundflächen den Höhen umgekehrt proportional.

Jetzt seien andererseits in den Parallelflachen *A B*, *C D* die Grundflächen den Höhen umgekehrt proportional, es sei Grdfl. *E H* : Grdfl. *N Q* = Höhe des Krp. *C D* : Höhe des Krp. *A B*. Ich behaupte, daß Krp. *A B* = Krp. *C D*.

Man konstruiere ebenso. Da Grdfl. *E H* : Grdfl. *N Q* = Höhe des Krp. *C D* : Höhe des Krp. *A B*, während Grdfl. *E H* = Grdfl. *F K*, *N Q* = *O R* (XI, 24), so verhält sich Grdfl. *F K* : Grdfl. *O R* = Höhe des Krp. *C D* : Höhe des Krp. *A B*. Die Körper *A B*, *C D* haben aber dieselben Höhen wie *B T*, *D X*; also verhält sich Grdfl. *F K* : Grdfl.

OR = Höhe des Krp. DX : Höhe des Krp. BT. In den Parallelflachen BT, DX sind also die Grundflächen den Höhen umgekehrt proportional. [Parallelflache, deren Höhen auf den Grundflächen senkrecht stehen, sind aber, wenn in ihnen die Grundflächen den Höhen umgekehrt proportional sind, gleich.] Also ist Krp. BT = Krp. DX (2. Teil d. Bew.). Nun ist $BT = BA$; denn sie stehen auf derselben Grundfläche FK unter derselben Höhe (XI, 30). Und Krp. DX = Krp. DC [denn sie stehen ebenso auf derselben Grundfläche, nämlich OR, unter derselben Höhe]. Also ist Krp. AB = Krp. CD — q. e. d.

§ 35 (L. 30).

Hat man zwei gleiche ebene Winkel und errichtet in ihren Scheiteln heraustretende gerade Linien so, daß sie mit den Ausgangsgeraden entsprechend gleiche Winkel bilden, und nimmt man auf den heraustretenden Geraden beliebige Punkte, fällt aus diesen auf die Ebenen, in denen die Ausgangswinkel liegen, die Lote und zieht von den entstandenen Punkten in den Ebenen die Strecken nach den Scheiteln der Ausgangswinkel, so müssen diese mit den heraustretenden Geraden gleiche Winkel umfassen.

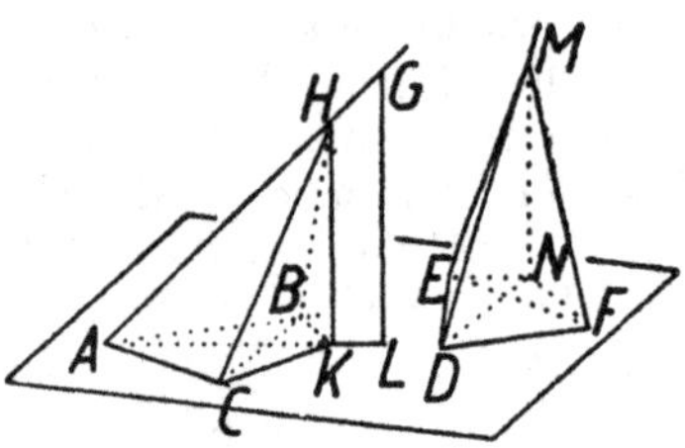

Man habe zwei geradlinige Winkel BAC, EDF; in den Punkten A, D errichte man heraustretende gerade Linien AG, DM so, daß sie mit den Ausgangsgeraden entsprechend gleiche Winkel bilden, $MDE = GAB$, $MDF = GAC$ (XI, 26), nehme auf AG, DM die Punkte G, M beliebig, fälle von den Punkten G, M auf die Ebenen BAC, EDF die Lote GL, MN (XI, 11), sie mögen die Ebenen in L, N treffen, und ziehe LA, ND. Ich behaupte, daß $\angle GAL = \angle MDN$.

Man mache $AH = DM$ und ziehe $HK \parallel GL$ durch H (I, 31). Nun ist $GL \perp$ Ebene BAC, also auch $HK \perp$ Ebene BAC (XI, 8). Man fälle von den Punkten K, N

auf die Geraden $A B$, $A C$, $D F$, $D E$ die Lote $K B$, $K C$, $N F$, $N E$ (I, 12) und ziehe $H C$, $C B$, $M F$, $F E$.

Da $H A^2 = H K^2 + K A^2$ (XI, Def. 3; I, 47), $K A^2 = K C^2 + C A^2$, ist $H A^2 = H K^2 + K C^2 + C A^2$. Aber $H K^2 + K C^2 = H C^2$; also $H A^2 = H C^2 + C A^2$. Also ist $\angle H C A$ ein Rechter (I, 48). Aus demselben Grunde ist auch $\angle D F M$ ein Rechter. Also ist $\angle A C H = \angle D F M$ (I, Post. 4). Aber auch $H A C = M D F$. Man hat also zwei Dreiecke, $M D F$, $H A C$, in denen zwei Winkel zwei Winkeln entsprechend gleich sind und eine Seite einer Seite gleich, nämlich die einem der gleichen Winkel gegenüberliegende, $H A = M D$; also müssen in ihnen auch die übrigen Seiten den übrigen Seiten entsprechend gleich sein (I, 26), also $A C = D F$. Ähnlich läßt sich beweisen, daß auch $A B = D E$. Da $A C = D F$, $A B = D E$, sind hier zwei Seiten $C A$, $A B$ zwei Seiten $F D$, $D E$ gleich; auch ist $\angle C A B = \angle F D E$; also Grdl. $B C$ = Grdl. $E F$, das Dreieck dem Dreieck gleich und die übrigen Winkel den übrigen Winkeln (I, 4); also $\angle A C B = D F E$. Nun sind auch $\angle A C K = D F N$ als Rechte; also Restwinkel $B C K$ = Restwinkel $E F N$ (I, Ax. 3). Aus demselben Grunde ist auch $\angle C B K = F E N$. Man hat also zwei Dreiecke $B C K$, $E F N$, in denen zwei Winkel zwei Winkeln entsprechend gleich sind und eine Seite einer Seite gleich, nämlich die den gleichen Winkeln anliegende, $B C = E F$; dann müssen in ihnen auch die übrigen Seiten den übrigen Seiten gleich sein (I, 26), also $C K = F N$. Aber $A C = D F$. Mithin sind zwei Seiten $A C$, $C K$ zwei Seiten $D F$, $F N$ gleich; dabei umfassen sie rechte Winkel; also ist Grdl. $A K$ = Grdl. $D N$ (I, 4). Da hier $A H = D M$, ist auch $A H^2 = D M^2$. Aber $A H^2 = A K^2 + K H^2$ (I, 47), weil $A K H$ ein Rechter; und $D M^2 = D N^2 + N M^2$, weil $D N M$ ein Rechter. Also $A K^2 + K H^2 = D N^2 + N M^2$ (I, Ax. 1); hierin ist $A K^2 = D N^2$; also Rest $K H^2 = N M^2$ (I, Ax. 3); also $H K = M N$. Da hier zwei Seiten $H A$, $A K$ zwei Seiten $M D$, $D N$ entsprechend gleich sind und, wie bewiesen, auch Grdl. $H K$ = Grdl. $M N$, ist $\angle H A K = \angle M D N$ (I, 8) — S.

[*Zusatz*: Hiernach ist klar, daß, wenn man zwei gleiche ebene Winkel hat und auf ihnen gleiche Strecken heraustretend so errichtet, daß sie mit den Ausgangsgeraden entsprechend gleiche Winkel bilden, dann die von ihnen auf die Ebenen, in denen die Ausgangswinkel liegen, gefällten Lote einander gleich sind — q. e. d.].

§ 36 (L. 31).

Stehen drei Strecken in Proportion, so ist ein Parallelflach aus diesen dreien dem gleichkantigen Parallelflach über der mittleren gleich, das mit dem vorgenannten winkelgleich ist.

a, b, c seien drei in Proportion stehende Strecken, $a : b = b : c$. Ich behaupte, daß der Körper aus a, b, c dem gleichkantigen Körper über b gleich ist, der mit dem vorgenannten winkelgleich ist.

Man lege eine Ecke bei E hin, die von DEG, GEF, FED umfaßt wird, mache jede der Strecken DE, GE, $EF = b$ und vervollständige das Pfl. EK; ferner sei $LM = a$; und man trage an die Gerade LM im Punkte L auf ihr eine der Ecke bei E gleiche Ecke an (XI, 26), die von NLO, OLM, MLN umfaßt wird, und mache $LO = b$, $LN = c$.

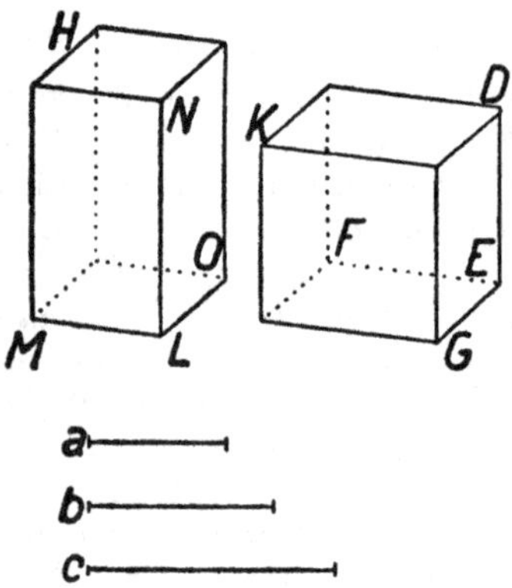

Da $a : b = b : c$, $a = LM$, $b = LO$, EF und ED, $c = LN$, ist $LM : EF = DE : LN$. Um gleiche Winkel, nämlich NLM, DEF, sind hier Seiten umgekehrt proportional; also ist Pgm. MN = Pgm. DF (VI, 14). Und da man zwei gleiche geradlinige ebene Winkel hat, nämlich DEF, NLM, und auf ihnen heraustretend Strecken LO, EG errichtet sind, die einander gleich sind und mit den Ausgangsgeraden entsprechend gleiche Winkel bilden, sind die von den Punkten G, O auf die Ebenen NLM, DEF gefällten Lote einander gleich (XI, 35 Zus.), folglich die Körper LH, EK unter derselben Höhe. Nun sind Parallelflache auf gleichen Grundflächen und unter derselben Höhe einander gleich (XI, 31), also Krp. HL = Krp. EK. Hier ist LH der Körper aus a, b, c und EK der Körper über b. Also ist das Parallelflach aus a, b, c dem gleichkantigen Körper über b gleich, der mit dem vorgenannten winkelgleich ist — q. e. d.

§ 37 (L. 32).

Stehen vier Strecken in Proportion, dann müssen auch ähnliche über ihnen ähnlich gezeichnete Parallelflache in Proportion stehen. Und wenn ähnliche über ihnen ähnlich gezeichnete Parallelflache in Proportion stehen, dann müssen auch die Strecken selbst in Proportion stehen.

AB, CD, EF, GH seien vier in Proportion stehende Strecken, $AB : CD = EF : GH$. Und es seien über AB, CD, EF, GH ähnliche ähnlich gelegte Parallelflache KA, LC, ME, NG gezeichnet (XI, 27). Ich behaupte, daß $KA : LC = ME : NG$.

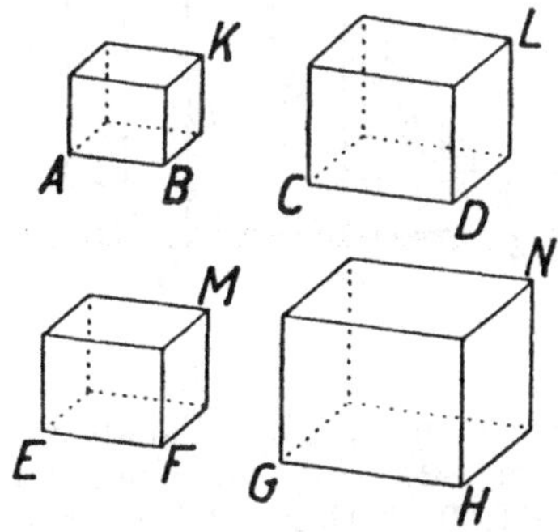

Da Pfl. $KA \sim LC$, ist $KA : LC = (AB : CD)^3$ (XI, 33). Aus demselben Grunde ist auch $ME : NG = (EF : GH)^3$. Nun ist $AB : CD = EF : GH$, also $AK : LC = ME : NG$ (V, 22, 11).

Andererseits sei Krp. AK : Krp. LC = Krp. $ME : NG$. Ich behaupte, daß Strecke $AB : CD = EF : GH$.

Da ebenso $KA : LC = (AB : CD)^3$ und $ME : NG = (EF : GH)^3$ und $KA : LC = ME : NG$, ist $AB : CD = EF : GH$ — S.

§ 38 (39; L. 33).

Halbiert man in einem Würfel die Seiten gegenüberliegender Flächen und legt Ebenen durch die Schnittpunkte, dann halbieren einander die Schnittlinie der Ebenen und die Würfeldiagonale.

Im Würfel AF halbiere man die Seiten der gegenüberliegenden Flächen CF, AH in den Punkten K, L, M, N, O,

Q, P, R und lege durch die Schnittpunkte die Ebenen KN, OR; die Schnittlinie der Ebenen (XI, 3) sei US, und DG Diagonale im Würfel AF. Ich behaupte, daß $UT = TS$ und $DT = TG$.

Man ziehe DU, UE, BS, SG. Da $DO \parallel PE$, sind die Wechselwinkel $DOU = UPE$ (I, 29). Da $DO = PE$, $OU = UP$ (I, 33, 34) und sie gleiche Winkel umfassen, ist Grdl. $DU = UE$, ferner $\triangle DOU = \triangle PUE$ und die übrigen Winkel den übrigen Winkeln gleich (I, 4); also $\angle OUD = PUE$. Infolgedessen ist DUE gerade (I, 14). Aus demselben Grunde ist auch BSG gerade, und $BS = SG$. Da $CA =$ und $\parallel$ DB, CA aber auch $=$ und $\parallel$ EG, ist $DB =$ und $\parallel$ EG (I, Ax. 1; XI, 9). Nun sind ihre Enden durch die Strecken DE, BG verbunden; also ist $DE \parallel$ (und $=$) BG (I, 33). [Auf beiden hat man irgendwie Punkte D, U, G, S angenommen, ziehe nun DG, US; dann liegen DG, US in derselben Ebene (XI, 7). $DE \parallel BG$.] Also ist $\angle EDT = BGT$ als Wechselwinkel (I, 29). Und $DTU = GTS$ (I, 15). Man hat also zwei Dreicke DTU, GTS, in denen zwei Winkel zwei Winkeln gleich sind und eine Seite einer Seite gleich, nämlich die einem der gleichen Winkel gegenüberliegenden, $DU = GS$ als Hälften von DE, BG. Also müssen auch ihre übrigen Seiten den übrigen Seiten gleich sein (I, 26). Also ist $DT = TG$ und $UT = TS$ — S.

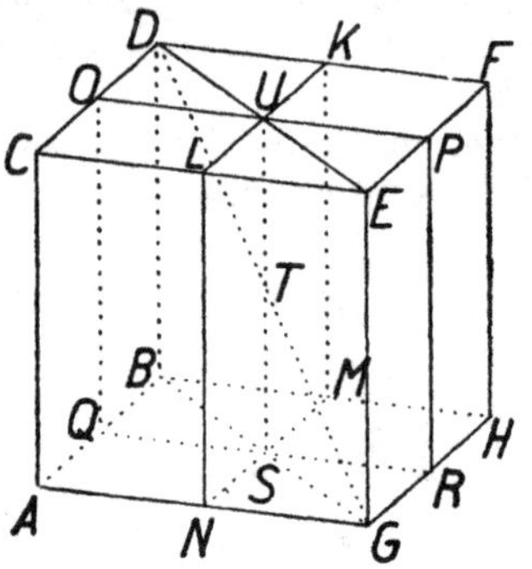

§ 39 (40; L. 34).

Hat man zwei (dreiseitige) Prismen, die gleichhoch sind, während das eine auf einem Parallelogramm, das andere auf einem Dreieck ruht, und ist das Parallelogramm doppelt so groß wie das Dreieck, so müssen die Prismen gleich sein.

A B C D E F, *G H K L M N* seien zwei Prismen (XI, Def. 13 Anm.), die gleichhoch sind, während das eine auf dem Pgm. *A F* ruht, das andere auf dem △ *G H K*, und es sei Pgm. *A F* = 2 △ *G H K*. Ich behaupte, daß Prisma *A B C D E F* = Prisma *G H K L M N*.

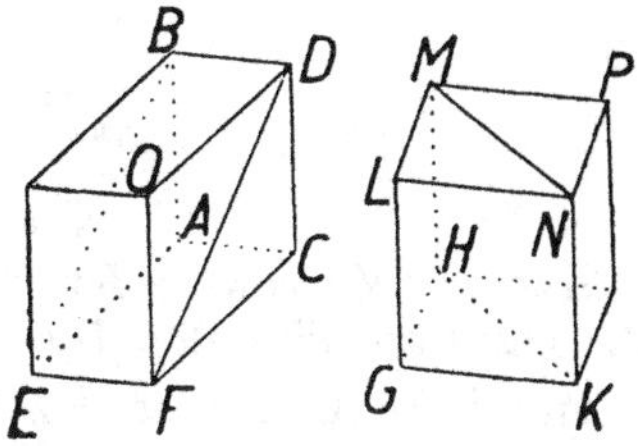

Man vervollständige die Körper *A O*, *G P*.

Da Pgm. *A F* = 2 △ *G H K*, aber auch Pgm. *H K* = 2 △ *G H K* (I, 34), ist Pgm. *A F* = Pgm. *H K*. Parallelflache auf gleichen Grundflächen unter derselben Höhe sind aber einander gleich (XI, 31); also Krp. *A O* = Krp. *G P*. Nun ist vom Krp. *A O* das Prisma *A B C D E F* die Hälfte (XI, 28) und vom Krp. *G P* das Prisma *G H K L M N* die Hälfte; also Prisma *A B C D E F* = Prisma *G H K L M N* — S.

XII. Buch.

§ 1 (L. 1).

Ähnliche Vielecke in Kreisen verhalten sich zueinander wie die Quadrate über den Durchmessern.

Man habe die Kreise ABC, FGH und in ihnen ähnliche Vielecke $ABCDE$, $FGHKL$; BM, GN seien Durchmesser der Kreise. Ich behaupte, daß $BM^2 : GN^2 =$ Vieleck $ABCDE$: Vieleck $FGHKL$.

Man ziehe BE, AM, GL, FN.

Da Vieleck $ABCDE \sim$ Vieleck $FGHKL$, ist $\angle BAE = GFL$ und $BA : AE = GF : FL$ (VI, Def. I). Mithin sind BAE, GFL zwei Dreiecke, in denen ein Winkel einem Winkel gleich ist, nämlich $\angle BAE = GFL$, und die Seiten um die gleichen Winkel in Proportion stehen; also ist $\triangle ABE$ mit $\triangle FGL$ winkelgleich (VI, 6). Also ist $\angle AEB = \angle FLG$. Andererseits ist $\angle AEB = AMB$, denn sie stehen über demselben Bogen (III, 21); und $\angle FLG = FNG$. Also ist $\angle AMB = FNG$. Ferner sind die rechten Winkel (III, 31) $BAM = GFN$; also auch der letzte Winkel dem letzten gleich (I, 32). $\triangle ABM$ ist also mit $\triangle FGN$ winkelgleich. Also stehen in Proportion $BM : GN = BA : GF$ (VI, 4). Nun ist $(BM : GN)^2 = BM^2 : GN^2$ und $(BA : GF)^2 =$ Vieleck $ABCDE$: Vieleck $FGHKL$ (VI, 20). Also ist $BM^2 : GN^2 =$ Vieleck $ABCDE$: Vieleck $FGHKL$ (V, 22, 11) — S.

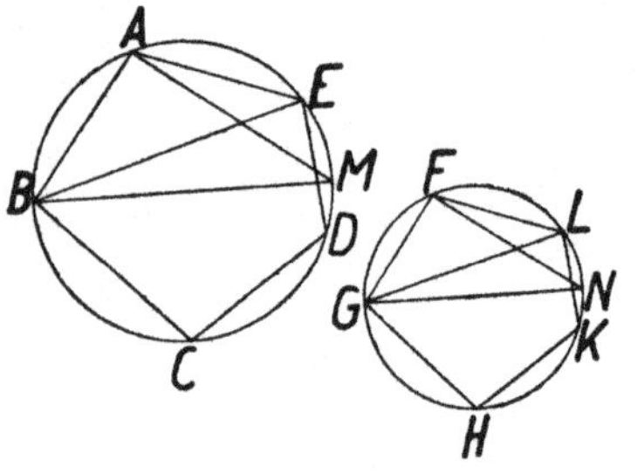

§ 2 (L. 2).

Kreise verhalten sich zueinander wie die Quadrate über den Durchmessern.

Man habe die Kreise $ABCD$, $EFGH$; BD, FH seien Durchmesser derselben; ich behaupte, daß Kreis $ABCD$: Kreis $EFGH = BD^2 : FH^2$.

Wäre nämlich Kreis $ABCD : EFGH$ nicht $= BD^2 : FH^2$, dann müßte sein $BD^2 : FH^2 =$ Kreis $ABCD$: einem Flächenstück, das entweder $<$ oder $>$ Kreis $EFGH$ wäre.

Zunächst verhalte er sich so zu einem kleineren Flächenstück S. In den Kreis $EFGH$ beschreibe man dann das Quadrat $EFGH$ ein (IV, 6); hier ist das einbeschriebene Quadrat $> \frac{1}{2}$ Kreis $EFGH$. [Wenn man nämlich durch die Punkte E, F, G, H Kreistangenten zieht (III, 16 Zus.), dann ist das Quadrat $EFGH$ die Hälfte des dem Kreise umbeschriebenen Quadrats (I, 41); der Kreis ist aber $<$ das umbeschriebene Quadrat (I, Ax. 8), so daß das einbeschriebene Quadrat $EFGH > \frac{1}{2}$ Kreis $EFGH$.] Nun halbiere man die Bogen EF, FG, GH, HE in den Punkten K, L, M, N (III, 30) und ziehe $EK, KF, FL, LG, GM, MH, HN, NE$. Auch jedes der Dreiecke EKF, FLG, GMH, HNE ist dann größer als die Hälfte des zugehörigen Kreisabschnitts. [Denn wenn man durch die Punkte K, L, M, N Kreistangenten zieht und die Parallelogramme über den Strecken EF, FG, GH, HE vervollständigt, muß jedes der Dreiecke EKF, FLG, GMH, HNE die Hälfte des zugehörigen Parallelogramms sein; der zugehörige Abschnitt ist aber $<$ das Parallelogramm, so daß jedes der Dreiecke $EKF, FLG, GMH, HNE > \frac{1}{2}$ zugehöriger Kreisabschnitt.]

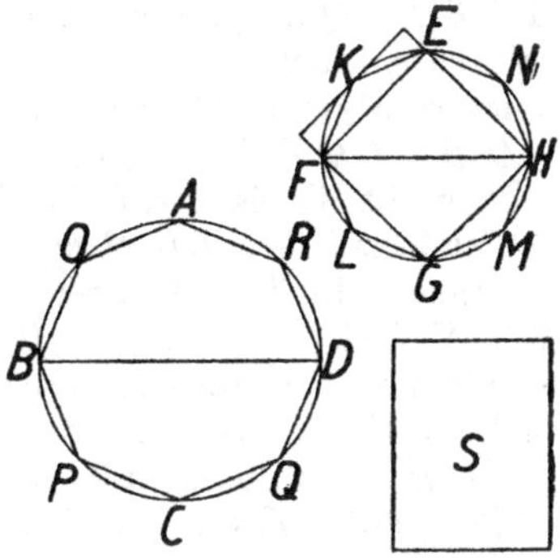

Mithin muß man, wenn man die gebliebenen Bogen halbiert, die Strecken zieht und dies immer wiederholt, schließlich Kreisabschnitte übrig behalten, die zusammen $<$ Kreis $EFGH$

— Flächenstück S sind. Es wurde nämlich im ersten Lehrsatz des zehnten Buches gezeigt, daß: wenn man bei Vorliegen zweier ungleicher (gleichartiger) Größen von der größeren ein Stück größer als die Hälfte wegnimmt und vom Rest ein Stück größer als die Hälfte und dies immer wiederholt, dann einmal eine Größe übrigbleiben muß, die kleiner als die kleinere Ausgangsgröße ist (X, 1).

Dies geschehe, und die übriggebliebenen Abschnitte des Kreises $EFGH$ über EK, KF, FL, LG, GM, MH, HN, NE seien zusammen $<$ Kreis $EFGH$ — Flächenstück S. Das Restvieleck $EKFLGMHN$ wäre also $>$ Flächenstück S. Auch in den Kreis $ABCD$ beschreibe man ein dem Vieleck $EKFLGMHN$ ähnliches Vieleck $AOBPCQDR$ ein; dann ist $BD^2 : FH^2 =$ Vieleck $AOBPCQDR$: Vieleck $EKFLGMHN$ (XII, 1). Es sollte aber auch sein $BD^2 : FH^2 =$ Kreis $ABCD$: Flächenstück S; also wäre Kreis $ABCD$: Flächenstück $S =$ Vieleck $AOBPCQDR$: Vieleck $EKFLGMHN$ (V, 11); und, vertauscht, Kreis $ABCD$: Vieleck in ihm $=$ Flächenstück S : Vieleck $EKFLGMHN$ (V, 16). Aber Kreis $ABCD$ $>$ Vieleck in ihm (I, Ax. 8); also wäre auch Flächenstück $S >$ Vieleck $EKFLGMHN$ (V, Def. 5). Dabei sollte es kleiner sein; dies ist unmöglich. Also ist $BD^2 : FH^2$ nicht $=$ Kreis $ABCD$: einem Flächenstück $<$ Kreis $EFGH$. [Ähnlich läßt sich zeigen, daß auch FH^2 : BD^2 nicht $=$ Kreis $EFGH$: einem Flächenstück $<$ Kreis $ABCD$.]

Ich behaupte weiter, daß $BD^2 : FH^2$ auch nicht $=$ Kreis $ABCD$: einem Flächenstück $>$ Kreis $EFGH$.

Wenn nämlich möglich, verhalte er sich so zu einem größeren Flächenstück S. Dann wäre, umgekehrt (V, Def. 13), $FH^2 : DB^2 =$ Flächenstück S : Kreis $ABCD$. Nun wäre aber Flächenstück S : Kreis $ABCD =$ Kreis $EFGH$: einem Flächenstück $<$ Kreis $ABCD$ (V, 14); also wäre auch $FH^2 : BD^2 =$ Kreis $EFGH$: einem Flächenstück $<$ Kreis $ABCD$ (V, 11); hiervon haben wir die Unmöglichkeit oben nachgewiesen. Also ist $BD^2 : FH^2$ nicht $=$ Kreis $ABCD$: einem Flächenstück $>$ Kreis $EFGH$. Wie oben bewiesen, verhält er sich so auch nicht zu einem kleineren Flächenstück; also ist $BD^2 : FH^2 =$ Kreis $ABCD$: Kreis $EFGH$ — S.

§ 3 (L. 3).

Jede Pyramide mit dreieckiger Grundfläche läßt sich zerlegen in zwei gleiche, einander und der ganzen ähnliche Pyramiden mit dreieckigen Grundflächen sowie zwei gleiche Prismen; und die beiden Prismen sind zusammen größer als die Hälfte der ganzen Pyramide.

Man habe eine Pyramide, deren Grundfläche $\triangle\, A\,B\,C$ und deren Spitze Punkt D sei. Ich behaupte, daß die Pyramide $A\,B\,C\,D$ sich zerlegen läßt in zwei einander gleiche Pyramiden mit dreieckigen Grundflächen, die der ganzen ähnlich sind, sowie zwei gleiche Prismen [und daß die beiden Prismen zusammen größer sind als die Hälfte der ganzen Pyramide].

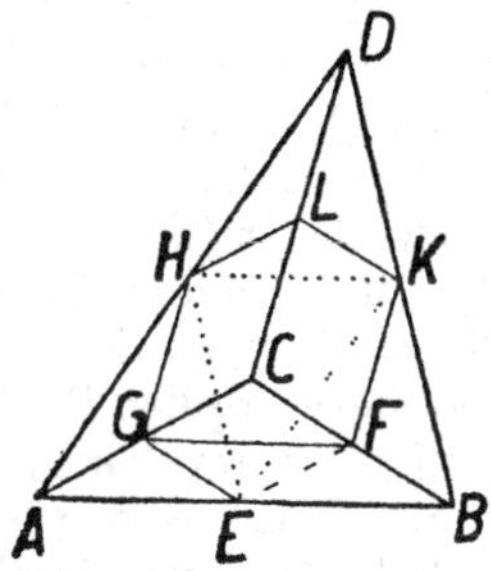

Man halbiere $A\,B$, $B\,C$, $C\,A$, $A\,D$, $D\,B$, $D\,C$ in den Punkten E, F, G, H, K, L und ziehe $H\,E$, $E\,G$, $G\,H$, $H\,K$, $K\,L$, $L\,H$, $K\,F$, $F\,G$.

Da $A\,E = E\,B$ und $A\,H = D\,H$, ist $E\,H \parallel D\,B$ (VI, 2). Aus demselben Grunde ist $H\,K \parallel A\,B$. $H\,E\,B\,K$ ist also ein Parallelogramm, also $H\,K = E\,B$ (I, 34). Aber $E\,B = E\,A$, also auch $A\,E = H\,K$. Ferner $A\,H = H\,D$; mithin sind zwei Seiten $E\,A$, $A\,H$ zwei Seiten $K\,H$, $H\,D$ entsprechend gleich; und $\angle\, E\,A\,H = \angle\, K\,H\,D$ (I, 29); also ist Grdl. $E\,H$ = Grdl. $K\,D$, also $\triangle\, A\,E\,H =$ und $\sim$ $\triangle\, H\,K\,D$ (I, 4). Aus demselben Grunde ist auch $\triangle\, A\,H\,G$ $=$ und $\sim$ $\triangle\, H\,L\,D$. Da hier zwei einander treffende Geraden $E\,H$, $H\,G$ zwei einander treffenden Geraden $K\,D$, $D\,L$, ohne in derselben Ebene zu liegen, parallel sind, müssen sie gleiche Winkel umfassen (XI, 10). Also ist $\angle\, E\,H\,G = \angle\, K\,D\,L$. Hier sind die zwei Strecken $E\,H$, $H\,G$ zwei Seiten $K\,D$, $D\,L$ entsprechend gleich und $\angle\, E\,H\,G = \angle\, K\,D\,L$; also ist Grdl. $E\,G$ = Grdl. $K\,L$, also $\triangle\, E\,H\,G =$ und $\sim$ $\triangle\, K\,D\,L$ (I, 4). Aus demselben Grunde ist auch $\triangle\, A\,E\,G =$ und $\sim$ $\triangle\, H\,K\,L$. Die Pyramide, deren Grundfläche $\triangle\, A\,E\,G$ und deren Spitze Punkt H ist, ist also $=$ und $\sim$ der Pyramide, deren Grundfläche $\triangle\, H\,K\,L$ und deren Spitze Punkt D ist (XI, Def. 10).

Da HK im $\triangle ADB$ einer Seite, nämlich AB parallel gezogen ist, ist $\triangle ADB$ mit $\triangle DHK$ winkelgleich (I, 29), und die Seiten sind proportional (VI, 4); also ist $\triangle ADB \sim DHK$ (VI, Def. 1). Aus demselben Grunde ist auch $\triangle DBC \sim \triangle DKL$ und $ADC \sim DLH$. Und da die zwei einander treffenden Geraden BA, AC den zwei einander treffenden Geraden KH, HL, die nicht in derselben Ebene liegen, parallel sind, müssen sie gleiche Winkel umfassen (XI, 10). Also ist $\angle BAC = KHL$. Ferner ist $BA : AC = KH : HL$ (VI, Def. 1; V, 11, 16); also $\triangle ABC \sim \triangle HKL$ (VI, 6). Die Pyramide, deren Grundfläche $\triangle ABC$ und deren Spitze Punkt D ist, ist also $\sim$ der Pyramide, deren Grundfläche $\triangle HKL$ und deren Spitze Punkt D ist (XI, Def. 9). Wie oben bewiesen, ist aber die Pyramide, deren Grundfläche $\triangle HKL$ und deren Spitze Punkt D ist, $\sim$ der Pyramide, deren Grundfläche $\triangle AEG$ und deren Spitze Punkt H ist. [Folglich ist auch die Pyramide, deren Grundfläche $\triangle ABC$ und deren Spitze Punkt D ist, $\sim$ der Pyramide, deren Grundfläche $\triangle AEG$ und deren Spitze Punkt H ist.] Die Pyramiden $AEGH$, $HKLD$ sind also beide der ganzen Pyramide $ABCD$ ähnlich.

Da $BF = FC$, ist Pgm. $EBFG = 2 \triangle GFC$ (I, 41). Und da, wenn man zwei Prismen hat, die gleichhoch sind, während das eine auf einem Parallelogramm, das andere auf einem Dreieck ruht, und das Parallelogramm doppelt so groß ist wie das Dreieck, dann die Prismen gleich sind (XI, 39), ist das Prisma, das von den zwei Dreiecken BKF, EHG und drei Parallelogrammen $EBFG$, $EBKH$, $HKFG$ umfaßt wird, $=$ dem Prisma, das von den zwei Dreiecken GFC, HKL und drei Parallelogrammen $KFCL$, $LCGH$, $HKFG$ umfaßt wird. Und es ist klar, daß beide Prismen, sowohl das, welches unten Pgm. $EBFG$ und gegenüber Strecke HK hat, wie das, welches unten $\triangle GFC$ und gegenüber $\triangle HKL$ hat, einzeln größer sind als die Pyramiden, deren Grundflächen die Dreiecke AEG, HKL und deren Spitzen die Punkte H, D sind.

[Zieht man nämlich die Strecken EF, EK, so wird das Prisma, das unten Pgm. $EBFG$ und gegenüber Strecke HK hat, $>$ die Pyramide, deren Grundfläche $\triangle EBF$ und deren Spitze Punkt K ist (I, Ax. 8). Nun ist aber die Pyramide; deren Grundfläche △ *E B F* und deren Spitze Punkt *K* ist, = der Pyramide, deren Grundfläche △ *A E G* und deren Spitze Punkt *H* ist; denn sie werden von gleichen und ähnlichen Flächen umfaßt (XI, Def. 10); folglich ist das Prisma, das unten Pgm. *E B F G* und gegenüber Strecke *H K* hat, > die Pyramide, deren Grundfläche △ *A E G* und deren Spitze Punkt *H* ist. Das Prisma, das unten Pgm. *E B F G* und gegenüber Strecke *H K* hat, ist aber = dem Prisma, das unten △ *G F C* und gegenüber △ *H K L* hat; und die Pyramide, deren Grundfläche △ *A E G* und deren Spitze Punkt *H* ist, ist = der Pyramide, deren Grundfläche △ *H K L* und deren Spitze Punkt *D* ist.]

Die genannten beiden Prismen sind also zusammen größer als die genannten beiden Pyramiden, deren Grundflächen die Dreiecke *A E G*, *H K L* und deren Spitzen die Punkte *H*, *D* sind.

Die ganze Pyramide, deren Grundfläche △ *A B C* und deren Spitze Punkt *D* ist, ist also zerlegt in zwei einander gleiche [und der ganzen ähnliche] Pyramiden sowie zwei gleiche Prismen; und die beiden Prismen sind zusammen größer als die Hälfte der ganzen Pyramide — q. e. d.

§ 4 (L. 4).

Hat man zwei Pyramiden mit dreieckigen Grundflächen unter derselben Höhe und zerlegt jede von ihnen in zwei einander gleiche, der ganzen ähnliche Pyramiden sowie zwei gleiche Prismen [und von den entstandenen Pyramiden jede ebenso und wiederholt dies immer], dann müssen sich verhalten, wie die Grundfläche der einen Pyramide zur Grundfläche der anderen Pyramide, so die Prismen in der einen Pyramide zusammen zu den ebenso vielen Prismen in der anderen Pyramide zusammen.

Man habe unter derselben Höhe zwei Pyramiden, deren Grundflächen die Dreiecke *A B C*, *D E F* und deren Spitzen die Punkte *G*, *H* sind; man zerlege jede von ihnen in zwei einander gleiche und der ganzen ähnliche Pyramiden sowie zwei gleiche Prismen (XII, 3) [und denke sich jede der entstandenen Pyramiden ebenso zerlegt und wiederhole dies immer]. Ich behaupte, daß Grdfl. *A B C* : Grdfl. *D E F* = die Prismen in Pyr. *A B C G* zusammen : den ebenso vielen Prismen in Pyr. *D E F H* zusammen.

Da $BO = OC$ und $AL = LC$, ist $LO \parallel AB$ (VI, 2) und $\triangle ABC \sim \triangle LOC$ (I, 29; VI, 4). Aus demselben Grunde ist auch $\triangle DEF \sim \triangle RVF$. Und da $BC = 2\,CO$, $EF = 2\,FV$, ist $BC : CO = EF : FV$. Hier sind einerseits ABC, LOC über BC, CO, andererseits DEF, RVF über EF, FV ähnliche ähnlich gezeichnete geradlinige Figuren; also ist $\triangle ABC : \triangle LOC = \triangle DEF : \triangle RVF$ (VI, 22), also, vertauscht, $\triangle ABC : DEF = \triangle LOC : RVF$ (V, 16). Nun ist $\triangle LOC : \triangle RVF =$ das Prisma, das unten $\triangle LOC$ und gegenüber PMN hat : dem Prisma, das unten $\triangle RVF$ und gegenüber STU hat (XI, 17, 32, 28); also auch $\triangle ABC : \triangle DEF =$ das Prisma, das unten $\triangle LOC$ und gegenüber PMN hat : dem Prisma, das unten $\triangle RVF$ und gegenüber STU hat (V, 11). Wie die genannten Prismen zueinander, so verhält sich aber auch das Prisma, das unten Pgm. $KBOL$ und gegenüber Strecke PM hat, zu dem Prisma, das unten Pgm. $QEVR$ und gegenüber Strecke ST hat (XII, 3; V, 7), und so verhalten sich daher auch die beiden Prismen, das, welches unten Pgm. $KBOL$ und gegenüber PM hat, und das, welches unten $\triangle LOC$ und gegenüber PMN hat, zusammen zu den Prismen, deren eines unten Pgm. $QEVR$ und gegenüber Strecke ST hat, und deren anderes unten $\triangle RVF$ und gegenüber STU hat, zusammen (V, 12). Also verhalten sich die zwei genannten Prismen zusammen zu den zwei genannten Prismen zusammen wie Grdfl. ABC zu Grdfl. DEF (V, 11).

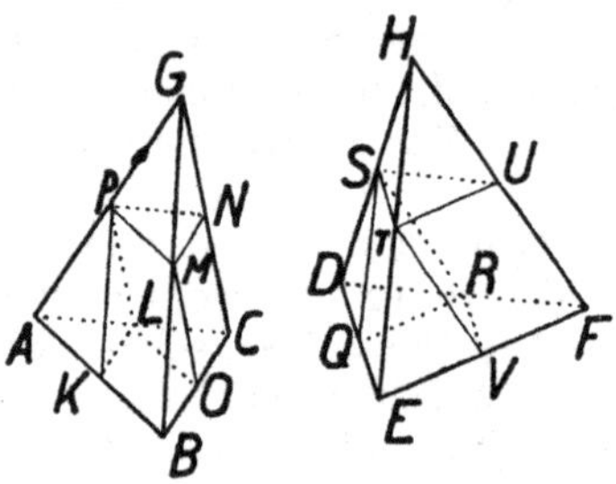

Ähnlich muß, wenn man die Pyramiden $PMNG$, $STUH$ je in zwei Prismen und zwei Pyramiden zerlegt, sein Grdfl. PMN : Grdfl. $STU =$ die beiden Prismen in Pyr. $PMNG$ zusammen : den beiden Prismen in Pyr. $STUH$ zusammen. Aber Grdfl. PMN : Grdfl. STU = Grdfl. ABC : Grdfl. DEF; denn $\triangle PMN$, STU sind LOC, RVF entsprechend gleich. Also verhalten sich wie

Grdfl. ABC zu Grdfl. DEF, so die vier Prismen zusammen zu den vier Prismen zusammen (V, 24, 16). Ähnlich muß auch, wenn man die zurückgebliebenen Pyramiden je in zwei Pyramiden und zwei Prismen zerlegt, sein Grdfl. ABC : Grdfl. DEF = die Prismen in Pyr. $ABCG$ zusammen : den ebenso vielen Prismen in Pyr. $DEFH$ zusammen — q. e. d.

§ 5 (L. 5).

Pyramiden mit dreieckigen Grundflächen unter derselben Höhe verhalten sich zueinander wie die Grundflächen.

Man habe unter derselben Höhe Pyramiden, deren Grundflächen die Dreiecke ABC, DEF und deren Spitzen die Punkte G, H sind. Ich behaupte, daß Grdfl. ABC : Grdfl. DEF = Pyr. $ABCG$: Pyr. $DEFH$.

Wäre nämlich Grdfl. ABC : Grdfl. DEF nicht = Pyr. $ABCG$: Pyr. $DEFH$, dann müßte sein Grdfl. ABC : Grdfl. DEF = Pyr. $ABCG$: einem Körper, der entweder < oder > Pyr. $DEFH$ wäre.

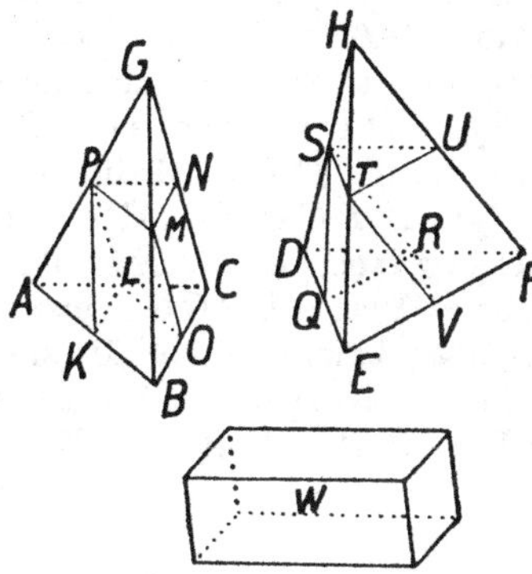

Zunächst verhalte sie sich so zu einem kleineren Körper W. Man zerlege dann Pyr. $DEFH$ in zwei einander gleiche, der ganzen ähnliche Pyramiden und zwei gleiche Prismen; die beiden Prismen sind dann zusammen größer als die Hälfte der ganzen Pyramide (XII, 3). Ebenso zerlege man die bei der Zerlegung entstehenden Pyramiden in ähnlicher Weise und wiederhole dies immer, bis einmal von der Pyramide $DEFH$ Pyramiden übrigbleiben, deren Summe < Pyr. $DEFH$ — Krp. W (X, 1). Dies geschehe, der Rest sei etwa $DQRS + STUH$. Dann wäre die Summe der außerdem in Pyr. $DEFH$ enthaltenen Prismen > Krp. W. Man zerlege auch Pyr. $ABCG$ ähnlich und gleichoft wie Pyr. $DEFH$. Dann ist Grdfl. ABC : Grdfl. DEF = die

Prismen in Pyr. *A B C G* zusammen : den Prismen in Pyr. *D E F H* zusammen (XII, 4). Es sollte aber auch sein Grdfl. *A B C* : Grdfl. *D E F* = Pyr. *A B C G* : Krp. *W*; also Pyr. *A B C G* : Krp. *W* = die Prismen in Pyr. *A B C G* zusammen : den Prismen in Pyr. *D E F H* zusammen. Vertauscht wäre also Pyr. *A B C G* : den Prismen in ihr zusammen = Krp. *W* : den Prismen in Pyr. *D E F H* zusammen (V, 16). Nun ist Pyr. *A B C G* > die Prismen in ihr zusammen (I, Ax. 8); also wäre auch Krp. *W* > die Prismen in Pyr. *D E F H* zusammen (V, Def. 5); dabei sollte er kleiner sein; dies ist unmöglich. Also verhält sich Grdfl. *A B C* : Grdfl. *D E F* nicht = Pyr. *A B C G* : einem Körper < Pyr. *D E F H*. [Ähnlich läßt sich zeigen, daß auch Grdfl. *D E F* : Grdfl. *A B C* nicht = Pyr. *D E F H* : einem Körper < Pyr. *A B C G*.]

Ich behaupte weiter, daß Grdfl. *A B C* : Grdfl. *D E F* auch nicht = Pyr. *A B C G* : einem Körper > Pyr. *D E F H*. Wenn nämlich möglich, verhalte sie sich so zu einem größeren Körper *W*. Dann wäre, umgekehrt (V, Def. 13), Grdfl. *D E F* : Grdfl. *A B C* = Krp. *W* : Pyr. *A B C G*. Nun wäre aber [wie früher gezeigt] Krp. *W* : Pyr. *A B C G* = Pyr. *D E F H* : etwas < Pyr. *A B C G* (V, 14); dann wäre Grdfl. *D E F* : Grdfl. *A B C* = Pyr. *D E F H* : etwas < Pyr. *A B C G* (V, 11); daß dies Unsinn, wurde oben nachgewiesen. Also verhält sich Grdfl. *A B C* : Grdfl. *D E F* nicht = Pyr. *A B C G* : einem Körper > Pyr. *D E F H*; wie oben bewiesen, verhält sie sich so auch nicht zu einem kleineren Körper. Also ist Grdfl. *A B C* : Grdfl. *D E F* = Pyr. *A B C G* : Pyr. *D E F H* — q. e. d.

§ 6 (L. 6).

[*Pyramiden mit vieleckigen Grundflächen unter derselben Höhe verhalten sich zueinander wie die Grundflächen.*]

Man habe unter derselben Höhe Pyramiden, deren Grundflächen die Vielecke *A B C D E*, *F G H K L* und deren Spitzen die Punkte *M*, *N* sind. Ich behaupte, daß Grdfl. *A B C D E* : Grdfl. *F G H K L* = Pyr. *A B C D E M* : Pyr. *F G H K L N*.

Man ziehe *A C*, *A D*, *F H*, *F K*. Da *A B C M*, *A C D M* zwei Pyramiden mit dreieckigen Grundflächen und gleicher Höhe sind, verhalten sie sich zueinander wie die Grundflächen (XII, 5); also ist Grdfl. *A B C* : Grdfl. *A C D* = Pyr. *A B C M* : Pyr. *A C D M*. Auch verbunden ist also Grdfl. *A B C D*: Grdfl. *A C D* = Pyr. *A B C D M* : Pyr. *A C D M* (V, 18). Aber auch Grdfl. *A C D* : Grdfl. *A D E* = Pyr. *A C D M* : Pyr. *A D E M*. Über gleiches weg ist also Grdfl. *A B C D* : Grdfl. *A D E* = Pyr. *A B C D M* : Pyr. *A D E M* (V, 22). Und wieder verbunden Grdfl. *A B C D E* : Grdfl. *A D E* = Pyr. *A B C D E M* : Pyr. *A D E M*. Ähnlich läßt sich zeigen, daß auch Grdfl. *F G H K L*: Grdfl. *F G H* = Pyr. *F G H K L N* : Pyr. *F G H N*. Und da

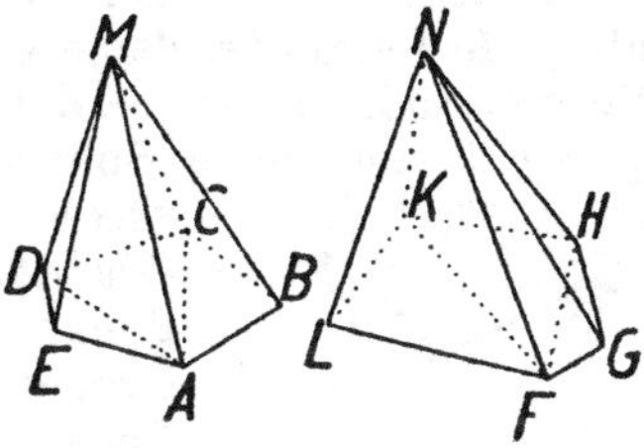

A D E M, *F G H N* zwei Pyramiden mit dreieckigen Grundflächen und gleicher Höhe sind, so ist Grdfl. *A D E* : Grdfl. *F G H* = Pyr. *A D E M* : Pyr. *F G H N*. Aber Grdfl. *A D E* : Grdfl. *A B C D E* = Pyr. *A D E M* : Pyr. *A B C D E M*; also ist, über gleiches weg, auch Grdfl. *A B C D E* : Grdfl. *F G H* = Pyr. *A B C D E M* : Pyr. *F G H N*. Aber Grdfl. *F G H*: Grdfl. *F G H K L* = Pyr. *F G H N*: Pyr. *F G H K L N*; also ist, über gleiches weg, auch Grdfl. *A B C D E* : Grdfl. *F G H K L* = Pyr. *A B C D E M* : Pyr. *F G H K L N* — q. e. d.]

§ 7 (L. 7).

Jedes Prisma mit dreieckiger Grundfläche läßt sich in drei einander gleiche Pyramiden mit dreieckigen Grundflächen zerlegen.

Man habe ein Prisma, dessen Grundfläche *A B C* und dessen gegenüberliegende Fläche *D E F* sei. Ich behaupte, daß das Prisma *A B C D E F* sich in drei einander gleiche Pyramiden mit dreieckigen Grundflächen zerlegen läßt.

Man ziehe *B D*, *E C*, *C D*.

[Da *A B E D* ein Parallelogramm ist (XI, Def. 13), *B D* seine Diagonale, ist △ *A B D* = △ *E B D* (I, 34).] Also ist die Pyramide, deren Grundfläche △ *A B D* und deren Spitze Punkt *C* ist, = der Pyramide, deren Grundfläche △ *D E B* und deren Spitze *C* ist (XII, 5). [Die Pyramide, deren Grundfläche △ *D E B* und deren Spitze Punkt *C* ist, fällt aber zusammen mit der Pyramide, deren Grundfläche △ *E B C* und deren Spitze Punkt *D* ist; denn sie werden von denselben Flächen umfaßt. Also ist die Pyramide, deren Grundfläche △ *A B D* und deren Spitze Punkt *C* ist, = der Pyramide, deren Grundfläche △ *E B C* und deren Spitze Punkt *D* ist.] Ebenso ist [da *F C B E* ein Parallelogramm, *C E* seine Diagonale, △ *C E F* = △ *C B E*; also] die Pyramide, deren Grundfläche △ *B C E* und deren Spitze Punkt *D* ist, = der Pyramide, deren Grundfläche △ *E C F* und deren Spitze Punkt *D* ist. [Wie oben bewiesen, ist aber die Pyramide, deren Grundfläche △ *B C E* und deren Spitze Punkt *D* ist, = der Pyramide, deren Grundfläche △ *A B D* und deren Spitze Punkt *C* ist.] Also ist auch die Pyramide, deren Grundfläche △ *C E F* und deren Spitze Punkt *D* ist, = der Pyramide, deren Grundfläche △ *A B D* und deren Spitze Punkt *C* ist (I, Ax. 1).

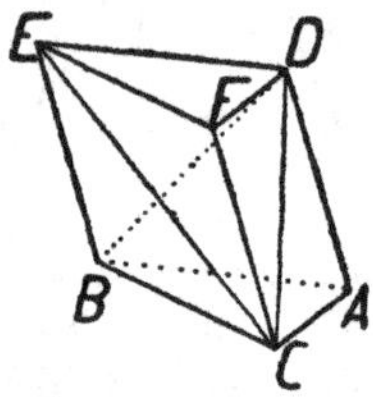

Also haben wir das Prisma *A B C D E F* in drei gleiche Pyramiden mit dreieckigen Grundflächen zerlegt.

[Da die Pyramide, deren Grundfläche △ *A B D* und deren Spitze Punkt *C* ist, mit der Pyramide, deren Grundfläche △ *C A B* und deren Spitze Punkt *D* ist, zusammenfällt, weil sie von denselben Flächen umfaßt werden, und die Pyramide, deren Grundfläche △ *A B D* und deren Spitze Punkt *C* ist, wie bewiesen, $^1/_3$ des Prismas ist, dessen Grundfläche △ *A B C* und dessen gegenüberliegende Fläche *D E F* ist, so ist die Pyramide, deren Grundfläche △ *A B C* und deren Spitze Punkt *D* ist, $^1/_3$ des Prismas, dessen Grundfläche dieselbe, nämlich △ *A B C*, und dessen gegenüberliegende Fläche *D E F* ist.

Zusatz: Hiernach ist klar, daß jede Pyramide $^1/_3$ des Prismas ist, welches mit ihr dieselbe Grundfläche hat und gleiche Höhe] — q. e. d.

§ 8 (L. 8).

Ähnliche Pyramiden mit dreieckigen Grundflächen stehen dreimal im Verhältnis entsprechender Kanten.

Man habe ähnliche ähnlich liegende Pyramiden, deren Grundflächen die Dreiecke *A B C*, *D E F* und deren Spitzen die Punkte G, H sind. Ich behaupte, daß Pyr. $ABCG$: Pyr. $DEFH = (BC : EF)^3$.

Man vervollständige die Parallelflache $BGML$, $EHQP$ (I, 31).

Da Pyr. $ABCG \sim$ Pyr. $DEFH$, ist $\angle ABC = \angle DEF$, $\angle GBC = HEF$. $\angle ABG = DEH$, ferner $AB : DE = BC : EF = BG : EH$ (XI, Def. 9; VI, Def. 1). Da hier $AB : DE = BC : EF$, Seiten um gleiche Winkel in Proportion stehen, ist Pgm. $BM \sim$ Pgm. EQ (VI, 6; I, 34). Aus demselben Grunde ist Pgm. $BN \sim ER$, $BK \sim EO$. Die drei Flächen MB, BK, BN sind also den drei Flächen EQ, EO, ER ähnlich; andererseits sind die drei Flächen MB, BK, BN = und $\sim$ den drei gegenüberliegenden und die drei Flächen EQ, EO, ER = und $\sim$ den drei gegenüberliegenden (XI, 24). [Die Körper $BGML$, $EHQP$ werden also von ähnlichen ebenen Flächen in gleicher Anzahl umfaßt.] Also ist Krp. $BGML \sim$ Krp. $EHQP$ (XI, Def. 9). Ähnliche Parallelflache stehen aber dreimal im Verhältnis entsprechender Kanten (XI, 33); also ist Krp. $BGML$: Krp. $EHQP$ = (Kante BC : entsprechender Kante $EF)^3$. Nun ist aber Krp. $BGML$: Krp. $EHQP$ = Pyr. $ABCG$: Pyr. $DEFH$ (V, 15); denn die Pyramide ist $^1/_6$ des Körpers, weil das Prisma, welches $^1/_2$ des Parallelflachs ist (XI, 28), dreimal so groß ist wie die Pyramide (XII, 7). Also ist Pyr. $ABCG$: Pyr. $DEFH = (BC : EF)^3$ (V, 11) — q. e. d.

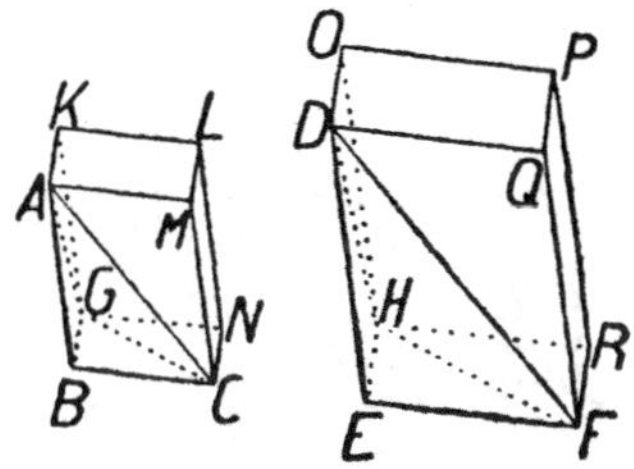

[*Zusatz:* Hiernach ist klar, daß auch ähnliche Pyramiden mit vieleckigen Grundflächen zueinander dreimal im Verhältnis entsprechender Kanten stehen.]

§ 9 (L. 9).

In gleichen Pyramiden mit dreieckigen Grundflächen sind die Grundflächen den Höhen umgekehrt proportional. Und Pyramiden mit dreieckigen Grundflächen, in denen die Grundflächen den Höhen umgekehrt proportional sind, sind gleich.

Man habe gleiche Pyramiden mit den dreieckigen Grundflächen ABC, DEF und den Punkten G, H als Spitzen. Ich behaupte, daß in den Pyramiden $ABCG$, $DEFH$ die Grundflächen den Höhen umgekehrt proportional sind [daß sich verhalten Grdfl. ABC : Grdfl. DEF = Höhe der Pyr. $DEFH$: Höhe der Pyr. $ABCG$].

Man vervollständige die Parallelflache $BGML$, $EHQP$.

Da Pyr. $ABCG$ = Pyr. $DEFH$ und 6 Pyr. $ABCG$ = Krp. $BGML$, 6 Pyr. $DEFH$ = Krp. $EHQP$ (XII, 7; XI, 28), so ist Krp. $BGML$ = Krp. $EHQP$. In gleichen Parallelflachen sind aber die Grundflächen den Höhen umgekehrt proportional (XI, 34); also ist Grdfl. BM : Grdfl. EQ = Höhe des Krp. $EHQP$: Höhe des Krp. $BGML$. Aber Grdfl. BM : Grdfl. EQ = $\triangle ABC$: $\triangle DEF$ (I, 34; V, 15); also ist $\triangle ABC$: $\triangle DEF$ = Höhe des Krp. $EHQP$: Höhe des Krp. $BGML$.

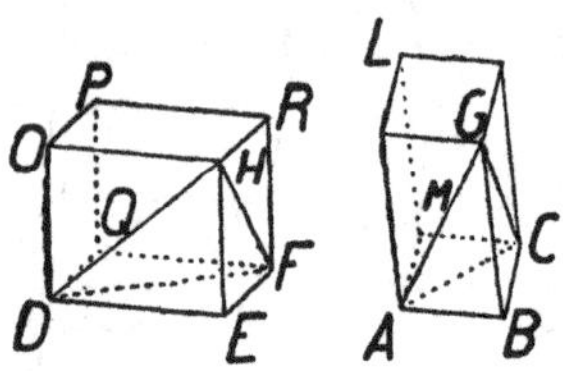

Die Höhe des Krp. $EHQP$ fällt aber mit der Höhe der Pyr. $DEFH$ zusammen und die Höhe des Krp. $BGML$ mit der Höhe der Pyr. $ABCG$. Also ist Grdfl. ABC : Grdfl. DEF = Höhe der Pyr. $DEFH$: Höhe der Pyr. $ABCG$; also sind in den Pyramiden $ABCG$, $DEFH$ die Grundflächen den Höhen umgekehrt proportional.

Nunmehr seien in den Pyramiden $ABCG$, $DEFH$ die Grundflächen den Höhen umgekehrt proportional, Grdfl. ABC : Grdfl. DEF = Höhe der Pyr. $DEFH$: Höhe der Pyr. $ABCG$. Ich behaupte, daß Pyr. $ABCG$ = Pyr. $DEFH$.

Man konstruiere ebenso. Da hier Grdfl. ABC : Grdfl. DEF = Höhe der Pyr. $DEFH$: Höhe der Pyr. $ABCG$ und Grdfl. ABC : Grdfl. DEF = Pgm. BM : Pgm. EQ, ist Pgm. BM : Pgm. EQ = Höhe der Pyr. $DEFH$: Höhe der Pyr. $ABCG$. Die Höhe der Pyr. $DEFH$ fällt aber mit der Höhe des Pfl. $EHQP$ zusammen und die Höhe der Pyr. $ABCG$ mit der Höhe des Pfl. $BGML$. Also ist Grdfl. BM : Grdfl. EQ = Höhe des Pfl. $EHQP$: Höhe des Pfl. $BGML$. Parallelflache, in denen die Grundflächen den Höhen umgekehrt proportional sind, sind aber gleich (XI, 34). Also ist Pfl. $B\,G\,M\,L$ = Pfl. $E\,H\,Q\,P$. Nun ist $^1/_6$ $B\,G\,M\,L$ = Pyr. $A\,B\,C\,G$ und $^1/_6$ Pfl. $E\,H\,Q\,P$ = Pyr. $D\,E\,F\,H$; also Pyr. $A\,B\,C\,G$ = Pyr. $D\,E\,F\,H$ — S.

§ 10 (L. 10).

Jeder Kegel ist ein Drittel des Zylinders, der mit ihm dieselbe Grundfläche und gleiche Höhe hat.

Ein Kegel habe mit einem Zylinder dieselbe Grundfläche, nämlich den Kreis $A\,B\,C\,D$, und gleiche Höhe. Ich behaupte, daß [der Kegel ein Drittel des Zylinders ist, d. h.] der Zylinder dreimal so groß ist wie der Kegel.

Wäre der Zylinder nicht dreimal so groß wie der Kegel, dann müßte der Zylinder entweder größer oder kleiner sein als dreimal so groß wie der Kegel. Zunächst sei er größer als dreimal so groß. Man beschreibe dem Kreis $A\,B\,C\,D$ das Quadrat $A\,B\,C\,D$ ein [dann ist Quadrat $A\,B\,C\,D$ > $^1/_2$ Kreis $A\,B\,C\,D$] (vgl. XII, 2). Und man errichte über dem Quadrat $A\,B\,C\,D$ das mit dem Zylinder gleichhohe Prisma; dann ist das errichtete Prisma > die Hälfte des Zylinders. [Denn beschreibt man dem Kreise $A\,B\,C\,D$ auch das Quadrat um, dann ist das dem Kreise $A\,B\,C\,D$ einbeschriebene Quadrat = $^1/_2$ des umbeschriebenen; die Körper, die man über ihnen errichtet, sind nun gleichhohe parallelflächige Prismen; Parallelflache unter derselben Höhe verhalten sich aber zueinander wie die Grundflächen (XI, 32); also ist das über dem Quadrat $A\,B\,C\,D$ errichtete Prisma = $^1/_2$ des über dem dem Kreise $A\,B\,C\,D$ umbeschriebenen Quadrat errichteten Prismas; nun ist der Zylinder < das über dem dem Kreise $A\,B\,C\,D$ umbeschriebenen Quadrat errichtete Prisma; also ist das über dem Quadrat $A\,B\,C\,D$ errichtete, mit dem Zylinder gleichhohe Prisma > die Hälfte des Zylinders.]

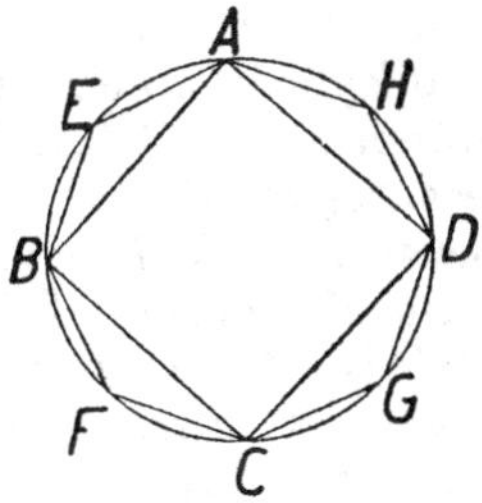

Man halbiere die Bogen $A\,B$, $B\,C$, $C\,D$, $D\,A$ in den Punkten E, F, G, H und ziehe $A\,E$, $E\,B$, $B\,F$, $F\,C$, $C\,G$, $G\,D$, $D\,H$, $H\,A$. [Dann ist, wie früher bewiesen (vgl. XII, 2), jedes der Dreiecke $A\,E\,B$, $B\,F\,C$, $C\,G\,D$, $D\,H\,A$ > $^1/_2$ des zugehörigen Abschnitts des Kreises $A\,B\,C\,D$.] Man errichte auf allen Dreiecken $A\,E\,B$, $B\,F\,C$, $C\,G\,D$, $D\,H\,A$ mit dem Zylinder gleichhohe Prismen; dann ist jedes der errichteten Prismen $>$ die Hälfte des zugehörigen Zylinderabschnitts. [Denn zieht man durch die Punkte E, F, G, H die Parallelen zu $A\,B$, $B\,C$, $C\,D$, $D\,A$, vervollständigt die Parallelogramme über $A\,B$, $B\,C$, $C\,D$, $D\,A$ und errichtet über ihnen mit dem Zylinder gleichhohe Parallelflache, dann sind die Prismen über den Dreiecken $A\,E\,B$, $B\,F\,C$, $C\,G\,D$, $D\,H\,A$ immer die Hälften der errichteten Parallelflache. Nun sind die Zylinderabschnitte $<$ die errichteten Parallelflache; folglich auch die Prismen auf den Dreiecken $A\,E\,B$, $B\,F\,C$, $C\,G\,D$, $D\,H\,A$ $>$ $^1/_2$ der zugehörigen Zylinderabschnitte.]

Halbiert man so die gebliebenen Bogen, zieht die Strecken, errichtet über allen Dreiecken mit dem Zylinder gleichhohe Prismen und wiederholt das immer, so müßten einmal Zylinderabschnitte übrigbleiben, die zusammen kleiner wären als der Überschuß des Zylinders über das Dreifache des Kegels (X, 1). Dies geschehe, die Zylinderabschnitte seien $A\,E$, $E\,B$, $B\,F$, $F\,C$, $C\,G$, $G\,D$, $D\,H$, $H\,A$. Das zurückbleibende Prisma, dessen Grundfläche Vieleck $A\,E\,B\,F\,C\,G\,D\,H$ und dessen Höhe dieselbe wie im Zylinder ist, wäre dann $>$ das Dreifache des Kegels. Nun ist aber das Prisma, dessen Grundfläche Vieleck $A\,E\,B\,F\,C\,G\,D\,H$ und dessen Höhe dieselbe wie im Zylinder ist, dreimal so groß wie die Pyramide, deren Grundfläche Vieleck $A\,E\,B\,F\,C\,G\,D\,H$ ist und deren Spitze mit der des Kegels zusammenfällt (XII, 7 Zus.). Also wäre die Pyramide, deren Grundfläche Vieleck $A\,E\,B\,F\,C\,G\,D\,H$ ist und deren Spitze mit der des Kegels zusammenfällt, $>$ der Kegel, der den Kreis $A\,B\,C\,D$ als Grundfläche hat. Sie ist aber kleiner; denn sie wird von ihm umschlossen; dies ist unmöglich. Also ist der Zylinder nicht $>$ das Dreifache des Kegels.

Weiter behaupte ich, daß der Zylinder auch nicht $<$ das Dreifache des Kegels ist.

Wenn möglich, sei nämlich der Zylinder $<$ das Dreifache des Kegels; dann wäre, umgekehrt, der Kegel $>$ $^1/_3$ des Zylinders. Man beschreibe dem Kreise $A\,B\,C\,D$ das Quadrat $A\,B\,C\,D$ ein. [Dann ist das Quadrat $A\,B\,C\,D$ $>$ $^1/_2$ Kreis $A\,B\,C\,D$.] Und man errichte über dem Quadrat $A\,B\,C\,D$

die Pyramide, die dieselbe Spitze hat wie der Kegel; dann ist die errichtete Pyramide $>$ die Hälfte des Kegels. [Denn beschreibt man um den Kreis das Quadrat, dann muß, wie früher bewiesen, Quadrat *A B C D* die Hälfte des dem Kreise umbeschriebenen Quadrats sein; und wenn man über den Quadraten mit dem Kegel gleichhohe Parallelflache, die man auch Prismen nennt, errichtet, muß das über dem Quadrat *A B C D* errichtete die Hälfte des über dem dem Kreise umbeschriebenen Quadrat errichteten sein; denn sie verhalten sich zueinander wie die Grundflächen (XI, 32); folglich tun es auch ihre Drittel; also ist die Pyramide, deren Grundfläche Quadrat *A B C D* ist, die Hälfte der über dem dem Kreise umbeschriebenen Quadrat errichteten Pyramide. Nun ist die über dem dem Kreise umbeschriebenen Quadrat errichtete Pyramide $>$ der Kegel, da sie ihn umschließt; also ist die Pyramide, deren Grundfläche das Quadrat *A B C D* ist und deren Spitze mit der des Kegels zusammenfällt, $>$ die Hälfte des Kegels.]

Man halbiere die Bogen *A B*, *B C*, *C D*, *D A* in den Punkten *E*, *F*, *G*, *H* und ziehe *A E*, *E B*, *B F*, *F C*, *C G*, *G D*, *D H*, *H A*. [Dann ist jedes der Dreiecke *A E B*, *B F C*, *C G D*, *D A H* $>$ die Hälfte des zugehörigen Abschnittes des Kreises *A B C D*.] Über allen Dreiecken *A E B*, *B F C*, *C G D*, *D H A* errichte man die Pyramiden, die mit dem Kegel dieselbe Spitze haben. Dann ist [gleicherweise] jede der errichteten Pyramiden $>$ die Hälfte des zugehörigen Kegelabschnittes.

Halbiert man die bleibenden Bogen, zieht die Strecken, errichtet über allen Dreiecken die Pyramiden, die mit dem Kegel dieselbe Spitze haben, und wiederholt dies immer, so müßten einmal Kegelabschnitte übrig bleiben, die zusammen kleiner wären als der Überschuß des Kegels über den dritten Teil des Zylinders (X, 1). Dies geschehe, die Kegelabschnitte seien die über *A E*, *E B*, *B F*, *F C*, *C G*, *G D*, *D H*, *H A*. Die zurückbleibende Pyramide, deren Grundfläche Vieleck *A E B F C G D H* ist und deren Spitze mit der des Kegels zusammenfällt, wäre dann $> {}^1/_3$ des Zylinders. Nun ist aber die Pyramide, deren Grundfläche Vieleck *A E B F C G D H* ist und deren Spitze mit der des Kegels zusammenfällt, ${}^1/_3$ des Prismas, dessen Grundfläche Vieleck *A E B F C G D H* ist und dessen Höhe dieselbe wie im Zylinder. Also wäre das Prisma, dessen Grundfläche Vieleck *A E B F C G D H* ist und dessen Höhe dieselbe wie im Zylinder, > der Zylinder, der den Kreis *A B C D* zur Grundfläche hat. Es ist aber kleiner, weil es von ihm umschlossen wird. Dies ist unmöglich. Der Zylinder ist also nicht < das Dreifache des Kegels. Wie bewiesen, ist er auch nicht > das Dreifache. Also ist der Zylinder dreimal so groß wie der Kegel; folglich der Kegel ein Drittel des Zylinders — S.

§ 11 (L. 11).

Kegel, sowie Zylinder, unter derselben Höhe verhalten sich zueinander wie die Grundflächen.

Man habe Kegel und Zylinder unter derselben Höhe, deren Grundflächen die Kreise *A B C D*, *E F G H*, deren Achsen *K L*, *M N* und deren Grundflächendurchmesser *A C*, *E G* seien. Ich behaupte, daß Kreis *A B C D* : Kreis *E F G H* = Kegel *A L* : Kegel *E N*.

Anderenfalls müßte sein Kreis *A B C D* : Kreis *E F G H* = Kegel *A L* : einem Körper, der entweder < oder > Kegel *E N* wäre. Zunächst verhalte er sich so zu einem kleineren Körper *O*; und es sei Kegel *E N* — Krp. *O* = Krp. *X*. Dann wäre Kegel *E N* = Krp. *O* + *X*.

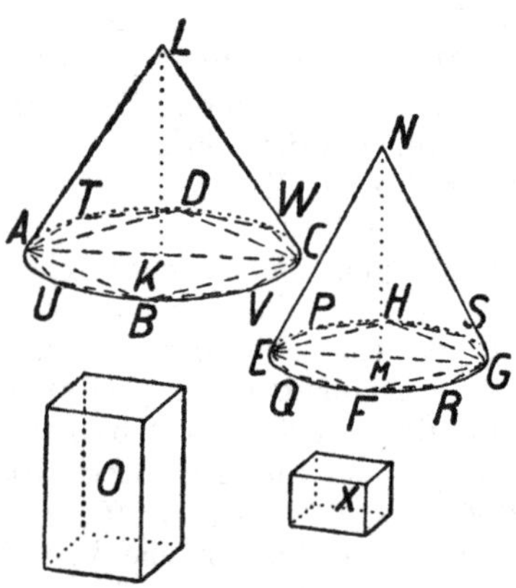

Man beschreibe dem Kreise *E F G H* das Quadrat *E F G H* ein. [Dann ist das Quadrat > $^1/_2$ des Kreises.] (Vgl. XII, 2.) Man errichte über dem Quadrat *E F G H* die mit dem Kegel gleichhohe Pyramide; dann ist die errichtete Pyramide > $^1/_2$ des Kegels. [Denn beschreibt man um den Kreis ein Quadrat und errichtet über demselben die mit dem Kegel gleichhohe Pyramide, dann ist die einbeschriebene Pyramide $^1/_2$ der umbeschriebenen, da sie sich zueinander verhalten wie die Grundflächen (XII, 6); der Kegel ist aber < die umbeschriebene Pyramide.]

Man halbiere die Bogen *E F*, *F G*, *G H*, *H E* in den Punkten *P*, *Q*, *R*, *S* und ziehe *H P*, *P E*, *E Q*, *Q F*, *F R*, *R G*, *G S*, *S H*. [Jedes der Dreiecke *H P E*, *E Q F*, *F R G*, *G S H* ist dann > $^1/_2$ des zugehörigen Kreisabschnittes.] Man errichte über jedem der Dreiecke *H P E*, *E Q F*, *F R G*, *G S H* die mit dem Kegel gleichhohe Pyramide; dann ist jede der errichteten Pyramiden > $^1/_2$ des zugehörigen Kegelabschnitts. Halbiert man so die gebliebenen Bogen, zieht die Strecken und errichtet über allen Dreiecken die mit dem Kegel gleichhohen Pyramiden und wiederholt dies immer, so müßten einmal Kegelabschnitte übrigbleiben, die zusammen kleiner wären als *X* (X, 1). Dies geschehe, die übriggebliebenen Kegelabschnitte seien die über *H P*, *P E*, *E Q*, *Q F*, *F R*, *R G*, *G S*, *S H*. Die zurückbleibende Pyramide, deren Grundfläche Vieleck *H P E Q F R G S* und deren Höhe dieselbe wie im Kegel ist, wäre dann > Krp. *O*.

Auch dem Kreise *A B C D* beschreibe man nun ein dem Vieleck *H P E Q F R G S* ähnliches [und ähnlich gelegtes] Vieleck *D T A U B V C W* ein und errichte über ihm die mit dem Kegel *A L* gleichhohe Pyramide. Da hier $AC^2 : EG^2$ = Vieleck *D T A U B V C W* : Vieleck *H P E Q F R G S* (XII, 1) und $AC^2 : EG^2$ = Kreis *A B C D* : Kreis *E F G H* (XII, 2), ist auch Kreis *A B C D* : Kreis *E F G H* = Vieleck *D T A U B V C W* : Vieleck *H P E Q F R G S* (V, 11). Nun sollte sein Kreis *A B C D* : Kreis *E F G H* = Kegel *A L* : Krp. *O*; und es ist Vieleck *D T A U B V C W* : Vieleck *H P E Q F R G S* = die Pyramide, deren Grundfläche Vieleck *D T A U B V C W* und deren Spitze Punkt *L* ist : der Pyramide, deren Grundfläche Vieleck *H P E Q F R G S* und deren Spitze Punkt *N* ist (XII, 6). Also wäre Kegel *A L* : Krp. *O* = die Pyramide, deren Grundfläche Vieleck *D T A U B V C W* und deren Spitze Punkt *L* ist : der Pyramide, deren Grundfläche Vieleck *H P E Q F R G S* und deren Spitze Punkt *N* ist (V, 11), also, vertauscht, Kegel *A L* : der Pyramide in ihm = Krp. *O* : der Pyramide im Kegel *E N* (V, 16). Nun ist Kegel *A L* > die Pyramide in ihm; also wäre Krp. *O* > die Pyramide im Kegel *E N* (V, Def. 5). Dabei sollte er kleiner sein; dies wäre Unsinn. Also ist Kreis

$ABCD$: Kreis $EFGH$ nicht = Kegel AL : einem Körper < Kegel EN. [Ähnlich läßt sich zeigen, daß auch Kreis $EFGH$: Kreis $ABCD$ nicht = Kegel EN : einem Körper < Kegel AL.]

Ich behaupte weiter, daß Kreis $ABCD$: Kreis $EFGH$ auch nicht = Kegel AL : einem Körper > Kegel EN.

Wenn nämlich möglich, verhalte er sich so zu einem größeren Körper O. Dann wäre, umgekehrt (V, Def. 13), Kreis $EFGH$: Kreis $ABCD$ = Krp. O : Kegel AL. Nun wäre aber Krp. O : Kegel AL = Kegel EN : einem Körper < Kegel AL (V, 14); also wäre auch Kreis $EFGH$: Kreis $ABCD$ = Kegel EN : einem Körper < Kegel AL (V, 11); hiervon wurde die Unmöglichkeit oben nachgewiesen. Also ist Kreis $ABCD$: Kreis $EFGH$ nicht = Kegel AL : einem Körper > Kegel EN. Wie oben bewiesen, verhält er sich so auch nicht zu einem kleineren Körper; also ist Kreis $ABCD$: Kreis $EFGH$ = Kegel AL : Kegel EN.

Wie der Kegel zum Kegel, so verhält sich aber der Zylinder zum Zylinder; denn diese sind dreimal so groß wie jene (XII, 10). Also verhalten sich wie die Kreise $ABCD$ zu $EFGH$, so die gleichhohen Zylinder auf ihnen — S.

§ 12 (L. 12).

Ähnliche Kegel, sowie Zylinder, stehen zueinander dreimal im Verhältnis der Grundflächendurchmesser.

Man habe ähnliche Kegel und Zylinder, deren Grundflächen die Kreise $ABCD$, $EFGH$, deren Grundflächendurchmesser BD, FH und deren Kegel- und Zylinder-Achsen KL, MN seien. Ich behaupte, daß der Kegel, dessen Grundfläche Kreis $ABCD$ und dessen Spitze Punkt L ist : dem Kegel, dessen Grundfläche Kreis $EFGH$ und dessen Spitze Punkt N ist = $(BD : FH)^3$.

Wäre nämlich Kegel $ABCDL$: Kegel $EFGHN$ nicht = $(BD : FD)^3$, dann müßte dreimal in diesem Verhältnis stehen Kegel $ABCDL$ zu einem Körper, der entweder < oder > Kegel $EFGHN$ wäre. Zunächst verhalte er sich so zu einem kleineren Körper O.

Man beschreibe dem Kreise $EFGH$ das Quadrat $EFGH$ ein. [Dann ist Quadrat $EFGH > {}^1/_2$ Kreis $EFGH$.] (Vgl. XII, 2.) Man errichte über dem Quadrat $EFGH$

die Pyramide, die mit dem Kegel dieselbe Spitze hat; dann ist die errichtete Pyramide $> 1/2$ des Kegels. Man halbiere die Bogen EF, FG, GH, HE in den Punkten P, Q, R, S und ziehe EP, PF, FQ, QG, GR, RH, HS, SE. [Jedes der Dreiecke EPF, FQG, GRH, HSE ist dann $> 1/2$ des zugehörigen Abschnittes des Kreises $EFGH$.] Man errichte über jedem der Dreiecke EPF, FQG, GRH, HSE die Pyramide, die mit dem Kegel dieselbe Spitze hat; dann ist jede der errichteten Pyramiden $> 1/2$ des zugehörigen Kegelabschnitts. Halbiert man so die gebliebenen Bogen, zieht die Strecken und errichtet über allen Dreiecken die Pyramiden, die mit dem Kegel dieselbe Spitze haben, und wiederholt dies immer, dann müßten einmal Kegelabschnitte übrigbleiben, die zusammen kleiner wären als Kegel $EFGHN$ — Krp. O (X, 1). Dies geschehe, die übriggebliebenen Kegelabschnitte seien die über EP, PF, FQ, QG, GR, RH, HS, SE. Die zurückbleibende Pyramide, deren Grundfläche Vieleck $EPFQGRHS$ und deren Spitze Punkt N ist, wäre dann $>$ Krp. O.

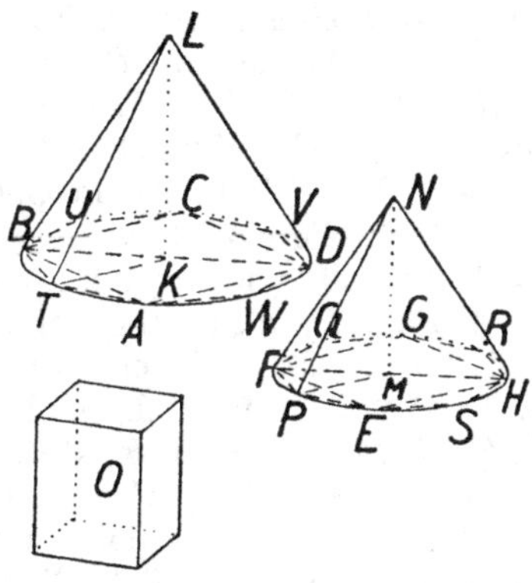

Auch dem Kreise $ABCD$ beschreibe man dann ein dem Vieleck $EPFQGRHS$ ähnliches [und ähnlich gelegtes] Vieleck $ATBUCVDW$ ein und errichte über Vieleck $ATBUCVDW$ die Pyramide, die mit dem Kegel dieselbe Spitze hat. Von den Dreiecken, die die Pyramide umfassen, deren Grundfläche Vieleck $ATBUCVDW$ und deren Spitze Punkt L ist, sei eines LBT, und von den Dreiecken, die die Pyramide umfassen, deren Grundfläche Vieleck $EPFQGRHS$ und deren Spitze Punkt N ist, sei eines NFP; und man ziehe KT, MP.

Da Kegel $ABCDL \sim$ Kegel $EFGHN$, ist $BD : FH$ = Achse KL : Achse MN (XI, Def. 24). Nun ist $BD : FH = BK : FM$ (V, 15); also $BK : FM = KL : MN$ (V, 11) und, vertauscht, $BK : KL = FM : MN$ (V, 16); und die Winkel, um die die Seiten in Proportion stehen, BKL, FMN, sind gleich (XI, Def. 18); also ist $\triangle BKL \sim \triangle FMN$ (VI, 6). Ebenso ist, da $BK : KT = FM : MP$ und [sie] um gleiche Winkel BKT, FMP [liegen — $\angle FMP$ ist nämlich von den 4 Rechten am Mittelpunkt M derselbe Teil wie $\angle BKT$ von den 4 Rechten am Mittelpunkt K — da so um gleiche Winkel] die Seiten in Proportion stehen, ist $\triangle BKT \sim \triangle FMP$. Ebenso ist, da, wie bewiesen, $BK : KL = FM : MN$, während $BK = KT$, $FM = PM$, auch $TK : KL = PM : MN$; und um gleiche Winkel TKL, PMN, nämlich Rechte, stehen die Seiten in Proportion; also ist $\triangle LKT \sim \triangle NMP$. Ferner ist, wegen $\triangle LKB \sim NMF$, $LB : BK = NF : FM$ und, wegen $\triangle BKT \sim FMP$, $KB : BT = MF : FP$, also, über gleiches weg, $LB : BT = NF : FP$ (V, 22). Ebenso ist, wegen $\triangle LTK \sim NPM$, $LT : TK = NP : PM$ und, wegen $\triangle TKB \sim PMF$, $KT : TB = MP : PF$, also, über gleiches weg, $LT : TB = NP : PF$. Wie oben bewiesen, ist $TB : BL = PF : FN$; also ist, über gleiches weg, $TL : LB = PN : NF$. In den Dreiecken LTB, NPF stehen also die Seiten in Proportion, also sind die Dreiecke LTB, NPF winkelgleich (VI, 5), folglich ähnlich. Also ist die Pyramide, deren Grundfläche $\triangle BKT$ und deren Spitze Punkt L ist, der Pyramide, deren Grundfläche $\triangle FMP$ und deren Spitze Punkt N ist, ähnlich; denn (XI, Def. 9) sie werden von ähnlichen ebenen Flächen in gleicher Anzahl umfaßt. Ähnliche Pyramiden mit dreieckigen Grundflächen stehen aber dreimal im Verhältnis entsprechender Kanten (XII, 8); also ist Pyr. $BKTL$: Pyr. $FMPN = (BK : FM)^3$. Ähnlich läßt sich, wenn man von A, W, D, V, C, U nach K und von E, S, H, R, G, Q nach M die Strecken zieht und über allen Dreiecken die Pyramiden errichtet, die mit den Kegeln dieselbe Spitze haben, zeigen, daß jede der Pyramiden zu der gleichgeordneten dreimal im Verhältnis steht wie die Seite BK zur entsprechenden Seite FM, d. h. wie BD zu FH. [Nun verhält sich wie das einzelne Vorderglied zum einzelnen Hinterglied, so die Summe der Vorderglieder zur Summe der Hinterglieder (V, 12); also ist Pyr. $BKTL$: Pyr. $FMPN$ = die ganze Pyramide, deren Grundfläche Vieleck $A\,T\,B\,U\,C\,V\,D\,W$ und deren Spitze Punkt L ist : der ganzen Pyramide, deren Grundfläche Vieleck $E\,P\,F\,Q\,G\,R\,H\,S$ und deren Spitze Punkt N ist.] Folglich ist die Pyramide, deren Grundfläche $A\,T\,B\,U\,C\,V\,D\,W$ und deren Spitze L ist : der Pyramide, deren Grundfläche Vieleck $E\,P\,F\,Q\,G\,R\,H\,S$ und deren Spitze Punkt N ist $= (B\,D : F\,H)^3$. Nach Annahme wäre aber auch der Kegel, dessen Grundfläche Kreis $A\,B\,C\,D$ und dessen Spitze Punkt L ist : Krp. $O = (B\,D : F\,H)^3$. Also wäre der Kegel, dessen Grundfläche Kreis $A\,B\,C\,D$ und dessen Spitze L ist : Krp. O = die Pyramide, deren Grundfläche $A\,T\,B\,U\,C\,V\,D\,W$ und deren Spitze L ist : der Pyramide, deren Grundfläche Vieleck $E\,P\,F\,Q\,G\,R\,H\,S$ und deren Spitze N ist, also, vertauscht, der Kegel, dessen Grundfläche Kreis $A\,B\,C\,D$ und dessen Spitze L ist : der Pyramide in ihm, deren Grundfläche Vieleck $A\,T\,B\,U\,C\,V\,D\,W$ und deren Spitze L ist = Krp. O : der Pyramide, deren Grundfläche Vieleck $E\,P\,F\,Q\,G\,R\,H\,S$ und deren Spitze N ist. Nun ist der genannte Kegel $>$ die Pyramide in ihm, da er sie umschließt; also wäre auch Krp. O $>$ die Pyramide, deren Grundfläche Vieleck $E\,P\,F\,Q\,G\,R\,H\,S$ und deren Spitze N ist. Dabei war er kleiner; dies ist unmöglich. Also $(B\,D : F\,H)^3$ nicht = der Kegel, dessen Grundfläche Kreis $A\,B\,C\,D$ und dessen Spitze L ist : einem Körper $<$ der Kegel, dessen Grundfläche Kreis $E\,F\,G\,H$ und dessen Spitze Punkt N ist. [Ähnlich läßt sich zeigen, daß auch $(F\,H : B\,D)^3$ nicht = Kegel $E\,F\,G\,H\,N$: einem Körper $<$ Kegel $A\,B\,C\,D\,L$.]

Ich behaupte weiter, daß $(B\,D : F\,H)^3$ auch nicht = Kegel $A\,B\,C\,D\,L$: einem Körper $>$ Kegel $E\,F\,G\,H\,N$.

Wenn nämlich möglich, verhalte er sich so zu einem größeren Körper O. Dann wäre, umgekehrt, Krp. O : Kegel $A\,B\,C\,D\,L = (F\,H : B\,D)^3$. Nun wäre aber Krp. O : Kegel $A\,B\,C\,D\,L$ = Kegel $E\,F\,G\,H\,N$: einem Körper $<$ Kegel $A\,B\,C\,D\,L$ (V, 14); also Kegel $E\,F\,G\,H\,N$: einem Körper $<$ Kegel $A\,B\,C\,D\,L = (F\,H : B\,D)^3$; hiervon wurde die Unmöglichkeit oben nachgewiesen. Also $(B\,D : F\,H)^3$ nicht = Kegel $A\,B\,C\,D\,L$: einem Körper $>$ Kegel $E\,F\,G\,H\,N$. Wie oben bewiesen, verhält er sich so auch nicht zu einem kleineren Körper; also Kegel $A\,B\,C\,D\,L$: Kegel $E\,F\,G\,H\,N$ $= (B\,D : F\,H)^3$.

[Wie der Kegel zum Kegel, so verhält sich aber der Zylinder zum Zylinder; denn der Zylinder ist dreimal so groß wie der Kegel, mit dem er gleichhoch ist und auf derselben Grundfläche steht (XII, 10). Also Zylinder : Zylinder $= (BD : FH)^3$] — S.

§ 13 (L. 13).

Wird ein Zylinder von einer Ebene geschnitten, die den gegenüberliegenden Flächen parallel ist, so muß sich Achse zu Achse verhalten wie Zylinder zu Zylinder.

Der Zylinder AD werde von der Ebene GH geschnitten, die den gegenüberliegenden Flächen AB, CD parallel ist; die Ebene GH treffe die Achse im Punkte K. Ich behaupte, daß Zylinder BG : Zylinder $GD =$ Achse EK : Achse KF.

Man verlängere die Achse EF nach beiden Seiten zu den Punkten L, M und lege Strecken EN, $NL =$ Achse EK in beliebiger Anzahl sowie FO, $OM = FK$ in beliebiger Anzahl hin und denke sich auf der Achse LM den Zylinder PW, dessen Grundflächen die Kreise PQ, VW seien. Ferner lege man durch die Punkte N, O Ebenen $\parallel AB$, CD und den Grundflächen des Zylinders PW; so mögen die Kreise RS, TU um die Mittelpunkte N, O entstehen.

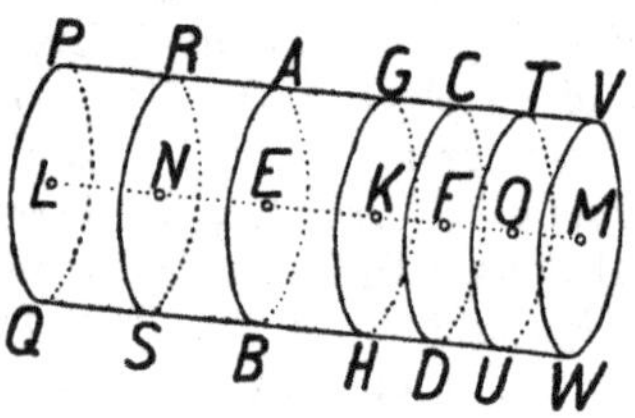

Da die Achsen $LN = NE = EK$, verhalten sich die Zylinder QR, RB, BG wie die Grundflächen (XII, 11). Nun sind die Grundflächen gleich; also Zylinder $QR = RB = BG$. Da die Achsen $LN = NE = EK$ und die Zylinder $QR = RB = BG$, auch die Anzahl hier und dort gleich ist, ist Zylinder QG von Zylinder GB dasselbe Vielfache wie Achse KL von Achse EK. Aus demselben Grunde ist auch Zylinder WG von Zylinder GD dasselbe Vielfache wie Achse MK von Achse KF.

Ist hier Achse $KL =$ Achse KM, so muß auch Zylinder $QG =$ Zylinder GW sein, wenn Achse $>$ Achse, auch Zylinder > Zylinder, und wenn kleiner, dann kleiner. Mithin hat man bei vier Größen, nämlich den Achsen *E K*, *K F* und den Zylindern *B G*, *G D*, Gleichvielfache sowohl von der Achse *E K* und dem Zylinder *B G*, nämlich Achse *L K* und Zylinder *Q G*, als auch von der Achse *K F* und dem Zylinder *G D*, nämlich Achse *K M* und Zylinder *G W*, genommen; ferner hat man bewiesen, daß, wenn Achse *K L* > Achse *K M*, auch Zylinder *Q G* > Zylinder *G W*, gleich, wenn gleich, und kleiner, wenn kleiner. Also ist Achse *E K* : Achse *K F* = Zylinder *B G* : Zylinder *G D* (V, Def. 5) — q. e. d.

§ 14 (L. 14).

Kegel, sowie Zylinder, auf gleichen Grundflächen verhalten sich zueinander wie die Höhen.

E B, *F D* seien Zylinder auf gleichen Grundflächen, nämlich den Kreisen *A B*, *C D*. Ich behaupte, daß Zyl. *E B* : Zyl. *F D* = Achse *G H* : Achse *K L*.

Man verlängere die Achse *K L* zum Punkte *N*, mache *L N* = Achse *G H* und denke sich um die Achse *L N* den Zylinder *C M*.

Da *E B*, *C M* Zylinder unter derselben Höhe sind, verhalten sie sich zueinander wie die Grundflächen (XII, 11). Nun sind die Grundflächen einander gleich; also auch Zylinder *E B* = *C M*. Da hier der Zylinder *F M* von einer Ebene *C D*, die den gegenüberliegenden Flächen parallel ist, geschnitten wird, ist Zyl. *C M* : Zyl. *F D* = Achse *L N* : Achse *K L* (XII, 13). Nun ist Zyl. *C M* = Zyl. *E B* und Achse *L N* = Achse *G H*; also Zyl. *E B* : Zyl. *F D* = Achse *G H* : Achse *K L*.

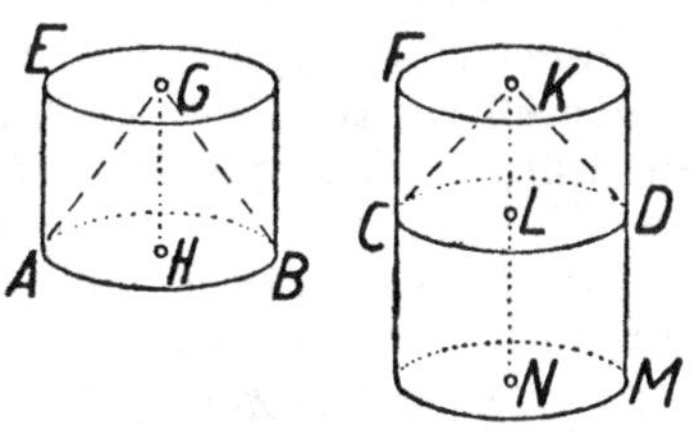

Aber Zyl. *E B* : Zyl. *F D* = Kegel *A B G* : Kegel *C D K* (XII, 10). Also verhält sich Achse *G H* : Achse *K L* = Kegel *A B G* : Kegel *C D K* = Zyl. *E B* : Zyl. *F D* — q. e. d.

§ 15 (L. 15).

In gleichen Kegeln, sowie Zylindern, sind die Grundflächen den Höhen umgekehrt proportional. Und Kegel, sowie Zylinder, in denen die Grundflächen den Höhen umgekehrt proportional sind, sind gleich.

Man habe gleiche Kegel und Zylinder, in denen die Grundflächen die Kreise $A\ B\ C\ D$, $E\ F\ G\ H$ [mit den Durchmessern $A\ C$, $E\ G$] sind und die Achsen die Strecken $K\ L$, $M\ N$ [die auch die Kegel- und Zylinderhöhen sind; und man vervollständige die Zylinder $A\ O$, $E\ P$]. Ich behaupte, daß in den Zylindern $A\ O$, $E\ P$ die Grundflächen den Höhen umgekehrt proportional sind, Grdfl. $A\ B\ C\ D$: Grdfl. $E\ F\ G\ H$ = Höhe $M\ N$: Höhe $K\ L$.

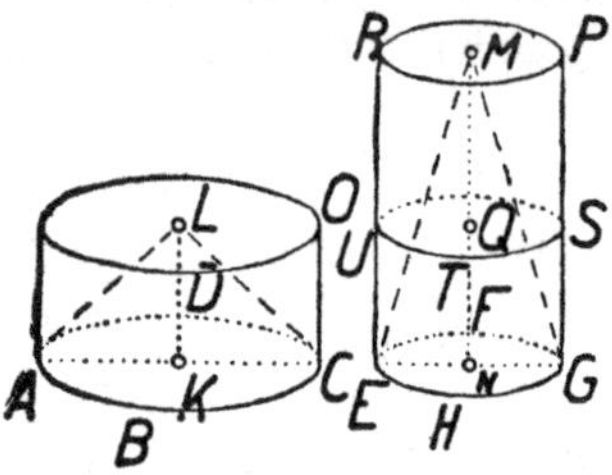

Die Höhe $L\ K$ ist entweder der Höhe $M\ N$ gleich oder ist es nicht. Zunächst sei sie gleich. Aber auch Zyl. $A\ O$ = Zyl. $E\ P$. Kegel, sowie Zylinder, unter derselben Höhe verhalten sich aber zueinander wie die Grundflächen (XII, 11); also ist Grdfl. $A\ B\ C\ D$ = Grdfl. $E\ F\ G\ H$, folglich auch, umgekehrt proportional, Grdfl. $A\ B\ C\ D$: Grdfl. $E\ F\ G\ H$ = Höhe $M\ N$: Höhe $K\ L$.

Nunmehr sei Höhe $L\ K$ nicht = Höhe $M\ N$, sondern $M\ N$ größer. Auf der Höhe $M\ N$ trage man dann $Q\ N = K\ L$ ab, schneide den Zylinder $E\ P$ mit einer durch Punkt Q || den Ebenen der Kreise $E\ F\ G\ H$, $R\ P$ gelegte Ebene $T\ U\ S$ und denke sich über Kreis $E\ F\ G\ H$ als Grundfläche, aber mit der Höhe $N\ Q$ den Zylinder $E\ S$.

Da Zyl. $A\ O$ = Zyl. $E\ P$, ist Zyl. $A\ O$: Zyl. $E\ S$ = Zyl. $E\ P$: Zyl. $E\ S$. Aber Zyl. $A\ O$: Zyl. $E\ S$ = Grdfl. $A\ B\ C\ D$: $E\ F\ G\ H$; denn die Zylinder $A\ O$, $E\ S$ haben dieselbe Höhe (XII, 11). Und Zyl. $E\ P$: $E\ S$ = Höhe $M\ N$: Höhe $Q\ N$; denn der Zylinder $E\ P$ wird von einer Ebene, die den gegenüberliegenden Flächen parallel ist, geschnitten (XII, 13). Also ist Grdfl. $A\ B\ C\ D$: Grdfl. $E\ F\ G\ H$ = Höhe $M\ N$: Höhe $Q\ N$ (V, 11). Nun ist Höhe $Q\ N$ = Höhe $K\ L$; also Grdfl. $A\ B\ C\ D$: Grdfl. $E\ F\ G\ H$ = Höhe $M\ N$: Höhe

KL. In den Zylindern AO, EP sind also die Grundflächen den Höhen umgekehrt proportional.

Jetzt seien andererseits in den Zylindern AO, EP die Grundflächen den Höhen umgekehrt proportional, Grdfl. $ABCD$: Grdfl. $EFGH$ = Höhe MN : Höhe KL. Ich behaupte, daß Zyl. AO = Zyl. EP.

Man konstruiere ebenso. Da Grdfl. $ABCD$: Grdfl. $EFGH$ = Höhe MN : Höhe KL und Höhe KL = Höhe QN, ist Grdfl. $ABCD$: Grdfl. $EFGH$ = Höhe MN : Höhe QN. Aber Grdfl. $ABCD$: Grdfl. $EFGH$ = Zyl. AO : Zyl. ES (XII, 11); denn sie haben dieselbe Höhe. Und Höhe $MN : QN$ = Zyl. EP : Zyl. ES (XII, 13). Also ist Zyl. AO : Zyl. ES = Zyl. EP : Zyl. ES (V, 11), also Zyl. AO = Zyl. EP (V, 9).

Ebenso ist es mit Kegeln (XII, 10) — q. e. d.

§ 16 (A. 1).

Wenn man zwei Kreise um denselben Mittelpunkt hat, dem größeren Kreise ein gleichseitiges Vieleck von gerader Seitenzahl einzubeschreiben, das nicht an den kleineren Kreis rührt.

Gegeben seien die beiden Kreise $ABCD$, $EFGH$ um denselben Mittelpunkt K. Man soll dem größeren Kreise $ABCD$ ein gleichseitiges Vieleck von gerader Seitenzahl einbeschreiben, das nicht an den Kreis $EFGH$ rührt.

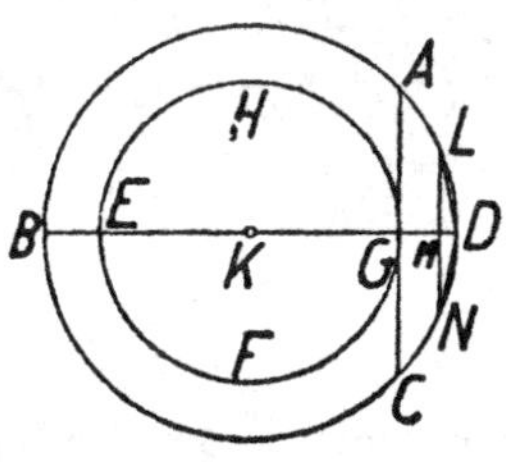

Man ziehe durch den Mittelpunkt K die gerade Linie BKD, ziehe $GA \perp BD$ von G aus (I, 11) und verlängere nach C; dann berührt AC den Kreis $EFGH$ (III, 16 Zus.). Halbiert man nun den Bogen BAD, halbiert (III, 30) seine Hälfte und wiederholt dies immer, dann muß einmal ein Bogen $< AD$ übrigbleiben (X, 1). Dies geschehe, der Restbogen sei LD. Man fälle aus L auf BD das Lot LM (I, 12), verlängere nach N und ziehe LD, DN; dann ist $LD = DN$ (III, 3; I, 4). Da $LN \parallel AC$ (I, 28), während AC den Kreis $EFGH$ berührt, berührt LN den Kreis $EFGH$ nicht. Um so mehr

(III, 15) berühren $L\,D$, $D\,N$ den Kreis $E\,F\,G\,H$ nicht. Trägt man mithin der Sehne $L\,D$ gleiche zusammenhängend in den Kreis $A\,B\,C\,D$ ein (IV, 1), so muß ein dem Kreise $A\,B\,C\,D$ einbeschriebenes gleichseitiges Vieleck von gerader Seitenzahl entstehen, das nicht an den kleineren Kreis $E\,F\,G\,H$ rührt — dies hatte man ausführen sollen.

§ 17 (A. 2).

Wenn man zwei Kugeln um denselben Mittelpunkt hat, der größeren Kugel ein Vielflach einzubeschreiben, das nicht an die Oberfläche der kleineren Kugel rührt.

Gedacht seien zwei Kugeln um denselben Mittelpunkt A. Man soll der größeren Kugel ein Vielflach einbeschreiben, das nicht an die Oberfläche der kleineren Kugel rührt.

Man schneide die Kugeln mit irgendeiner Ebene durch den Mittelpunkt. Die Schnitte müssen dann Kreise sein.

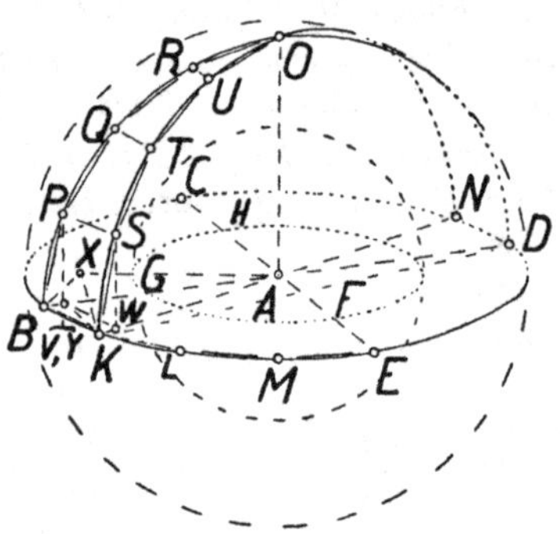

[Denn die Kugel entsteht dadurch, daß ein Halbkreis herumgeführt wird, während sein Durchmesser fest bleibt (XI, Def. 14), so daß, in welcher Lage man auch den Halbkreis annimmt, eine durch denselben gelegte Ebene auf der Kugeloberfläche einen Kreis erzeugen muß.] Und offenbar muß der Kreis ein Größter Kreis sein [da der Kugeldurchmesser, der zugleich der Halbkreisdurchmesser und natürlich auch der des Kreises ist, größer ist als alle in Kreis oder Kugel gezogenen Sehnen (III, 15)]. Der Kreis auf der größeren Kugel sei $B\,C\,D\,E$, der Kreis auf der kleineren Kugel $F\,G\,H$. Ferner ziehe man in ihnen zwei Durchmesser $B\,D$, $C\,E$ rechtwinklig zueinander. Hier hat man zwei Kreise $B\,C\,D\,E$, $F\,G\,H$ um denselben Mittelpunkt; daher beschreibe man dem größeren Kreise $B\,C\,D\,E$ ein gleichseitiges Vieleck von gerader Seitenzahl ein, das nicht an den kleineren Kreis FGH rührt (XII, 16, Anm.); seine im Viertel BE gelegenen Seiten seien BK, KL, LM, ME. Ferner ziehe man KA und verlängere es nach N, errichte im Punkte A auf der Ebene des Kreises $BCDE$ die Senkrechte AO (XI, 12), die die Kugelfläche in O treffe, und lege durch AO und einerseits BD, andererseits KN Ebenen; die Ebenen müssen [nach oben Erwähntem] auf der Kugeloberfläche Größte Kreise erzeugen; dies geschehe, Halbkreise von ihnen seien BOD, KON über den Durchmessern BD, KN.

Da $OA \perp$ Ebene des Kreises $BCDE$, sind alle Ebenen durch $OA \perp$ Ebene des Kreises $BCDE$ (XI, 18), so daß die Halbkreise BOD, $KON \perp$ Ebene des Kreises $BCDE$. Da die Halbkreise $BED = BOD = KON$ [weil sie über gleichen Durchmessern BD, KN stehen (III, Def. 1)], sind auch die Viertel $BE = BO = KO$. In die Viertel BO, KO gehen dann ebensoviele Sehnen $= BK$, KL, LM, ME, wie man Vielecksseiten im Viertel BE hat (III, 29). Man trage sie ein, sie seien BP, PQ, QR, RO, KS, ST, TU, UO, ziehe SP, TQ, UR und fälle von P, S die Lote auf die Ebene des Kreises $BCDE$ (XI, 11). Diese müssen die Schnittlinien BD, KN der Ebenen treffen, da ja die Ebenen der Halbkreise BOD, $KON \perp$ Ebene des Kreises $BCDE$ (XI, Def. 4; XI, 6). Dies geschehe, die Lote seien PV, SW, und man ziehe WV.

Da man hier in gleichen Halbkreisen BOD, KON gleiche Stücke BP, KS abgeschnitten hat (III, 28) und PV, SW lotrecht gezogen sind, ist $PV = SW$ und $BV = KW$ (III, 27; I, 26). Nun sind die ganzen Strecken $BA = KA$, also auch die Reststrecken $VA = WA$. Also ist $BV : VA = KW : WA$, also $WV \parallel KB$ (VI, 2). Da PV, SW beide $\perp$ Ebene des Kreises $BCDE$, ist $PV \parallel SW$ (XI, 6), ferner gleich, wie oben bewiesen; also sind auch WV, SP gleich und parallel (I, 33). Da $WV \parallel SP$ und $WV \parallel KB$, ist auch $SP \parallel KB$ (XI, 9). Ihre Enden sind durch BP, KS verbunden; also liegt das Vierseit $KBPS$ in einer Ebene; denn hat man zwei parallele Geraden und nimmt auf beiden beliebige Punkte, dann liegt die Verbindungsstrecke der Punkte mit den Parallelen in derselben Ebene (XI, 7). Aus demselben Grunde liegt auch jedes der Vierseite $SPQT$, $TQRU$ in einer Ebene. Auch das Dreieck URO liegt in einer Ebene (XI, 2).

Denkt man sich mithin von den Punkten P, S, Q, T, R, U nach A die Strecken gezogen, so entsteht zwischen den Bogen BO, KO ein gewisses Vielflach, das aus Pyramiden zusammengesetzt ist, deren Grundflächen die Vierseite $KBPS$, $SPQT$, $TQRU$ und $\triangle URO$ sind und deren Spitze Punkt A ist. Konstruiert man auch über allen Seiten KL, LM, ME ebenso wie über BK, dazu noch über den drei übrigen Vierteln [sowie in der anderen Halbkugel], dann entsteht ein gewisses der Kugel einbeschriebenes Vielflach, das aus Pyramiden zusammengesetzt ist, deren Grundflächen die genannten Vierseite und $\triangle URO$ sowie die gleichgeordneten sind und deren Spitze Punkt A ist.

Ich behaupte, daß genanntes Vielflach die Oberfläche der kleineren Kugel, auf der Kreis FGH liegt, nicht berühren kann.

Man fälle vom Punkte A auf die Ebene des Vierseits $KBPS$ das Lot AX (XI, 11), es treffe die Ebene im Punkte X, und ziehe XB, XK. Da $AX \perp$ Ebene des Vierseits $KBPS$, steht es auf allen es treffenden geraden Linien, die in der Ebene des Vierseits liegen, senkrecht (XI, Def. 3). Also ist $AX \perp$ sowohl BX als XK. Da $AB = AK$, ist $AB^2 = AK^2$. Nun ist $AB^2 = AX^2 + XB^2$, weil $\angle X$ ein Rechter (I, 47); und $AK^2 = AX^2 + XK^2$; also $AX^2 + XB^2 = AX^2 + XK^2$. Man nehme beiderseits AX^2 weg; dann sind die Reste $BX^2 = XK^2$, also $BX = XK$. Ähnlich läßt sich zeigen, daß die Strecken, die man von X nach P und S zöge, sowohl BX als XK gleich sind. Der Kreis, den man mit X als Mittelpunkt und XB oder XK als Abstand zeichnete, müßte also durch P und S gehen, und $KBPS$ muß ein Vierseit im Kreise sein.

Da $KB > WV$ und $WV = SP$, ist $KB > SP$. Nun ist $KB =$ sowohl KS als BP; also sowohl KS als $BP > SP$. Da $KBPS$ ein Vierseit im Kreise ist und $KB = BP = KS$, während PS kleiner ist, ferner BX Radius des Kreises, ist $KB^2 > 2\,BX^2$ (I, 25; II, 12). Man fälle aus K auf BV das Lot KY (I, 12). Da $BD < 2\,DY$ und $BD : DY = DB \cdot BY : DY \cdot YB$ (VI, 1), so ist, wenn man über BY das Quadrat zeichnet und das Parallelogramm über YD vervollständigt, auch $DB \cdot BY < 2\,DY \cdot YB$. Zieht man noch KD, so ist $DB \cdot BY = BK^2$ und $DY \cdot YB = KY^2$ (III, 31; VI, 8 Zus., 17) also $K B^2 < 2 K Y^2$. Nun ist $K B^2 > 2 B X^2$; also $K Y^2 > B X^2$. Und da $B A = K A$, ist $B A^2 = A K^2$. Nun ist $B A^2 = B X^2 + X A^2$, $K A^2 = K Y^2 + Y A^2$ (I, 47). Also ist $B X^2 + X A^2 = K Y^2 + Y A^2$, und hierin $K Y^2 > B X^2$; also Rest $Y A^2 < X A^2$, also $A X > A Y$, um so mehr $A X > A G$ (vgl. XII, 16). Hier ist $A X$ der Abstand zur einen Fläche des Vielflachs und $A G$ der zur Fläche der kleineren Kugel; folglich kann das Vielflach nicht an die Oberfläche der kleineren Kugel rühren — S.

[*Zusatz*:] Beschreibt man auch in eine andere Kugel ein dem Vielflach in der Kugel $B C D E$ ähnliches Vielflach ein, so steht das Vielflach in der Kugel $B C D E$ zum Vielflach in der anderen Kugel dreimal im Verhältnis wie der Durchmesser der Kugel $B C D E$ zum Durchmesser der anderen Kugel.

Zerlegt man nämlich die Körper in die gleichvielen gleichgeordneten Pyramiden, dann müssen die Pyramiden ähnlich sein. Ähnliche Pyramiden stehen aber zueinander dreimal im Verhältnis entsprechender Kanten (XII, 8 Zus.). Also steht die Pyramide, deren Grundfläche Vierseit $K B P S$ und deren Spitze A ist, zur gleichgeordneten Pyramide in der anderen Kugel dreimal im Verhältnis wie eine Kante zur entsprechenden Kante, d. h. wie der Radius $A B$ der Kugel um den Mittelpunkt A zum Radius der anderen Kugel. Ähnlich steht jede Pyramide in der Kugel um den Mittelpunkt A zur gleichgeordneten Pyramide in der anderen Kugel dreimal im Verhältnis wie $A B$ zum Radius der anderen Kugel. [Nun verhalten sich alle Vorderglieder zusammen zu allen Hintergliedern zusammen wie das einzelne Vorderglied zum einzelnen Hinterglied (V, 12).] Folglich muß das ganze Vielflach in der Kugel um den Mittelpunkt A zum ganzen Vielflach in der anderen Kugel dreimal im Verhältnis stehen wie $A B$ zum Radius der anderen Kugel, d. h. wie der Durchmesser $B D$ zum Durchmesser der anderen Kugel — q. e. d.

§ 18 (L. 16).

Kugeln stehen zueinander dreimal im Verhältnis ihrer Durchmesser.

Man denke sich Kugeln $A B C$, $D E F$; ihre Durchmesser

seien BC, EF. Ich behaupte, daß Kugel ABC : Kugel $DEF = (BC : EF)^3$.

Wäre nämlich Kugel ABC : Kugel DEF nicht $= (BC : EF)^3$, so müßte sein Kugel ABC : einer Kugel, die entweder $<$ oder $>$ DEF wäre, $= (BC : EF)^3$. Zunächst stehe sie in diesem Verhältnis zu einer kleineren Kugel GHK.

Man denke sich DEF mit GHK um denselben Mittelpunkt und beschreibe der größeren Kugel DEF ein Vielflach ein, das nicht an die Oberfläche der kleineren Kugel GHK rührt (XII, 17); und auch der Kugel ABC beschreibe man ein dem Vielflach in der Kugel DEF ähnliches Vielflach ein. Dann ist das Vielflach in ABC : dem Vielflach in $DEF = (BC : EF)^3$ (XII, 17 Zus.). Aber auch Kugel ABC : Kugel $GHK = (BC : EF)^3$; also wäre Kugel ABC : Kugel GHK = Vielflach in der Kugel ABC : Vielflach in der Kugel DEF (V, 11); also, vertauscht, Kugel ABC : Vielflach in ihr = Kugel GHK : Vielflach in der Kugel DEF (V, 16). Nun ist die Kugel $ABC >$ das Vielflach in ihr; also wäre auch die Kugel $GHK >$ das Vielflach in der Kugel DEF. Dabei ist sie kleiner; denn sie wird von ihm umschlossen. Also ist (Durchmesser $BC : EF)^3$ nicht = Kugel ABC : einer Kugel $< DEF$. Ähnlich läßt sich zeigen, daß auch $(EF : BC)^3$ nicht = Kugel DEF : einer Kugel $< ABC$.

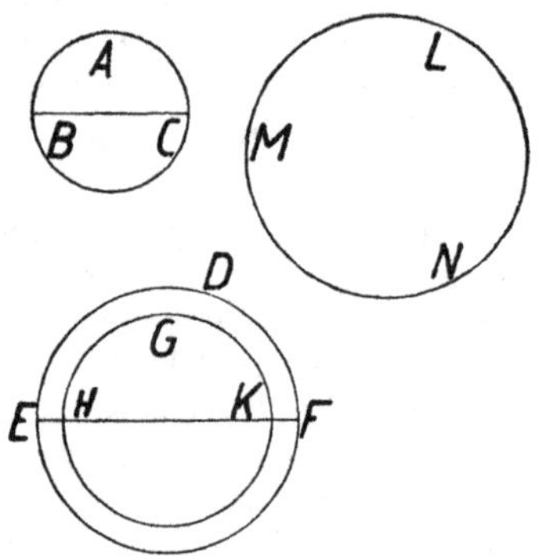

Ich behaupte weiter, daß $(BC : EF)^3$ auch nicht = Kugel ABC : irgendeiner Kugel $> DEF$.

Wenn nämlich möglich, verhalte sie sich so zu der größeren Kugel LMN. Dann wäre, umgekehrt (V, Def. 13), Kugel LMN : Kugel ABC = (Durchmesser EF : Durchmesser $BC)^3$. Nun ist aber [wie früher bewiesen] Kugel LMN : Kugel ABC = Kugel DEF : einer Kugel < ABC (V, 14), da ja $LMN > DEF$. Dann wäre $(EF : BC)^3$ = Kugel DEF : einer Kugel < ABC (V, 11). Hiervon ist die Unmöglichkeit oben nachgewiesen. Also ist $(BC : EF)^3$ nicht = Kugel ABC : einer Kugel > DEF. Wie oben bewiesen, verhält sie sich so auch nicht zu einer kleineren. Also ist Kugel ABC : Kugel $DEF = (BC : EF)^3$ — q. e. d.

XIII. Buch.

§ 1 (L. 1).

Teilt man eine Strecke stetig, so wird ihr größerer Abschnitt, wenn man die Hälfte der ganzen Strecke hinzufügt, quadriert fünfmal so groß wie das Quadrat über der Hälfte.

Die Strecke AB sei im Punkte C stetig geteilt, AC sei der größere Abschnitt. Man setze an CA eine gerade Linie AD gerade an und mache $AD = \frac{1}{2} AB$. Ich behaupte, daß $CD^2 = 5\,DA^2$.

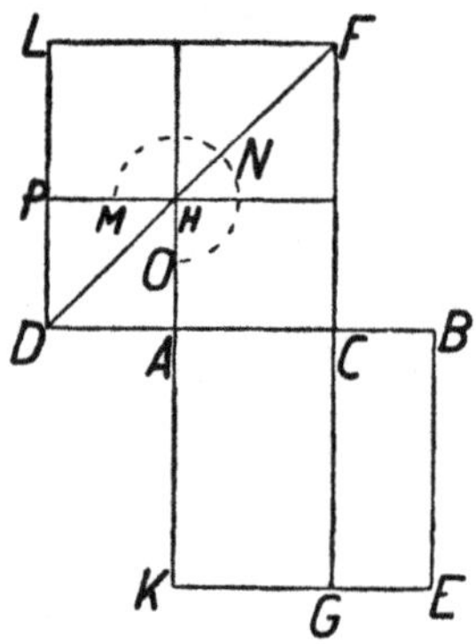

Man zeichne über AB, DC die Quadrate AE, DF (I, 46), zeichne in DF die (übliche, I, 43) Figur fertig und ziehe FC bis G durch.

Da AB in C stetig geteilt ist, ist $AB \cdot BC = AC^2$ (VI, Def. 3; VI, 17). $AB \cdot BC$ ist CE, und AC^2 ist FH, also Pgm. $CE = FH$. Da $BA = 2\,AD$, $BA = KA$, $AD = AH$, so ist $KA = 2\,AH$. Nun ist $KA : AH$ = Pgm. $CK : CH$ (VI, 1), also Pgm. $CK = 2\,CH$; aber auch Pgm. $LH + HC = 2\,CH$ (I, 43); also Pgm. $CK = LH + HC$. Wie oben bewiesen, ist Pgm. $CE = HF$; also das ganze Quadrat AE = Gnomon MNO. Da $BA = 2\,AD$, ist $BA^2 = 4\,AD^2$ (II, 4), d. h. Quadrat $AE = 4\,DH$. Aber AE = Gnomon MNO, also Gnomon $MNO = 4\,AP$, also das ganze Quadrat $DF = 5\,AP$. Nun ist DF aber DC^2, und AP ist DA^2; also $CD^2 = 5\,DA^2$ — S.

(§ 1a.)

(*Analysis und Synthesis.*)

[Was ist eine Analysis und was eine Synthesis?

Eine Analysis ist die Zugrundelegung des Gefragten als anerkannt um seiner auf anerkannt Wahres führenden Folgerungen willen.

Eine Synthesis ist die Zugrundelegung des Anerkannten um seiner auf Vollendung oder Ergreifung des Gefragten führenden Folgerungen willen.

Analysis und Synthesis ohne Figur zu Satz 1.

Die Strecke AB sei in C stetig geteilt, AC sei der größere Abschnitt. Man mache $AD = \frac{1}{2}\,AB$. Ich behaupte, daß $CD^2 = 5\,AD^2$.

Wenn $CD^2 = 5\,AD^2$, während $CD^2 = CA^2 + AD^2 + 2\,CA \cdot AD$ (II, 4), so muß sein $CA^2 + AD^2 + 2\,CA \cdot AD = 5\,AD^2$, also, getrennt, $CA^2 + 2\,CA \cdot AD = 4\,AD^2$. Aber $2\,CA \cdot AD = BA \cdot AC$, weil $BA = 2\,AD$. Und $AC^2 = AB \cdot BC$; denn AB ist stetig geteilt (VI, Def. 3; VI, 17). Also muß sein $BA \cdot AC + AB \cdot BC = 4\,AD^2$. Aber $BA \cdot AC + AB \cdot BC = AB^2$ (II, 2). Also muß sein $AB^2 = 4\,AD^2$; und das ist richtig, weil $AB = 2\,AD$.

Synthesis.

Da $AB^2 = 4\,AD^2$ und $BA^2 = BA \cdot AC + AB \cdot BC$, ist $BA \cdot AC + AB \cdot BC = 4\,AD^2$. Aber $BA \cdot AC = 2\,DA \cdot AC$ und $AB \cdot BC = AC^2$. Also ist $AC^2 + 2\,DA \cdot AC = 4\,DA^2$, folglich $DA^2 + AC^2 + 2\,DA \cdot AC = 5\,DA^2$. Aber $DA^2 + AC^2 + 2\,DA \cdot AC = CD^2$; also $CD^2 = 5\,DA^2$ — q. e. d.]

§ 2 (L. 2).

Wird quadriert eine Strecke fünfmal so groß wie ein Abschnitt von ihr, dann ist, wenn man das Doppelte des genannten Abschnittes stetig teilt, der größere Abschnitt der Rest der ursprünglichen Strecke.

Quadriert werde die Strecke AB fünfmal so groß wie ihr Abschnitt AC, und es sei $2\,AC = CD$. Ich behaupte, daß CB der größere Abschnitt der stetig geteilten Strecke CD ist.

Man zeichne über beiden Strecken AB, CD die Quadrate AF, CG, zeichne in AF die Figur fertig und ziehe BE durch.

Da $BA^2 = 5\,AC^2$, ist Quadrat $AF = 5\,AH$, also Gnomon $MNO = 4\,AH$. Da $DC = 2\,CA$, ist $DC^2 = 4\,CA^2$, d. h. Quadrat $CG = 4\,AH$. Wie bewiesen, ist Gnomon $MNO = 4\,AH$; also Gnomon $MNO = CG$.

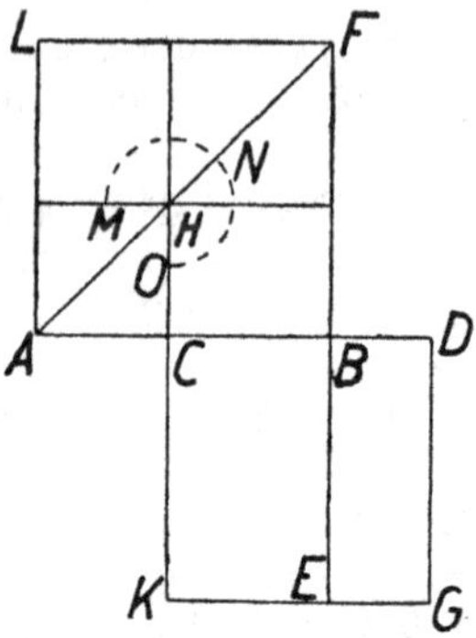

Da $DC = 2\,CA$ und $DC = CK$, $AC = CH$ [also $KC = 2\,CH$], ist Pgm. $KB = 2\,BH$ (VI, 1). Aber auch Pgm. $LH + HB = 2\,HB$ (I, 43), also Pgm. $KB = LH + HB$. Wie bewiesen, ist der ganze Gnomon MNO = dem ganzen Quadrat CG, also auch Restquadrat $HF = BG$. BG ist nun $CD \cdot DB$, weil $CD = DG$, und HF ist CB^2. Also ist $CD \cdot DB = CB^2$, also $DC : CB = CB : BD$ (VI, 17). Hier ist $DC > CB$, also $CB > BD$ (V, 14). CB ist also von der stetig geteilten (VI, Def. 3) Strecke CD der größere Abschnitt — S.

§ 3 (L. 3).

Teilt man eine Strecke stetig, so wird ihr kleinerer Abschnitt, wenn man die Hälfte des größeren Abschnitts hinzufügt, quadriert fünfmal so groß wie das Quadrat über der Hälfte des größeren Abschnitts.

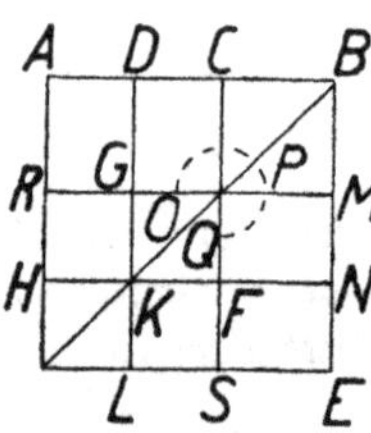

Eine Strecke AB sei im Punkte C stetig geteilt, AC sei der größere Abschnitt, und AC sei in D halbiert. Ich behaupte, daß $BD^2 = 5\,DC^2$.

Man zeichne über AB das Quadrat AE und zeichne die Doppelfigur fertig.

Da $AC = 2\,DC$, ist $AC^2 = 4\,DC^2$, d. h. Quadrat $RS = 4\,FG$. Da $AB \cdot BC = AC^2$ (VI, Def. 3; VI, 17), $AB \cdot BC$ aber CE ist [AC^2 dabei RS], ist Pgm. $CE = RS$. Aber Quadrat $RS = 4\,FG$, also Pgm. $CE = 4\,FG$. Ebenso ist, da $AD = DC$, $HK = KF$ (I, 34), folglich Quadrat GF = Quadrat HL. Also ist $GK = KL$,

d. h. $MN = NE$, folglich Pgm. $MF = FE$ (I, 36). Aber Pgm. $MF = CG$ (I, 43), also Pgm. CG auch $= FE$. Man füge beiderseits CN hinzu; dann ist Gnomon $OPQ = CE$. Wie oben bewiesen, ist aber Pgm. $CE = 4\,GF$, also Gnomon $OPQ = 4\,GF$, also Gnomon $OPQ + GF = 5\,GF$. Gnomon $OPQ + GF$ ist aber Quadrat DN. Und DN ist DB^2, GF ist DC^2.

Also ist $DB^2 = 5\,DC^2$ — q. e. d.

§ 4 (L. 4).

Teilt man eine Strecke stetig, so werden die beiden Quadrate über der ganzen Strecke und ihrem kleineren Abschnitt zusammen dreimal so groß wie das Quadrat über dem größeren Abschnitt.

Man habe eine Strecke AB, sie sei in C stetig geteilt, AC sei der größere Abschnitt. Ich behaupte, daß $AB^2 + BC^2 = 3\,CA^2$.

Man zeichne über AB das Quadrat $ADEB$ und zeichne die Figur fertig.

Da AB in C stetig geteilt ist, AC der größere Abschnitt, ist $AB \cdot BC = AC^2$ (VI, Def. 3; VI, 17). $AB \cdot BC$ ist nun AK, und AC^2 ist HG; also Pgm. $AK = HG$. Hier ist Pgm. $AF = FE$ (I, 43); man füge CK beiderseits hinzu. Dann ist das ganze Pgm. AK = dem ganzen CE, also Pgm. $AK + CE = 2\,AK$. $AK + CE$ bilden aber Gnomon LMN + Quadrat CK; also ist Gnomon LMN + Quadrat $CK = 2\,AK$. Wie oben bewiesen, ist Pgm. $AK = HG$; also [Gnomon LMN + Quadrat $CK = 2\,HG$, folglich] Gnomon LMN + Quadrate $CK + HG = 3$ Quadrat HG. Nun ist Gnomon LMN + Quadrate $CK + HG$ = ganzes Quadrat $AE + CK$, d. h. $AB^2 + BC^2$, GH dabei AC^2.

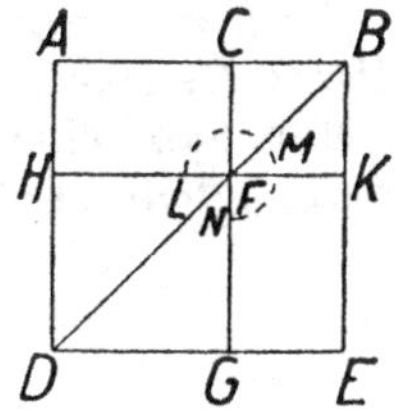

Also ist $AB^2 + BC^2 = 3\,AC^2$ — q. e. d.

§ 5 (L. 5).

Teilt man eine Strecke stetig und setzt ihr eine dem größeren Abschnitt gleiche an, dann ist die Summenstrecke stetig geteilt, und größerer Abschnitt ist die Ausgangsstrecke.

Die Strecke AB sei im Punkte C stetig geteilt, AC sei der größere Abschnitt, und $AD = AC$. Ich behaupte, daß die Strecke DB in A stetig geteilt ist und größerer Abschnitt die Ausgangsstrecke AB.

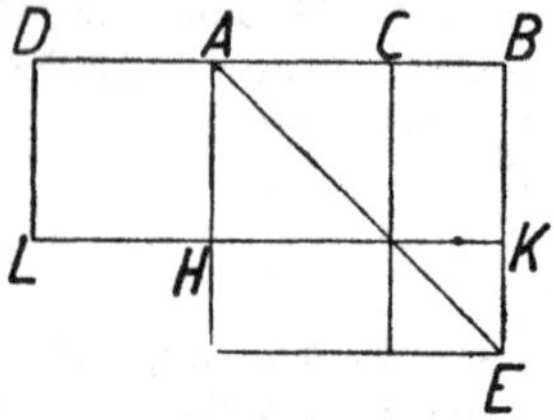

Man zeichne über AB das Quadrat AE und zeichne die Figur fertig (wie II, 6).

Da AB in C stetig geteilt ist, ist $AB \cdot BC = AC^2$ (VI, Def. 3; VI, 17). $AB \cdot BC$ ist hier CE, und AC^2 ist CH; also Pgm. $CE = CH$. Aber Pgm. $CE = HE$ (I, 43) und Quadrat $HC = DH$ (I, 36); also Quadrat $DH = HE$. Man füge HB beiderseits hinzu. Dann ist das ganze Pgm. $DK =$ dem ganzen AE. DK ist nun $BD \cdot DA$, weil $AD = DL$; und AE ist AB^2. Also ist $BD \cdot DA = AB^2$; also $DB : BA = BA : AD$ (VI, 17). Hier ist $DB > BA$, also auch $BA > AD$ (V, 14).

Also ist DB in A stetig geteilt, AB der größere Abschnitt — q. e. d.

§ 6 (L. 6).

[*Teilt man eine rationale Strecke stetig, so wird jeder ihrer Abschnitte eine Irrationale, wie man sie Apotome nennt.*

Man habe eine Rationale (X, Def. 3) AB, sie sei in C stetig geteilt, AC sei der größere Abschnitt. Ich behaupte, daß sowohl AC als CB eine Irrationale ist, wie man sie Apotome (X, 73: Def.) nennt.

Man verlängere BA und mache $AD = \frac{1}{2} BA$.

Da die Strecke AB in C stetig geteilt ist und AC, dem größeren Abschnitt, $AD = \frac{1}{2} AB$ hinzugefügt, ist $CD^2 = 5\, DA^2$ (XIII, 1). Also verhält sich CD^2 zu DA^2 wie eine Zahl zu einer Zahl, CD^2 ist mit DA^2 kommensurabel (X, 6). Nun ist DA^2 rational (X, Def. 4); denn DA ist als Hälfte der Rationalen AB rational. Also ist CD^2 rational, also auch CD rational. Da CD^2 zu DA^2 aber kein Verhältnis hat wie eine Quadratzahl zu einer Quadratzahl (vgl. VIII, 11 Anm.), ist CD mit DA linear inkommensurabel (X, 9). CD, DA sind also nur quadriert kommensurable (X, Def. 2) rationale Strecken; also AC eine Apotome (X, 73: Def.).

Zweitens ist, da AB stetig geteilt, AC der größere Abschnitt ist, $AB \cdot BC = AC^2$ (VI, Def. 3; VI, 17). Legt man also das Quadrat über der Apotome AC an die Rationale AB an (I, 44), so entsteht als Breite BC. Legt man aber das Quadrat einer Apotome an die Rationale an, so entsteht als Breite eine Erste Apotome (X, 97). Also ist CB eine Erste Apotome (X, 84a: Def.). Wie bewiesen, ist auch CA eine Apotome — S.]

§ 7 (L. 7).

Sind in einem gleichseitigen Fünfeck drei aufeinanderfolgende oder nicht aufeinanderfolgende Winkel gleich, so muß das Fünfeck gleichwinklig sein.

Im gleichseitigen Fünfeck $ABCDE$ seien drei Winkel, zunächst die aufeinanderfolgenden bei A, B, C einander gleich. Ich behaupte, daß das Fünfeck $ABCDE$ gleichwinklig ist.

Man ziehe AC, BE, FD.

Da zwei Seiten CB, BA zwei Seiten BA, AE entsprechend gleich sind und $\angle CBA = \angle BAE$, ist Grdl. $AC =$ Grdl. BE, $\triangle ABC = \triangle ABE$, und die übrigen Winkel müssen den übrigen Winkeln gleich sein, denen gleiche Seiten gegenüberliegen, $BCA = BEA$ und $ABE = CAB$ (I, 4), so daß auch Seite $AF =$ Seite BF (I, 6). Wie bewiesen, sind auch die ganzen Strecken $AC = BE$; also Rest $FC =$ Rest FE. Aber auch $CD = DE$. Zwei Seiten FC, CD sind also zwei Seiten FE, ED gleich;

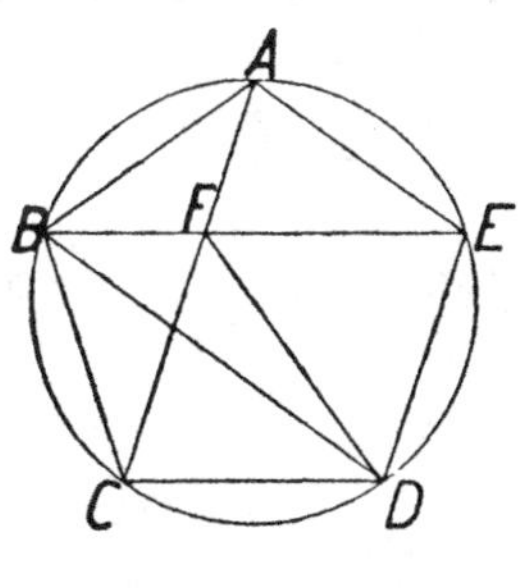

ferner ist ihnen die Grundlinie FD gemeinsam. Also ist $\angle FCD = \angle FED$ (I, 8). Wie bewiesen, ist auch $BCA = AEB$; also die ganzen $\angle BCD = AED$. Nach Voraussetzung ist $\angle BCD = \angle A$ und $\angle B$. Also auch $AED = \angle A$ und $\angle B$. Ähnlich läßt sich zeigen, daß auch

$\angle CDE = \angle A$, $\angle B$, $\angle C$. Fünfeck $ABCDE$ ist also gleichwinklig.

Nunmehr seien nicht aufeinanderfolgende Winkel gleich, sondern die bei den Punkten A, C, D seien gleich. Ich behaupte, daß auch dann Fünfeck $ACBDE$ gleichwinklig ist.

Man ziehe BD.

Da zwei Seiten BA, AE zwei Seiten BC, CD gleich sind und sie gleiche Winkel umfassen, ist Grdl. BE = Grdl. BD, $\triangle ABE = \triangle BCD$, und die übrigen Winkel müssen den übrigen Winkeln gleich sein, denen gleiche Seiten gegenüberliegen (I, 4), also $\angle AEB = CDB$. Aber auch $\angle BED = BDE$ (I, 5), weil Seite BE = Seite BD. Also sind auch die ganzen $\angle AED = CDE$. Nach Voraussetzung ist aber $CDE = \angle A$ und $\angle C$; also auch $\angle AED = \angle A$ und $\angle C$. Aus demselben Grunde ist auch $ABC = \angle A$, $\angle C$, $\angle D$; also ist Fünfeck $ABCDE$ gleichwinklig — q. e. d.

§ 8 (L. 8).

Diagonalen, die im gleichseitigen und gleichwinkligen Fünfeck zwei aufeinanderfolgenden Winkeln gegenüberliegen, teilen einander stetig; und ihre größeren Abschnitte sind der Fünfeckseite gleich.

Im gleichseitigen und gleichwinkligen Fünfeck $ABCDE$ mögen den beiden aufeinanderfolgenden Winkeln bei A und B die Diagonalen AC, BE, die einander im Punkte H schneiden, gegenüberliegen. Ich behaupte, daß sie beide im Punkte H stetig geteilt werden und daß ihre größeren Abschnitte der Fünfeckseite gleich sind.

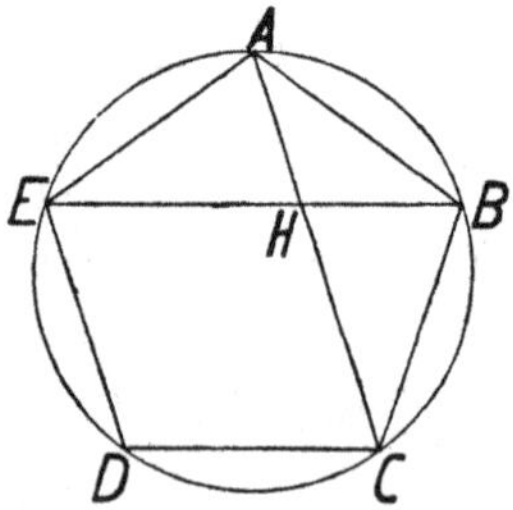

Man beschreibe dem Fünfeck $ABCDE$ den Kreis $ABCDE$ um (IV, 14).

Da zwei Strecken EA, AB zwei Seiten AB, BC gleich sind und sie gleiche Winkel umfassen, ist Grdl. BE = Grdl. AC, $\triangle ABE = \triangle ABC$, und die übrigen Winkel sind den übrigen Winkeln entsprechend gleich, denen gleiche

Seiten gegenüberliegen (I, 4). Also ist $\angle BAC = ABE$; also $\angle AHE = 2\,BAH$ (I, 32). Aber auch $EAC = 2\,BAC$, da Bogen $EDC = 2$ Bogen CB (III, 28; VI, 33). Also ist $\angle HAE = AHE$, folglich Strecke $HE = EA$, d. h. $= AB$ (I, 6). Da Strecke $BA = AE$, ist auch $\angle ABE = AEB$ (I, 5). Wie bewiesen, ist aber $ABE = BAH$; also $BEA = BAH$. Und $\angle ABE$ ist beiden Dreiecken ABE und ABH gemeinsam. Also sind auch die dritten $\angle BAE = AHB$ (I, 32), $\triangle ABE$ also mit $\triangle ABH$ winkelgleich. Also stehen in Proportion $EB : BA = AB : BH$ (VI, 4). Aber $BA = EH$; also $BE : EH = EH : HB$. Hier ist $BE > EH$, also $EH > HB$ (V, 14). BE ist also in H stetig geteilt (VI, Def. 3), und der größere Abschnitt HE ist der Fünfeckseite gleich. Ähnlich läßt sich zeigen, daß auch AC in H stetig geteilt ist und sein größerer Abschnitt CH der Fünfeckseite gleich — q. e. d.

§ 9 (L. 9).

Fügt man die Seiten des demselben Kreise einbeschriebenen Sechsecks und Zehnecks zusammen, dann ist die Summenstrecke stetig geteilt, und ihr größerer Abschnitt ist die Sechseckseite.

Man habe den Kreis ABC, und von den dem Kreise ABC einbeschriebenen Figuren sei BC die Seite des Zehnecks und CD die des Sechsecks, und sie mögen einander gerade fortsetzen. Ich behaupte, daß die Summenstrecke BD stetig geteilt ist, CD ihr größerer Abschnitt.

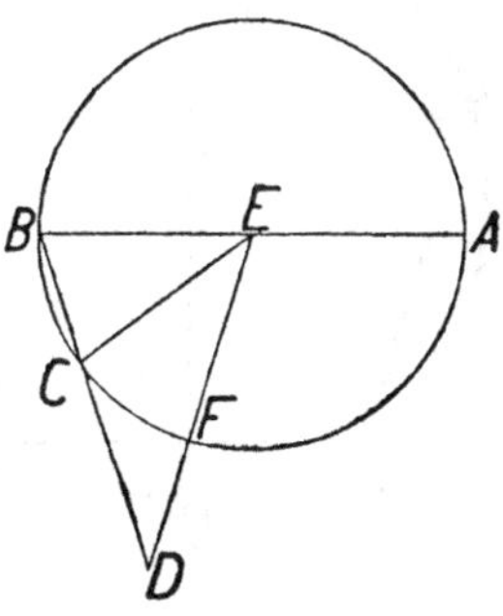

Man verschaffe sich den Mittelpunkt E des Kreises, ziehe EB, EC, ED und ziehe BE nach A durch.

Da BC die Seite des gleichseitigen Zehnecks ist, ist Bogen $ACB = 5$ Bogen BC (III, 28), also Bogen $AC = 4\,CB$. Nun ist Bogen $AC : CB = \angle AEC : CEB$ (VI, 33). Also ist $\angle AEC = 4\,CEB$. Da $\angle EBC = ECB$ (I, 5), ist $\angle AEC = 2\,ECB$ (I, 32). Da ferner

Strecke $EC = CD$, weil beide der Seite des dem Kreise ABC einbeschriebenen Sechsecks gleich sind (IV, 15 Zus.), ist auch $\angle CED = \angle CDE$ (I, 5), also $\angle ECB = 2\,EDC$ (I, 32). Wie oben bewiesen, ist aber $AEC = 2\,ECB$; also $AEC = 4\,EDC$. Wie auch schon bewiesen, ist $AEC = 4\,BEC$; also ist $EDC = BEC$. Und den beiden Dreiecken BEC, BED ist $\angle EBD$ gemeinsam; also auch Rest $\angle BED = ECB$ (I, 32), also $\triangle EBD$ dem $\triangle EBC$ winkelgleich. Also stehen in Proportion $DB : BE = EB : BC$ (VI, 4). Nun ist $EB = CD$, also $BD : DC = DC : CB$. Hier ist $BD > DC$, also auch $DC > CB$ (V, 14).

Die Strecke BD ist also [in C] stetig geteilt (VI, Def. 3), DC ihr größerer Abschnitt — q. e. d.

§ 10 (L. 10).

Beschreibt man einem Kreise ein gleichseitiges Fünfeck ein, so wird quadriert die Seite des Fünfecks ebensogroß wie die Seiten des Sechsecks und des Zehnecks, die sich demselben Kreise einbeschreiben lassen, zusammen.

Man habe den Kreis $ABCDE$; dem Kreise $ABCDE$ sei das gleichseitige Fünfeck $ABCDE$ einbeschrieben. Ich behaupte, daß quadriert die Seite des Fünfecks $ABCDE$ ebensogroß wird wie die Seite des Sechsecks und des Zehnecks, die sich dem Kreise $ABCDE$ einbeschreiben lassen, zusammen.

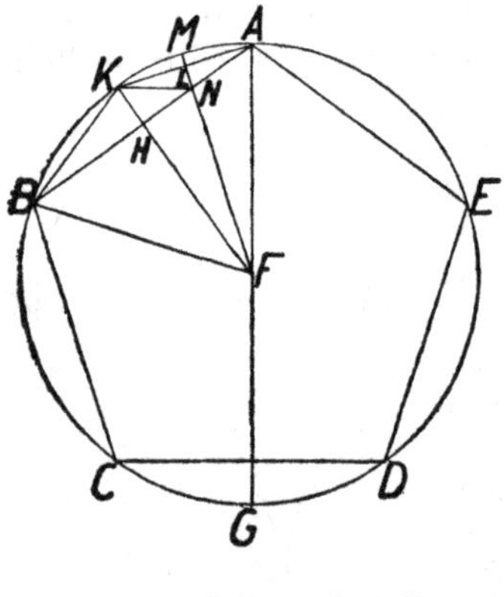

Man verschaffe sich den Mittelpunkt F des Kreises, ziehe AF und ziehe es durch zum Punkte G, ziehe FB, fälle von F auf AB das Lot FH und ziehe es nach K durch. Ferner ziehe man AK, KB und fälle wieder von F auf AK das Lot FL, ziehe es nach M durch und ziehe KN.

Da Bogen $ABCG$ = Bogen $AEDG$, hierin $ABC = AED$ (III, 28), sind die Restbogen $CG = GD$. CD

gehört aber zum Fünfeck, CG also zum Zehneck. Da weiter $FA = FB$ und FH das Lot, ist $\angle AFK = KFB$ (I, 5, 32), folglich auch Bogen $AK = KB$ (III, 26), also Bogen $AB = 2$ Bogen BK, also Strecke AK die Zehneckseite. Aus demselben Grunde ist auch Bogen $AK = 2\,KM$. Da Bogen $AB = 2$ Bogen BK, während Bogen CD = Bogen AB, ist auch Bogen $CD = 2$ Bogen BK. Aber Bogen CD ist auch $= 2\,CG$; also Bogen CG = Bogen BK. Bogen BK ist aber $= 2\,KM$, da KA es ist; also Bogen $CG = 2\,KM$. Aber auch Bogen $CB = 2\,BK$, weil Bogen $CB = BA$; also ist auch der Summenbogen $GB = 2\,BM$, folglich $\angle GFB = 2\,BFM$ (VI, 33). Nun ist aber auch $\angle GFB = 2\,FAB$ (I, 32), weil $FAB = ABF$; also $\angle BFN = FAB$. Den beiden Dreiecken ABF, BFN ist aber $\angle ABF$ gemeinsam. Also sind die dritten $\angle AFB = BNF$ (I, 32). $\triangle ABF$ ist also mit $\triangle BFN$ winkelgleich. Also stehen in Proportion Strecke $AB : BF = FB : BN$ (VI, 4); also ist $AB \cdot BN = BF^2$ (VI, 17). Ebenso ist, da $AL = LK$ und LN gemeinsam ist, dabei rechte Winkel bildet, Grdl. KN = Grdl. AN und $\angle LKN = LAN$ (I, 4). Aber $\angle LAN = KBN$ (III, 29; I, 5), also ist auch $\angle LKN = KBN$. Und beiden Dreiecken AKB, AKN ist der Winkel bei A gemeinsam; also sind die dritten $\angle AKB = KNA$ (I, 32); also ist $\triangle KBA$ mit $\triangle KNA$ winkelgleich. Also stehen in Proportion Strecke $BA : AK = KA : AN$ (VI, 4); also ist $BA \cdot AN = AK^2$ (VI, 17). Wie oben bewiesen, ist aber $AB \cdot BN = BF^2$. Also ist $AB \cdot BN + BA \cdot AN$, d. h. (II, 2) $BA^2 = BF^2 + AK^2$. Hier ist BA die Seite des Fünfecks, BF die des Sechsecks (IV, 15 Zus.) und AK die des Zehnecks.

Quadriert wird also die Seite des Fünfecks ebensogroß wie die des Sechsecks und des Zehnecks, die demselben Kreise einbeschrieben sind, zusammen — q. e. d.

§ 11 (L. 11).

Beschreibt man einem Kreis mit rationalem Durchmesser ein gleichseitiges Fünfeck ein, so wird die Fünfeckseite eine Irrationale, wie man sie Minor nennt.

Dem Kreise $ABCDE$, der die Rationale (X, Def. 3) zum Durchmesser hat, sei das gleichseitige Fünfeck

$A\,B\,C\,D\,E$ einbeschrieben. Ich behaupte, daß die Seite des Fünfecks [$A.B\,C\,D\,E$] eine Irrationale ist, wie man sie Minor (X, 76: Def.) nennt.

Man verschaffe sich den Mittelpunkt F des Kreises, ziehe $A\,F$, $F\,B$, verlängere sie zu den Punkten G, H, ziehe $A\,C$ und trage $F\,K = {}^1/_4\,A\,F$ (VI, 9) ab.

$A\,F$ ist rational, also $F\,K$ rational; auch $B\,F$ ist rational; also die Summe $B\,K$ rational (X, 15). Da weiter Bogen $A\,C\,G$ = Bogen $A\,D\,G$ und hierin $A\,B\,C = A\,E\,D$ (III, 28), sind die Restbogen $C\,G = G\,D$. Zieht man hier $A\,D$, so ergibt sich (I, 4), daß die Winkel bei L Rechte sind und $C\,D = 2\,C\,L$. Aus demselben Grunde sind auch die Winkel bei M Rechte und $A\,C = 2\,C\,M$. Da so $\angle\,A\,L\,C = A\,M\,F$, beide Dreiecke $A\,C\,L$ und $A\,M\,F$ dabei $\angle\,L\,A\,C$ gemeinsam haben, sind die dritten $\angle\,A\,C\,L = M\,F\,A$

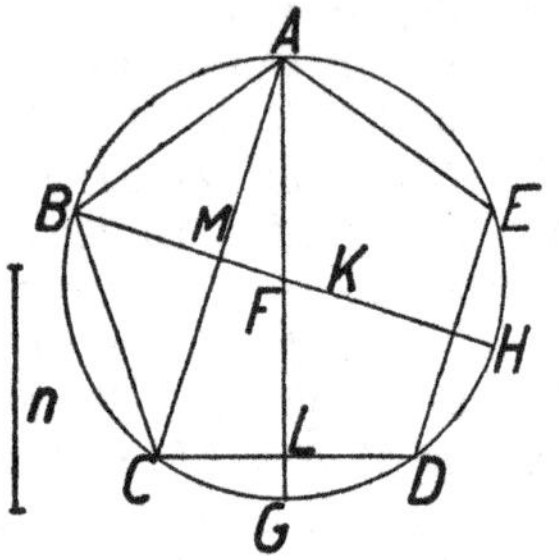

(I, 32); $\triangle\,A\,C\,L$ ist also mit $\triangle\,A\,M\,F$ winkelgleich. Also stehen in Proportion $L\,C : C\,A = M\,F : F\,A$ (VI, 4), also auch, bei Verdoppelung der Vorderglieder, $2\,L\,C : C\,A = 2\,M\,F : F\,A$ (V, 24). Aber $2\,M\,F : F\,A = M\,F : {}^1/_2\,F\,A$ (V, 15); also $2\,L\,C : C\,A = M\,F : {}^1/_2 F\,A$ (V, 11), also auch, bei Halbierung der Hinterglieder, $2\,L\,C : {}^1/_2\,C\,A = M\,F : {}^1/_4 F\,A$. Hier ist $2\,L\,C = D\,C$, ${}^1/_2\,C\,A = C\,M$, ${}^1/_4\,F\,A = F\,K$; also $D\,C : C\,M = M\,F : F\,K$. Also ist, verbunden, $(D\,C + C\,M) : C\,M = M\,K : K\,F$ (V, 18), also auch $(D\,C + C\,M)^2 : C\,M^2 = M\,K^2 : K\,F^2$ (VI, 22). Da nun, wenn man die zwei Seiten des Fünfecks gegenüberliegende Diagonale, etwa $A\,C$, stetig teilt, der größere Abschnitt der Fünfeckseite, d. h. $D\,C$, gleich ist (XIII, 8), ferner der größere Abschnitt, wenn man die Hälfte der ganzen Strecke hinzufügt, quadriert fünfmal so groß wird wie das Quadrat der Hälfte der ganzen Strecke (XIII, 1) und $C\,M$ die Hälfte der ganzen Strecke $A\,C$ ist, so ist $(D\,C + C\,M)^2 = 5\,C\,M^2$. Wie bewiesen, ist aber $(D\,C + C\,M)^2 : C\,M^2 = M\,K^2 : K\,F^2$; also $M\,K^2 = 5\,K\,F^2$ (V, Def. 5). Hier ist $K\,F^2$ rational, weil der Durchmesser rational ist. Also ist auch $M\,K^2$

rational (X, 6, Def. 4), also MK rational (X, Def. 3). Da $BF = 4FK$, ist $BK = 5KF$; also $BK^2 = 25\ KF^2$. Aber $MK^2 = 5\ KF^2$; also $BK^2 = 5\ KM^2$. BK^2 hat also zu KM^2 kein (VIII, 11 Anm.) Verhältnis wie eine Quadratzahl zu einer Quadratzahl. Also ist BK mit KM linear inkommensurabel (X, 9). Beide Strecken sind rational; BK, KM sind also nur quadriert kommensurable rationale Strecken. Nimmt man aber von einer rationalen Strecke eine rationale weg, die der ganzen nur quadriert kommensurabel ist, dann ist der Rest irrational, eine Apotome (X, 73). Also ist MB eine Apotome, MK ihre Ergänzung.

Ich behaupte weiter: eine Vierte Apotome (X, 84a : Def.) Es sei $n^2 = BK^2 - KM^2$; BK übertrifft dann quadriert KM um n. Nun ist KF mit FB (linear) kommensurabel, auch, verbunden, KB mit FB (linear) kommensurabel (X, 15). BF ist aber BH (linear) kommensurabel, also BK mit BH (linear) kommensurabel (X, 12). Da nun $BK^2 = 5\ KM^2$, ist $BK^2 : KM^2 = 5 : 1$; also, umgewendet (V, Def. 16), $BK^2 : n^2 = 5 : 4$, d. h. nicht wie eine Quadratzahl zu einer Quadratzahl (VIII, 11 Anm.); also ist BK mit n (linear) inkommensurabel (X, 9). Quadriert übertrifft BK also um das Quadrat einer ihm inkommensurablen Strecke KM. Da hier die ganze Strecke BK um das Quadrat einer ihr inkommensurablen die Ergänzung KM übertrifft, während die ganze Strecke BK mit der zugrundeliegenden Rationalen BH (linear) kommensurabel ist, ist MB eine Vierte Apotome (X, 84a: Def.). Ein Rechteck, das von der Rationalen und einer Vierten Apotome umfaßt wird, ist aber irrational, und die Strecke, die quadriert dasselbe ergibt, ist irrational und heißt eine Minor (X, 94). Da nun, wenn man AH zieht, $\triangle ABH$ mit $\triangle ABM$ winkelgleich (III, 31; VI, 8) wird, also $HB : BA = AB : BM$ (VI, 4), ergibt AB quadriert $HB \cdot BM$ (VI, 17).

Also ist AB, die Fünfeckseite, eine Irrationale, wie man sie Minor nennt — q. e. d.

§ 12 (L. 12).

Beschreibt man einem Kreise ein gleichseitiges Dreieck ein, so wird quadriert die Dreieckseite dreimal so groß wie der Radius des Kreises.

Man habe den Kreis ABC, ihm sei das gleichseitige Dreieck ABC einbeschrieben. Ich behaupte, daß quadriert eine Seite des $\triangle ABC$ dreimal so groß wird wie der Radius des Kreises ABC.

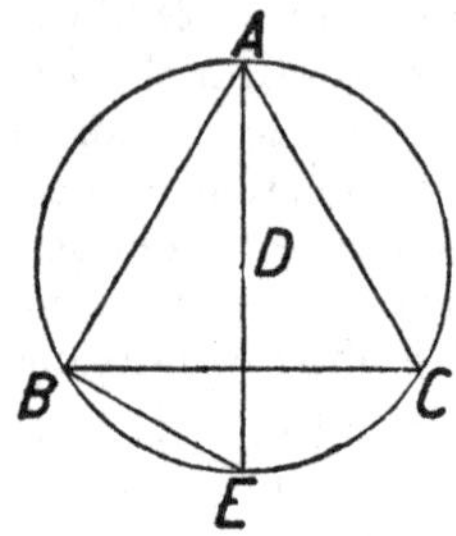

Man verschaffe sich den Mittelpunkt D des Kreises ABC, ziehe AD, verlängere es nach E und ziehe BE.

Da $\triangle ABC$ gleichseitig ist, ist Bogen BEC ein Drittel des Umfanges des Kreises ABC, Bogen BE also ein Sechstel des Kreisumfanges. Strecke BE gehört also zum Sechseck, ist also dem Radius DE gleich. Da $AE = 2\,DE$, ist $AE^2 = 4\,ED^2$, d. h. $= 4\,BE^2$. Nun ist $AE^2 = AB^2 + BE^2$ (III, 31; I, 47), also $AB^2 + BE^2 = 4\,BE^2$; also, getrennt, $AB^2 = 3\,BE^2$. Aber $BE = DE$; also $AB^2 = 3\,DE^2$.

Also wird quadriert die Dreieckseite dreimal so groß wie der Radius — q. e. d.

§ 13 (A. 1).

Eine Pyramide zu errichten und mit einer gegebenen Kugel zu umschließen;

ferner zu zeigen, daß quadriert der Kugeldurchmesser anderthalbmal so groß wird wie die Pyramidenkante.

Man lege den Durchmesser AB der gegebenen Kugel hin, teile ihn in C so, daß $AC = 2\,CB$ (VI, 9), zeichne über AB den Halbkreis ADB, errichte in Punkt C auf AB die Senkrechte CD (I, 11) und ziehe DA. Ferner lege man den Kreis EFG hin, dessen Radius $= DC$ sei, und beschreibe dem Kreis EFG das gleichseitige Dreieck EFG ein (IV, 15). Man verschaffe sich den Mittelpunkt H des Kreises und ziehe EH, HF, HG. Weiter errichte man in H auf der Ebene des Kreises EFG die Senkrechte HK (XI, 12), trage auf HK die Strecke $HK = AC$ ab und ziehe KE, KF, KG.

Da KH auf der Ebene des Kreises EFG senkrecht steht, bildet es mit allen es treffenden geraden Linien, die in der

Ebene des Kreises EFG liegen, rechte Winkel (XI, Def. 3). HE, HF, HG treffen es alle, also ist $HK \perp$ sowohl HE als HF als HG. Da $AC = HK$, $CD = HE$ und sie rechte Winkel umfassen, ist Grdl. $DA =$ Grdl. KE (I, 4). Aus demselben Grunde sind auch KF und KG beide $= DA$. KE, KF, KG sind also alle drei einander gleich. Da $AC = 2\,CB$, ist $AB = 3\,BC$. Aber [wie hernach gezeigt werden soll (s. Hilfssatz)] $AB : BC = AD^2 : DC^2$; also ist $AD^2 = 3\,DC^2$. Aber auch $FE^2 = 3\,EH^2$ (XIII, 12) und $DC = EH$; also $DA = EF$. Wie bewiesen, ist aber $DA =$ sowohl KE als KF als KG. Von den Strecken EF, FG, GE ist jede jeder der Strecken KE, KF, KG gleich. Die vier Dreiecke EFG, KEF, KFG, KEG sind also gleichseitig. So hat man aus vier gleichseitigen Dreiecken die Pyramide errichtet, deren Grundfläche $\triangle\, EFG$ und deren Spitze Punkt K ist.

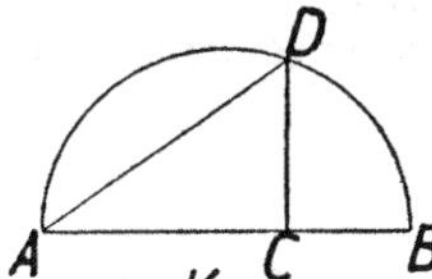

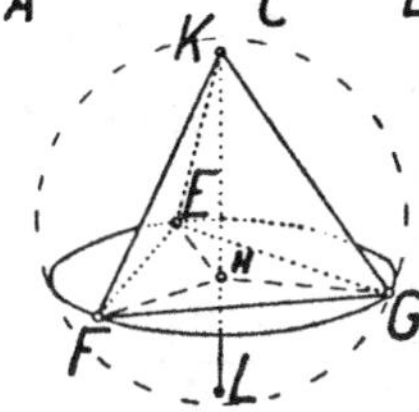

Weiter soll man sie mit der gegebenen Kugel umschließen und zeigen, daß quadriert der Kugeldurchmesser $1^1/_2$mal so groß wird wie die Pyramidenkante.

Man setze die gerade Linie HL an KH gerade an und mache $HL = CB$.

Da $AC : CD = CD : CB$ (VI, 8 Zus.), $AC = KH$, $CD = HE$, $CB = HL$, ist $KH : HE = EH : HL$, also $KH \cdot HL = EH^2$ (VI, 17). $\angle\, KHE$ und EHL sind dabei beide Rechte. Also muß der Halbkreis, den man über KL zeichnete, auch durch E gehen [da, wenn man EL zieht, $\angle\, LEK$ ein Rechter wird, weil $\triangle\, ELK$ sowohl mit $\triangle\, ELH$ als EHK winkelgleich wird] (VI, 8; III, 31). Mithin muß der Halbkreis, wenn man ihn durch Herumführen, während KL fest bleibt, wieder in dieselbe Lage zurückbringt, von der er ausging (XI, Def. 14), auch durch die Punkte F, G gehen, da, wenn man FL, LG zieht, ähnlich auch die Winkel bei F und G Rechte werden. So wäre die Pyramide mit der gegebenen Kugel umschlossen. Denn der Durchmesser KL der Kugel ist $= AB$, dem Durchmesser der gegebenen Kugel, da man $KH = AC$ und $HL = CB$ gemacht hat.

Ich behaupte weiter, daß quadriert der Kugeldurchmesser $1^1/_2$mal so groß wird wie die Pyramidenkante.

Da $AC = 2\,CB$, ist $AB = 3\,BC$. Umgewendet ist also $BA = 1^1/_2\,AC$. Aber $BA : AC = BA^2 : AD^2$ [da, wenn man DB zieht, $BA : AD = DA : AC$ (VI, 4), weil $\triangle DAB \sim \triangle DAC$ (VI, 8) und das erste Glied sich zum dritten verhält wie das Quadrat des ersten zum Quadrat des zweiten (VI, 19 Zus.)]. Also ist $BA^2 = 1^1/_2\,AD^2$. Hier ist BA der Durchmesser der gegebenen Kugel und AD der Pyramidenkante gleich.

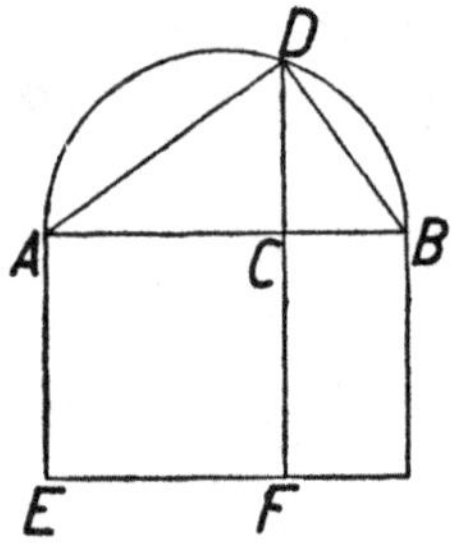

Also wird (quadriert) der Kugeldurchmesser anderthalb mal so groß wie die Pyramidenkante — q. e. d.

[*Hilfssatz*: Man muß noch zeigen, daß $AB : BC = AD^2 : DC^2$.

Man gehe von der Zeichnung des Halbkreises aus, ziehe, DB, zeichne über AC das Quadrat EC und ergänze Pgm. FB.

Da, weil $\triangle DAB$ mit $\triangle DAC$ winkelgleich ist (VI, 8), $BA : AD = DA : AC$ (VI, 4), ist $BA \cdot AC = AD^2$ (VI, 17). Da $AB : BC =$ Pgm. $EB : BF$ (VI, 1), hier EB aber $BA \cdot AC$ ist wegen $EA = AC$, BF aber $AC \cdot CB$, so ist $AB : BC = BA \cdot AC : AC \cdot CB$. Nun ist $BA \cdot AC = AD^2$, und $AC \cdot CB = DC^2$, weil das Lot DC zwischen den Abschnitten AC, CB der Grundlinie Mittlere Porportionale ist (VI, 8 Zus.), da $\angle ADB$-ein Rechter (III, 31). Also ist $AB : BC = AD^2 : DC^2$ — q. e. d.]

§ 14 (A. 2).

Ein Oktaeder zu errichten und mit einer Kugel wie die früheren Körper zu umschließen;

ferner zu zeigen, daß quadriert der Kugeldurchmesser zweimal so groß wird wie die Oktaederkante.

Man lege den Durchmesser AB der gegebenen Kugel hin, halbiere ihn in C (I, 10), zeichne über AB den Halbkreis

ADB, errichte in C auf AB die Senkrechte CD (I, 11) und ziehe DB. Ferner lege man das Quadrat $EFGH$ hin, dessen Seiten alle $= DB$ (I, 46), ziehe HF, EG und errichte im (Schnitt-)Punkt K auf der Ebene des Quadrats $EFGH$ die Senkrechte KL (XI, 12), verlängere sie nach der anderen Seite als KM, trage sowohl auf KL als KM Strecken KL, KM = einer der Strecken EK, FK, GK, HK ab und ziehe LE, LF, LG, LH, ME, MF, MG, MH.

Da $KE = KH$ und $\angle EKH$ ein Rechter (IV, 9), ist $HE^2 = 2\,EK^2$ (I, 47); ebenso ist, da $LK = KE$ und $\angle LKE$ ein Rechter (XI, Def. 3), $EL^2 = 2\,EK^2$. Wie bewiesen, ist aber auch $HE^2 = 2\,EK^2$; also $LE^2 = EH^2$, also $LE = EH$. Aus demselben Grunde ist auch $LH = HE$, also $\triangle LEH$ gleichseitig. Ähnlich läßt sich zeigen, daß auch die übrigen Dreiecke, deren Grundlinien die Seiten des Quadrats $EFGH$ und deren Spitzen die Punkte L, M sind, alle gleichseitig sind. So hat man das Oktaeder, das von 8 gleichseitigen Dreiecken umfaßt wird, errichtet.

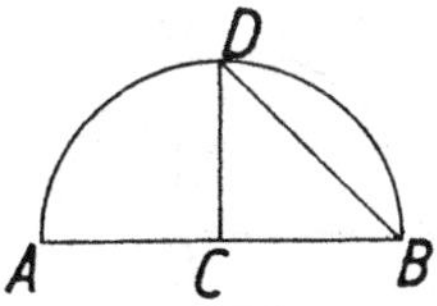

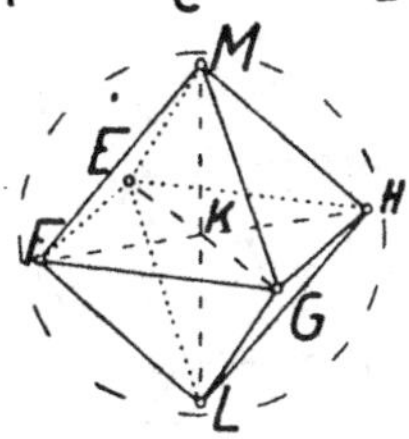

Weiter soll man es mit der gegebenen Kugel umschließen und zeigen, daß quadriert der Kugeldurchmesser zweimal so groß wird wie die Oktaederkante.

Da LK, KM, KE alle drei einander gleich sind, muß der Halbkreis, den man über LM zeichnete, auch durch E gehen. Aus demselben Grunde muß der Halbkreis, wenn man ihn durch Herumführen, während LM fest bleibt, wieder in dieselbe Lage zurückbringt, von der er ausging (XI, Def. 14), auch durch die Punkte F, G, H gehen. So wäre das Oktaeder mit einer Kugel umschlossen; ich behaupte, mit der gegebenen. Da nämlich $LK = KM$ und KE gemeinsam ist und sie rechte Winkel umfassen, ist Grdl. LE = Grdl. EM (I, 4). Da $\angle LEM$ ein Rechter, weil er im Halbkreis liegt (III, 31), ist $LM^2 = 2\,LE^2$ (I, 47). Ebenso ist, da $AC = CB$, $AB = 2\,BC$. Aber $AB : BC = AB^2 : BD^2$ (VI, 8, 4, 19 Zus.); also ist $AB^2 = 2\,BD^2$. Wie bewiesen, ist

$LM^2 = 2\,LE^2$. Auch ist $DB^2 = LE^2$, da wir $EH = DB$ gemacht haben. Also ist $AB^2 = LM^2$, also $AB = LM$. Hier ist AB der Durchmesser der gegebenen Kugel; also LM dem Durchmesser der gegebenen Kugel gleich.

Man hat also das Oktaeder mit der gegebenen Kugel umschlossen. Und nebenbei hat man bewiesen, daß quadriert der Kugeldurchmesser zweimal so groß wird wie die Oktaederkante — q. e. d.

§ 15 (A. 3).

Einen Würfel zu errichten und mit einer Kugel wie die Pyramide zu umschließen;

ferner zu zeigen, daß quadriert der Kugeldurchmesser dreimal so groß wird wie die Würfelkante.

Man lege den Durchmesser AB der gegebenen Kugel hin, teile ihn in C so, daß $AC = 2\,CB$ (VI, 9), zeichne über AB den Halbkreis ADB, errichte in C auf AB die Senkrechte CD (I, 11) und ziehe DB. Ferner lege man das Quadrat $EFGH$ hin, dessen Seite $= DB$ sei (I, 46), errichte in E, F, G, H auf der Ebene des Quadrats $EFGH$ die Senkrechten EK, FL, GM, HN (XI, 12), trage auf allen geraden Linien EK, FL, GM, HN Strecken EK, FL, GM, HN, jede einer der Strecken EF, FG, GH, HE gleich, ab und ziehe KL, LM, MN, NK. So hat man den Würfel FN, der von 6 gleichen Quadraten umfaßt wird, errichtet.

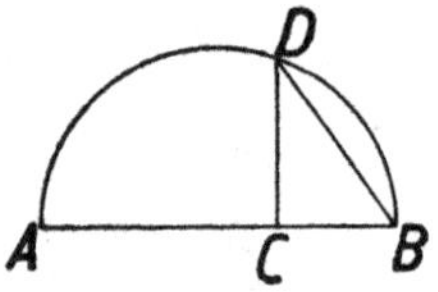

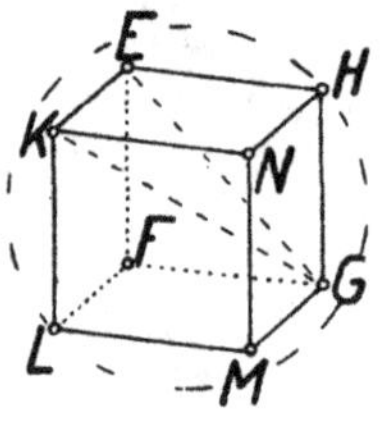

Weiter soll man ihn mit der gegebenen Kugel umschließen und zeigen, daß quadriert der Kugeldurchmesser dreimal so groß wird wie die Würfelkante.

Man ziehe KG und EG.

Da $\angle KEG$ ein Rechter, weil $KE \perp$ Ebene EG und natürlich auch $\perp$ Strecke EG (XI, Def. 3), muß der Halbkreis, den man über KG zeichnete, auch durch Punkt E gehen (III, 31). Weil ebenso $GF \perp$ sowohl FL als FE, ist GF auch $\perp$ Ebene FK (XI, 4), so daß, wenn man FK zieht, auch $GF \perp FK$. Deshalb muß der Halbkreis, den man über GK zeichnete, ebenso auch durch F gehen; und ähnlich muß er auch durch die übrigen Würfelecken gehen. Bringt man mithin, während KG fest bleibt, den Halbkreis durch Herumführen wieder in dieselbe Lage zurück, von der er ausging (XI, Def. 14), so muß der Würfel mit einer Kugel umschlossen sein; ich behaupte, mit der gegebenen. Da nämlich $GF = FE$ und der Winkel bei F ein Rechter, ist $EG^2 = 2\,EF^2$ (I, 47). Aber $EF = EK$; also $EG^2 = 2\,EK^2$, folglich $GE^2 + EK^2$, d. h. (I, 47) $GK^2 = 3\,EK^2$. Da $AB = 3\,BC$ und $AB : BC = AB^2 : BD^2$ (VI, 8, 4, 19 Zus.), ist $AB^2 = 3\,BD^2$. Wie bewiesen, ist auch $GK^2 = 3\,KE^2$. KE haben wir aber $= DB$ gemacht; also ist $KG = AB$. Hier ist AB der Durchmesser der gegebenen Kugel; also KG dem Durchmesser der gegebenen Kugel gleich.

Man hat also den Würfel mit der gegebenen Kugel umschlossen. Und nebenbei hat man bewiesen, daß quadriert der Kugeldurchmesser dreimal so groß wird wie die Würfelkante — q. e. d.

§ 16 (A. 4).

Ein Ikosaeder zu errichten und mit einer Kugel wie die besprochenen Körper zu umschließen;

ferner zu zeigen, daß die Ikosaederkante eine Irrationale ist, wie man sie Minor nennt.

Man lege den Durchmesser AB der gegebenen Kugel hin, teile ihn in C so, daß $AC = 4\,CB$ (VI, 9), zeichne über AB den Halbkreis ADB, errichte in C auf AB die Senkrechte CD (I, 11) und ziehe DB. Ferner lege man den Kreis $EFGHK$ hin, dessen Radius $= DB$ sei, beschreibe dem Kreise $EFGHK$ ein gleichseitiges und gleichwinkliges Fünfeck $EFGHK$ ein (IV, 11), halbiere die Bogen EF, FG, GH, HK, KE in den Punkten L, M, N, O, P (III, 30) und ziehe LM, MN, NO, OP, PL, EP; dann ist auch Fünfeck $LMNOP$ gleichseitig und EP die Zehneckseite. Weiter errichte man in den Punkten E, F, G, H, K auf der Ebene des Kreises die Senkrechten EQ, FR, GS, HT, KU (XI, 12), die dem Radius des Kreises $EFGHK$ gleich seien und ziehe QR, RS, ST, TU, UQ, QL, LR, RM, MS, SN, NT, TO, OU, UP, PQ.

Da EQ, KU beide auf derselben Ebene senkrecht stehen, ist $EQ \parallel KU$ (XI, 6); ferner sind sie gleich. Strecken, welche gleiche und parallele Strecken auf denselben Seiten verbinden, sind aber gleich und parallel (I, 33); also ist auch $Q\,U =$ und $\parallel E\,K$. Nun ist $E\,K$ Seite eines gleichseitigen Fünfecks, also auch $Q\,U$ die Seite des dem Kreise $E\,F\,G\,H\,K$ einbeschriebenen gleichseitigen Fünfecks. Aus demselben Grunde ist auch jede der Strecken $Q\,R$, $R\,S$, $S\,T$, $T\,U$ die Seite des dem Kreise $E\,F\,G\,H\,K$ einbeschriebenen gleichseitigen Fünfecks; Fünfeck $Q\,R\,S\,T\,U$ also gleichseitig. Ferner ist, da $Q\,E$ die Sechseckseite (IV, 15 Zus.), $E\,P$ die Zehneckseite und $\angle\, Q\,E\,P$ ein Rechter ist (XI, Def. 3), $Q\,P$ (I, 47) die

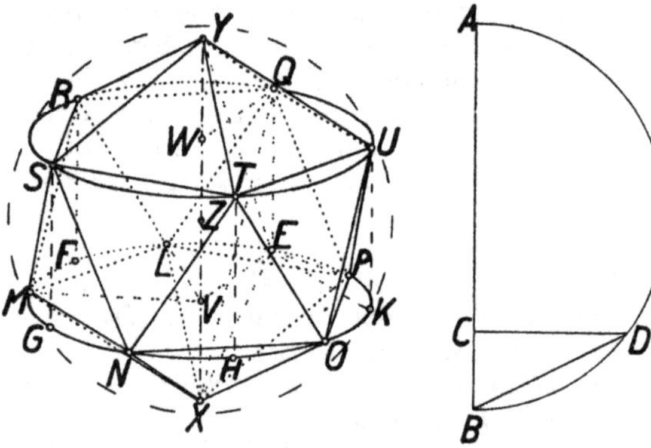

Fünfeckseite; denn (XIII, 10) quadriert wird die Seite des Fünfecks ebensogroß wie die Seite des Sechsecks und des Zehnecks, die sich demselben Kreise einbeschreiben lassen, zusammen. Aus demselben Grunde ist auch $P\,U$ die Fünfeckseite. Und $Q\,U$ ist eine Fünfeckseite; also ist $\triangle\, Q\,P\,U$ gleichseitig. Aus demselben Grunde sind auch $Q\,L\,R$, $R\,M\,S$, $S\,N\,T$, $T\,O\,U$ alle gleichseitig. Da, wie bewiesen, jede der Strecken $Q\,L$, $Q\,P$ die Fünfeckseite ist, auch $L\,P$ aber eine Fünfeckseite, ist $\triangle\, Q\,L\,P$ gleichseitig. Aus demselben Grunde sind auch $\triangle\, L\,R\,M$, $M\,S\,N$, $N\,T\,O$, $O\,U\,P$ alle gleichseitig.

Man verschaffe sich den Mittelpunkt V des Kreises $E\,F\,G\,H\,K$ (III, 1), errichte in V auf der Ebene des Kreises die Senkrechte $V\,Y$ (XI, 12), verlängere sie nach der anderen Seite als $V\,X$, trage ab eine Sechseckseite $V\,W$ und Zehneckseiten sowohl VX als WY, und ziehe QY, QW, UY, EV, LV, LX, XM.

Da VW, QE beide auf der Ebene des Kreises senkrecht stehen, ist $VW \parallel QE$ (XI, 6); ferner sind sie gleich; also ist auch $EV =$ und $\parallel QW$ (I, 33). Nun ist EV die Sechseckseite (IV, 15 Zus.), also auch QW die Sechseckseite. Da QW die Sechseckseite und WY die Zehneckseite ist, auch $\angle QWY$ ein Rechter (XI, 7, Def. 3; I, 29), so ist QY die Fünfeckseite (XIII, 10). Aus demselben Grunde ist auch UY die Fünfeckseite. [Denn zieht man VK, WU, so sind sie gleiche gegenüberliegende Seiten, auch ist VK als Radius der Sechseckseite gleich; also ist WU die Sechseckseite; ferner ist WY die Zehneckseite und $\angle UWY$ ein Rechter; also UY die Fünfeckseite.] Auch QU ist eine Fünfeckseite, also $\triangle QUY$ gleichseitig. Aus demselben Grunde sind auch die übrigen Dreiecke mit den Grundlinien QR, RS, ST, TU und der Spitze Y alle gleichseitig. Ebenso ist, da VL die Sechseckseite, VX die Zehneckseite und $\angle LVX$ ein Rechter, LX die Fünfeckseite. Aus demselben Grunde ergibt sich, wenn man MV, das die Sechseckseite ist, zieht, daß auch MX die Fünfeckseite ist. Auch LM ist eine Fünfeckseite; $\triangle LMX$ also gleichseitig. Ähnlich läßt sich zeigen, daß auch die übrigen Dreiecke mit den Grundlinien MN, NO, OP, PL und der Spitze X alle gleichseitig sind. Man hat also das Ikosaeder, das von 20 gleichseitigen Dreiecken umfaßt wird, errichtet.

Weiter soll man es mit der gegebenen Kugel umschließen und zeigen, daß die Ikosaederkante eine Irrationale ist, wie man sie Minor (X, 76) nennt.

Da VW die Sechseckseite und WY die Zehneckseite ist, ist VY in W stetig geteilt, VW sein größerer Abschnitt (XIII, 9); also $YV : VW = VW : WY$ (VI, Def. 3). Nun ist $VW = VE$, $WY = VX$; also $YV : VE = EV : VX$; $\angle YVE$, EVX sind hier Rechte. Zieht man also Strecke EY, dann muß $\angle XEY$ ein Rechter sein wegen $\triangle XEY \sim VEY$ (VI, 6; I, 32). Aus demselben Grunde ist, da $YV : VW = VW : WY$, $YV = XW$ und $VW = WQ$, $XW : WQ = QW : WY$; also muß, wenn man QX zieht, ebenso der Winkel bei Q ein Rechter sein. Der Halbkreis, den man über XY zeichnete, muß also auch durch Q gehen (III, 31). Bringt man den Halbkreis, während XY fest bleibt, durch Herumführen wieder in dieselbe Lage zurück, von der er ausging (XIII, Def. 14), so muß er durch Q und die übrigen Ikosaederecken gehen, und das Ikosaeder wäre mit einer Kugel umschlossen; ich behaupte, mit der gegebenen. Man halbiere VW in Z (I, 10). Da Strecke VY in W stetig geteilt ist, ihr kleinerer Abschnitt YW, wird YW, wenn man WZ, die Hälfte des größeren Abschnitts hinzufügt, quadriert fünfmal so groß wie das Quadrat über der Hälfte des größeren Abschnitts (XIII, 3); also $YZ^2 = 5\,ZW^2$. Nun ist $2\,YZ = YX$, $2\,ZW = VW$; also $YX^2 = 5\,WV^2$. Da nun $AC = 4\,CB$, ist $AB = 5\,BC$. Aber $AB : BC = AB^2 : BD^2$ (VI, 8, 4, 19 Zus.); also $AB^2 = 5\,BD^2$. Wie oben bewiesen, ist auch $YX^2 = 5\,VW^2$. Nun ist $DB = VW$, weil beide dem Radius des Kreises $EFGHK$ gleich sind. Also ist $AB = XY$. Nun ist AB der Durchmesser der gegebenen Kugel; XY also dem Durchmesser der gegebenen Kugel gleich, das Ikosaeder also mit der gegebenen Kugel umschlossen.

Weiter behaupte ich, daß die Ikosaederkante eine Irrationale ist, wie man sie Minor nennt. Da der Kugeldurchmesser die Rationale ist und er quadriert fünfmal so groß wird wie der Radius des Kreises $EFGHK$, ist der Radius des Kreises $EFGHK$ rational, folglich auch sein Durchmesser rational (X, Def. 3). Wird aber einem Kreis mit rationalem Durchmesser ein gleichseitiges Fünfeck einbeschrieben, so ist die Fünfeckseite eine Irrationale, wie man sie Minor nennt (XIII, 11; X, 105, vgl. Anm.). Die Seite des Fünfecks $EFGHK$ ist aber die Ikosaederkante; die Ikosaederkante ist also eine Irrationale, wie man sie Minor nennt.

[*Zusatz*:] Hiernach ist klar, daß quadriert der Kugeldurchmesser fünfmal so groß wird wie der Radius des Kreises, von dem aus man das Ikosaeder konstruiert, und daß der Kugeldurchmesser zusammengesetzt ist aus einer Seite des Sechsecks und zwei Seiten des Zehnecks, die sich demselben Kreise einbeschreiben lassen — q. e. d.

§ 17 (A. 5).

Ein Dodekaeder zu errichten und mit einer Kugel wie die sprochenen Körper zu umschließen;

ferner zu zeigen, daß die Dodekaederkante eine Irrationale ist, wie man sie Apotome nennt.

Man lege zwei aufeinander senkrechte Flächen $ABCD$, $CBEF$ des besprochenen Würfels (XIII, 15) hin, halbiere alle Kanten AB, BC, CD, DA, EF, EB, FC in G, H, K, L, M, N, O, ziehe GK, HL, MH, NO und teile die Strecken NP, PO, HQ alle stetig in den Punkten R, S, T (VI, 30); ihre größeren Abschnitte seien RP, PS, TQ. Ferner errichte man in den Punkten R, S, T auf den Würfelflächen vom Würfel nach außen die Senkrechten RU, SV, TW (XI, 12), mache sie den Strecken RP, PS, TQ gleich und ziehe UB, BW, WC, CV, VU.

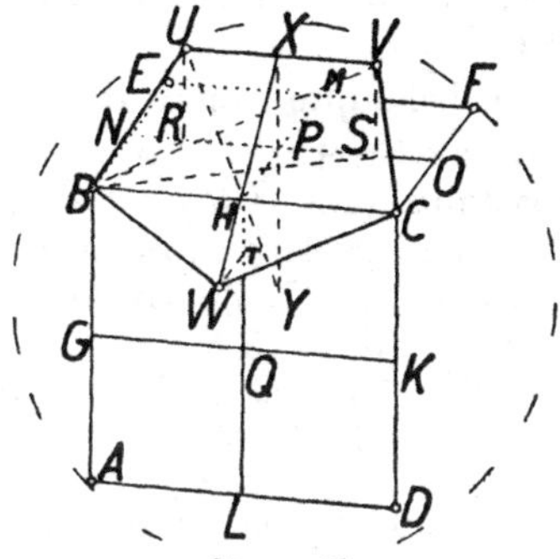

Ich behaupte, daß das Fünfeck $UBWCV$ gleichseitig ist, in einer Ebene liegt und gleichwinklig ist.

Man ziehe RB, SB, VB.

Da die Strecke NP in R stetig geteilt ist, RP der größere Abschnitt, sind $PN^2 + NR^2 = 3\,RP^2$ (XIII, 4). Hier ist $PN = NB$, $PR = RU$; also $BN^2 + NR^2 = 3\,RU^2$. Aber $BN^2 + NR^2 = BR^2$ (I, 47); also $BR^2 = 3\,RU^2$, folglich $BR^2 + RU^2 = 4\,RU^2$. Aber $BR^2 + RU^2 = BU^2$ (I, 47); also $BU^2 = 4\,UR^2$; also $BU = 2\,RU$. Aber auch $VU = 2\,UR$, da (I, 34) $SR = 2\,PR$, d. h. $= 2\,RU$. Also ist $BU = UV$. Ähnlich läßt sich zeigen, daß von den Strecken BW, WC, CV jede sowohl BU als UV gleich ist. Fünfeck $BUVCW$ ist also gleichseitig.

Ich behaupte weiter, daß es in einer Ebene liegt.

Man ziehe durch P vom Würfel nach außen $PX \parallel RU$ und SV (I, 31) und ziehe XH, HW. Ich behaupte, daß die Linie XHW gerade ist. Da HQ in T stetig geteilt ist, QT sein größerer Abschnitt, ist $HQ : QT = QT : TH$ (VI, Def. 3). Hier ist $HQ = HP$, $QT =$ sowohl TW als PX; also $HP : PX = WT : TH$. Nun ist $HP \parallel TW$, weil beide $\perp$ Ebene BD (XI, 6). Und $TH \parallel PX$, weil beide $\perp$ Ebene BF. Setzt man aber zwei Dreiecke, wie XPH, HTW, in denen zwei Seiten mit zwei Seiten in Proportion stehen, mit einer Ecke so aneinander, daß ihre entsprechenden Seiten parallel sind, so müssen die letzten Strecken einander gerade fortsetzen (VI, 32). XH setzt also HW gerade fort. Jede gerade Linie liegt aber in einer Ebene (XI, 1). Das Fünfeck $UBWCV$ liegt also in einer Ebene (XI, 2, 7).

Ich behaupte weiter, daß es gleichwinklig ist.

Da die Strecke NP in R stetig geteilt ist, PR der größere Abschnitt und $PR = PS$, so ist NS in P stetig geteilt, NP der größere Abschnitt (XIII, 5); also $NS^2 + SP^2 = 3\,NP^2$ (XIII, 4). Hier ist $NP = NB$, $PS = SV$; also $NS^2 + SV^2 = 3\,NB^2$, folglich $VS^2 + SN^2 + NB^2 = 4\,NB^2$. Nun ist $SN^2 + NB^2 = SB^2$ (I, 47); also $BS^2 + SV^2$, d. h. (I, 47) BV^2 — $\angle VSB$ ist ja ein Rechter (XI, Def. 3) — $= 4\,NB^2$; also $VB = 2\,BN$. Aber auch $BC = 2\,BN$; also $BV = BC$. Da hier zwei Seiten BU, UV zwei Seiten BW, WC gleich sind, auch Grdl. BV = Grdl. BC, ist $\angle BUV = \angle BWC$ (I, 8). Ähnlich läßt sich zeigen, daß auch $\angle UVC = BWC$. $\angle BWC$, BUV, UVC sind also alle drei einander gleich. Sind aber in einem gleichseitigen Fünfeck drei Winkel einander gleich, so muß das Fünfeck gleichwinklig sein (XIII, 7); Fünfeck $BUVCW$ ist also gleichwinklig. Wie oben bewiesen, ist es auch gleichseitig; Fünfeck $BUVCW$ ist also gleichseitig und gleichwinklig und liegt dabei auf einer Würfelkante BC. Konstruiert man also auf jeder der 12 Würfelkanten ebenso, so muß ein Körper entstehen, der von 12 gleichseitigen und gleichwinkligen Fünfecken umfaßt wird, der Dodekaeder heißt.

Weiter soll man ihn mit der gegebenen Kugel umschließen und zeigen, daß die Dodekaederkante eine Irrationale ist, wie man sie Apotome (X, 73) nennt.

Man verlängere XP, es werde XY. PY trifft dann die Würfeldiagonale, und sie halbieren einander; dies ist nämlich im vorletzten Satz des XI. Buches (XI, 38) bewiesen. Sie mögen einander in Y schneiden; dann ist Y der Mittelpunkt der den Würfel umschließenden Kugel und YP die Hälfte der Würfelkante. Man ziehe UY.

Da die Strecke NS in P stetig geteilt ist, NP ihr größerer Abschnitt, sind $NS^2 + SP^2 = 3\,NP^2$ (XIII, 4).

Hier ist $N S = X Y$, da $N P = P Y$ und $X P = P S$. Aber $P S = X U$, da $= R P$; also $Y X^2 + X U^2 = 3 N P^2$. Aber $Y X^2 + X U^2 = U Y^2$ (I, 47); also $U Y^2 = 3 N P^2$. Aber auch der Radius der den Würfel umschließenden Kugel wird quadriert dreimal so groß wie die Hälfte der Würfelkante; denn wie man einen Würfel errichtet, ihn mit einer Kugel umschließt und zeigt, daß quadriert der Kugeldurchmesser dreimal so groß wird wie die Würfelkante, ist früher (XIII, 15) gezeigt worden; wenn dies von den Ganzen gilt, gilt es auch von den Hälften. Hier ist $N P$ die Hälfte der Würfelkante; also ist $U Y$ dem Radius der den Würfel umschließenden Kugel gleich. Y ist der Mittelpunkt der den Würfel umschließenden Kugel; Punkt U liegt also auf der Kugelfläche. Ähnlich läßt sich zeigen, daß auch alle übrigen Dodekaederecken auf der Kugelfläche liegen. Man hat also das Dodekaeder mit der gegebenen Kugel umschlossen.

Weiter behaupte ich, daß die Dodekaederkante eine Irrationale ist, wie man sie Apotome nennt.

Da $R P$ der größere Abschnitt der stetig geteilten Strecke $N P$ ist, $P S$ der größere Abschnitt der stetig geteilten Strecke $P O$, ist $R S$ der größere Abschnitt der stetig geteilten ganzen Strecke $N O$. [Da $N P : P R = P R : R N$, gilt entsprechendes auch etwa von den Doppelten; denn Teile haben dasselbe Verhältnis wie Gleichvielfache (V, 15). Also ist $N O : R S = R S : (N R + S O)$; hier ist $N O > R S$, also $R S > (N R + S O)$ (V, 14); $N O$ ist also stetig geteilt, $R S$ der größere Abschnitt.] Nun ist $R S = U V$, also $U V$ der größere Abschnitt der stetig geteilten Strecke $N O$. Da der Kugeldurchmesser die Rationale ist und quadriert dreimal so groß wie die Würfelkante (XIII, 15), ist $N O$ als Würfelkante rational (X, Def. 3). Wird aber eine rationale Strecke stetig geteilt, so ist jeder ihrer Abschnitte irrational, eine Apotome (XIII, 6; s. Anm.).

Die Strecke $U V$, welche die Würfelkante ist, ist also irrational, eine Apotome.

[*Zusatz:*] Hiernach ist klar, daß die Dodekaederkante der größere Abschnitt der stetig geteilten Würfelkante ist — q. e. d.

§ 18 (A. 6).

Die Kanten der Fünf Körper darzustellen und miteinander zu vergleichen.

Man lege den Durchmesser AB der gegebenen Kugel hin, teile ihn in C so, daß $AC = CB$, und in D so, daß $AD = 2\,DB$, zeichne über AB den Halbkreis AEB, errichte in C und D auf AB die Senkrechten CE, DF und ziehe AF, FB, EB.

Da $AD = 2\,DB$, ist $AB = 3\,BD$, also, umgewendet (V, Def. 16), $BA = 1\,{}^1\!/_2\,AD$. Aber $BA : AD = BA^2 : AF^2$, weil $\triangle\,AFB$ mit $\triangle\,AFD$ winkelgleich ist (VI, 8, 4, 19 Zus.); also $BA^2 = 1{}^1\!/_2\,AF^2$. Quadriert wird der Kugeldurchmesser aber auch anderthalbmal so groß wie die Pyramidenkante (XIII, 13). Und AB ist der Kugeldurchmesser; also AF der Pyramidenkante gleich.

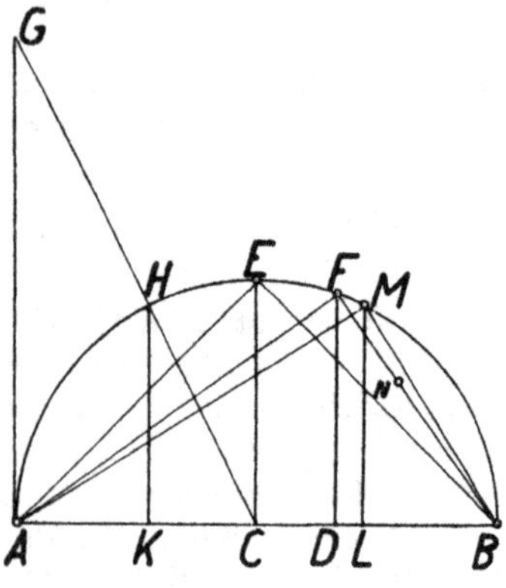

Ebenso ist, da $AD = 2\,DB$, $AB = 3\,BD$; und $AB : BD = AB^2 : BF^2$, also $AB^2 = 3\,BF^2$. Quadriert wird der Kugeldurchmesser aber auch dreimal so groß wie die Würfelkante (XIII, 15). Und AB ist der Kugeldurchmesser; also BF die Würfelkante.

Ferner ist, da $AC = CB$, $AB = 2\,BC$; und $AB : BC = AB^2 : BE^2$, also $AB^2 = 2\,BE^2$. Quadriert wird der Kugeldurchmesser aber auch zweimal so groß wie die Oktaederkante (XIII, 14). Und AB ist der Durchmesser der gegebenen Kugel; also BE die Oktaederkante.

Weiter errichte man im Punkte A auf der geraden Linie AB die Senkrechte AG, mache $AG = AB$, ziehe GC und fälle von H auf AB das Lot HK.

Da $GA = 2\,AC$, weil $GA = AB$, und $GA : AC = HK : KC$ (VI, 4), ist $HK = 2\,KC$; also $HK^2 = 4\,KC^2$; also $HK^2 + KC^2$, d. h. (I, 47) $HC^2 = 5\,KC^2$. Hier ist

$HC = CB$; also $BC^2 = 5\,CK^2$. Da $AB = 2\,CB$ und hierin $AD = 2\,DB$, ist auch Rest $BD = 2\,DC$, also $BC = 3\,CD$, also $BC^2 = 9\,CD^2$. Aber $BC^2 = 5\,CK^2$; also $CK^2 > CD^2$, also $CK > CD$.

Man lege $CL = CK$ hin, errichte in L auf AB die Senkrechte LM und ziehe MB.

Da $BC^2 = 5\,CK^2$, $2\,BC = AB$, $2\,CK = KL$, ist $AB^2 = 5\,KL^2$. Quadriert wird der Kugeldurchmesser aber auch fünfmal so groß wie der Radius des Kreises, von dem aus man das Ikosaeder konstruiert (XIII, 16 Zus.). Und AB ist der Kugeldurchmesser; also KL der Radius des Kreises, von dem aus man das Ikosaeder konstruiert; KL ist also die Sechseckseite im genannten Kreis (IV, 15 Zus.). Und da der Kugeldurchmesser zusammengesetzt ist aus einer Seite des Sechsecks und zwei Seiten des Zehnecks, die sich dem genannten Kreise einbeschreiben lassen (XIII, 16 Zus.), AB aber der Kugeldurchmesser, KL die Sechseckseite ist und $AK = LB$, ist sowohl AK als LB die Seite des Zehnecks, das sich dem Kreise einbeschreiben läßt, von dem aus man das Ikosaeder konstruiert. Da hier LB die Zehneckseite ist und ML die Sechseckseite — denn es ist $= KL$, da $= HK$, weil sie vom Mittelpunkt gleichweit abstehen (III, 14), und HK, KL sind beide $= 2\,KC$ — so ist MB die Fünfeckseite (XIII, 10). Die Fünfeckseite ist aber die Ikosaederkante (XIII, 16); also MB die Ikosaederkante.

Da FB die Würfelkante ist, teile man es stetig in N, NB sei der größere Abschnitt (VI, 30); dann ist NB die Dodekaederkante (XIII, 17 Zus.).

Da, wie bewiesen, quadriert der Kugeldurchmesser $1\,^1/_2$ mal so groß wird wie die Pyramidenkante AF, 2 mal so groß wie die Oktaederkante BE und 3 mal so groß wie die Würfelkante FB, werden quadriert die Pyramidenkante 4 mal, die Oktaederkante 3 mal und die Würfelkante 2 mal so groß wie eine Größe, von der der Kugeldurchmesser quadriert das 6 fache wird. Quadriert wird also die Pyramidenkante $1\,^1/_3$ mal so groß wie die Oktaederkante und 2 mal so groß wie die Würfelkante; und quadriert wird die Oktaederkante $1\,^1/_2$ mal so groß wie die Würfelkante. Die Kanten der genannten drei Körper, nämlich Pyramide, Oktaeder und Würfel, stehen zueinander in rationalen (X, Def. 3) Verhältnissen. Die beiden anderen, nämlich die Kanten von Ikosaeder und Dodekaeder stehen weder zueinander (X 111a) noch zu den oben genannten in rationalen Verhältnissen; denn sie sind irrational, die eine eine Minor (XIII, 16), die andere eine Apotome (XIII, 17).

Daß die Ikosaederkante $MB >$ die Dodekaederkante NB, läßt sich folgendermaßen zeigen.

Da $\triangle FDB$ mit $\triangle FAB$ winkelgleich ist, stehen in Proportion $DB : BF = BF : BA$ (VI, 8, 4). Stehen aber drei Strecken in Proportion, dann verhält sich das Quadrat über der ersten zu dem über der zweiten wie die erste Strecke zur dritten (VI, 19 Zus.); also $DB : BA = DB^2 : BF^2$, und, umgekehrt (V, Def. 13), $AB : BD = FB^2 : BD^2$. Hier ist $AB = 3\,BD$, also $FB^2 = 3\,BD^2$. Aber $AD^2 = 4\,DB^2$, weil $AD = 2\,DB$. Also ist $AD^2 > FB^2$, also $AD > FB$, um so mehr $AL > FB$. Teilt man AL stetig, so ist KL der größere Abschnitt, da ja LK die Sechseckseite und KA die Zehneckseite ist (XIII, 9). Teilt man aber FB stetig, so ist NB der größere Abschnitt. Also ist $KL > NB$ (V, 14). Nun ist $KL = LM$; also $LM > NB$. Und $MB > LM$ (I, 19). Um so mehr ist MB, die Ikosaederkante, $> NB$, die Dodekaederkante.

(§ 18a).

Weiter behaupte ich, daß sich außer den besprochenen Fünf Körpern kein weiterer Körper errichten läßt, der von einander gleichen gleichseitigen und gleichwinkligen Figuren umfaßt würde.

Aus 2 Dreiecken oder überhaupt ebenen Flächen läßt sich keine Ecke errichten; aus 3 Dreiecken die der Pyramide, aus 4 die des Oktaeders, aus 5 die des Ikosaeders. Eine Ecke aus 6 gleichseitigen und gleichwinkligen Dreiecken, die an einem Punkt zusammengesetzt wären, kann es nicht geben; denn da der Winkel des gleichseitigen Dreiecks $^2/_3$ R. beträgt, würden die 6 zusammen $= 4$ R.; dies ist unmöglich, denn jede Ecke wird von Winkeln umfaßt, die zusammen < 4 R. (XI, 21). Aus demselben Grunde läßt sich auch aus mehr als 6 (solchen) ebenen Winkeln keine Ecke errichten. Von 3 Quadraten wird die Würfelecke umfaßt; mit 4 ist es unmöglich, denn sie gäben wieder 4 R. Bei gleichseitigen und gleichwinkligen Fünfecken wird von 3 die Dodekaederecke umfaßt. Mit 4 ist es unmöglich; denn da der Winkel des gleichseitigen Fünfecks $1^1/_5$ R. beträgt, würden die 4 Winkel zusammen $>$ 4 R.; dies ist unmöglich. Wegen desselben Widerspruchs kann auch von anderen Vielecken keine (verwendbare) Ecke umfaßt werden — S.

Anmerkungen zu Buch I—III

Die Geschichte der Wissenschaft hat es mit zwei Männern des Namens **Eukleides** zu tun, die vielfach, so noch auf den Titelblättern der ersten Druckausgaben der Elemente zusammengeworfen worden sind: dem um 400 v. Chr. lebenden Philosophen aus Megara und dem ziemlich ein Jahrhundert später in Alexandria wirkenden Mathematiker. Über diesen berichtet sein Kommentator Proklos Diadochos (um 450 n. Chr.):

„Wenig jünger als diese (Mathematiker der Akademie) ist Euklid, der die Elemente schrieb, der dabei vieles aus Eudoxos verwendete, vieles von Theaitetos Behandelte zum Abschluß brachte und, was von den Früheren nur oberflächlich dargestellt war, durch unanfechtbare Beweise stützte. Dieser Mann lebte zur Zeit des ersten Ptolemaios; denn Archimedes, der nach dem ersten kam, erwähnt den Euklid; auch erzählt man, daß Ptolemaios ihn einmal nach einem kürzeren Weg durch die Geometrie als das Elementenwerk gefragt habe; er habe darauf geantwortet, einen besonderen Zugang für Könige zur Geometrie gebe es nicht. Er ist jünger als der Platonische Kreis und älter als Eratosthenes und Archimedes."

Die Existenz einer auf Euklid zurückgehenden Schule in Alexandria wird auch sonst bezeugt, ferner sind uns Anekdoten und Hinweise überliefert, die zeigen, daß Euklid der Nachwelt als vornehm denkender, rein auf das Wissenschaftliche gerichteter Mann erschien. Etwas mehr wissen arabische, leider schwerlich glaubwürdige Quellen zu berichten (vgl. J. L. Heiberg, Litterargeschichtliche Studien über Euklid. Leipzig 1882). Die Stellung zwischen Plato (427—347) und Archimedes (287—212) stand fest, zur genaueren Datierung in die Regierungszeit Ptolemaios' I. (323—283) muß schon Proklos die Anekdote, die auch als Gespräch zwischen anderen Persönlichkeiten überliefert ist, heranziehen. Man hat aber Grund, seine Datierung für richtig zu halten, Euklids Wirksamkeit wesentlich in die letzten Jahrzehnte des vierten Jahrhunderts zu setzen.

Von Euklids Schriften beschäftigen sich mit elementargeometrischen Fragen auch die im Original erhaltenen Data und die in arabischer Bearbeitung auf uns gekommene Schrift über Teilungen, wohl auch die verlorene Schrift über Trugschlüsse. Gleichfalls verloren sind die höhere Geometrie behandelnden Schriften: die Porismen, die Flächenörter und die Kegelschnitte; dagegen besitzen wir noch kleinere Schriften astronomischen, musikalischen und optischen Inhalts.

Der griechische Titel des unter dem Namen Elemente bekannten Werkes, Stoicheia, bedeutet zunächst Reihenglieder, Buchstaben, dann übertragen Grundbestandteile, aus denen sich Zusammengesetztes aufbaut. Euklids Versuch, dem Gesamtgebäude der Mathematik eine sichere Grundlage zu geben, war nicht der erste seiner Art. Die älteren Elemente des Hippokrates von Chios (um 430) und seiner Nachfolger sind inhaltlich jedenfalls in Euklids Werk übergegangen, dazu an damals neueren Theorien solche des Eudoxos und Theaitetos. Gewisse Wiederholungen lassen wohl noch die Zusammenfügung erkennen; doch ist Euklids eigene Arbeit sicher nicht rein kompilatorisch gewesen, wenn wir auch nur für wenige Stellen Zeugnisse etwa des Proklos für Abweichung von den Vorlagen besitzen.

Die Grundtendenz des auf die Studenten der alexandrinischen Universität, nicht auf Knaben berechneten Werkes ist rein wissenschaftlich; alles Praktische wird bewußt gemieden. Die Alleinherrschaft, die Euklid während der folgenden Jahrhunderte im eigentlich wissenschaftlichen Mathematikunterricht behauptete, machte zahlreiche Neuausgaben notwendig, die vielfach mit Kommentaren versehen waren, z. T. auch den Text änderten. Wir wissen von Bearbeitungen des Textes durch Heron (zwischen 150 v. Chr. und 250 n. Chr., vermutlich um 60 n. Chr.) und Theon von Alexandria (um 370 n. Chr.), können aber nur die von letzterem vorgenommenen Änderungen im wesentlichen ausschalten, da eine der Handschriften, Kodex P, auf eine Vorlage, die älter ist als Theon, zurückgeht. Auch den Arabern haben teilweise andere, meist allerdings stärker veränderte Texte vorgelegen. An alten Kommentaren besitzen wir außer anonymen Scholien der Handschriften griechisch den schon erwähnten des Proklos zum ersten Buch, weitere arabisch, so den des Pappos (um 290 n. Chr.) zum X. Buch und, durch An-Nairîzî (Anaritius, um 900), Auszüge aus dem des Heron.

Gedruckt sind die Elemente zuerst 1482 in Venedig lateinisch nach der auf arabischen Bearbeitungen fußenden Übersetzung des Campanus; die erste griechische Ausgabe erschien 1533 in Basel. Die heute maßgebende Ausgabe ist die von Heiberg, Leipzig 1883—86. Ich habe, wo die Numerierung der früher maßgebenden Ausgabe von Gregory, Oxford 1703, von der Heibergschen abweicht, auch jene angegeben.

Von deutschen Übersetzungen ist die verbreitetste die von J. F. Lorenz, die 1773—1860 in zahlreichen, allerdings nicht immer alle Bücher enthaltenden Auflagen in Halle herauskam; genauer ist die von J. K. F. Hauff, 2. Aufl. Marburg 1807, die aber nur die Bücher I—VI, XI, XII enthält. Andere Übersetzungen bringen nur einzelne Bücher oder sind von den genannten abhängig außer M. Simon, Euclid und die sechs planimetrischen Bücher, Leipzig 1901; Simon legt schon den Heibergschen Text zugrunde, gibt aber die Beweise stark gekürzt. Als auch heute noch beste Einführung in Euklids Gedankenwelt in deutscher Sprache nenne ich H. G. Zeuthen, Geschichte der Mathematik im Altertum und Mittelalter, Kopenhagen 1896, sowie wegen der wertvollen geschichtliche Einleitung E. J. Dijksterhuis, De elementen van Euclides, Groningen 1929—30, der den Text in den Beweisen gekürzt wiedergibt (holländisch). Als wichtigste Ausgabe in einer modernen Sprache ist zu nennen die von Sir Thomas L. Heath, The thirteen books of Euclid's Elements, 2. ed. Cambridge 1926, die eine genaue Übersetzung, reichhaltigen Kommentar und Einführung enthält. Auf dieses Werk, dem ich sehr viel verdanke, sei z. B. für Belege in erster Linie verwiesen. Noch nicht vollständig erschienen ist Fed. Enriques, Gli Elementi d'Euclide e la critica antica e moderna, Rom, Bologna, 1925 ff.

Vorliegende Übersetzung gibt den Text genau wieder, will freilich nicht jedes „und" und „aber", wohl aber jedes „also" andeuten; doch sind die einfachsten mathematischen Zeichen soweit benutzt, wie ein Lesen derselben in breiten Worten Euklids Text ohne wesentliche Abweichung wiedergeben würde. So wäre etwa zu lesen $A\,B^2$ das Quadrat über $A\,B$, $a \cdot b$ das Rechteck aus a und b, $a = 2\,b$ a ist doppelt so groß wie b, $a : b = (c : d)^2$ a steht zu b zweimal im Verhältnis wie c zu d. Die dadurch erreichte Kürzung ist nicht unbeträchtlich. Ferner konnte die Schlußzusammenfassung, da sie meist nur den Text des Satzes unter Anfügung der Schlußformel „dies hatte man beweisen (bei Aufgaben ‚ausführen') sollen" wiederholt, fast immer durch „— S." angedeutet werden. Die griechischen Buchstaben der Figuren sind durch die in der Reihenfolge entsprechenden lateinischen ersetzt, unter gelegentlicher Verwendung auch der kleinen Buchstaben, obwohl der griechische Text nur ein Alphabet benutzt. Eckige Klammern schließen Stellen des Textes ein, die aus philologischen oder mathematischen Gründen verdächtig sind, Zufügungen des Übersetzers stehen in runden Klammern. Von den 13 echten Büchern — die sogenannten Bücher XIV und XV der Elemente haben andere Verfasser — pflegt man die 6 ersten als die planimetrischen zu bezeichnen, obwohl nur I, III, IV, VI diesen Namen ganz verdienen, VII—X als die arithmetischen, XI—XIII als die stereometrischen.

Buch I gibt zunächst die beweislos anzuerkennenden Grundlagen, dann § 1—26 Kongruenzlehre, Fundamentalkonstruktionen und Verwandtes, weiter § 27—32 Parallelentheorie, § 33—48 die Hauptsätze über das Parallelogramm und die Lehre von der Flächengleichheit.

Die Definitionen stehen logisch nicht auf der Höhe des übrigen Werkes. Neue Begriffe wollen sie eigentlich nicht schaffen; die geistige Einstellung, deren Hauptvertreter für uns Plato ist und die Proklos wohl mit Recht auch bei Euklid annimmt, spricht ja den Ideen ein selbständiges Sein zu. Euklid will höchstens abgrenzen, was an sich bereits existiert. Aber auch dies tut er meist nur so, daß er die Anschauung schon voraussetzt, bloß einzelne Merkmale hervorhebt, wie in Def. 1 vom Punkt die Unteilbarkeit. Wer nicht weiß, was ein Punkt ist, wird es aus Euklids Definition nicht lernen. Andererseits ist die Existenz des Definierten für Euklid mit der bloßen Definition noch nicht gesichert;

sie muß — oder müßte — durch Postulate oder aus solchen hergeleitete Konstruktionen sichergestellt werden.

I, Def. 1 ließe sich den griechischen Worten nach auch übersetzen: Punkt ist, dessen Teil Nichts (ist). So ist gelegentlich geschehen, doch scheint mir die sprachlich mindestens gleichberechtigte Deutung, daß Teile nicht existieren, sinnvoller.

I, Def. 3 steht an dieser Stelle vermutlich als Reminiszenz einer verworfenen Punktdefinition. Seinem Inhalt nach gehörte der Satz — strenger gefaßt unter Hinzufügung von „wenn Enden existieren" — mit ähnlichen, die nicht ausgesprochen werden, zusammen eher unter die Postulate.

I, Def. 4. Euklids Ausdruck „gerade Linie", in dem meist das Substantiv weggelassen wird, mit „Gerade" wiederzugeben, würde unserem Sprachgebrauch widersprechen, da Begrenztheit die Regel ist. Der Wortlaut der Definition ist wie der von **Def. 7** dunkel; möglich wäre auch die Übersetzung: die durch die Punkte auf ihr gleichmäßig gesetzt wird; ob, um einige Deutungen zu nennen, die Minimaleigenschaft oder die Deckung des Innern durch die Enden, oder was sonst gemeint ist, wird sich kaum entscheiden lassen. Die Existenz der Strecke wird durch Post. 1 gesichert, die der Ebene stillschweigend vorausgesetzt.

I, Def. 8 ist nur als Hinweis auf vorausgesetzte Anschauung brauchbar, logisch eine Tautologie, außer durch Benutzung des Begriffes Neigung übrigens auch durch das „gerade", das hier „ungebrochen" bedeutet; die Definition soll nämlich auch krummlinige Winkel umfassen (vgl. Anm. zu III, 16); Winkel $\geqq 2$ R. werden dagegen nicht anerkannt. Schon in den alten Kommentaren wird bemängelt, daß Euklids Definition den Winkel nur unter die Kategorie der Relation bringe, während für den mathematischen Gebrauch die Quantität ausschlaggebend ist.

I, Def. 10. Die Existenz wird durch I, 11 gesichert.

I, Def. 14 trifft ebene und räumliche Gebilde, aber nur geschlossene. Wegen aus der Figureigenschaft gezogener Folgerungen vgl. Anm. zu I, 1.

I, Def. 15 benutzt die Eigenschaft, die auch der Konstruktion mit dem Zirkel zugrunde liegt, doch ohne Heranziehung der Bewegung. Die Existenz des Kreises wird durch Post. 3 gesichert; andere Eigenschaften dagegen, die zu fordern oder zu beweisen wären, werden hier schon einfach als vorhanden erwähnt: die Kreislinie — Kreis bedeutet in erster Linie Kreisfläche — ist geschlossen und umschließt den bei der Konstruktion benutzten festen Punkt.

I, Def. 17. Die Halbierung des Kreises durch den Durchmesser wird festgestellt zur Vorbereitung der folgenden Definition, folgen würde sie aus III, 24, 31; erstmalig bewiesen habe diese Tatsache Thales (um 600 v. Chr.), so berichtet Proklos unter Vorbehalt.

Zwischen Def. 18 und 19 bringen die Handschriften die III, Def. 6 nochmals gegebene Definition des Kreisabschnitts.

I, Def. 22 enthält das Wort Parallelogramm nicht, das I, 34 ohne Erklärung auftritt, dagegen längliches Rechteck, Rhombus und Rhomboid, die nicht gebraucht werden; wahrscheinlich sind diese Teile der Definition aus einem älteren Werk übernommen. Euklids Trapeze umfassen auch die ohne parallele Seiten.

I, Def. 23. Würde man die heute übliche Forderung stellen, daß die Existenz des zu Definierenden vorher gesichert sein muß, so gehörte die Definition der Parallelität hinter den ohne Benutzung dieses Wortes zu fassenden Satz I, 27; dieser fußt auf I, 16, in dem schon die Annahme der Unendlichkeit der Geraden steckt.

Postulate und Axiome. Die Grenze zwischen beiden Arten von Grundsätzen fließt; schon im Altertum haben Umstellungen stattgefunden. In der Hauptsache ist ein Postulat (Aitema, Forderung) ein speziell geometrischer Grundsatz, der die Möglichkeit einer Konstruktion, die Existenz eines Gebildes sicherstellen soll: ein Axiom (für wahr Gehaltenes) — der überlieferte Euklid-Text selbst hat den weniger gebräuchlichen Ausdruck Koine Ennoia (allgemein Eingesehenes) — ist ein allgemein logischer Grundsatz, den kein Vernünftiger, auch wenn er von Geometrie nichts weiß, bestreitet.

Post. 1. Statt „die" läßt sich auch „eine Strecke" übersetzen — das Fehlen des Artikels im Griechischen hat nicht dieselbe Bedeutung wie im Deutschen; doch hebt Proklos ausdrücklich hervor, die Fassung des Satzes schließe die Eindeutigkeit ein. Vom Lineal wird nicht gesprochen, ebensowenig später vom Zirkel.

Post. 2 soll nach Proklos wieder die Eindeutigkeit der durch Verlängerung der Strecke entstehenden Geraden festlegen; trotzdem versucht er die Eindeutigkeit zu beweisen unter Benutzung des Schlusses von I, Def. 17, der dadurch den Wert eines Postulats erhielte; ein verwandter Beweisversuch im Raum findet sich sogar bei Euklid selbst XI, 1, wobei freilich die Möglichkeit, daß die Stelle eingeschoben ist, besteht. Gebraucht wird die Tatsache der Eindeutigkeit schon I, 1.

Post. 3 fordert weniger als üblich; der Radius geht vom Mittelpunkt aus. Die Konstruierbarkeit des Kreises aus Mittelpunkt und getrennt gegebenem Radius wird erst durch I, 2 auf dieses Postulat zurückgefhrt.

Post. 4 hätte nach einer von Zeuthen aufgestellten, später allerdings geänderten Ansicht den Zweck, die Eindeutigkeit der Streckenverlängerung (unbestimmter Länge) zu sichern. Nimmt man dies nicht an, so ist die Einordnung dieses Satzes unter die Postulate schwer zu rechtfertigen; Proklos führt einen Deckungsbeweis. Vermutlich wird die Tatsache, daß der rechte Winkel durch seine Unveränderlichkeit sich als Maß eignet, hier festgelegt als Vorbereitung auf das folgende Postulat.

Post. 5 wird, obwohl die guten Handschriften und die alten Kommentare es an dieser Stelle bringen, in den älteren gedruckten Ausgaben als **11. Axiom** geführt. Herangezogen wird es zuerst in I, 29, dort, um die Existenz eines Schnittpunktes zu sichern, also als Postulat, nicht als Axiom.

Der Satz hat nicht das unmittelbar Einleuchtende der übrigen Grundsätze; so hat man, zumal man ihn als Umkehrung eines beweisbaren Satzes (I, 28) erkannte, seit dem Altertum immer wieder versucht, ihn zu beweisen. Dies gelang nur bei Aufstellung gewisser anderer Grundsätze. Von diesen haben manche, z. B. Wallis' Forderung der Existenz ähnlicher Figuren, den Vorzug größerer Anschaulichkeit; an logischem Wert übertrifft das Euklidische Postulat, in dem nur die Angabe der Seite des Treffens wegen I, 16 überflüssig ist (Dijksterhuis), die meisten Ersatzpostulate, wird von keinem übertroffen.

Die Notwendigkeit eines Parallelenpostulats zur sicheren Fundierung der damals anerkannten Geometrie klar erfaßt zu haben, ist wahrscheinlich Euklids persönliches Verdienst. Die Nichteuklidischen Geometrien sind entstanden aus der durch vergebliche Beweisversuche vorbereiteten Erkenntnis der Unbeweisbarkeit des Euklidischen Postulats.

Die Axiome, welche die Handschriften bringen, sind sicher nicht alle echt; ja es besteht die Möglichkeit, daß Euklid solche überhaupt nicht aufgestellt hat. Doch sind manche sicher sehr alt, so die von Heron anerkannten 1, 2, 3 und die von Proklos außerdem als Euklidisch bezeichneten 7 und 8.

Ax. 4, 5, 6, zu denen noch ein von einem Teil der Handschriften gebrachtes: Wenn von Ungleichem Gleiches weggenommen wird, sind die Reste ungleich, gehörte, füllen die tatsächlich bestehenden Lücken, die etwa die Relation größer-kleiner, z. B. ihre Transitivität betreffen, nicht aus.

Ax. 7 wird z. B. in I, 4 als Kriterium der Gleichheit benutzt, aber nicht angeführt; ebendort wird auch die nirgends ausgesprochene Umkehrung, daß gleiche Strecken oder Winkel sich zur Deckung bringen lassen, stillschweigend verwendet, die durch Ax. 8 zu stützen wäre. Gleichheit ohne Kongruenz tritt zuerst I, 35 auf; als weiteres Gleichheitskriterium für Größen tritt später V, 14 hinzu; die Kongruenz von Körpern wäre bei XI, Def. 10 zu erörtern.

Ax. 8 wird als Kriterium des Größerseins viel verwendet auf Grund von aus der Figur abgelesenen Anordnungseigenschaften; deren Analyse fehlt; vgl. Anm. zu I, 1. Daß (bei gleichartigen reellen Größen), was an sich gleich sein könnte, anderenfalls größer oder kleiner sein muß, wird auch einfach vorausgesetzt.

Ax. 9, in manchen Handschriften unter den Postulaten gebracht, ist überflüssig, wenn die Streckenpostulate die Eindeutigkeit enthalten; es stammt wahrscheinlich aus dem Beweise von I, 4.

Die Propositionen treten teilweise als Aufgaben, teilweise als Lehrsätze auf; daß Euklids Interesse auch bei jenen wesentlich theoretisch ist, auf den in ihrer Lösung liegenden Existenzbeweis geht, tritt im griechischen Text auch sprachlich insofern hervor, als die Konstruktionsanweisung wörtlich übersetzt nie lautet: „dies werde getan", sondern stets: „dies sei getan".

Die wesentlichen Glieder einer Proposition sind nach Proklos: 1. die allgemeine Vorlage selbst (Protasis), Lehrsatz oder Aufgabe; 2. das speziell Gegebene (Ekthesis), die Voraussetzung; 3. das speziell Geforderte (Diorismos), die Behauptung; 4. die Konstruktion (Kataskeue); 5. der Beweis (Apodeixis); 6. die auf die Vorlage zurückgreifende Schlußzusammenfassung (Symperasma). Einzelne

Glieder können fehlen; doch ist Ausführung in voller Breite trotz der dadurch entstehenden Wiederholungen die Regel. Auch zitiert wird nicht durch Angabe der Satznummer, die vielleicht nicht von Euklid selbst stammt, sondern wörtlich, höchstens in gekürzter Fassung. Die benutzte Analysis gibt Euklid prinzipiell nicht — einzig IV, 16 könnte als Gegenbeispiel gelten — nimmt daher das Glied, für welches der Name Diorismos, Determination sonst meist gebraucht wird, die Untersuchung über die Möglichkeit und Anzahl der Lösungen stets in besonderen Sätzen vorweg, z. B. I, 20 vor I, 22. Die überlieferten Zusätze (Porisma) sind wohl unecht bis auf wenige, die nur der als Symperasma wiederholten Protasis eine andere Form geben und so vor der Schlußformel stehen.

I, 1. Daß alle Konstruktionen der ersten 10 Bücher — mit Ausnahme der Bewegungen in I, 4 und I, 8 — in der Ebene auszuführen sind, wird als selbstverständlich nicht hervorgehoben. Von einem, durch unsere Deutung von Post. 2 erledigten Einwand, die Strecken AC und BC könnten bei C ein Stück gemein haben, abgesehen, ist gegen Euklids Behandlung vor allem das Bedenken erhoben worden, die Existenz des Schnittpunktes G sei nicht gesichert. Euklid hätte sich hiergegen vielleicht auf die Definition (15) des Kreises als (geschlossene) Figur berufen; doch würde man die ausdrückliche Angabe dessen, was aus der Figureigenschaft folgt, vermissen. Es fehlt tatsächlich eine Erörterung der topologischen Begriffe und ein Stetigkeitspostulat, das Euklid etwa aussprechen könnte: In der Ebene trifft jede von einem Punkte innerhalb einer Figur nach einem Punkte außerhalb derselben gezogene Linie auch eine Grenze der Figur. Die Formulierung der Eigenschaften, die mit Hilfe des Wortes „zwischen“ beschrieben werden — auf deren Nichtbeachtung z. B. der bekannte „Beweis“ für die Gleichschenkligkeit jedes Dreiecks beruht — war die erste Leistung der modernen Axiomatik (M. Pasch, Vorlesungen über Neuere Geometrie, Leipzig 1882).

I, 2. Daß G ein ganz bestimmter Punkt des ersten Kreises, nämlich sein Schnittpunkt mit BF sein soll, muß der Figur entnommen werden. Die Streckenübertragung wird man praktisch auch zu Euklids Zeiten genau so ausgeführt haben wie heutzutage; die hier gegebene Konstruktion hat theoretische Bedeutung dadurch, daß sie die freie Bewegung der starren Strecke in der Ebene auf die durch Post. 3 sichergestellte Drehung um einen Endpunkt zurückführt.

I, 4. Die als verdächtig eingeklammerte Stelle ist in der arabischen Übersetzung des Al-Hadschdschadsch nicht Bestandteil des Textes, sondern nach der Schlußformel angefügt. Heiberg schließt hieraus, daß es sich um ein schon in der Proklos vorliegenden Ausgabe in den Text geratenes Scholion handelt. Aus diesem wird dann auch Ax. 9 entstanden sein.

Der vorliegende Beweis und der von I, 8 sind die einzigen des ersten Buches, in denen Euklid eine starre Figur als Ganzes bewegt (auch III, 24). Er hat, wie aus der Behandlung von I, 2 hervorgeht, offenbar eine Abneigung gegen diese Art der Beweisführung, und zwar mit gutem Grund, da eine vollständige Aussprache der zu ihrer Sicherung notwendigen Voraussetzungen zeigen würde, daß er den wesentlichen Inhalt des zu beweisenden Satzes wie D. Hilbert, Grundlagen der Geometrie, Leipzig 1899, unter die Postulate aufnehmen müßte; eine verwandte Bemerkung macht schon Peletarius (1557). Auch fällt als inkonsequent auf, daß Euklid, der die Existenz gleicher Strecken an beliebiger Stelle durch I, 2 vorher sichert, dasselbe nicht auch für Winkel tut.

Seinen Ausdruck für kongruent „gleich und ähnlich" führt Euklid erst im VI. Buche ein, zunächst will er aus der Deckung nur auf gleiche Größe schließen.

I, 5 geht nach Proklos auf Thales zurück; den vorliegenden Beweis hält Heath aber für Euklids Eigentum; der zweite Teil des Satzes wird beim vollständigen Beweis von I, 7 gebraucht.

I, 6 wird als Umkehrung indirekt bewiesen, doch ohne Benutzung des ersten Teils von I, 5, dessen Umkehrung er ist; die Umkehrung des zweiten Teiles wird nicht gebraucht, darum gar nicht gegeben.

I, 7 wird in seiner unklaren Fassung durch die Ekthesis ergänzt. Die topologischen Eigenschaften entnimmt Euklid der Figur ohne Beschreibung und ohne Begründung. Er widerlegt nur die Annahme, bei der $ACBD$ ein überschlagenes Viereck wäre, überläßt, wie auch sonst in ähnlichen Fällen, die Erörterung der anderen Möglichkeit, daß ein einspringendes Viereck entstünde, dem Leser; das Material hierzu hat er aber im zweiten Teil von I, 5 bereitgestellt.

I, 8. Die im Deutschen bei schiefen Dreiecken ungebräuchliche Gegenüberstellung der Grundlinie zu den beiden (schrägen) Seiten hebt deutlich hervor, daß I, 8 und der erste Teil von I, 4 Umkehrungen voneinander sind. Daß Euklid trotzdem einen neuen Bewegungsbeweis führen muß, beruht darauf, daß er vor I, 23 noch kein anderes Mittel besitzt, Winkel zu übertragen; er hätte die Bewegung sonst durch eine Konstruktion ersetzen können, die nach I, 4 kongruente Dreiecke liefert.

I, 12 soll nach Proklos von Oinopides (um 460) stammen; natürlich hat man schon vorher Lote gefällt, aber vielleicht nicht gefordert, daß dies mit Zirkel und Lineal allein geschehe. Aus dem elementaren Charakter der Konstruktionen I, 12 und 23 auf einen niedrigen Stand der griechischen Mathematik im 5. Jahrhundert zu schließen, verbieten auch die bedeutenden Leistungen des Hippokrates. Die Eindeutigkeit der Konstruktion ließe sich erst nach I, 16 beweisen.

I, 13. Der Kern des Beweises ist eine Anwendung des assoziativen Gesetzes der Addition auf Winkel, deren Berechtigung aus Euklids Winkeldefinition allerdings nicht folgte.

I, 15 soll nach Proklos, der sich auf Eudemos (um 330 v. Chr.) beruft, auf Thales zurückgehen.

I, 16. Daß CF innerhalb des Winkels ACD fällt, wird der Anschauung entnommen, ist beweisbar nur, wenn man Unendlichkeit der Geraden voraussetzt. Aus Euklids Konstruktion hat Legendre seinen bekannten Beweis dafür, daß die Winkelsumme im Dreieck nicht größer sein könne als 2 Rechte, entwickelt.

I, 21. Die Worte „von ihren Enden aus“ sind notwendig; daß der Satz sonst nicht richtig bleibt, hebt Proklos hervor

Für den Beweis wesentlich ist die der Anschauung entnommene Tatsache, daß E zwischen A und C fällt, wie D zwischen B und E.

I, 22. Euklids Darstellung ist so ausgesprochen synthetisch, daß für ihn die Stellung der Aufgabe, wenn sie die Lösbarkeit nicht sicherstellte, fehlerhaft wäre; die Anzahl der Lösungen wird dagegen überhaupt nicht diskutiert, doch würde das Material in I, 7 und 8 bereit stehen.

I, 23 soll, wie Proklos nach Eudemos berichtet, auf Oinopides zurückgehen; G liegt auf AB; zur praktischen Ausführung wird die spezielle Wahl $CD = CE$ wohl schon vor Apollonios (um 200 v. Chr.), von dem Proklos sie bezeugt, üblich gewesen sein.

I, 24. Euklid beweist, wie gewöhnlich, nur einen Fall, den, daß G oberhalb EF liegt, stellt aber für die anderen Fälle das Material bereit; I, 21 steht wohl deshalb an seinem Platz. Bezeichnet man übrigens so, daß DE nicht größer als DF ist, so läßt sich beweisen (vgl. Anm. zu III, 7), daß die Lageverhältnisse sein müssen, wie Euklid annimmt.

I, 26. Proklos berichtet, daß Eudemos in seiner Geschichte der Geometrie diesen Satz für Thales in Anspruch nehme, weil seine Methode, die Entfernung von Schiffen auf dem Meere zu bestimmen, auf demselben beruhe.

Euklid bricht hiermit seine von Post. 5 unabhängige Dreieckslehre ab, ohne den die Gleichheit von zwei Seiten und einem Gegenwinkel voraussetzenden Kongruenzsatz in sein System aufzunehmen; diesen umgeht er z. B. III, 14 durch Heranziehung des Pythagoras. Daß er ihn gekannt haben wird, läßt sich daraus schließen, daß der entsprechende Ähnlichkeitssatz als VI, 7 gebracht wird.

I, 29 beruht als erster Satz auf dem Parallelenpostulat.

I, 30. Der Beweis für den Fall, daß EF außerhalb liegt, macht keine anderen Schwierigkeiten. Wesentlich ist die Existenz einer die 3 Geraden sämtlich schneidenden, die auf der Zertrennung der Ebene durch jede Gerade beruht. Auch läßt sich, daß durch einen Punkt zu einer Geraden nicht mehr als eine Parallele gehen kann, aus Post. 1, I, 29, Ax. 8, Post. 5 indirekt beweisen. Eine Gerade, die eine der Parallelen schnitte, ohne alle zu schneiden, wäre aber solch eine zweite Parallele durch denselben Punkt.

I, 31. Das Antragen des Winkels hat nach der anderen Seite zu erfolgen.

I, 32. Proklos gibt nach Eudemos an, der Winkelsummensatz stamme von den Pythagoreern, sei von diesen ohne Seitenverlängerung bewiesen worden mit Hilfe der nach beiden Richtungen ausgezogenen Parallelen zu einer Seite durch die Gegenecke.

I, 34. Der Name Parallelogramm, wörtlich parallelliniges Flächenstück, wird ohne Definition benutzt. Die z. T. von unserem Usus abweichende Buchstabenreihenfolge ist, da sie nicht stört, geblieben.

I, 37. Die von Heiberg als Zitat des unechten Axioms 6 eingeklammerte Stelle möchte ich mit Heath für echt halten, vielleicht die Quelle jenes Axioms. Ähnliche Stellen finden sich I, 38 und 47.

I, 40. Die Unechtheit des schlecht formulierten Satzes geht aus der Tatsache hervor, daß ein Heiberg bei seiner Ausgabe noch nicht vorliegendes Papyrusfragment des 2. oder 3. Jahrhunderts ihn zwischen 39 und 41 ausläßt. Der Beweis ist dem von 39 analog.

I, 44. Die auf I, 43 fußende Konstruktion löst — unter Vermeidung von Proportionen (vgl. Buch V) — die Gleichung $a\,x = C$, wo $a = A\,B \sin D$, $x = A\,L$. Die Theorie der Flächenanlegung, von der hier der einfachste Fall vorliegt, ist nach Eudemos, den Proklos zitiert, eine der wichtigsten Leistungen der Pythagoreer. Zweifelhaft ist, wie diese „Pythagoreer" zeitlich einzuordnen sind. Der Hinweis braucht nicht auf die persönlichen Schüler des Pythagoras (um 520) zu gehen, andererseits meint er schwerlich den Kreis des Archytas (um 390); denn wesentliche Teile der mathematischen Kenntnisse, die den Pythagoreern zugeschrieben werden, müssen zur Zeit des Hippokrates von Chios und Theodoros von Kyrene, die in der zweiten Hälfte des 5. Jahrhunderts wirkten, bekannt gewesen sein. Über Flächenanlegung vgl. Anm. zu VI, 28.

I, 47. Von den jetzt üblichen Namen für die Seiten des rechtwinkligen Dreiecks braucht Euklid Hypotenuse als Ausdruck für die gegenüberliegende Seite jedes Dreieckswinkels, nicht nur im rechtwinkligen Dreieck, Kathete für jedes Lot und nicht an dieser Stelle.

Den Satz selbst haben die Griechen vermutlich von den älteren vorderasiatischen Kulturvölkern übernommen. Sieht man von der Kenntnis einzelner rechtwinkliger Dreiecke mit rationalen Seiten ab, so findet sich der Satz als Beziehung zwischen Diagonale und Seiten am Rechteck allgemein ausgesprochen, allerdings nicht bewiesen, in indischen Opfervorschriften so frühen Datums, daß griechischer Einfluß ausgeschlossen scheint; ferner sind aus frühbabylonischer Zeit Berechnungen von Sehne und Pfeil am Kreisbogen auseinander bekannt, die auf Kenntnis dieses Satzes schließen lassen. Daß die Griechen mathematisches Wissen von Ägyptern und Vorderasiaten übernommen haben, sagt auch die griechische Überlieferung selbst, die Thales und Pythagoras weite Reisen unternehmen läßt.

Die Annahme, der Satz sei von Pythagoras selbst gefunden, ist nur auf späte Zeugnisse gestützt; Proklos kennt die Erzählung wohl, gibt sie aber nicht als eine, von deren Richtigkeit er überzeugt wäre, wieder. Dagegen könnte ein Beweis dieses Satzes sehr wohl zu den ältesten wissenschaftlichen Leistungen der pythagoreischen Schule gehört haben; dabei hat es sich aber nicht um den uns hier vorliegenden gehandelt, den Proklos ausdrücklich als Euklids Eigentum bezeichnet; der älteste Beweis mag eher von Ähnlichkeitsbetrachtungen ausgegangen sein.

I, 48. Den Schluß aus $D\,C^2 = B\,C^2$ auf $D\,C = B\,C$ würde Euklid wohl indirekt mit Hilfe von Ax. 8 rechtfertigen.

Buch II lehrt in geometrischem Gewande allgemeinere Größenbeziehungen, wie wir sie durch Formeln der Buchstabenrechnung auszudrücken pflegen; die Anwendung, die vorbereitet wird, ist die Bestimmung unbekannter Größen aus bekannten; so erklärt sich die jetzt übliche Bezeichnung als Geometrische Algebra. Schon gewisse Sätze des ersten Buches haben denselben Zweck, vor allem I, 3, der die Gleichungen $x \pm a = b$ zu lösen erlaubt, I, 44, der zu $a \cdot x = b \cdot c$ und I, 47, der zu $x^2 = a^2 \pm b^2$ gehört. Hierbei entspricht aber manchmal eine Figur mehreren Formeln, manchmal eine Formel mehreren Figuren; dieses tritt ein, weil der Grieche mit absoluten Größen arbeitet, bei Zeichenwechsel andere gegenseitige Lage der Punkte darstellen muß; jenes, weil eine genaue Übertragung der geometrischen Beziehung in Formelsprache auf ein Gleichungssystem führt, aus dem erst durch Elimination, die aber verschieden geführt werden kann, die Endformel entsteht.

II, Def. 2. Gnomon bedeutet ursprünglich den auf der Erde lotrecht stehenden Schattenstab, dann wohl den Winkel des Bauhandwerkers, hier die diesem verwandte Teilfigur aus I, 43.

II, 1. $a(b + c + \cdots + e) = ab + ac \cdots + ae$.

II, 2. Der bewiesene, übrigens schon in I, 47 benutzte Satz: wenn $a = b + c$, ist $a^2 = ab + ac$, hätte sich unmittelbar aus dem vorigen folgern lassen. Daß Euklid überhaupt in diesem Buche mehrfach direkte geometrische Veranschaulichungen gibt, wo abstrakte Deduktion uns näherliegend scheint, zeigt, daß die oben erwähnte Allgemeinheit des Inhalts hier, anders als im V. Buch, noch nicht Hauptziel ist. Schon Heron gibt in seinem Kommentar abstraktere Beweise.

II, 3. $(a + b) \cdot a = ab + a^2$; gleichberechtigt wären aber auch die Lesungen: $c \cdot a = a \cdot (c - a) + a^2$ und $c \cdot (c - b) = (c - b) \cdot b + (c - b)^2$; ähnlich schon oben.

II, 4. $(a + b)^2 = a^2 + b^2 + 2ab$. Vom Beweise sind außerdem noch andere Fassungen überliefert; solche zweite Beweise sind wohl stets spätere Zusätze.

II, 5. Der Gnomon ist NOP statt MNO bezeichnet worden, da M sonst doppelt aufträte.

Es wird bewiesen, daß, wenn $a = 2b$, $x = b + z$, $y = b - z$, dann $xy + z^2 = b^2$; je nach der Art der Elimination folgen hieraus verschiedene Formeln; die wichtigsten sind $(b + z)(b - z) = b^2 - z^2$ und $\left(x - \frac{a}{2}\right)^2 = \left(\frac{a}{2}\right)^2 - x(a - x)$. Die zweite dieser Formeln enthält die Umformung, durch die man die quadratische Gleichung $x(a - x) = c^2$ löst. In allgemeinerer Form wird das Problem in VI, 28 behandelt; dort sind in der Anmerkung Erläuterungen gegeben.

II, 6. Wenn $a = 2b$, $y = a + x$, $z = b + x$, ist $xy + b^2 = z^2$. Durch Elimination erhält man $(z + b)(z - b) = z^2 - b^2$, außerdem die lösenden Umformungen der quadratischen Gleichungen $x(a + x) = c^2$ und $y(y - a) = c^2$, nämlich $\left(x + \frac{a}{2}\right)^2 = \left(\frac{a}{2}\right)^2$

$+ x(a+x)$ und $\left(y-\frac{a}{2}\right)^2 = \left(\frac{a}{2}\right)^2 + y(y-a)$; vgl. Anm. zu VI, 28.

II, 7. Wenn $a = b + c$, ist $a^2 + b^2 = 2ab + c^2$, also $(a-b)^2 = a^2 + b^2 - 2ab$.

II, 8. $4ab + (a-b)^2 = (a+b)^2$.

II, 9. Wenn $a = 2b$, $x = b + z$, $y = b - z$, so ist $x^2 + y^2 = 2(b^2 + z^2)$.

II, 10. Wenn $a = 2b$, $y = a + x$, $z = b + x$, ist $x^2 + y^2 = 2(b^2 + z^2)$. Durch Elimination entsteht die Formel:

$$[(2b+x)^2 - 2(b+x)^2] = -[x^2 - 2b^2]$$

Setzt man hier für $x:b$ einen Näherungswert von $\sqrt{2}$, etwa 1 : 1, so liefert $(2b+x):(b+x)$ einen genaueren Näherungswert. Die so entstehende Reihe von Näherungswerten $\frac{1}{1}, \frac{3}{2}, \frac{7}{5}, \frac{17}{12}$ und die Verwendung unseres Satzes zu ihrer Herleitung wäre nach Proklos (Kommentar zu Platons Politeia) pythagoreisch.

II, 11. Die quadratische Gleichung $a(a-x) = x^2$ wird mit Hilfe von II, 6 konstruktiv gelöst. Dieselbe Aufgabe wird als stetige Teilung VI, 30 nochmals behandelt. Da die Konstruktion des regelmäßigen Fünfecks (IV, 11) den Pythagoreern wohl mit Recht zugeschrieben wird, müssen sie die Lösung unserer Aufgabe gekannt haben. Hiergegen ist allerdings eingewandt worden, daß noch Eudoxos (um 370) über den „Schnitt" geschrieben hat; und dieser Schnitt sei der „goldene" gewesen.

II, 12. $a^2 = b^2 + c^2 + 2b(-c \cos \alpha)$.

II, 13. $b^2 = a^2 + c^2 - 2a(c \cos \beta)$. Die unnötige Einschränkung auf spitzwinklige Dreiecke sucht schon ein altes Scholion dadurch wegzudeuten, daß es annimmt, der Ausdruck spitzwinklig sei hier nicht im Sinne von I, Def. 21 gemeint. Euklid selbst gibt Data 65 einen Satz, der der allgemeinen Fassung entspricht.

II, 14. Die Gleichung $x^2 = ab$ wird gelöst; dieselbe Konstruktion kommt VI, 13 als die der Mittleren Proportionale wieder.

Buch III bringt die Kreislehre; einzelne Eigenschaften des Kreises sind allerdings schon im ersten Buch benutzt worden.

III, Def. 1 hätte sich auf Grund von I, Def. 15 durch Deckung beweisen lassen.

III, Def. 2. Euklid definiert also die Tangente nicht als Grenzlage der Sekante.

III, Def. 3 scheidet noch nicht zwischen äußerer und innerer Berührung; überhaupt werden im Anfang dieses Buches ähnlich wie im ersten Anordnungseigenschaften mehrfach der Anschauung entnommen.

III, Def. 11. Eine allgemeine Definition der Ähnlichkeit wird auch im VI. oder XI. Buch nirgends gegeben.

III, 1. Daß die Mittelsenkrechte auf der Sehne den Kreis in 2 Punkten schneidet, wird der Anschauung entnommen; daß auf ihr kein zweiter Punkt als Mittelpunkt in Frage kommt, wird als selbstverständlich übergangen.

III, 4 übergeht triviale weitere Fälle.

III, 6. Die Figur auch für den Fall äußerer Berührung zu zeichnen, unterläßt Euklid, da der Widersinn noch offensichtlicher wäre.

III, 7. Daß $\angle\, BEF > CEF$, wenn $\angle\, BFE < CFE$, läßt sich folgendermaßen beweisen: Wäre $\angle\, BEF < CEF$, so müßte der Strahl EB die Strecke CF schneiden, etwa in L. Dann wäre $\angle\, ELC > EFL$ (I, 16), ferner, weil $EF < EC$, auch $\angle\, EFL > ECL$ (I, 18), folglich $\angle\, ELC > ECL$ und folglich auch $EC > EL$ (I, 19). Da nun $EB = EC$, ist dann $EB > EL$, d. h. der Strahl FC schnitte EB, es wäre $\angle\, CFE < BFE$ gegen die Voraussetzung.

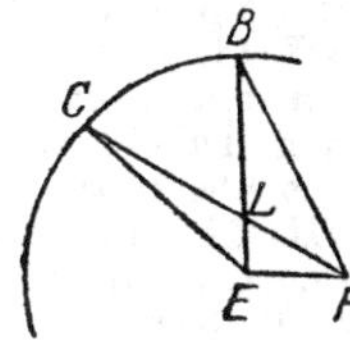

Fig. 102.

Für den letzten Teil des Satzes findet sich auch ein zweiter Beweis, der nach I, 8 folgert, daß $\angle\, KEF = HEF$ sein müßte.

III, 8. Daß, wenn DE dem Durchmesser näher liegt, die Strahlen MF und ML im Winkel EMK liegen, entnimmt Euklid der Anschauung. Beweisen läßt es sich, wenn man die nicht definierten Ausdrücke „hohl“ und „erhaben“ dadurch erklärt, daß die Geraden von D aus mit den zugehörigen Radien spitze bzw. stumpfe Winkel bilden, folgendermaßen: Strahl DE schneidet, da $\angle\, ADE < ADF$, die Strecke MF, etwa in P. Also ist $MP < MF$, auch $< ME$ und $< MK$. Daher ist in den Dreiecken MPE und MPK stets der Winkel bei P größer als der bei E oder K (I, 18), dieser kann also nicht stumpf sein (I, 32). Da die 4 Punkte D, K, P, E auf einer Geraden liegen, der Nebenwinkel eines spitzen Winkels aber stumpf ist (I, 13), muß der spitze Winkel MED mit dem spitzen Winkel MEP identisch, der stumpfe Winkel MKD aber das Supplement des spitzen Winkels MKP sein, d. h. EP ist nach D hin, KP von D weg gerichtet, P liegt zwischen E und K, Strahl MF liegt im Winkel EMK, ebenso ML.

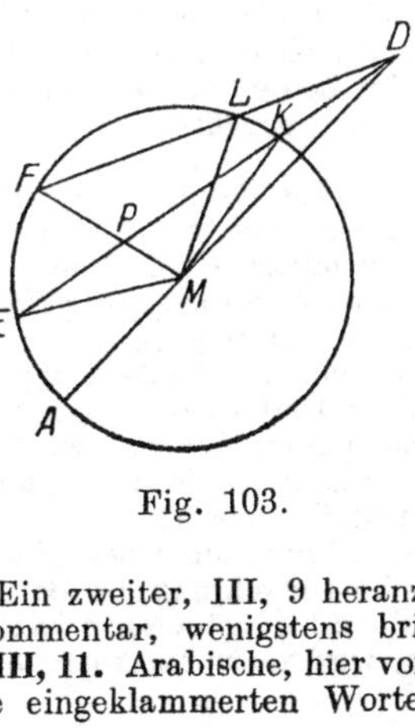

Fig. 103.

Für den letzten Teil des Satzes findet sich auch hier ein zweiter, I, 8 benutzender Beweis.

III, 9. Ein zweiter, indirekter Beweis fußt auf III, 7.

III, 10. Daß AC, NO einander schneiden, folgt aus der Parallelentheorie des ersten Buches und III, 2.

Ein zweiter, III, 9 heranziehender Beweis stammt aus Herons Kommentar, wenigstens bringt ihn An-Nairizi als heronisch.

III, 11. Arabische, hier vorzuziehende Tradition hat im Lehrsatz die eingeklammerten Worte ebensowenig wie im Beweis einen (fortgelassenen) Exkurs über den Fall, daß *F* zwischen *G* und *H* liegt, und bringt statt des ganzen Satzes **III, 12,** der nach An-Nairizi von Heron stammt, die von mir unter Buchstabenanpassung angefügte Schlußbemerkung.

Euklid wird sich mit der Ausführung des Beweises in einem Falle begnügt haben. Daß hier der kleine Kreis ganz innerhalb des großen liegt, *D* zwischen *G* und *H*, läßt sich aus III, Def. 3 mit Heranziehung von III, 10 folgern.

III, 13. In der überlieferten Figur ist *A C K* als Kreis gezeichnet; nach dem Text muß die Figur aber ursprünglich etwa so ausgesehen haben, wie sie hier geändert ist, falls der zweite Teil nicht überhaupt unecht ist.

III, 14. Die Heranziehung von I, 47 dient der Umgehung des Kongruenzsatzes *S S W*; noch deutlicher tritt dieser Zweck in IV, 12 hervor.

III, 15. Die ungenaue Ausdrucksweise der Ekthesis wird in der Konstruktion verbessert.

Der Beweis dafür, daß $\angle\, MEN > FEG$, läßt sich ähnlich ergänzen, wie bei III, 8 geschehen.

III, 16. Daß sich zwischen die Tangente (III, Def. 2) und den Kreis keine weitere Gerade nebenhineinziehen läßt, macht jene erst zur Grenzlage der Sekante. Die zweite Formulierung dieser Tatsache gibt Euklid wohl nur als Rest eines älteren Systems, das mit gemischtlinigen Winkeln wirklich arbeitete. Speziell über die Natur des Winkels zwischen Kreis und Tangente — es liegt gar kein Richtungsunterschied, sondern ein Krümmungsunterschied vor — hat man sich im Altertum und in der Renaissancezeit heftig gestritten.

III, 20. Da Euklid keine Winkel ≥ 2 R. anerkennt, gilt der Beweis nur für spitze Peripheriewinkel; also ist auch III, 21, obwohl allgemein ausgesprochen, zunächst nur für spitze Peripheriewinkel bewiesen. In III, 22 läßt sich dagegen stets so bezeichnen, daß der Beweis nur spitze Peripheriewinkel benutzt; und hieraus läßt sich dann die Lücke im Beweis von III, 21 ausfüllen. Eine direkte Ergänzung hat Heron gegeben.

III, 24. Deckungsbeweis!

III, 26. Die Gleichwertigkeit der Voraussetzungen — allerdings wäre der Fall stumpfer Peripheriewinkel abweichend zu behandeln — wird als aus III, 20 unmittelbar folgend nicht erwähnt. Die Gleichheit der Bogen ähnlicher Abschnitte gleicher Kreise läßt sich dem Beweise von III, 24 entnehmen.

III, 31. Der erste Teil wird auf Grund einer Angabe des Diogenes Laertios (um 250 n. Chr.) oft als Satz des Thales bezeichnet. Ein III, 20 benutzender zweiter Beweis ist wie ein Zusatz, der feststellt, daß ein Dreieckswinkel, der der Summe der beiden anderen gleich ist, ein Rechter sein muß, jedenfalls unecht.

III, 35. Den Fall, daß nur eine der Sehnen durch den Mittelpunkt geht, übergeht Euklid, ebenso die Umkehrung des Satzes.

III, 36. Die unmittelbare Folgerung, daß bei mehreren Sekanten die Rechtecke einander gleich werden, wird nicht ausgesprochen.

Anmerkungen zu Buch IV—VI

Buch IV bringt die Lehre von den regelmäßigen Vielecken. Nach Scholien wäre der ganze Inhalt des Buches pythagoreisch.

IV, Def. 1 wird wie die folgende nirgends gebraucht, ist also wohl Rest einer älteren Darstellung.

IV, 4. Daß sich alle 3 Winkelhalbierenden in einem Punkte treffen, wird nicht ausgesprochen. Die anbeschriebenen Kreise zu erwähnen, lag keine Veranlassung vor, vielleicht kannte man sie auch nicht.

IV, 5. Wenn das Dreieck nur 2 spitze Winkel enthält, sind deren Scheitel als mit B, C bezeichnet zu denken.

IV, 9. Statt EB, EA haben die Handschriften EA, EB, wohl durch einen alten Schreibfehler.

IV, 10. Auffällig ist das Fehlen eines Hinweises darauf, daß das Bestimmungsdreieck des Zehnecks vorliegt; unbekannt braucht dies darum noch nicht gewesen zu sein. Wegen der regelmäßigen Körper war das Fünfeck wichtiger als das Zehneck; auch das regelmäßige Dreieck wird ja nicht aus dem Sechseck gewonnen.

IV, 16. Die Konstruktion galt Heron, wohl nach alter Überlieferung, als für die Astronomie wichtig; die Schiefe der Ekliptik, die damals etwas größer war als heute, wurde $360^0/15$ gleichgesetzt, auch wohl noch, als schon genauere Messungen existierten.

Die Behandlung weicht dadurch, daß eine Art Analysis gegeben wird, übrigens auch durch die Benutzung des Wortes Kreis für den Umfang, vom Gewohnten ab. Sollte es sich um einen Zusatz handeln, so müßte er vor Herons Zeit erfolgt sein.

Die Planimetrie der Bücher I—IV vermeidet Proportionen auch da, wo wir gewohnt sind, solche zu benutzen. Der Grund ist, daß die Hauptsätze über Proportionen und ihre geometrische Anwendung nur bei Beschränkung auf kommensurable Größen — die aber nicht ausreichen — leicht beweisbar sind; die in Buch VII gebrachte Lehre von den Proportionen der Zahlen gehört hierher.

Buch V gibt die strenge Begründung einer Proportionslehre allgemeiner Größen. Die Sätze selbst sind dabei meist alter Besitz, teilweise wahrscheinlich vorgriechischen Ursprungs. Für die im V. Buch gegebene Darstellung hat Euklid nach Angabe von Scholien eine Vorlage des Eudoxos von Knidos (um 370) benutzt.

Nach der jetzt herrschenden, wesentlich auf P. Tannery zurückgehenden Meinung war der historische Vorgang folgender: Seit Pythagoras, der das Wesen der Dinge in den Zahlen sah, behandelten die Griechen geometrische Probleme vorzugsweise mit Hilfe von Proportionen; diese wurden als Übereinstimmungen von Verhältnissen, die sich als Verhältnisse ganzer Zahlen darstellen ließen, aufgefaßt und begründet, wie es der Elementarunterricht auch heute zu tun pflegt. Die nach der Überlieferung innerhalb der pythagoreischen Schule selbst erfolgte Entdeckung des Irrationalen entzog diesem Verfahren die wissenschaftliche Grundlage. Nach einer Proklos-Stelle (allerdings zweifelhafter Lesung) wäre Pythagoras persönlich der Entdecker; nach G. Junge, H. Vogt, Eva Sachs und E. Frank lägen die Anfänge erst um 400; doch führt Zeuthen gewichtige Gründe für eine längere Dauer der Entwicklung an. Versuche, durch Einführung des Unendlichkleinen als gemeinschaftlichen Maßes inkommensurabler Größen die Lücke zu schließen, wurden in Paradoxien nach Art des Zenonischen „Achilleus" verwickelt. So mußte man suchen, die wesentlichen elementaren geometrischen Sätze ohne Proportionen herzuleiten; dies gelang durch Ausbau der Flächenlehre; der Euklidische Beweis des Pythagoras ist ein Beispiel; andererseits suchte man die Lehre von den Verhältnissen auf neue Grundlagen zu stellen; dies hat Eudoxos getan.

V, Deff. 1, 2 setzen den nur bei speziellen Größen, wie Strecken und Winkeln, auf Kongruenz zurückführbaren Begriff des Messens allgemein voraus. Ersetzung von „Größe" durch „Zahl" gibt VII, Deff. 3, 5.

V, Def. 3 paßt schlecht zu der mathematischen Schärfe der folgenden Definitionen; doch gibt die Überlieferung keinen Anlaß, sie für unecht zu halten. Ein Verhältnis zwischen Fläche und Strecke wird freilich durch sie ausgeschlossen, ohne Def. 4 aber noch nicht ein Verhältnis etwa zwischen den Teilen, in die der Kreis den Winkel zwischen Tangente und Berührungsradius teilt.

V, Def. 4. Die Bezeichnung verwandter Stetigkeitspostulate als „archimedisch" ist also unhistorisch, wenn hier auch der ausdrückliche Hinweis darauf, daß z. B. Strecken und Flächen unter diesen Größenbegriff fallen, vermißt wird.

V, Def. 5. $a : b = c : d$, wenn stets zugleich $\varkappa a \gtreqless \lambda b$ mit $\varkappa c \gtreqless \lambda d$ bei jeder Wahl der natürlichen Zahlen $\varkappa$, λ. Die Verhältnisse kommensurabler und inkommensurabler Größen werden gleichmäßig umfaßt.

Mit Heranziehung moderner Begriffe (R. Dedekind, Stetigkeit und irrationale Zahlen, Braunschweig 1872) kann man den Inhalt der Definition formulieren: $a : b$ trennt die unendliche Menge der positiven rationalen Zahlen $\frac{\lambda}{\varkappa}$ in solche, die $\varkappa a \geqq \lambda b$ ergeben, und solche, die $\varkappa a < \lambda b$ ergeben. Der Schnitt definiert die — rationale oder irrationale — „Zahl" $\frac{a}{b}$. Def. 5 besagt: $\frac{a}{b} = \frac{c}{d}$, wenn der Schnitt derselbe ist; Def. 7 besagt: $\frac{a}{b} > \frac{c}{d}$, wenn der erste Schnitt höher liegt als der zweite. Ungriechisch ist hier nur die Identifikation von Verhältnissen und „Zahlen" auf Grund der Isomorphie.

Die Isomorphie ist darin tatsächlich nicht weit genug verfolgt, daß ein — z. B. V, 18 und XII, 2 gebrauchter — allgemeiner Beweis für die Existenz der Vierten Proportionalen fehlt; VI, 12 reicht nicht aus, schon weil die Glieder nicht immer sämtlich gleichartig sind. Die Lücke ist z. B. bei Clavius (Euclidis Elem., 4. Aufl., Frankfurt 1607) direkt durch ein Axiom ausgefüllt. Darin, daß ganze Zahlen nicht jedes in Größen mögliche Verhältnis zulassen, Zahlen für Euklid also nicht Größen sind, liegt mit der Grund für die Wiederholung der Proportionenlehre im VII. Buch.

An einfachen Tatsachen, die unmittelbar aus dieser Definition folgen, benutzt Euklid mehrere, ohne sie erst in Sätze zu formulieren, so, daß mit $a:b = c:d$ stets ist: 1. $c:d = a:b$, 2. $b:a = d:c$, 3. $c = d$, wenn $a = b$.

V, Def. 7. $a:b > c:d$, wenn zugleich $\varkappa a > \lambda b$ mit $\varkappa c \leqq \lambda d$ bei Existenz auch nur eines Paares passender natürlicher Zahlen $\varkappa$, λ; vgl. Anm. zu Def. 5.

Während aus den Definitionen unmittelbar hervorgeht, daß ein Verhältnis nicht zugleich größer als ein anderes und doch dasselbe sein kann, bedarf die Tatsache, daß es nicht zugleich größer und kleiner sein kann, eines Beweises; vgl. Anm. zu V, 10.

Einige Handschriften lassen hier, einige nach Def. 3 eine Definition der Proportion als Ähnlichkeit oder Identität der Verhältnisse folgen.

V, Def. 8. $a:b = b:c$; die Bezeichnungen Mittlere und Dritte Proportionale, die ohne besondere Einführung benutzt werden, beziehen sich stets auf eine stetige Proportion.

V, Def. 9. Wenn $a:b = b:c$, schreiben wir $a:c = (a:b)^2$; „ratio duplicata". Es handelt sich um einen Spezialfall des VI, 23 benutzten „zusammengesetzten Verhältnisses".

V, Def. 10. Wenn $a:b = b:c = c:d$, schreiben wir $a:d = (a:b)^3$; „ratio triplicata".

V, Def. 11. In $a:b = c:d$ entsprechen sich also a und c, andererseits b und d. Wo Euklid von entsprechenden Größen spricht, setzt er das Bestehen einer Proportion voraus, so daß es sich um proportionale Größen handelt, z. B. VI, 20.

V, Def. 12. In $a:b = c:d$ die Verhältnisse $a:c$ und $b:d$; „ratio alterna" oder „permutata". Hier muß Gleichartigkeit aller 4 Glieder vorausgesetzt werden, nicht nur von a mit b und von c mit d. Die Anwendung beruht auf V, 16.

V, Def. 13. In $a:b = c:d$ die Verhältnisse $b:a$ und $d:c$; „ratio inversa". Den die Verwendung des Begriffs z. B. in V, 20 ermöglichenden Satz bringt nur ein vermutlich unechter Zusatz bei V, 7; vgl. Anm. zu V, Def. 5.

V, Def. 14. In $a:b = c:d$ also $(a+b):b$ und $(c+d):d$; „compositio rationis". Die Anwendung beruht auf V, 18.

V, Def. 15. In $a:b = c:d$ also $(a-b):b$ und $(c-d):d$; normalerweise übertrifft das Vorderglied das zugehörige Hinterglied; „divisio rationis". Die Anwendung beruht auf V, 17.

V, Def. 16. In $a:b = c:d$ also $a:(a-b)$ und $c:(c-d)$; „conversio rationis". Der Zusatz bei V, 19, der die Anwendung des Begriffs ermöglichen würde, ist wahrscheinlich unecht.

V, Def. 17. Die Übereinstimmung im Verhältnis über gleiches weg, „ex aequo“ oder „ex aequalitate“, d. h. daß $a : d = a' : d'$, wenn $a : b = a' : b'$, $b : c = b' : c'$, $c : d = c' : d'$, erhält nur ihren Namen hier, bewiesen wird sie V, 22.

Bei diesen Reihen spricht eine von Heiberg als unecht weggelassene Definition von „geordneter Proportion“.

V, Def. 18. $a : b = b' : c'$, $b : c = a' : b'$; hieraus wird V, 23 gefolgert, daß $a : c = a' : c'$; „proportio perturbata“.

Bei Erläuterung der **Sätze des V. Buches** werden im folgenden Größen durch lateinische Buchstaben, ganze Zahlen durch griechische bezeichnet werden, Messungen durch den Bruchstrich, Verhältnisse durch den Doppelpunkt.

Euklid erwähnt nicht besonders, welche Sätze Gleichartigkeit aller auftretenden Größen voraussetzen, und welche es nicht tun.

V, 1. Aus $\varkappa = \frac{a}{e} = \frac{c}{f} = \cdots$ folgt $\frac{a + c + \cdots}{e + f + \cdots} = \varkappa = \frac{a}{e}$. Wie in II, 1 handelt es sich um einen Fall des distributiven Gesetzes der Multiplikation; die additiven Eigenschaften sind wie die der Anordnung für Größen schon bei den Definitionen vorausgesetzt.

V, 2. Aus $\varkappa = \frac{a}{c} = \frac{d}{f}$, $\lambda = \frac{b}{c} = \frac{e}{f}, \cdots$ folgt $\frac{a + b + \cdots}{c} = \frac{d + e + \cdots}{f} = \varkappa + \lambda + \cdots$.

V, 3. Aus $\varkappa = \frac{a}{b} = \frac{c}{d}$, $\lambda = \frac{e}{a} = \frac{g}{c}$ folgt $\frac{e}{b} = \frac{g}{d} = \varkappa\lambda$.

V, 4. Aus $a : b = c : d$, $\varkappa = \frac{e}{a} = \frac{f}{c}$, $\lambda = \frac{g}{b} = \frac{h}{d}$ folgt $e : g = f : h$ oder $\varkappa a : \lambda b = \varkappa c : \lambda d$. Modern: Multiplikation einer reellen Zahl mit einer rationalen gibt ein von der Darstellung der reellen Zahl unabhängiges Resultat.

V, 5. Aus $\varkappa = \frac{a}{c} = \frac{e}{f}$ folgt $\frac{a - e}{c - f} = \frac{a}{c} = \varkappa$. Der Beweis setzt die Existenz des $\varkappa$ten Teils einer beliebigen Größe voraus; diese Forderung hätte sich jedoch durch Abänderung der Konstruktion, Ansetzen an BA statt an DC, umgehen lassen.

V, 6. Aus $\varkappa = \frac{a}{e} = \frac{c}{f}$, $\lambda = \frac{g}{e} = \frac{h}{f}$ folgt $\frac{a - g}{e} = \frac{c - h}{f} = \varkappa - \lambda$.

V, 7. Ähnlich wäre allgemeiner zu beweisen: aus $a = b$, $c = d$ folgt $a : c = b : d$.

Der Zusatz: Aus $a : b = c : d$ folgt $b : a = d : c$ paßt weder hierher noch an die Stelle, wo einige Manuskripte ihn stattdessen bringen, nach V, 4; vgl. Anm. zu V, Def. 5.

V, 8. Aus $a > c$ folgt bei beliebigem d, daß $a : d > c : d$ und $d : c > d : a$; modern: bei Festhalten der Einheit wird die Maßzahl monoton steigende Funktion der Größe, die reziproke Maßzahl monoton fallende.

Daß, wenn die gegebenen Größen Verhältnisse haben, gleiches (V, Def. 4) auch für ihre Differenzen zutrifft, wird ohne Begründung benutzt.

V, 9. Aus $a : c = b : c$ oder $c : a = c : b$ folgt $a = b$.

V, 10. Aus $a : c > b : c$ oder $c : b > c : a$ folgt $a > b$.

Darauf, daß die Unverträglichkeit von $a : c < b : c$ mit $a : c > b : c$ eines Beweises bedarf, hat wohl zuerst R. Simson, dessen englische Euklidübersetzung erstmalig 1756 in Glasgow erschien, hingewiesen. Der Beweis läßt sich etwa folgendermaßen führen: Daß zugleich $a : c > b : c$ und $b : c > a : c$, würde die Existenz von vier ganzen Zahlen $\varkappa$, λ, μ, ν bedingen, so daß zugleich $\varkappa a > \lambda c$, $\varkappa b \leqq \lambda c$, $\mu b > \nu c$, $\mu a \leqq \nu c$. Hieraus ergäbe sich der Widerspruch:

$$\varkappa \nu c \begin{matrix} \geqq \varkappa \mu a > \\ < \varkappa \mu b \leqq \end{matrix} \lambda \mu c.$$

V, 11 entspricht Ax. 1, muß aber bewiesen werden. Aus $a : b = c : d$ und $c : d = e : f$ folgt $a : b = e : f$.

V, 12. Aus $a : b = c : d = e : f = \cdots$ folgt $a : b = (a + c + e + \cdots) : (b + d + f + \cdots)$.

V, 13. Aus $a : b = c : d$, $c : d > e : f$ folgt $a : b > e : f$.

V, 14. Je nachdem $a \gtreqqless c$ in $a : b = c : d$, ist $b \gtreqqless d$. Der Beweis für den Fall der Gleichheit ist indirekt zu führen.

V, 15. Aus $\varkappa = \frac{a}{c} = \frac{d}{f}$ folgt $c : f = a : d$.

V, 16. Aus $a : b = c : d$ folgt $a : c = b : d$ — natürlich nur bei Gleichartigkeit aller Glieder. Dann hat man jetzt die Möglichkeit, der Proportion ihre 8 Formen zu geben, auch aus V, 12 alle Formen der korrespondierenden Addition herzuleiten.

V, 17. Aus $a : e = c : f$ folgt $(a - e) : e = (c - f) : f$; Subtraktion der 1. Die bei Heiberg fehlende Figur ist nach dem Text ergänzt.

V, 18. Aus $a : e = c : f$ folgt $(a + e) : e = (c + f) : f$; Addition der 1. Die Forderung der Existenz der Vierten Proportionalen (vgl. Anm. zu V, Def. 5) läßt sich bei direkter Beweisführung vermeiden.

V, 19. Aus $a : c = e : f$ folgt $(a - e) : (c - f) = a : c$.

Der Zusatz, vermutlich eine frühe Einschiebung, besagt: aus $a : b = c : d$ folgt $a : (a - b) = c : (c - d)$; sein Beweis für den allgemeinen Fall, der nur paarweise Gleichartigkeit der Glieder voraussetzt, würde aus V, 17 und 18 folgen. Jedenfalls unecht ist ein weiterer, von Vielfachen handelnder Zusatz, der gestrichen wurde.

V, 20. Je nachdem $a \gtreqqless c$, folgt aus $a : b = d : e$, $b : c = e : f$, daß $d \gtreqqless f$.

V, 21. Je nachdem $a \gtreqqless c$, folgt aus $a : b = e : f$, $b : c = d : e$, daß $d \gtreqqless f$.

V, 22. Aus $a : b = d : e$, $b : \cdots : c = e : \cdots : f$ folgt $a : c = d : f$. Sobald die Existenz der Vierten Proportionalen feststeht, besagt der Satz, daß Multiplikation und Division reeller Zahlen eindeutige Resultate ergeben.

V, 23. Aus $a : b = e : f$, $b : c = d : e$ folgt $a : c = d : f$; wie Zeuthen bemerkt, handelt es sich um das kommutative Gesetz der Multiplikation.

Einige der Manuskripte bringen auch einen kürzeren Beweis, der durch Heranziehung von V, 4 die Benutzung von V, 16 vermeidet, also nicht Gleichartigkeit aller 6 Glieder fordert.

V, 24. Aus $a : c = d : f$, $b : c = e : f$ folgt $(a + b) : c = (d + e) : f$; Addition reeller Zahlen.

V, 25. Aus $a > c > f$ und (V, 14) $a > e > f$ folgt, wenn $a : c = e : f$, daß $a + f > c + e$; für $c = e$ würde speziell folgen, daß das Arithmetische Mittel zweier Größen stets größer ist als ihr Geometrisches Mittel; vgl. VI, 27.

Buch VI enthält die geometrische Anwendung des vorhergehenden, die Ähnlichkeitslehre und die allgemeine Flächenanlegung.

VI, Def. 1 ist natürlich so gemeint, daß die Seiten in geordneter Proportion (Anm. zu V, Def. 17) stehen, so daß die hierneben gezeichneten Sechsecke nicht unter den Begriff fallen. Auf die Notwendigkeit einer derartigen Ergänzung scheint vor J. H. van Swinden (Elemente der Geometrie; deutsch von C. F. A. Jacobi, Jena 1834) niemand hingewiesen zu haben. Den Existenzbeweis bringt VI, 18.

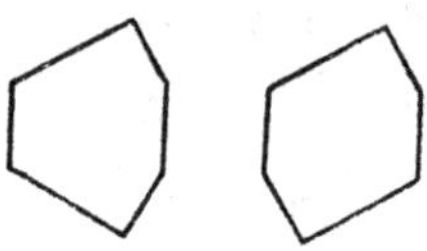

Fig. 77.

VI, Def. 2 wird nirgends benutzt; nur von umgekehrt proportionalen Seiten spricht Euklid unter Verwendung desselben Wortes, das hier mit reziprok übersetzt wurde (VI, 14, 15). Der Sinn des dunklen, übrigens zweifelhaften Wortlauts der vielleicht von Heron eingefügten Definition muß $a : b' = b : a'$ sein.

VI, Def. 3. Der griechische Text spricht von einer Teilung „nach äußerem und mittlerem Verhältnis", d. h. wohl einer, bei der die Teile äußeres und mittleres Glied einer dreigliedrigen Proportion sind, deren anderes äußeres Glied die ganze Strecke ist. Die Bezeichnung als Goldener Schnitt ist modern.

VI, Def. 5 ist wahrscheinlich unecht, möglicherweise aber ein Rest aus einer Proportionenlehre, die älter ist als die des V. Buches. Wo, wie in VI, 23, der Begriff gebraucht wird, beruht er auf V, 22; $a : c$ heißt aus $d : e$ und $f : g$ zusammengesetzt, wenn eine Größe b existiert so, daß $d : e = a : b$, $f : g = b : c$.

VI, 1. Der für bequemste Lage geführte Beweis läßt sich für die anderen Fälle leicht ergänzen.

VI, 3. Den entsprechenden Satz über die Halbierende des Außenwinkels hat Euklid nicht aufgenommen; bekannt wird er gewesen sein; der sogenannte Kreis des Apollonios findet sich schon bei Aristoteles erwähnt.

VI, 5. Überkreuzte Proportion $a : b : c = \frac{1}{f} : \frac{1}{e} : \frac{1}{d}$ ist natürlich nicht gemeint.

VI, 7. Die den gleichen Winkeln gegenüberliegenden Seiten müssen in der Proportion einander entsprechen; vgl. ferner Anm. zu I, 26.

VI, 8. Schon einem Scholiasten ist aufgefallen, daß der Text hier (übrigens auch VI, 18) von Euklids Gewohnheit abweicht, entsprechende Proportionsglieder stets aus verschiedenen Figuren zu nehmen. Nimmt man hinzu, daß in der Übersetzung des Campanus diese aus VI, 4 ohne weiteres folgenden Teile fehlen, so erscheint Simsons Ansicht, der Beweis liege nicht in der ursprünglichen Form vor, einleuchtend.

VI, 12. $a : b = c : x$; die Aufgabe ist, wenn VI, 16 hinzugezogen wird, mit I, 44 gleichwertig.

Für Strecken ist hiermit der V, Def. 5 beliebig anwendbar machende Existenzbeweis geliefert. Dabei ist die Stetigkeit der Geraden, etwa das V, Def. 4 ergänzende Axiom von G. Cantor (Math. Ann. 5, 1872) vorausgesetzt.

VI, 13. Dieselbe Konstruktion wie II, 14.

VI, 16. Aus $a : c = e : f$ folgt $af = ce$, und umgekehrt. Mit diesem, freilich nur für Strecken bewiesenen Satz, einem Spezialfall von VI, 14, ist der Zusammenhang zwischen der Geometrischen Algebra des II. Buches und der Proportionslehre des V. Buches hergestellt.

VI, 18. Ähnliche Lage bedeutet bei Euklid nur, daß die Aufgabe vorschreibt, welcher Seite der gegebenen Figur die gegebene Strecke entsprechen soll. Die stillschweigende Benutzung von V, 16 (vgl. Anm. zu VI, 8) kürzt den Beweis erheblich ab.

VI, 19. Die von Theon abhängigen Manuskripte haben im Zusatz Dreieck statt Figur (Gestalt), bringen die allgemeine Fassung mit begründender Einleitung als zweiten Zusatz hinter VI, 20. Da sie logisch dorthin gehört, möchte ich, wenn wirklich, wie Heiberg annimmt, Kodex *P* auch hier die älteste Fassung und Reihenfolge bringt, vermuten, daß eine frühe Einschiebung aus dem Beweis von VI, 25 vorliegt.

VI, 20. Euklid vermeidet im Beweis dafür, daß ähnliche Vielecke sich wie entsprechende Teildreiecke verhalten, die Benutzung von Verhältnispotenzen. Die Manuskripte geben noch einen früh angefügten zweiten Beweis, der mit diesem Begriff arbeitet und so wesentlich kürzer wird. Wegen eines zweiten Zusatzes vgl. Anm. zu VI, 19.

VI, 22. Eine Lücke im Beweis nachträglich durch einen Hilfssatz auszufüllen, ist nicht Euklids Art. Die wohl kürzer auf VI, 20, Zus. zu stützende Ergänzung ist vor Theons Zeit erfolgt; verwandte Ergänzungen wären notwendig in VI, 28, 29; vgl. auch Anm. zu I, 48.

VI, 23. Vgl. Anm. zu VI, Def. 5.

VI, 25. Nach Plutarch (um 100 n. Chr.) hätte schon Pythagoras die Aufgabe, die ja bei der allgemeinen Flächenanlegung (VI, 28, 29) Verwendung findet, gelöst.

VI, 27. Die Ausdrucksweise ist mit Rücksicht auf die folgende Aufgabe, deren Determination hier gegeben wird, gewählt; vgl. Anm. zu V, 25. Der gebrachte Beweis beschränkt sich auf den Fall $AK > AC$; die Manuskripte geben auch den analogen Beweis für den zweiten Fall, der nach Heiberg wahrscheinlich von Heron stammt.

VI, 28 und 29. Proklos berichtet in seinem Kommentar zu I, 44 unter Berufung auf Eudemos, daß nicht nur die dort behandelte einfache Flächenanlegung (Parabole), sondern auch die hier vorliegende Aufgabe der Flächenanlegung mit Fehlen (Elleipsis) und mit Überschuß (Hyperbole) zuerst von den Pythagoreern gelöst worden sei. Diese Aufgaben sind das geometrische Äquivalent der quadratischen Gleichung mit allgemeinen Koeffizienten.

Man weiß heute durch neuere Arbeiten, insbesondere von O. Neugebauer, daß das algebraische Lösungsverfahren den Babyloniern schon zur Zeit Hammurapis (um 2000 v. Chr.) bekannt war. Die allgemeine Begründung, die, solange man noch keine Buchstabenrechnung besaß, nur geometrisch sein konnte, ist für den Koeffizienten 1 des quadratischen Gliedes schon in II, 5 und 6 enthalten (vgl. Anm.). Da man aber z. B. bei den quadratischen Konstruktionen, die zum Aufbau der Theorie der regelmäßigen Körper (Buch XIII) notwendig sind, mit rationalen Koeffizienten nicht auskommt, mußte das Problem vollständiger, als dort möglich gewesen wäre, behandelt werden.

Setzen wir hier $AB = r$ und in D das Verhältnis Länge zu Breite $= r:t$, also, wenn wir — was keine algebraische Einschränkung bedeutet — mit Rechtecken arbeiten, $EG = \frac{t}{2}$, und $AT = x$, so verlangt VI, 28, man solle x so bestimmen, daß $C = \left(r - \frac{rx}{t}\right) \cdot x$. Von den Wurzeln $x = \frac{t}{2} \pm \sqrt{\frac{t^2}{4} - \frac{tC}{r}}$ dieser quadratischen Gleichung wird die kleinere folgendermaßen konstruiert: Man verschafft sich $EBFG - C = \frac{r}{2} \cdot \frac{t}{2} - C$, muß, um VI, 25 anwenden zu können, diese Fläche zunächst nach I, 45 etwa in ein Rechteck von der Breite $\frac{t}{2}$ verwandeln, dann zwischen seiner Länge und $\frac{r}{2}$ die Mittlere Proportionale finden, d. h. $LM = \sqrt{\frac{r}{2} \cdot \frac{\frac{r}{2} \cdot \frac{t}{2} - C}{\frac{t}{2}}}$, hieraus $KL = \frac{t}{r} LM$ und $AT = EG - KL$;

d. h. man konstruiert $x = \frac{t}{2} - \frac{t}{r} \sqrt{\frac{r}{2} \cdot \frac{\frac{r}{2} \cdot \frac{t}{2} - C}{\frac{t}{2}}}$.

Daß Euklid die zweite Lösung, die z. B. als Ergänzungsparallelogramm in der nach oben verdoppelten Figur auftreten würde, nicht gekannt hätte, ist nicht anzunehmen; der zweite Fall galt wohl als weniger wichtig.

Entsprechend ist auch das Verfahren in VI, 29.

Setzt man $C = y^2$, so erhält man für einfache Parabole, Elleipsis, Hyperbole die Gleichungen

$$y^2 = r\,x,\quad y^2 = r\,x - \frac{r}{t}\,x^2,\quad y^2 = r\,x + \frac{r}{t}\,x^2,$$

d. h. die Scheitelgleichungen der von Apollonios wegen dieses Zusammenhanges benannten Kegelschnittformen, wo r das „latus rectum“ $\left(\text{bei rechtwinkligen Koordinaten } 2\,p = 2\,\frac{b^2}{a}\right)$ und t das „latus transversum“ ($2a$) bezeichnet.

VI, 30 will das schon II, 11 kürzer behandelte Problem in die allgemeine Behandlung der Flächenanlegung einordnen; eine Stützung auf II, 11, wie sie ein unechter zweiter Beweis gibt, wäre also nicht angebracht. Auf verschiedene Vorlagen weisen wohl auch sprachliche Unterschiede.

VI, 31 nimmt Proklos für Euklid persönlich in Anspruch, den Satz wohl kaum mit Recht. Ein jedenfalls unechter zweiter Beweis führt mittels VI, 20 auf I, 47 zurück.

VI, 33. Die Bemerkung im Lehrsatz über Sektoren, deren Beweis weggelassen wurde, ist ein Zusatz von Theon, wie dieser in seinem Ptolemaios-Kommentar selbst angibt.

Gehen die Winkelvielfachen über 2 R. hinaus, so entstehen Ausdrucksschwierigkeiten; sachlich ändert sich nichts wesentliches.

Anmerkungen zu Buch VII—IX

Zwischen die Planimetrie und die den Hauptinhalt der 3 letzten Bücher bildende Stereometrie schiebt Euklid die elementare Zahlentheorie der Bücher VII—IX und das von irrationalen Größen handelnde X. Buch ein. Für das System der Geometrie haben nur einige Sätze des X. Buches Bedeutung; von dem Satze X, 1, der ebensogut im V. Buche hätte gebracht werden können, abgesehen, stützen diese sich auf arithmetische Sätze des VII. und z. T. des VIII. Buches, während vom Schluß des VIII. Buches und vom IX. vieles fehlen dürfte; es wird gebracht, weil manches eigenes Interesse bietet. Andererseits enthält das Werk die elementaren arithmetischen Kenntnisse jener Zeit sicher weniger vollständig als die geometrischen.

Während feststeht, daß im X. Buch Euklid Vorarbeiten des Theaitetos (um 380) benutzt hat, Wesentliches auch von ihm selbst herrührt, wissen wir über den Ursprung der „arithmetischen Bücher" im engeren Sinn, VII—IX nur wenig. Manches von dem Material muß früh bekannt gewesen sein. Man hat angenommen, daß Euklid hier im wesentlichen eine in der Pythagoreischen Schule entwickelte Theorie wiedergebe; demgegenüber hat Zeuthen (Oversigt, Akad. Kopenhagen, 1910: Sur la constitution des livres arithmétiques des Éléments) die Vermutung aufgestellt, es sei Theaitetos gewesen, der als erster die arithmetischen Kenntnisse in ein wissenschaftliches System gebracht habe. Da ein durch Boëtius bewahrter Beweis des Archytas (um 390) für die Irrationalität von $\sqrt{1+\frac{1}{n}}$ aber, wie P. Tannery (Mémoires scientifiques III, Toulouse & Paris 1915, pag. 244—250) hervorgehoben hat, eine ähnliche Theorie als Grundlage voraussetzt, ist anzunehmen, daß schon um 400 Elemente der Arithmetik existiert haben. Daß mindestens der erste Teil der arithmetischen Bücher von einer älteren Vorlage abhängig ist, läßt sich auch daraus schließen, daß hier ein anderer Verhältnisbegriff als im V. Buche zugrunde gelegt ist. Nur beim Schluß des IX. Buches hat man Anzeichen dafür, daß es sich um damals moderne Mathematik handelt, also vielleicht um einen auch materiell originalen Beitrag Euklids.

Die überlieferten Figuren ähneln denen von Buch V; sie wären so für das Verständnis fast wertlos; ich habe vorgezogen, bestimmte Zahlenbeispiele in ihnen anzudeuten. Für die Abkürzungen sei auf die Anmerkungen zum I. Buch verwiesen. Da das vollständige Symperasma in den arithmetischen Büchern aber Ausnahme ist, habe ich die Schlußformel — hier auch bei den Aufgaben stets „dies hatte man beweisen sollen" — durch q. e. d. abgekürzt.

Häufiger als in den geometrischen Teilen spricht in den arithmetischen Büchern der Lehrsatz nur allgemein eine Möglichkeit aus, während wesentlich die Art ist, wie dieselbe in den Ausführungen verwirklicht wird.

Von **Buch VII** bringt die erste Hälfte (bis VII, 19) die Grundlegung der Lehre von den Zahlenverhältnissen, die zweite behandelt die Teilbarkeit.

VII, Def. 1. Gemeint ist nicht das Einssein, die Idee der Einheit, die keinen Plural zuließe, sondern das gezählte Ding selbst als Maß, unter Absehen von seinen physischen Eigenschaften.

VII, Def. 2. 1 ist für die Alten keine Zahl; so ist Euklid vielfach zur Unterscheidung mehrerer Fälle gezwungen, wo weitere Fassung des Zahlbegriffs dies überflüssig gemacht hätte.

Die Arithmetik erkennt nur die ganzen Zahlen als Zahlen an, Brüche sind ihr Zahlenverhältnisse, nicht Zahlen. Die Rechenkunst (Logistik) trennt nicht so scharf; Diophant nennt die Unbekannte, deren Wert sich vielfach als gebrochen ergibt, Zahl.

VII, Def. 3. Vgl. V, Def. 1. Die einfachen auf Abzählung (Zuordnung) beruhenden arithmetischen Grundtatsachen werden ohne Formulierung vorausgesetzt.

Obwohl die Definition nur von Zahlen spricht, wird die Einheit als Teil anerkannt.

VII, Def. 4. Der sprachliche Zusammenhang mit der vorangehenden Definition ist so nah, daß wohl auch hier nur die kleinere Zahl in bezug auf die größere gemeint ist; faßt man den Sinn aber stets, wo der Ausdruck gebraucht wird, so eng, so bleiben Lücken; vgl. Anm. zu Def. 20. Wirklich wichtig wäre übrigens nicht, daß „Menge von Teilen", sondern daß „dieselbe Menge von Teilen" erklärt würde; vgl. Anm. zu VII, 4.

VII, Def. 5. Vgl. V, Def. 2.

VII, Deff. 8–10. Heibergs griechischer Text bringt zwischen Def. 9 und Def. 10 noch eine weitere: „Ungerademal gerade ist die, die sich von einer ungeraden Zahl nach einer geraden Zahl messen läßt". In seiner eigenen lateinischen Übersetzung läßt Heiberg sie aber als interpoliert weg und numeriert, wie hier geschehen.

Die Definitionen überschneiden sich teilweise, vgl. IX, 34; eine spätere Zeit hat geglaubt, hier ändern zu müssen; so haben manche der Ausdrücke bei Nikomachos von Gerasa (um 100 n. Chr.) anderen Sinn; eine Verbesserung war die Änderung nicht.

VII, Def. 11. Obwohl dies hier ignoriert wird, wird jede Zahl auch als durch sich selbst meßbar betrachtet.

2 ist für Euklid Primzahl, für Nikomachos nicht.

VII, Def. 15. Die Vertauschbarkeit der Faktoren wird VII, 16 bewiesen, in den folgenden Definitionen aber schon vorweggenommen.

VII, Def. 16. Obwohl die Definition nur von Zahlen als Seiten spricht, wird tatsächlich manchmal auch 1 als solche zugelassen – z. B. VIII, 20 wäre sonst gar nicht richtig.

Durch andere ebene Figuren als Rechtecke darstellbare Zahlen, wie sie Nikomachos bringt, erwähnt Euklid wohl absichtlich nicht, da seiner Terminologie nicht die ebene Anordnung von Punkten, sondern die Darstellbarkeit der Rechtecksfläche als Produkt der Maßzahlen der Seiten zugrunde liegt. Diese Darstellbarkeit wird im II. Buch nur darum nicht erwähnt, weil Rechenvorschriften nicht in die wissenschaftliche Mathematik gehören; sie gilt aber — nicht etwa auf Grund von VI, 23 — von vornherein als feststehend. So dürfen Sätze des II. Buches in IX, 15 auf Produkte angewendet werden; vgl. auch Anm. zu VII, 19.

Trotz dieser Darstellbarkeit als Rechteck wird aber auch die ebene Zahl in den Figuren stets als Strecke gebracht.

VII, Def. 20. Legte man Deff. 3—5 zugrunde, so dürfte weder 1 : 1 noch ein unechter Bruch als Zahlenverhältnis auftreten. Da die Worte aber auch diese Fälle decken können, ist wohl eher die Fassung der Deff. 3—5 als die von Def. 20 als nachlässig zu bemängeln. Zulässig ist freilich auch die andere Ansicht; dann hätte Euklid die Beweise für einen Teil der Fälle immer dem Leser überlassen.

In anderer Hinsicht bedarf die vorliegende Definition allerdings einer Ergänzung; diese ist aus VII, 4 zu entnehmen: „Derselbe Teil oder dieselbe Menge von Teilen" ist so zu verstehen, daß der „Teil" stets das größte gemeinsame Maß ist, das gewonnene Zahlenpaar den fertig gekürzten Bruch bildet.

Dieses Hineinlegen eines schärferen Sinnes in die vorliegende, wohl pythagoreische Fassung der jedenfalls vorgriechischen Ansicht vom Wesen der Proportion und die Ausarbeitung einer wissenschaftlichen Proportionslehre, die auf dem Algorithmus des größten gemeinsamen Maßes ruht, hält Zeuthen für eine Leistung des Theaitetos; seine Gründe möchte ich aber mit Dijksterhuis nicht für zwingend halten.

Das Auftreten gleicher Verhältnisse etwa in ähnlichen Figuren oder bei zusammenklingenden Saiten ist wohl schon in Zeiten, aus denen wir keine Zeugnisse besitzen, beobachtet worden, gedeutet dann jedenfalls als Übereinstimmung von Zahlenverhältnissen. Als die Entdeckung des Irrationalen diese Deutung der Größenverhältnisse unhaltbar machte, trat die im V. Buche gegebene Theorie des Eudoxos an Stelle der alten Lehre — auf die Frage nach etwa noch weiteren Theorien wird beim X. Buch zurückzukommen sein. Obwohl die Zahlen nicht in jeder Hinsicht Größen sind, ließe sich die Lehre von den Zahlenproportionen auf das V. Buch gründen. Euklid hat es nicht getan — nach Zeuthen, weil er die Proportionsform schon bei der Untersuchung der Kürzbarkeit von Brüchen verwenden wollte. Da später aber Proportionen, deren Glieder teilweise Größen, teilweise Zahlen sind, auftreten, mußte der Zusammenhang hergestellt werden. Dies ist nicht ausdrücklich geschehen, doch möchte ich Zeuthens Meinung beipflichten, daß Euklid sich bewußt war, den Zusammenhang durch VII, 19 hergestellt zu haben.

Bei der geringeren Allgemeinheit der hier gegebenen Theorie war es zulässig, gewisse Sätze, die, wo es sich um Größenproportionen handelt, ausdrücklich bewiesen werden müssen, hier als unmittelbare Folge der Definition zu behandeln; speziell gilt dies von V, 7, 9, 11, natürlich auch von den in der Anm. zu V, Def. 5 erwähnten Sätzen.

VII, Def. 22. 1 ist als Teil mitzurechnen; vgl. IX, 36. Daraus, daß der Ausdruck „vollkommene Zahl" in voreuklidischen Schriften nie im definierten Sinn, wohl aber für 10 als $1 + 2 + 3 + 4$ gebraucht wird, läßt sich vielleicht entnehmen, daß der hier bezeichnete Begriff erst aus Euklids Zeit stammt.

Postulate und Axiome zu den arithmetischen Büchern gibt Euklid nicht; doch finden sich solche bei Campanus. Interessant ist dessen 4. Postulat, daß keine Zahl sich ins unendliche vermindern lasse, insofern es eine Ausschließung des Transfiniten bedeutet, den Schluß von n auf $n + 1$ beweisbar macht.

Von den ohne Begründung im folgenden benutzten Tatsachen sind zwei von besonderer Wichtigkeit:

Ist a durch b und b durch c teilbar, so ist a durch c teilbar.

Sind a und b durch c teilbar, so ist $a \pm b$ durch c teilbar.

VII, 1. Ein Teil der Handschriften hat: „Dann lasse $C D$, indem es $A B$ mißt usw." und entsprechend später. Euklids Sprachgebrauch entspricht $B F$ besser als $A B$, insofern messen schlechthin bei ihm messen ohne Rest bedeutet. Der Satz ist ein Spezialfall von

VII, 2. Der Algorithmus des größten gemeinsamen Maßes kehrt als Rationalitätskriterium X, 2 wieder. Die für ihn gebrauchte Bezeichnung „Wechselwegnahme" findet sich bei Aristoteles, und auch die erwähnte Archytasstelle läßt auf Bekanntschaft mit dem Verfahren schließen; so ist die Bezeichnung als „Euklidischer Algorithmus" historisch nicht gerechtfertigt.

Der Zusatz folgt nebenbei aus dem letzten Teil des Beweises.

VII, 3. Euklid nimmt 3 Zahlen als Beispiel für beliebigviele. Heiberg bringt nur eine Figur — daß dieselbe keinem der beiden Fälle genau entspricht, würde noch nicht gegen die Echtheit sprechen; doch kommt der Buchstabe e im Text in zwei Bedeutungen vor.

VII, 4. Scheinbar handelt es sich um eine Wiederholung der in VII, Deff. 3, 4 gegebenen Disjunktion. Tatsächlich liegt der Sinn des Satzes in der Konstruktion, die — modern ausgedrückt — zeigt, daß jeder echte Bruch nur eine reduzierte Form besitzt, und diese finden lehrt. Vgl. Anm. zu VII, Def. 20.

VII, 5—10 bereiten in der Sprache von VII, 4 auf die dann folgenden grundlegenden Sätze über Zahlenproportionen vor.

VII, 11. Aus $a : c = e : f$ folgt $(a - e) : (c - f) = a : c$; vgl. V, 19; im Griechischen bewirkt nur die Verschiedenheit des grammatischen Geschlechts von Größe und Zahl eine Abweichung des Wortlauts.

VII, 12. Aus $a : b = c : d = \cdots$ folgt $a : b = (a + c + \ldots) : (b + d + \ldots)$; vgl. V, 12. Der Satz wird auch auf 1 als Proportionsglied angewendet.

VII, 13. Aus $a : b = c : d$ folgt $a : c = b : d$; vgl. V, 16.

VII, 14. Aus $a:b = d:e$, $b:\ldots:c = e:\ldots:f$ folgt $a:c = d:f$; vgl. V, 22.

Wegen der scheinbaren Benutzung von V, 11 vgl. Anm. zu VII, Def. 20.

VII, 15. „Die dritte Zahl“ korrekter: „das dritte Glied, eine Zahl“. Vgl. VII, 9.

VII, 16. $a \cdot b = b \cdot a$. VII, Def. 15 ist nicht kommutativ von vornherein; II, Def. 1 ist es dagegen.

VII, 17, 18. Kürzen und Erweitern von Brüchen; vgl. VI, 1.

VII, 19. Vgl. VI, 16.

Der Beweis, daß Proportionalität, wo die Definitionen des V. und VII. Buches beide anwendbar sind, stets zusammen besteht, läßt sich jetzt führen; er wird so einfach, daß Fortlassung verständlich ist, wenn man die Darstellbarkeit der Rechtecksfläche durch das Produkt der Maßzahlen der Seiten als Axiom behandelt; vgl. Anm. zu VII, Deff. 16, 20.

In den meisten Theoninischen Manuskripten folgt der VI, 17 analoge Spezialfall als VII, 20.

VII, 20. Jeder Bruch geht durch Kürzen mit einer geeigneten ganzen Zahl in seine reduzierte Form über.

Die Theoninischen Manuskripte bringen den V, 23 analogen Satz als VII, 22.

VII, 21. c, d sollen die kleinsten zu a, b proportionalen Zahlen sein, der Voraussetzung von VII, 20 entsprechend.

VII, 22. Mit vorigem: Ein Bruch hat dann und nur dann reduzierte Form, wenn Zähler und Nenner gegeneinander prim sind.

Der Satz lag schon Archytas (um 390 v. Chr.) fast wörtlich ebenso vor.

VII, 23—28 behandeln Fälle, in denen die Eigenschaft, gegeneinander prim zu sein, sich überträgt.

VII, 24. Mit a und b ist auch $a\,b$ prim gegen c.

VII, 25. „Produkt mit sich selbst“ wörtlich: „die aus einer Zahl erzeugte Zahl“.

VII, 27. Obwohl die allgemeine Fassung am Schluß wohl unecht ist, ist der Satz allgemein gedacht: mit a, b sind stets a^n, b^n gegegeneinander prim.

VII, 29—32 behandeln Eigenschaften von Primzahlen; nicht ausgesprochen wird der allgemeine Satz über die Eindeutigkeit der Zerlegung in Primfaktoren, wenn auch das Material in der Hauptsache gebracht wird; vgl. Anm. zu IX, 14.

VII, 31. Ein wohl von Theon angefügter zweiter Beweis vermeidet das Wort „unendlich“, beruht aber auf demselben Gedanken, den Campanus (s. o.!) als Postulat formuliert hat.

VII, 33. lehrt Verhältnisse, auch von mehr als 2 Gliedern, auf ihre reduzierte Form zu bringen. Die herangezogenen Sätze sind vielfach nur für den Fall von 2 Gliedern bewiesen; doch macht die Ausdehnung keine Schwierigkeit. h, k, l sind als kleinste proportionale Zahlen gemeint, so daß VII, 20 anwendbar wird; allgemein kann unter solchen natürlich auch die 1 vorkommen.

VII, 34—36 handeln vom kleinsten gemeinsamen Vielfachen,

VII, 37—39 von der Gleichwertigkeit von Teilen und Messen.

VII, 37. „Ein Teil, dessen Nenner der messenden gleich ist“ wörtlich: „ein mit der messenden gleichnamiger Teil“.

VII, 39. „Vorgeschriebene Teile“ wörtlich: „gegebene Teile“; gegeben sind aber nur die Nenner.

Den Hauptgegenstand von **Buch VIII** und der ersten Hälfte von **Buch IX** bilden die Geometrischen Reihen; in dieser Form wird die Lehre von den Potenzen, deren geometrische Deutung ja bei der dritten aufhört, und von den Wurzeln — unter Beschränkung auf rationale — gebracht.

VIII, 1. „In Geometrischer Reihe“ wörtlich: „der Reihe nach in Proportion stehend“. Nur der Ausdruck „Geometrisches Mittel“ ist alt, kommt übrigens bei Euklid auch nicht vor.

VIII, 2. Gebildet werden aus a, b die Reihen a^2, $a\,b$, b^2 und a^3, $a^2\,b$, $a\,b^2$, b^3; die allgemeine Vorschrift ist danach klar.

VIII, 4. Die „der Reihe nach in Proportion stehenden“ Zahlen bilden hier im allgemeinen keine Geometrische Reihe.

VIII, 5. Über „zusammengesetztes Verhältnis“ vgl. Anm. zu VI, Def. 5; der Begriff beruht hier auf VII, 14; $g : k$ ist aus $c : d$ und $e : f$ zusammengesetzt, weil h existiert, so daß $g : h = c : d$ und $h : k = e : f$. Vgl. VI, 23.

VIII, 7. Eine Potenz einer rationalen Zahl ist nur dann eine ganze Zahl, wenn die Grundzahl es ist.

VIII, 8 wird für den Fall einer eingeschalteten Zahl von Archytas herangezogen.

VIII, 9. Daß sich $n - 1$ Zahlen zwischen a und b einschalten lassen, bedeutet die Existenz von $\sqrt[n]{\frac{a}{b}}$. Der Beweis kommt auf die Formel $\sqrt[n]{\frac{a}{b}} = \frac{\sqrt[n]{a}}{\sqrt[n]{b}}$ heraus, von links nach rechts gelesen, bei **VIII, 10** von rechts nach links gelesen.

VIII, 11. $c^2 : c\,d = c\,d : d^2$; $c^2 : d^2 = (c : d)^2$. Dabei ist $(c : d)^2$ als zusammengesetztes Verhältnis zu deuten, vgl. Anm. zu VIII, 5, nicht direkt nach V, Def. 9, da man sonst Brüche als Proportionsglieder erhielte.

Auf diesen und den folgenden Satz scheint eine Stelle in Platons Timaeus zu deuten; mehr will wohl auch Nikomachos nicht sagen, wenn er diese Sätze Platonisch nennt.

Nimmt man übrigens nach VII, 33 die kleinsten Zahlen, die sich wie $c^2 : c\,d : d^2$ verhalten, so sind die äußeren von ihnen nach VIII, 2 Zus. selbst Quadrate und nach VIII, 3, VII, 21 die kleinsten in ihrem Verhältnis. Also sind die kleinsten Zahlen, die sich wie 2 Quadratzahlen verhalten, selbst Quadratzahlen; vgl. Anm. zu X, 9.

VIII, 12. $c^3 : c^2\,d = c^2\,d : c\,d^2 = c\,d^2 : d^3$; $c^3 : d^3 = (c : d)^3$.

Nach Proklos und Eutokios ist die verwandte Zurückführung der Würfelverdoppelung auf die Einschaltung zweier Mittlerer Proportionalen von Hippokrates (um 430) angegeben worden.

VIII, 13. Aus $a : b = b : c = \ldots$ folgt $a^n : b^n = b^n : c^n = \ldots$.

VIII, 14—17 geben andere Formen von VIII, 7 und die Umkehrung.

VIII, 18—27 kommen im wesentlichen auf Beziehungen heraus, die sich der Formel $a\,b^n : a\,c^n = (b : c)^n$ entnehmen lassen.

VIII, 20, 21. Vgl. Anm. zu VII, Def. 16.

An der ungeschickten Begründung der Ähnlichkeit ist schon in den Manuskripten herumkorrigiert worden. Heath hält den Text für verderbt.

Clavius weist darauf hin, daß keineswegs jeder Zerlegung von a in 2 Faktoren eine solche von b in proportionale zu entsprechen braucht; und die nach dem angegebenen Verfahren gefundenen Faktorenzerlegungen sind nicht immer die gewünschten; für die Quadratzahlen 16 und 36 erhielte man z. B. nicht $4 \cdot 4$ und $6 \cdot 6$, sondern $2 \cdot 8$ und $3 \cdot 12$; vgl.

VIII, 22, 23. Nach obigem ist der Schluß nicht zwingend. Clavius gibt mehrere Beweise, darunter folgenden, der sich auf höhere Potenzen ausdehnen läßt:

d, e, f seien die kleinsten zu a, b, c proportionalen Zahlen. Dann werden a von d, b von e, c von f gleichoft gemessen (VII, 20 verallgemeinert). Außer a sind d und f Quadratzahlen (VIII, 2 Zus.). Folglich existiert g, so daß $a : g = g : d$ (VIII, 11). Da $a : d = c : f$, existiert auch h, so daß $c : h = h : f$ (VIII, 8). f mißt, da c, auch h (VIII, 7). Nun sei $f = i^2$; k dasselbe Vielfache von i, wie h von f; $k^2 = l$. Dann ist (VIII, 11) $l : f = (k : i)^2 = (h : f)^2$. Aber auch $c : f = (h : f)^2$; folglich $c : f = l : f$, $c = l = k^2$.

Zu **VIII, 26, 27** gibt Heron auch die Umkehrungen.

IX, 1, 2. $a\,b^2 \cdot a\,c^2 = (a\,b\,c)^2$.

IX, 3. Die Existenz von $\sqrt[3]{a}$ ist durch die Definition gesichert; der numerische Wert wird nicht gebraucht.

Verallgemeinert, wie auch die folgenden: $(a^m)^n = (a^n)^m$.

IX, 4. $a^n\,b^n = (a\,b)^n$.

IX, 5. $\frac{a^n}{b^n} = \left(\frac{a}{b}\right)^n$.

IX, 6. $\sqrt[m]{a^n} = \left(\sqrt[m]{a}\right)^n$.

IX, 8. $a^{n\,m} = (a^m)^n$.

Euklid beweist von der Reihe, die aus der endlos gedachten Reihe *1*, $a, b, c, d, e, f, \cdots$ durch Streichen der geraden Glieder entsteht, daß alle Glieder Quadratzahlen sind, indem er es von den ersten zeigt und nachweist, daß die Eigenschaft von einem Glied sich stets auf das folgende überträgt; d. h. er benutzt den Schluß der sogenannten Vollständigen Induktion. Darauf, daß hier wohl das erste Beispiel dieser Schlußart vorliegt, hat G. Vacca (1910) aufmerksam gemacht. Ähnlich im folgenden Satz.

IX, 9. $(a^m)^n = (a^n)^m$; vgl. IX, 3.

IX, 11. $a^m : a^n = a^{m-n}$; der Beweis beschränkt sich auf $n = 1$.

IX, 14. Eindeutigkeit der Zerlegung in Primfaktoren für den Fall, daß keiner derselben mehrfach auftritt.

Die bei mehrfachem Auftreten desselben Primfaktors entstehenden Ausdrucksschwierigkeiten zeigen sich bei den Ansätzen zur Berücksichtigung, im Fall, daß derselbe 2 ist; vgl. VII, Deff. 8–10.

IX, 15. Vgl. Anm. zu VII, Def. 16.

IX, 19. Existenzbedingung der Vierten Proportionalen.

Daß der fehlerhafte Beweis des Codex *P*, dem Heiberg auch hier folgt, auf Euklid zurückginge, ist wohl ausgeschlossen. Läßt man die hier eingeklammerten Stellen aus, so bleibt der Text der besseren Theoninischen Codices übrig. Diesem ist auch der von den Arabern überlieferte Beweis verwandt, nur ist bei ihnen (Campanus steht nicht allein) der Satz auf Geometrische Reihen beschränkt.

Vielleicht hat Euklid im Zusammenhang einer Gruppe von Sätzen über Geometrische Reihen ursprünglich die allgemeine Bedingung für die Fortsetzbarkeit solcher – die sich allerdings schon aus IX, 18 entwickeln läßt – geben wollen, dabei erkannt, daß die Beweismethode weiter trug, den Satz so allgemein ausgesprochen, ohne doch den Beweis völlig anzupassen. Die Quelle der Araber, vermutlich ein Grieche, hätte die Anpassung durch Änderung des Satzes, Theon dieselbe durch Änderung des Beweises vollzogen. Der Gewährsmann des Codex *P* hat die ausgelassenen Fälle gesondert behandeln wollen und sich dabei verirrt.

IX, 20. Unendlichkeit der Anzahl der Primzahlen.

IX, 21–34 bringen meist sehr einfache Sätze über gerade und ungerade Zahlen.

IX, 22. Ein zweiter Beweis faßt die Summanden zunächst paarweise zusammen.

IX, 35. Summenformel der Geometrischen Reihe.

Für die $(n+1)$-gliedrige Reihe $a,\ a q,\ a q^2, \cdots, a q^n$ ist $(a q - a) : a = (a q^n - a) : (a + a q + \cdots + a q^{n-1})$, d. h. die Summe der n-gliedrigen $a + a q + \cdots + a q^{n-1} = a\,\dfrac{a q^n - a}{a q - a}$.

IX, 36. „Nach dem Verhältnis 1 : 2“ wörtlich: „in doppelter Proportion.“

Daß die gegebene Regel – wegen IX, 35 kürzer $(2^{n+1} - 1) \cdot 2^n$ – jede gerade vollkommene Zahl liefert, hat Euler bewiesen; eine ungerade vollkommene Zahl gibt es vermutlich nicht, doch fehlt der Beweis. Die Alten kannten die Beispiele 6, 28, 496, 8128.

Die Stellung der elementaren Sätze IX, 21–34 am Ende der arithmetischen Bücher wäre leichter verständlich, wenn sie der Vorbereitung von IX, 36 dienten; vielleicht hat hier Euklid einen überlieferten Beweis durch einen neuen ersetzt; vgl. Anm. zu VII, Def. 22.

Anmerkungen zu Buch X

Das X. Buch der Elemente hat stets als besonders schwierig gegolten; und seitdem die Bemühungen der Mathematiker der Renaissance, die geometrischen Umformungen Euklids durch algebraische Formeln zu ersetzen, zu vollem Erfolge geführt hatten, haben sich wenige mehr der Mühe unterzogen, um dessen willen, was das Buch sonst noch enthält, sich durch das Gestrüpp der Sätze und Definitionen den Weg zu bahnen. So hat man fast vergessen, daß das Buch die klassische Schule der Unmöglichkeitsbeweise ist.

Wenn behauptet worden ist, der Inhalt erschöpfe sich ziemlich in der einen Formel:

$$\sqrt{\sqrt{\alpha} \pm \sqrt{\beta}} = \sqrt{\frac{\sqrt{\alpha} + \sqrt{\alpha - \beta}}{2}} \pm \sqrt{\frac{\sqrt{\alpha} - \sqrt{\alpha - \beta}}{2}},$$

so hat man dabei übersehen, daß Euklid bei jedem der Ausdrücke, die er behandelt, die Frage, ob und unter welchen Bedingungen er sich auf einfachere oder gleichartige zurückführen läßt, vollständig löst.

Die Ausdrücke, mit denen nach Erledigung der einfacheren der Hauptteil des Buches sich beschäftigt, sind die Wurzeln der Gleichung

$$x^4 - 2\sqrt{\alpha}\, x^2 + (\alpha - \beta) = 0;$$

aber der Gedanke an eine solche biquadratische Gleichung hat Euklid ferngelegen. Für ihn handelte es sich darum, die bei Konstruktionen auf Grund der Postulate auftretenden irrationalen Strecken vollständig zu behandeln bis zu einem Abschluß, der dadurch bestimmt ist, daß das Ziel — nicht der Zweck — des ganzen Werkes, die Theorie der regulären Körper, ein festes Fundament findet.

Nach dem arabisch erhaltenen Kommentar des Pappos (um 290 n. Chr.; vgl. G. Junge & W. Thomson, The commentary of Pappus on book X of Euclid's Elements. Cambridge Mass. 1930) hat die Lehre von den irrationalen Größen ihren Ursprung bei den Pythagoreern gehabt; sie wurde mächtig gefördert durch Theaitetos (um 380 v. Chr.), auf dessen Arbeiten Euklid weiterbaute; über Euklid hinausgehende Untersuchungen des Apollonios (um 200 v. Chr.) über die „nicht einzuordnenden" Irrationalen haben keinen wesentlichen Erfolg gehabt. Wir können auf Grund des Dialogs, den Plato seinem Freunde Theaitetos widmete, hinzufügen, daß dieser Vorarbeiten seines Lehrers Theodoros von Kyrene (um 420 v. Chr.) benutzt hat.

Die Schwierigkeit des Gegenstandes hat bewirkt, daß schon früh zahlreiche Erweiterungen und sonstige Änderungen in den Text gekommen sind. Zur Ausscheidung solcher hat Heiberg, dem die soeben erschienene Übersetzung des X. Buches durch Th. Peters (Berlin 1936) auch hierin folgt, nur die griechischen Handschriften herangezogen. Ich bin — unter Angabe der Abweichungen — im Ausscheiden weitergegangen auf Grund der arabischen Tradition; ich verweise auf meinen Aufsatz „Die Euklid-Überlieferung durch At-Tûsî" in Quellen u. Studien zur Geschichte d. Math. B. Bd. 3. Die Araber fußen nämlich auf griechischen Vorlagen, die sich vor der Spaltung der griechisch erhaltenen Redaktionen abgezweigt haben. Da die nur handschriftlich existierende Übersetzung des Ishâq mir nicht zugänglich war, meine ich, wo ich von „den Arabern" spreche, die um 1250 entstandenen, gedruckt vorliegenden Bearbeitungen des Nasîreddîn At-Tûsî und des Campanus (letztere lateinisch, aber nach einer arabischen Vorlage).

Im ersten Teil des Buches (§§ 1—18) werden allgemeine Untersuchungen über Kommensurabilität durchgeführt; die wichtigsten Einzelergebnisse sind in § 9 (Rationalitätsbedingung der Quadratwurzel) und §§ 17, 18 (Rationalität der Wurzeln einer dreigliedrigen quadratischen Gleichung) enthalten.

Schon hier wird die Auffassung durch eine Eigentümlichkeit der Terminologie erschwert. Die Bezeichnungen kommensurabel (maßverwandt) und inkommensurabel (maßfremd) verwendet Euklid zwar bei allgemeinen Größen und bei Flächen im selben Sinne wie wir, nicht aber bei Strecken; bei diesen sagt er linear (der Länge nach) kommensurabel und inkommensurabel. Denn bei Strecken spricht er außerdem davon, sie seien quadriert (potentiell) kommensurabel und inkommensurabel, wenn die Quadrate über ihnen es im eigentlichen Sinne sind. Dem entspricht auch sein Gebrauch der Worte rational (aussprechbar) und irrational (verhältnislos). Diese beziehen sich zudem nicht auf Verhältnisse (modern: Zahlen), sondern auf geometrische Größen. Bei Flächen besteht wieder kein wesentlicher Unterschied gegen unsere Sprechweise, dagegen ist *eine Strecke für Euklid rational* nicht nur, wenn sie linear, sondern *auch, wenn sie nur quadriert kommensurabel ist mit der Ausgangsstrecke*, für die allein ich substantiviert „die Rationale" sagen werde.

Vom Hauptteil (§§ 19—111a) bieten die ersten §§ 19—26, die von Rechtecken mit rationalen Seiten und den Strecken, die quadriert solche Flächen ergeben, handeln, noch wenig Schwierigkeiten. Hauptgegenstand ist die Mediale, die, modern gesprochen, aus der Rationalen durch Multiplikation mit einer vierten Wurzel entsteht.

Dagegen sind die hierauf folgenden Konstruktionen der §§ 27 bis 35 ganz besonders undurchsichtig. Da sie nur zum Existenzbeweis der im weiteren eingeführten Größen gebraucht werden, kann man sie zunächst ohne Bedenken überschlagen. Nur eingeschoben ist hier der Hilfssatz § 28a, der die allgemeine Formel für pythagoreische Dreiecke gibt.

Für die Behandlung der 12 Hauptformen (definiert §§ 36—41, 73—78) und der 12 Hilfsformen (Zweite und Dritte Definitionengruppe, §§ 47a, 84a) von irrationalen Strecken, die den Rest des Buches, soweit er sicher echt ist, füllt, werde ich gewisse *Abkürzungen und Bezeichnungen* festhalten. Außer allgemein üblichen Symbolen benutze ich zwei der von Lorenz in seiner Euklid-Übersetzung (allerdings mit etwas abweichender Bedeutung) eingeführten Zeichen:

$\frown$ linear kommensurabel (bei Strecken), kommensurabel (bei Flächen und allgemeinen Größen),

$\smile$ linear inkommensurabel (bei Strecken), inkommensurabel (bei Flächen und allgemeinen Größen).

In den Anmerkungen sollen griechische kleine Buchstaben rationale Zahlen bezeichnen, speziell $\varkappa$, λ, μ, ν, ξ ganze. Lateinische kleine Buchstaben bezeichnen Strecken, lateinische große Buchstaben Flächen, speziell r die Rationale, A, B rationale Flächen, also $\sqrt{A}$, $\sqrt{B}$ Strecken, die in Euklids Sinne, aber im allgemeinen nicht in unserem Sinne rational sind.

Ist $\sqrt{A} \smile \sqrt{B}$, dann ist

$\sqrt{\sqrt{A} \cdot \sqrt{B}}$ die Mediale;

in der Form $\sqrt{A} \pm \sqrt{B}$ sind die 12 Hilfsformen,

in der Form $\sqrt{r(\sqrt{A} \pm \sqrt{B})}$ die 12 Hauptformen enthalten.
Zu den letzteren gehört z. B. die in XIII, 16 gefundene Ikosaederkante $\sqrt{r\left(2r - r\sqrt{\frac{4}{5}}\right)}$, eine „Minor“.

Euklid definiert nun aber die zuerst eingeführten Hauptformen nicht in der angegebenen Form, sondern in der durch die Formel der §§ 54ff., 91ff.:

$$\sqrt{r(\sqrt{A} \pm \sqrt{B})} = \sqrt{r\frac{\sqrt{A} + \sqrt{A - B}}{2}} \pm \sqrt{r\frac{\sqrt{A} - \sqrt{A - B}}{2}}$$

hiermit verbundenen zweigliedrigen Gestalt, die er vorzieht, weil sie im Falle der Reduzibilität — allerdings auch nur in diesem — die einfachere ist. Die Reduzibilität wird durch $\sqrt{A - B}$ bestimmt. Zur Unterscheidung der Hauptformen und der zugeordneten Hilfsformen verwendet Euklid in erster Linie das Vorzeichen $\pm$, in zweiter $\sqrt{A - B} \frown$ oder $\smile \sqrt{A}$, in dritter die lineare Kommensurabilität oder Inkommensurabilität von $\sqrt{A}$ und $\sqrt{B}$ mit r. Da wegen $\sqrt{A} \smile \sqrt{B}$ nicht beide gleichzeitig $\frown r$ sein können, ergibt sich folgende Einteilung:

	$\sqrt{A-B} \cap \sqrt{A}$	$\sqrt{A-B} \cup \sqrt{A}$
$\sqrt{A} \cap r$, $\sqrt{B} \cup r$	1. {Binomiale, Apotome.	4. {Major, Minor.
$\sqrt{A} \cup r$, $\sqrt{B} \cap r$	2. {Erste Bimediale, Erste Medialapotome.	5. {Quadriert Rationales plus Medialem Ergebende, Mit Rationalem mediale Summenfläche Ergebende.
$\sqrt{A} \cup r$, $\sqrt{B} \cup r$	3. {Zweite Bimediale, Zweite Medialapotome.	6. {Quadriert die Summe zweier Medialer Ergebende, Mit Medialem mediale Summenfläche Ergebende.

Die angegebenen Namen sind die der 12 Hauptformen. Im Falle 1 gibt die rechte Seite der oben genannten Formel Ausdrücke der beiden Hauptformen, die von der einfacheren Gestalt $\sqrt{A} \pm \sqrt{B}$ sind. Von derselben Gestalt sind alle Hilfsformen, die als 1.—6. Binomiale und Apotome unterschieden werden.

Eine von Stifel (Arithmetica integra, Nürnberg 1544, Buch II, Kap. 30) vorgeschlagene weitere Unterteilung nach $\sqrt{A-B} \cap$ oder $\cup\, r$, wie die ferner mögliche nach $\sqrt{A-B} \cap$ oder $\cup \sqrt{B}$ hat Euklid, dessen Algebra keine abstrakte war, von seinem Standpunkt aus mit Recht, nicht benuzt.

Durch die Schwerfälligkeit seiner Ausdrucksweise ist Euklid gezwungen, auch da, wo die Gedankengänge für alle 12 Ordnungen im wesentlichen die gleichen sind, seine Beweise einzeln zu führen. Ich stelle in einer Tabelle die Sätze und Definitionen, die so zusammengehören, zusammen; je 6 Sätze, die meist, aber

Ordnung:					
1	2	3	4	5	6
§§	§§	§§	§§	§§	§§
36, 73	37, 74	38, 75	39, 76	40, 77	41, 78
42, 79	43, 80	44, 81	45, 82	46, 83	47, 84
47a, 84a	47a, 84a	47a, 84a	47a, 84a	47a, 84a	47a, 84a
48, 85	49, 86	50, 87	51, 88	52, 89	53, 90
54, 91	55, 92	56, 93	57, 94	58, 95	59, 96
60, 97	61, 98	62, 99	63, 100	64, 101	65, 102
66, 103	66, 103	66, 103	66, 103	66, 103	66, 103
66, 103	67, 104	67, 104	68, 105	69, 106	70, 107
71, 108	71, 109	72, 110	71, 108	71, 109	72, 110

doch nicht immer auf 6 Paragraphen verteilt sind, folgen einander unmittelbar; die nur durch das Vorzeichen unterschiedenen Sätze haben im allgemeinen Nummern, die sich um 37 unterscheiden.

Der Zusammenfassung dienen 72a, 111, 111a.

Von den hiernach noch folgenden Sätzen, deren Echtheit zweifelhaft ist, enthalten §§ 112—114 den Zusammenhang zwischen Binomiale und Apotome, modern gesprochen die Vorschrift für das Rationalmachen zweigliedriger Nenner. § 115 gibt ein Beispiel für die Möglichkeit, über die gesteckten Grenzen hinauszugehen. § 115a ist unecht, aber wichtig als voreuklidischer Beweis der Irrationalität von $\sqrt{2}$.

X, Def. 2. Vgl. X, 9 Zus. Hiernach sind bei Strecken folgende 5 Aussagen zu unterscheiden:

linear kommensurabel: $a \frown b$, also auch $a^2 \frown b^2$;
linear inkommensurabel: $a \smile b$, entweder $a^2 \frown b^2$ oder $a^2 \smile b^2$;
quadriert kommensurabel: $a^2 \frown b^2$, entweder $a \frown b$ oder $a \smile b$;
quadriert inkommensurabel: $a^2 \smile b^2$, also auch $a \smile b$;
nur quadriert kommensurabel: $a \smile b$ und $a^2 \frown b^2$.

X, Def. 3. a ist rational, wenn $a^2 \frown r^2$, einerlei ob dabei $a \frown r$ oder $a \smile r$; a ist irrational, wenn $a^2 \smile r^2$, wobei notwendig $a \smile r$.

Wo im folgenden von der „Rationalen" gesprochen wird, ist stets die Ausgangsstrecke r gemeint; im Griechischen ist dies nicht ohne weiteres zu erkennen. Die Aussagen bleiben zwar richtig, wenn man r durch eine linear kommensurable Strecke ersetzt, aber nur teilweise, wenn man eine mit r nur quadriert kommensurable „rationale Strecke" einsetzt.

Daß jede einer beliebigen rationalen Strecke kommensurable rational, d. h. mit r kommensurabel, jede einer rationalen inkommensurable oder einer irrationalen kommensurable irrational ist, folgt nach X, 12, 13.

X, Def. 4. F ist rational, wenn $F \frown r^2$, irrational, wenn $F \smile r^2$. Der Schluß der Definition folgt aus der Anmerkung zu Def. 3.

X, 1. Der Beweis fußt auf der in V, Def. 4 hervorgehobenen Eigentümlichkeit gleichartiger Größen, die also korrekter als Postulat zu formulieren wäre. Was hergeleitet wird, ist das spezielle Konvergenzkriterium absoluter Größen: $a_n \to 0$, wenn $a_n \leqq \frac{1}{2} a_{n-1}$.

Auf X, 1 fußen die Infinitesimaluntersuchungen des XII. Buches, d. h. das vermutlich von Eudoxos stammende, von Archimedes viel benutzte indirekte Beweisverfahren, das später nicht sehr glücklich Exhaustion genannt wurde. Es ist nicht ausgeschlossen, daß X, 1 ursprünglich als Axiom aufgestellt, erst später auf V, Def. 4 zurückgeführt wurde.

Einen zweiten Beweis hat Heiberg gestrichen.

X, 2. Das gleiche Verfahren der Wechselwegnahme wird VII, 1 zur Erkennung relativer Primzahlen benutzt. Wie dort über Teilbarkeit werden hier über Meßbarkeit gewisse einfache Tatsachen unausgesprochen herangezogen.

Merkwürdig ist, daß das Verfahren als Kommensurabilitätskriterium hier zwar eingeführt, im weiteren aber nicht benutzt wird. Im Zusammenhang hiermit hat Zeuthen (Skrifter Ak. Kopenhagen 1917) auf eine Aristotelesstelle hingewiesen, in der ein Beweis von VI, 1 angedeutet wird, der auf der Gleichheit der Wechselwegnahme, d. h. der Kettenbruchentwicklung beruht. Zeuthen spricht dabei die Vermutung aus, daß die Versuche, die Proportionslehre für Größen einwandfrei zu begründen, nicht sogleich auf die in Buch V wiedergegebene Theorie des Eudoxos geführt hätten, sondern daß man zuvor unternommen habe, die Theorie des Irrationalen auf die Wechselwegnahme zu gründen; ja er glaubt sogar auf Theodoros von Kyrene als Hauptvertreter dieser Richtung hinweisen zu können. Diesem sei sein Schüler Theaitetos ursprünglich gefolgt; die Verbindung zwischen den Untersuchungen, die im X. und im V. Buche ihren Niederschlag gefunden haben, sei erst nachträglich hergestellt worden.

Übrigens finden sich Versuche, umgekehrt die in V, Def. 5 ausgesprochene Eigenschaft der Proportion als Folge gleicher Wechselwegnahme nachzuweisen, bei den Arabern und zwar schon im Kommentar des An-Nairîzî (um 900), der wesentlich griechisches Gedankengut wiedergibt; so nimmt Junge wohl mit Recht ein Fortleben der voreudoxischen Theorie an bis in eine Zeit, die den wahren Charakter von V, Def. 5 nicht mehr verstand.

X, 4. Einen Zusatz, der dem bei X, 3 analog ist, außerdem auf noch mehr Größen ausdehnt, habe ich mit den Arabern gestrichen.

X, 5. Es wird ein Größenverhältnis einem Zahlenverhältnis gleichgesetzt; dabei liegt VII, Def. 20, also die Proportionslehre der arithmetischen Bücher zugrunde. Wegen des Beweises, daß aus dem Bestehen einer Proportion in diesem Sinne auch das Bestehen der gleichlautenden im Sinne von V, Def. 5 folgt — allerdings nicht umgekehrt! — vgl. Anm. zu VII, 19. Es ist also zulässig, beide Formen der Proportionslehre in den Beweisen zu benutzen.

X, 6. Einen zweiten Beweis hat Heiberg gestrichen.

Die wichtige, aber einfache Konstruktion des Zusatzes bringen die Araber teilweise bei X, 10; wahrscheinlich handelt es sich um eine Einschiebung.

X, 7, 8, die indirekt aus X, 6, 5 bewiesen werden, fehlen bei den Arabern, werden, zumal auch Pappos 15 statt 18 als Zahl der Propositionen des ersten Teils nennt, eingeschoben sein; gleiches gilt vom dritten Absatz im folgenden Satz.

X, 9. $\sqrt{A} \frown \sqrt{B}$ dann und nur dann, wenn $A : B = \varkappa^2 : \lambda^2$.

Die Überlieferung, die diesen Satz als Eigentum des Theaitetos bezeichnet, ist darum verdächtig, weil sie wahrscheinlich aus einer Stelle des gleichnamigen Platonischen Dialogs entstanden ist; mit wohl größerem Recht hat Vogt, wie vor ihm Hankel, aus dieser Stelle geschlossen, daß mindestens Theodoros schon den Satz gekannt habe. Der vorliegende allgemeine Beweis könnte trotzdem von Theaitetos herrühren.

Um den Schluß von $(a:b)^2 = (c:d)^2$ auf $a:b = c:d$ streng zu begründen, wäre der V, 22 analoge Satz mit $>$ und $<$ statt $=$ entsprechend zu beweisen; dann folgt, daß mit $a:b > c:d$ sich $(a:b)^2 = (c:d)^2$ nicht verträgt.

Einen zweiten Beweis hat Heiberg verworfen, ebenso Erweiterungen des Zusatzes. Einen auch ihm verdächtigen Hilfssatz, der das „d. h. nicht ähnliche ebene Zahlen" in X, 10 erläutern will, habe ich mit den Arabern gestrichen.

X, 10. Der erste Teil ist nach X, 9 trivial, der zweite wird durch Späteres überflüssig und stützt sich auf X, 11. Die Araber bringen ihn sinngemäßer nach X, 11; so hat ihn auch Gregory gestellt. Für verdächtig hält ihn auch Heiberg.

X, 11. Wenn $a:b = c:d$, ist mit $a \frown b$ auch $c \frown d$, mit $a \smile b$ auch $c \smile d$. Da nach VI, 22 hier auch $a^2 : b^2 = c^2 : d^2$, gilt, wenn es sich um Strecken handelt, der Satz sowohl linear als auch quadriert.

X, 12, 13. Aus $a \frown c$, $b \frown c$ folgt $a \frown b$; aus $a \frown b$, $a \smile c$ folgt $b \smile c$. Die Sätze bildeten vielleicht ursprünglich einen einzigen. Einen in den Manuskripten zwischen beiden stehenden Hilfssatz, der im wesentlichen dasselbe besagt wie X, 13, zählt Gregory als besondere Proposition; Heiberg hat ihn gestrichen.

Wenn es sich um Strecken handelt, gelten die Sätze nicht nur linear, sondern auch quadriert; dabei ist X, 9 Zus. zu beachten. Aus beiden Sätzen zusammen folgt dann auch: „Wenn zwei Strecken linear kommensurabel sind und eine von ihnen irgendeiner Strecke nur quadriert kommensurabel, dann muß auch die andere mit derselben nur quadriert kommensurabel sein."

Es folgt ein von mir gestrichener Hilfssatz, der die schon oft benutzte Konstruktion von $\sqrt{a^2 - b^2}$ nach III, 31, I, 47 und sogar die von $\sqrt{a^2 + b^2}$ bringt; den Arabern hat er nicht in derselben Form vorgelegen.

X, 14. Wenn $a:b = c:d$, ist mit $a \frown \sqrt{a^2 - b^2}$ auch $c \frown \sqrt{c^2 - d^2}$ und mit $a \smile \sqrt{a^2 - b^2}$ auch $c \smile \sqrt{c^2 - d^2}$.

„Quadriert übertrifft die erste Strecke um das Quadrat einer ihr kommensurablen die zweite" wörtlich: „Die erste Strecke vermag mehr als die zweite um das Quadrat über einer mit ihr selbst kommensurablen". In dieser Wendung ist stets linear kommensurabel gemeint; aber das Wort linear fehlt so oft, daß die Auslassung wohl auf Euklid zurückgeht. Der Satz wird nur so benutzt, daß er, wenn quadriert kommensurabel gemeint wäre, wertlos würde; doch bringt hier nur ein Teil der Handschriften das „linear". In dieser Wendung habe ich das Wort nicht hinzugesetzt, wohl aber (in Klammern) in anderen Wendungen, wo es sicher gemeint ist, und habe dann das Zeichen $\frown$ auch da benutzt, wo im Text nur kommensurabel steht.

X, 15, 16 stehen bei den Arabern, in einen Satz zusammengezogen, vor X, 14.

Mit $a \frown b$ sind auch $a \pm b \frown a$ und $\frown b$; mit $a \smile b$ sind auch $a \pm b \smile a$ und $\smile b$.

Diese Sätze gelten für Strecken nur bei linearer Kommensurabilität, nicht bei quadrierter.

Den nach X, 16 folgenden Hilfssatz: „Legt man an irgendeine Strecke ein Parallelogramm so an, daß ein Quadrat fehlt, so ist das angelegte Parallelogramm dem Rechteck aus den durch die Anlegung entstehenden Abschnitten der Strecke gleich", der „ohne weiteres klar" sei, habe ich mit den Arabern gestrichen.

X, 17, 18. Die Sätze geben die Kommensurabilitätsbedingung für die Wurzeln der quadratischen Gleichung $x(b-x) = {}^1/_4\, a^2$: Es ist $x_1 \frown x_2$ oder $\smile x_2$, je nachdem $\sqrt{b^2 - a^2} \frown b$ oder $\smile b$, und umgekehrt. Gemeint ist stets linear kommensurabel; für quadriert kommensurabel wären die Sätze falsch.

Die Ausführung der elliptischen Flächenanlegung beschreibt Euklid nur in VI, 28; der geometrisch spezielle, algebraisch aber allgemeine Fall, daß die fehlende Fläche ein Quadrat ist, hätte schon nach II, 5 gebracht werden können; mit diesem Fall allein arbeitet aber Buch X, wie übrigens auch sonst die griechische Mathematik.

Heath weist darauf hin, daß die Frage nach der Kommensurabilität beim Resultat der Anlegung nur auftreten konnte, wenn man mit der Umsetzung der Konstruktion in Rechnung vertraut war; vgl. Anm. zu VI, 28.

Die hyperbolische Flächenanlegung wird hier noch nicht berücksichtigt; ihre Lösungen sind aber unter den behandelten Strecken enthalten.

Eine feste Ausgangsstrecke ist bisher nicht herangezogen worden; dies geschieht zuerst in einem folgenden Hilfssatz, der die zwei Weisen bespricht, wie eine rationale Strecke zur Ausgangsstrecke kommensurabel sein kann. Ich habe ihn mit den Arabern und Heath gestrichen.

X, 19. Aus $a^2 \frown r^2$, $b^2 \frown r^2$, $a \frown b$ folgt $a \cdot b \frown r^2$.

X, 20. Aus $a^2 \frown r^2$, $a \cdot b \frown r^2$ folgt $b^2 \frown r^2$, $b \frown a$.

Einen hier folgenden Hilfssatz, der mit dem Schluß von X, Def. 4 gleichen Inhalt hat, streicht Heiberg.

X, 21. Die Mediale ist die erste der von Euklid als irrational bezeichneten Strecken. Um eigentliche Kommensurabilität zu erreichen, gehen wir in moderner Erweiterung — die Euklid fern liegt — bis zur vierten Potenz: m ist medial, wenn $m^2 \smile r^2$, $m^4 \frown r^4$. Die Fläche F ist dagegen schon medial — diese Bezeichnung wird im folgenden, obwohl eine ausdrückliche Definition fehlt, benutzt — wenn $F \smile r^2$, $F^2 \frown r^4$.

Einen aus VI, 1 unmittelbar folgenden Hilfssatz: „Hat man zwei Strecken, so verhält sich das Quadrat über der ersten zum Rechteck aus beiden wie die erste Strecke zur zweiten" und verwandte nach X, 31 und X; 32 habe ich mit den Arabern gestrichen.

X, 22. Ist $m^2 \smile r^2$, $m^4 \frown r^4$, $s^2 \frown r^2$, so ist $(m^2 : s)^2 \frown r^2$, $(m^2 : s) \smile s$.

Der Ausdruck „quadriert rational" ist schwerlich euklidisch.

X, 23. Quadriert kommensurabel genügt. Ist $n^2 \frown m^2$, wo $m^2 \smile r^2$, $m^4 \frown r^4$, so ist $n^2 \smile r^2$, $n^4 \frown r^4$.

Eine Fortsetzung des Zusatzes und eine Bezugnahme auf sie im folgenden, die Ähnlichem nach X, 18 entspricht, habe ich mit den Arabern und Heath gestrichen.

X, 24. Ist $m \frown n$, wo $m^2 \smile r^2$, $m^4 \frown r^4$, $n^2 \smile r^2$, $n^4 \frown r^4$, so ist $m \cdot n \smile r^2$, $(m \cdot n)^2 \frown r^4$.

Der Satz, der nicht benutzt wird, ist zur Abrundung hinzugefügt, vermutlich nicht von Euklid; die Araber lassen ihn fort oder bringen ihn als bloßen Zusatz zu X, 25.

X, 25. Ist $m \smile n$, wo m, n wieder medial sind, dann ist $(m \cdot n)^2 \frown r^4$, während $m \cdot n$ selbst $\frown r^2$ oder $\smile r^2$ sein kann.

X, 26. Sind $F \smile r^2$, $F^2 \frown r^4$, $G \smile r^2$, $G^2 \frown r^4$, $F > G$, so ist $F - G \smile r^2$.

X, 27—35 machen den schwierigsten Teil des Werkes aus, weil Euklid zu seinen Konstruktionen keinerlei Analysis gibt; diese Analysis würde auch die Kenntnis fast des ganzen Buches voraussetzen. Da die Konstruktionen nur zum Existenzbeweis gebraucht werden (X, 36—41, 73—78), lassen sie sich zunächst überschlagen.

X, 27, 28 fehlen bei den Arabern außer Ishâq; sie sind in X, 31, 32 enthalten. Läßt man die dort hinzugefügte weitere Bedingung fallen, so bleiben, von unwesentlichen Verschiedenheiten abgesehen, die Ausführungen von X, 27, 28 übrig.

Einen auf X, 27 folgenden Hilfssatz, der eine Vierte Proportionale konstruiert, verwirft Heiberg. Mathematisch von hohem Wert ist dagegen der Hilfssatz

X, 28a. Es seien $\varkappa$, λ, μ ganze Zahlen, die nur der Beschränkung unterliegen, daß $(\varkappa - \lambda)$ positiv und nicht zugleich mit μ ungerade ist. Dann sind zu setzen $AB = \mu \varkappa^2$, $BC = \mu \lambda^2$, also $CD = \frac{\mu(\varkappa^2 - \lambda)^2}{2}$, $BD = \frac{\mu(\varkappa^2 + \lambda^2)}{2}$; und der Hilfssatz gibt die allgemeine Formel zur Erzeugung pythagoreischer Dreiecke

$$(\mu \varkappa \lambda)^2 + \left(\frac{\mu(\varkappa^2 - \lambda^2)}{2}\right)^2 = \left(\frac{\mu(\varkappa^2 + \lambda^2)}{2}\right)^2.$$

Die durch die Tradition Pythagoras und Plato zugeschriebenen Spezialfälle entstehen, wenn man $\lambda = 1$ und $\mu = 1$ oder 2 setzt.

Gebraucht wird der Hilfssatz nicht, er fehlt bei den Arabern. Er wird seine Einschiebung dem Interesse verdanken, das er selbständig besitzt. Da anzunehmen ist, daß man an eine vollständige Diskussion der Reduzibilität von $\sqrt{r(\sqrt{A} \pm \sqrt{B})}$ nicht herangegangen sein wird, ehe man die Frage für den einfacheren Ausdruck $\sqrt{a^2 \pm b^2}$ gelöst hatte, ist der Hilfssatz wahrscheinlich voreuklidisch.

Der Zusatz zum Hilfssatz löst einfache Fragen umständlich, ebenso der Hilfssatz

X, 28b, der aber dadurch interessant ist, daß er — wahrscheinlich ohne Wissen des Interpolators — bis auf einen gemeinsamen Faktor die allgemeine Lösung bietet: $(\mu \varkappa \lambda)^2 + \left(\frac{\mu(\varkappa^2 - \lambda^2)}{2} \quad 1\right)^2$ ist keine Quadratzahl.

Wenn man nämlich irgend zwei teilerfremde ganze Zahlen a, b hat, deren Quadratsumme kein Quadrat ist, dann läßt sich x stets so bestimmen, daß $a\,x$ und $b\,x + 1$ die Katheten eines pythagoreischen Dreiecks sind, also von der Form $\mu\,\varkappa\,\lambda$, $\frac{\mu\,(\varkappa^2 - \varkappa^2)}{2}$, so daß $\frac{\mu\,\varkappa\,\lambda}{x} = a$ und $\frac{\mu\,(\varkappa^2 - \lambda^2) - 2}{2\,x} = b$. Um x zu finden, hat man nach Euler die sog. Pellsche Gleichung $p^2 = (a^2 + b^2)\,q^2 + 1$ zu lösen und $x = 2\,q\,(p + b\,q)$ zu setzen; dies ist stets möglich.

X, 29 gibt die Konstruktion rationaler Strecken, wie sie in X, 17 angenommen werden: $b = A\,B$ und $a = A\,F$, so daß $A\,B \cup A\,F$, $\sqrt{A\,B^2 - A\,F^2} \cap A\,B$; es werden Quadratzahlen $\varkappa^2$, λ^2 mit nicht quadratischer Differenz genommen — X, 28a Zus. heranzuziehen ist nicht nötig — und $A\,B^2 : A\,F^2 = \varkappa^2 : (\varkappa^2 - \lambda^2)$ gemacht. So ist die Lösung allgemein.

X, 30 liefert Strecken, wie sie in X, 18 angenommen und im folgenden vielfach gebraucht werden.

Hier und im folgenden bedeute stets ϱ — gegebenenfalls durch π^2 oder $\frac{1}{\sigma} - 1$ zu ersetzen — eine rationale Zahl, für die weder $1 + \varrho$ noch $\frac{\varrho}{1 + \varrho}$ eine Quadratzahl ist; σ und τ sollen rationale Zahlen sein, so daß weder σ noch τ noch $\sigma\,\tau$ eine Quadratzahl ist; ferner sei s eine rationale, aber mit r nicht notwendig linear kommensurable Strecke.

Dann liefert X, 30 rationale Strecken $A\,B$, $A\,F$, so daß $A\,B \cup A\,F$, $\sqrt{A\,B^2 - A\,F^2} \cup A\,B$. Dazu wird $E\,D : C\,E = \pi^2$ gesetzt (s. o.). Die gesuchten Strecken sind dann $A\,B = s$, $A\,F = s\,\sqrt{\frac{1}{1 + \pi^2}}$.

Diese im griechischen Text gegebene Konstruktion ist insofern nicht allgemein, als $\sqrt{A\,B^2 - A\,F^2} \cap A\,F$ herauskommt, was nicht verlangt ist. Für den Existenzbeweis ist das unwesentlich; doch hat Campanus die allgemeine Konstruktion: er nimmt $C\,E$, $E\,D$ als Nichtquadratzahlen mit quadratischer Summe, was auf $E\,D : C\,E = \varrho$ (s. o.) herauskommt. Dann sind die gesuchten Strecken $A\,B = s$, $A\,F = s\,\sqrt{\frac{1}{1 + \varrho}}$; diese Lösung werde ich im folgenden benutzen; die spezielle erhält man durch Einsetzen von π^2 für ϱ.

X, 31 gibt, wenn man zunächst die Nebenbedingung nicht beachtet, d. h. X, 27 behandelt, die Anweisung, mediale Strecken c, d so zu konstruieren, daß $c \cup d$, $c \cdot d \cap r^2$.

Von $a = s$, $b = s\,\sqrt{\sigma}$ aus wird gefunden $c = s\,\sqrt{\sqrt{\sigma}}$, $d = s\,\sqrt{\sigma}\,\sqrt{\sqrt{\sigma}}$. Die Irrationalen von X, 37, 74 sind dann $c \pm d$.

Die Konstruktion wird aber weiter gebraucht mit der zweiten Nebenbedingung $\sqrt{c^2 - d^2} \cup c$; hierzu setze man nach X, 30 $\sigma = \frac{1}{1+\varrho}$; dann werden die verlangten Strecken

$$c = s\sqrt{\sqrt{\frac{1}{1+\varrho}}}, d = s\sqrt{\frac{1}{1+\varrho}}\sqrt{\sqrt{\frac{1}{1+\varrho}}}.$$

X, 32 gibt, zunächst gleichfalls ohne Nebenbedingung, d. h. als X, 28 die Anweisung, mediale Strecken d, e so zu konstruieren, daß $d \cup e$, $d \cdot e \cup r^2$:

Von $a = s$, $b = s\sqrt{\tau}$, $c = s\sqrt{\sigma}$ aus findet man $d = s\sqrt{\sqrt{\tau}}$, $e = s\sqrt{\sigma}\sqrt{\sqrt{\tau}}$. Die Irrationalen von X, 38, 75 sind dann $d \pm e$.

Die Konstruktion wird weiter gebraucht mit der zweiten Nebenbedingung $\sqrt{d^2 - e^2} \cup d$; hierzu setze man wieder nach X, 30 $\sigma = \frac{1}{1+\varrho}$; dann werden die verlangten Strecken

$$d = s\sqrt{\sqrt{\tau}}, e = \sqrt{\frac{1}{1+\varrho}}\sqrt{\sqrt{\tau}}.$$

Die Araber haben X, 31, 32 mit der zweiten Nebenbedingung als besondere Nummern.

Als Hilfssatz, den ich mit den Arabern gestrichen habe, folgt hier eine Zusammenstellung von Folgerungen aus VI, 8: „ABC sei ein rechtwinkliges Dreieck mit rechtem Winkel A; man fälle das Lot AD; dann ist $CB \cdot BD = BA^2$, $BC \cdot CD = CA^2$, $BD \cdot DC = AD^2$, $BC \cdot AD = BA \cdot AC$." Zwei weitere, aus VI, 1 folgende, triviale Hilfssätze zu X, 33, 34 hat Heiberg gestrichen.

X, 33 lehrt FA, FB so zu konstruieren, daß $FA^2 \cup FB^2$, $FA^2 + FB^2 \cap r^2$, $FA \cdot FB \cup r^2$, $(FA \cdot FB)^2 \cap r^4$:

Man setze $AB = s$, $BC = s\sqrt{\frac{1}{1+\varrho}}$ (X, 30) und bestimme aus

$$z(s - z) = \left(\frac{s}{2}\sqrt{\frac{1}{1+\varrho}}\right)^2$$

$$AE = \frac{s}{2} + \frac{s}{2}\sqrt{\frac{\varrho}{1+\varrho}}, \quad EB = \frac{s}{2} - \frac{s}{2}\sqrt{\frac{\varrho}{1+\varrho}},$$

und schließlich

$$FA = \sqrt{s\left(\frac{s}{2} + \frac{s}{2}\sqrt{\frac{\varrho}{1+\varrho}}\right)}, \quad FB = \sqrt{s\left(\frac{s}{2} - \frac{s}{2}\sqrt{\frac{\varrho}{1+\varrho}}\right)}.$$

Die Irrationalen von X, 39, 76 sind dann $FA \pm FB$

X, 34 lehrt DA, DB so zu konstruieren, daß $DA^2 \cup DB^2$, $DA^2 + DB^2 \cup r^2$, $(DA^2 + DB^2)^2 \cap r^4$, $DA \cdot DB \cap r^2$:

Man setze $AB = s\sqrt{\sqrt{\frac{1}{1+\varrho}}}$, $BC = s\sqrt{\frac{1}{1+\varrho}}\sqrt{\sqrt{\frac{1}{1+\varrho}}}$

(X, 31) und bestimme aus

$$z\left(s\sqrt{\sqrt{\frac{1}{1+\varrho}}}-z\right)=\left(\frac{s}{2}\sqrt{\frac{1}{1+\varrho}}\sqrt{\sqrt{\frac{1}{1+\varrho}}}\right)^2$$

$$AF=\frac{s}{2}\sqrt{\sqrt{\frac{1}{1+\varrho}}}+\frac{s}{2}\sqrt{\frac{\varrho}{1+\varrho}}\sqrt{\sqrt{\frac{1}{1+\varrho}}},$$

$$FB=\frac{s}{2}\sqrt{\sqrt{\frac{1}{1+\varrho}}}-\frac{s}{2}\sqrt{\frac{\varrho}{1+\varrho}}\sqrt{\sqrt{\frac{1}{1+\varrho}}},$$

und schließlich

$$DA=\sqrt{s\sqrt{\sqrt{\frac{1}{1+\varrho}}}\left(\frac{s}{2}\sqrt{\sqrt{\frac{1}{1+\varrho}}}+\frac{s}{2}\sqrt{\frac{\varrho}{1+\varrho}}\sqrt{\sqrt{\frac{1}{1+\varrho}}}\right)},$$

$$DB=\sqrt{s\sqrt{\sqrt{\frac{1}{1+\varrho}}}\left(\frac{s}{2}\sqrt{\sqrt{\frac{1}{1+\varrho}}}-\frac{s}{2}\sqrt{\frac{\varrho}{1+\varrho}}\sqrt{\sqrt{\frac{1}{1+\varrho}}}\right)};$$

die durch Ausmultiplizieren zu gewinnenden einfacheren Ausdrücke entsprächen nicht so genau der Konstruktion.
Die Irrationalen von X, 40, 77 sind dann $DA \pm DB$.

X, 35 lehrt DA, DB so zu konstruieren, daß $DA^2 \cup DB^2$, $DA^2+DB^2 \cup r^2$, $(DA^2+DB^2)^2 \cap r^4$, $DA\cdot DB \cup r^2$, $(DA\cdot DB)^2 \cap r^4$, $DA^2+DB^2 \cup DA\cdot DB$:

Man setze $AB = s\sqrt{\sqrt{\tau}}$, $BC = s\sqrt{\frac{1}{1+\varrho}}\sqrt{\sqrt{\tau}}$ (X, 32) und bestimme aus

$$z\left(s\sqrt{\sqrt{\tau}}-z\right)=\left(\frac{s}{2}\sqrt{\frac{1}{1+\varrho}}\sqrt{\sqrt{\tau}}\right)^2$$

$$AF=\frac{s}{2}\sqrt{\sqrt{\tau}}+\frac{s}{2}\sqrt{\frac{\varrho}{1+\varrho}}\sqrt{\sqrt{\tau}},\quad FB=\frac{s}{2}\sqrt{\sqrt{\tau}}-\frac{s}{2}\sqrt{\frac{\varrho}{1+\varrho}}\sqrt{\sqrt{\tau}},$$

und schließlich

$$DA=\sqrt{s\sqrt{\sqrt{\tau}}\left(\frac{s}{2}\sqrt{\sqrt{\tau}}+\frac{s}{2}\sqrt{\frac{\varrho}{1+\varrho}}\sqrt{\sqrt{\tau}}\right)},$$

$$DB=\sqrt{s\sqrt{\sqrt{\tau}}\left(\frac{s}{2}\sqrt{\sqrt{\tau}}-\frac{s}{2}\sqrt{\frac{\varrho}{1+\varrho}}\sqrt{\sqrt{\tau}}\right)};$$

wegen Vereinfachung s. o.!
Die Irrationalen von X, 41, 78 sind dann $DA \pm DB$. ϱ und τ unterliegen hier den oben genannten Bedingungen, daß $1+\varrho$, $\frac{\varrho}{1+\varrho}$, τ, $\frac{\tau}{1+\varrho}$ keine Quadratzahlen sind.

X, 36—41 führen die 6 additiven Hauptformen in zweigliedriger Gestalt ein. Eingeschobene Namenerklärungen hat Heiberg gestrichen.

Die Binomiale, wörtlich „die aus zwei Namen", ist $s + s\sqrt{\tau}$ (X, 10); die Konstruktionen der Glieder der übrigen Irrationalen sind X, 31—35 gegeben. Zum bloßen Nachweis der Existenz genügen aber Beispiele wie:

$r(\sqrt{2} + 1)$ Binomiale;

$r(\sqrt[4]{8} + \sqrt[4]{2})$ Erste Bimediale;

$r(\sqrt[4]{12} + \sqrt[4]{3})$ Zweite Bimediale;

$r(\sqrt{5 + \sqrt{5}} + \sqrt{5 - \sqrt{5}})$ Major;

$r(\sqrt{\sqrt{5} + 1} + \sqrt{\sqrt{5} - 1})$ Quadriert Rationales plus Medialem Ergebende;

$r(\sqrt{\sqrt{50} + \sqrt{40}} + \sqrt{\sqrt{50} - \sqrt{40}})$ Quadriert die Summe zweier Medialer Ergebende.

Als Lehrsätze beweisen diese Nummern die Irrationalität der eingeführten Summen, d. h. die Unmöglichkeit der Darstellung als $r\sqrt{a}$ mit rationalem (quadratischem oder nichtquadratischem) a.

X, 38; hierzu sagt ein Scholion (korrigiert und gekürzt): „Woraus folgt, daß $EH = AB^2 + BC^2$ medial ist? Weil AB^2, BC^2 beide medial sind und (da einander kommensurabel vorausgesetzt) ihrer Summe kommensurabel (X, 15); dann muß auch ihre Summe medial sein (X, 23 Zus.)." Ähnlich wäre auch an anderen Stellen zu ergänzen.

X, 41 a. Gebraucht wird, daß, wenn $x + y = u + v$ verschiedene Teilungen sind, $(x^2 + y^2) - (u^2 + v^2)$ nicht verschwindet. Der Hilfssatz ist sehr alt; er könnte, obwohl dann ein entsprechender nach X, 78 vermißt würde, auf Euklid zurückgehen.

X, 42—47. Eindeutigkeit des Zerfallens der additiven Hauptformen in ihre Glieder; das Zerfallen im symmetrischen Punkt wird nicht gerechnet.

Im Kern handelt es sich immer um den Satz: Sind α, β, γ, δ rationale Zahlen, $\alpha > \beta$, $\gamma > \delta$, und ist $\alpha : \beta$ keine Quadratzahl, so folgt aus $\sqrt{\alpha} + \sqrt{\beta} = \sqrt{\gamma} + \sqrt{\delta}$, daß $\alpha = \gamma$, $\beta = \delta$.

X, 47 a wird als zweite Definitionengruppe bezeichnet; eigentlich ist es die dritte.

Die additiven Hilfsformen, Ordnungen der Binomialen $\sqrt{A} + \sqrt{B}$, werden danach unterschieden, ob $\sqrt{A - B} \cap$ oder $\cup \sqrt{A}$, weiter, ob $\sqrt{A} \cap r$, $\sqrt{B} \cup r$, oder $\sqrt{A} \cup r$, $\sqrt{B} \cap r$, oder $\sqrt{A} \cup r$, $\sqrt{B} \cup r$. Ich gebe die Beispiele, die durch X, 54 ff. den für die Hauptformen gegebenen zugeordnet sind:

1. $r(3 + \sqrt{8})$;
2. $r(\sqrt{18} + 4)$;

3. $r(\sqrt{27} + \sqrt{24})$;
4. $r(10 + \sqrt{80})$;
5. $r(\sqrt{20} + 4)$;
6. $r(\sqrt{200} + \sqrt{40})$.

Einen die Anordnung erläuternden Zusatz hat Heiberg gestrichen.

X, 48—53 geben die Konstruktion der 6 additiven Hilfsformen. Es sei t eine im engeren Sinne rationale Strecke, d. h. $t \frown r$; dann sind die konstruierten Ausdrücke:

1. $t\left(1 + \sqrt{\frac{\varkappa^2 - \lambda^2}{\varkappa^2}}\right)$, wo $\varkappa^2 - \lambda^2$ keine Quadratzahl ist; die Konstruktion ist, wie die folgenden, nur scheinbar speziell;
2. $t\left(\sqrt{\frac{\varkappa^2}{\varkappa^2 - \lambda^2}} + 1\right)$, wo $\varkappa^2 - \lambda^2$ keine Quadratzahl ist;
3. $t\left(\sqrt{\frac{\varkappa^2}{\mu}} + \sqrt{\frac{\varkappa^2 - \lambda^2}{\mu}}\right)$, wo $\varkappa^2 - \lambda^2$, μ und $(\varkappa^2 - \lambda^2) : \mu$ keine Quadratzahlen sind;
4. $t\left(1 + \sqrt{\frac{\nu - \xi}{\nu}}\right)$, wo $\nu : \xi$ und $(\nu - \xi) : \nu$ keine Quadratzahlen sind;
5. $t\left(\sqrt{\frac{\nu}{\nu - \xi}} + 1\right)$, wo $\nu : \xi$ und $(\nu - \xi) : \nu$ keine Quadratzahlen sind;
6. $t\left(\sqrt{\frac{\nu}{\mu}} + \sqrt{\frac{\nu - \xi}{\mu}}\right)$, wo $\nu : \xi$, $(\nu - \xi) : \nu$, $\nu : \mu$, $(\nu - \xi) : \mu$ keine Quadratzahlen sind.

Die Beweise sind bei den Arabern kürzer durch Fortlassung von Wiederholungen.

Die griechischen Handschriften lassen einen aus VI, 1 bewiesenen Hilfssatz folgen:

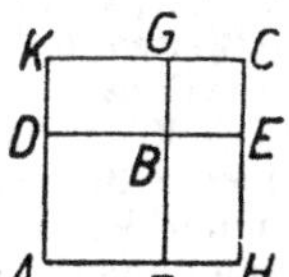

„Man habe zwei Quadrate AB, BC; dieselben sollen so liegen, daß DB BE gerade fortsetzt; dann setzt auch FB BG gerade fort. Man vervollständige Pgm. AC. Ich behaupte, daß AC ein Quadrat ist, daß DG Mittlere Proportionale zwischen AB, BC ist, und auch DC Mittlere Proportionale zwischen AC, CB.“

Die Araber haben ihn nicht, und Heath weist darauf hin, daß schon im Beweise von X, 25 dieselben Gedanken auftreten.

X, 54—59. Statt der Rationalen r darf zwar jede linear kommensurable Strecke t, nicht aber jede quadriert kommensurable s genommen werden; der Gebrauch des bestimmten Artikels ist hier im Griechischen dem im Deutschen genau entgegengesetzt.

Die Sätze geben Folgerungen aus der hier zuerst entwickelten Formel:

$$\sqrt{r(\sqrt{A} \pm \sqrt{B})} = \sqrt{r\frac{\sqrt{A}+\sqrt{A-B}}{2}} \pm \sqrt{r\frac{\sqrt{A}-\sqrt{A-B}}{2}}.$$

Entstanden ist dieselbe vermutlich aus der Frage, wann sich für die linke Seite ein einfacherer Ausdruck finden läßt: Das Rechteck aus einer Binomialen $\sqrt{A} + \sqrt{B}$ und der Rationalen r wird selbst das Quadrat einer Binomialen $x + y$, wenn

$$r\sqrt{A} + r\sqrt{B} = (x^2 + y^2) + 2\,x\,y\,.$$

Da $x^2 \frown r^2$, $y^2 \frown r^2$, $x \smile y$, ist rechts $x^2 + y^2$ rational, $2\,x\,y$ medial. Wegen der Eindeutigkeit des Zerfalls muß die größere Fläche $x^2 + y^2 = r\sqrt{A}$, die kleinere $2\,x\,y = r\sqrt{B}$ werden. Hieraus ergibt sich für $z = \frac{x^2}{r}$ die schon in den Konstruktionen X, 33—35 benutzte quadratische Gleichung

$$z(\sqrt{A} - z) = \left(\frac{\sqrt{B}}{2}\right)^2$$

und so obige Formel. Auf eine Binomiale $x + y$ führt dieselbe dann und nur dann, wenn $\sqrt{A} \frown r$, $\sqrt{A - B} \frown \sqrt{A}$; d. h. $\sqrt{A} + \sqrt{B}$ muß eine Erste Binomiale sein. Die Formel in Zahlen wird dann

$$\sqrt{\alpha \pm \sqrt{\alpha^2 - \gamma^2}} = \sqrt{\frac{\alpha + \gamma}{2}} \pm \sqrt{\frac{\alpha - \gamma}{2}}.$$

Einen nach X, 59 folgenden Hilfssatz, der die aus II, 7 unmittelbar ersichtliche Beziehung $x^2 + y^2 > 2\,x\,y$ umständlich beweist, bezeichnet schon Heiberg als unecht.

X, 60—65 geben Folgerungen aus derselben Formel, von rechts nach links gelesen.

X, 61, 62. In den Beweisen gehört die Aussage, daß $A\,C^2 + C\,B^2$ medial sei, logisch an eine spätere Stelle: Mit $A\,C$, $C\,B$ sind die Flächen $D\,H$, $K\,L$ medial und kommensurabel, geben bei Anlegen an die Rationale $D\,E$ zu dieser linear inkommensurable (X, 22), aber untereinander linear kommensurable rationale Breiten $D\,K$, $K\,M$ (VI, 1; X, 11), deren Summe $D\,M$ gleichfalls rational und $\frown D\,K$ (X, 15), also $\smile D\,E$ (X, 13), so daß $D\,E \cdot D\,M$ medial wird (X, 21). Die Araber haben einen besser geordneten Beweis.

X, 66. Der letzte Teil der Behauptung ist nur unter Voraussetzung linearer Kommensurabilität richtig; so vollständig beweist der Satz die Invarianz der Ordnung der 6 additiven Hilfsformen gegen linear kommensurable Substitution.

Läßt man andererseits die Aussage über die Ordnung fallen, so ist die Forderung linearer Kommensurabilität überflüssig; beim Beweise wären die Anmerkungen zu X, 11—13 heranzuziehen. So aufgefaßt ist der Satz der erste einer Gruppe, die die Invarianz des Charakters der 6 additiven Hauptformen gegen quadriert kommensurable Substitution behandelt.

X, 67—70 enthalten die 5 anderen Sätze der Gruppe; X, 67 zählt doppelt. Wo in diesen lineare Kommensurabilität verlangt wird, ist dies unnötig und besonders bei X, 67 störend (Mitteilung von G. Junge; auch an anderen Stellen sind solche benutzt). Obwohl außer Campanus alle Quellen das „linear“ mehr oder weniger konsequent bringen, ist aus sachlichen Gründen anzunehmen, daß es sich um eine Einschiebung handelt, die durch eine Verwechselung der Bedeutung von Ordnung bei Hilfsformen und Hauptformen entstanden ist.

X, 71, 72 führen von vorliegenden Flächensummen auf die Hauptformen. Eine zweite, den Fall $AB < CD$ darstellende Figur zu X, 71 habe ich ganz weggelassen.

X, 72a weist zusammenfassend nach, daß die bisher behandelten Hauptformen nicht identisch sind.

X, 73—78. Definition der subtraktiven Hauptformen und Irrationalitätsbeweis entsprechen X, 36—41; in den Beispielen wäre nur — statt + zwischen den beiden Gliedern zu setzen.

X, 79—84 entsprechen X, 42—47.

X, 84a. Die dritte (eigentlich fünfte) Definitionengruppe entspricht X, 47a.

X, 85—90 entsprechen X, 48—53.

Eine von Heiberg gestrichene Bemerkung weist auf den Zusammenhang $(\sqrt{A} - \sqrt{B}) = (\sqrt{A} + \sqrt{B}) - 2\sqrt{B}$ hin.

X, 91—96 entsprechen X, 54—59.

In der Figur zu X, 91 fehlt bei Heiberg der Buchstabe Q, der in den Wiederholungen dasteht, übrigens nicht gebraucht wird; auch U und W sind einmal vertauscht.

X, 94 wird u. a. in XIII, 16 benutzt; dort wird auch X, 105 gebraucht, und zwar für nur quadrierte Kommensurabilität.

Die Ikosaederseite ist eine Minor, weil ihr Quadrat den betreffenden Bedingungen genügt; die Darstellung der Minor als Differenz (X, 76) wird nicht herangezogen. Sollte die von Tannery und Eva Sachs vertretene Ansicht, nach der das XIII. Buch im wesentlichen Arbeiten des Theaitetos wiedergibt, zutreffen, so würde diesem außer Mediale, Binomiale und Apotome (vgl. Anm. zu X, 112) auch der Begriff der Minor zuzusprechen sein; der Name würde dann mit dem der Major zusammen eine einfache Erklärung finden als kleinere und größere Wurzel der vorzugsweise behandelten quadratischen Gleichung. Dafür, daß Sätze über Minor und Major in gewisser Weise den Kern bilden, um den sich das Weitere angelagert hat, sprechen auch andere Anzeichen.

X, 97—102 entsprechen X, 60—65.

X, 103—107 entsprechen X, 66—70 sowohl für lineare als auch für quadrierte Kommensurabilität; außer den dortigen Anmerkungen vgl. die zu X, 94.

Zu X, 105 findet sich am Schluß des Buches in einem Teil der griechischen Manuskripte ein zweiter Beweis, der durch X, 100 auf X, 103 zurückführt; die Methode findet sich auch auf andere Sätze angewendet, vor allem bei den Arabern.

X, 108—110 entsprechen X, 71, 72. In Heibergs Figuren, die die Größenverhältnisse berücksichtigen, steht der Buchstabe A, der nicht gebraucht wird, an verschiedenen Stellen.

X, 111, 111a weisen zusammenfassend die Verschiedenheit der 13 Hauptformen nach.

X, 112—114 fehlen bei den Arabern. Heiberg hat die Vermutung ausgesprochen, sie seien, wie auch X, 115, aus dem Werk des Apollonios übernommen. Der Hauptinhalt — vermutlich ohne die Aussage über die Ordnung — ist aber voreuklidisch. Der Pappos-Kommentar erwähnt nämlich, und zwar unter Berufung auf Eudemos (um 330 v. Chr.), Theaitetos habe die Mediale dem Geometrischen Mittel, die Binomiale dem Arithmetischen Mittel und die Apotome dem Harmonischen Mittel zugeordnet. Nun sind zwischen $\sqrt{A}$, $\sqrt{B}$ das Geometrische Mittel $\sqrt{\sqrt{A}\cdot\sqrt{B}}$, das Arithmetische Mittel $\sqrt{\frac{A}{4}}+\sqrt{\frac{B}{4}}$, das Harmonische Mittel $\frac{2\sqrt{A}\sqrt{B}}{\sqrt{A}+\sqrt{B}}$. Wer über letzteres weiter folgerte, daß es eine Apotome sei, $\frac{2A}{A-B}\sqrt{B}-\frac{2B}{A-B}\sqrt{A}$, der besaß eine Methode, modern gesprochen, zweigliedrige Nenner rational zu machen, d. h. das Wesentliche von dem, was unsere Satzgruppe ausspricht.

X, 115. Verwandtes bringen auch die Araber; doch ist die Echtheit recht zweifelhaft.

X, 115a ist sicher kein ursprünglicher Bestandteil von Euklids Werk; der Satz folgt ohne weiteres aus X, 9. Der Beweis ist aber historisch von Bedeutung als vermutlich ältester für die Irrationalität von $\sqrt{2}$. Aristoteles erwähnt ihn mehrfach. Er wird aus einem älteren Werk übernommen sein.

Was noch folgt, einen unbedeutenden zweiten Beweis und ein geringwertiges Scholion über Kommensurabilität bei Körpern, hat Heiberg gestrichen.

Anmerkungen zu Buch XI—XIII

Von den drei „stereometrischen Büchern“ behandelt das erste, Buch XI, nachdem es eine Reihe von neuen Begriffen erklärt hat, die einfachen Lagebeziehungen zwischen den Grundgebilden Gerade und Ebene (XI, 1—19); dann folgen Sätze und Aufgaben über die dreiseitige körperliche Ecke (XI, 20—23, 26, 35), schon untermischt und fortgesetzt durch solche über Parallelflache (XI, 24, 25, 27—34, 36, 37), vor allem deren Rauminhalt; die beiden letzten Sätze werden als Hilfssätze für gewisse Entwicklungen der späteren Bücher hier schon gebracht. Die Lehre vom Rauminhalt der Körper ist, da das allgemeine Prisma nach dem Parallelflach keine Schwierigkeiten bietet, hiermit erledigt, soweit sie keine Infinitesimalbetrachtungen erfordert. Diesen Infinitesimalbetrachtungen ist das XII. Buch gewidmet, in dem auch der solche erfordernde Satz über das Verhältnis von Kreisflächen nachgeholt wird. Buch XIII beschäftigt sich, nachdem es eine Reihe Größenbeziehungen an stetig geteilten Strecken und am Fünfeck entwickelt hat, mit der Konstruktion der regelmäßigen Körper.

Was die Figuren betrifft, so habe ich bloße Ungeschicklichkeiten der Zeichner einfach verbessert. Viele der überlieferten Figuren sind als Parallelprojektionen zu verstehen, andere als Darstellung in einem aus Projektion und Umlegung gemischten Verfahren. Ich habe alle Figuren in Orthogonalprojektion mit einem Achsenkreuz, dessen Maßstäbe sich wie 2 : 2 : 1 verhalten, gezeichnet.

Auch im Text habe ich einzelne Einschiebungen, deren Unechtheit nicht bezweifelt wird, einfach fortgelassen.

Über die Vorgeschichte des XI. Buches wissen wir wenig. Wenn Plato davon spricht, daß es eine stereometrische Wissenschaft eigentlich noch nicht gebe, so steht dem zwar gegenüber, daß wir eine räumliche Konstruktion des wahrscheinlich etwas älteren Archytas besitzen, die eine sichere Beherrschung der benutzten Rotationsflächen verrät; trotzdem macht die Grundlegung der Stereometrie in Euklids XI. Buch den Eindruck, als sei das Gebiet nicht entfernt in dem Maße, wie wir es für die Planimetrie des I. Buches annehmen dürfen, schon von Vorläufern durchgearbeitet. Das zeigt sich zunächst in Lücken der ersten Beweise, dann darin, daß keine Postulate aufgestellt sind, obwohl die des I. Buches nicht ausreichen, und daß Kongruenzsätze für Dreikante, die den Dreieckssätzen entsprächen, fehlen. Postulate hat später Pappos (um 290 n. Chr.) aufgestellt, wir finden solche auch bei den Arabern; die Kongruenzsätze für Dreikante hat Menelaos (um 90 n. Chr.) als solche über sphärische Dreiecke gegeben; manche Fragen, so die der Berechtigung der allgemeinen Ähnlichkeitsdefinition für Vielflache, sind erst in neuerer Zeit geklärt worden.

XI, Def. 1 kennzeichnet den Körper, noch nicht den Raum als dreidimensional; vgl. I, Def. 5.

XI, Def. 2. Das hier mit „Begrenzung" übersetzte Wort ist dasselbe, das I, Deff. 3, 6 mit „Ende" wiedergegeben ist.

XI, Def. 3. Den Existenzbeweis bringt XI, 4.

XI, Def. 4. „Schnittlinie", es steht nur „Schnitt" da; Lote sind in der Ebene nur auf Geraden definiert; daß der Schnitt eine Gerade ist, spricht XI, 3 aus. Den Existenzbeweis bringt XI, 18.

XI, Deff. 5—7 fehlen bei den Arabern, Def. 5 auch in manchen griechischen Handschriften; Heron hat sie nicht; auch daß XI, 35 sie nicht heranzieht, spricht dafür, daß es sich um eine Interpolation handelt.

XI, Deff. 9, 10. Gemeint sind nur konvexe Vielflache; sonst bliebe die Definition z. B. auf Ikosaeder anwendbar auch, wenn man eine Ecke einstülpte (Simson); auch muß die Anordnung der Flächen dieselbe sein, vgl. Anm. zu VI, Def. 1. Dagegen wird der Fall der Symmetrie durch Euklids „gleich und ähnlich" mit umfaßt.

Das spiegelbildliche Entsprechen etwa von Bauteilen war den Griechen selbstverständlich vertraut; daß es im System der Geometrie nicht erwähnt wird, beruht schwerlich auf Flüchtigkeit, sondern wahrscheinlich auf der Erkenntnis, daß ein ohne Beziehung aufeinander oder auf Hilfsfiguren rein logisch faßbarer Unterschied spiegelbildlicher Figuren nicht existiert; I, Ax. 7 ist eben nicht als Definition gemeint.

Es muß aber gefordert werden, daß die „gleichen und ähnlichen" Körper in allen Maßen: Winkel-, Strecken-, Flächen- und Raumgrößen übereinstimmen; und daß dies aus der gewählten Definition folgt, ist eines Beweises bedürftig. Benutzt man — was Euklid aber nicht bringt — daß spiegelbildliche Tetraeder sich in paarweise deckungsgleiche zerlegen lassen, so ließe sich der Beweis bei Beschränkung auf Körper mit dreikantigen Ecken wesentlich mit Euklids Material führen (s. Anm. zu XI, 23); und für den Gebrauch, den Euklid von der Definition macht (z. B. XI, 28), würde dies ausreichen. Einen allgemeinen Beweis für beliebige konvexe Vielflache hat Cauchy 1812 der Pariser Akademie vorgelegt (wiedergegeben bei Legendre, Éléments, Note XII).

Vielleicht hat bei Euklid aber überhaupt die uns fremdartig vorkommende Anschauung Platos, daß das Wesentliche an einem Vielflach seine begrenzenden Flächen seien, noch so stark nachgewirkt, daß ihm die Ergänzungsbedürftigkeit seiner Definition nicht zum Bewußtsein gekommen ist.

XI, Def. 11. Die erste der beiden Definitionen wäre nach Heiberg aus einem älteren Werke übernommen; dafür spräche, daß nach ihr etwa die Viertelkugel 2 Ecken hätte, vgl. I, Def. 8.

XI, Def. 12. Trotz der allgemeineren Definition ist Pyramide vielfach für Euklid nur die dreiseitige, speziell die regelmäßige.

XI, Def. 13. Prisma bedeutet zunächst das, was beim Sägen entsteht, etwa das vom Ende eines Balkens schräg abgesägte keilförmige Stück. Wenn Euklid die uns geläufige allgemeine Bedeutung auch kennt und z. B. XII, 10 benutzt, so bedeutet Prisma ohne Zusatz doch stets ein dreiseitiges; auch das mit viereckiger „Grundfläche" in XI, 39 ist ein solches. Daß bei den Arabern die Definition sich ausdrücklich auf dreiseitige Prismen beschränkt, kann also der ursprüngliche Zustand sein.

XI, Def. 14. Daß als Kugeldefinition nicht die der des Kreises (I, Def. 15) entsprechende gewählt ist, hat seinen Grund in der Verwendung, die von ihr in den letzten Sätzen von Buch XII und in Buch XIII gemacht wird.

XI, Def. 18. Die Bezeichnungen „rechtwinkliger Kegel" usw., die nicht gebraucht werden, sind gebracht, weil sie in der Zeit vor Apollonios zur Unterscheidung der Kegelschnitte Verwendung fanden.

XI, Deff. 25–28. Die Definitionen der regelmäßigen Körper fehlen bei den Arabern; in den guten griechischen Handschriften vermißt man eine Definition des regelmäßigen Tetraeders — Gregory bringt sie allerdings nach der des Würfels — auch wechselt in ihnen die Reihenfolge der beiden letzten; so ist nicht unwahrscheinlich, daß Euklid, der ja auch das Parallelflach ohne Definition einführt, eine Definition der regelmäßigen Körper nicht gegeben hat; denn eine Streichung ist weit unwahrscheinlicher als eine spätere Hinzufügung.

Postulate hat Euklid für die Stereometrie nicht gegeben. Allerdings legen die Postulate des I. Buches, weil sie Eigenschaften von Gebilden in der Ebene sichern, auch schon gewisse Eigenschaften der Ebene selbst fest; doch werden noch weitere gebraucht; vgl. Anm. zu XI, 2, 3.

XI, 1. Der Beweis gründet sich auf eine zweimalige Anwendung von I, Post. 2; die erste ist zweifellos berechtigt, da die Postulate des I. Buchs so gemeint sind, daß Gegebenes und Gefordertes in derselben Ebene liegen; die zweite ist gleichfalls berechtigt und vollendet den Beweis, wenn der Sinn des Postulats der in der Anm. zu ihm angenommene ist, daß es die Eindeutigkeit der Verlängerung festlegt. Die angehängte Erläuterung, die nur Codex *P* hat, ist logisch unhaltbar, wohl sicher unecht; Theoninische Handschriften haben statt derselben: „denn eine gerade Linie hat mit einer geraden Linie nicht mehr als einen Punkt gemein; anderenfalls würden die geraden Linien einander decken".

XI, 2. Der Beweis benutzt unausgesprochene Voraussetzungen, die das Wesentliche der Behauptung enthalten. I, Def. 19 geht nämlich auf Figuren, von denen feststeht, daß sie einer Ebene angehören; von *E C B* weiß man aber nur, daß es drei Strecken enthält; so steht nicht fest, daß von dem Gebilde *E C B* überhaupt ein flächenhafter Teil einer Ebene angehört. Es fehlt ein Postulat wie „daß man von jeder Strecke zu jedem (nicht schon in einer ihrer Verlängerungen liegenden) Punkt eine (bei Einschließung aller Erweiterungen einzige) Ebene legen kann". Dieses Postulat stünde zu I, Def. 7 in derselben Beziehung wie I, Post. 1 zu I, Def. 4; ein verwandtes hat At-Tûsî.

XI, 3. Daß der Raum mehr als zwei Dimensionen hat, besonders festzulegen, ist nach XI, Def. 1 nicht mehr erforderlich; wohl aber wäre durch ein Postulat wie „daß zwei Ebenen, die einen Punkt gemein haben (bei hinreichender Erweiterung), noch einen zweiten Punkt gemein haben müssen" zu sichern, daß der Raum nicht mehr als drei Dimensionen hat. Pappos nimmt XI, 3 selbst als Postulat.

XI, 4. Die Möglichkeit der Voraussetzung ergibt sich aus XI, 12.

XI, 8. „Ebene BDA" wörtlich „Ebene durch BDA", d. h. durch die Geraden BD, DA.

XI, 10. Daß die Parallelen gleichgerichtet sein sollen, ist nur der Figur zu entnehmen.

XI, 15. Eine nochmalige Begründung dafür, daß $BG \perp DEF$, vor dem Schluß hat Heiberg verworfen.

XI, 19. Die Existenz von DE und DF ist gesichert; widerlegt wird nur die Annahme, daß sie verschieden seien.

XI, 20. Dreikantsätze und Dreiecksätze entsprechen einander; doch ist die Parallele nicht durchgeführt; denn Euklid behandelt die von den Flächen gebildeten Winkel nicht.

XI, 21. Das Beweisverfahren ist auf jede konvexe Ecke ausdehnbar; gebraucht wird der allgemeine Satz XIII, 18a.

XI, 22. Den Beweis für den Fall, daß die Summe zweier der gegebenen Winkel $> 2R$ wird, überläßt Euklid dem Leser. Einen diesen Fall ohne weiteres mit umfassenden zweiten Beweis, der mit Subtraktion der Winkel arbeitet, verwirft Heiberg.

XI, 23. Weitere Ausführungen über die Fälle, daß O nicht innerhalb LMN läge, hat Heiberg als unecht gestrichen; ebenso unecht wird ein von mir gestrichener Hilfssatz sein, der die Konstruktion von $OR = \sqrt{AB^2 - LO^2}$ beschreibt, übrigens im wesentlichen einen von mir gleichfalls gestrichenen Hilfssatz nach X, 13 wiederholt; die Araber haben ihn nicht.

Zeuthen findet in diesem Satze eine Rechtfertigung für XI, Def. 10, wenn sie auf Körper mit nur dreiseitigen Ecken beschränkt würde; von anderer Seite (Agostini; Periodico di Mat. VIII, 1928) wird die Rechtfertigung in XI, 35 gesucht.

Benutzt werden nämlich nur wesentlich eindeutige Konstruktionen, solche des I. Buches und die Errichtung einer Senkrechten auf einer Ebene, deren Eindeutigkeit nach XI, 13 feststeht. Dann kann OR allerdings nach oben oder unten abgetragen werden, so daß sich 2, aber auch nicht mehr Pyramiden ergeben und die eine das Spiegelbild der anderen ist. Der Kongruenzsatz sss für Ecken, der natürlich nur Deckungsgleichheit mit Ecke oder Spiegelecke behaupten kann, läßt sich dann dadurch beweisen, daß eindeutige Konstruktion die Deckung bewirkt.

Daß zwischen Ecke und Spiegelecke Gleichheit der Neigungen der Seitenflächen gegeneinander, der „Winkel" des sphärischen Dreiecks besteht, ist für Euklids Zwecke belanglos; die Raumgleichheit mußte aber gesichert werden. Hier war das nicht schwierig, da die Zerlegung in die drei Pyramiden $ROLM$, $ROMN$, $RONL$ symmetrische, also mit ihren Spiegelbildern deckungsgleiche Teile liefert. Vermutlich hielt sich Euklid aber ohne weiteres für berechtigt, die Raumgleichheit spiegelbildlicher Körper anzunehmen. Für Körper, deren sämtliche Ecken dreiseitig sind, darüber hinaus auch für die regelmäßigen Körper würde dann für den Beweis, daß XI, Def. 10 die Gleichheit sichert, das Material bereit stehen; allerdings nicht für beliebige konvexe Vielflache.

XI, 24. Wie I, 34 der Name Parallelogramm, wird im folgenden der Name Parallelepipedon, Parallelflach ohne Definition eingeführt.

Das eingeschobene „und ähnlich“, das nur At-Tûsî bringt, wird schon XI, 25 gebraucht; aber Euklid sagt auch in den folgenden Sätzen mehrfach bloß „gleich“, wo er „kongruent“ meint; ich habe in solchen Fällen die Wiedergabe durch das Zeichen = vermieden.

XI, 26. Nicht ausgesprochen wird, daß auch die durch die gegebene Gerade gehende Grundebene gegeben sein darf.

Eine umständliche Begründung von $\angle HAL = FDC$ hat Heiberg verworfen.

XI, 27. Ein Scholion deutet das „ähnlich gelegt“ hier so, daß die spiegelbildliche Lage ausgeschlossen werden soll, gibt dabei ein Beispiel spiegelbildlicher nicht deckungsgleicher Körper; Enriques meint, es handele sich nur um die Aufeinanderfolge; vgl. Anm. zu VI, 18.

XI, 28. Nicht $\triangle CGF = CFB$, sondern $\triangle CGF = EHD$, was leicht folgt, wird gebraucht, um die Gleichheit, nämlich Spiegelbildlichkeit der Prismen nachzuweisen, vgl. Anm. zu XI, 23; denn die Beschränkung auf gerade Prismen würde im folgenden (XI, 30) nicht ausreichen.

XI, 29. „Kante“ ist griechisch dasselbe Wort wie „Seite“. Weitere Fälle überläßt Euklid dem Leser.

XI, 31. Das in fast allen Handschriften überlieferte q. e. d. nach dem ersten Teil und gewisse Unstimmigkeiten in der Benutzung der Buchstaben — ich habe sie beseitigt, indem ich in den Figuren und an einer Stelle des Textes N und O vertauschte — machen wahrscheinlich, daß entweder der Satz ursprünglich geteilt war, wie die Araber ihn bringen, oder daß Euklid selbst nur den ersten Teil ausgeführt hat, ähnlich XI, 34.

XI, 33. Die Echtheit des Zusatzes bezweifelt Heiberg, die Araber haben ihn nicht; sie vertauschen ferner diesen Satz mit dem folgenden.

XI, 34. Wegen des q. e. d. im Text vgl. Anm. zu XI, 31.

Euklid gibt keine Vorschriften zur Berechnung von Rauminhalten; doch lassen sich solche jetzt leicht herleiten.

XI, 35. Eine ausführliche Begründung von $AB = DE$ hat Heiberg gestrichen; die Araber haben sie nicht. Ebenso fehlt bei ihnen der Zusatz, dessen Inhalt zwar gebraucht wird, der aber im Beweise klar genug entwickelt wird.

XI, 37. Für die letzten Sätze dieses Buches und das ganze Buch XII ist eine zweite kürzere Fassung, die der arabischen nahe steht, auch griechisch in einer Handschrift, Codex b, die allerdings sehr fehlerhaft geschrieben ist, erhalten; vielfach macht sie den ursprünglicheren Eindruck; sprachlich sind die Abweichungen beträchtlich; sachlich sind sie seltener von Bedeutung; nur solche erwähne ich. Übrigens ist nicht notwendig, willkürliche Veränderung mindestens für eine Fassung anzunehmen; die Abweichungen könnten sogar auf Euklid zurückgehen, wie wir z. B. von Apollonios wissen, daß er selbst seine Werke mehrfach herausgegeben hat.

In den meisten griechischen Handschriften folgt ein von Gregory als XI, 38 gezählter Satz: „Steht eine Ebene auf einer Ebene senkrecht und fällt man aus einem Punkt der ersten Ebene das Lot auf die zweite, so muß das Lot die Schnittlinie der Ebenen treffen.“

Der Beweis führt indirekt auf I, 17; Heiberg streicht den Satz mit den Arabern und Codex b.

XI, 38. Satz und Beweis gelten für jedes Parallelflach; daß alle Handschriften außer P, b und den Arabern ihn verallgemeinern, beruht wahrscheinlich auf einer Änderung Theons; gebraucht wird nur der Fall des Würfels (XIII, 17).

XI, 39. Die wörtliche Übersetzung: „Existieren zwei gleich hohe Prismen, von denen das eine ein Parallelogramm, das andere ein Dreieck zur Grundfläche hat, usw.“ wäre mißverständlich, vgl. Anm. zu XI, Def. 13.

Buch XII ist der Vergleichung der Rauminhalte, soweit sie mit elementaren Mitteln nicht mehr durchführbar ist, gewidmet; es bringt also wesentlich Infinitesimaluntersuchungen. Während einerseits die Berechnung des Kugelvolumens, die wir wie die Vergleichung der Oberflächen erst Archimedes verdanken, fehlt, wird aus der ebenen Geometrie die Flächenvergleichung von Kreisen hier nachgeholt, da sie die gleiche Beweismethode erfordert.

Die betrachteten Flächen- und Raumgrößen, die nach moderner Auffassung erst durch Definition als Grenzwerte eingeführt werden, existieren für die Griechen von vornherein; einzig die Größenbeziehungen bedürfen eines Beweises, der sich nur indirekt führen läßt nach einer Methode, die der Begründung eines Grenzübergangs logisch gleichwertig ist.

In den Sätzen XII, 2, 5, 10, 11, 12 handelt es sich darum, das Verhältnis von zwei durch eine endliche Anzahl von elementaren Schritten nicht erreichbaren Größen X, Y als einem Verhältnis elementarer Größen gleich nachzuweisen; bei XII, 10 wird dieses Verhältnis 1, wodurch eine Vereinfachung eintritt; sonst wird die Entwicklung buchstäblich wiederholt. Die Beweise ließen sich (vgl. H. Hasse & H. Scholz, Die Grundlagenkrisis der Griechischen Mathematik, Berlin 1928, 2 Aufsätze) wesentlich abkürzen, wenn man das Gemeinsame vorweg formuliert hätte:

Es werden zwei gesetzmäßig steigende Folgen elementarer Größen $X_1, X_2, \ldots X_n, \ldots$ und $Y_1, Y_2, \ldots Y_n, \ldots$ aufgestellt, für die $X_n : Y_n$ stets denselben Wert $A : B$ hat, und stets $X_n - X_{n-1} > {}^1/_2\,(X - X_{n-1})$, $Y_n - Y_{n-1} > {}^1/_2\,(Y - Y_{n-1})$; dann ist $X : Y = A : B$.

Zum Beweise wird die Existenz der Vierten Proportionalen in $A : B = X : V$ vorausgesetzt (vgl. Anm. zu V, Def. 5; die Voraussetzung ließe sich durch Ausnutzung von V, Def. 7 vermeiden);

zu zeigen ist, daß $V = Y$. Wäre nämlich $V < Y$, so ließe sich nach X, 1 (wörtlich zitiert im Beweise von XII, 2) ein n angeben, für welches $Y - Y_n < Y - V$, also $Y_n > V$. Dann wäre in $X_n : Y_n = A : B = X : V$ gleichzeitig $X_n < X$, $Y_n > V$ in Widerspruch mit V, 14 oder V, 16, Def. 5. Wäre andererseits $V > Y$, so würde in $V : X = Y : U$ die Vierte Proportionale $U < X$ nach V, 14, und man hätte $B : A = Y : U$ mit $U < X$, d. h. nur mit anderen Bezeichnungen die schon widerlegte Annahme. Da V so weder $<$ noch $>$ Y sein kann, ist $V = Y$, also $X : Y = A : B$. Von diesem Beweisschema weicht nur XII, 18, zu dem XII, 16, 17 gehören, stärker ab.

Die Kenntnis der Sätze des XII. Buches reicht teilweise weit zurück, vgl. Anm. zu XII, 7; in Griechenland finden wir sie bezeugt für Demokrit (um 420), XII, 2 schon für den etwas älteren Hippokrates von Chios. Strenge Beweise hat aber nach Archimedes und Heron erst Eudoxos (um 370) gegeben. Archimedes führt das Axiom, dessen die Früheren sich zum Beweise bedient hätten, an, es ist das in V, Def. 4 enthaltene. Man hat daraus schließen wollen, daß die auf X, 1 aufgebauten Beweise Euklids von denen des Eudoxos verschieden seien; doch fußt ja X, 1 auf V, Def. 4. Nur daß, wenn Euklids Bücher V und XII sich eng an Eudoxos anlehnen, Buch XII früher ausgearbeitet sein wird, ist wahrscheinlich (O. Becker in Quellen und Studien z. Gesch. d. Math. B, II, Berlin 1933, S. 327).

Des gleichen, seit dem 17. Jahrhundert meist als Exhaustion bezeichneten Verfahrens hat Archimedes sich zum Beweise seiner vielfach durch Infinitesimalbetrachtungen weniger strenger Art gefundenen Sätze bedient.

XII, 1 ist eine einfache Folgerung aus VI, 20, soll nur X, 2 vorbereiten.

XII, 2. Daß schon Hippokrates von Chios diesen Satz bewiesen habe, berichtet Simplikios nach Eudemos; wir kennen seinen Beweis nicht; daß er den strengen Anforderungen der klassischen Zeit nicht entsprochen haben wird, läßt sich, wenn Archimedes den Satz in diesem Zusammenhange auch nicht erwähnt, doch aus Herons Angabe (Metrika, Einl.), einen strengen Beweis habe erst Eudoxos ermöglicht, schließen.

Einen in den Handschriften außer b folgender Hilfssatz, der $S : ABCD = EFGH$: einem Flächenstück $< ABCD$ aus V, 16, Def. 5 begründet, habe ich gestrichen; auch Heiberg bezweifelt die Echtheit.

XII, 3 bereitet mit dem folgenden Satz zusammen auf XII, 5 vor. Vervollständigt man das große Prisma, dessen Grundfläche ABC und dessen stehende Kante CD wäre, so wird Prisma $CGFLHK$ diesem ähnlich, also, wegen XI, 33, 28, $^1/_8$ von ihm. Die beiden einbeschriebenen Prismen wären also zusammen $^1/_4$ und, bei Wiederholung der Konstruktion, die Prismensumme $(^1/_4 + {^1/_4}^2 + \ldots)$ des großen Prismas. Nach dem von Archimedes in der Quadratur der Parabel angewandten Verfahren ließe sich hieraus direkt, ohne den Umweg über XII, 5 schließen, daß Pyramide : Prisma $= 1 : 3$.

XII, 4. Einen auch Heiberg verdächtigen Hilfssatz, der die Proportion $LOC : RVF = LOCPMN : RVFSTU$ ausführlich beweist, habe ich gestrichen.

XII, 5. Bei rationalen Verhältnissen, insbesondere für den Spezialfall: „Dreiseitige Pyramiden von gleicher Grundfläche und gleicher Höhe sind raumgleich", läge nach Analogie mit I, 38 die Vermutung nahe, daß elementare Mittel zum Beweise ausreichen müßten. Daß dies nicht der Fall ist, hat M. Dehn (Math. Ann. 55, 1902) bewiesen.

XII, 6 fehlt in Codex b, tritt nur teilweise, dann als bloßer Zusatz bei den Arabern auf; ein solcher ist er seinem Wesen nach.

XII, 7. Eine Fortsetzung des Zusatzes, die beweisen will, habe ich mit Heiberg gestrichen.

Die arabische Übersetzung dieses Satzes in der Fassung des Ishâq liegt bei Klamroth (Zeitschr. d. Deutsch. Morgenländ. Ges. 35, Leipzig 1881, S. 316) gedruckt vor, sie stimmt genau mit Codex b, nur daß sie seine Fehler nicht hat. Der Beweis ist sehr kurz, läßt alles bei mir Eingeklammerte weg.

Da im Moskauer Mathematischen Papyrus ein quadratischer Pyramidenstumpf korrekt berechnet vorliegt, muß es vor der Mitte des zweiten Jahrtausends v. Chr. in Ägypten Männer gegeben haben, die den für das Pyramidenvolumen charakteristischen Faktor $^1/_3$ kannten. Ob dabei mehr zugrunde lag als eine gefühlsmäßige Verallgemeinerung etwa des bei Zerlegung des Würfels in kongruente Pyramiden gefundenen Resultats, wissen wir nicht. Von griechischen Mathematikern hat nach Angabe des Archimedes zuerst Demokrit (um 420) die Sätze über das Volumen von Pyramide und Kegel ausgesprochen „ohne Beweis". Da Archimedes aber auch die Infinitesimalbetrachtungen seiner eigenen dem Eratosthenes gewidmeten Methodenlehre nicht als Beweise gelten läßt, ist nicht unwahrscheinlich, daß Demokrit durch Überlegungen, wie sie der heutige Schulunterricht als Anwendungen des Cavalierischen Prinzips zu führen pflegt, den Satz, daß Pyramiden von gleicher Grundfläche und gleicher Höhe gleich sind, plausibel gemacht hat; daß Demokrit sich mit in verwandter Richtung gehenden Gedanken beschäftigt hat, läßt sich nämlich aus einer Plutarchstelle schließen. Weniger wahrscheinlich als diese (von Dehn allerdings bestrittene) Vermutung von Zeuthen und Heath scheint mir eine von Enriques, nach der Demokrit das Pyramidenvolumen direkt durch Summation der unendlichen geometrischen Reihe der eingezeichneten Prismen gefunden hätte; vgl. Anm. zu XII, 3.

XII, 8. Den Zusatz hält Heath für unecht; eine Begründung desselben, die ich gestrichen habe, wird in XII, 12, wo sie gebraucht wird, wiederholt.

XII, 10. Es handelt sich bei Euklid stets um gerade Kegel und Zylinder, obwohl Satz und Beweis auch für schiefe richtig blieben.

Nach Archimedes wurde auch dieser Satz von Demokrit ausgesprochen und von Eudoxos bewiesen.

XII, 13, 14, die von den Arabern als Hilfssätze behandelt, auch teilweise anders bewiesen werden, sind vielleicht keine ursprünglichen Bestandteile des Buches; allerdings stehen sie in allen griechischen Handschriften, auch in b.

XII, 16 bereitet mit dem folgenden Satz zusammen auf XII, 18 vor.

Die Aufgabe ist nicht genau formuliert; geleistet — und auch gebraucht — wird: ein gleichseitiges Vieleck von gerader Seitenzahl so einzubeschreiben, daß auch das gleichseitige Vieleck von halber Seitenzahl nicht an den kleineren Kreis rührt.

XII, 17. Einen nach Heiberg unechten zweiten Beweis habe ich weggelassen, ebenso wie in der Figur gewisse nur in ihm gebrauchte Linien.

Daß V und Y zusammenfallen, wird im Text nicht erwähnt; die überlieferte Figur weiß nichts davon. Die Einbeschreibung des Vielecks in den Kreis muß genau nach XII, 16 erfolgen, s. Anm. Den Beweis dafür, daß auch Viereck $S\,P\,Q\,T$ usw. die kleinere Kugel nicht trifft, überläßt Euklid dem Leser. Die herangezogene Kugeldefinition XI, Def. 14 gibt dafür, daß die ebenen Schnitte durch den Mittelpunkt Kreise sind, allein keine ausreichende Begründung, da die Achse ja wechselt.

XII, 18. In den Exhaustionsbeweisen des XII. Buches wird zur Sicherung von $A : B = X : Y$ (vgl. einführende Anm. zu Buch XII) stets Y durch eine Folge Y_n approximiert, $\lim Y_n = Y$ dabei sonst immer direkt aus $Y_n - Y_{n-1} \geqq {}^1/_2\,(Y - Y_{n-1})$ nach X, 1 gefolgert; hier geschieht es indirekt aus der Konvergenz einer Hilfsfolge. Die Forderung der Existenz der Vierten Proportionalen tritt dabei in der Form auf, daß auch die Gestalt des Körpers, der diese wird, vorgeschrieben ist.

Bezeichnen wir (fig. XII, 17) $A\,B = r$, $< K\,A\,B = \varphi_n$, also $A\,Y = r\cos\varphi_n$, $A\,X = r_n$, ferner die Kugel vom Radius r_n mit Z_n, so läßt der Kern des Beweises sich folgendermaßen darstellen: Da $\varphi_n = 90^0 : 2^n$, ist nach X, 1 $\lim \varphi_n = 0$, weiter mit $\lim \varphi_n = 0$ auch $\lim r\cos\varphi_n = r$ (XII, 16). Weiter (XII, 17) $r > r_n > r\cos\varphi_n$ $\therefore \lim r_n = r$ und mit diesem $\lim Z_n = Y$, ferner Kugel $Y >$ Vielflach $Y_n >$ Kugel Z_n; also $\lim Y_n = Y$. Analog ist $\lim X_n = X$. Aus $X_n : Y_n = (\varrho : r)^3$ folgt dann $X : Y = (\varrho : r)^3$.

Fragt man übrigens nach einem analytischen Ausdruck für die Abhängigkeit der Hilfsgröße von der Kreisteilung, so findet man

$$r_n = \frac{r}{\sqrt{1 + 2\,\mathrm{tg}^2\,\frac{\varphi_n}{2}}}\,.$$

Buch XIII. Ein Scholion, das vielleicht auf Pappos zurückgeht, sagt: „In diesem Buch, dem XIII., werden die fünf Platonischen Körper konstruiert, die aber nicht von ihm stammen; sondern 3 der genannten 5 Körper, nämlich Würfel, Pyramide und Dodekaeder gehören den Pythagoreern, Oktaeder und Ikosaeder dem Theaitetos. Nach Plato heißen sie, weil dieser sie im Timaios erwähnt. Euklids Namen trägt auch dieses Buch, weil er es in die Reihe der Elemente eingefügt hat.“

Plato ordnet 4 der 5 regelmäßigen Körper den physikalischen Elementen zu: die Pyramide — den Namen Tetraeder hat erst Heron — dem Feuer, das Oktaeder der Luft, das Ikosaeder dem Wasser, den Würfel der Erde, während der Weltschöpfer das Dodekaeder für den Plan des Ganzen benutzt habe. Auf eine ähnliche Theorie ist ein Fragment des Pythagoreers Philolaos (5. Jahrh.) gedeutet worden, auch wird berichtet, daß Hippasos das Dodekaeder für sich in Anspruch genommen habe, während die Nachricht des Proklos, schon Pythagoras habe die Kosmischen Körper konstruiert, schwerlich aus sicherer Quelle stammt. Es ist behauptet worden, Plato bringe hier allermodernste Mathematik; doch da er anderenorts (vgl. einführende Anm. zu Buch X) zeigt, wie er Entdeckungen seines Freundes Theaitetos zu würdigen weiß, hätte er seine Ansicht schwerlich dem älteren Pythagoreer Timaios in den Mund gelegt, wenn etwa das Ikosaeder vor Theaitetos ganz unbekannt gewesen wäre. Das Scholion ist wohl auf die vollständige Durcharbeitung der Theorie — Plato gibt keine ausgeführte Konstruktion, nur Beschreibungen und mit XIII, 18a verwandte Andeutungen — zu beziehen; teilweise mag ein ähnliches Verhältnis vorliegen wie zwischen den Ansprüchen des Demokrit und des Eudoxos auf den Kegel. In diesem Sinne wird auch eine Notiz des Suidas (10. Jahrh. n. Chr.) richtig sein, Theaitetos sei der erste gewesen, der die Fünf Körper konstruiert habe.

Nach einer Annahme von P. Tannery, die E. Sachs (Die fünf platonischen Körper, Berlin 1917) eingehend begründet hat, hätten wir im XIII. Buch eine von Euklid nur leicht überarbeitete Abhandlung des Theaitetos vor uns. Daß Theaitetos selbst dabei auf Vorarbeiten seines jüngeren Zeitgenossen Eudoxos aufbaue, daß speziell in XIII, 1—5 ein Rest von dessen Schrift über „den Schnitt“ (vgl. Anm. zu II, 11) vorliege, leuchtet mir weniger ein. Auch die von anderer Seite geäußerte Vermutung, Euklid habe Teile aus der Schrift des mit ihm selbst etwa gleichaltrigen Aristaios „Vergleichung der Fünf Körper“, aus der vielleicht die von Pappos gegebenen abweichenden Konstruktionen stammen, hineingearbeitet, ist nicht wahrscheinlich.

XIII, 1. Wenn $a : x = x : (a - x)$, dann ist $\left(x + \frac{a}{2}\right)^2 = 5\left(\frac{a}{2}\right)^2$.

Die eigentümliche Primitivität des Beweises, wo der Satz durch Betrachtung des rechtwinkligen Dreiecks in der Figur zu II, 11 unmittelbar folgt, ist verschieden erklärt worden; sicher ist sie ein Zeichen für eine nicht vollständige Zusammenfügung selbständiger Vorlagen. Daß der Verfasser II, 11 nicht gekannt habe, ergibt sich daraus aber nicht; XIII, 1 hat eher den Charakter einer Analysis zu jener Konstruktion. Dafür ist, daß die Quadrate, die verglichen werden sollen, unmittelbar über den Strecken, zu denen sie gehören, gezeichnet werden, eine Erleichterung.

XIII, 1 a. Von XIII, 1—5 bringen die griechischen Manuskripte, meist hinter XIII, 6, eine zweite, rechnerische Behandlung. Da Bretschneider (D. Geometrie u. d. Geometer vor Euklides, Leipzig 1870) vermutet hat, hier Reste der erwähnten Schrift des Eudoxos in Händen zu haben, gebe ich den zu XIII, 1 gehörigen Teil, in dem ich nur einen Fehler des Codex *P*, den die anderen Handschriften nicht aufweisen, verbessert habe; die zu den anderen Sätzen gehörigen Ausführungen sind ähnlich.

Die Synthesis beweist aus 1. $a = 2b$, 2. $a = x + y$, 3. $a : x = x : y$ durch Rechnung, 4. $(x + b)^2 = 5b^2$. Die vorausstehende Analysis scheint aus der Synthesis rückwärts abgeleitet zu sein; um von 4. auf 1. zu kommen, benutzt sie außer 2. und 3. auch 1. selbst.

Die Araber bringen die Synthesis, nicht die Analysis; so muß der rechnerische Beweis alt sein; Heibergs Vermutung, daß er wie durch An-Nairîzî überlieferte verwandte Zusätze zu Buch II von Heron stamme, mag zutreffen.

XIII, 2. Umkehrung von XIII, 1; so benutzt auch der rechnerische Beweis die gleichen Hilfsmittel.

Einen jedenfalls unechten Hilfssatz, der $DC > CB$ beweist, habe ich gestrichen.

XIII, 3. Wenn $a : x = x : (a - x)$, so $\left[(a - x) + \frac{x}{2}\right]^2 = 5\left(\frac{x}{2}\right)^2$; mit XIII, 2 ergibt sich: Der kleinere Abschnitt einer stetig geteilten Strecke ist der größere Abschnitt des stetig geteilten größeren Abschnitts; doch wird die Folgerung nicht ausgesprochen.

Der rechnerische Beweis fußt auf II, 6.

XIII, 4. Wenn $a : x = x : (a - x)$, so $a^2 + (a - x)^2 = 3x^2$.

Der rechnerische Beweis fußt auf II, 7.

XIII, 5. Wenn $a : x = x : (a - x)$, so $(a + x) : a = a : x$.

Der rechnerische Beweis benutzt V, 18, 19 Zus. Ein weiterer, von Heiberg gestrichener, Beweis rechnet mit V, 18, 7 Zus.

XIII, 6. Wenn $a : x = x : (a - x)$, ist $x = \frac{a}{2}\sqrt{5} - \frac{a}{2}$ und $(a - x) = \frac{\left(\frac{a}{2}\sqrt{5} - \frac{a}{2}\right)^2}{a} = \frac{3a}{2} - \frac{a}{2}\sqrt{5}$; die Protasis spricht wegen Fehlens einer Formelschrift den Charakter der Strecken nur allgemein aus.

Gebraucht wird, in XIII, 17, der erste Teil; die Herleitung desselben aus XIII, 1 ist bei Vertrautheit mit den Begriffen des X. Buches so einfach, daß Euklid, wenn er den Satz, ohne ihn besonders zu beweisen, benutzt hätte, seinen Lesern nichts Ungewöhnliches zugemutet hätte. So hat die Heathsche Vermutung, der Satz sei unecht, viel für sich; in Codex *P* findet sich nämlich eine Randbemerkung: „Dieser Satz fehlt in den meisten Exemplaren der neuen Ausgabe, findet sich aber in denen der alten.“ Auch sind Scholien, die dem Satz gleichwertig sind, erhalten; in b fehlt er, doch haben ihn die Araber.

Teilt man statt der Rationalen eine beliebige rationale Strecke stetig, so wäre zur Vervollständigung des Beweises noch X, 11, 103 (s. Anm.) heranzuziehen.

XIII, 8. Ist ϱ der Kreisradius, s_5 die Fünfeckseite, d_5 die Fünfeckdiagonale, s_{10} die Zehneckseite, so besagt der Satz, daß $d_5 : s_5 = s_5 : (d_5 - s_5)$.

XIII, 9. $(\varrho + s_{10}) : \varrho = \varrho : s_{10}$. Wie IV, 10 wird nicht ausgesprochen, daß die Zehneckseite der größere Abschnitt des stetig geteilten Radius ist.

XIII, 10. $s_5^2 = \varrho^2 + s_{10}^2$.

XIII, 11. Bewiesen wird $s_5 = \frac{\varrho}{2}\sqrt{10 - 2\sqrt{5}}$, indem zunächst durch Ähnlichkeitsbetrachtungen $LC : CA = MF : FA$, hieraus mit $FK = \frac{1}{4}FA$ weiter $DC : CM = MF : FK$ hergeleitet wird. Korrespondierende Addition und Quadrieren liefert $(DC + CM)^2 : CM^2 = KM^2 : KF^2$. Wegen XIII, 8, 1 ist $(DC + CM)^2 : CM^2 = 5 : 1$, also $KM^2 = 5\,KF^2$. Da $BK = 5\,KF$, wird $BK^2 = 5\,KM^2$, also $BM = BK - KM = BK\left(1 - \frac{1}{\sqrt{5}}\right)$ $= \frac{5 - \sqrt{5}}{8}\,BH$, eine Vierte Apotome. Hieraus folgt $s_5 = BA$ $= \sqrt{BH \cdot \frac{5 - \sqrt{5}}{8}\,BH} = \frac{\varrho}{2}\sqrt{10 - 2\sqrt{5}}$, eine Minor, die aber nicht in der zweigliedrigen Form von X, 76 : Def. dargestellt wird.

Nimmt man statt der Rationalen eine beliebige rationale Strecke als Durchmesser, so wäre zur Vervollständigung des Beweises noch X, 11, 105 heranzuziehen.

XIII, 13. Daß schlechtweg Pyramide für das reguläre Tetraeder gesagt wird, zeigt eine frühere Stufe der Terminologie als Buch XI und XII; vgl. Anm. zu XI, Deff. 25—28.

Im Gegensatz zu Pappos, der auch die Körper in anderer Lage darstellt, benutzt Euklid die Kugel, der die Körper einbeschrieben werden sollen, selbst nicht als Konstruktionselement.

r sei der Kugelradius, k_4, k_6, k_8, k_{12}, k_{20} seien die Kanten von Tetraeder, Würfel, Oktaeder, Dodekaeder, Ikosaeder, ϱ in XIII, 16 der Radius des Kreises, dem ein Fünfeck aus Ikosaederkanten einbeschrieben ist. Dann ergibt sich hier, daß $2\,r = \sqrt{\frac{3}{2}}\,k_4$.

Der angefügte Hilfssatz ist nach Heath unecht.

XIII, 14. Die Araber behandeln den Würfel vor dem Oktaeder; daß Codex *P* auf eine Vorlage zurückgeht, die dieselbe Anordnung gehabt hat, beweist die Fassung der Sätze; die Theonischen Handschriften weichen in der Bezugnahme ab.

$2\,r = \sqrt{2}\,k_8$.

XIII, 15. $2\,r = \sqrt{3}\,k_6$. Daß der konstruierte Körper ein Würfel ist, zu beweisen, bleibt dem Leser überlassen.

XIII, 16. Euklid verschafft sich zunächst $\varrho = \frac{2}{\sqrt{5}}\,r$; hierfür gibt übrigens XIII, 18 eine elegantere Konstruktion. Weiter würde ϱ stetig geteilt; der größere Abschnitt $\sigma = \varrho\,\frac{\sqrt{5} - 1}{2} = r\left(1 - \frac{1}{\sqrt{5}}\right)$ ist die Seite des dem Kreise einbeschriebenen Zehnecks.

Auf der Achse werden drei Strecken $\sigma + \varrho + \sigma = 2\,r$ abgetragen, um die Teilpunkte Parallelkreise vom Radius ϱ und in ihnen um $\frac{4\,\mathrm{R}}{10}$ gegeneinander gedrehte Fünfecke konstruiert. Beide Pole und die Fünfecksecken geben die 12 Ecken des Ikosaeders. Daß alle Kanten gleich sind, wird wesentlich mit XIII, 10 bewiesen. Rechnungsmäßig ergibt sich mit XIII, 11 Anm., daß $k_{20} = \frac{\varrho}{2}\sqrt{10 - 2\sqrt{5}} = \frac{r}{\sqrt{5}}\sqrt{10 - 2\sqrt{5}}$, eine Minor. Die zweigliedrige Gestalt, wie sie in Buch X bevorzugt wird,

$$k_{20} = \frac{r}{\sqrt{5}}\left(\sqrt{5 + 2\sqrt{5}} - \sqrt{5 - 2\sqrt{5}}\right),$$

wird nicht gegeben.

Daraus, daß Euklid hier die Zehneckseite vom Fünfeck aus gewinnt, zu folgern, daß er nicht erkannt habe, daß er in IV, 10 die Zehneckseite konstruiert hatte, halte ich nicht für zulässig; man wird doch auch nicht annehmen, daß Euklid, um etwa in XIII, 13 dem Kreise das gleichseitige Dreieck einzubeschreiben, nach I, 1, IV, 2 verfahren sei, weil er die aus IV, 15 zu gewinnende Konstruktion nirgends erwähnt. Auch läßt sich etwa aus der Figur von II, 11, wenn $A\,B$ den Kreisradius bedeutet, die Fünfeckseite $F\,B$ (XIII, 10) ebenso leicht abgreifen wie die Zehneckseite $F\,A$.

XIII, 17. Euklid konstruiert zunächst den der Kugel einbeschriebenen Würfel, dessen Kante $k_6 = \frac{2}{\sqrt{3}}r$, teilt diese stetig und erhält so die Dodekaederkante $k_{12} = k_6\,\frac{\sqrt{5}-1}{2} = \frac{r}{\sqrt{3}}(\sqrt{5} - 1)$, eine Apotome. Die Dodekaederfläche, von der zwei Ecken als Würfelecken bekannt sind, wird durch Angabe rechtwinkliger Koordinaten ($^1/_2\,k_{12}$, $^1/_2\,k_6 + {}^1/_2\,k_{12}$, 0 vom Würfelmittelpunkt aus) für die drei anderen Ecken festgelegt. Der Nachweis, daß ein gleichseitiges Fünfeck entsteht, beruht auf XIII, 5, 4; hier habe ich kurze, von Heiberg verworfene Einschiebungen gestrichen. Zum Beweise, daß dasselbe auch eben und gleichwinklig ist, werden VI, 32 und XIII, 7, zum Beweise, daß es derselben Kugel wie der Würfel einbeschrieben ist, XI, 38 und wieder XIII, 4 herangezogen.

XIII, 18. Die Konstruktionen der Kanten

$$\begin{aligned} k_4 &= 2\sqrt{\frac{2}{3}}\,r, \\ k_6 &= \frac{2}{\sqrt{3}}\,r, \\ k_8 &= \sqrt{2}\,r, \\ k_{20} &= \frac{\sqrt{10 - 2\sqrt{5}}}{\sqrt{5}}\,r, \\ k_{12} &= \frac{\sqrt{5} - 1}{\sqrt{3}}\,r \end{aligned}$$

bieten außer der von k_{20} nichts Neues; die Vergleichung zeigt nur einfache Folgerungen aus den Formeln. Einen zweiten Beweis für $k_{20} > k_{12}$ hat Heiberg gestrichen; überhaupt ist die Echtheit mancher Teile dieser letzten Ausführungen zweifelhaft.

XIII, 18 a. Auch Gleichzähligkeit der Ecken wird vorausgesetzt (Dijksterhuis).

Die Zusammensetzung von Ecken aus regelmäßigen Vielecken hängt mit der für die Pythagoreer bezeugten Zerlegung der Ebene in solche zusammen; der Inhalt der abschließenden Bemerkung wird älter sein als die komplizierten Konstruktionen des Buches.

Einen noch folgenden Hilfssatz, der beweist, daß der Fünfeckswinkel $= 1^1/_5$ R., habe ich gestrichen; die Araber haben ihn nicht, und auch Heiberg hält ihn für unecht.

Mitteilung über Buch XIV und XV der Elemente

Euklids XIII. Buch enthält nur einen Teil dessen, was griechische Mathematiker an den regelmäßigen Körpern entdeckt haben. Als von Euklids Zeitgenossen Aristaios gefunden ist uns der Satz überliefert, daß, wenn man derselben Kugel Ikosaeder und Dodekaeder einbeschreibt, die Flächen dieser Körper demselben Kreise einbeschrieben sind. Dies läßt sich durch Rechnung leicht nachweisen.

Bezeichnen wir mit ϱ_{20} und ϱ_{12} die Radien der den Flächen umbeschriebenen Kreise, so finden wir: $k_{20} = \frac{r}{\sqrt{5}} \sqrt{10 - 2\sqrt{5}}$ (XIII, 16), $k_{20} = \varrho_{20}\sqrt{3}$ (XIII, 12), also $\varrho_{20} = \frac{r}{\sqrt{15}} \sqrt{10 - 2\sqrt{5}}.$

Andererseits wird

$$k_{12} = \frac{r}{\sqrt{3}}(\sqrt{5} - 1) \text{ (XIII, 17)}, \quad k_{12} = \frac{\varrho_{12}}{2}\sqrt{10 - 2\sqrt{5}} \text{ (XIII, 11)},$$

$$\text{also } \varrho_{12} = \frac{r(\sqrt{5} - 1)\cdot 2}{\sqrt{3}\cdot\sqrt{10 - 2\sqrt{5}}} = \frac{r}{\sqrt{15}}\,\frac{10 - 2\sqrt{5}}{\sqrt{10 - 2\sqrt{5}}} = \frac{r}{\sqrt{15}}\sqrt{10 - 2\sqrt{5}},$$

d. h. $= \varrho_{20}$.

Mit dem Verhältnis der Oberflächen und, was nach obigem Satze dasselbe ist, der Volumina dieser Körper hat sich ungefähr 100 Jahre später Apollonios beschäftigt und nach ihm Hypsikles (um 150 v. Chr.). Von diesem ist eine kleine Schrift dadurch erhalten, daß sie als Buch XIV der Elemente dem Euklidischen Werk angefügt wurde. Sie gibt den Satz des Aristaios und weist nach, daß Oberflächen und Volumina von Dodekaeder und Ikosaeder sich zueinander verhalten wie die Würfelkante zur Ikosaederkante.

Zerlegt man die Dodekaederoberfläche in $12 \cdot 5$ und die Ikosaederoberfläche in $20 \cdot 3$ Dreiecke, so läßt sich jedem der je 60 Dreiecke der Radius $\varrho_{12} = \varrho_{20}$ als Grundlinie und als Höhe dort die Hälfte der Fünfecksdiagonale, d. h. nach XIII, 17 der Würfelkante, hier die Hälfte der Dreiecksseite, d. h. der Ikosaederkante geben. Hieraus folgt genanntes Verhältnis. Hypsikles formt dasselbe auch noch anders um, gibt überhaupt eine ausführlichere geometrische Darstellung.

Mit trivialen Einzeichnungen eines regelmäßigen Körpers in den anderen, Aufzählung von Kanten und Ecken beschäftigt sich der Hauptteil des sogenannten XV. Buchs, das erheblich später aus Beiträgen verschiedener Verfasser entstanden ist. Interesse bieten in ihm nur die Konstruktionen der gegenseitigen Neigungen der Flächen der regelmäßigen Körper, die als von Isidoros, vermutlich dem Baumeister der Hagia Sophia (530), herrührend überliefert werden.

Reste anderer Arbeiten hat Pappos (um 290 n. Chr.) bewahrt; nur durch ihn wissen wir auch von den Untersuchungen des Archimedes über die halbregelmäßigen Körper.

Berichtigungen

S. **66** Z. 16 v. o. Füge nach „liegen" ein: *auch*

S. **91.** Ersetze in der 3. Definition das Wort „Abmessung" durch: *Quantität*

S. **111.** Ersetze in der 5. Definition das Wort „Abmessungen" durch: *Quantitäten*

S. **124** Z. 15 v. o. Füge zwischen „behaupte", und „die" ein: daß

S. **415** Abs. 3 Z. 5 v. o. Lies statt „leider schwerlich": nicht unbedingt — Abs. 3 Z. 5 v. o. Füge nach „mehr" ein: (geboren in Tyrus, wohnhaft in Damaskus).

S. **416** Abs. 2 letzte Zeile. Füge am Schluß unter Streichung des Schlußpunktes hinzu: sowie des Simplikios und Aganis (= Agapios?).

S. **417** Z. 1 v. o. Füge hinter „Einleitung" ein: und der Anmerkungen — Z. 2 v. o. Streiche: in den Beweisen — Z. 8 u. 9 v. o. Lies statt „Noch nicht vollständig erschienen ist": sowie auf — Z. 10 v. o. Lies statt „1925ff.": 1925–1936 — Z. 22 v. o. Füge hinter „gaben" ein: in der Regel

S. **418** Z. 19 v. o. Füge hinter „Enden" ein: oder ein Liegen in gleicher Höhe

S. **420** Z. 6 v. o. Lies statt „(Dijksterhuis)": (Ptolemaios)

S. **422** Z. 11 u. 12 v. u. Lies statt „ließe sich erst nach I, 16 beweisen.": wäre nach I, 16 zu beweisen.

S. **423** Z. 2 v. o. Füge nach „Proklos" hinzu: auch Pappos — Z. 34 u. 35 v. o. Streiche den Relativsatz „. . . , die auf der Zertrennung . . . beruht." Der begonnene Satz schließt daher mit dem Wort „schneidenden.", der folgende beginnt mit „Nun" (statt mit „Auch")

S. **424** Z. 21 v. o. Füge nach dieser Zeile folgenden neuen Absatz ein: I, 45 ist nach den Arabern wahrscheinlich unecht. — Z. 1 v. u. Füge unter Ersetzung des Schlußpunktes durch ein Komma hinzu: einen direkten, auf I, 39 fußenden Beweis gibt Proklos.

S. **426** Z. 7 v. o. Füge nach dieser Zeile folgenden neuen Absatz ein: Durch Elimination, Einsetzen in $x^2 - 2b^2 = 2z^2 - y^2$, kann man hieraus die Identität: $[(2z + y)^2 - 2(z + y)^2] = -[y^2 - 2z^2]$ erhalten. — Z. 19 v. u. Füge unter Ersetzung des Schlußpunktes durch ein Komma hinzu: spricht im Beweis allerdings wieder von einem „spitzwinkligen" Dreieck.

S. **428** Z. 11 v. o. Ergänze nach „hier": übereinstimmend mit Campanus — Füge zwischen Z. 28 u. 29 v. o. ein: **III, 17.** Die bekannte Konstruktion, die III, 31 benutzt, gibt Euklid Data § 90. — Z. 35 v. o. Füge am Schluß unter Ersetzung des Schlußpunktes durch ein Semikolon hinzu: von ihm stammt wahrscheinlich auch der letzte Absatz des Beweises. — Füge nach der letzten Zeile folgenden neuen Absatz hinzu: **III, 37.** Die Echtheit des Satzes wird von der arabischen Überlieferung angezweifelt.

S. **429.** Die Anmerkung zu Buch IV, Def. 1 ist zu ersetzen durch: **IV, Deff. 1** und **2** werden nirgends gebraucht, sind jedoch am besten verbürgt; ziemlich sicher unecht ist nach den Arabern **Def. 7.**

S. **431** Z. 6 v. o. Füge vor „direkt" ein: wie schon bei Campanus — Z. 10 u. 11 v. u. Lies statt „ermöglichenden": rechtfertigenden — Letzte Zeile. Lies statt „ermöglichen würde": rechtfertigen soll,

S. **432** Z. 15 v. u. Füge am Schluß unter Ersetzung des Schlußpunktes durch ein Semikolon hinzu: so verfährt Campanus.

S. **434** Z. 13 v. u. Füge folgenden Schlußsatz an: Wegen einer älteren Begründung auf anderer Grundlage vgl. Anm. zu X, 2 — Z. 2 v. u. Lies statt „übrigens": allerdings

S. **435** Z. 15 v. u. Ergänze die angeführte Stelle „VI, 28, 29;" und lies jetzt: VI, 28, 29 und X, 9; — Z. 16 v. u. Füge nach „Zus." ein: und V, 14

S. **436** Z. 12 v. o. Lies statt „Da man aber z. B.": Auch — Z. 14—16 v. o. Lies statt „... mit rationalen Koeffizienten ... behandelt werden.": genügt das dort Gegebene. Die geometrische Verallgemeinerung geht über das algebraisch Notwendige hinaus.

S. **443** Z. 5 v. o. Füge nach **„Buch VIII"** ein: das nach B. L. van der Waerden (Math. Ann. Bd. 120, 1949) wesentlich von Archytas stammt,

S. **446** Z. 18 u. 19 v. u. Lies statt „hat Euklid ferngelegen": wird Euklid ferngelegen haben.

S. **447** Z. 10 v. o. Füge nach „Bd. 3" ein: (1936)

S. **451** Z. 7 v. o. Füge vor „Vermutung" ein: von O. Becker in Quellen und Studien z. Gesch. d. Math. B. Bd. 2 (1933) auf ihre Konsequenzen geprüfte — Füge zwischen Z. 7 u. 8 v. u. folgenden neuen Absatz ein: Für die Anwendung entscheidend ist, daß Größen überhaupt kein Verhältnis wie eine Quadratzahl zu einer Quadratzahl haben, wenn sie es nicht schon in kleinsten Zahlen haben; vgl. Anm. zu VIII, 11.

S. **461** Z. 11 v. u. Streiche „quadratischen".